普通高等教育“十三五”规划教材

◎ 电工电子基础课程规划教材

电磁场与电磁波基础教程（第3版）

◎ 符果行　编著

電子工業出版社

Publishing House of Electronics Industry

北京·BEIJING

内 容 简 介

本书融入了作者约半个世纪的教学体验，从历史背景、物理概念、理论分析、计算方法和工程应用几方面全方位介绍电磁场与电磁波的基本知识，以麦克斯韦方程的建立与应用的历史发展脉络为主线展开论述，符合认识规律，便于阅读，易于理解。主要内容包括：场论基础、电磁实验定律和场量基本方程、静态场、动态场、电磁波的传播、电磁波的传输、电磁波的辐射等，并从综合分析的角度对电磁场与电磁波进行了概括和总结。本书提供配套电子课件和习题参考答案等。

本书可作为高等学校电子、信息和通信等专业本、专科生的入门教程，也供相关科技人员作为电磁场与电磁波的学习参考。

图书在版编目(CIP)数据

电磁场与电磁波基础教程/符果行编著. —3版. —北京：电子工业出版社，2016.3
ISBN 978-7-121-28182-2

Ⅰ.①电… Ⅱ.①符… Ⅲ.①电磁场－高等学校－教材 ②电磁波－高等学校－教材 Ⅳ.①O441.4

中国版本图书馆CIP数据核字(2016)第030807号

策划编辑：王羽佳
责任编辑：王羽佳　　　特约编辑：曹剑锋
印　　刷：北京虎彩文化传播有限公司
装　　订：北京虎彩文化传播有限公司
出版发行：电子工业出版社
　　　　　北京市海淀区万寿路173信箱　邮编 100036
开　　本：787×1092　1/16　印张：18　字数：520千字
版　　次：2009年2月第1版
　　　　　2016年3月第3版
印　　次：2024年12月第14次印刷
定　　价：45.00元

凡所购买电子工业出版社图书有缺损问题，请向购买书店调换。若书店售缺，请与本社发行部联系，联系及邮购电话：(010)88254888。

质量投诉请发邮件至 zlts@phei.com.cn，盗版侵权举报请发邮件至 dbqq@phei.com.cn。

服务热线：(010)88258888。

第 3 版前言

在麦克斯韦理论的建立和应用发展过程中，始终贯穿着一条严密的理论推导线索：以三大实验定律为实验基础，以矢量分析为数学工具，建立了以场源相互作用规律和转换关系的静态场方程所描述的静态场理论，在时变条件下将静态场方程推广为动态场方程——麦克斯韦方程所描述的动态场理论；再利用麦克斯韦方程导出的波动方程的解——波函数中的物理参量去分析、解释和解决电磁波传播、传输和辐射工程领域中的电磁现象及相关技术问题。显然，波函数是用于定量描述电磁波运动状态变化规律的解析函数，其变化必定满足麦克斯韦方程及其导出的波动方程，同时受方程及相应边界条件的制约。因此，电磁场与电磁波这门课有着严密的科学体系。抽象的概念、复杂的数学推导和计算为读者学习这门课带来了相当的困难。为便于初学者能顺利阅读和理解，增加其可读性，本教材曾简化了某些理论推证。但简化理论推证必须遵循一个原则：不能破坏麦克斯韦理论的严密性。为了妥善处理可读性与严密性间的统一和协调关系，趁此次再版的机会，特将重要定理的严格推证作为附录写入书中，以方便读者深入学习时可直接查找和参阅。

第 3 版不论对文字、公式和插图，均对本教程进行了较为全面的修订和完善。配套的电子教案和习题解答也进行了相应修订和完善。

恳请读者提出批评和指正。

符果行
2016 年 1 月于电子科技大学

第 2 版前言

本次再版教材，仍然保持本书由特殊到一般，循序渐进，突出物理概念，简化理论推导，强调分析思路和工程应用的特色不变。

“电磁场与电磁波”教材，已经出版过按照各种教学体系和结构的很多版本，它们各具特点，适合于不同层次的读者阅读。教学实践表明，对于初学者，本书的体系和结构符合认知规律，更易于读者理解和接受。因此，本次再版对教材体系和结构未做重大变动。

本次修订侧重于两点：一是，对第 1 版进行进一步统一和完善，使之更臻成熟；二是，近年来随着科技发展的日新月异，新技术层出不穷，有必要对第 1 版中工程应用的部分内容进行必要的更新和增补。

为了突出“电磁场与电磁波”的理论体系和基本内容，本次再版特将书中属于自学的阅读材料（相关历史背景和人物及工程应用介绍）、思考题和习题用区别于正文的不同字体排版，以示区别。配套的电子教案和习题解答也做了相应修订。

欢迎读者在使用中提出改进意见。

符果行

2012 年 6 月于电子科技大学

前 言

本书是为初学者编写的“电磁场与电磁波”的入门教程，适合作为普通高等学校电子、信息和通信等专业的本、专科生教材，也供相关科技人员作为电磁场与电磁波的学习参考。

“电磁场与电磁波”课程的特点可以概括为：抽象化、数学化、难教难学。读者对象与课程特点间不相适应的差距所带来的困难，要求在教学上采用一定的方法来加以化解。据此，本书融入了作者约半个世纪的教学体验，着重基于教学角度考虑，从历史背景、物理概念、理论分析、计算方法和工程应用几方面全方位介绍电磁场与电磁波的基本知识，以麦克斯韦方程的建立与应用的历史发展脉络为主线展开论述，符合认识规律，便于阅读，易于理解。

本书第1、2章为数学、物理基础，第3、4章为电磁场部分，第5～7章为电磁波部分，第8章为概括和总结。本教程以电磁实验定律为基础(第2章)，以矢量分析为工具(第1章)，在时变条件下将静态场推广为动态场，建立反映动态场变化规律和特性的麦克斯韦方程(第3、4章)，并将麦克斯韦方程用于解释、解决在传播、传输和辐射应用领域中动态场的波动问题(第5～7章)，在此基础上从教学角度对电磁场与电磁波的主要问题进行综合分析(第8章)。

为了适应读者对象和课程特点的要求，本书在内容安排上具有如下特点：

(1)内容安排由特殊到一般，循序渐进，符合认识规律。

(2)强化和突出物理概念，简化理论推导，易于理解。

(3)系统介绍计算方法，范例强调分析思路，一例多解，开拓思路。

(4)以场为主，场、路结合，加强对比，融会贯通。

(5)重视工程应用，适当外延，满足不同专业教学需求(考虑到非电磁场专业一般很少安排电波传播、微波技术和天线工程等后继课程，本教程应适当涵盖这些课程相关的电磁基本原理，但不过多涉及具体工程技术问题。第5～7章作为以场论为基础的外延和应用，已适当奠定了后继的三门课程的理论基础。第3～7章介绍了电磁场与电磁波的工程应用)。

(6)思考题着重于物理概念和分析思路，可作为复习提纲。

(7)按基本要求精选或设计例题和习题，力求适合读者的接受程度(少量较难的习题给出提示)。

对本课程的学习方法和教材处理提出如下建议供参考。

(1)掌握“三基”：基本概念——理解；基本理论——推导；基本方法——计算。目的是提高电磁理论综合素养，增强分析、应用能力。但对初学者来说，基本理论主要强调推导思路。

(2)掌握公式的内涵：来龙去脉、应用条件、物理意义和计算方法。

(3)教学内容可针对不同对象做适当取舍：本科生应强调理论的系统性，工程应用内容可作为阅读材料或根据需要选讲；专科生可适当降低理论要求，对于较深的内容可以删减(如分离变量法和平面波的斜入射)或只做定性介绍(如电、磁能量和惠更斯面元)。

(4)建议教学参考学时为60～80学时。

本书提供免费电子课件和习题解答，可登录华信教育资源网(http://www.hxedu.com.cn)注册下载。

在教材编写过程中，得到电子科技大学冯林、刘昌孝和吕明三位教授的大力支持和帮助，冯林教授还审阅了书稿部分内容，提出了宝贵的修改意见。教材配套电子课件由符凯、李化制作。

陈付均在全书文字上做了许多工作，全力协助书稿的编写。对于他们的支持、帮助和卓有成效的工作，一并在此表示衷心的感谢！

在教材编写过程中，查阅了大量相关书籍和技术资料，吸取了许多专家和同行的宝贵经验，获得了有益的启示，在此向他们表示真诚的谢意！

对书中存在的不足之处，敬请广大读者批评指正。

符果行

2009 年 2 月于电子科技大学

目　　录

第 1 章

场论基础

矢量分析主要包含矢量代数、正交坐标系和矢量微积分，场的理论是通过矢量分析来表述的，所以矢量分析与场论密不可分。本章首先介绍场的数学概念和表示方法，进而对场的场域性质和场点性质及其描述方法做了对比讨论，着重讨论了标量场的梯度、矢量场的散度和旋度的物理概念及其运算规律，在此基础上介绍总结矢量场性质的亥姆霍兹定理。

在各专业领域中，都有表述相关学科内容的特殊语言，如文学语言、绘画语言、音乐语言、舞蹈语言和计算机语言等。同样，矢量分析就是表述电磁场与电磁波问题的数学语言，它能定量、准确、简洁、紧凑而雅致地描述场与波的基本特性和变化规律，是学好本门课程的有力工具和入门基础。

1.1　场的概念和表示

1.1.1　场的分类

在一个空间区域中，某物理量的分布可以用一个空间位置和时间的函数来描述。若区域中每点每时刻都有一个确定值，则在此区域中就确定了该物理量的一种场。概括而言，**场是表征空间区域中各点物理量的时空分布函数。**场在各点的数值能够用实验测量，或者根据某些其他量通过数学运算间接预计。

1. 标量场和矢量场

物理量可能是一个标量或矢量，因而，场也可能是一个标量场或矢量场。**标量场**是指空间各点仅有确定大小的物理量，如温度场、密度场、气压场和电位场；**矢量场**是指空间各点同时有大小和方向的物理量，如速度场、加速度场、重力场、电场和磁场。

2. 静态场和时变场

静态场是指仅由空间位置确定，不随时间变化的场，如静电场和静磁场；**时变场**是指同时随空间位置和时间变化的场，如时变电磁场。时变场又称为**动态场**。

1.1.2　矢量场的基本运算

除去矢量除法没有定义外，矢量的加、减和乘都比标量的加、减、乘和除更加复杂。一个矢量 $\boldsymbol{A}$ 可用一条用箭头指示方向的线段来表示，线段长度表示矢量 $\boldsymbol{A}$ 的模 A，箭头指向表示矢量 $\boldsymbol{A}$ 的方向，如图1.1所示。一个模为1的矢量称为**单位矢量**。取 $\boldsymbol{a}_\text{A}$ 表示与 $\boldsymbol{A}$ 同方向的单位矢量，则有 $\boldsymbol{A}=\boldsymbol{a}_\text{A}A$，其中

$$\boldsymbol{a}_\text{A}=\frac{\boldsymbol{A}}{A} \tag{1.1}$$

1. 矢量加、减法

两个矢量 $\boldsymbol{A}$ 和 $\boldsymbol{B}$ 可按平行四边形法则相加，其对角线表示合成矢量 $\boldsymbol{C}=\boldsymbol{A}+\boldsymbol{B}$，如图1.2所示。矢量加法服从交换律和结合律

$$\boldsymbol{A}+\boldsymbol{B}=\boldsymbol{B}+\boldsymbol{A} \tag{1.2}$$

$$(\boldsymbol{A}+\boldsymbol{B})+\boldsymbol{C}=\boldsymbol{A}+(\boldsymbol{B}+\boldsymbol{C}) \tag{1.3}$$

$\boldsymbol{B}$ 和 $-\boldsymbol{B}$ 可以看做大小相等方向相反的两个矢量，故借助于矢量加法也可以实现矢量减法，如图1.3所示，有

$$\boldsymbol{A}+(-\boldsymbol{B})=\boldsymbol{A}-\boldsymbol{B} \tag{1.4}$$

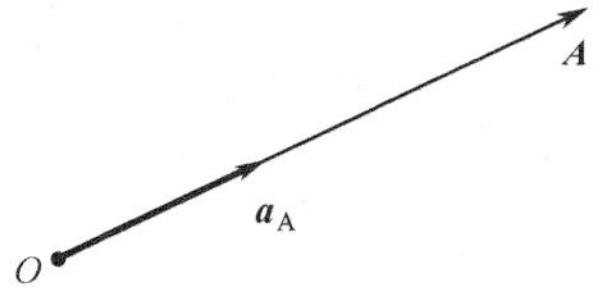

图1.1　点 P 处的矢量

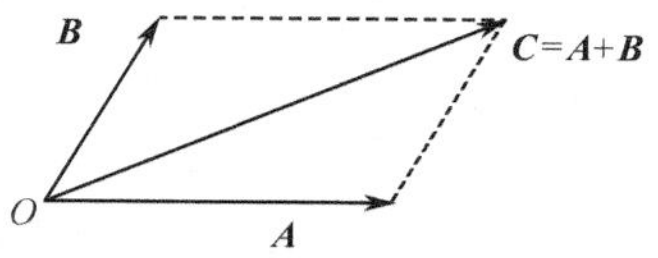

图1.2　矢量加法

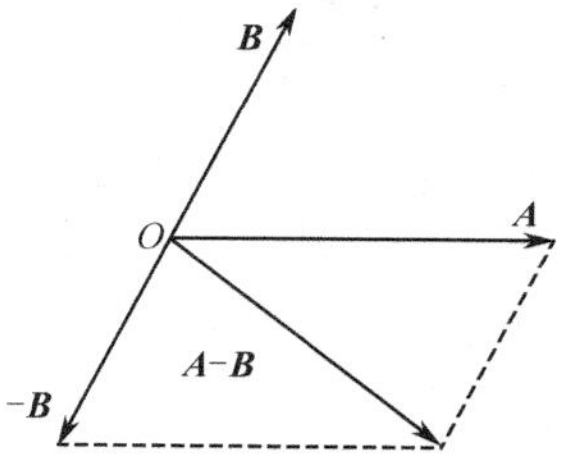

图1.3　矢量减法

2. 矢量乘法

一个标量η与一个矢量$\boldsymbol{A}$的乘积$\eta\boldsymbol{A}$仍为一个矢量,其大小为$|\eta|A$,其方向由η的正负来确定:若$\eta>0$,则$\eta\boldsymbol{A}$与$\boldsymbol{A}$平行同向;若$\eta<0$,则$\eta\boldsymbol{A}$与$\boldsymbol{A}$平行反向。

两个矢量$\boldsymbol{A}$和$\boldsymbol{B}$的点积(或标积)$\boldsymbol{A}\cdot\boldsymbol{B}$是一个标量,可看做两矢量相互投影之值,定义为

$$\boldsymbol{A}\cdot\boldsymbol{B}=AB\cos\theta \tag{1.5}$$

式中,θ的取值范围为$0\leqslant\theta\leqslant\pi$。如图1.4所示,当$\theta$为锐角、直角和钝角时,点积标量为正、零和负值。矢量的点积满足交换律和分配律。

$$\boldsymbol{A}\cdot\boldsymbol{B}=\boldsymbol{B}\cdot\boldsymbol{A} \tag{1.6}$$

$$\boldsymbol{A}\cdot(\boldsymbol{B}+\boldsymbol{C})=\boldsymbol{A}\cdot\boldsymbol{B}+\boldsymbol{A}\cdot\boldsymbol{C} \tag{1.7}$$

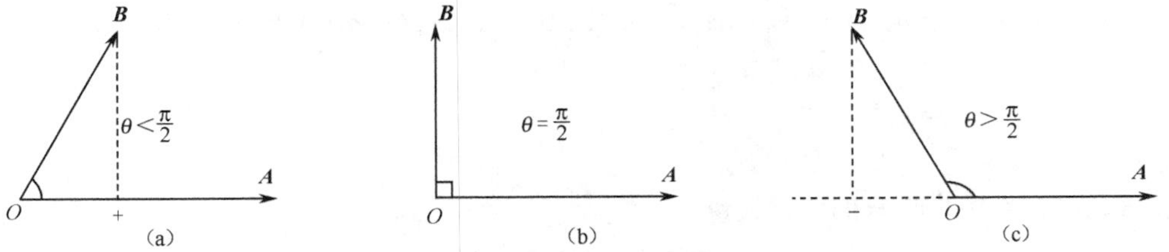

图1.4 矢量点积

两个矢量$\boldsymbol{A}$和$\boldsymbol{B}$的叉积(或矢积)$\boldsymbol{A}\times\boldsymbol{B}$是一个矢量,它垂直于$\boldsymbol{A}$和$\boldsymbol{B}$所在的平面,其指向按右旋法则来确定:当右手四指从矢量$\boldsymbol{A}$旋转θ角至$\boldsymbol{B}$时大拇指的指向,如图1.5所示,其定义为

$$\boldsymbol{A}\times\boldsymbol{B}=\boldsymbol{a}_{\mathrm{n}}AB\sin\theta \tag{1.8}$$

叉积不满足交换律,但满足分配律,有

$$\boldsymbol{A}\times\boldsymbol{B}=-\boldsymbol{B}\times\boldsymbol{A} \tag{1.9}$$

$$\boldsymbol{A}\times(\boldsymbol{B}+\boldsymbol{C})=\boldsymbol{A}\times\boldsymbol{B}+\boldsymbol{A}\times\boldsymbol{C} \tag{1.10}$$

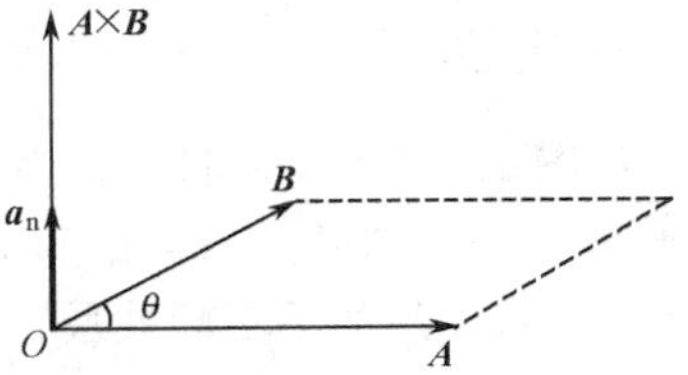

图1.5 矢量叉积

1.1.3 常用正交坐标系

一般性的矢量运算并未涉及具体的几何形状,但在实际工程应用中,往往要涉及具体的几何形状,直接运用矢量运算关系式来求解不同物体中的场解是十分复杂的。按物体形状引入相应坐标系,就可以在复杂的矢量运算中将矢量按坐标投影形式分解为简单的标量,然后再合成矢量。这样,不仅可以简化对电磁问题的分析和计算,更便于在坐标分量形式下考查电磁问题的物理特性,了解场的空间分布和变化规律。

三种常用坐标系是:直角(或笛卡儿)坐标系、圆柱坐标系和球坐标系。直角坐标系是最基本、最简单的坐标系,其坐标单位矢量是常矢,而其他坐标系的坐标单位矢量一般是变矢,其方向随空间位置不同而变化。我们应当首先重点掌握直角坐标系及其应用。

1. 直角坐标系

如图1.6所示,直角坐标系中的三个坐标变量是x,y和z,点$P(x_0,y_0,z_0)$是三个平面$x=x_0$,$y=y_0$和$z=z_0$的交点。通过该点的三个正交单位矢量$\boldsymbol{a}_x$,$\boldsymbol{a}_y$和$\boldsymbol{a}_z$指向x,y和z增加的方

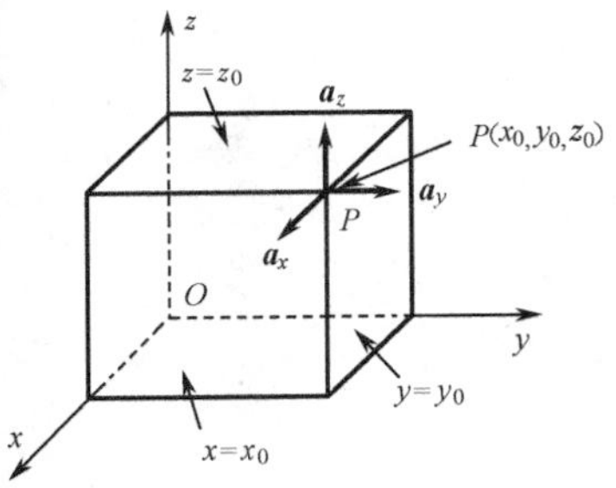

图1.6 直角坐标系

向，且满足如下右旋关系

$$\boldsymbol{a}_x \times \boldsymbol{a}_y = \boldsymbol{a}_z, \boldsymbol{a}_y \times \boldsymbol{a}_z = \boldsymbol{a}_x, \boldsymbol{a}_z \times \boldsymbol{a}_x = \boldsymbol{a}_y \tag{1.11}$$

矢量 $\boldsymbol{A}$ 和 $\boldsymbol{B}$ 在直角坐标系中分解为如下三个分量

$$\boldsymbol{A} = \boldsymbol{a}_x A_x + \boldsymbol{a}_y A_y + \boldsymbol{a}_z A_z \tag{1.12a}$$

$$\boldsymbol{B} = \boldsymbol{a}_x B_x + \boldsymbol{a}_y B_y + \boldsymbol{a}_z B_z \tag{1.12b}$$

显然，$\boldsymbol{A}$ 和 $\boldsymbol{B}$ 的代数运算满足如下关系

$$\boldsymbol{A} \pm \boldsymbol{B} = \boldsymbol{a}_x (A_x \pm B_x) + \boldsymbol{a}_y (A_y \pm B_y) + \boldsymbol{a}_z (A_z \pm B_z) \tag{1.13}$$

$$\begin{aligned}\boldsymbol{A} \cdot \boldsymbol{B} &= (\boldsymbol{a}_x A_x + \boldsymbol{a}_y A_y + \boldsymbol{a}_z A_z) \cdot (\boldsymbol{a}_x B_x + \boldsymbol{a}_y B_y + \boldsymbol{a}_z B_z) \\ &= A_x B_x + A_y B_y + A_z B_z\end{aligned} \tag{1.14}$$

$$\begin{aligned}\boldsymbol{A} \times \boldsymbol{B} &= (\boldsymbol{a}_x A_x + \boldsymbol{a}_y A_y + \boldsymbol{a}_z A_z) \times (\boldsymbol{a}_x B_x + \boldsymbol{a}_y B_y + \boldsymbol{a}_z B_z) \\ &= \boldsymbol{a}_x (A_y B_z - A_z B_y) + \boldsymbol{a}_y (A_z B_x - A_x B_z) + \boldsymbol{a}_z (A_x B_y - A_y B_x) \\ &= \begin{vmatrix} \boldsymbol{a}_x & \boldsymbol{a}_y & \boldsymbol{a}_z \\ A_x & A_y & A_z \\ B_x & B_y & B_z \end{vmatrix}\end{aligned} \tag{1.15}$$

在直角坐标系中，点 P 的位置矢量

$$\boldsymbol{r} = \boldsymbol{a}_x x + \boldsymbol{a}_y y + \boldsymbol{a}_z z \tag{1.16}$$

其微分为

$$\mathrm{d}\boldsymbol{r} = \boldsymbol{a}_x \mathrm{d}x + \boldsymbol{a}_y \mathrm{d}y + \boldsymbol{a}_z \mathrm{d}z \tag{1.17}$$

2. 圆柱坐标系

如图 1.7 所示，圆柱坐标系中的三个坐标变量是 ρ，φ 和 z，点 $P(\rho_0, \varphi_0, z_0)$ 是圆柱面 $\rho = \rho_0$、半平面 $\varphi = \varphi_0$ 和平面 $z = z_0$ 的交点。通过该点的三个正交单位矢量 $\boldsymbol{a}_\rho$，$\boldsymbol{a}_\varphi$ 和 $\boldsymbol{a}_z$ 指向 ρ，φ 和 z 增加的方向，且满足如下右旋关系

$$\boldsymbol{a}_\rho \times \boldsymbol{a}_\varphi = \boldsymbol{a}_z, \boldsymbol{a}_\varphi \times \boldsymbol{a}_z = \boldsymbol{a}_\rho, \boldsymbol{a}_z \times \boldsymbol{a}_\rho = \boldsymbol{a}_\varphi \tag{1.18}$$

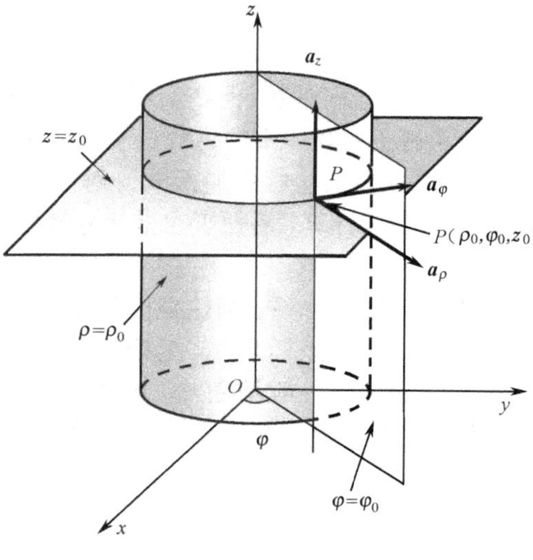

图 1.7 圆柱坐标系

矢量 $\boldsymbol{A}$ 和 $\boldsymbol{B}$ 在圆柱坐标系中分解为如下三个分量

$$\boldsymbol{A} = \boldsymbol{a}_\rho A_\rho + \boldsymbol{a}_\varphi A_\varphi + \boldsymbol{a}_z A_z \tag{1.19a}$$

$$\boldsymbol{B}=\boldsymbol{a}_\rho B_\rho+\boldsymbol{a}_\varphi B_\varphi+\boldsymbol{a}_z B_z \tag{1.19b}$$

显然，$\boldsymbol{A}$ 和 $\boldsymbol{B}$ 的代数运算满足如下关系

$$\boldsymbol{A}\pm\boldsymbol{B}=\boldsymbol{a}_\rho(A_\rho\pm B_\rho)+\boldsymbol{a}_\varphi(A_\varphi\pm B_\varphi)+\boldsymbol{a}_z(A_z\pm B_z) \tag{1.20}$$

$$\begin{aligned}\boldsymbol{A}\cdot\boldsymbol{B}&=(\boldsymbol{a}_\rho A_\rho+\boldsymbol{a}_\varphi A_\varphi+\boldsymbol{a}_z A_z)\cdot(\boldsymbol{a}_\rho B_\rho+\boldsymbol{a}_\varphi B_\varphi+\boldsymbol{a}_z B_z)\\&=A_\rho B_\rho+A_\varphi B_\varphi+A_z B_z\end{aligned} \tag{1.21}$$

$$\begin{aligned}\boldsymbol{A}\times\boldsymbol{B}&=(\boldsymbol{a}_\rho A_\rho+\boldsymbol{a}_\varphi A_\varphi+\boldsymbol{a}_z A_z)\times(\boldsymbol{a}_\rho B_\rho+\boldsymbol{a}_\varphi B_\varphi+\boldsymbol{a}_z B_z)\\&=\boldsymbol{a}_\rho(A_\varphi B_z-A_z B_\varphi)+\boldsymbol{a}_\varphi(A_z B_\rho-A_\rho B_z)+\boldsymbol{a}_z(A_\rho B_\varphi-A_\varphi B_\rho)\\&=\begin{vmatrix}\boldsymbol{a}_\rho & \boldsymbol{a}_\varphi & \boldsymbol{a}_z\\ A_\rho & A_\varphi & A_z\\ B_\rho & B_\varphi & B_z\end{vmatrix}\end{aligned} \tag{1.22}$$

在圆柱坐标系中，点 P 的位置矢量可由半平面 $\varphi=\varphi_0$ 上的几何关系得到

$$\boldsymbol{r}=\boldsymbol{a}_\rho\rho+\boldsymbol{a}_z z \tag{1.23}$$

在工程应用中，由于涉及不同形状的物体，为了分析计算在边界影响下存在的实际电磁结构及其场解，往往需要同时采用几个不同的坐标系，此时需要进行不同坐标系间的相互转换。包括坐标系、单位矢量和矢量间的变换等，详见附录 B。这里只写出圆柱坐标系与直角坐标系间的变换与逆变换公式

$$x=\rho\cos\varphi, y=\rho\sin\varphi, z=z \tag{1.24a}$$

$$\rho=\sqrt{x^2+y^2}, \varphi=\arctan\frac{y}{x}, z=z \tag{1.24b}$$

3. 球坐标系

如图 1.8 所示，球坐标系中的三个坐标变量是 r，θ 和 φ，点 $P(r_0,\theta_0,\varphi_0)$ 是球面 $r=r_0$、正圆锥面 $\theta=\theta_0$ 和半平面 $\varphi=\varphi_0$ 的交点。通过该点的三个正交单位矢量 $\boldsymbol{a}_r$，$\boldsymbol{a}_\theta$ 和 $\boldsymbol{a}_\varphi$ 指向 r，θ 和 φ 增加的方向，且满足如下右旋关系

$$\boldsymbol{a}_r\times\boldsymbol{a}_\theta=\boldsymbol{a}_\varphi, \boldsymbol{a}_\theta\times\boldsymbol{a}_\varphi=\boldsymbol{a}_r, \boldsymbol{a}_\varphi\times\boldsymbol{a}_r=\boldsymbol{a}_\theta \tag{1.25}$$

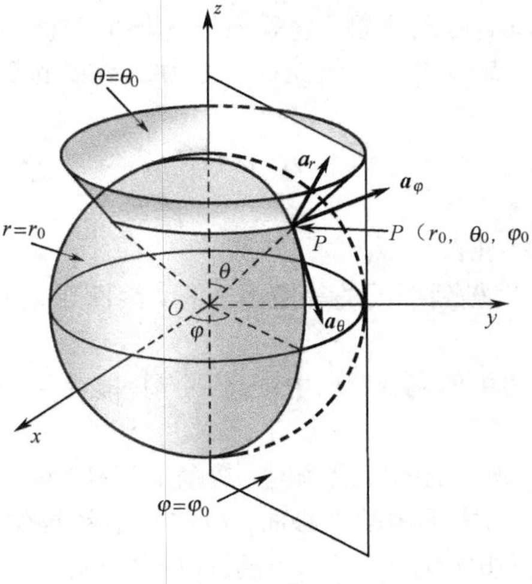

图 1.8　球坐标系

矢量 $\boldsymbol{A}$ 和 $\boldsymbol{B}$ 在球坐标系中分解为如下三个分量

$$\boldsymbol{A}=\boldsymbol{a}_r A_r+\boldsymbol{a}_\theta A_\theta+\boldsymbol{a}_\varphi A_\varphi \tag{1.26a}$$

$$\boldsymbol{B} = \boldsymbol{a}_r B_r + \boldsymbol{a}_\theta B_\theta + \boldsymbol{a}_\varphi B_\varphi \tag{1.26b}$$

显然，$\boldsymbol{A}$ 和 $\boldsymbol{B}$ 的代数运算满足如下关系

$$\boldsymbol{A} \pm \boldsymbol{B} = \boldsymbol{a}_r(A_r \pm B_r) + \boldsymbol{a}_\theta(A_\theta \pm B_\theta) + \boldsymbol{a}_\varphi(A_\varphi \pm B_\varphi) \tag{1.27}$$

$$\boldsymbol{A} \cdot \boldsymbol{B} = A_r B_r + A_\theta B_\theta + A_\varphi B_\varphi \tag{1.28}$$

$$\begin{aligned}\boldsymbol{A} \times \boldsymbol{B} &= \boldsymbol{a}_r(A_\theta B_\varphi - A_\varphi B_\theta) + \boldsymbol{a}_\theta(A_\varphi B_r - A_r B_\varphi) + \boldsymbol{a}_\varphi(A_r B_\theta - A_\theta B_r) \\ &= \begin{vmatrix} \boldsymbol{a}_r & \boldsymbol{a}_\theta & \boldsymbol{a}_\varphi \\ A_r & A_\theta & A_\varphi \\ B_r & B_\theta & B_\varphi \end{vmatrix}\end{aligned} \tag{1.29}$$

在球坐标系中，点 P 的位置矢量可由球面 $r = r_0$ 上的几何关系得到

$$\boldsymbol{r} = \boldsymbol{a}_r r \tag{1.30}$$

球坐标系与直角坐标系间的转换关系详见附录B。这里只写出它们间的变换与逆变换公式

$$x = r\sin\theta\cos\varphi, y = r\sin\theta\sin\varphi, z = r\cos\theta \tag{1.31a}$$

$$r = \sqrt{x^2 + y^2 + z^2}, \theta = \arccos\frac{z}{\sqrt{x^2 + y^2 + z^2}}, \varphi = \arctan\frac{y}{x} \tag{1.31b}$$

1.2 场的性质和描述

1.2.1 场域性质

场是有限空间区域中位置的分布函数，可以表示成位置矢量或三维坐标的解析函数形式。在实际应用中，常常需要了解场在有限区域中的分布状况，以及场与产生它的源的相依关系。对于抽象的场，我们的确能够应用相应的函数形式来精确描述，但直观性不够。为了更加形象地描述场的空间分布状况，可用分布于有限区域界面或界线内的等值面簇或等值线簇来表示标量场，用穿过有限区域界面或界线的矢量线簇来表示矢量场。所谓**场的场域性质**，是指场在空间有限区域的分布状况。由于限于有限区域，通常采用积分形式来表述，所以场的场域性质又称为积分性质。

1. 标量场的等值面

在研究标量场时，引入等值面可以形象、直观地描述场的空间分布状况。在标量场中，使标量函数 $u(x,y,z)$ 取相同数值的点形成的空间曲面，称为标量场的**等值面**。对于任意给定常数 C，描述曲面的轨迹方程

$$u(x,y,z) = C \tag{1.32}$$

就是等值面方程。

标量场的等值面具有如下特征：

(1)常数 C 取不同数值时，就得到不同的等值面方程，因而形成充满标量场 u 所在空间的等值面簇，如图1.9所示；

(2)由于 $u(x,y,z)$ 是坐标的单值函数，场中任意一点只能在一个等值面上，标量场的等值面互不相交；

(3)三维标量场退化为二维或一维的标量场时，等值面退化为等值线(曲线或直线)。

例如，温度场中的等温面，引力场中的等势面，电位场中的等位面及气象图中的等压线和地形图中的等高线等，都是具体应用实例。图1.10表示位于坐标原点，电量为 q 的点电荷在自由空间任意点 (x,y,z) 所形成的等位面簇。其电位表达式为

$$\Phi(x,y,z) = \frac{q}{4\pi\varepsilon_0(x^2 + y^2 + z^2)^{\frac{1}{2}}}$$

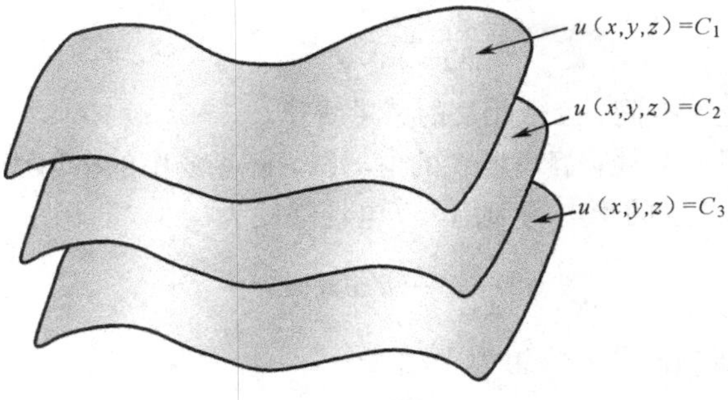

图1.9　等值面簇

等位面方程 $x^2+y^2+z^2=C$ 所描述的曲线是一簇以原点为球心的同心球面。图1.11表示地形图中的等高线，曲线的分布状况和疏密程度可以判断山势的高低和坡度变化的缓急。在现实生活中，按这样的思路描述物体的空间形状和位置的实例不胜枚举。例如，在医疗检测仪器中，用于探测脑部瘤肿形状、大小和位置的CT或核磁共振技术，电视气象预报中的卫星云图，影视动画中用电脑绘制二维或三维动画的分格技术等，尽管并不一定包含“等值”这一特性，但其所采用的描述空间形状分布的方式是一致的。

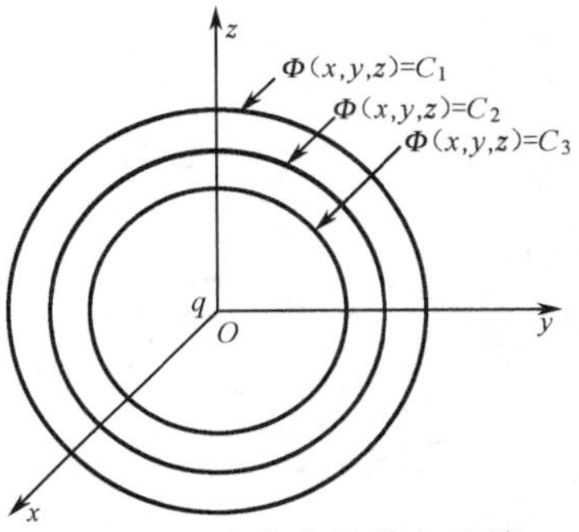

图1.10　点电荷的等位面簇

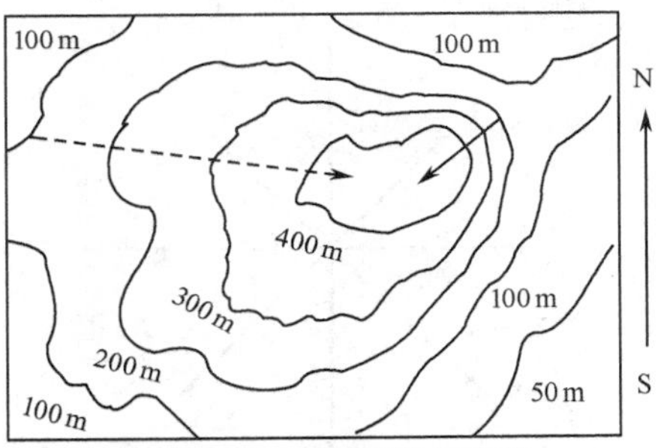

图1.11　地形图的等高线

2. 矢量场的矢量线

矢量场的空间分布状况，可以引入矢量线簇来描述。这是一种有向曲线，某点场的大小用该点附近矢量线分布的疏密度来表示，场的方向与该点场矢量的切线方向一致。因此，每点场的大小和方向都可能不相同，表明矢量场是位置的函数，可以用一个矢量函数 $\boldsymbol{F}(\boldsymbol{r})$ 来表示。在直角坐标系中表示为

$$\boldsymbol{F}(x,y,z)=\boldsymbol{a}_xF_x(x,y,z)+\boldsymbol{a}_yF_y(x,y,z)+\boldsymbol{a}_zF_z(x,y,z) \tag{1.33}$$

图1.12表示矢量线簇的分布，设点 $P(x,y,z)$ 是场中矢量线上任意一点，其矢径为

$$\boldsymbol{r}=\boldsymbol{a}_xx+\boldsymbol{a}_yy+\boldsymbol{a}_zz$$

则其微分矢量

$$\mathrm{d}\boldsymbol{r}=\boldsymbol{a}_x\mathrm{d}x+\boldsymbol{a}_y\mathrm{d}y+\boldsymbol{a}_z\mathrm{d}z$$

为曲线在点 P 的切向矢量。按照矢量线的定义，在点 P 处 $\mathrm{d}\boldsymbol{r}$ 与 $\boldsymbol{F}$ 共线，故必有 $\mathrm{d}\boldsymbol{r}\,/\!/\,\boldsymbol{F}$。由此可知，矢量线满足微分方程

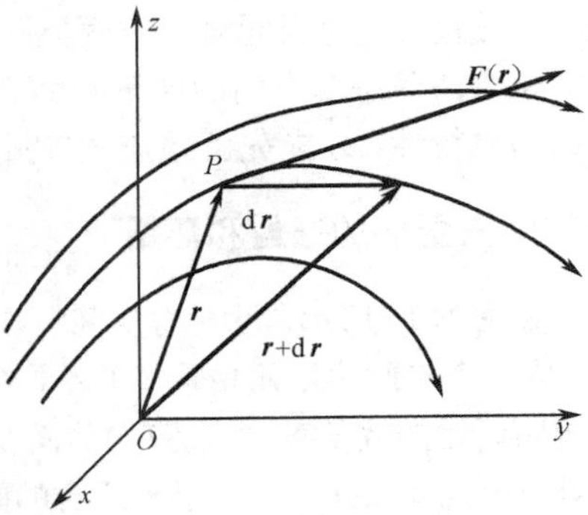

图1.12　矢量线簇

$$\frac{dx}{Fx} = \frac{dy}{Fy} = \frac{dz}{Fz} \tag{1.34}$$

解此微分方程可得充满整个空间、互不相交的矢量线簇。

例如，流体中速度场的流线，静电场中的电场线，静磁场中的磁场线等，都是矢量线的例子。以图 1.10 中点电荷 q 所产生的静电场为例，其电场强度为

$$\boldsymbol{E} = \frac{q}{4\pi\varepsilon_0 r^3}(\boldsymbol{a}_x x + \boldsymbol{a}_y y + \boldsymbol{a}_z z)$$

由式(1.34)可求得矢量线的微分方程组为

$$\frac{dx}{x} = \frac{dy}{y},\ \frac{dy}{y} = \frac{dz}{z},\ \frac{dz}{z} = \frac{dx}{x}$$

由此解得

$$x = C_1 y,\ y = C_2 z,\ z = C_3 x$$

这是从点电荷 q 所在坐标原点处发出的射线束，如图 1.13 所示。这是起于正电荷，止于负电荷的电力线。

再以直线电流在周围空间产生的静磁场为例，包围电流的磁力线是一簇旋向与电流流向呈右旋关系的闭合线，如图 1.14 所示。可见电荷源和电流源是两类不同性质的源，它们产生的场也具有不同的性质。

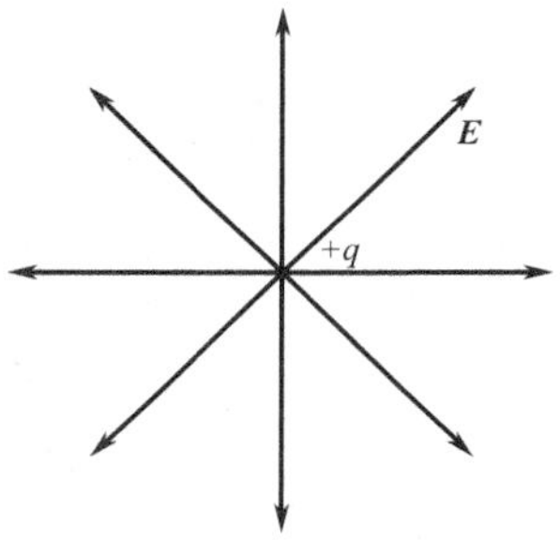

图 1.13　点电荷的电力线

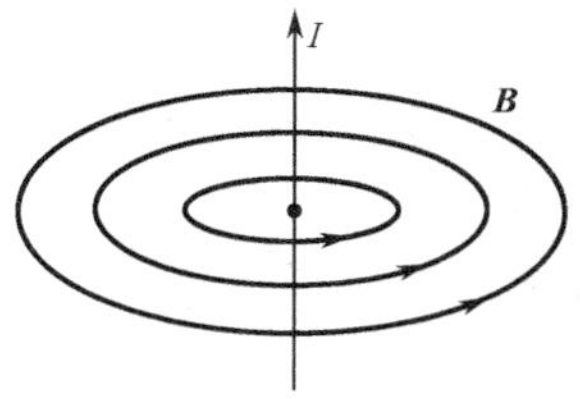

图 1.14　直线电流的磁力线

在有限空间中，如何利用矢量线簇来描述矢量场的分布状况呢？我们可以设想，有一簇矢量线以任意方向穿过有限区域的界面或界线，一般情况下，总可以将穿过界面或界线上的场分解为法向分量和切向分量。根据前面所述例子可知，有两类不同的源，分别产生不同的场，如果将任意方向矢量线所表示的场的法向分量和切向分量，理解为分别由这两类场源所产生的不同性质的场，那么，任意取向的场就可看做这两种场的合成值。由此得到一个启示：研究有限空间中矢量场的场域性质，应当同时考查两类源(如上例中的电荷源和电流源)所产生的场分别穿过包围两类源的闭合曲面法向方向的通量和闭合曲线切向方向的环量。只有同时从这两个侧面来研究矢量场的场域特性，才能完备地描述矢量场在有限区域的分布状况。

3. 矢量场的通量和环量

如图 1.15 所示，设 $\boldsymbol{S}$ 为空间有向曲面，$d\boldsymbol{S}$ 为其上的有向曲面元，取一个与此曲面元相垂直的单位矢量 $\boldsymbol{a}_n$，则矢量 $d\boldsymbol{S} = \boldsymbol{a}_n dS$ 称为有向曲面元的数学表达式。**有向曲面 $\boldsymbol{S}$** 是指其大小为 S，方向沿曲面的垂直方向 $\boldsymbol{a}_n$ 的曲面。对于未闭合的曲面，曲面 $\boldsymbol{a}_n$ 的指向与其周界线走向呈右旋关系；对于闭合的曲面，曲面 $\boldsymbol{a}_n$ 指向其外法向。

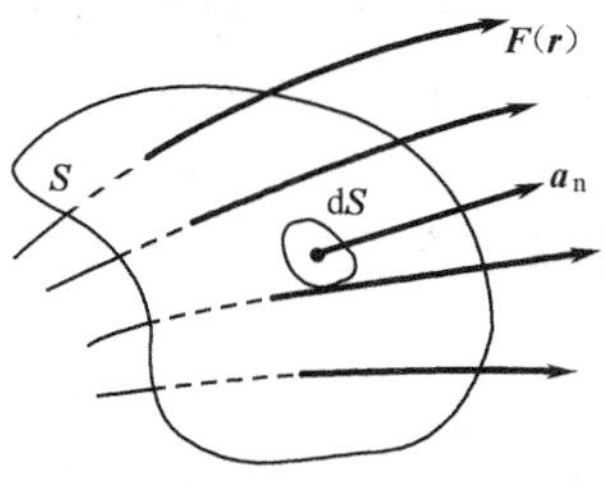

图 1.15　矢量场的通量

矢量场 $\boldsymbol{F}$ 穿过有向曲面元 $\mathrm{d}\boldsymbol{S}$ 的通量定义为

$$\mathrm{d}\psi = \boldsymbol{F}\cdot\mathrm{d}\boldsymbol{S} = F\mathrm{d}S\cos\theta \tag{1.35a}$$

将曲面 $\boldsymbol{S}$ 上各面元 $\mathrm{d}\boldsymbol{S}$ 相叠加。对于开曲面 $\boldsymbol{S}$，通量为

$$\psi = \int_S \boldsymbol{F}\cdot\mathrm{d}\boldsymbol{S} = \int_S \boldsymbol{F}\cdot\boldsymbol{a}_\mathrm{n}\mathrm{d}S \tag{1.35b}$$

显然，ψ 的大小和正负取值由 $\boldsymbol{F}$ 与 $\boldsymbol{a}_\mathrm{n}$ 的取向确定。对于闭曲面 $\boldsymbol{S}$，如图 1.16 所示，通量为

$$\psi = \oint_S \boldsymbol{F}\cdot\mathrm{d}\boldsymbol{S} \tag{1.35c}$$

由式(1.35)可知，**矢量场对有向曲面的面积分称为矢量场通过该有向曲面的通量**，它描述了矢量场通过有向曲面的数量，所以用点乘表示为标量。由图 1.16 中可以看出：当 $\theta<\pi/2$ 时，表示 $\boldsymbol{F}$ 线穿出 $\mathrm{d}\boldsymbol{S}$，$\mathrm{d}\psi$ 取正值；当 $\theta>\pi/2$ 时，表示 $\boldsymbol{F}$ 线穿入 $\mathrm{d}\boldsymbol{S}$，$\mathrm{d}\psi$ 取负值。对整个闭曲面积分，则通量 ψ 表示穿过曲面 $\boldsymbol{S}$ 的所有 $\pm\mathrm{d}\psi$ 的代数和，称为净通量。讨论如下三种情况：

(1) 当 $\psi>0$ 时，表示穿出闭曲面 $\boldsymbol{S}$ 的通量线多于穿入的通量线，闭曲面 $\boldsymbol{S}$ 内必有发出通量线的**正通量源**。例如，静电场中的正电荷发出的电力线就是正通量源；

(2) 当 $\psi<0$ 时，表示穿出闭曲面 $\boldsymbol{S}$ 的通量线少于穿入的通量线，闭曲面 $\boldsymbol{S}$ 内必有汇聚通量线的**负通量源**。例如，静电场中的负电荷汇聚的电力线就是负通量源；

(3) 当 $\psi=0$ 时，表示穿出和穿入闭曲面 $\boldsymbol{S}$ 的通量线相等，闭曲面 $\boldsymbol{S}$ 内无通量源。

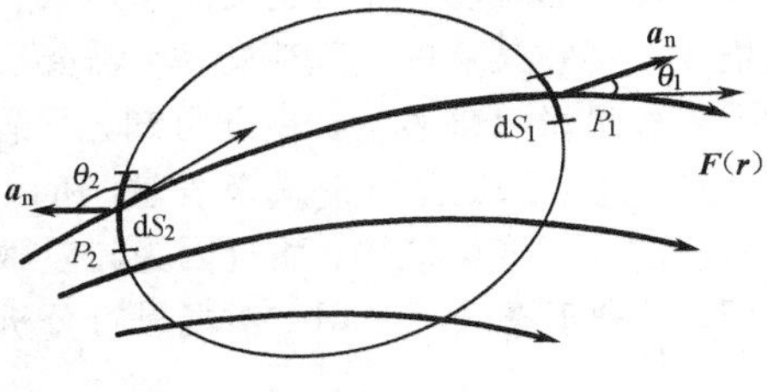

图 1.16 矢量场的闭曲面通量

可以看出，在有限空间区域内，穿过闭曲面的通量必定与闭曲面内产生矢量场的源存在着相依关系。例如，物理学的高斯定理公式 $\oint_S \boldsymbol{E}\cdot\mathrm{d}\boldsymbol{S}=\dfrac{q}{\varepsilon_0}$，它表示真空中的电场强度穿过任一闭曲面的通量等于该闭曲面包围的电荷量与真空介电常数之比。

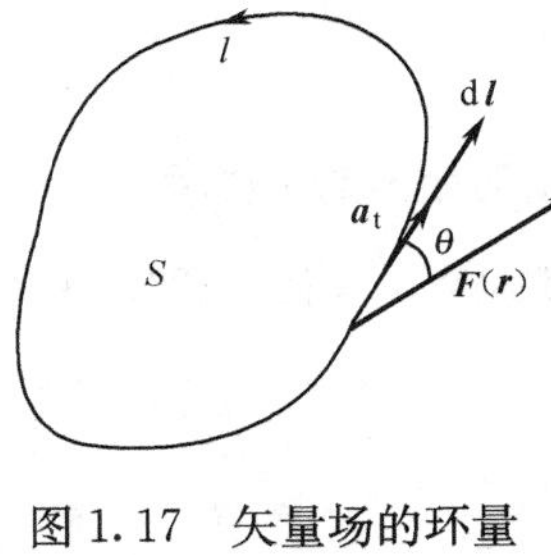

图 1.17 矢量场的环量

如图 1.17 所示，设 $\boldsymbol{l}$ 为空间**有向曲线**，$\mathrm{d}\boldsymbol{l}=\boldsymbol{a}_\mathrm{t}\mathrm{d}l$ 为其上的**有向曲线元**，其大小为 $\mathrm{d}l$，方向沿 $\boldsymbol{l}$ 的切线方向 $\boldsymbol{a}_\mathrm{t}$。取 $\boldsymbol{F}$ 与 $\mathrm{d}\boldsymbol{l}$ 的点积 $\mathrm{d}\Gamma=\boldsymbol{F}\cdot\mathrm{d}\boldsymbol{l}$，并沿 $\boldsymbol{l}$ 积分。对于开曲线和闭曲线，可分别定义矢量场沿有向曲线的环量为

$$\Gamma = \int_l \boldsymbol{F}\cdot\mathrm{d}\boldsymbol{l} \tag{1.36a}$$

$$\Gamma = \oint_l \boldsymbol{F}\cdot\mathrm{d}\boldsymbol{l} \tag{1.36b}$$

由式(1.36)可知，**矢量场沿有向曲线的线积分称为矢量场沿该有向曲线的环量**，它描述了矢量场沿有向曲线的数量，所以用点乘表示为标量。显然，Γ 的取值由 $\boldsymbol{F}$ 与 $\mathrm{d}\boldsymbol{l}$ 的取向确定。当 $\theta=0$ 时，$\boldsymbol{F}$ 与 $\mathrm{d}\boldsymbol{l}$ 取向相同，$\mathrm{d}\Gamma>0$；当 $\theta=\pi$ 时，$\boldsymbol{F}$ 与 $\mathrm{d}\boldsymbol{l}$ 取向相反，$\mathrm{d}\Gamma<0$。对整个闭曲线积分，则环量 Γ 表示在曲面 $\boldsymbol{S}$ 上沿其所有周线 l 的 $\pm\mathrm{d}\Gamma$ 的代数和，称为净环量。显然，如果矢量场的环量不等于零，场中必定存在产生该矢量场的源。但这种源与通量源不同之处是它不发出或汇聚矢量线，其所产生矢量场的矢量线是闭合曲线，称为**旋涡源**。

可以看出，在有限空间区域内，沿闭曲线的环量必定与穿过闭曲线产生矢量场的源存在着相依关系。例如，物理学的安培环路定理公式 $\oint_l \boldsymbol{B}\cdot\mathrm{d}\boldsymbol{l}=\mu_0 I$，它表示真空中的磁感应强度沿任一闭曲线的环量等于该曲线包围的电流量与真空介磁常数的乘积。

1.2.2 场点性质

引入标量场的等值面簇，矢量场的通量和环量，能够形象、直观地描述空间区域中场的总体分布，是一种整体性的了解。这种描述方法往往不能揭示任意点场的物理特性，不能反映场在该点邻域内的空间变化规律，有必要对某点的场做局部性的了解。例如，点电荷的静电场可以引入一簇等位球面来描述，在同一等位面上，任何点都不变化，只有穿过不同等位面才产生空间变化；高斯定理和安培环路定理分别建立了电场强度和磁感应强度的总通量和总环量与总电荷和总电流的关系，在包围源量的区域内，不管源的分布状况有何变化，只要满足总源量不变，就不会影响总通量和总环量之值，因此完全无法反映区域内任意点因源分布变化导致的场的空间变化情况。为了揭示有限区域内任一点场的物理特性，可以采用取极限的方法，将范围缩小至该点，分别考查标量场在该点穿过不同等位面沿任意方向变化的标量场线密度及矢量场在该点的通量体密度和环量面密度，进而定义出描述某点标量场的梯度及矢量场的散度和旋度。由于这些密度函数描述了场在某点的空间变化率，需要引入微分形式来表示，又由于某些密度函数与方向有关，常引入矢量微分来表示。由此可知，所谓**场的场点性质**，是指场在某点的空间变化率。由于限于某一点，通常采用微分形式来表述，所以场的场点性质又称为微分性质。场点描述法，不仅可以表示场的局部变化规律，而且因为矢量微分的引入，矢量分析这一有用的数学工具由此得到充分应用，有利于在实际应用中对场进行分析和计算。

1. 标量场的梯度

为了考查标量场中某点在其邻域内沿各个方向的变化规律，需要引入方向导数和梯度的定义。如图1.18所示，设点 P_0 为标量场 $u(P)$ 中的一点，自点 P_0 引出一条射线 $\boldsymbol{l}$，点 P 是 $\boldsymbol{l}$ 上的动点，它到点 P_0 的距离为 Δl。当点 P 沿 $\boldsymbol{l}$ 趋近于点 P_0 时，比值$\dfrac{u(P)-u(P_0)}{\Delta l}$的极限定义为标量场 $u(P)$ 在点 P_0 处沿 $\boldsymbol{l}$ 方向的方向导数，记为

$$\frac{\partial u}{\partial l}\Big|_{P_0}=\lim_{\Delta l=0}\frac{u(P)-u(P_0)}{\Delta l} \tag{1.37}$$

由定义可知，**标量场在某点的方向导数表示标量场自该点沿某一方向上对距离的变化率。**

在直角坐标系中，$\dfrac{\partial u}{\partial l}$ 可以分解为三个投影分量$\dfrac{\partial u}{\partial x}$,$\dfrac{\partial u}{\partial y}$,$\dfrac{\partial u}{\partial z}$，如图1.19所示。根据复合函数求导法则，有

$$\frac{\partial u}{\partial l}=\frac{\partial u}{\partial x}\frac{\partial x}{\partial l}+\frac{\partial u}{\partial y}\frac{\partial y}{\partial l}+\frac{\partial u}{\partial z}\frac{\partial z}{\partial l}$$

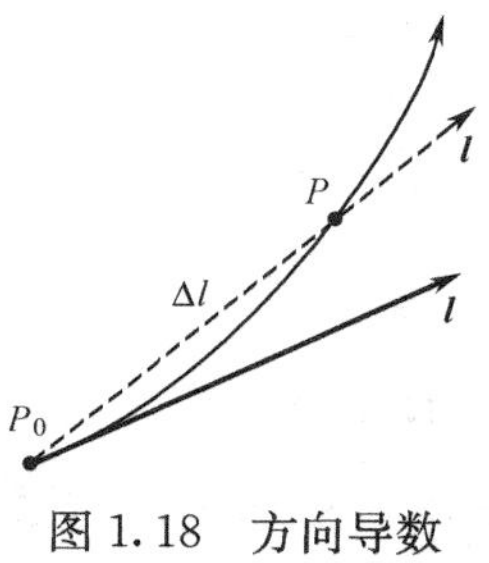

图1.18 方向导数

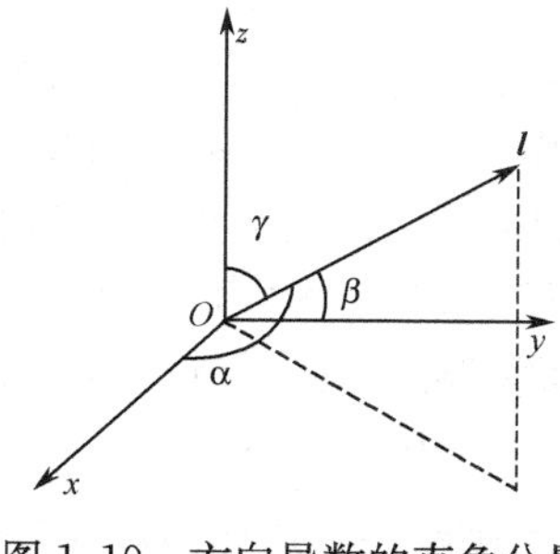

图1.19 方向导数的直角分量

若射线 $\boldsymbol{l}$ 对坐标的方向余弦为 $\cos\alpha$,$\cos\beta$ 和 $\cos\gamma$，由几何关系知$\dfrac{\partial x}{\partial l}=\cos\alpha$，$\dfrac{\partial y}{\partial l}=\cos\beta$ 和

$\dfrac{\partial z}{\partial l}=\cos\gamma$，则得方向导数的直角表达式

$$\frac{\partial u}{\partial l}=\frac{\partial u}{\partial x}\cos\alpha+\frac{\partial u}{\partial y}\cos\beta+\frac{\partial u}{\partial z}\cos\gamma \tag{1.38}$$

在标量场中，从给定点出发有无限多个方向，而且在不同方向的变化率往往不同。那么，沿哪个方向变化率最大？其最大变化率又是多少？由于方向导数的不确定性，无法回答这些问题，为此可以引入梯度的定义。显然，在无限多个方向中，必定存在一个具有最大变化率的方向导数。由于它具有确定方向，应当用矢量表示梯度。

标量场在某点的梯度是一个矢量，其大小为具有最大变化率的方向导数，其方向为变化率最大的方向。设标量场 u 在点 P 变化率最大时的方向导数为 $(\partial u/\partial l)_{\max}$，该变化率最大的方向用单位矢量 $\boldsymbol{a}_l$ 表示，引入记号 grad 表示 u 的梯度，则梯度定义式记为

$$\mathrm{grad}\,u=\boldsymbol{a}_l\left(\frac{\partial u}{\partial l}\right)_{\max} \tag{1.39a}$$

在图 1.20 中，考虑直角坐标系中两矢量 $\boldsymbol{a}_l$ 和 $\boldsymbol{G}_\mathrm{m}$ 的点积。其中，$\boldsymbol{a}_l$ 为任意方向射线 $\boldsymbol{l}$ 上的单位矢量，$\boldsymbol{G}_\mathrm{m}$ 为与 u 有关的固定矢量，表示为

$$\boldsymbol{a}_l=\boldsymbol{a}_x\cos\alpha+\boldsymbol{a}_y\cos\beta+\boldsymbol{a}_z\cos\gamma \tag{1.39b}$$

$$\boldsymbol{G}_\mathrm{m}=\boldsymbol{a}_x\frac{\partial u}{\partial x}+\boldsymbol{a}_y\frac{\partial u}{\partial y}+\boldsymbol{a}_z\frac{\partial u}{\partial z} \tag{1.39c}$$

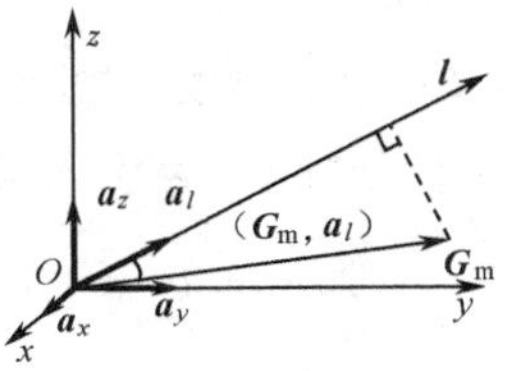

图 1.20　梯度与方向导数的投影关系

由式(1.38)可得

$$\begin{aligned}\boldsymbol{G}_\mathrm{m}\cdot\boldsymbol{a}_l&=\left(\boldsymbol{a}_x\frac{\partial u}{\partial x}+\boldsymbol{a}_y\frac{\partial u}{\partial y}+\boldsymbol{a}_z\frac{\partial u}{\partial z}\right)\cdot(\boldsymbol{a}_x\cos\alpha+\boldsymbol{a}_y\cos\beta+\boldsymbol{a}_z\cos\gamma)\\&=\frac{\partial u}{\partial x}\cos\alpha+\frac{\partial u}{\partial y}\cos\beta+\frac{\partial u}{\partial z}\cos\gamma\\&=\frac{\partial u}{\partial l}\\&=|\boldsymbol{G}_\mathrm{m}|\cos(\boldsymbol{G}_\mathrm{m},\boldsymbol{a}_l)\end{aligned}$$

讨论：

(1)当矢量 $\boldsymbol{l}$ 旋向矢量 $\boldsymbol{G}_\mathrm{m}$ 时，$(\boldsymbol{G}_\mathrm{m},\boldsymbol{a}_l)=0$，$\left(\dfrac{\partial u}{\partial l}\right)_{\max}=|\boldsymbol{G}_\mathrm{m}|$ 是 $\boldsymbol{G}_\mathrm{m}$ 的模，标量场 u 有最大变化率，$\boldsymbol{G}_\mathrm{m}$ 就是标量场 u 的梯度，由式(1.39c)知，梯度在直角坐标系中的表达式为

$$\mathrm{grad}\,u=\boldsymbol{a}_x\frac{\partial u}{\partial x}+\boldsymbol{a}_y\frac{\partial u}{\partial y}+\boldsymbol{a}_z\frac{\partial u}{\partial z} \tag{1.40}$$

(2)当矢量 $\boldsymbol{l}$ 旋至与矢量 $\boldsymbol{G}_\mathrm{m}$ 垂直时，$(\boldsymbol{G}_\mathrm{m},\boldsymbol{a}_l)=\dfrac{\pi}{2}$，$\left(\dfrac{\partial u}{\partial l}\right)_{\min}=0$，标量场 u 在垂直于矢量 $\boldsymbol{G}_\mathrm{m}$ 的方向无变化，是等值面所在位置。

标量场 u 中点 P 处场量的方向导数、梯度和等值面间的关系，如图 1.21 所示。看出，梯度具有如下特性：

(1)标量场 u 的梯度 grad$u$ 是一个矢量场，称为梯度场；

(2)标量场 u 在给定点 P 沿 $\boldsymbol{l}$ 方向的方向导数等于梯度在该方向上的投影(如图 1.20 所示)；

(3)梯度方向的方向导数 $\left(\dfrac{\partial u}{\partial l}\right)_{\max}=|\boldsymbol{G}_\mathrm{m}|$ 为正值，梯度总是指向标量函数 u 增大最快的方向；

(4)标量场 u 在点 P 的梯度垂直于过该点的等值面，即在等值面的法线方向，标量场变化最快。

以高楼建筑为例，它处于垂直向下的地球引力场中，等势面平行于地面，其量值向上递增，如图 1.22 所示。要到达高层建筑物，若沿楼梯上去，其陡度由沿梯格方向的方向导数来表示；若沿电梯垂直上楼，陡度最大，标量势具有最大变化率，其陡度由沿电梯上升方向的梯度来表示。梯度 $\boldsymbol{G}_m$ 与引力 $\boldsymbol{F}_g$ 等值反向。

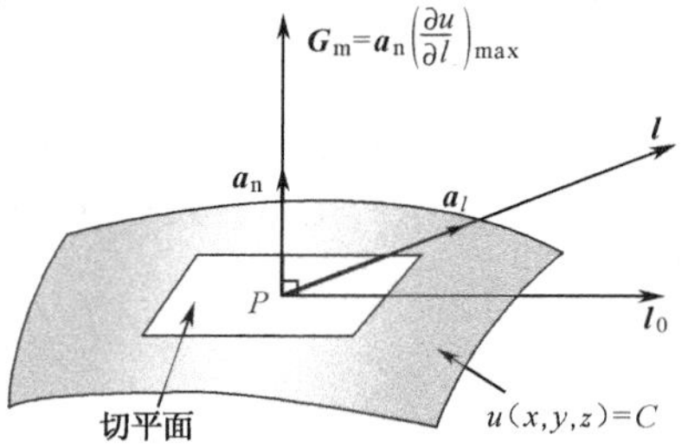

图 1.21　方向导数、梯度和等值面的关系

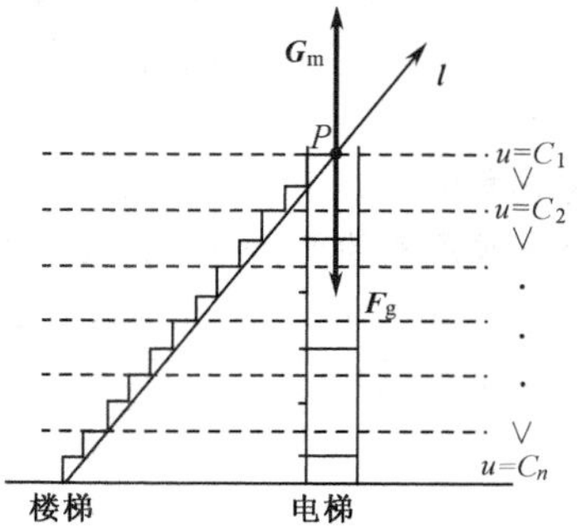

图 1.22　势场的方向导数、梯度和等势面实例

在矢量分析中，常引入矢性微分算符“▽”(读作“del”或“Nabla”)，以简化分析和计算。在直角坐标系中

$$\nabla=\boldsymbol{a}_x\frac{\partial}{\partial x}+\boldsymbol{a}_y\frac{\partial}{\partial y}+\boldsymbol{a}_z\frac{\partial}{\partial z} \tag{1.41}$$

将之作用于标量场 u，可得

$$\nabla u=\boldsymbol{a}_x\frac{\partial u}{\partial x}+\boldsymbol{a}_y\frac{\partial u}{\partial y}+\boldsymbol{a}_z\frac{\partial u}{\partial z}=\mathrm{grad}\,u \tag{1.42}$$

当矢性微分算符▽作用于标量或矢量函数时，它同时具有矢量性和微分性。显然，梯度是表示标量场在某点的空间变化率，且在特定方向有最大值。在数学上，我们自然会想到采用矢量空间导数(三维)来表示，而▽正好是这样的运算符号。其中，三维空间导数表示空间变化率，矢量表示方向。需要指出，当函数置于▽之前时，▽就只能作为矢量参与函数的运算。

【例 1.1】 已知 R 为场点 $P(x,y,z)$ 与源点 $P'(x',y',z')$ 的距离，▽和▽′分别表示对场点和源点求导，如图 1.23 所示。计算 $\nabla\left(\frac{1}{R}\right)$ 和 $\nabla'\left(\frac{1}{R}\right)$ 之值，并表示出它们间的关系。

解：

点 P 和点 P' 的位置矢量为

$$\boldsymbol{r}=\boldsymbol{a}_x x+\boldsymbol{a}_y y+\boldsymbol{a}_z z$$
$$\boldsymbol{r}'=\boldsymbol{a}_x x'+\boldsymbol{a}_y y'+a_z z'$$

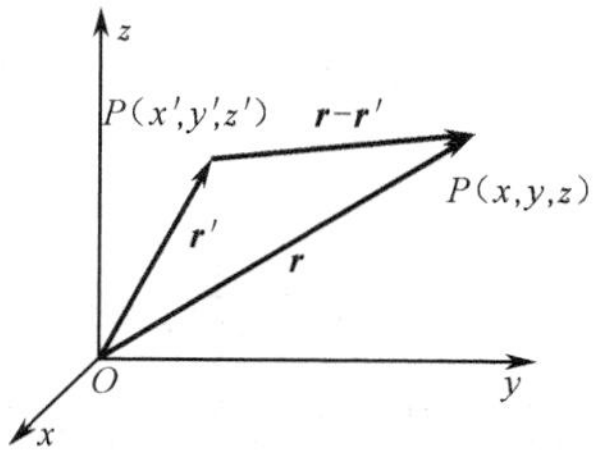

图 1.23　场点和源点的矢量表示

则

$$\boldsymbol{R}=\boldsymbol{r}-\boldsymbol{r}'=\boldsymbol{a}_x(x-x')+\boldsymbol{a}_y(y-y')+\boldsymbol{a}_z(z-z')$$
$$R=|\boldsymbol{R}|=\sqrt{(x-x')^2+(y-y')^2+(z-z')^2}$$

对场点和源点求导的算符为

$$\nabla=\boldsymbol{a}_x\frac{\partial}{\partial x}+\boldsymbol{a}_y\frac{\partial}{\partial y}+\boldsymbol{a}_z\frac{\partial}{\partial z}$$
$$\nabla'=\boldsymbol{a}_x\frac{\partial}{\partial x'}+\boldsymbol{a}_y\frac{\partial}{\partial y'}+\boldsymbol{a}_z\frac{\partial}{\partial z'}$$

将

$$\frac{1}{R}=\frac{1}{\sqrt{(x-x')^2+(y-y')^2+(z-z')^2}}$$

代入式(1.42)，得

$$\nabla\left(\frac{1}{R}\right)=\boldsymbol{a}_x\frac{\partial}{\partial x}\left(\frac{1}{R}\right)+\boldsymbol{a}_y\frac{\partial}{\partial y}\left(\frac{1}{R}\right)+\boldsymbol{a}_z\frac{\partial}{\partial z}\left(\frac{1}{R}\right)$$

式中

$$\frac{\partial}{\partial x}\left(\frac{1}{R}\right)=-\frac{(x-x')}{\left[\sqrt{(x-x')^2+(y-y')^2+(z-z')^2}\right]^3}$$

$\frac{1}{R}$ 对 y,z 求导可得类似关系式，故有

$$\nabla\left(\frac{1}{R}\right)=-\frac{\boldsymbol{a}_x(x-x')+\boldsymbol{a}_y(y-y')+\boldsymbol{a}_z(z-z')}{\left[\sqrt{(x-x')^2+(y-y')^2+(z-z')^2}\right]^3}$$

$$=-\frac{\boldsymbol{R}}{R^3}$$

同理，对 x',y' 和 z' 做类似微分运算时，必须反号，故得

$$\nabla'\left(\frac{1}{R}\right)=\frac{\boldsymbol{R}}{R^3}$$

由此可知

$$\nabla\left(\frac{1}{R}\right)=-\nabla'\left(\frac{1}{R}\right)$$

【例 1.2】 如图 1.24 所示，已知点电荷 q 在场点 P 的电位为

$$\Phi=\frac{q}{4\pi\varepsilon_0 R}$$

求 Φ 的梯度，并讨论 $\boldsymbol{E}$ 和 Φ 的关系。

解：

按上例的结果，可知

$$\mathrm{grad}\,\Phi=\nabla\Phi=\frac{q}{4\pi\varepsilon_0}\nabla\left(\frac{1}{R}\right)=-\frac{q}{4\pi\varepsilon_0 R^3}\boldsymbol{R}$$

又因为该点电荷产生的电场强度为

$$\boldsymbol{E}=\frac{q}{4\pi\varepsilon_0 R^3}\boldsymbol{R}$$

因此，有

$$\boldsymbol{E}=-\nabla\Phi$$

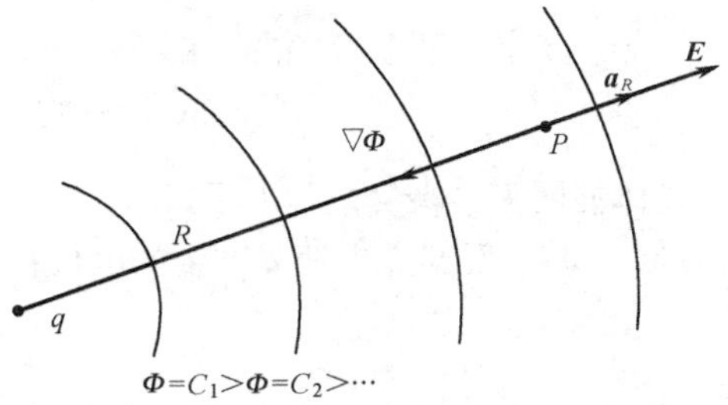

图 1.24　电场强度和电位的关系

图 1.24 中场点 P 处的梯度方向指向等位球面之值增加的方向，而电场强度则指向径向方向，刚好等值反向，故上式中出现负号。

2. 矢量场的散度和旋度

矢量场穿过闭曲面的通量是一个积分量，它无法反映场域内各点处通量源的分布情况。当通量 $\psi=0$ 时，既可表示闭曲面无通量源，也可表示同时存在等值的正、负通量源，因此无法判断闭曲面内是否有通量源。如果要考查任意点处的通量源特性，唯有采用取极限的方式，使计算通量的闭曲面缩小至该点，并相对于包围该点的体积来研究其通量体密度。

在矢量场 $\boldsymbol{F}$ 中的任一点 P 处作包围该点的任意闭曲面 S，当 S 所界定的体积 ΔV 以任意方式趋近于零时，若比值 $\oint_S \boldsymbol{F}\cdot \mathrm{d}\boldsymbol{S}/\Delta V$ 存在极限，则称其为矢量场 $\boldsymbol{F}$ 在点 P 处的散度，记为 $\mathrm{div}\,\boldsymbol{F}$，即

$$\text{div}\,\boldsymbol{F} = \lim_{\Delta V \to 0} \frac{\oint_S \boldsymbol{F} \cdot \mathrm{d}\boldsymbol{S}}{\Delta V} \tag{1.43}$$

式(1.43)表明，**散度是一个标量，它可理解为通过单位体积闭曲面的通量，即通量体密度或通量源强度**。因此，散度可用于描述矢量场中某点通量对体积的变化率。当 $\boldsymbol{F}$ 的散度不等于零时，$\boldsymbol{F}$ 称为有源场(或有散场)，其矢量线起于正通量源，止于负通量源。作为实例，我们将流体的速度场(令 $\boldsymbol{F}=\boldsymbol{v}$) 和静电场(令 $\boldsymbol{F}=\boldsymbol{E}$) 做个比较，如图 1.25 所示。若 $\text{div}\,\boldsymbol{F}>0$，则该点有发出矢量线的正通量源(如喷泉水的流速线和正点电荷的电场线)；若 $\text{div}\,\boldsymbol{F}<0$，则该点有汇聚矢量线的负通量源(如地漏水的流速线和负电荷的电场线)；若 $\text{div}\,\boldsymbol{F}=0$，则该点无通量源。

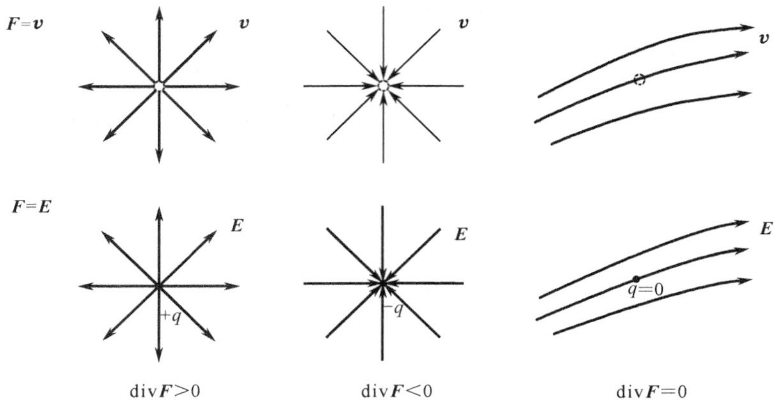

图 1.25　散度的意义

在直角坐标系中，可以证明

$$\text{div}\,\boldsymbol{F} = \frac{\partial F_x}{\partial x} + \frac{\partial F_y}{\partial y} + \frac{\partial F_z}{\partial z} = \nabla \cdot \boldsymbol{F} \tag{1.44}$$

具体证明见参考文献[4]，[5]。

【例 1.3】　已知点电荷 q 产生的电位移矢量为

$$\boldsymbol{D} = \frac{q}{4\pi R^3}\boldsymbol{R}$$

式中，$\boldsymbol{R}=\boldsymbol{a}_x(x-x')+\boldsymbol{a}_y(y-y')+\boldsymbol{a}_z(z-z')$，$R=|\boldsymbol{R}|=\sqrt{(x-x')^2+(y-y')^2+(z-z')^2}$。求 $\boldsymbol{D}$ 的散度，并讨论在 $R\neq 0$ 和 $R=0$ 处的物理意义。

解：

由 $\boldsymbol{D}=\boldsymbol{a}_x D_x+\boldsymbol{a}_y D_y+\boldsymbol{a}_z D_z$ 知

$$D_x = \frac{q(x-x')}{4\pi\left[\sqrt{(x-x')^2+(y-y')^2+(z-z')^2}\right]^3}$$

$$\frac{\partial D_x}{\partial x} = \frac{q[R^2-3(x-x')^2]}{4\pi R^5}$$

同理，其 y,z 分量有类似表示式，只需将分子中的$(x-x')$ 换为$(y-y')$ 和$(z-z')$，故根据式(1.44)可知

$$\begin{aligned}\nabla \cdot \boldsymbol{D} &= \frac{\partial D_x}{\partial x} + \frac{\partial D_y}{\partial y} + \frac{\partial D_z}{\partial z} \\ &= \frac{3q}{4\pi R^5}\{R^2-[(x-x')^2+(y-y')^2+(z-z')^2]\}\end{aligned}$$

在 $R \neq 0(\boldsymbol{r} \neq \boldsymbol{r}')$ 处，场点和源点不重合，$\nabla \cdot \boldsymbol{D} = 0$，表示源点外处处无电荷；在 $R = 0(\boldsymbol{r} = \boldsymbol{r}')$ 处，场点和源点重合，表示 $\boldsymbol{D}$ 之值为无限大，无意义，所以 $\nabla \cdot \boldsymbol{D}$ 也不存在。

矢量场的场点性质，要从两个侧面来描述。除了了解它的散度性质外，同时还应了解它的旋度性质。矢量场沿闭曲线的环量是一个积分量，它无法反映场域内各点处环量源的分布情况。如果要考查任意点环量源特性，可以采用分析通量源的思路，用取极限的方式，使计算环量的闭曲线缩小至该点，并相对于包围该点的曲面来研究其环量面密度。

在矢量场 $\boldsymbol{F}$ 中的任一点 P 处作包围该点所在有向曲面的闭曲线 $\boldsymbol{l}$，$\boldsymbol{l}$ 的正方向与曲面的法向矢量 $\boldsymbol{a}_n$ 呈右旋关系，如图 1.26 所示。当 $\boldsymbol{l}$ 所界定的面积 ΔS 以任意方式趋近于零时，若比值 $\oint_l \boldsymbol{F} \cdot d\boldsymbol{l}/\Delta S$ 存在极限，则称其为矢量场 $\boldsymbol{F}$ 在点 P 处的环量面密度，记为

$$\gamma_n = \lim_{\Delta S \to 0} \frac{\oint_l \boldsymbol{F} \cdot d\boldsymbol{l}}{\Delta S} \tag{1.45}$$

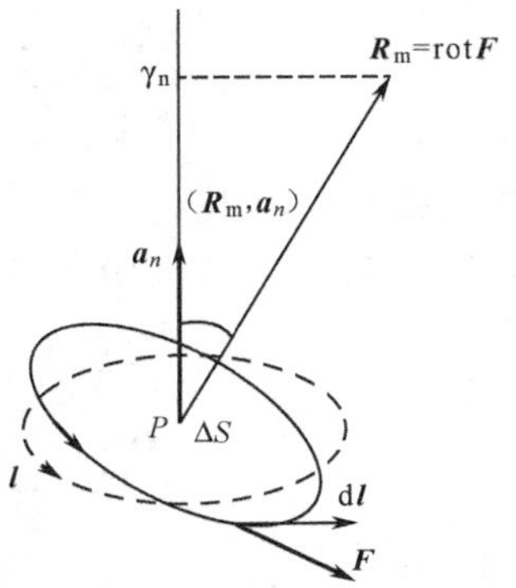

图 1.26　环量面密度与旋度的投影关系

过点 P 可能存在着无数个方位的有向曲面，其相应的法线也有无数个方向，这表明 γ_n 与方向有关，作为标量的 γ_n 并不能反映环量源自身的值。γ_n 之值可能从零至最大值间进行变化。事实上，当在某个方向的 γ_n 等于零时，并不能表明该点的环量源为零，由此判断，要真实反映场点 P 处环量源特性，必须引入与方向有关系的矢量函数来表示。γ_n 与该矢量的关系，如同标量场中方向导数与梯度的投影关系。为了得到一个确定的值，我们规定能使 γ_n 取得最大值 γ_{max} 时的方向为旋度的方向。假定用矢量函数 $\boldsymbol{R}_m$ 表示旋度，则有 $\boldsymbol{R}_m = \boldsymbol{a}_n \gamma_{max}$，式中 $\boldsymbol{a}_n$ 为环量面密度最大时有向曲面的法向单位矢量。因此，若引入符号 rot(或 curl) 表示矢量场 $\boldsymbol{F}$ 的旋度，则旋度定义为 $\boldsymbol{R}_m = \text{rot}\boldsymbol{F}$，记为

$$\text{rot}\,\boldsymbol{F} = \boldsymbol{a}_n \left[\lim_{\Delta S \to 0} \frac{\oint_l \boldsymbol{F} \cdot d\boldsymbol{l}}{\Delta S} \right]_{max} \tag{1.46}$$

由图 1.26 看出，旋度与环量面密度具有如下投影关系

$$\gamma_n = \boldsymbol{R}_m \cdot \boldsymbol{a}_n = |\boldsymbol{R}_m| \cos(\boldsymbol{R}_m, \boldsymbol{a}_n) \tag{1.47}$$

当 $(\boldsymbol{R}_m, \boldsymbol{a}_n) = 0$ 时，$\boldsymbol{a}_n$ 与 $\boldsymbol{R}_m$ 重合，此时 $\gamma_{max} = |\boldsymbol{R}_m|$，说明 $\boldsymbol{R}_m$ 指向环量面密度最大的方向。这表明，**旋度是一个矢量，其大小为沿单位面积上的最大环量，即最大环量面密度，或最大环量源强度，其方向为曲面取向使环量最大时，该曲面的法线方向**。因此，旋度可用于描述矢量场中某点环量对面积的最大变化率。当 $\boldsymbol{F}$ 的旋度不等于零时，$\boldsymbol{F}$ 称为旋涡场(或有旋场)，其矢量线为包围旋涡源的无头无尾的闭曲线，其绕行方向与旋涡源方向呈右旋关系。

作为实例，我们将流体的速度场和静磁场做个比较。流体速度场旋度的激励源是回旋力对流体做功所致。在现实生活中，有许多能体现旋度效应的实例。例如，轮船和直升飞机的螺旋桨，洗衣机的涡轮，它们都是气流和水流速度场旋度的激励源。在电影和电视画面上，常会出现美国龙卷风的惊险镜头，旋转上升的气流，足以掀翻高大建筑，拔掉大树，足见气流旋度场的威力。如果我们在瓢泼大雨中打伞，并快速旋转伞柄，就会发现下落的雨水有一部分沿伞缘切线方向飞出去，这也是水流速度的旋度场。再如，电动势使电流回路电流变化时场力所做的功，转化为因电流变化所激起的磁场能量，该磁场力线所形成的闭合回路方向与电流分布的取向呈右旋关系，变化电流就是引起磁场旋度的激励源。如图 1.14 所示，直流电流就是闭合磁力线所形成旋度场的激励

源。一般情况下，电流形成体密度分布，磁场中的磁场强度 $\boldsymbol{B}$ 在点 P 处的旋度就是在该点的旋涡源密度 $\boldsymbol{J}$。

在直角坐标系中，可以证明

$$\text{rot}\ \boldsymbol{F}=\boldsymbol{a}_x\left(\frac{\partial F_z}{\partial y}-\frac{\partial F_y}{\partial z}\right)+\boldsymbol{a}_y\left(\frac{\partial F_x}{\partial z}-\frac{\partial F_z}{\partial x}\right)+\boldsymbol{a}_z\left(\frac{\partial F_y}{\partial x}-\frac{\partial F_x}{\partial y}\right)$$

$$=\begin{vmatrix}\boldsymbol{a}_x & \boldsymbol{a}_y & \boldsymbol{a}_z\\ \dfrac{\partial}{\partial x} & \dfrac{\partial}{\partial y} & \dfrac{\partial}{\partial z}\\ F_x & F_y & F_z\end{vmatrix}=\nabla\times\boldsymbol{F} \tag{1.48}$$

具体证明见参考文献[4]，[5]。

【例 1.4】 求例 1.3 中电位移矢量 $\boldsymbol{D}$ 的旋度。

解：

已知

$$\boldsymbol{D}=\frac{q}{4\pi R^3}[\boldsymbol{a}_x(x-x')+\boldsymbol{a}_y(y-y')+\boldsymbol{a}_z(z-z')]$$

式中，$D_x=\dfrac{q(x-x')}{4\pi R^3}$，$D_y$ 和 D_z 有类似形式，根据式(1.48)，有

$$\nabla\times\boldsymbol{D}=\frac{q}{4\pi}\begin{vmatrix}\boldsymbol{a}_x & \boldsymbol{a}_y & \boldsymbol{a}_z\\ \dfrac{\partial}{\partial x} & \dfrac{\partial}{\partial y} & \dfrac{\partial}{\partial z}\\ \dfrac{(x-x')}{R^3} & \dfrac{(y-y')}{R^3} & \dfrac{(z-z')}{R^3}\end{vmatrix}$$

$$=\frac{q}{4\pi}\left\{\boldsymbol{a}_x\frac{3[(z-z')(y-y')-(z-z')(y-y')]}{R^5}\right.$$

$$+\boldsymbol{a}_y\frac{3[(z-z')(x-x')-(z-z')(x-x')]}{R^5}$$

$$\left.+\boldsymbol{a}_z\frac{3[(y-y')(x-x')-(y-y')(x-x')]}{R^5}\right\}$$

$$=0$$

显然，上式要求满足在 $R\neq 0$ 处的条件。结合例 1.3 可知，点电荷的电位移矢量在无源区($R\neq 0$)这一特定条件下，是一个无散无旋场。

1.3 梯度、散度和旋度的比较

本章重点介绍难度较大的场点性质，为了进一步对三个度做比较，不妨用矢性微分算符将三个度定义式及在直角坐标系中的表达式重新列在下面，便于对比分析。我们已经得到

$$\nabla u=\boldsymbol{a}_l\left(\frac{\partial u}{\partial l}\right)_{\max}=\boldsymbol{a}_x\frac{\partial u}{\partial x}+\boldsymbol{a}_y\frac{\partial u}{\partial y}+\boldsymbol{a}_z\frac{\partial u}{\partial z}$$

$$\nabla\cdot\boldsymbol{F}=\lim_{\Delta V\to 0}\frac{\oint_S\boldsymbol{F}\cdot\mathrm{d}\boldsymbol{S}}{\Delta V}=\frac{\partial F_x}{\partial x}+\frac{\partial F_y}{\partial y}+\frac{\partial F_z}{\partial z}$$

$$\nabla\times\boldsymbol{F}=\boldsymbol{a}_n\left(\lim_{\Delta S\to 0}\frac{\oint_l\boldsymbol{F}\cdot\mathrm{d}\boldsymbol{l}}{\Delta S}\right)_{\max}$$

$$= \boldsymbol{a}_x\left(\frac{\partial F_z}{\partial y}-\frac{\partial F_y}{\partial z}\right)+\boldsymbol{a}_y\left(\frac{\partial F_x}{\partial z}-\frac{\partial F_z}{\partial x}\right)+\boldsymbol{a}_z\left(\frac{\partial F_y}{\partial x}-\frac{\partial F_x}{\partial y}\right)$$

通过对上面数学表达式的观察，下面来解读它的物理意义。

(1)三个度均用于描述某点场的空间变化率，但变化方式不同，揭示了场的特性也不同。

从三个度的定义式可知，标量场的线密度及矢量场的通量体密度和环量面密度，都是用于描述某点邻域内的空间变化率，其中梯度和旋度定义在最大变化率方向。场分布是用解析函数来表示的，要求在所考虑的点连续、可导，矢性微分算符恰好具有描述方向的矢量性和描述空间变化率的可微性，所以用算符“▽”统一来表达场的场点共性，既能解释场的物理意义，又便于进行矢量分析和计算。

在图 1.27(a)中表示标量场在某点穿过微分变量为 du(取 $u=\Phi$)的两个等位面时，沿 $\boldsymbol{a}_\text{n}$ 方向比沿任意 $\boldsymbol{l}$ 方向经过的路径最短，表示标量位的梯度是一个矢量，它描述了某点在最大变化率的等值面法线方向上场的变化规律。在直角坐标系中，$\boldsymbol{a}_\text{n}$ 分解为 $\boldsymbol{a}_x$，$\boldsymbol{a}_y$ 和 $\boldsymbol{a}_z$，$\left(\frac{\partial u}{\partial l}\right)$分解为$\frac{\partial u}{\partial x}$，$\frac{\partial u}{\partial y}$和$\frac{\partial u}{\partial z}$。

在图 1.27(b)中，辐射状的矢量线如果表示为直角分量形式，由矢量场的散度表达式可知，矢量场的散度是一个标量，它描述了某点场分量沿各自方向上的变化规律，称为**纵场**。在直角坐标系中，F_x，F_y 和 F_z 分别对各自方向的 x，y 和 z 求偏导。

在图 1.27(c)中，闭合回旋状的矢量线如果表示为直角分量形式，由矢量场的旋度表达式可知，矢量场的旋度是一个矢量，它描述了某点场分量沿与其垂直方向上的变化规律，称为**横场**。在直角坐标系中，F_x 对垂直方向上的 y 和 z 求偏导，F_y 对垂直方向上的 z 和 x 求偏导，F_z 对垂直方向上的 x 和 y 求偏导。

三个度以不同的变化规律揭示了不同场的特性。

(2)三个度均用于表达某点场与场源的相依关系，不同变化规律的场对应于不同性质的场源。

在图 1.27 中，图 1.27(b)和图 1.27(c)分别表示矢量场的散度场和旋度场。其中**散度场(或无旋场)对应于散度源(或通量源)**，**旋度场(或无散场)对应于旋度源(或旋涡源)**。图 1.27(a)表示标量场的梯度场。事实上，标量场可以看做矢量场的辅助描述函数，图 1.27(a)表示的梯度场与图 1.27(b)表示的散度场等值反号，如图 1.24 所示的电场强度与电位的关系一样，图 1.27(a)和图 1.27(b)分别以间接和直接形式描述了相同点源所产生的场。由此可知，**标量场的梯度场(或位场)对应于散度源(或通量源)**。

(3)标量场的梯度是矢量函数，矢量场的散度是标量函数，矢量场的旋度是矢量函数，这些函数分别表示梯度场、散度场和旋度场。

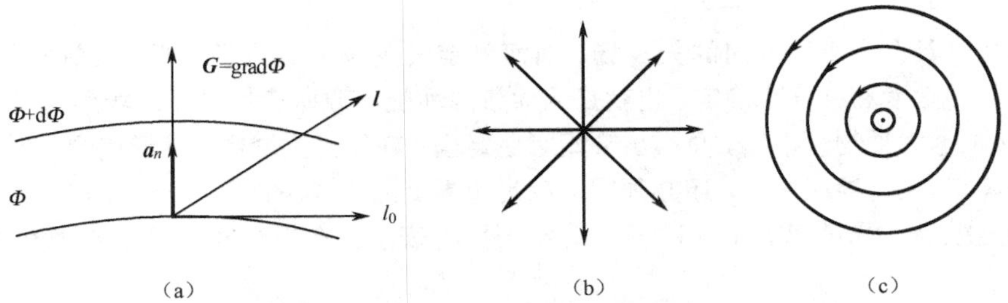

图 1.27　梯度场、散度场和旋度场的图示比较

1.4　常用恒等式和公式

在矢量运算中，必须应用各种矢量恒等式和公式作为运算工具，详见附录A。这里列出常用的微分形式和积分形式。应用矢性微分算符和矢量函数的直角分量形式，可以严格加以证明。例如，引入拉普拉斯算符“∇^2”，它在直角坐标系中的分量形式为

$$\nabla^2 = \frac{\partial^2}{\partial x^2} + \frac{\partial^2}{\partial y^2} + \frac{\partial^2}{\partial z^2} \tag{1.49a}$$

证明

$$\nabla \cdot \nabla = \nabla^2 \tag{1.49b}$$

显然，在直角坐标系中

$$\begin{aligned}\nabla \cdot \nabla &= \left(\boldsymbol{a}_x \frac{\partial}{\partial x} + \boldsymbol{a}_y \frac{\partial}{\partial y} + \boldsymbol{a}_z \frac{\partial}{\partial z}\right) \cdot \left(\boldsymbol{a}_x \frac{\partial}{\partial x} + \boldsymbol{a}_y \frac{\partial}{\partial y} + \boldsymbol{a}_z \frac{\partial}{\partial z}\right) \\ &= \frac{\partial^2}{\partial x^2} + \frac{\partial^2}{\partial y^2} + \frac{\partial^2}{\partial z^2} = \nabla^2\end{aligned}$$

(1)微分形式

$$\nabla \cdot (\nabla u) = \nabla^2 u \tag{1.50}$$

$$\nabla \times (\nabla u) = 0 \tag{1.51}$$

$$\nabla \cdot (\nabla \times \boldsymbol{F}) = 0 \tag{1.52}$$

$$\nabla \times (\nabla \times \boldsymbol{F}) = \nabla (\nabla \cdot \boldsymbol{F}) - \nabla^2 \boldsymbol{F} \tag{1.53}$$

(2)积分形式

$$\int_V \nabla \cdot \boldsymbol{F} \mathrm{d}V = \oint_S \boldsymbol{F} \cdot \mathrm{d}\boldsymbol{S} \tag{1.54}$$

$$\int_S \nabla \times \boldsymbol{F} \cdot \mathrm{d}\boldsymbol{S} = \oint_l \boldsymbol{F} \cdot \mathrm{d}\boldsymbol{l} \tag{1.55}$$

式(1.54)称为**散度定理**，它表示矢量场$\boldsymbol{F}$的散度在体积V内的体积分等于矢量$\boldsymbol{F}$通过包围该体积闭曲面S的通量，它建立了体积内的场量与包围体积界面上场量的体、面积分关系。在实际应用中，如果给定界面上场量值，就可设法求出界面包围体积内的场量值。式(1.55)称为**斯托克斯定理**，它表示矢量场$\boldsymbol{F}$的旋度在曲面S内的面积分等于矢量场$\boldsymbol{F}$沿包围该曲面周线l的环量，它建立了面积分内的场量与包围面积周界上场量的面、线积分关系。同样，由给定周界场量值可以求出周界包围面积内的场量值。在第2章中将会见到，这两个定理还可用于静态场量基本方程积分形式和微分形式间的相互转化。

1.5　亥姆霍兹定理

真实的场是具有大小和方向的矢量场，如何判定矢量场的场点性质呢?从前面的论述可知，必须从矢量场的散度和旋度来确定，也就是从通量源和旋涡源所产生的无旋场和无散场共同来确定。亥姆霍兹根据大量物理事实，总结出**亥姆霍兹定理：在无界区域中，某场点的矢量场由其散度和旋度唯一确定**。在有界区域中，还必须同时满足边界上的边界条件。

无旋场是纵场，用$\boldsymbol{F}_{\mathrm{n}}$表示；无散场是横场，用$\boldsymbol{F}_{\mathrm{t}}$表示。亥姆霍兹定理的数学表述式为

$$\boldsymbol{F} = \boldsymbol{F}_{\mathrm{n}} + \boldsymbol{F}_{\mathrm{t}} \tag{1.56}$$

式中，$\boldsymbol{F}$为合成场。

无旋场必须同时满足方程

$$\nabla \cdot \boldsymbol{F}_{\mathrm{n}} = g,\ \nabla \times \boldsymbol{F}_{\mathrm{n}} = 0 \tag{1.57a}$$

同理，无散场必须同时满足方程

$$\nabla \cdot \boldsymbol{F}_{t} = 0,\ \nabla \times \boldsymbol{F}_{t} = \boldsymbol{G} \tag{1.57b}$$

式中，g 和 $\boldsymbol{G}$ 分别表示通量源(如 ρ) 和旋涡源(如 $\boldsymbol{J}$)。对式(1.56) 分别取散度和旋度，由式(1.57)，有

$$\nabla \cdot \boldsymbol{F} = \nabla \cdot \boldsymbol{F}_{n} = g \tag{1.58a}$$

$$\nabla \times \boldsymbol{F} = \nabla \times \boldsymbol{F}_{t} = \boldsymbol{G} \tag{1.58b}$$

显然，矢量场 $\boldsymbol{F}$ 由 g 和 $\boldsymbol{G}$ 产生的无旋场和无散场唯一确定。

若引入标量位 Φ 和矢量位 $\boldsymbol{A}$ 来表示矢量场 $\boldsymbol{F}_{n}$ 和 $\boldsymbol{F}_{t}$，则将式(1.51) 和 $\nabla \times \boldsymbol{F}_{n} = 0$ 对比，将式(1.52) 和 式 $\nabla \cdot \boldsymbol{F}_{t} = 0$ 对比，可得

$$\boldsymbol{F}_{n} = -\nabla \Phi,\ \boldsymbol{F}_{t} = \nabla \times \boldsymbol{A} \tag{1.59}$$

式中已用 Φ 取代 u，负号由物理事实确定，不影响公式的正确性。例如，$\boldsymbol{F}_{n}$ 表示静电场 $\boldsymbol{E}$ 时，有 $\boldsymbol{E} = -\nabla \Phi$，见 图1.24；$\boldsymbol{F}_{t}$ 表示静磁场 $\boldsymbol{B}$ 时，有 $\boldsymbol{B} = \nabla \times \boldsymbol{A}$。于是，亥姆霍兹定理又可应用位函数表示为

$$\boldsymbol{F} = -\nabla \Phi + \nabla \times \boldsymbol{A} \tag{1.60}$$

式中，位函数 Φ 和 $\boldsymbol{A}$ 用积分形式来表示。

亥姆霍兹定理是矢量场的场点性质的判别准则。从无旋性和无散性可将场分为如下类型：

(1)无散无旋场（$\nabla \cdot \boldsymbol{F} = 0$，$\nabla \times \boldsymbol{F} = 0$），如无源空间中的静电场；

(2)有散无旋场（$\nabla \cdot \boldsymbol{F} = g$，$\nabla \times \boldsymbol{F} = 0$），如有源空间($\rho \neq 0$) 中的静电场；

(3)无散有旋场（$\nabla \cdot \boldsymbol{F} = 0$，$\nabla \times \boldsymbol{F} = \boldsymbol{G}$），如有源空间($\boldsymbol{J} \neq 0$) 中的静磁场；

(4)有散有旋场($\nabla \cdot \boldsymbol{F}=g$，$\nabla \times \boldsymbol{F}=\boldsymbol{G}$)，如有源空间($\rho\neq 0$)和时变磁场$\left(\frac{\partial \boldsymbol{B}}{\partial t}\neq 0\right)$中的电场。

显然，在全空间中不可能存在无散无旋场，它只能存在于局部不包含源的区域。

亥姆霍兹定理总结了矢量场的场点性质，是研究电磁场与波的重要基础。分析矢量场的场点性质时，总是首先从研究它的散度和旋度入手，建立矢量场基本方程的微分形式。正如研究矢量场的场域性质时，总是首先从研究它的通量和环量入手，建立矢量场基本方程的积分形式。而基本方程的微分形式和积分形式的转换关系，可以通过高斯定理和斯托克斯定理来完成。

思考题

1.1　从数学观点而言，场的意义是什么？由什么因素来得到它的确定值？

1.2　应用什么法则，如何进行矢量的加法和减法运算？

1.3　矢量的点积和叉积的定义式是什么？它们表示什么几何意义，矢量的点积和叉积分别满足什么条件时，其值为正值、负值或零？

1.4　为什么要引入正交坐标系？为什么要进行坐标系之间的转换？

1.5　什么是场的场域性质？为什么要引入等值面来描述标量场？为什么要引入矢量线来描述矢量场？为什么要同时应用矢量场的通量和环量来描述矢量场的场域性质？

1.6　标量场等值面的定义和特性是什么？矢量场的通量和环量的定义和意义是什么？通量和环量分别在什么条件下取正值、负值和零？各代表什么意义？

1.7　什么是场的场点性质？为什么要引入场的场点性质？按什么思路来引入场的场点性质？

1.8　标量场方向导数的定义和特性是什么？标量场梯度的定义和意义是什么？应用标量场的方向导数和梯度的几何投影关系来说明标量场的梯度是矢量函数。

1.9 矢量场的散度和旋度的定义和意义是什么？应用矢量场的环量面密度和旋度的几何投影关系来说明矢量场的旋度是矢量函数。

1.10 梯度、散度和旋度的共性是什么？它们各自具有什么特性？试从它们的定义式和直角坐标表达式说明，为什么在数学上可以引入矢性微分算符“▽”来统一表示梯度、散度和旋度？

1.11 矢量场的无旋场和无散场分别由什么性质的源产生？为什么标量场的梯度场与矢量场的无旋场的激励源相同？

1.12 高斯定理和斯托克斯定理的定义式和意义是什么？

1.13 亥姆霍兹定理的内容是什么？有哪两种矢量表达公式？为什么该定理是矢量场的场点性质的判别准则？为什么总结矢量场性质的亥姆霍兹定理是研究电磁场与波的重要基础？

习题

1.1 已知三个矢量分别为 $\boldsymbol{A}=\boldsymbol{a}_x+\boldsymbol{a}_y2-\boldsymbol{a}_z3$，$\boldsymbol{B}=-\boldsymbol{a}_y4+\boldsymbol{a}_z$ 和 $\boldsymbol{C}=\boldsymbol{a}_x5-\boldsymbol{a}_z2$。试求：(1) $|\boldsymbol{A}|$，$|\boldsymbol{B}|$ 和 $|\boldsymbol{C}|$；(2) $\boldsymbol{a}_{\mathrm{A}}$，$\boldsymbol{a}_{\mathrm{B}}$ 和 $\boldsymbol{a}_{\mathrm{C}}$；(3) $|\boldsymbol{A}+\boldsymbol{B}|$；(4) $\boldsymbol{A}\cdot\boldsymbol{B}$；(5) $\boldsymbol{A}\times\boldsymbol{B}$；(6) $(\boldsymbol{A}\times\boldsymbol{B})\cdot\boldsymbol{C}$；(7) $(\boldsymbol{A}\times\boldsymbol{B})\times\boldsymbol{C}$。

1.2 已知两矢量分别为 $\boldsymbol{A}=\boldsymbol{a}_x+\boldsymbol{a}_y2+\boldsymbol{a}_z3$ 和 $\boldsymbol{B}=\boldsymbol{a}_x4-\boldsymbol{a}_y5+\boldsymbol{a}_z6$，$\boldsymbol{A}$ 和 $\boldsymbol{B}$ 间的夹角是多大？试用计算说明 $\boldsymbol{A}$ 在 $\boldsymbol{B}$ 上的投影值与 $\boldsymbol{B}$ 在 $\boldsymbol{A}$ 上的投影值是否相等？

1.3 已知两矢量分别为 $\boldsymbol{A}=\boldsymbol{a}_x4+\boldsymbol{a}_y6-\boldsymbol{a}_z2$ 和 $\boldsymbol{B}=-\boldsymbol{a}_x2+\boldsymbol{a}_y4+\boldsymbol{a}_z8$，$\boldsymbol{A}$ 和 $\boldsymbol{B}$ 是否正交？

1.4 利用两矢量点积和叉积的定义式写出直角坐标系中单位矢量 $\boldsymbol{a}_x$，$\boldsymbol{a}_y$ 和 $\boldsymbol{a}_z$ 的自点积、互点积、自叉积和互叉积。

1.5 利用两矢量点积和叉积的定义式写出圆柱坐标系及球坐标系中单位矢量 $\boldsymbol{a}_\rho$，$\boldsymbol{a}_\varphi$ 和 $\boldsymbol{a}_z$ 及 $\boldsymbol{a}_r$，$\boldsymbol{a}_\theta$ 和 $\boldsymbol{a}_\varphi$ 的自点积、互点积、自叉积和互叉积。

1.6 已知在场点 $P(2,-1,1)$ 处沿射线 l 方向有一矢量 $\boldsymbol{A}=\boldsymbol{a}_x2+\boldsymbol{a}_y2-\boldsymbol{a}_z$，其单位矢量为 $\boldsymbol{a}_l=\boldsymbol{A}/|\boldsymbol{A}|$，试求标量场 $\Phi=xy^2+yz^3$ 在该点的梯度及沿 $\boldsymbol{a}_l$ 的方向导数。

1.7 已知标量函数为 $\Phi=xy^2+yz^2+z$，试求在点 $P(1,2,1)$ 处的梯度。

1.8 已知任意点 P 的位置矢量 $\boldsymbol{r}=\boldsymbol{a}_xx+\boldsymbol{a}_yy+\boldsymbol{a}_zz$，试求 $\boldsymbol{r}$ 的散度。

1.9 已知任意点 P 的位置矢量可分别表示为 $\boldsymbol{r}=\boldsymbol{a}_\rho\rho+\boldsymbol{a}_zz$ 和 $\boldsymbol{r}=\boldsymbol{a}_rr$，试分别求 $\boldsymbol{r}$ 的散度。说明矢量的散度与坐标选取有无关系的原因。

1.10 已知长直载流导线周围的磁感应强度为 $\boldsymbol{B}=\boldsymbol{a}_\varphi\dfrac{C}{\rho}$，$C$ 为某一常数，试求其散度。计算结果表明这是什么源产生的什么场？

1.11 已知长直线电荷导线周围的电场强度为 $\boldsymbol{E}=\boldsymbol{a}_\rho\dfrac{C}{\rho}$，$C$ 为某一常数，试求其旋度。计算结果表明这是什么源产生的什么场？这个场能否用标量位的梯度来表示？

1.12 已知矢量函数 $\boldsymbol{F}=\boldsymbol{a}_x(3y-az)+\boldsymbol{a}_y(bx-2z)-\boldsymbol{a}_z(cy+z)$，当 a，b 和 c 取什么值时，$\boldsymbol{F}$ 为无旋场？

1.13 已知矢量 $\boldsymbol{F}=\boldsymbol{a}_x(x^2-y^2)-\boldsymbol{a}_y2xy$，试根据亥姆霍兹定理判定 $\boldsymbol{F}$ 是哪一类性质的场？$\boldsymbol{F}$ 能否用标量位的梯度来表示？

1.14 已知矢量函数 $\boldsymbol{F}$ 分别取 $\boldsymbol{a}_r\dfrac{C}{r^2}$，$\boldsymbol{a}_r\dfrac{C}{r}$ 和 $\boldsymbol{a}_\varphi\dfrac{C}{r}$，$C$ 为任意常数，试根据亥姆霍兹定理判定它们分别属于哪一类性质的场？其中哪一类场可以用标量位的梯度来表示？

第 2 章

电磁实验定律和场量基本方程

基于观察和实验总结的电磁实验定律是建立和发展电磁理论的基础。本章基于电磁实验定律及对源量和基本场量的定义，综合和抽象出自由空间（或真空）中反映源量和场量相互作用规律及转化关系的场量基本方程。带电体电磁结构的变化状态确定了它所产生场的变化状态，本章在介绍源量的变化规律基础上，依次介绍静止电荷、稳恒电流和时变电流的三大实验定律及自由空间中的场量基本方程。

从历史发展的眼光来看，人们在享受现代科技文明的同时，不能忘记电磁实验定律奠基者们的功绩，他们是电磁理论和无线技术发展的先驱。两百多年以来，学者们脚踏三大实验定律的基石，手握矢量分析的推演工具，一步一步走近电磁王国的迷宫，不断用智慧去探索这座神奇王宫的奥秘。

2.1 源量的定义和定律

2.1.1 电荷和电荷分布

1. 电荷

人们从摩擦生电中得知，自然界存在的微粒物质除了具有质量、体积之外，还带有电荷，带电体所带电量的多少称为**电荷量**，其值为电子电荷 e 的整数倍，$e = 1.602 \times 10^{-19}$ C(库仑)。人们还发现，自然界存在着两种电荷：正电荷和负电荷。

在研究宏观电磁现象时，人们主要考查大量微观带电粒子的总体效应，而单个带电粒子的尺度远远小于带电体的尺度。因此，可以忽略其微观离散性，认为电荷是以一定形式连续分布在带电体上，并用**电荷密度**来描述这种分布。

2. 体电荷密度

电荷连续分布于体积 $\Delta V'$ 内，用体电荷密度描述其分布，如图 2.1(a) 所示。设体积元 $\Delta V'$ 内的电荷量为 Δq，令 $\Delta V'$ 以任意方式收缩至源点 $\boldsymbol{r}'$，若 $\Delta q/\Delta V'$ 的极限存在，则定义该体积元内任一源点处的**体电荷密度**为

$$\rho(\boldsymbol{r}') = \lim_{\Delta V' \to 0} \frac{\Delta q}{\Delta V'} = \frac{\mathrm{d}q}{\mathrm{d}V'} \tag{2.1}$$

式中，体电荷密度的单位为 $\mathrm{C/m^3}$(库仑 / 米^3)。显然，体积 V' 内的总电荷量为

$$q = \int_V \rho(\boldsymbol{r}')\mathrm{d}V' \tag{2.2}$$

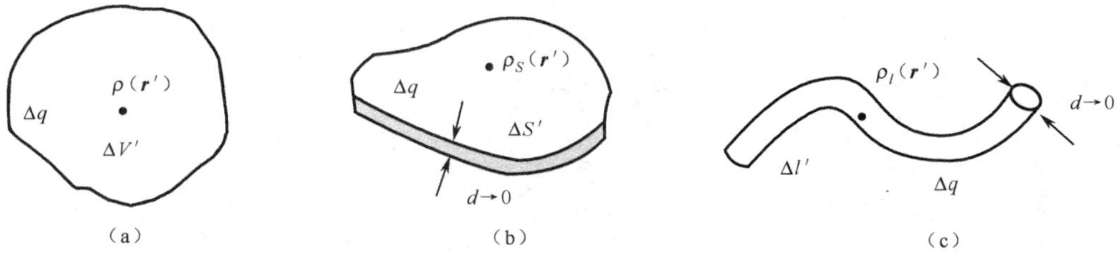

图 2.1 电荷密度

3. 面电荷密度

如图 2.1(*b*)所示，当体积退化为可忽略其厚度的曲面时，用**面电荷密度**描述其上电荷的连续分布。设面积元 $\Delta S'$ 上的电荷量为 Δq，则该曲面面积元上任一点处的**面电荷密度**为

$$\rho_S(\boldsymbol{r}') = \lim_{\Delta S' \to 0} \frac{\Delta q}{\Delta S'} = \frac{\mathrm{d}q}{\mathrm{d}S'} \tag{2.3}$$

面电荷密度的单位为 $\mathrm{C/m^2}$。曲面 S' 上的总电荷量为

$$q = \int_S \rho_S(\boldsymbol{r}')\mathrm{d}S' \tag{2.4}$$

4. 线电荷密度

如图 2.1(c)所示，当体积退化为可忽略其横截面的曲线时，用线电荷密度描述其上电荷的连

续分布。设长度元 $\Delta l'$ 上的电荷量为 Δq，则该曲线线元上任一点处的**线电荷密度**为

$$\rho_l(\boldsymbol{r}') = \lim_{\Delta l' \to 0} \frac{\Delta q}{\Delta l'} = \frac{\mathrm{d}q}{\mathrm{d}l'} \tag{2.5}$$

线电荷密度的单位为 C/m。曲线 l' 上的总电荷量为

$$q = \int_l \rho_l(\boldsymbol{r}')\mathrm{d}l' \tag{2.6}$$

5. 点电荷

当带电体的体积无限收缩趋于源点时，体积退化为可忽略其尺度的某点。当观察点与带电体的距离远大于带电体的尺度时，带电体的形状及其内的电荷分布已无关紧要，就可将带电体视为体积很小而电荷密度很大的带电小球的极限，且带电小球总电量完全集中于球心处。因此，带电体可想象为一个几何点，称为**点电荷**。

若带电总量为 q 的某空间区域，离散分布了 N 个点电荷，第 i 个点电荷的源点位于 $\boldsymbol{r}_i'$ 处，电量为 $q_i(\boldsymbol{r}_i')$，则该空间区域的总电荷可表示为离散分布点电荷电量的叠加，即

$$q(\boldsymbol{r}) = \sum_{i=1}^{N} q_i(\boldsymbol{r}_i') \tag{2.7}$$

显然，在极限情况下，具有体电荷密度连续分布的有限空间区域的总电荷电量，可视为将该带电区域离散为无限个点电荷电量的叠加，式(2.7)应改写为对体电荷密度取体积分的形式。

2.1.2　电流和电流密度

1. 电流

电荷作定向运动形成**电流**，电流的大小用电流强度来描述。若在 Δt 时间内通过某一截面 S 的电荷量为 Δq，则定义 $\Delta t \to 0$ 时 $\Delta q/\Delta t$ 的极限为通过该截面 S 的**电流强度**，记为 i，有

$$i = \lim_{\Delta t \to 0} \frac{\Delta q}{\Delta t} = \frac{\mathrm{d}q}{\mathrm{d}t} \tag{2.8}$$

电流强度简称**电流**，其单位为 A(安培)。电流运动速度不随时间改变时，称为稳恒电流，用 I 表示。电流是标量，一般将正电荷运动的方向确定为电流的正方向。

2. 体电流密度

电流强度描述了某体积中截面通过的总电流大小，但不能反映该截面上任一点电流的分布特性。事实上，任一点电流分布的大小和方向都是不同的。为了揭示截面上各点的物理特性，可以采用取极限的方法，将截面周线无限收缩至该点，用单位面积上通过的电流强度的密度函数表示该点电流密度的大小，用垂直于该点所在截面的法线表示该点电流的流向，称为**电流密度矢量**。

电荷在某一体积内定向运动所形成的电流称为**体电流**。如图 2.2(a)所示，为了描述导体内截面元 $\Delta S'$ 上的电流分布，可引入**体电流密度矢量**，其大小为通过 $\Delta S'$ 的单位面积电流，其方向为该点正电荷运动的方向 $\boldsymbol{a}_\mathrm{n}$，用 $\boldsymbol{J}$ 表示为

$$\boldsymbol{J} = \boldsymbol{a}_\mathrm{n} \lim_{\Delta S' \to 0} \frac{\Delta i}{\Delta S'} = \boldsymbol{a}_\mathrm{n} \frac{\mathrm{d}i}{\mathrm{d}S'} \tag{2.9}$$

体电流密度的单位为 $\mathrm{A/m^2}$(安 / 米^2)。式(2.9)中 $\boldsymbol{J}$ 的方向 $\boldsymbol{a}_\mathrm{n}$ 也是面积元 $\Delta S'$ 的正法线单位矢量。显然，通过任意截面 S' 的电流为

$$i = \int_S \boldsymbol{J} \cdot \mathrm{d}\boldsymbol{S} \tag{2.10}$$

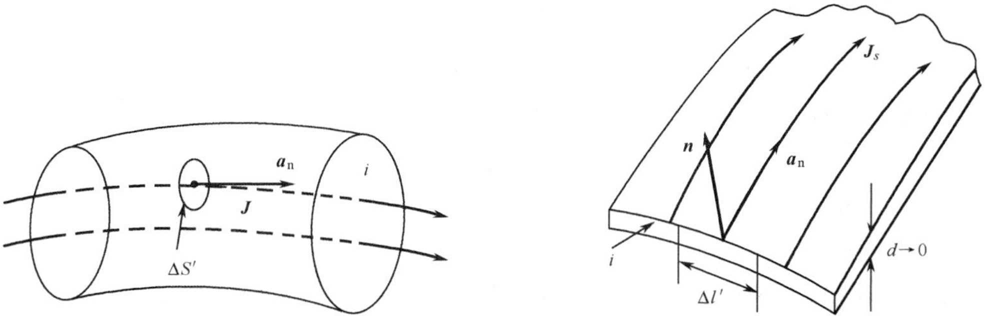

(a)　　　　(b)

图 2.2　电流密度

3. 面电流密度

当带电体体积退化为一个可以忽略其厚度的薄层面积时，电荷在该薄层内定向运动所形成的电流称为**面电流**。如图 2.2(b)所示，为了描述薄层截线元$\Delta l'$上的电流分布，可引入**面电流密度矢量**，其大小为通过$\Delta l'$的单位长度电流，其方向为该点正电荷运动的方向$\boldsymbol{a}_{\mathrm{n}}$，用$\boldsymbol{J}_S$表示为

$$\boldsymbol{J}_S = \boldsymbol{a}_{\mathrm{n}} \lim_{\Delta l' \to 0} \frac{\Delta i}{\Delta l'} = \boldsymbol{a}_{\mathrm{n}} \frac{\mathrm{d}i}{\mathrm{d}l'} \tag{2.11}$$

面电流密度的单位为 A/m(安/米)。通过薄层导体上任意有向曲线$\boldsymbol{l}'$的电流为

$$i = \int_l \boldsymbol{J}_S \cdot (\boldsymbol{n} \times \mathrm{d}\boldsymbol{l}') \tag{2.12}$$

式中，$\boldsymbol{n}$为薄层导体的法向单位矢量。显然，矢量$(\boldsymbol{n} \times \mathrm{d}\boldsymbol{l}')$指向所在点$\boldsymbol{J}_S$的切线方向。

4. 线电流密度

当带电体截面退化为可忽略其尺度的点时，该带电体变为一条细导线，电荷在该细导线中定向流动所形成的电流称为**线电流**。线电流可以认为是集中在细导线的轴线上，轴线长度元$\mathrm{d}\boldsymbol{l}'$中流过电流$I$时，$I\mathrm{d}\boldsymbol{l}'$称为**电流元**。

2.1.3　电荷守恒定律与电流连续性方程

电荷守恒性是指电荷既不能创生，也不能消灭，只能在物体内不同区域间，或不同物体间相互转移。**电荷守恒定律**是定量描述电荷守恒性规律的定律：**在一个无外界电荷交换的闭合系统内，正、负电荷的代数和在任何电磁过程中均保持不变。**

根据电荷守恒定律，可以导出电流连续性方程。在一个有限闭合区域内，单位时间从闭曲面S流出的电荷量应等于闭曲面S所界定的体积V内电荷的减少量，如图 2.3 所示，其数学表示式为

$$\oint_S \boldsymbol{J} \cdot \mathrm{d}\boldsymbol{S} = -\frac{\mathrm{d}q}{\mathrm{d}t} = -\frac{\mathrm{d}}{\mathrm{d}t}\int_V \rho \mathrm{d}V \tag{2.13}$$

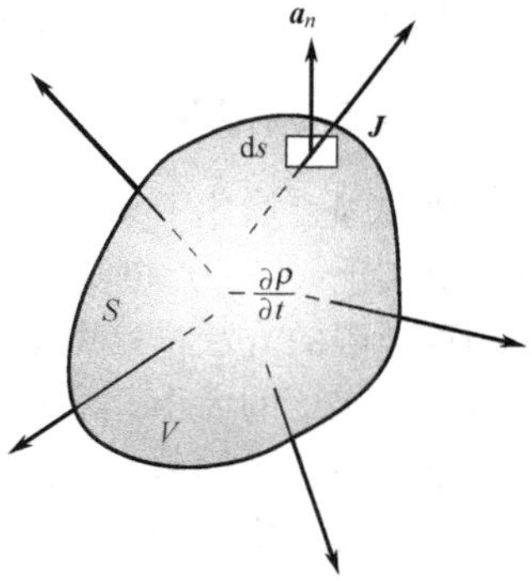

图 2.3　电流连续性示意

这个方程称为**电流连续性方程的积分形式**。式中体电荷密度和体积乘积对时间的全导数可以展为分别对体电荷和体积的偏导数之和，如果体积不随时间变化，则全导数退化为偏导数

$$\oint_S \boldsymbol{J} \cdot \mathrm{d}\boldsymbol{S} = -\int_V \frac{\partial \rho}{\partial t} \mathrm{d}V \tag{2.14}$$

式(2.14)表示自由空间中穿出有限区域界面体电流密度的通量等于该有限区域内以体电荷密度分布的电荷量的时间减少率，即有限区域内电荷量的时间减少率转化为穿出有限区域界面的电流。应用散度定理的公式(1.54)，将上式的面积分转换为体积分后，有

$$\int_V\left(\nabla\cdot\boldsymbol{J}+\frac{\partial\rho}{\partial t}\right)\mathrm{d}V=0 \tag{2.15}$$

对任意闭曲面 S 所限定的任意体积 V 而言，要保证上式成立，除非被积函数也等于零，故得

$$\nabla\cdot\boldsymbol{J}=-\frac{\partial\rho}{\partial t} \tag{2.16}$$

这个方程称为**电流连续性方程的微分形式**。它表示自由空间中某点体电流密度的散度等于该点体电荷密度的时间减少率，即某点体电荷密度的时间减少率转化为该点体电流密度的空间增加率。电流连续性方程建立了电荷源与电流源间的相互作用规律和转化关系。

2.2 静止电荷的实验定律

2.2.1 库仑和库仑定律的建立

库仑(C. A. Coulomb，1736—1806)是法国著名物理学家，法国科学院院士，生于昂古莱姆，在力学和电学方面有重要贡献。

库仑定律的内容包括电力平方反比律、电量乘积正比关系和电力方向的球对称性。库仑定律只考虑电量乘积，而未涉及电力与电量的关系，是因为这种关系与电量的定义有关，而当时对电量尚无可靠的测量方法和计量标准，因而默认这种关系是理所当然的。而电力方向所遵循的空间旋转对称性原理则是自然界的普遍法则，无须特别证明。下面重点考虑库仑定律的电力平方反比律问题。

库仑实验定律建立和验证的历史过程如下。

1. 观察现象和类比猜测

著名美国电学家富兰克林(Franklin，1706—1790)曾观察到将带电软木小球置于带电金属杯外时会受到作用力，置于杯内时则几乎不受作用力。他的好友普里斯特利(Priestley，1732—1804)1766 年重做了此实验，他使空腔金属容器带电，发现其内表面无电荷，金属容器对置于其内的电荷明显地无作用力。他立刻将电力与万有引力作类比猜想，最早提出电力与距离平方成反比。

1769 年诺比森(Robison，1739—1805)首先用直接测量方法确定了电力的平方反比律。测量结果表明，两个同性电荷的斥力与距离的 2.06 次方成反比，而两个异性电荷的引力比平方反比的方次略小。

2. 间接验证

1772 年英国著名物理学家卡文迪什(Cavendish，1731—1810)遵循普里斯特利的思想，设计出间接验证电力平方反比律的实验(示零实验)。在 $F\propto\frac{1}{r^{2+\delta}}$ 的关系中，δ 为偏离平方反比的修正值。由实验测定带电球壳内表面电荷电量，若严格遵守电力平方反比律，则修正值 $\delta=0$，内表面不带电，点电荷不受力；若 $\delta\neq0$，通过理论分析可以证明球壳内表面带电，由静电计测量内表面电荷电量的大小可以得知表示测量精度的 δ 的大小。当年的实验结果是 $\delta<2\times10^{-2}$。

3. 直接测量

1785 年库仑设计制作了一架非常灵敏的扭力电秤，其精度高达 10^{-8} N(牛顿)。利用这架电秤，他首先进行了同性电荷间电斥力的库仑实验，测出两个同性电荷间的斥力与其距离的平方成反比。在对异性电荷间电引力的实验中，库仑遇到了不稳定平衡的困难。这是由于电引力容易使两异性电荷接触，任意微小的扰动都可能使平衡不稳定和调节困难。如何解决这个困难？库仑经过苦苦思索，终于联想到单摆的摆动遵循万有引力与距离平方成反比的规律，按类比想法，可以电引力取代万有引力，设计一个电引力单摆，使带电单摆在另一带异性电荷的电引力作用下摆动，测量带电摆锤的摆动，考查其电力是否满足其距离平方反比律。具体而言，只要能测出单摆的摆动周期 T 与摆锤到引力中心的距离 r 成正比，即可确认电力的平方反比律。异性电荷间电力的库仑单摆实验，重新肯定了电力的平方反比律。

4. 提高精度

尽管库仑的直接测量，从创新、设计、制作到测量，均堪称典范，但无法避免漏电现象，使麦克斯韦(Maxwell)认识到卡文迪什的间接验证的实验的确提供了一个提高精度的有效方法。麦克斯韦的改进实验结果得出 $\delta < 5 \times 10^{-5}$，使精度提高了三个数量级。两百多年以来，不少实验研究者对实验不断重复和改进，已经使电力平方反比律的精度达到 10^{-16}，提高了十几个数量级。

库仑定律是电磁学历史上第一个定量的定律，它使电磁学从此由定性观察阶段，走上了定量研究的科学道路。作为经典电磁理论总结的麦克斯韦方程组，是基于库仑定律、安培定律和法拉第电磁感应定律而建立的，与库仑定律是直接测量结果的总结不同，后两者是实验测量和理论分析相结合的间接测量结果的总结，无法确定其精度。库仑定律是电磁学中最精确的实验定律，从而也确保了麦克斯韦方程组的精度。

库仑定律是关于电荷间受力作用的实验定律，在电磁学界引发了对物质世界认识上的哲理性争论及对电磁相互作用和电磁场本质的探索，出现了超距作用和近距作用两种不同的观点。超距作用观点认为，自由空间中相隔一定距离的带电粒子间力的相互作用是超越空间的、瞬时的，不需要媒介物和传递时间；近距作用观点则认为，力的相互作用必须通过充满整个宇宙空间的“以太”弹性媒质，以波动形式的有限速度进行传递。尽管超距作用观点充满不可思议的神秘色彩，是一种唯心观点，但以韦伯(Weber)和纽曼(Neumann)等欧洲大陆派学者为典型代表的超距作用观点，却长期占领着电磁领域的学术阵地。以法拉第(Faraday)和麦克斯韦(Maxwell)等为典型代表的近距作用观点，提出了场是传递作用力的客观存在的特殊形态的物质，但他们深受牛顿力学的影响，认为作用力是以机械波的形态进行传递，陷入机械唯物论的泥潭。

2.2.2 库仑定律和电场强度

在实验基础上总结的**库仑定律**表述为：**自由空间中两个静止点电荷间相互作用的力与距离平方成反比，与电量乘积成正比；作用力沿连线方向，同性电荷相斥，异性电荷相吸。**如图 2.4 所示，设 q 为产生静电力的点电荷，q_0 为探测静电力的试验点电荷，相距为 R，按电力平方反比律，有

$$F = K\frac{qq_0}{R^2} \tag{2.17}$$

在 SI 国际单位制中，取比例系数 $K = \frac{1}{4\pi\varepsilon_0}$，$\varepsilon_0 = 8.85 \times 10^{-12} \approx 10^{-9}/36\pi$ F/m(法拉 / 米) 为自由空间的电容率(或介电常数)。若考虑矢量关系，库仑定律写为

$$\boldsymbol{F} = \boldsymbol{a}_R \frac{qq_0}{4\pi\varepsilon_0 R^2} = \frac{qq_0}{4\pi\varepsilon_0 R^3}\boldsymbol{R} \tag{2.18}$$

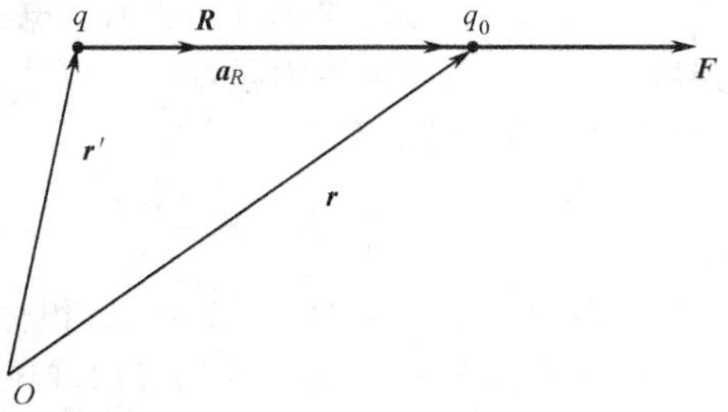

图 2.4　两点电荷间的作用力

式中，$\boldsymbol{F}$ 表示点电荷 q 对点电荷 q_0 的作用力，$\boldsymbol{a}_R$ 表示由 q 指向 q_0 的单位矢量，$\boldsymbol{R} = \boldsymbol{a}_R R = \boldsymbol{r} - \boldsymbol{r}'$。$\boldsymbol{F}$ 的单位是 N(牛顿)。

在应用库仑定律时，需要注意下面几点：

(1)应用库仑定律的条件是**自由空间(或真空)、静止和点电荷**。这里所指点电荷不是几何点，而是物理点，即带电粒子的尺度比它们间的距离小很多时，可以忽略其尺度，近似看做**物理点**；

(2)公式中的 q 和 q_0 交换位置不影响作用力的大小，但方向相反，与牛顿第三定律一致；

(3)当带电粒子的电荷为任意离散形式或连续形式分布时，库仑定律应结合叠加原理来应用。

当用试验点电荷 q_0 来探测点电荷 q 对 q_0 的静电力时，你一定会想，这个作用力是如何传递的？是否存在一种传递媒介？场论知识告诉我们，点电荷间的作用力是一个点电荷产生的**电场**对另一个点电荷的作用力，电场是充满整个空间的一种特殊物质。**静止电荷在周围空间产生的电场称为静电场**。为了定量描述电场的这一特性，引入电场强度的概念。将试验点电荷 q_0 所受到的力 $\boldsymbol{F}$ 与其电量 q_0 的比值定义为点电荷 q 在试验点电荷 q_0 处产生的**电场强度**，即

$$\boldsymbol{E} = \frac{\boldsymbol{F}}{q_0} = \frac{q}{4\pi\varepsilon_0 R^3}\boldsymbol{R} \tag{2.19}$$

可见电场强度是一个与位置相关的矢量函数，与试验电荷的电量无关，的确能用于描述空间任意点的静电场特性。**点电荷的电场强度的大小等于单位正电荷在该点所受电场力的大小，其方向与正电荷在该点所受电场力方向一致**。电场强度的单位是 V/m(伏/米)。

对于 N 个离散点电荷产生的电场，由叠加原理可得

$$\boldsymbol{E}(\boldsymbol{r}) = \sum_{i=1}^{N} \frac{q_i}{4\pi\varepsilon_0} \frac{(\boldsymbol{r} - \boldsymbol{r}_i)}{|\boldsymbol{r} - \boldsymbol{r}_i'|^3} \tag{2.20}$$

对于任意连续分布的带电体，其分布函数分别为体密度、面密度和线密度，则可将带电体离散为无数点电荷的叠加。例如，若电荷按体密度 $\rho(\boldsymbol{r})$ 分布在体积 V 内，则小体积元 $\Delta V_i'$ 所带电荷量 $\Delta q_i = \rho(\boldsymbol{r}')\Delta V'_i$ 当 $\Delta V'_i \to 0$ 时视为点电荷，带电体总电量为

$$Q = \lim_{\Delta V_i' \to 0} \sum_{i=1}^{N} \Delta q_i = \int_V \rho(\boldsymbol{r}')\mathrm{d}V'$$

由此得带电体、带电面和带电线在场点 $\boldsymbol{r}$ 处产生的电场强度分别为

$$\boldsymbol{E}(\boldsymbol{r}) = \frac{1}{4\pi\varepsilon_0}\int_V \frac{(\boldsymbol{r} - \boldsymbol{r}')}{|\boldsymbol{r} - \boldsymbol{r}'|^3}\rho(\boldsymbol{r}')\mathrm{d}V' \tag{2.21}$$

$$\boldsymbol{E}(\boldsymbol{r}) = \frac{1}{4\pi\varepsilon_0}\int_S \frac{(\boldsymbol{r} - \boldsymbol{r}')}{|\boldsymbol{r} - \boldsymbol{r}'|^3}\rho_S(\boldsymbol{r}')\mathrm{d}S' \tag{2.22}$$

$$\boldsymbol{E}(\boldsymbol{r}) = \frac{1}{4\pi\varepsilon_0}\int_l \frac{(\boldsymbol{r} - \boldsymbol{r}')}{|\boldsymbol{r} - \boldsymbol{r}'|^3}\rho_l(\boldsymbol{r}')\mathrm{d}l' \tag{2.23}$$

2.2.3　静电场基本方程

1. 静电场的通量和散度

静电场的场域性质和场点性质是由静电场的基本方程来描述的，或者说是由通量和环量、散度和旋度来描述的。首先考虑通量和散度的问题。

如图2.5所示，式(2.19)所示点电荷产生的电场强度，若穿过以点电荷为原点的假想球面 S_0，其通量(指电通量或电通)为

$$\oint_{S_0} \boldsymbol{E} \cdot \mathrm{d}\boldsymbol{S} = \frac{q}{\varepsilon_0} \tag{2.24}$$

式中，在原点($\boldsymbol{r}' = 0$)处 $\boldsymbol{R} = \boldsymbol{r}$，积分相当于 $\boldsymbol{E} = \boldsymbol{a}_r(q/4\pi\varepsilon_0 r^2)$ 与 $S_0 = \boldsymbol{a}_r 4\pi r^2$ 的点积。包围球面 S_0 作任意闭曲面 S，穿过假想球面的电力线也必定全部穿过任意闭曲面，亦即穿过任意闭曲面通量的有效值相当于在假想球面法线上的投影，故对任意闭曲面 S，上式也适用，有

$$\int_S \boldsymbol{E} \cdot \mathrm{d}\boldsymbol{S} = \frac{q}{\varepsilon_0} \tag{2.25}$$

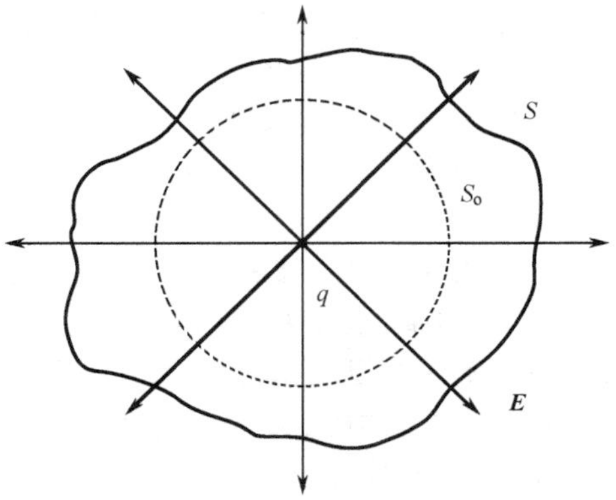

图2.5　点电荷的静电场通量

严格证明见附录D.1和参考文献[4]，[5]。

当闭曲面 S 中含 N 个点电荷时，$\sum_{i=1}^{N} q_i$ 产生的场为 $\sum_{i=1}^{N} \boldsymbol{E}_i = \boldsymbol{E}$，式(2.25)推广为

$$\oint_S \boldsymbol{E} \cdot \mathrm{d}\boldsymbol{S} = \frac{1}{\varepsilon_0}\sum_{i=1}^{N} q_i \tag{2.26a}$$

若闭曲面 S 中电荷体密度为 $\rho(\boldsymbol{r})$，则由叠加原理知总电量为 $Q = \int_V \rho(\boldsymbol{r})\mathrm{d}V$，它表示闭曲面 S 内的净电量，其电场 $\boldsymbol{E}(\boldsymbol{r})$ 穿过曲面 S 的通量为

$$\oint_S \boldsymbol{E}(\boldsymbol{r}) \cdot \mathrm{d}\boldsymbol{S} = \frac{\int_V \rho(\boldsymbol{r})\mathrm{d}V}{\varepsilon_0} \tag{2.26b}$$

式(2.26)称为**静电场高斯定理的积分形式**，它表示自由空间中电场强度穿过任意闭曲面的电通量等于曲面内净电量与 ε_0 的比值。

由散度定理公式(1.54)，有 $\int_S \boldsymbol{E} \cdot \mathrm{d}\boldsymbol{S} = \int_V (\nabla \cdot \boldsymbol{E})\mathrm{d}V$，代入式(2.26b)，有

$$\int_V [\nabla \cdot \boldsymbol{E}(\boldsymbol{r})]\mathrm{d}V = \int_V \frac{\rho(\boldsymbol{r})}{\varepsilon_0}\mathrm{d}V$$

要使上式对任意体积 V 都成立，被积函数必满足

$$\nabla \cdot \boldsymbol{E}(\boldsymbol{r}) = \frac{\rho(\boldsymbol{r})}{\varepsilon_0} \tag{2.27}$$

式(2.27)称为**静电场高斯定理的微分形式**，它表示自由空间中某点电场强度的散度等于该点电荷密度与 ε_0 之比。

静电场高斯定理的积分和微分形式包含的物理意义是：**静电场是有源场，通量场由通量源产生，散度场由散度源产生，或者说静止电荷是静电场的通量源或散度源，静电场是通量场或散度场**。

库仑定律与叠加原理相结合，原则上可以求出任意电荷分布的静电场，但由式(2.20)～式(2.23)可知，在具体计算时往往涉及到矢量叠加或积分运算带来的复杂性，所以常常有意回避计算由任意电荷分布产生的静电场。但是，只要电荷分布具有特殊的对称性(球对称、柱对称和面对称)，其场的电力线分布亦具有同样对称分布，应用高斯定理的积分形式就能够很容易求解。下面将通过一些实例来加以说明。

【例 2.1】 如图 2.6 所示，电荷均匀分布在半径为 a 的金属球形表面 S_0 上，带电球的面电荷密度为 ρ_S，求空间各点处的电场强度。

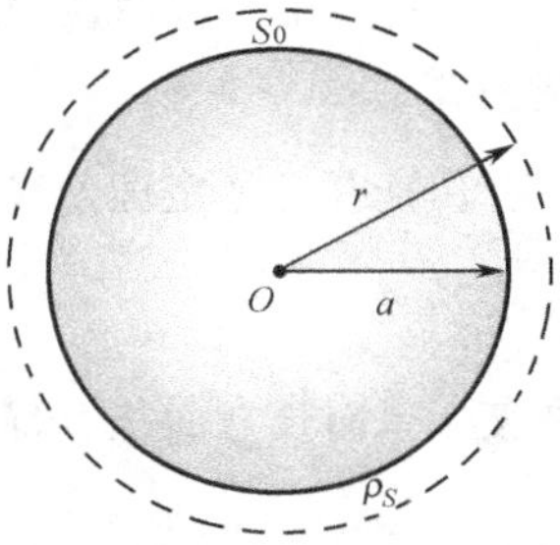

图 2.6 球面分布电荷的静电场

解：

电荷及其场具有球对称分布，应用高斯定理求场。包围带电球作同心球形高斯面，作高斯面的原则是要确保面上场强为常数(取高斯面与电力线正交或平行)，此时场强可从积分符号内提出，复杂的积分式变为简单的代数式

$$\oint_{S_0} \boldsymbol{E}\cdot \mathrm{d}\boldsymbol{S} = |\boldsymbol{E}|\, S_0 = \frac{Q}{\varepsilon_0}$$

式中，S_0 是其法线与 $\boldsymbol{E}$ 平行的球面，Q 是球面上总的净电量。在 $r<a$ 处，Q 为零，电场强度也为零；在 $r>a$ 处，$Q=4\pi a^2\rho_S$，而

$$\oint_{S_0} \boldsymbol{E}\cdot \mathrm{d}\boldsymbol{S} = E_{\mathrm{r}}\cdot 4\pi r^2$$

故由高斯定理得

$$E_{\mathrm{r}} = \frac{Q}{4\pi\varepsilon_0 r^2} = \frac{\rho_S a^2}{\varepsilon_0 r^2},\ r\geqslant a$$

场强方向由 $\boldsymbol{E}=\boldsymbol{a}_{\mathrm{r}}E_{\mathrm{r}}$ 知，应沿球的径向。

2. 静电场的环量和旋度

在了解通量和散度后，接着再考虑环量和旋度的问题。

如图 2.7 所示，式(2.19)所示点电荷产生的电场强度，若沿着以点电荷为原点，以 r 为半径的假想圆周线 l_0 积分，则其环量为

$$\oint_{l_0} \boldsymbol{E}\cdot \mathrm{d}\boldsymbol{l} = 0 \tag{2.28}$$

式中积分相当于 $\boldsymbol{E}=\boldsymbol{a}_{\mathrm{r}}(q/4\pi\varepsilon_0 r^2)$ 与 $\boldsymbol{l}_0=\boldsymbol{a}_{\mathrm{t}}2\pi r$ 的点积。包围假想圆周线 l_0 作任意闭曲线 l，沿圆周线切线方向的电力线数全部为零，同样电力线数沿任意闭曲线穿过的切线方向部分的代数和也必定为零，亦即沿任意闭曲线环量的有效值相当于在假想圆周切线上的投影。为了更具体说明这一点，可以考查图 2.7 中闭曲线上任一段 AB，其环量为

$$\begin{aligned}\Gamma &= \int_l \boldsymbol{E}\cdot \mathrm{d}\boldsymbol{l} = \frac{q}{4\pi\varepsilon_0}\int_l \frac{\boldsymbol{a}_{\mathrm{r}}\cdot \mathrm{d}\boldsymbol{l}}{r^2}\\ &= \frac{q}{4\pi\varepsilon_0}\int_{r_A}^{r_B}\frac{\mathrm{d}r}{r^2}\\ &= \frac{q}{4\pi\varepsilon_0}\left(\frac{1}{r_A}-\frac{1}{r_B}\right)\end{aligned} \tag{2.29}$$

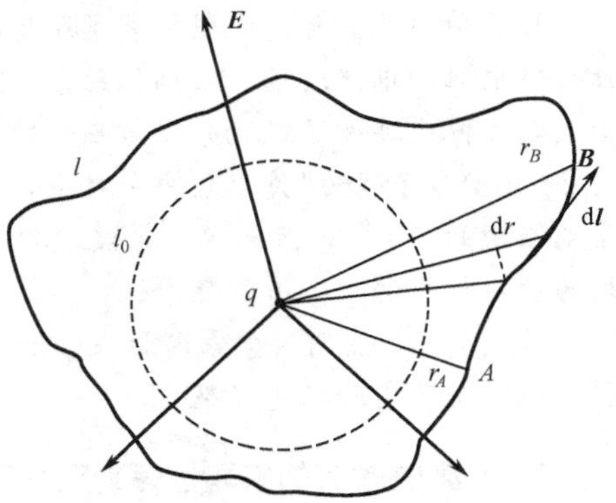

图 2.7 点电荷的静电场环量

由式(2.29)可以看出，沿曲线上任意段的环量值可能为正、负或零，但将 B 点沿曲线周线移动一周经 A 点回到 B 点时，沿闭曲线所有环量叠加的代数和为零。故对任意闭曲线，式(2.28)也适用，有

$$\oint_l \boldsymbol{E}\cdot \mathrm{d}\boldsymbol{l} = 0 \tag{2.30}$$

严格证明也可见参考文献[4]，[5]。

式(2.30)为**静电场安培环路定理的积分形式**，它表示自由空间中电场强度沿任意闭曲线的环量为零。

由斯托克斯定理公式(1.55)，有$\int_l \boldsymbol{E}\cdot \mathrm{d}\boldsymbol{l}=\int_S(\nabla\times\boldsymbol{E})\cdot\mathrm{d}\boldsymbol{S}$，代入式(2.30)，有

$$\int_S[\nabla\times\boldsymbol{E}(\boldsymbol{r})]\cdot\mathrm{d}\boldsymbol{S}=0$$

要使上式对任意面积 S 都成立，被积函数必满足

$$\nabla\times\boldsymbol{E}(\boldsymbol{r})=0 \tag{2.31}$$

式(2.31)称为**静电场安培环路定理的微分形式**，它表示自由空间中某点电场强度的旋度等于零。

静电场安培环路定理的积分和微分形式包含的物理意义是：**静电场是无旋场，不存在旋涡源。**

综合静电场基本方程的积分和微分形式，可以总结出静电场的基本性质：

(1)**静电场是由通量源、不是由旋涡源产生的场；**

(2)**静电场是有源无旋场。**

2.3　稳恒电流的实验定律

2.3.1　安培和安培定律的建立

安培(A. M. Amper，1775—1836)是法国物理学家和数学家，经过数年的努力(1821—1825)，完成了电流间相互作用力的定量研究规律，建立了著名的安培定律。

下面介绍安培定律建立的历史过程。

1. 电流磁效应的定性实验

公元前600年希腊人发现摩擦后的琥珀能够吸引微小物体，公元前300年中国人发现磁石吸铁，公元初又制成世界第一个指南针，后来人们又发现了地球磁场。但是，古代人只是停留在表象上，孤立地研究电现象和磁现象，没有探讨它们之间的关系。

1820年4月，丹麦物理学家奥斯特(H. C. Oersted，1777—1851)在授课时，做了一个实验，他让伏特电池的电流通过一条细铂丝，在铂丝下面放置一个带玻璃罩的指南针，发现了指南针的微小变动。他接连做了载流导线与磁针的多次实验，均发现载流导线可使磁针偏转，并在1820年7月21日宣布了题为“关于电冲击对磁针影响的实验”的论文。电流使磁针偏转的实验，首次揭示了电与磁的联系，而且确定了电流对磁针的作用是一种横向回旋力，突破了过去所知全部作用力均为推拉性质的中心力的观念。

紧随其后，法国科学家阿拉果(Arago)用了三个月时间，进行重复实验研究，接二连三向法国科学院提交了实验报告成果。

2. 电流磁效应的实验、理论定量研究

奥斯特只是定性地描述了电流的磁效应，法国物理学家毕奥(J. B. Biot)和萨伐尔(F. Savart)在奥斯特实验的基础上，设计了载流长直导线和弯折导线对磁极作用力的定量实验研究，得出作用力的大小不仅与距离成反比，还与弯折角度有关的结论。对于毕奥和萨伐尔基于特殊实验所得的结果，拉普拉斯(Laplace)经过理论分析，推广成普遍的理论公式，建立了电流元产生磁场的规律，并表示为矢量叉乘的形式，称为毕-萨-拉定律。其内容表述为电流元产生的磁场与距离的平方成反比，与电流元的大小成正比，且磁场方向与电流元和距离的方向成右旋关系。由于稳恒电

流只能在闭合载流线回路中流动，不可能存在孤立的电流元，故可将任意闭合载流回路产生的磁场分解为无数电流元产生元磁场的叠加，就可得到毕-萨-拉定律的积分形式。毕-萨-拉定律是毕-萨的实验工作与拉氏理论分析相结合的产物。

3. 电流磁效应本质的探索和实验的理论总结

安培在重复奥斯特实验的基础上进行了多种实验，在这些实验的启迪下，提出了分子电流假说：磁铁的最小单元是环形电流，分子环电流的定向排列，产生宏观磁性效应。据此，安培认为，磁现象的本质是电流，物质的磁性来源于分子电流。电流与磁体、磁体与磁体等，它们相互间的作用均可归结为电流与电流间的相互作用。

为了进一步研究电流与电流间的相互作用规律，安培将精巧的实验工作与他的高超数学技巧的理论分析工作紧密结合起来，通过四个巧妙设计的实验，得到了重要结论：导线中的电流反向时，它们产生的作用力也反向；电流元具有矢量性；作用在电流元上的力与电流元垂直；电流元长度和相互间距离增加相同倍数时，作用力不改变。1925 年安培根据这四个实验，导出了两个电流元间相互作用的公式，即两个电流元间的作用力与它们间距离的平方成反比，与两个电流元的乘积成正比，且作用力方向由两个电流元与相互距离三者的右旋关系来确定，表示成双叉乘形式，这就是著名的安培定律。

安培基于实验工作总结成的理论成果，体现在他的几部著作中，包括《电动力学的观察汇编》(1822)、《电动力学》(1822)和《电动力学理论》(1827)。安培在揭示电流磁现象本质的基础上提出了电流间的作用力是基本作用力的观点，进而建立电流元间相互作用力定量规律的安培定律，通过数学分析得出安培环路定理。他的创造性工作，就其深广度和重要性而言，远远超过了奥斯特、毕奥和萨伐尔等人的工作，为我们树立了如何正确科学思维、洞察本质和解决问题的典范。就其意义而言，安培定律是三大实验定律之一，它突破了电与磁彼此无关的固有观念，为整个电磁理论奠定了实验基础；同时，也揭示了磁极的电流本质和静磁场的物质性。

2.3.2　安培定律和磁感应强度

当电荷做匀速运动时，所形成的电流不随时间而变化，称为**稳恒电流**。在实验基础上总结的**安培定律**表述为：**自由空间中两个电流元间相互作用的力与距离平方成反比，与电流量乘积成正比，作用力的方向由两电流元和它们的相互距离三者的取向按右旋关系来确定。**对于两个稳恒电流导体回路，可理解为由无数电流元叠加所形成，安培定律可以写成矢量积分形式。如图 2.8 所示，设 $I\mathrm{d}\boldsymbol{l}$ 为稳恒电流回路 l 中的电流元，$I_0\mathrm{d}\boldsymbol{l}_0$ 为稳恒电流回路 l_0 中的电流元，电流回路 l_0 是用于探测电流回路 l 所产生静磁力的检验线圈。在 SI 国际单位制中，取比例系数 $K=\frac{\mu_0}{4\pi}$，$\mu_0=4\pi\times10^{-7}\,\mathrm{H/m}$(亨 / 米) 为真空的磁导率。安培定律写为矢量积分形式

$$\boldsymbol{F}=\frac{\mu_0}{4\pi}\oint_l\oint_{l_0}\frac{I\mathrm{d}\boldsymbol{l}\times(I_0\mathrm{d}\boldsymbol{l}_0\times\boldsymbol{a}_R)}{R^2}\tag{2.32}$$

式中，$\boldsymbol{F}$ 表示 $I\mathrm{d}\boldsymbol{l}$ 对 $I_0\mathrm{d}\boldsymbol{l}_0$ 作用力的矢量和，$\boldsymbol{a}_R$ 表示由 $I\mathrm{d}\boldsymbol{l}$ 指向 $I_0\mathrm{d}\boldsymbol{l}_0$ 的单位矢量，$\boldsymbol{R}=\boldsymbol{a}_RR=\boldsymbol{r}-\boldsymbol{r}'$。可以证明，载流回路 l 和 l_0 间的相互作用力与牛顿第三定律一致。

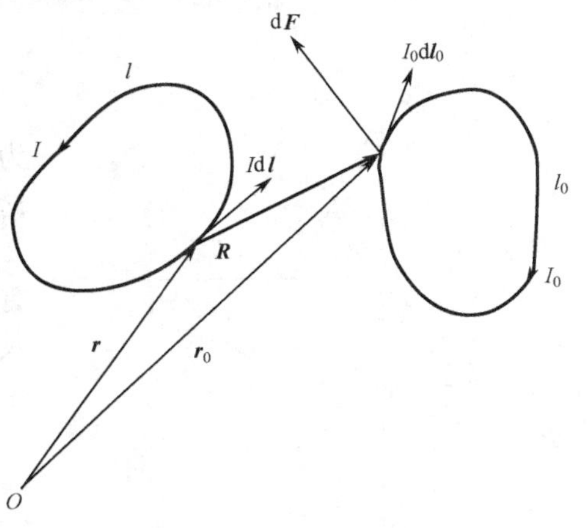

图 2.8　两个电流回路间的作用力

场论知识告诉我们，稳恒电流 I 对稳恒电流 I_0 的作用力是 I 产生的磁场对 I_0 的作用力，磁场是充满电流周围的特殊物质。静态的稳恒电流产生的磁场不随时间变化，称为**静磁场**或**稳恒磁场**。为了定量描述磁场的特性，引入磁感应强度的概念。仿照静电场，对于静磁场，也可将检验线圈所受到的力 $\boldsymbol{F}$ 与其所带电流量 $\oint_{l_0} I_0 \mathrm{d}\boldsymbol{l}_0$ 的比值定义为静磁场的**磁感应强度**，记为 $\boldsymbol{B}$。与静电场不同的是，静磁场中的定义是复杂的矢量关系。通过对式(2.32)的分解，即可获得如下关系

$$\begin{aligned}\boldsymbol{F}&=\oint_{l_0} I_0 \mathrm{d}\boldsymbol{l}_0 \times\left[\frac{\mu_0}{4\pi}\oint_l \frac{I\mathrm{d}\boldsymbol{l}\times\boldsymbol{a}_R}{R^2}\right]\\&=\oint_{l_0} I_0 \mathrm{d}\boldsymbol{l}_0\times\boldsymbol{B}\end{aligned} \tag{2.33}$$

式中

$$\boldsymbol{B}=\frac{\mu_0}{4\pi}\oint_l \frac{I\mathrm{d}\boldsymbol{l}\times\boldsymbol{a}_R}{R^2} \tag{2.34}$$

式(2.34)称为**毕-萨定律**。由此看出磁感应强度是与位置相关的矢量函数，与检验线圈电流量无关，能够用于描述任意点静磁场特性。应当指出，毕-萨定律与安培定律是各自独立建立的实验定律，也可将毕-萨定律理解为安培定律的组成部分或分解结果。磁感应强度 $\boldsymbol{B}$ 的单位是 T(特斯拉) 或 $\mathrm{Wb/m^2}$(韦伯 / 米^2)。

若电流的体电流密度 $\boldsymbol{J}(\boldsymbol{r}')$ 分布在体积 V' 中，体积元 $\mathrm{d}V'=\mathrm{d}S'\mathrm{d}l'$ 中的电流量为

$$J\mathrm{d}V'=\left(\frac{I}{\mathrm{d}S'}\right)(\mathrm{d}S'\mathrm{d}l')=I\mathrm{d}l'$$

则以线电流、体电流和面电流的分布形式构成的载流导体，它们产生的磁感应强度分别为

$$\boldsymbol{B}(\boldsymbol{r})=\frac{\mu_0}{4\pi}\oint_l \frac{I\mathrm{d}\boldsymbol{l}\times(\boldsymbol{r}-\boldsymbol{r}')}{|\boldsymbol{r}-\boldsymbol{r}'|^3} \tag{2.35}$$

$$\boldsymbol{B}(\boldsymbol{r})=\frac{\mu_0}{4\pi}\int_V \frac{\boldsymbol{J}(\boldsymbol{r}')\times(\boldsymbol{r}-\boldsymbol{r}')}{|\boldsymbol{r}-\boldsymbol{r}'|^3}\mathrm{d}V' \tag{2.36}$$

$$\boldsymbol{B}(\boldsymbol{r})=\frac{\mu_0}{4\pi}\int_S \frac{\boldsymbol{J}_S(\boldsymbol{r}')\times(\boldsymbol{r}-\boldsymbol{r}')}{|\boldsymbol{r}-\boldsymbol{r}'|^3}\mathrm{d}S' \tag{2.37}$$

只有简单的载流导体才能利用这些公式得到解析结果。

【例 2.2】 求无限长直载流导线的直流电流 I 在周围产生的磁感应强度，如图 2.9 所示。

解：

这是最简单的载流导体，可以应用式(2.35)来计算。为了便于计算，应当采用圆柱坐标系。设电流沿 z 轴正向，由于圆柱对称，场的变化与 φ 无关；三维问题退化为二维问题。无限长可以理解为有限长的极限情况。因此，首先求有限长直载流导线的磁场，图中坐标原点已将导线长度等分。由于载流线段与 z 轴重合，导线微分元长度 $\mathrm{d}\boldsymbol{l}'=\boldsymbol{a}_z\mathrm{d}z'$，故电流元 $I\mathrm{d}z'$ 至场点 P 的位置矢量为

$$\boldsymbol{r}=\boldsymbol{a}_\rho\rho+\boldsymbol{a}_z z'$$

$$\begin{aligned}\mathrm{d}\boldsymbol{l}'\times\boldsymbol{r}&=\boldsymbol{a}_z\mathrm{d}z'\times(\boldsymbol{a}_\rho\rho+\boldsymbol{a}_z z')\\&=\boldsymbol{a}_\varphi\rho\mathrm{d}z'\end{aligned}$$

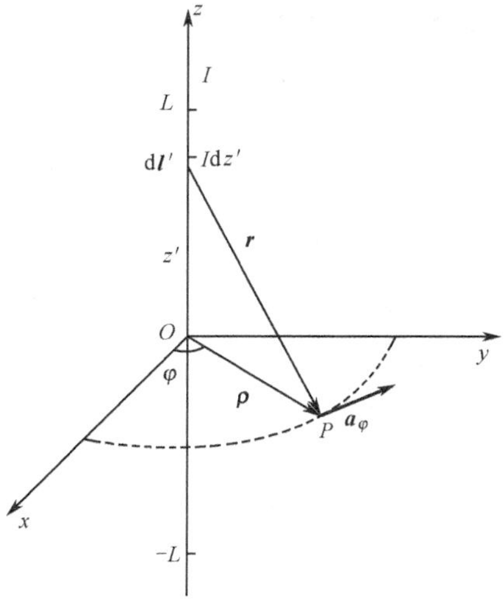

图 2.9　长直载流导线的磁场

代入式(2.35)，得

$$\boldsymbol{B} = \boldsymbol{a}_\varphi \frac{\mu_0 I}{4\pi}\int_{-L}^{L} \frac{\rho \mathrm{d}z'}{(z'^2+\rho^2)^{3/2}} = \boldsymbol{a}_\varphi \frac{\mu_0 IL}{2\pi\rho\sqrt{L^2+\rho^2}}$$

对于无限长直导线，$L \to \pm\infty$，故 $\rho \ll L$，上式简化为

$$\boldsymbol{B} = \boldsymbol{a}_\varphi \frac{\mu_0 I}{2\pi\rho}$$

2.3.3 静磁场基本方程

1. 静磁场的通量和散度

仿照对静电场的分析思路，首先考虑静磁场的通量和散度，再考虑静磁场的环量和旋度。

考虑图 2.9 中长直载流导线的磁场，再由这个特例加以推广。以坐标原点为球心，以 $r=\rho$ 为半径作一假想球面 S_0，其外法线沿 $\boldsymbol{a}_r$ 方向。显然，对球面的通量(指磁通量或磁通）为

$$\oint_{S_0} \boldsymbol{B}\cdot \mathrm{d}\boldsymbol{S} = 0 \tag{2.38}$$

式中，积分相当于 $\boldsymbol{B}=\boldsymbol{a}_\varphi(\mu_0 I/2\pi r)$ 与 $\boldsymbol{S}_0=\boldsymbol{a}_r 4\pi r^2$ 的点积。推而广之，对于任意分布的电流源所产生的磁场，穿过任意闭曲面 S 的通量也满足上式，故

$$\oint_S \boldsymbol{B}(\boldsymbol{r})\cdot \mathrm{d}\boldsymbol{S} = 0 \tag{2.39}$$

严格证明见附录 D.2 和参考文献[4]，[5]。

式(2.39)称为**静磁场高斯定理或磁通连续性原理的积分形式**，它表示自由空间中磁感应强度穿过任意闭曲面的磁通量为零，磁力线是无头无尾的闭曲线。例如，无限长直载流导线的磁力线为环绕它的同心圆。为确保磁力线的连续性，有多少磁力线穿进闭曲面，就有多少磁力线穿出闭曲面，这表明闭曲面内不存在孤立磁荷。按宇宙万物具有对称性的观点，静电场中存在孤立电荷，静磁场中理应存在孤立磁荷，也许人们尚未发现，许多学者正在不同的领域内探索磁荷存在的可能性。

将散度定理公式(1.54)代入式(2.39)，易得

$$\nabla\cdot \boldsymbol{B}(\boldsymbol{r}) = 0 \tag{2.40}$$

式(2.40)称为**静磁场高斯定理或磁通连续性原理的微分形式**，它表示自由空间中某点的静磁场无散度源。

2. 静磁场的环量和旋度

考虑图 2.9 中长直载流导线的磁场，以坐标原点为圆心，以 ρ 为半径作一圆周线 l_0，其切线沿 $\boldsymbol{a}_\varphi$ 方向。显然，对圆周的环量

$$\oint_{l_0} \boldsymbol{B}\cdot \mathrm{d}\boldsymbol{l} = \mu_0 I \tag{2.41}$$

式中，积分相当于 $\boldsymbol{B}=\boldsymbol{a}_\varphi(\mu_0 I/2\pi\rho)$ 与 $\boldsymbol{l}_0=\boldsymbol{a}_\varphi 2\pi\rho$ 的点积。推而广之，对于任意分布的电流源所产生的磁场，沿环绕电流源的任意闭曲线 l 的环量也满足上式，故

$$\oint_l \boldsymbol{B}(\boldsymbol{r})\cdot \mathrm{d}\boldsymbol{l} = \mu_0 I \tag{2.42}$$

严格证明见附录 D.3 和参考文献[4]，[5]。

式中，I 应当理解为闭曲线包围的总净电流。式(2.42)称为**静磁场安培环路定理的积分形式**，

它表示自由空间中磁感应强度沿任意闭曲线的环量等于与闭曲线交链的净电流强度与 μ_0 的乘积。闭曲线走向与电流流向满足右旋关系。

将斯托克斯定理公式(1.55)代入式(2.42)和式(2.10)，易得

$$\nabla \times \boldsymbol{B}(\boldsymbol{r}) = \mu_0 \boldsymbol{J} \tag{2.43}$$

式(2.43)称为**静磁场安培环路定理的微分形式**，它表示自由空间中某点磁感应强度的旋度等于该点体电流密度与 μ_0 的乘积。

静磁场安培环路定理的积分和微分形式包含的物理意义是：**静磁场是有旋场，稳恒电流是静磁场的旋涡源**。

综合静磁场基本方程的积分和微分形式，可以总结出静磁场的基本性质：

(1)**静磁场不是由通量源，而是由旋涡源产生的场；**

(2)**静磁场是无源有旋场。**

利用安培定律和毕-萨定律与叠加原理所得公式(2.35)～式(2.37)涉及复杂的积分运算，应尽量回避。只要电流密度分布具有特殊的对称性(柱对称)，其场的力线分布亦具有同样对称分布，应用安培环路定理的积分形式就能够很容易求解。

【例 2.3】 半径为 a 的无限长直导体通有稳恒电流 I，求导体内、外的磁感应强度，如图 2.10 所示。

解：

电流及其场具有柱对称分布，应用安培环路定理求场。环绕电流导体圆柱作同心圆周线，作圆周线的原则是要确保线上磁感应强度为常数(取闭曲线与磁力线平行或正交)，此时磁感应强度可从积分符号内提出，积分式简化为代数式

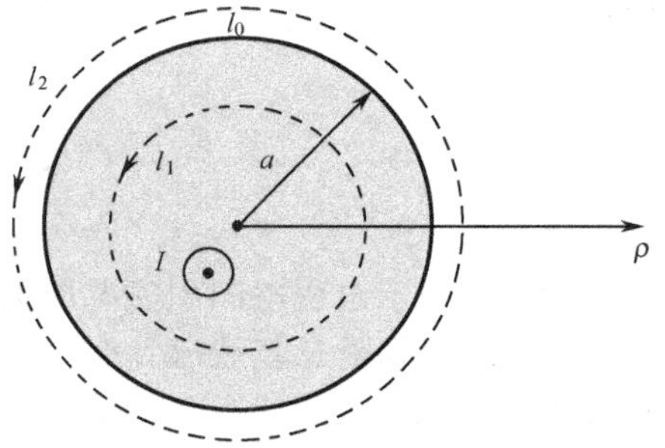

图 2.10　长直载流圆柱导体的磁场

$$\oint_l \boldsymbol{B} \cdot \mathrm{d}\boldsymbol{l} = |\boldsymbol{B}|\, l_0 = \mu_0 I$$

式中，周线 l 与电流 I 取向符合右旋关系。对于柱对称，应选用圆柱坐标系，场与 φ 无关；再考虑到导体为无限长，场与 z 无关，仅为 ρ 的函数。以 $\rho < a$ 和 $\rho > a$ 分别作圆周线 l_1 和 l_2，就能确保在由不同 ρ 确定的圆周线 l_1 和 l_2 上 $\boldsymbol{B}_1$ 和 $\boldsymbol{B}_2$ 为常数。在圆柱坐标系中，$\boldsymbol{B} = \boldsymbol{a}_\varphi B_\varphi$，$\mathrm{d}\boldsymbol{l} = \boldsymbol{a}_\varphi \rho \mathrm{d}\varphi$。

在 $\rho \leqslant a$ 处，通过 l_1 包围面积的电流为

$$I_1 = JS_1 = \frac{I}{\pi a^2}\pi\rho^2 = \left(\frac{\rho}{a}\right)^2 I$$

$$\oint_{l_1} \boldsymbol{B}_1 \cdot \mathrm{d}\boldsymbol{l} = \int_0^{2\pi} B_{1\varphi}(\rho \mathrm{d}\varphi) = B_{1\varphi} \cdot 2\pi\rho$$

得

$$\boldsymbol{B}_1 = \boldsymbol{a}_\varphi B_{1\varphi} = \boldsymbol{a}_\varphi \frac{\mu_0 \rho I}{2\pi a^2},\ \rho \leqslant a$$

在 $\rho \geqslant a$ 处，通过 l_2 包围面积的电流为 I，又知

$$\oint_{l_2} \boldsymbol{B}_2 \cdot \mathrm{d}\boldsymbol{l} = B_{2\varphi} \cdot 2\pi\rho$$

得

$$\boldsymbol{B}_2 = \boldsymbol{a}_\varphi B_{2\varphi} = \boldsymbol{a}_\varphi \frac{\mu_0 I}{2\pi\rho},\ \rho \geqslant a$$

2.4 时变电流的实验定律

2.4.1 法拉第和法拉第电磁感应定律的建立

法拉第(M. Faraday, 1791—1867)是英国著名的物理学家、化学家和电磁学实验大师，也是近代电磁学伟大的旗手和奠基人。法拉第出身于家境贫寒的铁匠家庭，小学未曾毕业就上街卖报维持生活，从 13 岁起便在装订商和图书商那里当学徒达 7 年之久。但他的愿望是从事科学研究，后来被推荐给著名化学家戴维(Davy)做听写员，戴维推荐他做了皇家研究院实验室助理，从此开始了半个多世纪献身科学的光辉历程。他的研究领域涉及电学、光学和化学诸方面，贡献出众。1825 年出任皇家学院实验室主任，1829 年升任教授，曾两度获得英国皇家学会最高奖(Copley 奖)。法拉第为人质朴，待人诚挚，生活简朴，将毕生精力和聪明才智献给科学研究事业，做出了许多卓越的贡献，其中最重要的是电磁感应定律的建立。

下面介绍法拉第电磁感应定律建立的历史过程。

1. 失败的实验

1820 年奥斯特发现电流磁效应的实验，揭示了长期以来一直认为彼此独立的电现象和磁现象间的联系，随之而来，推进了毕-萨-拉定律、安培环路定理和欧姆(Ohm)定律的相继建立。与此同时，人们就开始关注它的逆效应。既然电能生磁，磁是否也能生电？但是，在寻求磁是否能产生电流的种种努力中，却未能取得决定性的突破。法拉第和安培相继设计了各种实验装置，均以失败告终，究其原因，是由于他们为寻求发现电磁感应现象所做的种种实验，均是在静止和稳恒条件下所为，结果一无所获。

2. 遗憾的实验

1823 年卡鲁顿(Colladon)试图通过磁铁在螺线管内插入和拔出的移动使导线中产生感应电流。由于电流计放置于另一房间内，以长导线与螺线管相连，加之当时无磁电式电流计和助手帮助，只能靠观察小磁针是否偏转来检验电流的出现。卡鲁顿只得往返于两屋间进行操作，在房间内将磁铁插入或拔出螺线管后，又忙于去邻屋观看小磁针是否偏转，结果无功而返。卡鲁顿已经达到成功的边缘，由于未领悟到电磁感应的瞬时效应，终于与成功擦肩而过，令人遗憾。

3. 间接的实验

在自奥斯特实验之后的漫长探索中，人们通过实验也曾间接观察到了电磁感应现象，但未曾拨开迷雾，认识它的真面目。1822 年阿拉果(Arago)等人在英国格林尼治的一个山上测量地磁强度时偶然发现，以某一频率振动的磁针下方静止金属物体，对磁针的振动有阻尼作用。据此现象，1824 年他设计了一个阿拉果圆盘实验。他将铜盘装在垂直轴上，再在盘上方自由悬吊一根磁针。他发现，当铜盘自由旋转时，磁针也随着旋转，但略微滞后；反之，当磁针旋转时，铜盘也相应旋转。现在看来，前一实验是涡流现象引起的电磁阻尼，后一实验是涡流现象造成的电磁驱动。但在当时，由于这一重要发现没有直接表现为感应电流，人们未能将它与寻觅已久的感应现象联系起来，只感到这是无从理解和解释的新现象。

4. 成功的实验

1831 年 8 月 29 日，这是科学史上难以忘怀的日子。这一天，法拉第在日记中记录了他的首次成功。他在软铁圆环上绕了两个彼此绝缘的线圈，一个线圈的两端用铜线相连成闭合回路，铜线下面平行放置一小磁针；另一个线圈则用铜线与电池组和开关相连成闭合回路。法拉第发现：当闭合该线圈开关时电流通过的瞬间，磁针偏转一下又停在原来位置上；当断开开关时切断电流的瞬间，磁针反向偏转。这表明另一闭合线圈中出现了感应电流。法拉第立刻意识到，这就是他已寻觅 10 年之久的磁生电流的现象。此后，法拉第共做了几十个类似实验，终于认识到电磁感应是一种非稳恒的暂态效应。

5. 实验的定性解释和定量表述

1831 年 11 月，法拉第在他的首篇论文中，将产生感应电流的情况概括为五种类型：变化着的电流、变化着的磁场、运动的稳恒电流、运动的磁铁及在磁场中运动的导体。法拉第正确指出：感应电流与原电流本身无关，只与原电流的变化有关；感应电流来源于感应电动势。法拉第引入描述动态电磁相互作用的力线图像来解释产生感应电动势的原因，并预言电磁作用会以波动形式传播。后来在考虑了电磁感应的各种情况后，认为可以把感应电流的产生归因于导体切割磁力线。在电磁感应现象发现 20 年后，直到 1851 年才得出了电磁感应定律。

法拉第尽管应用场论中描述场的物质形态的动态力线图像，对产生感应电动势的原因作出了近距作用的物理解释，但并未给出电磁感应定律的定量表达式。当时超距作用观点的代表人物韦伯和纽曼，试图建立超距作用统一的电磁理论，将库仑定律、安培定律和法拉第电磁感应定律统一起来，并给出定量表达式。1845 年纽曼发表论文，借助于安培的分析方法，首次给出了法拉第电磁感应定律的定量表述。

法拉第电磁感应定律也是三大实验定律之一，它进一步揭示了磁和电的紧密联系。奥斯特等人的实验揭示了电流对磁、电流对电流的作用，法拉第则从反向思维的角度进一步揭示了磁也能产生电流，为整个电磁理论完成了最后的实验奠基工作。法拉第更重要的贡献是他首先提出了力线和场的概念。他认为场是区别于微粒物质的一种特殊物质，力线用于形象、直观描述场的分布。物体与场的相互作用是靠力线以有限速度传递的力来实现的。力线纵向收缩、横向扩张的趋势是引起引力和斥力的原因。电力线是起、止于异性电荷源的非闭合矢量线，磁力线是与电流源相交链的无头无尾的闭合矢量线。磁力线与导线相互切割是引起电磁感应的原因。场的概念和力线的模型，对当时超距作用的传统观念是一个重大的突破，使近距作用观念日趋完善。场和力线的观点为麦克斯韦电磁理论的建立奠定了基础。

2.4.2　法拉第电磁感应定律

在实验基础上总结的**法拉第电磁感应定律**表述为：**当穿过闭合回路所包围的磁感应强度的磁通量发生变化时，回路中会出现感应电动势，并引起感应电流；闭合回路中的感应电动势等于与回路相交链的磁通量增加率的负值。**如图 2.11 所示，感应电动势 ε_{in} 与磁通量 ψ 的时间变化率关系满足

$$\varepsilon_{\text{in}} = -\frac{\mathrm{d}\psi}{\mathrm{d}t} = -\frac{\mathrm{d}}{\mathrm{d}t}\int_S \boldsymbol{B} \cdot \mathrm{d}\boldsymbol{S} \tag{2.44}$$

式中负号表示感应电动势总是力图阻止回路中磁通的变化。

由式(2.44)看出，感应电动势仅与磁通量的时间变化率有关，与引起磁通量变化的物理因素无关。因此，导体回路不动而磁场随时间变化，或导体回路随时间变动而磁场不变，或导体回路和磁场同时随时间变化，均可引起磁场变化。如果考虑导体回路不动的情况，则整个积分对时间的全导数应改写为被积磁场对时间的偏导数，即

$$\varepsilon_{\text{in}} = -\int_S \frac{\partial \boldsymbol{B}}{\partial t} \cdot \mathrm{d}\boldsymbol{S} \tag{2.45a}$$

导体内存在感应电流表明导体内必然存在感应电场 $\boldsymbol{E}_{\text{in}}$，因此，感应电动势可以表示为感应电场的积分，即

$$\varepsilon_{\text{in}} = \oint_l \boldsymbol{E}_{\text{in}} \cdot \mathrm{d}\boldsymbol{l} \tag{2.45b}$$

又知静电场 $\boldsymbol{E}_{\text{c}}$ 满足环量公式

$$\oint_l \boldsymbol{E}_{\text{c}} \cdot \mathrm{d}\boldsymbol{l} = 0 \tag{2.46}$$

若同时存在静电场和感应电场，则合成场为 $\boldsymbol{E} = \boldsymbol{E}_{\text{c}} + \boldsymbol{E}_{\text{in}}$，将式(2.45b) 和式(2.46) 的叠加式代入式(2.45a)，有

$$\oint_l \boldsymbol{E} \cdot \mathrm{d}\boldsymbol{l} = -\int_S \frac{\partial \boldsymbol{B}}{\partial t} \cdot \mathrm{d}\boldsymbol{S} \tag{2.47}$$

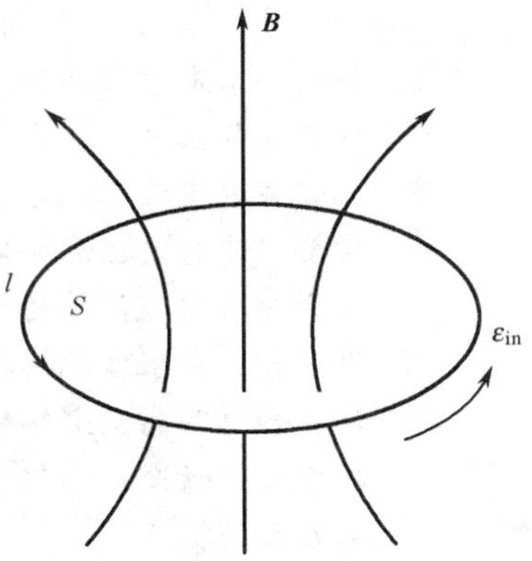

图 2.11　穿过导体回路的磁通变化率产生感应电动势

这是**静止回路位于时变磁场中时，法拉第电磁感应定律的积分形式**。它表示导体回路中感应电动势的产生是由于磁场随时间变化，使导体中出现感应电场的结果，即在有限区域内变化的磁场要产生电场。由式(2.47)看出，回路合成场中 $\boldsymbol{E}_{\text{in}}$ 的积分表示的感应电动势与构成回路的导体性质无关。也就是说，只要回路所界定面积的磁通量发生变化，就会产生感应电动势，就存在感应电场。可见回路只不过是用以检验是否存在感应电场的工具，感应电场存在于空间任意点。

将斯托克斯公式(1.55)代入式(2.47)，易得

$$\nabla \times \boldsymbol{E} = -\frac{\partial \boldsymbol{B}}{\partial t} \tag{2.48}$$

这是**静止回路位于时变场中时，法拉第电磁感应定律的微分形式**。它表示空间某点变化的磁场要产生电场，磁场变化要感应有旋电场。

磁场变化是由电荷的运动状态来确定的。当电荷做变速运动时，所形成的电流要随时间而变化，称为**非稳恒电流或时变电流**，动态的非稳恒电流或时变电流产生的电场和磁场一般会相互转化，统称为**时变电磁场**。法拉第电磁感应定律正是描述变化磁场感应电场的实验定律。因此，当电荷处于静止、匀速运动和变速运动状态时，在其周围空间将分别产生静电场、稳恒电场和稳恒磁场(或静磁场)以及时变电磁场。需要指出，电荷的静止或运动状态是相对于观察者而言的。对于同一电荷，若观察者的位置相对于电荷是静止的，则观察者所测出的是电场；若观察者的位置相对于电荷是运动的，则观察者除了能测出电场外还可测出磁场。由此可见，电荷周围场的特性决定于电荷的运动状态，实际上是指决定于观察者和电荷之间的相对运动状态。

思考题

2.1　如何定义电荷分布和电流密度？电荷分布和电流密度间的关系遵守什么定律和满足什么方程？其物理意义是什么？

2.2　库仑定律和安培定律的内容是什么？这两个定律的相似点和相异点是什么？

2.3　为什么要用静电力和试验电荷量的比值来定义电场强度，用静磁力和检验电流量的比值来定义磁感应强度？为什么电场强度矢量和磁感应强度矢量能用于描述场的物理特性？

2.4　静电场基本方程的积分形式和微分形式是什么？它们是如何由库仑定律和电场强度的

公式导出来的？它们的物理意义是什么？如何用电场力线来描述静电场的基本性质？

2.5 静磁场基本方程的积分形式和微分形式是什么？它们是如何由安培定律和磁感应强度的公式导出来的？它们的物理意义是什么？如何用磁场力线来描述静磁场的基本性质？

2.6 比较库仑定律、安培定律、高斯定理和安培环路定理应用的条件各是什么？为什么常常要将库仑定律和安培定律与叠加原理相结合来求解静态场？为什么它们只能求解一些源分布比较简单的问题？在具体运用高斯定理和安培环路定理求解静态场时，场强满足什么要求才能将积分形式方程简化为代数形式方程？

2.7 法拉第电磁感应定律的内容是什么？法拉第电磁感应定律的积分形式和微分形式的物理意义是什么？如何定义感应电动势？如何理解变化磁场引起的感应场与导体回路的存在无关？

2.8 什么是静电场、稳恒电场和稳恒磁场(或静磁场)及时变电磁场？如何理解产生这些场的电荷的静止或运动状态？

2.9 库仑定律、安培定律和法拉第电磁感应定律是如何建立的？从它们建立的历史过程中能给我们什么启迪？比较这三大实验定律，说明其重要意义是什么？

2.10 如何理解静电力和静磁力的超距作用和近距作用？为什么说法拉第提出的力线和场的概念是近距作用观点？法拉第场论观点包含的主要内容是什么？

习题

2.1 在直角坐标系中，点电荷 q_1 和 $q_2=2q_1$ 分别位于坐标原点(0，0，0)和 x 轴上某点(x，0，0)。如果再放入第三个点电荷 q_3，那么应放在什么地方才能保证它不受静电场力的作用？

2.2 有一无限长直细导线的线电荷密度为 ρ_l，求离导线为 ρ 处的场点 P 的电场强度。

提示： z 轴上线元 $\mathrm{d}z'$ 处电荷元 $\rho_l\mathrm{d}z'$ 可视为点电荷，它与场点 P 的距离为 R，离导线为 ρ 处场点 P 的电场强度归结为在 $\left(-\frac{\pi}{2},\frac{\pi}{2}\right)$ 范围对下式中 θ 取积分，即

$$\mathrm{d}E_\rho=\frac{\rho_l\mathrm{d}z'}{4\pi\varepsilon_0R^2}\cos\theta$$

式中 θ 为 R 与 ρ 的夹角。需要通过以 R 和 ρ 为临边的直角三角形的几何关系将 R 和 $\mathrm{d}z'$ 转化为 ρ 和 $\mathrm{d}\theta$ 的关系。

2.3 一半径为 a 的均匀带电圆环带电量为 q，求圆环轴线上任意一点的电场强度。圆环面中心点的电场强度等于多少?为什么?

提示： 圆环上线元 $\mathrm{d}l'$ 处电荷元 $\mathrm{d}q=q\frac{\mathrm{d}l'}{2\pi a}$ 可视为点电荷，它与圆环轴线上场点 P 的距离为 $R=\sqrt{a^2+z^2}$，由轴对称性知场点 P 的电场强度只有 z 向分量，问题归结为整个圆环对下式进行积分，即

$$\mathrm{d}E_z=\frac{\mathrm{d}q}{4\pi\varepsilon_0R^2}\cos\alpha$$

式中 α 为 $\mathrm{d}E$ 与 $\mathrm{d}E_z$ 的夹角。

2.4 半径为 a 的圆面上均匀带电，电荷面密度为 ρ_S，求轴线上离圆心为 z 处的电场强度，如图 2.12 所示。在保持 ρ_S 不变的条件下，当 $a\to0$ 和 $a\to\infty$ 时，电场强度各等于多少？

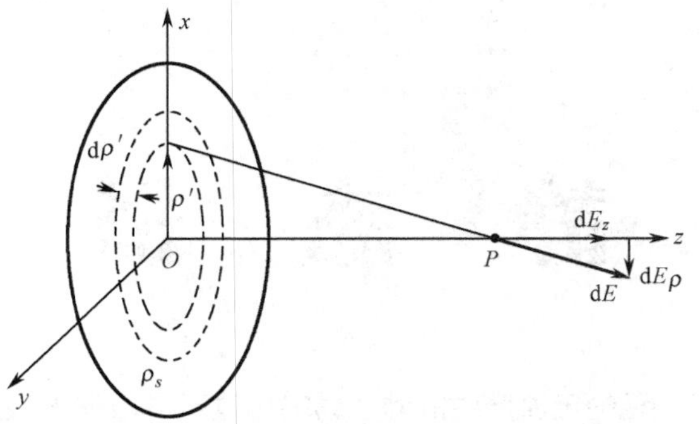

图 2.12　习题 2.4 用图

提示： 利用习题 2.3 的结果。取盘上半径为 ρ'，宽度为 $d\rho'$ 的圆环，环上电荷密度为 $\rho_l=\rho_S d\rho'$。该圆环在轴上点 P 产生的电场，由于对称性，ρ 分量相互抵消为零，只有 z 分量

$$dE_z=\frac{z\rho'\rho_s d\rho'}{2\varepsilon_0(\rho'^2+z^2)^{3/2}}$$

上式对 ρ' 从 0 至 a 积分。（在习题 2.3 的 dE_z 表达式中，以 ρ' 取代 a，代入 $dq=2\pi\rho'\rho'_l$ 即可得到上式）

2.5　半径分别为 a 和 $b(a<b)$ 的同心导体球壳上，均匀分布着面电荷密度分别为 ρ_{S1} 和 ρ_{S2}，试求 $r<a$、$a<r<b$ 和 $r>b$ 三个区域的电场强度。

2.6　半径分别为 a 和 $b(a<b)$ 的同心导体圆柱壳上，均匀分布着面电荷密度分别为 ρ_{S1} 和 ρ_{S2}，试求 $\rho<a$、$a<\rho<b$ 和 $\rho>b$ 三个区域的电场强度。

2.7　一无限大平面上均匀分布有面电荷密度 ρ_S，求平面两侧的电场强度。

2.8　若在 $y=-a$ 处放置一根无限长线电流 $\boldsymbol{a}_x I$，在 $y=a$ 处放置另一根无限长线电流 $\boldsymbol{a}_z I$，如图 2.13 所示。试求坐标原点处的磁感应强度。

2.9　空心长直铜管的内、外半径分别为 a 和 b，管中有电流 I 通过，试求在 $\rho<a$，$a<\rho<b$ 和 $\rho>b$ 三个区域的磁感应强度。

2.10　在长 a、宽 b 的矩形导体线圈中穿过的磁感应强度按 $\boldsymbol{a}_\rho B_m\sin\omega t$ 变化，试求磁通变化引起的感应电动势。线圈的有向面积为 $\boldsymbol{a}_n ab$，且 $\boldsymbol{a}_\rho$ 和 $\boldsymbol{a}_n$ 的夹角为 $\theta=\omega t$。若线圈增至 N 匝，则磁力线穿过 N 匝线圈，这相当于磁力线穿过 N 次原来的线圈，此时感应电动势变为多少？

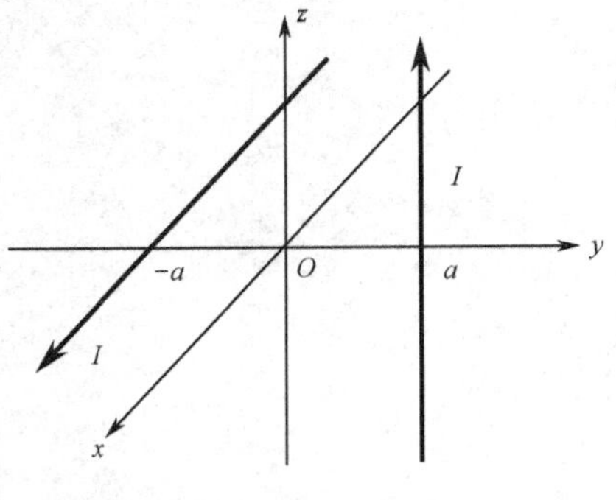

图 2.13　习题 2.8 用图

第 3 章

静 态 场

自由空间中静止电荷和稳恒电流产生的静态场由场量基本方程来表述，它能反映源量和场量的相互作用规律和转化关系。本章应用对比和比拟的方法，将场量基本方程推广到媒质中，进一步建立媒质在极化、磁化和传导条件下的辅助场量方程，它能反映源量、场量和媒质的相互作用规律和转化关系。由此涉及定义辅助场量和建立媒质边界条件的问题。在此基础上讨论静态场应用中的重要问题：静态场中导体的电容、电感和电阻、静态场的能量、静态场的计算方法和静态场的应用。为了分析计算这一系列复杂问题，首先必须引入简化分析计算的辅助位。

应用场的等位面和矢量线，可以将“无形”的静态场形象、直观地表示为“可视”的电磁模型，给出静态场空间分布和变化规律的静态物理图像，这和作为空间视觉艺术的雕塑、绘画等有异曲同工之妙。所以，借助于形象思维来理解抽象思维的内涵，也是分析计算静态场的一种辅助方法。

3.1　辅助位和辅助位方程

3.1.1　静电场的标量电位和标量电位方程

静电场的性质可以由电场强度矢量来描述，如果能引入标量电位作为辅助位来间接描述，那么，由于标量比矢量更容易进行运算，便可以大大简化场的分析和计算。

利用静电场的无旋性方程 $\nabla\times\boldsymbol{E}=0$ 与矢量恒等式 $\nabla\times\nabla u=0$ 对比，并取 $u=\Phi$，可以得到例 1.2 中的关系式

$$\boldsymbol{E}(\boldsymbol{r})=-\nabla\Phi(\boldsymbol{r}) \tag{3.1}$$

式中的辅助位 $\Phi(\boldsymbol{r})$ 称为静电场的**标量电位**，简称**电位**，单位为 V(伏特)。

比较式(3.1)和式(2.20)～式(2.23)，可得点电荷系、线电荷、面电荷和体电荷产生的电场的电位分别为

$$\Phi(\boldsymbol{r})=\frac{1}{4\pi\varepsilon_0}\sum_{i=1}^{N}\frac{q_i}{|\boldsymbol{r}-\boldsymbol{r}'_i|} \tag{3.2a}$$

$$\Phi(\boldsymbol{r})=\frac{1}{4\pi\varepsilon_0}\int_l\frac{\rho_l(\boldsymbol{r}')}{|\boldsymbol{r}-\boldsymbol{r}'|}\mathrm{d}l' \tag{3.2b}$$

$$\Phi(\boldsymbol{r})=\frac{1}{4\pi\varepsilon_0}\int_S\frac{\rho_s(\boldsymbol{r}')}{|\boldsymbol{r}-\boldsymbol{r}'|}\mathrm{d}S' \tag{3.2c}$$

$$\Phi(\boldsymbol{r})=\frac{1}{4\pi\varepsilon_0}\int_V\frac{\rho(\boldsymbol{r}')}{|\boldsymbol{r}-\boldsymbol{r}'|}\mathrm{d}V' \tag{3.2d}$$

式中已应用关系式 $\nabla\left(\frac{1}{R}\right)=-\frac{\boldsymbol{R}}{R^3}$。显然，通过式(3.2)和式(3.1)求出的电位间接求场比通过式(2.20)～式(2.23)直接求场更简便。

电位有明确的物理意义。式(3.1)两边点乘 $\mathrm{d}\boldsymbol{l}$，得

$$\boldsymbol{E}(\boldsymbol{r})\cdot\mathrm{d}\boldsymbol{l}=-\nabla\Phi(\boldsymbol{r})\cdot\mathrm{d}\boldsymbol{l}=-\frac{\partial\Phi(\boldsymbol{r})}{\partial l}\boldsymbol{a}_l\cdot\boldsymbol{a}_l\mathrm{d}l$$

$$=-\frac{\partial\Phi(\boldsymbol{r})}{\partial l}\mathrm{d}l=-\mathrm{d}\Phi(\boldsymbol{r})$$

对上式从点 P_1 至点 P_2 沿任意路径积分，如图 3.1 所示，有

$$\int_{P_1}^{P_2}\boldsymbol{E}(\boldsymbol{r})\cdot\mathrm{d}\boldsymbol{l}=-\int_{P_1}^{P_2}\mathrm{d}\Phi(\boldsymbol{r})=\Phi(P_1)-\Phi(P_2)=U \tag{3.3}$$

U 是两点 P_1、P_2 间的**电位差**，或两点间的**电压**，单位为 V(伏特)。电场强度在两点间沿任意路径的积分，就等于两点间的电位差。

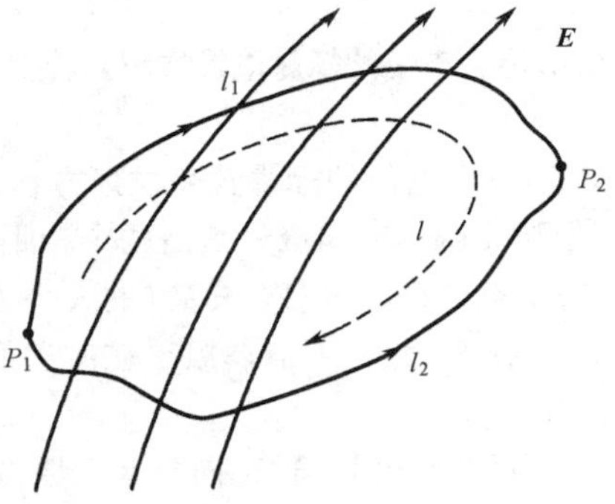

图 3.1　电场强度积分路径

为了得到电场中任一点电位的确定值，必须选择场中某一固定点 $\boldsymbol{r}_0$ 作为电位参考点，即使电位 $\Phi(\boldsymbol{r}_0)$ 为零的点 $\boldsymbol{r}_0$，称为**参考点**。任意点 $\boldsymbol{r}$ 与参考点 $\boldsymbol{r}_0$ 的电位差，就是该点的电位，有

$$\Phi(\boldsymbol{r})=\Phi(\boldsymbol{r})-\Phi(\boldsymbol{r}_0)=\int_r^{r_0}\boldsymbol{E}\cdot\mathrm{d}\boldsymbol{l} \tag{3.4a}$$

若场源电荷分布在有限区域，通常选取无限远处为电位参考点，此时有

$$\Phi(\boldsymbol{r}) = \int_r^{\infty} \boldsymbol{E} \cdot \mathrm{d}\boldsymbol{l} \tag{3.4b}$$

设电荷 q 受到的电场力为 $\boldsymbol{F}$，则当该电荷 q 在电场力 $\boldsymbol{F}$ 作用下沿任意路径移至无限远处时，电场力做的功为

$$W = \int_r^{\infty} \boldsymbol{F} \cdot \mathrm{d}\boldsymbol{l} = q\int_r^{\infty} \boldsymbol{E} \cdot \mathrm{d}\boldsymbol{l} = q\Phi(\boldsymbol{r})$$

即得

$$\Phi(\boldsymbol{r}) = \frac{W}{q} \tag{3.5}$$

由此可见，**静电场中某点的电位，其物理意义是单位正电荷在电场力作用下，自该点沿任意路径移至无限远过程中电场力所做的功。**由式(3.4)或式(2.29)看出，某点静电场的电位 $\Phi(\boldsymbol{r})$ 仅由位置 $\boldsymbol{r}$ 来决定，电位由此得名。静电力对单位点电荷所做的功也仅与电荷始末位置有关，与电荷移动的路径无关。由此可知，电荷沿任意闭合回路所做的功为零。静电场的环量等于零或静电场的旋度等于零，这表明在没有非静电力作用的情况下，静电力对电荷沿任意闭合回路移动所做的功为零，称为**静电场的保守性**。所以静电的环量式(2.30) 又称为**静电场的保守性**。

原则上，可以选择任意点作为电位参考点。显然，电位参考点不同，某点的电位值也不同，但是任意两点之间的电位差与电位参考点无关，参考点的变化，相当于在式(3.1) 的电位 $\Phi(\boldsymbol{r})$ 上叠加上某一常数值，微分之后场量不变。然而，在点源、线源和面源的理想分布情况下，总的限制原则是要求场点和源点不能重合，因为按照位或场随距离变化的关系 $\Phi \propto 1/R$ 和 $\boldsymbol{E} \propto 1/R^2$ 及 $R = |\boldsymbol{r} - \boldsymbol{r}'|$ 可知，场点 $\boldsymbol{r}$ 和源点 $\boldsymbol{r}'$ 重合将导致位或场变为无限大。因此，选择电位参考点有如下具体原则：

(1)在理想情况下，若电荷分布在有限区域(如点电荷)，则应选取无限远处为电位参考点；

(2)在理想情况下，若电荷分布在无限区域(如无限大均匀带电平面和无限长均匀带电直线或圆柱)，则应选取附近某一有限远处为电位参考点；

(3)在实际应用中(如电气设备)，通常选取地面为电位参考点(机壳接地)；

(4)当对同时存在的几个静电场选取了不同的电位参考点时，可选取合成场电位函数式中的待定常数叠加值为电位参考点。

标量电位方程可将式(3.1)代入式(2.27)求得

$$\nabla^2 \Phi(\boldsymbol{r}) = -\frac{\rho(\boldsymbol{r})}{\varepsilon_0} \tag{3.6}$$

式(3.6)称为**电位的标量泊松方程**。若空间某点 $\boldsymbol{r}$ 处无电荷密度分布，即 $\rho(\boldsymbol{r}) = 0$,则上式简化为

$$\nabla^2 \Phi(\boldsymbol{r}) = 0 \tag{3.7}$$

式(3.7)称为电位的**标量拉普拉斯方程**。

【例 3.1】 **电偶极子**是由两个相距很近的等量异性点电荷组成的系统，如图 3.2 所示。如果 q 为每个点电荷的电量，矢量 $\boldsymbol{l}$ 的大小为 l，方向由 $-q$ 指向 $+q$，则电偶极子可以用**电偶极矩**(**或电矩**)$\boldsymbol{P} = q\boldsymbol{l}$ 来表示。求电偶极子在离它很远的空间某点 P 处($r \gg l$) 产生的电位和电场。

解：

取电偶极子沿 z 轴正向放置于原点对称位置。正、负点电荷到任意点的距离分别为 r_+ 和 r_-，坐标原点到任意点的距离为 r。

电偶极子产生的电位为正、负点电荷产生的电位的合成值

$$\Phi(\boldsymbol{r}) = \frac{q}{4\pi\varepsilon_0}\left(\frac{1}{r_+} - \frac{1}{r_-}\right) = \frac{q}{4\pi\varepsilon_0} \frac{r_- - r_+}{r_+ r_-}$$

当 $r \gg l$ 时，三矢量 $\boldsymbol{r}_+$，$\boldsymbol{r}_-$ 和 $\boldsymbol{r}$ 近似于平行，可知

$$r_- - r_+ \approx l\cos\theta$$

$$r_+ r_- = \left(r - \frac{l}{2}\cos\theta\right)\left(r + \frac{l}{2}\cos\theta\right) \approx r^2$$

电位表示式变为

$$\Phi(\boldsymbol{r}) = \frac{q}{4\pi\varepsilon_0 r^2} l\cos\theta$$

当 $\theta = \frac{\pi}{2}$ 时 $\Phi(\boldsymbol{r}) = 0$，表示在电偶极子的垂直平分线上电位恒等于零，原因是该面上任意点到正、负点电荷的距离相等，它们各自产生的电位相互抵消。

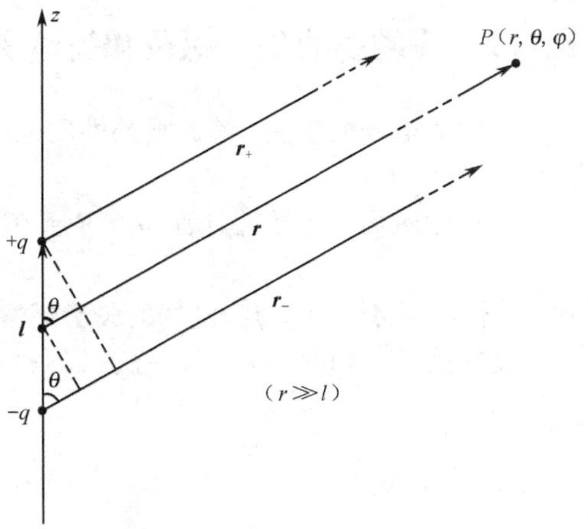

图 3.2 电偶极子

利用电偶极矩将电位表示为

$$\Phi(\boldsymbol{r}) = \frac{P\cos\theta}{4\pi\varepsilon_0 r^2} = \frac{\boldsymbol{P} \cdot \boldsymbol{r}}{4\pi\varepsilon_0 r^3}$$

利用式(3.1)将 $\nabla\Phi$ 表示为球坐标系的分量形式最为简单，此时场仅与 r 和 θ 有关。所以，电偶极子在空间任意点产生的电场为

$$\begin{aligned}\boldsymbol{E}(\boldsymbol{r}) &= -\left(\boldsymbol{a}_r \frac{\partial\Phi}{\partial r} + \boldsymbol{a}_\theta \frac{1}{r}\frac{\partial\Phi}{\partial\theta}\right) \\ &= \frac{P}{4\pi\varepsilon_0 r^3}(\boldsymbol{a}_r 2\cos\theta + \boldsymbol{a}_\theta \sin\theta)\end{aligned}$$

当 $\theta = \frac{\pi}{2}$ 时，$\boldsymbol{E}(\boldsymbol{r}) = \boldsymbol{a}_\theta(P/4\pi\varepsilon_0 r^3)$，表示电力线垂直于电偶极子的垂直平分面。

从 $\Phi(\boldsymbol{r})$ 和 $\boldsymbol{E}(\boldsymbol{r})$ 的表示式看出它们随距离 r 的变化遵循关系 $\Phi \propto 1/r^2$ 和 $E \propto 1/r^3$，它们随极角 θ 变化而具有方向性。图 3.3 表示电偶极子的等位线和电场线分布，分别用虚线和实线表示。

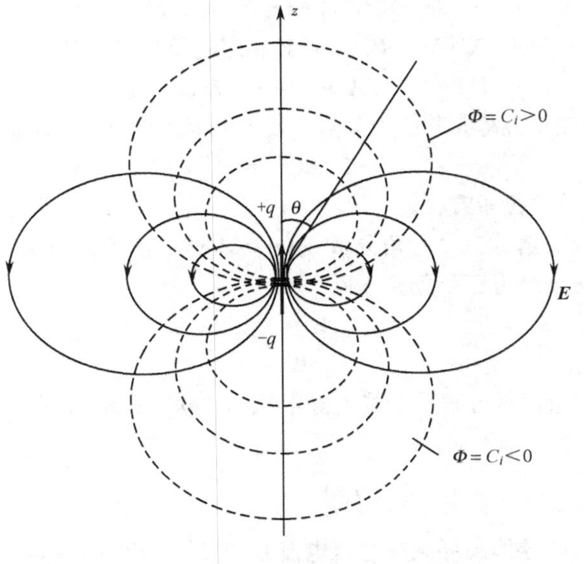

图 3.3 电偶极子的等位线和电场线

3.1.2 静磁场的矢量磁位和矢量磁位方程

仿照静电场的做法，静磁场的性质也可引入矢量磁位作为辅助位来间接描述，以简化分析和计算。

利用静磁场的无散性方程 $\nabla \cdot \boldsymbol{B} = 0$ 与矢量恒等式 $\nabla \cdot \nabla \times \boldsymbol{F} = 0$ 对比，可以得到关系式

$$\boldsymbol{B}(\boldsymbol{r}) = \nabla \times \boldsymbol{A}(\boldsymbol{r}) \tag{3.8}$$

式中，辅助位 $\boldsymbol{A}(\boldsymbol{r})$ 称为静磁场的**矢量磁位**，简称**磁矢位**，单位为 Wb/m(韦伯 / 米)。

比较式(3.8)和式(2.35)～式(2.37)，可得线电流、面电流和体电流产生的磁场的磁矢位分别为

$$\boldsymbol{A}(\boldsymbol{r}) = \frac{\mu_0}{4\pi}\oint_l \frac{I\mathrm{d}\boldsymbol{l}'}{|\boldsymbol{r}-\boldsymbol{r}'|} \tag{3.9a}$$

$$\boldsymbol{A}(\boldsymbol{r}) = \frac{\mu_0}{4\pi}\int_S \frac{\boldsymbol{J}_S(\boldsymbol{r}')}{|\boldsymbol{r}-\boldsymbol{r}'|}\mathrm{d}S' \tag{3.9b}$$

$$\boldsymbol{A}(\boldsymbol{r}) = \frac{\mu_0}{4\pi}\int_V \frac{\boldsymbol{J}(\boldsymbol{r}')}{|\boldsymbol{r}-\boldsymbol{r}'|}\mathrm{d}V' \tag{3.9c}$$

尽管矢量磁位不是简单的标量函数，但它比磁感应强度的积分形式更简单。矢量磁位没有明确的物理意义，仅作为分析和计算磁场的辅助位。

需要指出，按照亥姆霍兹定理，无界空间中任一点的矢量场由散度场和旋度场唯一确定。在定义 $\boldsymbol{A}$ 时，只规定了它的旋度 $\nabla \times \boldsymbol{A}$ 等于 $\boldsymbol{B}$，而没有规定它的散度 $\nabla \cdot \boldsymbol{A}$ 等于多少。所以这样得到的 $\boldsymbol{A}$ 是不确定的，具有多值性。为了得到单值的 $\boldsymbol{A}$，一个最简单的做法，对于静磁场，通常规定

$$\nabla \cdot \boldsymbol{A} = 0 \tag{3.10}$$

满足式(3.10)的规定称为**库仑规范**。

矢量磁位方程可将式(3.8)代入式(2.43)求得

$$\nabla \times \nabla \times \boldsymbol{A}(\boldsymbol{r}) = \mu_0 \boldsymbol{J}(\boldsymbol{r})$$

将恒等式(1.53)的 $\nabla \times \nabla \times \boldsymbol{F} = \nabla(\nabla \cdot \boldsymbol{F}) - \nabla^2 \boldsymbol{F}$ 和库仑规范式(3.10)代入上式，得到

$$\nabla^2 \boldsymbol{A}(\boldsymbol{r}) = -\mu_0 \boldsymbol{J}(\boldsymbol{r}) \tag{3.11}$$

上式称为**磁矢位的矢量泊松方程**。若空间某点 $\boldsymbol{r}$ 处无电流密度分布，即 $\boldsymbol{J}(\boldsymbol{r}) = 0$，则上式简化为

$$\nabla^2 \boldsymbol{A}(\boldsymbol{r}) = 0 \tag{3.12}$$

上式称为**磁矢位的矢量拉普拉斯方程**。

在直角坐标系中，$\boldsymbol{A}$ 分解为三个直角分量 $A_i (i = x, y, z)$，$\boldsymbol{J}$ 也分解为三个直角分量 J_i，因此方程(3.11) 和方程(3.12) 分解为三个分量方程

$$\nabla^2 A_i = -\mu_0 J_i \tag{3.13a}$$

$$\nabla^2 A_i = 0 \tag{3.13b}$$

式(3.13a)所示的三个标量泊松方程分量式与静电位的泊松方程形式相同，其解的形式亦应相同，故可写为

$$A_i = \frac{\mu_0}{4\pi}\int_V \frac{J_i}{|\boldsymbol{r}-\boldsymbol{r}'|}\mathrm{d}V' \tag{3.14}$$

【例 3.2】 半径为 a 的导体圆环载有稳恒电流 I，求圆电流回路在离它很远的空间某点处($r \gg a$) 产生的矢量磁位和磁感应强度，如图 3.4(a)所示。

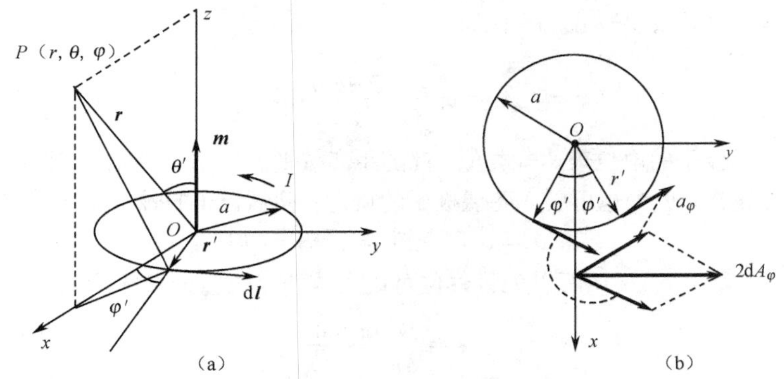

图 3.4　小圆环电流

解：

设圆电流回路置于直角坐标系的 xy 平面上，其圆心在坐标原点处，则电流回路对 z 轴旋转对称，它所产生的矢量磁位在球坐标系中只有分量 A_φ，而且仅为距离 r 和极角 θ 的函数，而与方位角 φ 无关。由此可假设场点 P 位于 xz 平面上并不失一般性。在此平面上，由 $\boldsymbol{a}_\varphi=\boldsymbol{a}_y\cos\varphi'$ 和 $\varphi'=0$ 知，分量 A_φ 与分量 A_y 一致，如图 3.4(b) 所示。对于以 $\boldsymbol{r}$ 和 $\boldsymbol{r}'$ 为邻边的三角形，式(3.9a) 中的 $\mathrm{d}\boldsymbol{l}'$ 和 $|\boldsymbol{r}-\boldsymbol{r}'|$ 应分别表示为如下形式

$$\begin{aligned}\mathrm{d}\boldsymbol{l}'&=\boldsymbol{a}_\varphi\mathrm{d}l'=\boldsymbol{a}_y\cos\varphi'(a\mathrm{d}\varphi')\\&=\boldsymbol{a}_y a\cos\varphi'\mathrm{d}\varphi'\end{aligned}$$

$$\begin{aligned}|\boldsymbol{r}-\boldsymbol{r}'|&=(r^2+a^2-2\boldsymbol{r}\cdot\boldsymbol{r}')^{\frac{1}{2}}\\&=r\left[1+\left(\frac{a}{r}\right)^2-2\frac{\boldsymbol{r}\cdot\boldsymbol{r}'}{r^2}\right]^{\frac{1}{2}}\end{aligned}$$

上式中 $r'=a$。在远区($r\gg a$)，利用二项式展开，并略去高次项，即 $(1-\alpha)^{-\frac{1}{2}}\approx1+\dfrac{\alpha}{2}(\alpha\ll1)$，则得

$$\begin{aligned}\frac{1}{|\boldsymbol{r}-\boldsymbol{r}'|}&=\frac{1}{r}\left[1-\frac{2\boldsymbol{r}\cdot\boldsymbol{r}'}{r^2}+\left(\frac{a}{r}\right)^2\right]^{-\frac{1}{2}}\\&\approx\frac{1}{r}\left(1-\frac{2\boldsymbol{r}\cdot\boldsymbol{r}'}{r^2}\right)^{-\frac{1}{2}}\approx\frac{1}{r}\left(1+\frac{\boldsymbol{r}\cdot\boldsymbol{r}'}{r^2}\right)\end{aligned}$$

代入球与直角的坐标变换式

$$\boldsymbol{r}=\boldsymbol{a}_r r=\boldsymbol{a}_x r\sin\theta+\boldsymbol{a}_z r\cos\theta$$

$$\boldsymbol{r}'=\boldsymbol{a}_{r'}a=\boldsymbol{a}_x a\cos\varphi'+\boldsymbol{a}_y a\sin\varphi'$$

显然，$\boldsymbol{r}\cdot\boldsymbol{r}'$ 中仅留下 $\boldsymbol{a}_x\cdot\boldsymbol{a}_x$ 的项，则得

$$\frac{1}{|\boldsymbol{r}-\boldsymbol{r}'|}=\frac{1}{r}\left(1+\frac{a}{r}\sin\theta\cos\varphi'\right)$$

式(3.9a)变为

$$\mathbf{A}=\boldsymbol{a}_y\frac{\mu_0 aI}{4\pi r}\int_0^{2\pi}\cos\varphi'\mathrm{d}\varphi'\left(1+\frac{a}{r}\sin\theta\cos\varphi'\right)$$

由于在 $\varphi'=0$ 面上，$\boldsymbol{a}_\varphi=\boldsymbol{a}_y$，上式变为

$$\mathbf{A}=\boldsymbol{a}_\varphi\frac{\mu_0 Ia}{4\pi r}\left(\int_0^{2\pi}\cos\varphi'\mathrm{d}\varphi'+\int_0^{2\pi}\frac{a}{r}\sin\theta\cos^2\varphi'\mathrm{d}\varphi'\right)$$

已知$\int_0^{2\pi}\cos\varphi'\mathrm{d}\varphi'=0$和$\int_0^{2\pi}\cos^2\varphi'\mathrm{d}\varphi'=\pi$，得

$$\boldsymbol{A}=\boldsymbol{a}_\varphi\frac{\mu_0}{4\pi}\frac{I(\pi a^2)}{r^2}\sin\theta$$

上式与例 3.1 中电偶极子的电位表达式类似，都随距离按平方反比律变化，依照电偶极矩的定义由源和尺度的乘积来确定，此处也可引入磁偶极子的概念。磁偶极子的**磁偶极矩**(或**磁矩**)定义为

$$\boldsymbol{m}=\boldsymbol{a}_z I(\pi a^2)=\boldsymbol{a}_z IS=\boldsymbol{IS}$$

因为场点 P 处$\boldsymbol{a}_z\times\boldsymbol{a}_r=\boldsymbol{a}_\varphi\sin\theta$，所以矢量磁位可以写成两个矢量的叉积形式

$$\boldsymbol{A}=\frac{\mu_0}{4\pi}\frac{\boldsymbol{m}\times\boldsymbol{a}_r}{r^2}$$

利用式(3.8)，将 $\nabla\times\boldsymbol{A}$ 表示为球坐标系的分量形式最为简单，此时场仅与 r 和 θ 有关。所以，磁偶极子在空间任意点产生的磁场为

$$\begin{aligned}\boldsymbol{B}(\boldsymbol{r})&=\boldsymbol{a}_r\frac{1}{r\sin\theta}\frac{\partial}{\partial\theta}(\sin\theta A\varphi)-\boldsymbol{a}_\theta\frac{1}{r}\frac{\partial}{\partial r}(rA_\varphi)\\&=\frac{\mu_0 m}{4\pi r^3}(\boldsymbol{a}_r 2\cos\theta+\boldsymbol{a}_\theta\sin\theta)\end{aligned}$$

事实上，只要将电偶极子的电场表达式中的 $1/\varepsilon_0$ 和 P 代换为 μ_0 和 m，即得磁偶极子的磁场。因此，圆电流回路与磁偶极子产生的磁场是等效的，而且磁偶极子的 $\boldsymbol{B}$ 线分布与图 3.3 表示的电偶极子的 $\boldsymbol{E}$ 线分布形状相似，两者的区别在于：$\boldsymbol{E}$ 线起于 $+q$ 止于 $-q$，$\boldsymbol{B}$ 线是无头无尾的闭曲线。

3.2 介质中的静态场——静电场和静磁场辅助场量方程

3.2.1 电介质中的静电场

1. 电介质的极化

在自由空间中，我们已经对源量和场量间的相互作用进行了系统的分析，建立了表述这种作用的定量关系的场量基本方程。下面将把这种作用推广到物质媒质中，此时还必须同时再考虑源量和场量与媒质间的相互作用。物质媒质大体分为**导体**、**半导体**和**绝缘体**(或**介质**)三类。我们应当从物质媒质的微观机理来分析在场力作用下介质的极化和磁化及导体的传导等问题。按照洛伦兹(Lorentz)的电子论，物质媒质中的带电粒子可分为三类：第一类是**传导带电粒子**，它是能自由移动的自由电荷，不具有电偶极矩和磁偶极矩；第二类是**极化带电粒子**，分子中的正、负电荷构成电偶极子，分子中总电量为零；第三类是**磁化带电粒子**，带电粒子做旋转运动形成磁偶极子，分子中总电流为零。物质媒质在外场作用下呈现的传导性、极化性和磁化性，实质上是大量自由电荷、电偶极子和磁偶极子运动状态改变的宏观效应。

按照物质的分子原子论，构成物质媒质的基本单元是分子中的原子。原子是由带正电的原子核与带等量负电、绕核运转的电子或电子云组成，彼此以场力相互作用而维系在一起，无外场作用时不显电性。导体中存在具有导电能力的**自由电子**或**自由电荷**，在电场作用下原子中的自由电子能克服与原子核的相互吸引力脱离电子轨道作定向移动。介质中存在无导电能力的**束缚电荷**，在电场作用下电子只在原子核周围做弹性移动。当外加电场达到足以使束缚电荷能脱离原子核形成自由电荷时，这时的场强称为**击穿场强**。

电介质中由原子构成的分子分为无极分子和有极分子。**无极分子**是指在无外场作用下，分子

中原子的正、负电荷重心重合，不显电性，合成场为零；**有极分子**是指在无外场作用下，分子中原子的正、负电荷重心不重合，形成固有分子电偶极矩，由于分子的热运动效应，形成大量分子电偶极矩的无序排列，分子电偶极矩的矢量和等于零，所以从宏观上看并不显电性，合成场仍为零，如图 3.5(a)所示。但是，在外电场的作用下，正电荷沿电场方向位移而负电荷沿相反方向位移，结果正电荷与负电荷相分离，这种现象称为**电介质的极化**。从微观机理来分析，电介质的极化如图 3.5(b)所示。它可以分为以下三种形式。

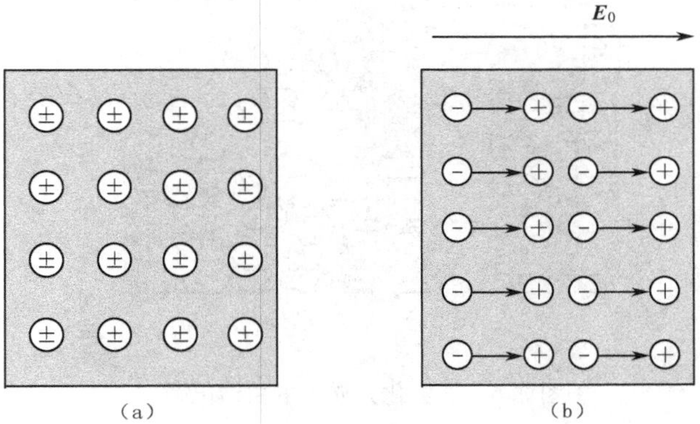

图 3.5 电介质的极化

(1)电子位移极化

这是无极分子在外场作用下，核外电子的轨道发生畸变，电子云重心相对于原子核产生的位移极化。无极分子极化后电矩不再等于零。

(2)离子位移极化

这是无极分子中靠离子键结合的正、负离子在外场作用下，正、负离子间的距离发生改变而引起的位移极化。极化后电矩不再等于零。离子极化若是永久的，称为**永久极化**。铁电物质和驻极体都可以永久极化。

(3)转向极化

这是有极分子的固有电偶极矩不为零的分子，在无外场作用下形成无序排列而不显电性，在外场作用下的取向发生变化，使电矩转向与外场方向一致的转向极化。极化后总电矩不为零。

从上面的论述可知，电介质对场产生的影响，源于电介质中出现了电矩，使电介质成为产生电场的附加的“源”，它所产生的电场会使原来的场发生改变。所以，电介质极化对电场的影响等效为电介质内由外场引起的所有分子电偶极矩的宏观效应。

为了描述电介质的极化程度，定义电介质中点 $\boldsymbol{r}$ 处单位体积内的分子电矩的矢量和为**极化强度矢量**，记为 $\boldsymbol{P}(\boldsymbol{r})$，则有

$$\boldsymbol{P}(\boldsymbol{r}) = \lim_{\Delta V \to 0} \frac{\sum_i \boldsymbol{p}_i}{\Delta V} \tag{3.15}$$

极化强度矢量的单位为 C/m^2(库仑/米^2)。

电介质被极化后，对于均匀媒质或均匀外加场，介质体内相邻区域电矩的正、负电荷均彼此抵消，介质体内无体电荷分布。但当媒质或外加场不均匀时，电介质内分子电矩 $\boldsymbol{p}_i$ 分布不均匀，相邻区域内电矩的正、负电荷不能全部抵消，因此形成体电荷分布，用 $\rho'(\boldsymbol{r})$ 表示，称为**束缚体电荷密度**(或**极化体电荷密度**)。然而，不论媒质或外加场是否均匀，在介质体对应的两面均会出现面电荷分布，用 $\rho'_S(\boldsymbol{r})$ 表示，称为**束缚面电荷密度**(或**极化面电荷密度**)。这是由于介质面上有序排列的分子电矩 $\boldsymbol{p}_i$ 一端的正电荷或负电荷未被异性电荷抵消所致，此时相邻介质面的自由空间中不

可能出现异性电荷，如图 3.6 所示。显然，束缚电荷密度必然与极化程度有密切关系。可以证明，$\rho'(\boldsymbol{r})$，$\rho'_S(\boldsymbol{r})$ 与 $\boldsymbol{P}(\boldsymbol{r})$ 满足如下定量关系

$$\rho'(\boldsymbol{r}) = -\nabla \cdot \boldsymbol{P}(\boldsymbol{r}) \tag{3.16a}$$

$$\rho'_S(\boldsymbol{r}) = \boldsymbol{a}_n \cdot \boldsymbol{P}(\boldsymbol{r}) \tag{3.16b}$$

式中，$\boldsymbol{a}_n$ 为介质面外法线单位矢量。

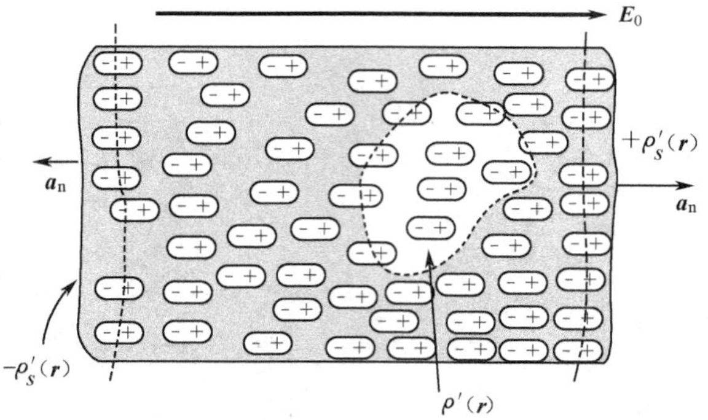

图 3.6　被极化介质上的束缚电荷

设外加场为 $\boldsymbol{E}_0$，束缚电荷密度在介质内、外产生的附加场为 $\boldsymbol{E}'$，$\boldsymbol{E}'$ 反过来又影响介质的极化，因此介质的极化程度最终决定于合成场 $\boldsymbol{E} = \boldsymbol{E}_0 + \boldsymbol{E}'$。由于介质中 $\boldsymbol{E}'$ 与 $\boldsymbol{E}_0$ 反向，$\boldsymbol{E}$ 总是小于 $\boldsymbol{E}_0$。实验研究表明，极化强度与合成场的关系为

$$\boldsymbol{P} = \chi_e \varepsilon_0 \boldsymbol{E} \tag{3.17}$$

式中，χ_e 称为**电极化率**，是无量纲的正数，可通过实验来测定。

2. 静电场方程的推广

电介质在外加场作用下所发生的极化现象，可归结为电介质内部出现了束缚电荷，场与电介质的相互作用等效为场与束缚电荷的相互作用。所以分析有电介质存在时使用的场方法仍与自由空间中所使用的场方法一样，只需把电介质的束缚电荷考虑进去。这样，自由空间中静电场的场量基本方程很容易推广到存在电介质的情况。于是，式(2.25)推广为

$$\oint_S \boldsymbol{E} \cdot \mathrm{d}\boldsymbol{S} = \frac{1}{\varepsilon_0}(q + q') \tag{3.18a}$$

式中，q 为自由空间的电荷；q' 为束缚电荷(修正项)。对式(3.16a) 取体积分，由散度定理可以证明，$\oint_S \boldsymbol{P} \cdot \mathrm{d}\boldsymbol{S} = -q'$，式(3.18a)变为

$$\oint_S (\varepsilon_0 \boldsymbol{E} + \boldsymbol{P}) \cdot \mathrm{d}\boldsymbol{S} = q \tag{3.18b}$$

式(3.18b)中 $\varepsilon_0 \boldsymbol{E} + \boldsymbol{P}$ 是一个复合矢量，为使方程更加简洁，应避免 $\boldsymbol{P}$ 的出现，进而消除未知(无法测量和控制)的 q'。为此，引入**电位移矢量**作为辅助场量，定义为

$$\boldsymbol{D}(\boldsymbol{r}) = \varepsilon_0 \boldsymbol{E}(\boldsymbol{r}) + \boldsymbol{P}(\boldsymbol{r}) \tag{3.19}$$

$\boldsymbol{D}(\boldsymbol{r})$ 的单位为 $\mathrm{C/m^2}$(库仑/米^2)。于是，方程(3.18b)变为

$$\oint_S \boldsymbol{D}(\boldsymbol{r}) \cdot \mathrm{d}\boldsymbol{S} = q \tag{3.20}$$

式(3.20)称为**电介质中静电场高斯定理的积分形式**，它表示电介质中电位移矢量穿过任意闭曲面的电通量等于曲面内自由电荷的净电量，与束缚电荷无关。

利用$\int_S \boldsymbol{D} \cdot \mathrm{d}\boldsymbol{S} = \int_V (\nabla \cdot \boldsymbol{D}) \mathrm{d}V$和$q = \int_V \rho \mathrm{d}V$，式(3.20)变为

$$\nabla \cdot \boldsymbol{D}(\boldsymbol{r}) = \rho(\boldsymbol{r}) \tag{3.21}$$

式(3.21)称为**电介质中静电场高斯定理的微分形式**，它表示电介质中某点电位移矢量的散度等于该点的自由电荷体密度，即$\boldsymbol{D}$的通量源是自由电荷，电位移线从正的自由电荷出发而终止于负的自由电荷。

将式(3.17)代入式(3.19)，有

$$\begin{aligned} \boldsymbol{D} &= \varepsilon_0 \boldsymbol{E} + \chi_e \varepsilon_0 \boldsymbol{E} = \varepsilon_0 (1 + \chi_e) \boldsymbol{E} = \varepsilon_0 \varepsilon_r \boldsymbol{E} \\ &= \varepsilon \boldsymbol{E} \end{aligned} \tag{3.22}$$

式中ε称为电介质的**介电常数**，单位为F/m(法拉/米)，$\varepsilon_r = \varepsilon / \varepsilon_0$称为**相对介电常数**，无量纲。式(3.22)称为电介质的本构方程。通常ε_r是空间位置和$\boldsymbol{E}$的函数。我们只考虑均匀、线性、各向同性电介质。**均匀**指ε_r不随空间位置变化，处处恒定；**线性**指ε_r不随$\boldsymbol{E}$变化；**各向同性**指$\boldsymbol{D}$与$\boldsymbol{E}$同方向时ε_r是标量。表3.1中列出几种常见电介质的相对介电常数的近似值。

表3.1 常见电介质的相对介电常数

电介质	ε_r	电介质	ε_r
空气	1.0	纸	3
蒸馏水	81	聚苯乙烯	2.6
铅玻璃	6	橡胶	3
石英	5	电木	4.5
有机玻璃	3.4	云母	6

电介质内、外的静电场$\boldsymbol{E}$是自由电荷和束缚电荷产生的静电场的合成场，这两种源产生的静电场具有相同的性质，满足环量方程(2.30)和旋度方程(2.31)。

将自由空间静电场的场量基本方程推广到电介质中，有必要定义一个辅助场量$\boldsymbol{D}(\boldsymbol{r})$，$\boldsymbol{D}(\boldsymbol{r})$与$\boldsymbol{E}(\boldsymbol{r})$的关系由$\varepsilon$来确定，在$\boldsymbol{D}(\boldsymbol{r})$和$\varepsilon$中已经隐含了极化强度$\boldsymbol{P}(\boldsymbol{r})$的效应。由此，可将电介质中静电场的辅助场量方程和本构关系归纳为如下形式

$$\begin{cases} \oint_S \boldsymbol{D}(\boldsymbol{r}) \cdot \mathrm{d}\boldsymbol{S} = q \\ \oint_l \boldsymbol{E}(\boldsymbol{r}) \cdot \mathrm{d}\boldsymbol{l} = 0 \\ \boldsymbol{D}(\boldsymbol{r}) = \varepsilon \boldsymbol{E}(\boldsymbol{r}) \end{cases} \tag{3.23a}$$

$$\begin{cases} \nabla \cdot \boldsymbol{D}(\boldsymbol{r}) = \rho(\boldsymbol{r}) \\ \nabla \times \boldsymbol{E}(\boldsymbol{r}) = 0 \\ \boldsymbol{D}(\boldsymbol{r}) = \varepsilon \boldsymbol{E}(\boldsymbol{r}) \end{cases} \tag{3.23b}$$

均匀电介质电位的标量泊松方程为

$$\nabla^2 \Phi(\boldsymbol{r}) = -\frac{\rho(\boldsymbol{r})}{\varepsilon} \tag{3.24}$$

由式(3.23)看出，电介质中静电场的电位移矢量$\boldsymbol{D}(\boldsymbol{r})$与自由空间中静电场的电场强度矢量$\boldsymbol{E}(\boldsymbol{r})$具有相同的性质，都是由通量源而非旋涡源产生的有源无旋场，其场矢量线都是起于正电荷止于负电荷的非闭合线。

【例3.3】 在无限大均匀、线性、各向同性的电介质空间中有一电量为q的点电荷，求电场强度、电位移、电极化强度和束缚体电荷密度。假如以点电荷所在点为心，挖出一个半径为a的空心小球，求小球内介质面上的束缚面电荷密度。

解:

由于具有球对称性，可应用高斯定理求解。在线性介质中$\boldsymbol{E}$，$\boldsymbol{D}$和$\boldsymbol{P}$取向一致，假设场沿$\boldsymbol{a}_{\mathrm{r}}$方向。于是，由式(3.20)可得

$$D_{\mathrm{r}}(4\pi r^2)=q$$

有

$$\boldsymbol{D}=\boldsymbol{a}_{\mathrm{r}}\frac{q}{4\pi r^2}$$

由式(3.22)得

$$\boldsymbol{E}=\boldsymbol{a}_{\mathrm{r}}\frac{q}{4\pi\varepsilon_0\varepsilon_{\mathrm{r}}r^2}$$

看出电介质的存在，使极化强度产生的附加场抵消了一部分点电荷产生的场，电场$\boldsymbol{E}$减弱了$1/\varepsilon_{\mathrm{r}}$倍，但$\boldsymbol{D}$仍保持不变。

由式(3.19)可知

$$\boldsymbol{P}=\boldsymbol{D}-\varepsilon_0\boldsymbol{E}=\boldsymbol{a}_{\mathrm{r}}\frac{q}{4\pi\varepsilon_{\mathrm{r}}r^2}(\varepsilon_{\mathrm{r}}-1)$$

式(3.16a)中的$\nabla\cdot\boldsymbol{P}=\dfrac{1}{r^2}\dfrac{\partial}{\partial r}(r^2P_{\mathrm{r}})=0$，有

$$\rho'(\boldsymbol{r})=0$$

电介质的两个表面中，在$r\to\infty$处外表面上的束缚面电荷密度，由于太远，它所产生的附加场不影响整个介质区域的电场$\boldsymbol{E}$，只有点电荷周围小球内表面上的束缚面电荷密度会影响电场$\boldsymbol{E}$。由式(3.16b)可知

$$\rho'_S(\boldsymbol{r})=\boldsymbol{a}_{\mathrm{n}}\cdot\boldsymbol{P}(\boldsymbol{r})=(-\boldsymbol{a}_{\mathrm{r}})\cdot\boldsymbol{a}_{\mathrm{r}}\frac{q}{4\pi\varepsilon_{\mathrm{r}}a^2}(\varepsilon_{\mathrm{r}}-1)$$

$$=-\frac{q}{4\pi\varepsilon_{\mathrm{r}}a^2}(\varepsilon_{\mathrm{r}}-1)$$

在$r\to0$处$\boldsymbol{P}\to\infty$，即在$r\to0$处$\boldsymbol{P}$存在奇异点。这是理想情况，实际情况是带电体可以看做忽略其尺度的物理点。

3.2.2 磁介质中的静磁场

1. 磁介质的磁化

磁介质中每个分子的原子，其中的电子以恒定速度绕核运转，形成环形电流，它相当于一个磁偶极子，将其磁偶极矩称为**轨道磁矩**。除此之外，电子和原子核本身还要自旋，其自旋形成的电流也相当于一个磁偶极子，将其磁偶极矩称为**自旋磁矩**。通常忽略原子核的自旋效应，认为磁介质分子的磁性只来源于分子内电子的轨道运动和自旋运动形成的微观电流。由一个电子的轨道运动和自旋运动形成的微观电流回路所产生的磁矩称为**电子磁矩**，而一个分子中所有电子磁矩的矢量和称为分子的**固有磁矩**，与固有磁矩等效的回路电流称为**分子电流(或束缚电流)**。就像电介质中分子分为电矩为零的无极分子和电矩不为零的有极分子一样，磁介质中分子的固有磁矩可能为零，也可能不为零。在无外加磁场作用的情况下，固有磁矩为零的分子构成的磁介质不显磁性，合成场为零；固有磁矩不为零的分子构成的磁介质，由于分子运动的热效应，形成无序排列，分子固有磁矩的矢量和等于零，从宏观上看不显磁性，合成场为零，如图3.7(a)所示。但是，在外磁场的作用下，所有电子运转的轨道都会重新分布，使所形成的分子固有磁矩沿外磁场取向，其合成磁矩不为零，对外会显磁性，这就是**磁介质的磁化**，如图3.7(b)所示。

需要指出，由介质极化产生的附加场总是会抵消一部分外加场，其合成场也总是比外加场减弱；而磁介质磁化所形成的合成场，可能比外加场减弱，也可能比外加场增强，这需要由磁介质的性质来决定。磁介质的性质可以分为以下三种类型。

(1)抗磁性

在无外磁场时分子固有磁矩为零的磁介质中，相邻电子的自旋磁矩总是方向相反，相互抵消，只存在无序排列的轨道磁矩，宏观上也相互抵消为零。在外磁场作用下电子轨道发生变形，使各分子轨道磁矩的合成值不再等于零，而且总磁矩的取向总是与外磁场方向相反，因而使磁介质内的磁感应强度减弱。这就是磁介质的**抗磁性**，具有抗磁性的磁介质称为**抗磁质**或**抗磁体**，如铜、银和锌等。可以看出，抗磁性主要来源于减弱磁效应的电子轨道磁矩。

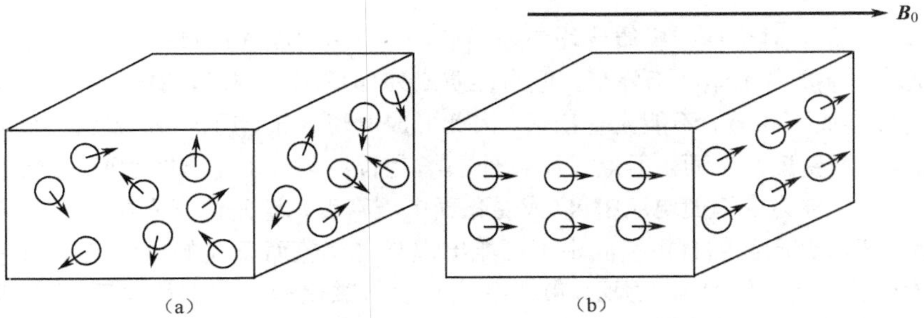

图 3.7 磁介质的磁化

(2)顺磁性

在无外磁场时分子固有磁矩不为零的磁介质中，相邻电子的自旋磁矩存在着未被抵消的永久磁矩，永久磁矩的无序排列，宏观上也相互抵消为零。在外磁场作用下，永久磁矩的有序排列使其合成值不再等于零，而且总磁矩的取向与外磁场方向一致，因而使磁介质内的磁感应强度增强。这就是磁介质的**顺磁性**，具有顺磁性的磁介质称为**顺磁质**或**顺磁体**，如铝、镁和钛等。可以看出，顺磁性主要来源于增强磁效应的电子自旋磁矩。虽然出现顺磁效应的同时也出现抗磁效应，不过顺磁性磁介质的顺磁效应胜过抗磁效应。

(3)铁磁性

在无外磁场时分子固有磁矩不为零的磁介质中，由于相邻电子自旋磁矩的强耦合作用，形成在小区域内彼此平行的自旋磁矩的紧密结合，表现为强磁性，这些小区域称为**磁畴**，如图 3.8所示。每一磁畴包含甚多的分子，所有电子自旋形成的固有磁矩的磁效应大大超过了顺磁质的磁效应，但由于磁场的无序化排列，总磁矩仍等于零。在外磁场的作用下，磁化方向与外磁场一致的磁畴逐渐扩大其体积，与外磁场不一致的磁畴则逐渐缩小其体积，直至磁畴开始向外磁场方向转动，一直延续到所有磁畴都转到外磁场方向，即达饱和为止。外磁场使强耦合自旋磁矩形成的磁畴取向与外磁场方向一致，因而使磁介内的磁感应强度大大增强。这就是磁介质的**铁磁性**，具有铁磁性的磁介质称为**铁磁质**或**铁磁体**，如铁、钴和镍等。

从上面的论述可知，磁介质磁化的原因可归结为磁介质中分子电流的等效磁矩在外磁场作用下出现取向排列所致。为了描述磁介质的磁化程度，定义磁介质中点 $\boldsymbol{r}$ 处单位体积内的分子磁矩的矢量和为**磁化强度矢量**，记为 $\boldsymbol{M}(\boldsymbol{r})$，则有

$$\boldsymbol{M}(\boldsymbol{r})=\lim_{\Delta V\to 0}\frac{\sum_i \boldsymbol{m}_i}{\Delta V} \tag{3.25}$$

磁化强度矢量的单位为 A/m(安培/米)。

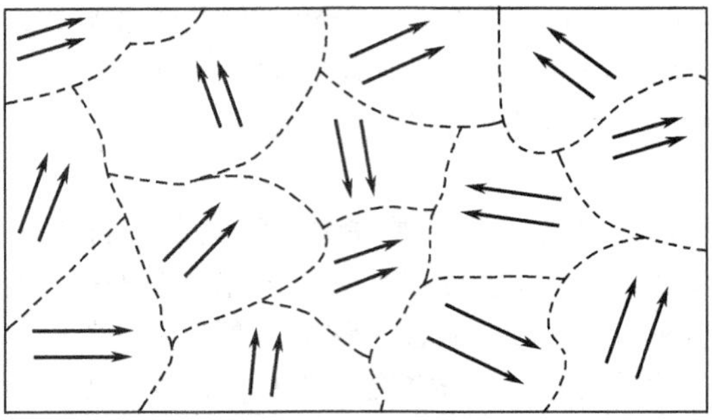

图 3.8　铁磁质中未磁化的磁畴

磁介质被磁化后，对于均匀媒质或均匀外加场，介质体内相邻区域分子电流回路上电流等值反向，彼此抵消，介质内无体电流分布。但当媒质或外加场不均匀时，磁介质内相邻区域分子电流回路上电流反向而不相等，不能完全抵消，因此形成电流分布，用 $\boldsymbol{J}'(\boldsymbol{r})$ 表示，称为**束缚体电流密度**(或**磁化体电流密度**)。然而，不论媒质或外加场是否均匀，在介质体表面均会出现面电流分布，用 $\boldsymbol{J}_S(\boldsymbol{r})$ 表示，称为**束缚面电流密度**(或**磁化面电流密度**)。这是由于介质面上分子电流有序排列，方向一致，相邻介质面的自由空间中不可能出现与之等值而反向的电流来抵消它，于是在介质面上形成面电流分布，如图 3.9 所示。束缚电流密度与磁化程度有密切关系。可以证明，$\boldsymbol{J}'(\boldsymbol{r})$、$\boldsymbol{J}'_S(\boldsymbol{r})$ 与 $\boldsymbol{M}(\boldsymbol{r})$ 满足如下定量关系

$$\boldsymbol{J}'(\boldsymbol{r}) = \nabla \times \boldsymbol{M}(\boldsymbol{r}) \tag{3.26a}$$

$$\boldsymbol{J}'_S(\boldsymbol{r}) = \boldsymbol{M}(\boldsymbol{r}) \times \boldsymbol{a}_n \tag{3.26b}$$

式中，$\boldsymbol{a}_n$ 为介质面外法线单位矢量。

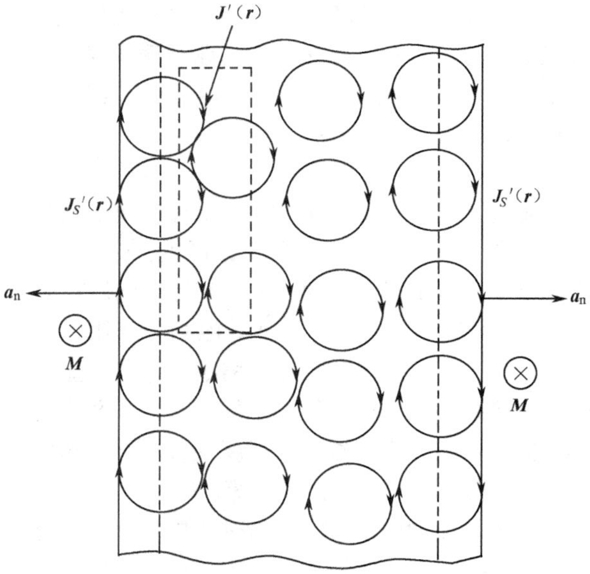

图 3.9　被磁化介质上的束缚电流

设外加场为 $\boldsymbol{B}_0$，束缚电流密度在介质内、外产生的附加场为 $\boldsymbol{B}'$，$\boldsymbol{B}'$ 反过来又影响介质的磁化，因此介质的磁化程度最终决定于合成场 $\boldsymbol{B} = \boldsymbol{B}_0 + \boldsymbol{B}'$。

2. 静磁场方程的推广

仿效静电场的推广方式，在外磁场 $\boldsymbol{B}_0$ 作用下，磁化介质内磁场 $\boldsymbol{B}$ 是由传导电流和磁介质中的束缚电流产生的合成磁场。于是，自由空间中静磁场的场量基本方程很容易推广到存在磁介质的情况，即方程(2.42)推广为

$$\oint_l \boldsymbol{B}(\boldsymbol{r}) \cdot \mathrm{d}\boldsymbol{l} = \mu_0 (I + I') \tag{3.27a}$$

对式(3.26a)取面积分，由斯托克斯定理可以证明，$\oint_l \boldsymbol{M} \cdot \mathrm{d}\boldsymbol{l} = I'$，式(3.27a)变为

$$\oint_l \left(\frac{\boldsymbol{B}}{\mu_0} - \boldsymbol{M}\right) \cdot \mathrm{d}\boldsymbol{l} = I \tag{3.27b}$$

式(3.27b)中 $\dfrac{\boldsymbol{B}}{\mu_0} - \boldsymbol{M}$ 是一个复合量，为消除未知(无法测量和控制)的 I'，可仿照静电场那样引入**磁场强度**作为辅助场量，定义为

$$\boldsymbol{H}(\boldsymbol{r}) = \frac{\boldsymbol{B}(\boldsymbol{r})}{\mu_0} - \boldsymbol{M}(\boldsymbol{r}) \tag{3.28}$$

$\boldsymbol{H}(\boldsymbol{r})$ 的单位为 A/m (安培/米)。于是，方程(3.27b)变为

$$\oint_l \boldsymbol{H} \cdot \mathrm{d}\boldsymbol{l} = I \tag{3.29}$$

式(3.29)称为**磁介质中静磁场安培环路定理的积分形式**，它表示磁介质中磁场强度沿任意闭曲线的环量，等于与该曲线交链的传导电流，与磁介质中的束缚电流无关。

利用 $\oint_l \boldsymbol{H} \cdot \mathrm{d}\boldsymbol{l} = \int_S \nabla \times \boldsymbol{H} \cdot \mathrm{d}\boldsymbol{S}$ 和 $I = \int_S \boldsymbol{J} \cdot \mathrm{d}\boldsymbol{S}$，式(3.29)变为

$$\nabla \times \boldsymbol{H}(\boldsymbol{r}) = \boldsymbol{J}(\boldsymbol{r}) \tag{3.30}$$

式(3.30)称为**磁介质中静磁场安培环路定理的微分形式**，它表示磁介质中某点磁场强度矢量的旋度等于该点的传导电流密度。

由于历史等原因，未考虑磁化强度与磁感应强度的关系，而考虑它与磁场强度的关系。实验研究表明，磁化强度与合成磁场的关系为

$$\boldsymbol{M} = \chi_m \boldsymbol{H} \tag{3.31}$$

χ_m 是**磁化率**，是无量纲的数，可通过实验来测定。

将式(3.31)代入式(3.28)，有

$$\begin{aligned}\boldsymbol{B} &= \mu_0(\boldsymbol{H} + \boldsymbol{M}) = \mu_0(1 + \chi_m)\boldsymbol{H} \\ &= \mu_0 \mu_r \boldsymbol{H} = \mu \boldsymbol{H}\end{aligned} \tag{3.32}$$

式中，μ 称为磁介质的**磁导率**，单位为 H/m(亨利 / 米)，$\mu_r = \mu/\mu_0$ 称为**相对磁导率**，无量纲。式(3.32)称为磁介质的本构方程。对于抗磁质，$\mu_r \leqslant 1(\chi_m < 0)$；对于顺磁质，$\mu_r \geqslant 1(\chi_m > 0)$；对于铁磁质，$\mu_r \gg 1(\chi_m > 0)$。表 3.2 中列出几种常见磁介质的相对磁导率的近似值。

表 3.2　常见磁介质的相对磁导率

磁介质	μ_r	磁介质	μ_r	磁介质	μ_r
金	0.99996	铝	1.000021	铁	400
银	0.99998	镁	1.000012	钴	250
铜	0.99999	钛	1.000180	镍	600
水	0.99999	空气	1.0000004	铁磁体	100000

磁介质内、外的静磁场 $\boldsymbol{B}$ 是传导电流和束缚电流产生的静磁场的合成场，这两种源产生的静磁场具有相同的性质，满足通量方程(2.39)和环量方程(2.42)。

将自由空间静磁场的场量方程推广到磁介质中，定义的辅助场量 $\boldsymbol{H}(\boldsymbol{r})$ 与 $\boldsymbol{B}(\boldsymbol{r})$ 的关系由 μ 来确定，在 $\boldsymbol{H}(\boldsymbol{r})$ 和 μ 中已经隐含了磁化强度 $\boldsymbol{M}(\boldsymbol{r})$ 的效应。由此，可将磁介质中静磁场的辅助场量方程和本构关系归纳为如下形式

$$\begin{cases}\oint_l \boldsymbol{H}(\boldsymbol{r})\cdot \mathrm{d}\boldsymbol{l}=I\\ \oint_S \boldsymbol{B}(\boldsymbol{r})\cdot \mathrm{d}\boldsymbol{S}=0\\ \boldsymbol{B}(\boldsymbol{r})=\mu\boldsymbol{H}(\boldsymbol{r})\end{cases}\tag{3.33a}$$

$$\begin{cases}\nabla\times\boldsymbol{H}(\boldsymbol{r})=\boldsymbol{J}(\boldsymbol{r})\\ \nabla\cdot\boldsymbol{B}(\boldsymbol{r})=0\\ \boldsymbol{B}(\boldsymbol{r})=\mu\boldsymbol{H}(\boldsymbol{r})\end{cases}\tag{3.33b}$$

均匀磁介质磁矢位的矢量泊松方程为

$$\nabla^2\boldsymbol{A}(\boldsymbol{r})=-\mu\boldsymbol{J}(\boldsymbol{r})\tag{3.34}$$

由式(3.33)看出，磁介质中静磁场的磁场强度矢量 $\boldsymbol{H}(\boldsymbol{r})$ 与自由空间中静磁场的磁感应强度矢量 $\boldsymbol{B}(\boldsymbol{r})$ 具有相同的性质，都是由旋涡源而非通量源产生的无源有旋场，其场矢量线都是无头无尾的闭合线。

【例 3.4】 具有磁导率为 μ 的铁磁质无限长空心导磁管通过稳恒电流 I，管的内、外半径分别为 a 和 b，如图 3.10 所示。求各个区域的磁场强度和磁感应强度，并求导磁管内部的磁化强度和束缚体电流密度及管壁上的束缚面电流密度。

解：

选择与管形一致的圆柱坐标系，设管轴与 z 轴重合，则具有轴对称性，可以应用安培环路定理求磁场。按对称性要求，磁力线是同心圆簇，并沿 φ 方向。由于电流均匀分布在导磁管截面上，其体电流密度为

$$\boldsymbol{J}=\boldsymbol{a}_z\frac{I}{\pi(b^2-a^2)}$$

将式(3.29)应用于三个区域，有

(1) $0<\rho\leqslant a$ 区域：

$$\boldsymbol{H}=\boldsymbol{B}=0$$

(2) $a\leqslant\rho\leqslant b$ 区域：

$$H_\varphi\cdot 2\pi\rho=JS'=\frac{I}{\pi(b^2-a^2)}\pi(\rho^2-a^2)$$

$$\boldsymbol{H}=\boldsymbol{a}_\varphi\left(\frac{\rho^2-a^2}{b^2-a^2}\right)\frac{I}{2\pi\rho}$$

$$\boldsymbol{B}=\mu\boldsymbol{H}=\boldsymbol{a}_\varphi\mu\left(\frac{\rho^2-a^2}{b^2-a^2}\right)\frac{I}{2\pi\rho}$$

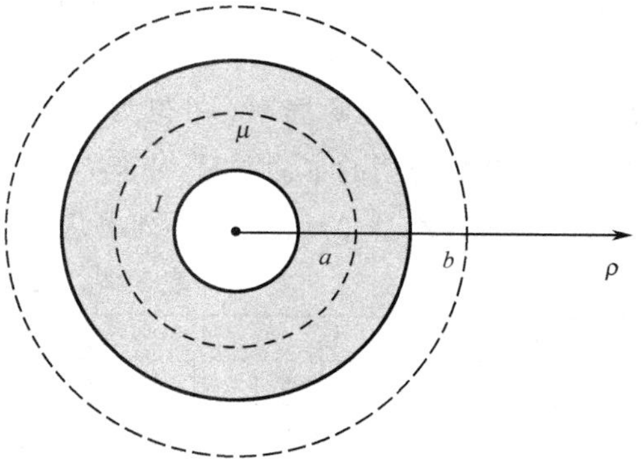

图 3.10　载流空心导磁管

由式(3.28)得

$$\boldsymbol{M}=\boldsymbol{a}_\varphi\left(\frac{B}{\mu_0}-H\right)=\boldsymbol{a}_\varphi\left(\frac{\mu}{\mu_0}-1\right)\left(\frac{\rho^2-a^2}{b^2-a^2}\right)\frac{I}{2\pi\rho}$$

由式(3.26)得

$$\boldsymbol{J}' = \nabla \times \boldsymbol{M} = \boldsymbol{a}_z \frac{1}{\rho}\frac{\partial}{\partial \rho}(\rho M_\varphi)$$

$$= \boldsymbol{a}_z \left(\frac{\mu}{\mu_0} - 1\right)\frac{I}{\pi(b^2 - a^2)}$$

$$\boldsymbol{J}'_s \big|_{\rho=a} = \boldsymbol{M} \times (-\boldsymbol{a}_\rho) = 0$$

$$\boldsymbol{J}'_s \big|_{\rho=b} = \boldsymbol{M} \times \boldsymbol{a}_\rho = -\boldsymbol{a}_z \left(\frac{\mu}{\mu_0} - 1\right)\frac{I}{2\pi b}$$

(3) $b \leqslant \rho \leqslant \infty$ 区域：

$$\boldsymbol{H} = \boldsymbol{a}_\varphi \frac{I}{2\pi\rho}$$

$$\boldsymbol{B} = \boldsymbol{a}_\varphi \mu_0 \frac{I}{2\pi\rho}$$

3.3 导体中的静态场——稳恒电流场和稳恒电场方程

3.3.1 导体的传导性和欧姆定律

前面已经指出，介质中的静态场，会使极化带电粒子位移，形成电偶极矩的取向排列，出现束缚电荷而引起极化效应，也会使磁化带电粒子旋转，形成磁偶极矩的取向排列，出现束缚电流而引起磁化效应。同样，导电媒质中的静态场，会使传导带电粒子产生定向运动，出现传导电流而引起传导效应。这里所指传导带电粒子，就是指带负电的自由电子或自由电荷。在外场作用下导电媒质中的自由电子或自由电荷做定向运动形成传导电流，这种传导效应称为**导电媒质的传导性**。

静态场包括由静止电荷产生的静电场及由稳恒电流产生的静磁场(或稳恒磁场)和稳恒电场。前两类场彼此孤立存在，前面已经做了对比分析，后面将要考虑的是稳恒电流场和稳恒电场。按照稳恒电流的类型，有导电媒质中的稳恒电流和真空中电子或离子运动形成的稳恒电流，前者称为传导电流，后者称为运流电流。通常两者合称电流或传导电流，我们主要讨论导电媒质中的稳恒电流场和稳恒电场。

在导电媒质中，大量自由电子在场力作用下进行定向运动的过程中，不断与较重的离子或中性分子发生不规则的碰撞，所以形成传导电流的电荷运动速度应当是平均速度。电荷在导电媒质中的平均速度与作用于它的电场强度成正比，因而传导电流密度也与电场强度成正比。定量分析表明，对于绝大多数导电媒质，在 $\boldsymbol{E}$ 相当大的变化范围内，$\boldsymbol{J}$ 与 $\boldsymbol{E}$ 成正比，其关系为

$$\boldsymbol{J}(\boldsymbol{r}) = \sigma \boldsymbol{E}(\boldsymbol{r}) \tag{3.35}$$

式中比例系数 σ 称为导体的**电导率**，单位为 s/m(西门子 / 米)。σ 的取值决定于导电媒质的媒质特性，称为导电媒质的本构方程或媒质特性方程。又称为**欧姆定律的微分形式**，并可将它的适用范围推广到时变电流。

在体积为 $V = lS$ 的圆柱状导电媒质中取一体积元 $\mathrm{d}V = \mathrm{d}l\mathrm{d}S$，整个圆柱导体两端外加电压为 $U = \int_l \boldsymbol{E} \cdot \mathrm{d}\boldsymbol{l} = El$，内部通过的电流为 $I = \int_S \boldsymbol{J} \cdot \mathrm{d}\boldsymbol{S} = \sigma ES$，如图 3.11 所示。电压与电流之比称为导电媒质的电阻，记为 R，得

$$R = \frac{U}{I} = \frac{l}{\sigma S} = \frac{\rho l}{S} \tag{3.36a}$$

或

$$I = U/R \tag{3.36b}$$

式(3.36)称为**欧姆定律的积分形式**。导体的电导率 σ 与电阻率 ρ 互为倒数。σ 为常数的导体一般称为均匀导电媒质，但随温度变化。$\sigma=\infty$ 的导体称为理想导体，$\sigma=0$ 的介质(绝缘体)称为理想介质。表 3.3 中列出几种常见导电媒质的电导率。

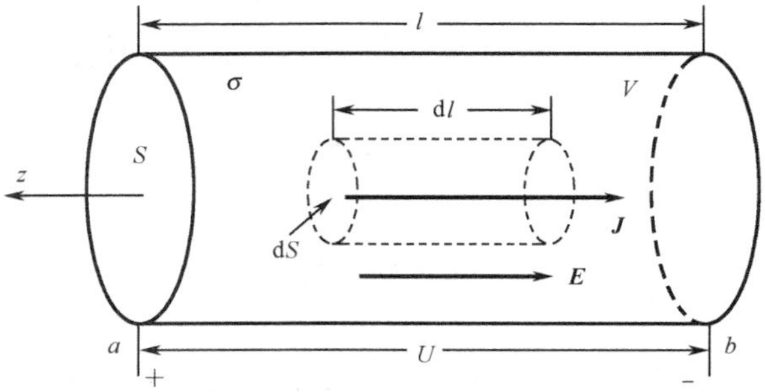

图 3.11　载流导体圆柱

表 3.3　几种常见导电媒质的电导率

导电媒质	σ	导电媒质	σ
银	6.17×10^{7}	黄铜	1.57×10^{7}
金	4.10×10^{7}	蒸馏水	2×10^{-4}
铜	5.80×10^{7}	石英	1×10^{-17}
铝	3.54×10^{7}	橡胶	1×10^{-15}

3.3.2　导体的能量损耗和焦耳定律

导电媒质内的自由电荷是在场力作用下定向运动的，所以电荷运动时要做功。与此同时，做定向运动的电子在与其他离子或分子碰撞的过程中，又把能量传递给它们，转化为热运动，导致导电媒质的温度升高，这就是**电流的热效应**。这种由电场能量转化而来的热能称为**焦耳热**。

如图 3.11 所示，假如电荷穿过体积元的时间为 $\mathrm{d}t$，则时间 $\mathrm{d}t$ 内穿过截面的电荷 $\mathrm{d}q$ 所做的功为

$$\mathrm{d}W = (\mathrm{d}qE)\mathrm{d}l$$

对应的功率为

$$\begin{aligned}\mathrm{d}P &= \frac{\mathrm{d}W}{\mathrm{d}t} = \left(\frac{\mathrm{d}q}{\mathrm{d}t}\right)E\mathrm{d}l = \mathrm{d}IE\mathrm{d}l \\ &= (J\mathrm{d}S)E\mathrm{d}l = JE\mathrm{d}V\end{aligned}$$

电荷在单位体积内所做的功率为 $p=\dfrac{\mathrm{d}P}{\mathrm{d}V}=JE$，此功率转化为热损耗功率。因此，导体内部通过电流时，单位体积的热损耗功率为

$$p(\boldsymbol{r}) = \boldsymbol{J}(\boldsymbol{r})\cdot\boldsymbol{E}(\boldsymbol{r}) \tag{3.37a}$$

式(3.37a)称为**焦耳定律的微分形式**，它可以推广到时变电流。

对整个圆柱体积，假设 $\boldsymbol{J}$ 与 $\boldsymbol{E}$ 方向相同，由积分式(3.37a)可得

$$P = \int_V JE\,\mathrm{d}V = \int_l E\,\mathrm{d}l \int_S J\,\mathrm{d}S = UI$$
$$= I^2 R \tag{3.37b}$$

式(3.37b)称为**焦耳定律的积分形式**。

焦耳定律是用于描述导体中电能转化为热能时，导体能量损耗的定量表达式。

3.3.3 含源电流回路的电源电动势

导体内存在的电场为电荷运动形成电流提供能量，电流热效应又导致能量不断损耗。为了维持稳定的电流，必须给导体回路接上电源，持续不断地为电荷运动提供能量。

图3.12表示一个含源电流回路，它将外部电源的两个电极(正极A和负极B)同导电介质的两端连接成一个回路。外部电源的能量来自于电池、发电机、热电偶和光电池等。它能提供一种非保守场$\boldsymbol{E}'$形成的**局外力**。局外力能使电源内部的正、负电荷分离，将正电荷移至A极，负电荷移至B极，使电极和导电介质两端的正、负电荷不断得到补充。与此同时，在电源两极上积累的正、负电荷又在电源内、外形成保守场$\boldsymbol{E}$的静电力。静电力能使电源两极上的正、负电荷复原，将正电荷移至B极，负电荷移至A极，使电极和导电介质两端的正、负电荷不断减少。为了补充不断减少的正、负电荷，电源的局外力不断驱使正、负电荷向相反方向移动，这样就形成了一个闭合的电流回路。直到建立的保守场$\boldsymbol{E}$增加至与反向的非保守场$\boldsymbol{E}'$相等时($\boldsymbol{E}=-\boldsymbol{E}'$)，外部电源中合成场为零，电荷的补充和减少达到**动态平衡**，也就是任意点流来多少电荷，同时也流走多少电荷，进而获得稳恒电流。显然，稳恒电流回路中不可能存在体电荷密度分布，电荷只能处于导体回路极板表面上，这是处于动态平衡的面电荷，称为**驻立电荷**。驻立电荷的分布如同静止电荷一样虽然不变，但它并不是静止电荷，它们是在不断更替中保持分布特性不变。导电介质中的稳恒电场就是这种驻立电荷产生的。

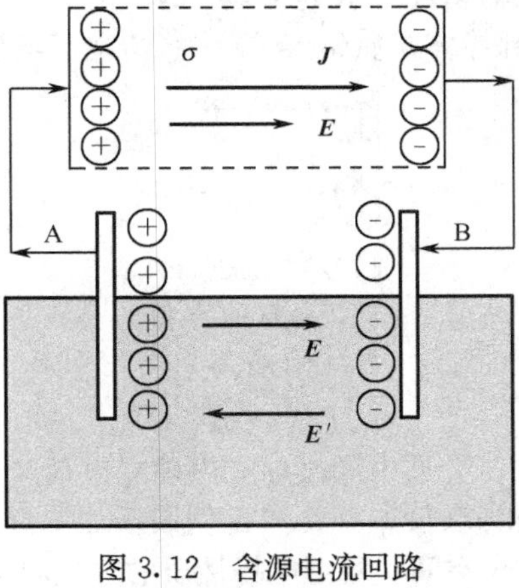

图3.12 含源电流回路

对于回路中的电流密度，欧姆定律必须用合成电场强度来表示，即$\boldsymbol{J}=\sigma(\boldsymbol{E}+\boldsymbol{E}')$或$\boldsymbol{E}+\boldsymbol{E}'=\boldsymbol{J}/\sigma$，对闭合回路进行积分，有

$$\oint_l \boldsymbol{E}\cdot\mathrm{d}\boldsymbol{l} + \oint_l \boldsymbol{E}'\cdot\mathrm{d}\boldsymbol{l} = \oint_l \frac{1}{\sigma}\boldsymbol{J}\cdot\mathrm{d}\boldsymbol{l} \tag{3.38}$$

对保守场$\boldsymbol{E}$，回路积分为零；对非保守场$\boldsymbol{E}'$，回路积分不为零。这表示在电源内部，非保守场的局外力将单位负电荷从负极移动至正极，局外力要做功。我们将所做的功定义为电源**电动势**，记为ε，则得

$$\varepsilon = \int_B^A \boldsymbol{E}' \cdot \mathrm{d}\boldsymbol{l} \tag{3.39}$$

式(3.38)变为

$$\varepsilon = \int_A^B \frac{1}{\sigma}\boldsymbol{J} \cdot \mathrm{d}\boldsymbol{l} = \int_A^B \frac{1}{\sigma}\frac{I}{S}\mathrm{d}l = \frac{l}{\sigma S}I = RI \tag{3.40a}$$

式(3.40*a*)表示电源内非保守场产生的电动势，该电动势维持着外电路的电流，从而出现 A 与 B 间的电压降。实际上，回路中的电动势和电阻可以推广到多个，则式(3.40*a*)也推广为如下形式

$$\sum_{i=1}^{m} \varepsilon_i = \sum_{j=1}^{n} IR_j \tag{3.40b}$$

式(3.40b)是**基尔霍夫电压定律**的表达式。它表示任意闭合回路中电动势(电压升)的代数和等于该回路中电压降的代数和。回路的环绕方向可以任意选定。

3.3.4　稳恒电流场和稳恒电场方程

导体接上电源刚开始充电的瞬间，有自由体电荷密度初始值 ρ_0 充进导电媒质中，由于电荷相互排斥，它们很快扩散至导体表面，这时的体电流密度 $\boldsymbol{J}$ 是一个随时间变化的量。外电源继续充电，直至体电流密度 $\boldsymbol{J}$ 不随时间变化为止，即获得一个稳恒电流回路。达到稳恒状态所需要的时间 t 非常短暂，所以这个过度过程是一个暂态过程。对于均匀导体稳恒电流回路，导体内部不存在体电荷密度 ρ，只是在电源两极及导体表面上分布着处于动态平衡的驻立电荷，它们在电源内、外和导体内、外产生电场，推动导体中的自由电荷定向运动，在导体回路中建立稳恒电流场 $\boldsymbol{J}(\boldsymbol{r})$。这种由驻立电荷分布产生的电场也是稳恒的，为区别于静止电荷产生的电场，将它称为**稳恒电场**。由导体的欧姆定律 $\boldsymbol{J}(\boldsymbol{r}) = \sigma\boldsymbol{E}(\boldsymbol{r})$ 可知，只有 $\boldsymbol{E}(\boldsymbol{r})$ 是稳恒电场，才能获得 $\boldsymbol{J}(\boldsymbol{r})$ 也是稳恒电流场。

根据电流连续性方程(2.14)和(2.16)，对于稳恒电流，电荷密度不随时间变化($\dfrac{\partial\rho}{\partial t} = 0$)；在电源外部，由驻立电荷建立的稳恒电场 $\boldsymbol{E}(\boldsymbol{r})$ 是保守场，因而由 $\boldsymbol{J}(\boldsymbol{r}) = \sigma\boldsymbol{E}(\boldsymbol{r})$ 知稳恒电流场也是保守场。由此，可归纳出描述电源外部导体媒质($\sigma \neq 0$)中稳恒电流场性质的方程和本构方程为

$$\begin{cases} \oint_S \boldsymbol{J}(\boldsymbol{r}) \cdot \mathrm{d}\boldsymbol{S} = 0 \\ \oint_l \boldsymbol{E}(\boldsymbol{r}) \cdot \mathrm{d}\boldsymbol{l} = 0 \\ \boldsymbol{J}(\boldsymbol{r}) = \sigma\boldsymbol{E}(\boldsymbol{r}) \end{cases} \tag{3.41a}$$

$$\begin{cases} \nabla \cdot \boldsymbol{J}(\boldsymbol{r}) = 0 \\ \nabla \times \boldsymbol{E}(\boldsymbol{r}) = 0 \\ \boldsymbol{J}(\boldsymbol{r}) = \sigma\boldsymbol{E}(\boldsymbol{r}) \end{cases} \tag{3.41b}$$

在电源外部的导体媒质和周围介质中同时存在由驻立电荷产生的稳恒电场。在导体媒质中，稳恒电场的性质与稳恒电流场相似(仅差一常数比例因子 σ)；在周围介质中，则与静电场相似。由此，可归纳出描述电源外部整个空间中稳恒电场性质的方程和本构方程为

$$\begin{cases} \oint_l \boldsymbol{E}(\boldsymbol{r}) \cdot \mathrm{d}\boldsymbol{l} = 0 \\ \oint_S \boldsymbol{D}(\boldsymbol{r}) \cdot \mathrm{d}\boldsymbol{S} = q \\ \boldsymbol{D}(\boldsymbol{r}) = \varepsilon\boldsymbol{E}(\boldsymbol{r}) \end{cases} \tag{3.42a}$$

$$\begin{cases} \nabla \times \boldsymbol{E}(\boldsymbol{r}) = 0 \\ \nabla \cdot \boldsymbol{D}(\boldsymbol{r}) = \rho(\boldsymbol{r}) \\ \boldsymbol{D}(\boldsymbol{r}) = \varepsilon\boldsymbol{E}(\boldsymbol{r}) \end{cases} \tag{3.42b}$$

由式(3.41)和式(3.42)看出，**在电源外部的均匀导体中，稳恒电流场与稳恒电场一样，都是无散无旋场；在电源外部导体周围介质中，稳恒电场则是有散无旋场。**

由于稳恒电场在除了电源区域的整个空间都是无旋场，而静电场也是无旋场。对于这样的保守场，同样可以引入标量电位来描述。因此，电源外部空间稳恒电场的标量电位满足标量拉普拉斯方程

$$\nabla^2 \Phi(\boldsymbol{r}) = 0 \tag{3.43}$$

最后指出，$\oint_S \boldsymbol{J} \cdot \mathrm{d}\boldsymbol{S} = 0$ 表示通过任意闭曲面的净稳恒电流为零，若将闭曲面收缩成某一点，连续分布 $\boldsymbol{J}$ 化为离散分布 I_i，则可理解为

$$\sum_{i=1}^{m} I_i = 0 \tag{3.44}$$

式(3.44)是**基尔霍夫电流定律**的表达式。它表示流经电路中某节点所有电流的代数和为零。

基尔霍夫电压、电流定律是电路理论中回路、节点分析的基础，在第6章中将会得到应用。

3.4 静态场中的导体

前一节主要考虑导体中静态场的特性，这个静态场就是稳恒电流场和稳恒电场；这一节主要考虑静态场中导体的宏观属性，描述导体宏观属性的量是可测量，它是表示电路基本元件的物理量，对于实际应用有重要意义。

3.4.1 电容和电容器

将导体置于静电场中，外电场会使导体中的自由电荷产生运动，外电场使导体电荷重新分布的现象称为**静电感应**。静电感应使原来不带电导体的某些部分表面有过剩正电荷，而其余部分表面有等值的过剩负电荷，这过剩的正、负电荷称为**感应电荷**。重新分布的电荷会产生与外加静电场反向的感应电场，当这两种场的合成值达到零时，导体内不再有电荷的宏观运动，则称此时导体处于**静电平衡**状态。

处于静电平衡状态的导体有如下特性：

(1)导体内无体电荷分布，而以面电荷形式分布于导体表面。这是因为静电力使正、负电荷分离，彼此排斥到尽可能远的导体边缘表面之故。

(2)导体内无电场强度，而在导体外表面法线方向存在电场强度。这是因为导体内无体电荷，自然也不可能有电场。如果导体面电荷分布产生的电场不垂直于导体外表面，那么，它在导体界面的切向场分量必定会使导体中的电荷沿导体界面移动，然而这并非静电平衡状态。

(3)导体为等位体，导体面为等位面。导体内或导体面上任意两点的电位差可以通过电场强度的线积分得到，由于导体内无电场，导体面上也无电场切向分量，所以任意两点的电位差为零。

处于静电平衡状态下的闭合导体腔，相当于导体挖去内部某一部分后形成的腔体，而在导体内电场强度为零，所以外部静电场对腔体内不产生影响。闭合导体腔能用于屏蔽外部静电场的影响，这种效应称为**静电屏蔽**。显然，如果腔所包围的空间内存在电荷，使腔体内、外表面感应等值异性面电荷，这时只要使腔体接地，让正面电荷流入地面，这表示位于腔中电荷也不可能对外产生静电场。导体空腔的静电屏蔽效应广泛应用于电气设备中。

我们首先考虑静电场中的单导体(或孤立导体)的电容。在线性介质中(ε 为常数)，向孤立导体充以电荷。当电荷量增量 $\mathrm{d}q$ 增长 α 倍时($0 < \alpha < 1$ 对应于 $0 < q < Q$，Q 为达到静电平衡时的静

止电荷)，则从导体表面上电荷发出至无限远处的电位移矢量线增量 d$\boldsymbol{D}$ 也增长 α 倍，其电位增量 dΦ 也相应增长 α 倍。也就是说，达到静电平衡时，对孤立导体所充的总电量 Q 与其电位增加值 Φ 成线性关系，可以用电量与电位的比值来定义孤立导体的**电容**，记为 C，可得

$$C=\frac{Q}{\Phi} \tag{3.45a}$$

利用式 $Q=\oint_S \boldsymbol{D}\cdot \mathrm{d}\boldsymbol{S}$ 和 $\Phi=\int_r^{\infty}\boldsymbol{E}\cdot \mathrm{d}\boldsymbol{l}$，又可得

$$C=\frac{\varepsilon\oint_S \boldsymbol{E}\cdot \mathrm{d}\boldsymbol{S}}{\int_r^{\infty}\boldsymbol{E}\cdot \mathrm{d}\boldsymbol{l}} \tag{3.45b}$$

式(3.45)表示达到静电平衡时，孤立导体增加单位电位时所能容纳的电荷量，是用于描述孤立导体容纳电荷能力的物理量，所以称为电容。从式(3.45b)可以看出，电容的大小只与积分量表示的导体尺寸和形状及周围电介质特性参量有关，与外加电位和电量无关，所以它是用于描述导体宏观属性的物理量。单位为 F(法拉)。

地球可以看成一个半径为 a、介电常数为 ε 的均匀媒质大球，假定地球带电量为 Q，由 $\Phi(a)=\int_a^{\infty}\boldsymbol{E}\cdot \mathrm{d}\boldsymbol{l}$ 可以算出地球的电位为 $\Phi(a)=Q/4\pi\varepsilon a$，由式(3.45)得地球的电容为 $C=4\pi\varepsilon a$。它是一个很大的值，在 Q 一定的条件下，C 与 Φ 成反比，所以 Φ 小到可以近似看成零。这就是在实用上为什么把地球取做电位参考点的原因。无论向地球充多大的电荷量，也不可能明显提高地球的电位值，因此取地球电位为参考点也是十分稳定的。

其次考虑静电场中双导体的电容。带等量异性电荷的双导体可以构成一个**电容器**，其电容定义为

$$C=\frac{Q}{U}=\frac{Q}{\Phi_{\mathrm{A}}-\Phi_{\mathrm{B}}} \tag{3.46a}$$

式中，Q 是带正电荷导体上的总电量，U 是两导体 A 和 B 间的电压或电位差。显然，电场强度矢量线是从带正电荷的导体发出，终止于带负电荷的导体。因此，式(3.46a) 又可表示为

$$C=\frac{\varepsilon\oint_S \boldsymbol{E}\cdot \mathrm{d}\boldsymbol{S}}{\int_A^{B}\boldsymbol{E}\cdot \mathrm{d}\boldsymbol{l}} \tag{3.46b}$$

双导体的电容除与双导体的几何参量及周围媒质参量有关外，还与双导体的相对位置有关。由式(3.45b)和式(3.46b)可以看出，计算导体的电容，归结为首先要求出导体电荷所产生的电场强度。电容器的电容可按如下步骤求解：

(1)选择适合带电体形状的坐标系；

(2)假定单、双带电体的带电量 Q 或 $\pm Q$;

(3)根据假定电量求 $\boldsymbol{E}$;

(4)由 $\boldsymbol{E}$ 的线积分求 Φ 或 U;

(5)根据电容定义求 C。

上面介绍的是最简单电容器的电容，在实际应用中往往会涉及更复杂的多导体系统构成的电容器。电容器是电路中重要的基本储能元件，它将充电荷时所做的功转换为电场能量储存起来。

【例 3.5】 已知同轴线内、外导体半径分别为 a 和 b，内、外导体间填充介电常数为 ε 的均匀电介质，如图 3.13 所示。求同轴线单位长度的电容。

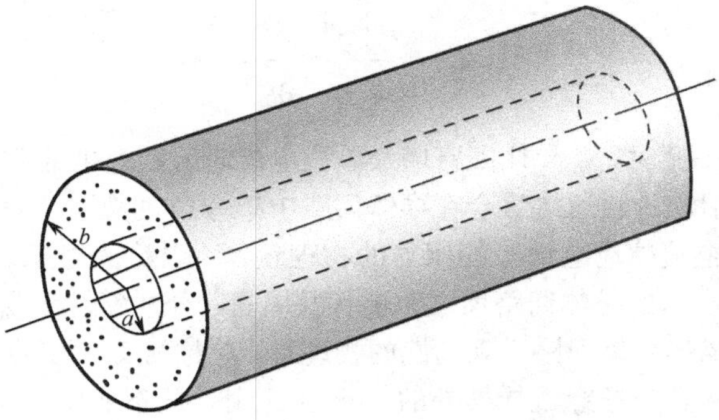

图 3.13　同轴线

解：

选用适合同轴线形状的圆柱坐标，令内、外导体轴心线沿 z 轴。

设单位长度内、外导体带电量分别为 $+Q$ 和 $-Q$。

由于满足柱对称条件，可采用高斯定理积分形式求两导体间的电场强度。在内、外导体间作具有相同轴心线的单位长度闭合圆柱高斯面 S，高斯面半径为 ρ，则在该闭曲面上应用高斯定理，可得

$$\oint_S \boldsymbol{E} \cdot \mathrm{d}\boldsymbol{S} = E_\rho \cdot 2\pi\rho = \frac{Q}{\varepsilon}$$

因此

$$\boldsymbol{E} = \boldsymbol{a}_\rho E_\rho = \boldsymbol{a}_\rho \frac{Q}{2\pi\varepsilon\rho}$$

由上式可知，电场强度矢量线为起始于内导体表面、终止于外导体内表面的柱对称径向线。沿此径向线求 $\boldsymbol{E}$ 的线积分，可得两导体间的电压

$$U = \int_a^b \boldsymbol{E} \cdot \mathrm{d}\boldsymbol{\rho} = \int_a^b \frac{Q}{2\pi\varepsilon\rho}\boldsymbol{a}_\rho \cdot \boldsymbol{a}_\rho \mathrm{d}\rho$$
$$= \frac{Q}{2\pi\varepsilon}\ln\frac{b}{a}$$

代入式(3.46a)，可得同轴线单位长度电容

$$C_0 = \frac{Q}{U} = \frac{2\pi\varepsilon}{\ln(b/a)} \quad (\mathrm{F/m})$$

3.4.2　电感和电感器

首先考虑静磁场中单导体回路的电感。在线性磁介质中（μ 为常数），向单导体回路充以电流。当电流量增量 $\mathrm{d}i$ 增长 α 倍时（$0<\alpha<1$ 对应于 $0<i<I$，I 为达到动态平衡时的稳恒电流），则由导体回路电流产生的交链于该回路的磁感应强度闭合矢量线增量 $\mathrm{d}\boldsymbol{B}$ 也增长 α 倍，其穿过电流回路自身的磁通增量 $\mathrm{d}\psi$ 也相应增长 α 倍。也就是说，达到动态平衡时，对单导体回路所充的总电流量 I 与其磁通增加值 ψ 成线性关系，可以用磁通与电流的比值来定义单导体回路的**电感**。由于电流产生的磁力线只穿过单导体回路自身，这样定义的电感又称自感系数或自感，记为 L，可得

$$L = \frac{\psi}{I} \tag{3.47a}$$

利用式 $\psi = \oint_S \boldsymbol{B} \cdot \mathrm{d}\boldsymbol{S}$ 和 $I = \int_l \boldsymbol{H} \cdot \mathrm{d}\boldsymbol{l}$，又可得

$$L = \frac{\mu \oint_S \boldsymbol{H} \cdot \mathrm{d}\boldsymbol{S}}{\oint_l \boldsymbol{H} \cdot \mathrm{d}\boldsymbol{l}} \tag{3.47b}$$

式(3.47)表示达到动态平衡时，单导体回路增加单位电流时所能产生的磁通量。根据法拉第电磁感应定律，电流增量所引起的磁通增量会在导体回路中感应电动势。这里所定义的电感，是用于描述单导体回路中缓变电流感应电动势的能力的物理量，所以称为电感。从式(3.47)可以看出，自感的大小只与积分量表示的导体回路尺寸和形状及周围磁介质特性参量有关，与外加电流和磁通无关，所以它是用于描述导体回路宏观属性的物理量，单位为 H(亨利)。

对于粗导体回路，除要考虑穿过导体外的外磁通 ψ_o 外，还不能忽略穿过导体内的内磁通 ψ_i。因此总自感应为内、外自感之和，即

$$L = L_i + L_o = \frac{\psi_i}{I} + \frac{\psi_o}{I} \tag{3.47c}$$

其次考虑静磁场中双导体回路的电感。如图 3.14 所示，载电流 I_1，I_2 的两个导体回路 l_1，l_2 构成一个**电感器**。两个载流回路的电流所产生的磁力线，除穿过它们自身的回路引起自感外，同时还要穿过彼此的回路，由此引起的电感称为互感系数，或互感，记为 M。因此，由回路 l_1 的电流 I_1 产生的磁场与回路 l_2 相交链的磁通，称为回路 l_1 与回路 l_2 间的互感磁通，记为 ψ_{21}，互感为

$$M_{21} = \frac{\psi_{21}}{I_1} \tag{3.48a}$$

同理可得

$$M_{12} = \frac{\psi_{12}}{I_2} \tag{3.48b}$$

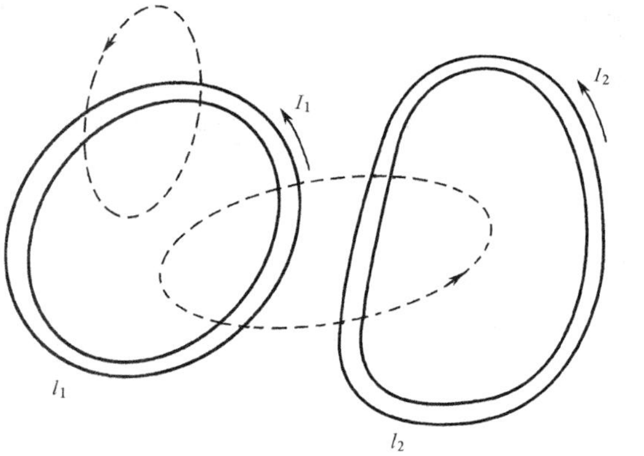

图 3.14　两回路间的互感

互感的单位为 H(亨利)。双导体回路的互感除与双导体回路的几何参量和周围媒质参量有关外，还与双导体回路的相对位置有关。式(3.48)同式(3.47b)一样，能用磁感应强度来表示。所以计算导体回路的电感(包括自感和互感)，归结为首先要求出导体回路电流所产生的磁感应强度。电感器的电感可按如下步骤求解：

(1)选择适合载流导体回路形状的坐标系；

(2)假定单、双载流导体回路的电流量 I 或 I_1，I_2；

(3)根据假定电流量求 $\boldsymbol{B}$；

(4)由 $\boldsymbol{B}$ 的面积分求 ψ 或 ψ_{21}，ψ_{12}；

(5)根据电感定义求 L 或 M_{21}，M_{12}。

上面介绍的是最简单电感器的电感，更复杂的电感器是由多导体回路系统构成。电感器也是电路中重要的基本储能元件，它将充电流时所做的功转换为磁场能量储存起来。

【例 3.6】 已知同轴线内、外导体半径分别为 a 和 b(已忽略薄外导体厚度不计)，内、外导体间填充磁导率为 μ 的均匀磁介质，如图 3.13 所示。求同轴线单位长度的外自感。

解：

选用适合同轴线形状的圆柱坐标系，令内、外导体轴心线沿 z 轴。

设电流 I 在由内、外导体构成的回路中流动。由于场具有轴对称性，可以利用安培环路定理积分形式求环绕轴心的磁感应强度。在内、外导体间 ($a \leqslant \rho \leqslant b$) 的磁介质中，有

$$\boldsymbol{B}_0 = \boldsymbol{a}_\varphi \frac{\mu I}{2\pi\rho}$$

穿过由内、外导体间距和轴向单位长度构成的面积的磁通为

$$\psi_0 = \int_S \boldsymbol{B}_0 \cdot \mathrm{d}\boldsymbol{S} = \int_a^b \frac{\mu I}{2\pi\rho}\mathrm{d}\rho = \frac{\mu I}{2\pi}\ln\left(\frac{b}{a}\right)$$

于是得到与内、外导体间的磁通所对应的单位长度外自感为

$$L_0 = \frac{\mu}{2\pi}\ln\left(\frac{b}{a}\right) \quad (\mathrm{H/m})$$

【例 3.7】 无限长直导线与矩形线圈的长边平行。设它们分别带电流为 I_1 和 I_2，矩形线圈的面积为 $a\times b$，它与长直导线的最近距离为 D，周围为自由空间，如图 3.15 所示。求无限长直导线与矩形线圈之间的互感。

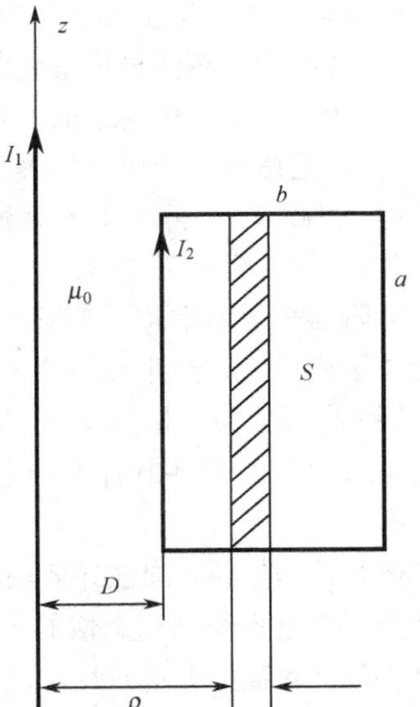

图 3.15　长直导线与矩形线圈

解：

建立圆柱坐标系，取 I_1 沿 z 轴方向。

电流 I_1 的磁感应强度为环绕它的闭合圆矢量线，单独考虑 I_1 产生的 $\boldsymbol{B}_1$ 具有柱对称性，所以利用安培环路定理积分形式或毕奥-萨伐尔定律，求得 I_1 产生的磁感应强度为

$$\boldsymbol{B}_1 = \boldsymbol{a}_\varphi \frac{\mu_0 I_1}{2\pi\rho}$$

与线圈电流 I_2 交链的磁通为

$$\psi_{21} = \int_{S_2} \boldsymbol{B}_1 \cdot \mathrm{d}\boldsymbol{S}$$

按图示线圈电流方向，可知线圈有向面积 $\mathrm{d}\boldsymbol{S} = \boldsymbol{a}_\varphi \mathrm{d}S$ 与 $\boldsymbol{B}_1$ 的方向一致。在线圈上取矩形微分面元 $\mathrm{d}S = a\mathrm{d}\rho$，从 D 至 $D+b$ 积分，得

$$\psi_{21} = \frac{\mu_0 I_1 a}{2\pi}\int_D^{D+b} \frac{1}{\rho}\mathrm{d}\rho = \frac{\mu_0 I_1 a}{2\pi}\ln\left(\frac{D+b}{D}\right)$$

由此得互感为

$$M_{21} = \frac{\psi_{21}}{I_1} = \frac{\mu_0 a}{2\pi}\ln\left(\frac{D+b}{D}\right)$$

当 I_1 和 I_2 产生的穿过线圈的互磁通方向一致时，合成磁通增加，M_{21} 为正；反之，只要改变 I_1 或 I_2 任一个电流的方向，它们所产生的合成磁通因部分抵消而减少，M_{21} 为负。但在任何线性磁介质中，都有 $M_{21} = M_{12} = M$。显然，本例的 $M_{21} > 0$ 是由 I_1 和 I_2 的相对取向所致。

3.4.3 电阻和电阻器

考虑如图3.11所示载流导体圆柱，利用电阻的定义式(3.36a)及$U=\int_l \boldsymbol{E}\cdot \mathrm{d}\boldsymbol{l}$和$I=\oint_S \boldsymbol{J}\cdot \mathrm{d}\boldsymbol{S}$，并假定导体端点$a$比端点$b$的电位高，则导体的电阻为

$$R=\frac{U_{ab}}{I}=\frac{\int_b^a -\boldsymbol{E}\cdot \mathrm{d}\boldsymbol{l}}{\int_S \boldsymbol{J}\cdot \mathrm{d}\boldsymbol{S}} \tag{3.49a}$$

式(3.49a)是计算电阻的普遍形式，可用于求电导率在电流方向变化的导电媒质的电阻。在线性导电媒质中(σ为常数)，可用$\boldsymbol{J}(\boldsymbol{r})=\sigma\boldsymbol{E}(\boldsymbol{r})$求出其电阻为

$$R=\frac{-\int_b^a \boldsymbol{E}\cdot \mathrm{d}\boldsymbol{l}}{\sigma\int_S \boldsymbol{E}\cdot \mathrm{d}\boldsymbol{S}} \tag{3.49b}$$

式(3.49b)是计算线性导电媒质电阻的普遍形式，可用于表示任意形状导电媒质构成的电阻表达式。电阻的单位为Ω(欧姆)。显然，计算导电体的电阻归结为首先要求出导电体中的电场强度。由式(3.49)可以看出，电阻的大小只与积分量表示的导体尺寸和形状及导电媒质特性参量有关，与外加电压和电流无关，所以它是用于描述导体宏观属性的物理量。

电阻器的电阻可按如下步骤求解：

(1)选择适合载流导体形状的坐标系；

(2)假定载流导体两端面的电位差U_0；

(3)根据假定电压由位场关系求$\boldsymbol{E}$；

(4)由$\boldsymbol{E}$求$\boldsymbol{J}$，再由$\boldsymbol{J}$的面积分求I；

(5)根据电阻定义求R。

电阻器是电路中重要的基本耗能元件，它将充电流时所做的功，转换为因自由电荷与导体中其他粒子相碰撞时产生热效应的热能而消耗掉了。因此，电阻值的大小与温度有关系。

【例3.8】 如图3.11所示载流导体圆柱，设线长为l，截面为S，a端高电位相对于b端低电位的电位差为U_0，导体圆柱的导电率为σ。求载流导体圆柱的电阻。

解：

选圆柱坐标系，圆柱导体轴线沿z轴方向。

采用求电容和电感类似的方法，假定在电压U_0作用下维持通过导体的稳恒电流为I。稳恒电流体密度$\boldsymbol{J}$和稳恒电场$\boldsymbol{E}$均由高电位指向低电位方向，即沿$-\boldsymbol{a}_z$方向。稳恒电场$\boldsymbol{E}$是无旋场，是具有保守性的位场，利用位场关系式$\boldsymbol{E}=-\nabla\Phi$先求出电场$\boldsymbol{E}$，得

$$\boldsymbol{E}=-\nabla\Phi=-\boldsymbol{a}_z\frac{\partial\Phi}{\partial z}=-\boldsymbol{a}_z\frac{U_0}{l}$$

由于导体为线性均匀媒质，上式中电位Φ沿z轴也是呈线性关系变化。导体圆柱任一截面的体电流密度为

$$\boldsymbol{J}=\sigma\boldsymbol{E}=-\boldsymbol{a}_z\frac{\sigma U_0}{l}$$

通过导体圆柱的电流为

$$I=\int_S \boldsymbol{J}\cdot \mathrm{d}\boldsymbol{S}=\frac{\sigma U_0}{l}\int_S \mathrm{d}S=\frac{\sigma U_0 S}{l}$$

由式(3.49)可得导体圆柱电阻为

$$R=\frac{U_0}{I}=\frac{l}{\sigma S}=\rho\frac{l}{S}$$

3.5　静态场的边界条件

当我们对静态场的研究从自由空间推广到物质媒质中时，必然会遇到在不同介质间和介质与导体间边界值的处理问题。这时不仅要考虑源量与场量间的相互作用，而且要考虑源量、场量与发生突变的边界媒质间的相互作用。为此，需要研究静态场在不同媒质分界面上的变化规律，导出分界面两侧静态场变化关系的方程，称为**边界条件**。显然，在边界面上场量仍然要受静态场基本方程的制约。由于在边界面上任意点媒质结构发生突变，导致场量也发生突变，如果从静态场基本方程的微分形式出发推导场量满足的边界条件，那么，由于场量是空间分布的解析函数，在任意点要求连续、可导，这与场量在边界面上某点的突变性会发生矛盾，因此微分形式的方程在边界面上将失去意义，应转而将静态场方程的积分形式应用于边界面上，推导出相应的场量的边界条件。由于包围部分边界面应用静态场方程的积分形式时，要求积分范围无限贴近边界面两侧，因此，场量的边界条件也可看做静态场方程的积分形式在边界面上的特殊、极限形式。在实际应用中，为了避免受所采用的坐标系的影响，通常将边界上任意方向场矢量分解为法向分量和切向分量。

3.5.1　静电场的边界条件

1. D 的法向分量

设电介质1、电介质2的介电常数为ε_1，ε_2，$\boldsymbol{a}_n$ 为界面上的法向单位矢量，其指向如图 3.16(a) 所示。图中界面一般是任意曲面，为便于分析，只考虑界面上某场点附近很小范围的曲面，此时该曲面可以近似看做平面，并不失一般性。跨界面作小扁圆柱面 S，其上、下面和侧面分别为$\Delta S_1=\Delta S_2$ 和ΔS_3。将静电场的高斯定理积分形式应用于 S 面，有

$$\int_{\Delta S_1}\boldsymbol{D}\cdot d\boldsymbol{S}+\int_{\Delta S_2}\boldsymbol{D}\cdot d\boldsymbol{S}+\int_{\Delta S_3}\boldsymbol{D}\cdot d\boldsymbol{S}=\int_V\rho\,dV \tag{3.50a}$$

当 $\Delta h\to 0$ 时，$\int_{\Delta S_3}\boldsymbol{D}\cdot d\boldsymbol{S}\to 0$；当 $\Delta S\to 0$ 时，$|\boldsymbol{D}|=$ 常量，$\rho\to\rho_S$，且$\int_{\Delta S}d\boldsymbol{S}\to\boldsymbol{a}_n\Delta S$，式(3.50a) 变为

$$\boldsymbol{a}_n\cdot(\boldsymbol{D}_1-\boldsymbol{D}_2)=\begin{cases}\rho_S\\0\end{cases}\quad 或\quad D_{1n}-D_{2n}=\begin{cases}\rho_S,\ \rho_S\neq 0\\0,\ \rho_S=0\end{cases} \tag{3.50b}$$

式 (3.50b) 表示当 $\rho_S=0$ 时 **D** 的法向分量连续。

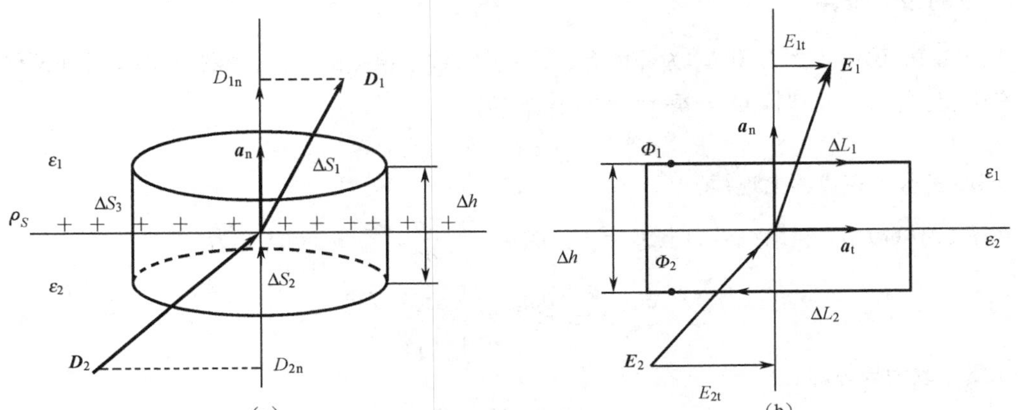

图 3.16　**D** 和 **E** 的边界条件

由 $\boldsymbol{D}=\varepsilon\boldsymbol{E}$ 知，式(3.50b) 变为

$$\varepsilon_1 E_{1n}-\varepsilon_2 E_{2n}=\begin{cases}\rho_S,\ \rho_S\neq 0\\ 0,\ \rho_S=0\end{cases} \tag{3.50c}$$

式(3.50c) 表示 $\boldsymbol{E}$ 的法向分量不连续。

当电介质 2 改为导电体时，静电平衡要求 $\boldsymbol{D}_2=0$，若不考虑 $\boldsymbol{D}$ 的下标，则式(3.50b) 和式(3.50c) 变为

$$\boldsymbol{a}_n\cdot\boldsymbol{D}=D_n=\rho_S \tag{3.51a}$$

$$E_n=\rho_S/\varepsilon \tag{3.51b}$$

式(3.51)表示在导电体面外法线方向上 $\boldsymbol{D}$ 的法向分量等于导体的面电荷密度。这相当于 ρ_S 产生的静电场垂直于导体表面。

2. $\boldsymbol{E}$ 的切向分量

设 $\boldsymbol{a}_t$ 为界面上的切向单位矢量，其指向如图 3.16(b) 所示。跨界面作小矩形回路 L，其上、下线及侧线分别为 $\Delta L_1=\Delta L_2$ 及 $\Delta h_1=\Delta h_2$。将静电场的安培环路定理积分形式应用于回路 L，有

$$\int_{\Delta L_1}\boldsymbol{E}\cdot\mathrm{d}\boldsymbol{l}+\int_{\Delta L_2}\boldsymbol{E}\cdot\mathrm{d}\boldsymbol{l}+\int_{2\Delta h}\boldsymbol{E}\cdot\mathrm{d}\boldsymbol{l}=0 \tag{3.52a}$$

当 $\Delta h\to 0$ 时，$\int_{2\Delta h}\boldsymbol{E}\cdot\mathrm{d}\boldsymbol{l}\to 0$；当 $\Delta L\to 0$ 时，$|\boldsymbol{E}|=$ 常量，且$\int_{\Delta L}\mathrm{d}\boldsymbol{l}\to\boldsymbol{a}_t\Delta L$,式(3.52a) 变为

$$\boldsymbol{a}_t\cdot(\boldsymbol{E}_1-\boldsymbol{E}_2)=0 \text{ 或 } E_{1t}=E_{2t} \tag{3.52b}$$

由于 $\boldsymbol{a}_t\cdot\boldsymbol{E}$ 与 $\boldsymbol{a}_n\times\boldsymbol{E}$ 都表示 $\boldsymbol{E}$ 在界面的切向分量 E_t，故上式又可改写为

$$\boldsymbol{a}_n\times(\boldsymbol{E}_1-\boldsymbol{E}_2)=0 \tag{3.52c}$$

式(3.52b) 和式(3.52c) 表示 $\boldsymbol{E}$ 的切向分量连续。

由 $\boldsymbol{D}=\varepsilon\boldsymbol{E}$ 知，式(3.52b) 和式(3.52c) 变为

$$D_{1t}/\varepsilon_1=D_{2t}/\varepsilon_2 \tag{3.52d}$$

式(3.52d)表示 $\boldsymbol{D}$ 的切向分量不连续。

当电介质 2 改为导电体时，$\boldsymbol{D}_2=0$，式(3.52) 变为

$$E_t=0 \tag{3.53}$$

式(3.53)表示 $\boldsymbol{E}$ 的切向分量为零。这相当于导体面上的静电场总是垂直于导体面。

3. Φ 的边界条件

在图 3.16(b)中，设 Φ_1 和 Φ_2 为界面上、下两侧回线上某点的电位，相距为 Δh，界面两侧的 $\boldsymbol{E}$ 均为有限值。当 $\Delta h\to 0$ 时，$\Phi_1-\Phi_2=\boldsymbol{E}\Delta h\to 0$，有

$$\Phi_1=\Phi_2 \tag{3.54a}$$

式(3.54a)表示 Φ 在界面上连续。

在图 3.16(a)中，利用在界面上 $\boldsymbol{E}=-\nabla\Phi=-\boldsymbol{a}_n\dfrac{\partial\Phi}{\partial n}$，式(3.50b) 变为

$$\varepsilon_2\frac{\partial\Phi_2}{\partial n}-\varepsilon_1\frac{\partial\Phi_1}{\partial n}=\begin{cases}\rho_S,\ \rho_S\neq 0\\ 0,\ \rho_S=0\end{cases} \tag{3.54b}$$

当电介质 2 改为导体时：

$$\Phi=C,\qquad \frac{\partial\Phi}{\partial n}=-\rho_S/\varepsilon \tag{3.54c}$$

3.5.2 静磁场的边界条件

1. B 的法向分量

仿静电场的分析，设磁介质 1，2 的磁导率为 μ_1，μ_2，如图 3.17(a) 所示。将磁通连续性原理积分形式应用于小扁圆柱面 S，有

$$\int_{\Delta S_1} \boldsymbol{B}\cdot \mathrm{d}\boldsymbol{S}+\int_{\Delta S_2} \boldsymbol{B}\cdot \mathrm{d}\boldsymbol{S}+\int_{\Delta S_3} \boldsymbol{B}\cdot \mathrm{d}\boldsymbol{S}=0 \tag{3.55a}$$

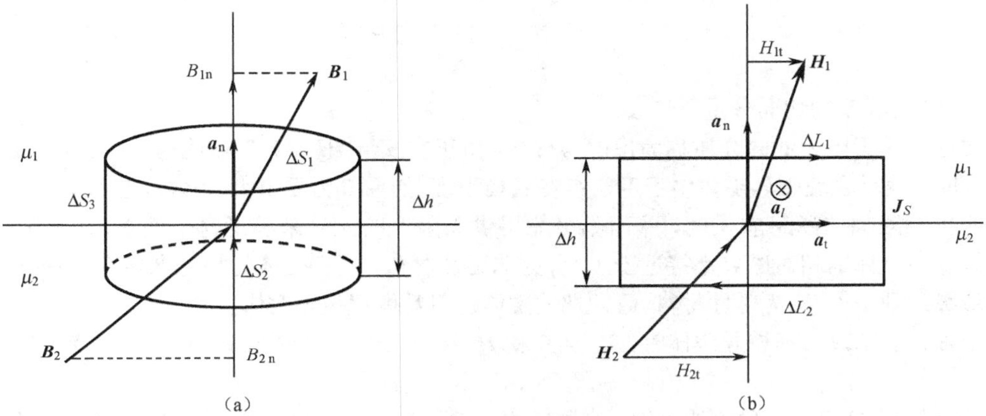

图 3.17 **B** 和 **H** 的边界条件

当 $\Delta h\to 0$ 时，式(3.55a) 变为

$$\boldsymbol{a}_n\cdot(\boldsymbol{B}_1-\boldsymbol{B}_2)=0 \quad 或 \quad B_{1n}=B_{2n} \tag{3.55b}$$

由此知 **B** 的法向分量连续。由 $\boldsymbol{B}=\mu\boldsymbol{H}$ 知，式(3.55b) 变为

$$\mu_1 H_{1n}=\mu_2 H_{2n} \tag{3.55c}$$

由此知 **H** 的法向分量不连续。

2. H 的切向分量

仿静电场的分析，如图 3.17(b) 所示，跨界面作有向小矩形回路 **L**，其所包围的曲面为 $\boldsymbol{S}=\boldsymbol{a}_l S$，$\boldsymbol{a}_l$ 的指向与 **L** 的周边走向满足右旋关系，且与界面相切。若单位矢量 $\boldsymbol{a}_n$，$\boldsymbol{a}_t$ 和 $\boldsymbol{a}_l$ 相互正交，满足右旋关系 $\boldsymbol{a}_t=\boldsymbol{a}_l\times\boldsymbol{a}_n$，界面上存在面电流密度 $\boldsymbol{J}_S$，则将静磁场的安培环路定理积分形式应用于回路 **L**，有

$$\int_{\Delta L_1} \boldsymbol{H}\cdot \mathrm{d}\boldsymbol{l}+\int_{\Delta L_2} \boldsymbol{H}\cdot \mathrm{d}\boldsymbol{l}+\int_{2\Delta h} \boldsymbol{H}\cdot \mathrm{d}\boldsymbol{l}=\int_S \boldsymbol{J}\cdot \mathrm{d}\boldsymbol{S} \tag{3.56a}$$

当 $\Delta h\to 0$ 时，$\int_{2\Delta h} \boldsymbol{H}\cdot \mathrm{d}\boldsymbol{l}\to 0$，式(3.56a) 变为

$$\int_{\Delta L}(\boldsymbol{H}_1-\boldsymbol{H}_2)\cdot \boldsymbol{a}_t \mathrm{d}l=\int_{\Delta S}\boldsymbol{J}\cdot\boldsymbol{a}_l(\mathrm{d}l\Delta h)=\int_{\Delta L}(\boldsymbol{J}\Delta h)\cdot\boldsymbol{a}_l \mathrm{d}l \tag{3.56b}$$

当 $\Delta l\to 0$ 时，$|\boldsymbol{H}|=$ 常量，利用定义式

$$\lim_{\Delta h\to 0}\boldsymbol{J}\Delta h=\boldsymbol{J}_S \tag{3.56c}$$

式(3.56b)变为

$$(\boldsymbol{H}_1-\boldsymbol{H}_2)\cdot(\boldsymbol{a}_l\times\boldsymbol{a}_n)=\boldsymbol{J}_S\cdot\boldsymbol{a}_l \tag{3.56d}$$

利用恒等式 $\boldsymbol{A}\cdot(\boldsymbol{B}\times\boldsymbol{C})=\boldsymbol{B}\cdot(\boldsymbol{C}\times\boldsymbol{A})$，式(3.56d) 变为

$$[\boldsymbol{a}_n \times (\boldsymbol{H}_1 - \boldsymbol{H}_2)] \cdot \boldsymbol{a}_l = \boldsymbol{J}_S \cdot \boldsymbol{a}_l \tag{3.56e}$$

由此可得

$$\boldsymbol{a}_n \times (\boldsymbol{H}_1 - \boldsymbol{H}_2) = \boldsymbol{J}_S \text{ 或 } H_{1t} - H_{2t} = J_S \tag{3.56f}$$

式(3.56f)表示$\boldsymbol{H}$的切向分量在界面处不连续，其突变量就是传导面电流密度$\boldsymbol{J}_S$。当$\boldsymbol{J}_S=0$时，有

$$\boldsymbol{a}_n \times (\boldsymbol{H}_1 - \boldsymbol{H}_2) = 0 \text{ 或 } H_{1t} = H_{2t} \tag{3.56g}$$

式(3.56g)表示在无面电流分布的界面上$\boldsymbol{H}$的切向分量连续。

由$\boldsymbol{B}=\mu\boldsymbol{H}$知，式(3.56f)和式(3.56g)变为

$$\frac{B_{1t}}{\mu_1} - \frac{B_{2t}}{\mu_2} = \begin{cases} J_S, & J_S \neq 0 \\ 0, & J_S = 0 \end{cases} \tag{3.56h}$$

式(3.56h)表示$\boldsymbol{B}$的切向分量不连续。

磁导率为无限大的磁介质称为**理想导磁体**。由于在$\boldsymbol{B}=\mu\boldsymbol{H}$中$\boldsymbol{B}$不可能为无限大，当磁导率为无限大时，表示**在理想导磁体中不可能存在磁场强度**。如果$\boldsymbol{B}$为无限大，那么，就要求有无限大电流来产生无限大的磁感应强度，然而不可能提供无限大的能量来满足这个要求。在实际应用中，抗磁体和顺磁体的相对磁导率接近于1，称为非磁性材料，而铁磁体的相对磁导率(如铁镍合金)，其数量级达到10^5，称为磁性材料。通常把铁磁体近似看做理想导磁体。

当磁介质2改为理想导磁体时，$\boldsymbol{B}_2 \neq 0$和$\boldsymbol{H}_2=0$，式(3.56g)和式(3.56h)变为

$$H_t = 0, \quad B_t = \mu J_S \tag{3.57}$$

式(3.57)表示$\boldsymbol{H}$垂直于导磁体表面；在导磁体内仍然存在着外加磁感应强度，并在理想导磁体表面感生面电流密度$\boldsymbol{J}_S$，该电流在导体内产生的磁场恰好抵消外加磁场，导致理想导磁体内磁场强度为零。

3. *A* 的边界条件

将$\boldsymbol{B}=\nabla\times\boldsymbol{A}$代入式(3.55b)和式(3.56f)，并对式(3.55b)和式(3.56f)在边界上积分，可得如下$\boldsymbol{A}$的边界条件(证明略)

$$\boldsymbol{A}_1 = \boldsymbol{A}_2 \tag{3.58a}$$

$$\boldsymbol{a}_n \times \left(\frac{1}{\mu_1}\nabla\times\boldsymbol{A}_1 - \frac{1}{\mu_2}\nabla\times\boldsymbol{A}_2\right) = \boldsymbol{J}_S \tag{3.58b}$$

3.5.3　稳恒电流场和稳恒电场的边界条件

稳恒电流场方程(3.41a)仅适合于导体内部的区域，它实际上也是稳恒电场在导体内部区域所满足的方程；稳恒电场方程(3.42a)仅适合导体周围空间，它实际上也是静电场在导体周围空间所满足的方程。因此，我们只限于考虑稳恒电流场和稳恒电场在由不同导电率σ_1和σ_2组成的两种导体边界面上所满足的边界条件。实际上，只要令$\sigma_1=0$，即相当于考虑由介质和导体间边界面上所满足的边界条件。

仿静电场和静磁场，将式(3.41a)应用于跨边界面的小圆柱面和小矩形回路，易得

$$\boldsymbol{a}_n \cdot (\boldsymbol{J}_1 - \boldsymbol{J}_2) = 0 \text{ 或 } J_{1n} = J_{2n}, \quad \sigma_1 E_{1n} = \sigma_2 E_{2n} \tag{3.59a}$$

$$\boldsymbol{a}_n \times (\boldsymbol{E}_1 - \boldsymbol{E}_2) = 0 \text{ 或 } E_{1t} = E_{2t}, \quad \frac{J_{1t}}{\sigma_1} = \frac{J_{2t}}{\sigma_2} \tag{3.59b}$$

式(3.59)表示稳恒电流场在导电媒质界面上法向分量连续而切向分量发生突变；稳恒电场在导电媒质界面上切向分量连续而法向分量发生突变。其突变量的大小由σ_1和σ_2来决定。

实际上，有损耗媒质中同时用媒质特性参量 σ 和 ε 来表示，由 σ 和 ε 的相对大小来认定媒质的导电性和介电性。如果 σ_2 表示良导体，σ_1 表示极不良导体，或者说有损耗电介质(如良导体周围漏电的绝缘体)，那么 $\sigma_2 \gg \sigma_1$。将式(3.42a)中 $\boldsymbol{D}$ 的面积分式应用于跨界面的小圆柱面，即可得该界面上的边界条件为

$$\boldsymbol{a}_{\mathrm{n}} \cdot (\boldsymbol{D}_1 - \boldsymbol{D}_2) = \rho_S \tag{3.60a}$$

或

$$\rho_S = D_{1\mathrm{n}} - D_{2\mathrm{n}} = \varepsilon_1 \frac{J_{1\mathrm{n}}}{\sigma_1} - \varepsilon_2 \frac{J_{2\mathrm{n}}}{\sigma_2} = \left(\frac{\varepsilon_1}{\sigma_1} - \frac{\varepsilon_2}{\sigma_2}\right) J_{\mathrm{n}} \tag{3.60b}$$

式中，$J_{\mathrm{n}} = J_{1\mathrm{n}} = J_{2\mathrm{n}}$。自由面电荷 ρ_S 是在建立稳恒电流场的充电过程中由良导体内相互排斥到边界面上的驻立电荷。

已知在静电平衡状态下，导电率为无限大的导电媒质称为**理想导电体**。由于在 $\boldsymbol{J} = \sigma \boldsymbol{E}$ 中 $\boldsymbol{J}$ 不可能为无限大，对于有限值的体电流密度，当导电率为无限大时，表示在**理想导电体中不可能存在电场强度**。当外部电源持续不断地对导电体进行充电达到动态平衡状态时，导电体内形成稳恒电流场和稳恒电场。由边界条件可知，在导体表面上的电场既有法向分量，又有切向分量，电场矢量不垂直于表面，因此导体表面不是等位面。这是稳恒电场和静电场不同之处。

当导电媒质 2 改为理想导电体时($\sigma_2 \to \infty$)，式(3.59b)和式(3.60b)变为

$$E_{\mathrm{t}} = 0, \quad E_{\mathrm{n}} = \frac{\rho_S}{\varepsilon} \tag{3.61}$$

式(3.61)表示 $\boldsymbol{E}$ 垂直于理想导电体表面。驻立电荷面密度 ρ_S 是产生稳恒电场的唯一电荷源。

利用 $\boldsymbol{J} = \sigma \boldsymbol{E} = -\sigma \boldsymbol{a}_{\mathrm{n}} \dfrac{\partial \Phi}{\partial n}$ 和式(3.59a)和式(3.59b)，可导出电位的边界条件

$$\sigma_1 \frac{\partial \Phi_1}{\partial n} = \sigma_2 \frac{\partial \Phi_2}{\partial n} \tag{3.62a}$$

$$\Phi_1 = \Phi_2 \tag{3.62b}$$

*3.6 静态场的能量

3.6.1 静电场的能量

静电场是客观存在的物质形态，它具有与微粒物质相同的共性：有力的作用，能够做功，所以具有能量。功是能量改变的量度，能量与做功联系在一起。我们将从功能转换关系来讨论静电场对电荷或带电体做功的问题。功能转换应当遵守能量守恒定律。

1. 离散带电导体的能量

式(3.5)表示静电场中某点的电位相当于单位正电荷在电场力的作用下，自该点沿任意路径移至无限远过程中电场力所做的功，即 $W = q\Phi$。显然，将单位正电荷再从无限远移至静电场中某点，外力要反抗场力做功，这个功转换为单位正电荷的场的储能。正如高举物体时，物体要反抗重力做功，这个功转换为物体的势能一样。

设具有电容 $C = Q/\Phi$ 的孤立导体，开始时不带电荷，我们以任意方式对孤立导体进行充电，直到达到静电平衡时，电荷达到终值电量 Q。这里所说以任意方式充电，是指将微分电量 $\mathrm{d}q$ 持续不断地从无限远处移至孤立导体上，或者直接由外部电源充电。对于线性电介质，当充电电量增加到 $\alpha \mathrm{d}q$ 倍时($0 < \alpha < 1$)，孤立导体的电位也增加到 $\alpha \mathrm{d}\Phi$ 倍。由式(3.5)可知，外力或外源做功的增量为

$$dW = d[(\alpha q)(\alpha \Phi)]$$

对于具有 N 个带电导体的多导体系统，其总功增量 dW 转换为带电导体系统具有的储能增量 dW_e，有

$$dW_e = \sum_{i=1}^{N} q_i \Phi_i \alpha d\alpha \tag{3.63a}$$

故 N 个带电导体电量从零值增加至终值时，带电导体的储能为

$$W_e = \int dW_{ei} = \int_0^1 \alpha d\alpha \sum_{i=1}^{N} \Phi_i Q_i$$

即

$$W_e = \frac{1}{2}\sum_{i=1}^{N} \Phi_i Q_i = \frac{1}{2}\sum_{i=1}^{N} \frac{Q_i^2}{C} = \frac{1}{2}\sum_{i=1}^{N} C\Phi_i^2 \tag{3.63b}$$

2. 连续分布电荷的能量

空间中如果不是离散带电导体，而是某一体积 V 中具有连续分布的体电荷密度 $\rho(\boldsymbol{r})$。此时可将该体积划分为 N 个微小体积元。我们考查其中任一体积元 ΔV_i 中的电荷元 ΔQ_i 所具有的能量 ΔW_e，此处 $\Delta Q_i = \rho(\boldsymbol{r})\Delta V_i$，式(3.63b) 改写为

$$\sum_{i=1}^{N} \Delta W_{ei} = \frac{1}{2}\sum_{i=1}^{N} \Phi_i \Delta Q_i = \frac{1}{2}\sum_{i=1}^{N} \Phi_i [\rho(\boldsymbol{r})\Delta V_i]$$

当 $\Delta V_i \to 0$ 时，上式变为

$$W_e = \frac{1}{2}\int_V \Phi(\boldsymbol{r})\rho(\boldsymbol{r}) dV \tag{3.64a}$$

类似地，对于面电荷密度 $\rho_S(\boldsymbol{r})$ 和线电荷密度 $\rho_l(\boldsymbol{r})$ 的连续分布系统，其静电场能量分别表示为

$$W_e = \frac{1}{2}\int_S \Phi(\boldsymbol{r})\rho_S(\boldsymbol{r}) dS \tag{3.64b}$$

$$W_e = \frac{1}{2}\int_l \Phi(\boldsymbol{r})\rho_l(\boldsymbol{r}) dl \tag{3.64c}$$

3. 静电场的能量和能量密度

式(3.63)和式(3.64)容易让人产生误解，认为静电场的能量是集中在带电导体或电荷分布上，事实上静电场能量是充满在带电导体和电荷分布周围的整个空间中。为了揭示静电场能量的分布规律，有必要以场量来表示静电场的能量，并表示出空间任意点的能量密度。显然，要用场量来表示静电场能量，就必须建立式 (3.64a) 中 $\Phi(\boldsymbol{r})$ 和 $\rho(\boldsymbol{r})$ 与场量的关系式 $\rho = \nabla \cdot \boldsymbol{D}$ 和 $-\nabla\Phi = \boldsymbol{E}$，将 $\Phi(\boldsymbol{r})$ 和 $\rho(\boldsymbol{r})$ 置换为 $\boldsymbol{D}(\boldsymbol{r})$ 和 $\boldsymbol{E}(\boldsymbol{r})$。利用恒等式 $\nabla \cdot (u\boldsymbol{F}) = u\nabla \cdot \boldsymbol{F} + \boldsymbol{F} \cdot \nabla u$ 将式(3.64a) 中的 $\Phi\rho$ 变为

$$\begin{aligned}\Phi\rho &= \Phi\nabla \cdot \boldsymbol{D} = \nabla \cdot (\Phi\boldsymbol{D}) - \boldsymbol{D} \cdot \nabla\Phi \\ &= \nabla \cdot (\Phi\boldsymbol{D}) + \boldsymbol{D} \cdot \boldsymbol{E}\end{aligned}$$

代入式 (3.64a)，得

$$W_e = \frac{1}{2}\int_V \nabla \cdot (\Phi\boldsymbol{D}) dV + \frac{1}{2}\int_V \boldsymbol{D} \cdot \boldsymbol{E} dV$$

利用高斯定理将第一项变为

$$\frac{1}{2}\oint_S \Phi\boldsymbol{D} \cdot d\boldsymbol{S}$$

将闭合面 S 扩大到整个空间时，分布于有限区域的电荷可看做点电荷，于是上式积分随距离变化

的量纲关系，当 $r \to \infty$ 时，有

$$\Phi DS \propto \frac{1}{r} \times \frac{1}{r^2} \times r^2 \propto \frac{1}{r} \bigg|_{r \to \infty} \longrightarrow 0$$

第一项变为零，则得

$$W_e = \frac{1}{2}\int_V \boldsymbol{D}(\boldsymbol{r}) \cdot \boldsymbol{E}(\boldsymbol{r}) \mathrm{d}V \tag{3.65a}$$

对于线性、均匀、各向同性电介质，$\boldsymbol{D} = \varepsilon \boldsymbol{E}$，式(3.65a) 变为

$$W_e = \frac{1}{2}\int_V \varepsilon E^2 \mathrm{d}V \tag{3.65b}$$

式(3.65b)积分遍及存在场的全部空间，它更深刻地反映了能量的本质，即静电场能量存在于静电场中。凡是静电场不为零的空间都存在着静电场能量，因此可以引入静电场能量密度来描述场中任意点静电场的特性，定义为

$$w_e = \frac{\mathrm{d}W_e}{\mathrm{d}V} = \frac{1}{2}\boldsymbol{D}(\boldsymbol{r}) \cdot \boldsymbol{E}(\boldsymbol{r}) \tag{3.66a}$$

对线性、均匀、各向同性电介质，式(3.66a)变为

$$w_e = \frac{1}{2}\varepsilon E^2 \tag{3.66b}$$

由于能量是场量的二次方关系，所以能量不满足线性叠加原理。能量的单位为 J(焦耳)，能量密度的单位为 $\mathrm{J/m^3}$ (焦耳/米^3)。

【例 3.9】 在介电常数为 ε 的线性电介质中，有一半径为 a，电荷量为 Q 的孤立导体，求其静电场能量。

解：

解法一：利用式 (3.63b)

令 $N = 1$，半径为 a 带电量为 Q 的孤立导体球的电位为

$$\Phi = \frac{Q}{4\pi\varepsilon a}$$

利用式(3.63)得

$$W_e = \frac{1}{2}\Phi Q = \frac{Q^2}{8\pi\varepsilon a}$$

解法二：利用式 (3.64b)

孤立导体为等位体，电荷只能分布在导体表面，面电荷密度为

$$\rho_S = \frac{Q}{4\pi a^2}$$

利用式 (3.64b) 得

$$W_e = \frac{1}{2}\oint_S \Phi \rho_S \mathrm{d}S = \frac{1}{2}\left[\frac{Q}{4\pi\varepsilon a} \cdot \frac{Q}{4\pi a^2}\right] 4\pi a^2$$
$$= \frac{Q^2}{8\pi\varepsilon a}$$

解法三：利用式 (3.65b)

由球对称性知，利用高斯定理可求出孤立导体球的静电场为

$$E_r = \frac{Q}{4\pi\varepsilon r^2}$$

式 (3.65b) 变为

$$W_e = \int_0^{2\pi} d\varphi \int_0^{\pi} d\theta \int_a^{\infty} w_e r^2 \sin\theta dr = \frac{Q^2}{8\pi\varepsilon a}$$

3.6.2 静磁场的能量

1. 离散载流导体回路的能量

在静电场中，$W = q\Phi$ 表示充电荷至 q 时，为维持电位增加至 Φ 外源所需做的功。仿静电场，在静磁场中，充电荷应当改为充电流，即将 dq 改写为 $dq = \frac{dq}{dt}dt = idt$，为了反抗电动势使所充电流量减少的趋势，并维持所充电流不变，外源必须提供一个与电动势反向的电压 u，此时静电场中的 Φ 也相应改写为 u。因此，$dW = ui\,dt$ 表示在 dt 时间内充电流至 i 时，为维持充电电流不变，外源必须为反抗电动势提供反向电压做功。

设具有电感 $L = \frac{\psi}{I}$ 的单导体回路，开始时不带电流，我们以任意方式对单导体回路充电流，直到达到动态平衡时，电流达到终值电流量 I。当充电电流量增加 di 时，单导体回路的反向电压也增加 du 倍。此时外源做功的增量为

$$dW = d(ui)dt$$

利用 $\varepsilon_i = -\frac{d\psi}{dt}$ 和 $u = -\varepsilon_i$ 知 $u = \frac{d\psi}{dt}$，考虑到 $L = \frac{\psi}{I}$，上式变为

$$dW = i\left(\frac{d\psi}{dt}dt\right) = id\psi = Li\,di \tag{3.67a}$$

显然，外源做功的增量 dW 转换为载流单导体回路具有的储能增量 dW_m。当电流从零值增至终值 I 时，载流单导体回路的磁能为

$$W_m = \int_0^I Li\,di = \frac{1}{2}LI^2 = \frac{1}{2}\psi I \tag{3.67b}$$

对于在线性磁介质中具有 N 个载流多导体的回路系统，当所有电流和磁通以任意方式增加 α 倍($0 < \alpha < 1$)，最终达到动态平衡的稳恒值 I 和 Ψ 时，即在任何时刻都有 $i_j = \alpha I_j$ 和 $\psi_j = \alpha \Psi_j$，式(3.67a)表示的功的增量转换为所有载流多导体回路系统的磁能增量

$$dW_m = \sum_{j=1}^{N} dW_{mj} = \sum_{j=1}^{N} i_j d\psi_j$$

代入 $i_j = \alpha I_j$ 和 $d\psi_j = \Psi_j d\alpha$，得总磁能为

$$W_m = \int dW_{mj} = \sum_{j=1}^{N} I_j \Psi_j \int_0^1 \alpha d\alpha$$

或

$$W_m = \frac{1}{2}\sum_{j=1}^{N} I_j \Psi_j \tag{3.68a}$$

式中，$\Psi_j = \sum_{k=1}^{N} L_{kj} I_k$。由此得

$$W_m = \frac{1}{2}\sum_{j=1}^{N}\sum_{k=1}^{N} L_{kj} I_j I_k \tag{3.68b}$$

当 $k = j$ 时，$L_{jj} = L_j$ 是回路 j 的自感系数；当 $k \neq j$ 时，$L_{kj} = M_{kj} = M$ 是回路 j，k 的互感系数。

2. 连续分布电流的能量

仿静电场，空间中的离散载流回路可以推广为具有连续分布的体电流密度 $\boldsymbol{J}(\boldsymbol{r})$。并引入磁矢位 $\boldsymbol{A}(\boldsymbol{r})$ 表示体积 V 中体电流密度 $\boldsymbol{J}(\boldsymbol{r})$ 所产生的磁场。为此，将式(3.68a) 中的 Ψ_j 利用斯托克斯公式改写为

$$\Psi_j = \int_{S_j} \boldsymbol{B} \cdot \mathrm{d}\boldsymbol{S}_j = \int_{S_j} (\nabla \times \boldsymbol{A}) \cdot \mathrm{d}\boldsymbol{S}_j = \oint_{l_j} \boldsymbol{A} \cdot \mathrm{d}\boldsymbol{l}_j$$

有

$$W_\mathrm{m} = \sum_{j=1}^{N} \frac{1}{2} \oint_{l_j} I_j \boldsymbol{A} \cdot \mathrm{d}\boldsymbol{l}_j \tag{3.69}$$

式(3.69) 中的 I_j 穿过由 l_j 所包围的曲面 S_j。将穿过 I_j 的曲面划分为 N 个小面积元 ΔS_j，穿过 ΔS_j 的电流元 $\Delta I_j = \boldsymbol{J}(\boldsymbol{r}) \cdot \Delta S_j$，它所产生的磁能为 $\Delta W_{\mathrm{m}j}$，式(3.69) 改写为

$$\sum_{j=1}^{N} \Delta W_{\mathrm{m}j} = \frac{1}{2} \sum_{j=1}^{N} \oint_{l_j} \boldsymbol{A}(\boldsymbol{r}) \Delta I_j \cdot \mathrm{d}\boldsymbol{l}_j = \frac{1}{2} \sum_{j=1}^{N} \oint_{l_j} \boldsymbol{A}(\boldsymbol{r}) \cdot (\Delta I_j \mathrm{d}\boldsymbol{l}_j)$$

利用 $I\mathrm{d}\boldsymbol{l} = \boldsymbol{J}\mathrm{d}V$,上式变为体积分。当 $\Delta V_i \to 0$ 时，有

$$W_\mathrm{m} = \frac{1}{2} \int_V \boldsymbol{A}(\boldsymbol{r}) \cdot \boldsymbol{J}(\boldsymbol{r}) \mathrm{d}V \tag{3.70a}$$

类似地，对于面电流密度 $\boldsymbol{J}_S(\boldsymbol{r})$ 和线电流密度 $\boldsymbol{J}_l(\boldsymbol{r})$ 的连续分布系统，其静磁场能量分别表示为

$$W_\mathrm{m} = \frac{1}{2} \int_S \boldsymbol{A}(\boldsymbol{r}) \cdot \boldsymbol{J}_s(\boldsymbol{r}) \mathrm{d}S \tag{3.70b}$$

$$W_\mathrm{m} = \frac{1}{2} \int_l \boldsymbol{A}(\boldsymbol{r}) \cdot \boldsymbol{J}_l(\boldsymbol{r}) \mathrm{d}l \tag{3.70c}$$

3. 静磁场的能量和能量密度

式(3.68) ～ 式(3.70) 会使人误认为静磁场的能量是集中在载流多导体回路或电流分布上，为此，将 $\boldsymbol{J}(\boldsymbol{r})$ 与 $\boldsymbol{H}(\boldsymbol{r})$ 的关系式 $\boldsymbol{J} = \nabla \times \boldsymbol{H}$ 代入式(3.70a)，以 $\boldsymbol{H}$ 置换 $\boldsymbol{J}$，则能说明静磁场存在于电流源周围的空间。利用矢量恒等式 $\nabla \cdot (\boldsymbol{A} \times \boldsymbol{B}) = \boldsymbol{B} \cdot \nabla \times \boldsymbol{A} - \boldsymbol{A} \cdot \nabla \times \boldsymbol{B}$,式(3.70a) 中的 $\boldsymbol{A} \cdot \boldsymbol{J}$ 变为

$$\boldsymbol{A} \cdot \boldsymbol{J} = \boldsymbol{A} \cdot \nabla \times \boldsymbol{H} = \nabla \cdot (\boldsymbol{H} \times \boldsymbol{A}) + \boldsymbol{H} \cdot \nabla \times \boldsymbol{A}$$

代入式(3.70a),并利用 $\boldsymbol{B} = \nabla \times \boldsymbol{A}$,得

$$W_\mathrm{m} = \frac{1}{2} \int_V \nabla \cdot (\boldsymbol{H} \times \boldsymbol{A}) \mathrm{d}V + \frac{1}{2} \int_V \boldsymbol{H} \cdot \boldsymbol{B} \mathrm{d}V$$

利用高斯定理将第一项变为

$$\frac{1}{2} \oint_S (\boldsymbol{H} \times \boldsymbol{A}) \cdot \mathrm{d}\boldsymbol{S}$$

将闭合面 S 扩大到整个空间时，分布于有限区域的电流产生的场和位的积分随距离变化的量纲关系，当 $r \to \infty$ 时，有

$$\mathrm{HAS} \propto \frac{1}{r^2} \times \frac{1}{r} \times r^2 \propto \frac{1}{r} \Big|_{r \to \infty} \longrightarrow 0$$

第一项变为零，则得

$$W_\mathrm{m} = \frac{1}{2} \int \boldsymbol{H}(\boldsymbol{r}) \cdot \boldsymbol{B}(\boldsymbol{r}) \mathrm{d}V \tag{3.71a}$$

对于线性、均匀、各向同性磁介质，$\boldsymbol{B} = \mu \boldsymbol{H}$,式(3.71a) 变为

$$W_\mathrm{m} = \frac{1}{2} \int_V \mu H^2 \mathrm{d}V \tag{3.71b}$$

空间任意点静磁场的能量密度为

$$w_{\mathrm{m}} = \frac{1}{2}\boldsymbol{H}(\boldsymbol{r}) \cdot \boldsymbol{B}(\boldsymbol{r}) \tag{3.71c}$$

对于线性、均匀、各向同性磁介质，式(3.71c)变为

$$w_{\mathrm{m}} = \frac{1}{2}\mu H^2 \tag{3.71d}$$

静磁场的能量不满足线性叠加原理，静磁场与静电场具有相同的能量和能量密度单位。

【例 3.10】 通过磁能求同轴线单位长度的内、外自感。题设条件见例 3.6 和图 3.13。

解：

对于载流单导体回路，应用式(3.67b)得

$$L = \frac{2W_{\mathrm{m}}}{I^2}$$

求电感归结为求磁能。利用式(3.71b)求磁能时，首先必需求磁场强度。由轴对称性知，采用安培环路定理可以求出磁场强度为

$$\boldsymbol{H}_1 = \boldsymbol{a}_\varphi \frac{I\rho}{2\pi a^2}, \qquad 0 \leqslant \rho \leqslant a$$

$$\boldsymbol{H}_2 = \boldsymbol{a}_\varphi \frac{I}{2\pi\rho}, \qquad a \leqslant \rho \leqslant b$$

由此求出两区域单位长度内的磁场能量为

$$W_{\mathrm{m1}} = \frac{\mu_0}{2}\int_0^a H_1^2 2\pi\rho\mathrm{d}\rho = \frac{\mu_0}{2}\int_0^a \left(\frac{I\rho}{2\pi a^2}\right)^2 2\pi\rho\mathrm{d}\rho$$

$$= \frac{\mu_0 I^2}{16\pi} \qquad (\mathrm{J/m})$$

$$W_{\mathrm{m2}} = \frac{\mu}{2}\int_a^b H_2^2 2\pi\rho\mathrm{d}\rho = \frac{\mu}{2}\int_a^b \left(\frac{I}{2\pi\rho}\right)^2 2\pi\rho\mathrm{d}\rho$$

$$= \frac{\mu I^2}{4\pi}\ln\frac{b}{a} \qquad (\mathrm{J/m})$$

同轴线单位长度的总磁场能量为

$$W_{\mathrm{m}} = W_{\mathrm{m1}} + W_{\mathrm{m2}} = \frac{\mu_0 I^2}{16\pi} + \frac{\mu I^2}{4\pi}\ln\frac{b}{a}$$

因此，同轴线单位长度的内、外自感为

$$L_0 = \frac{2}{I^2}(W_{\mathrm{m1}} + W_{\mathrm{m2}}) = \frac{\mu_0}{8\pi} + \frac{\mu}{2\pi}\ln\frac{b}{a} \qquad (\mathrm{H/m})$$

外自感与例 3.6 所求结果一致，但这里所用求解方法更为简便。

3.7 静态场的计算方法

在自由空间或均匀媒质中，由于无媒质存在或媒质的效应已经隐含在辅助场量中，所以在定律、定理和方程中，重点考虑的是源量和场量或辅助场量的相互作用规律和转化关系。由源量(ρ, $\boldsymbol{J}$)的分布求场量($\boldsymbol{E}$, $\boldsymbol{B}$)、辅助场量($\boldsymbol{D}$, $\boldsymbol{H}$)和辅助位(Φ, $\boldsymbol{A}$)的分布(正面问题)，或由场量、辅助场量和辅助位的分布求源量的分布(反面问题)，称为**分布型问题**。我们只考虑正面问题。当媒质电磁参量发生突变而形成具有边界面的非均匀媒质时，就必须同时考虑媒质在边界上的极化和磁化

等效应对源量和场量的影响，使问题变得更为复杂。所以，如果源量的分布是未知的，或者给定边界面上的位和面分布电荷、电流(如导体面上的Φ和ρ_S，$\boldsymbol{J}_S$及介质面上的ρ'_S，$\boldsymbol{J}'_S$)，需要求出媒质空间的场量、辅助场量和辅助位，称为**边值型问题**。

不论分布型问题和边值型问题，在原理上，都要求广泛与叠加原理相结合，以扩大其求解范围，从而可解更复杂的问题。不论分布型问题和边值型问题，在方法上，都可分为直接解法、间接解法和特殊解法。在无源区域，还可采用更取巧的类比解法。一般来说，直接解法比较困难，应尽可能回避；间接解法采用辅助位函数和等值代换等方法，解起来更容易；特殊解法则针对带电体及其场分布的特殊对称性，大大简化了计算方法。因此，后两种方法并不适合于一般情况，然而，在满足一定条件时，应尽可能采用间接解法和特殊解法。

本节所举应用实例不要求全面性，旨在说明方法的应用，为深入学习打下必要的基础。通过一例多解，旨在对定律、定理和方程的公式应用条件和计算方法进行对比分析和综合应用，以求灵活应用和触类旁通。

3.7.1 静态场的分布型问题

1. 静态场的直接解法、间接解法和特殊解法

静电场的解法可归纳为如下三类：

(1)静电场量公式(直接解法)

基于库仑定律、电场强度定义和叠加原理得到的静电场量式(2.20)～式(2.23)只适用于自由空间和均匀媒质。如果是点电荷，可采用库仑定律；如果给定离散分布或连续分布电荷，可将库仑定律与叠加原理相结合应用。

(2)静电位标量公式(间接解法)

利用位场关系式$\boldsymbol{E}=-\nabla\Phi$和静电场量公式得到的静电位标量式(3.2)简化了积分形式。

(3)高斯定理公式(特殊解法)

在特殊对称条件下(即面对称、柱对称和球对称)，高斯定理式(2.26)可以转化为简单的代数方程。还可与叠加原理相结合应用。

类似地，静磁场的解法也可归纳为如下三类：

(1)静磁场量公式(直接解法)

基于安培定律和毕奥-萨伐尔定律得到的静磁场量式(2.35)～式(2.37)是积分形式，自然包含了叠加原理的概念。

(2)静磁位矢量公式(间接解法)

利用位场关系式$\boldsymbol{B}=\nabla\times\boldsymbol{A}$和静磁场量公式得到的静磁位矢量公式(3.9)简化了积分形式。

(3)安培环路定理公式(特殊解法)

在对称条件下(即柱对称)，安培环路定理式(2.42)可以简化为代数方程。还可与叠加原理相结合应用。

2. 静电场的解及应用

【例3.11】 已知半径为a的金属导体球内，按图3.18所示位置挖出两个立方体小腔。腔内分置点电荷q_1和q_2，在距导体中心为$r(r\geqslant a)$的点P处设置一试验点电荷q_0。(1)按照那些物理概念可以求q_0所受的力；(2)写出q_0所受静电力的定律，并求$\boldsymbol{F}$；(3)写出点P处电场强度的定义，并求$\boldsymbol{E}$；(4)写出点P处电位的公式，并求Φ。

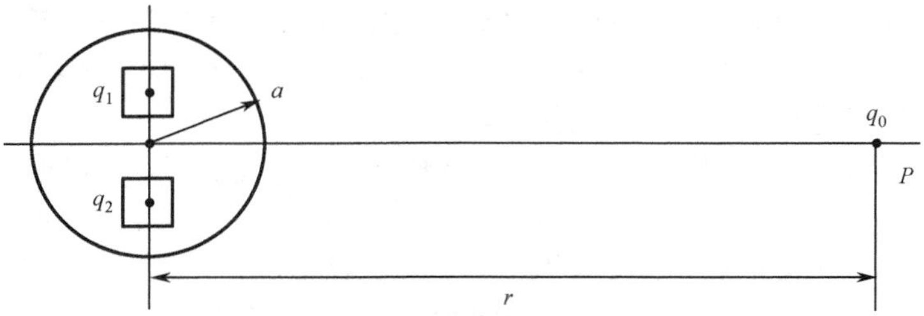

图 3.18　挖孔导体球内的点电荷

解:

(1)由**静电屏蔽**概念知，q_1，q_2 与 q_0 间无作用力；由**静电感应**概念知，q_1 和 q_2 分别在两小腔内壁感应$-q_1$ 和$-q_2$，因此在导体球面上出现异性等量电荷 q_1+q_2，并与 q_0 间有作用力；由**点电荷**概念知，由于 $r\gg a$，q_1+q_2 可视为点电荷，它与点电荷 q_0 间的作用力适用于库仑定律的应用条件。

(2)q_0 所受静电力为

$$\boldsymbol{F}=\boldsymbol{a}_{\mathrm{r}}\frac{q_0(q_1+q_2)}{4\pi\varepsilon_0 r^2}$$

(3)点 P 处电场强度为

$$\boldsymbol{E}=\frac{F}{q_0}=\boldsymbol{a}_{\mathrm{r}}\frac{q_1+q_2}{4\pi\varepsilon_0 r^2}$$

(4)点 P 处电位为

$$\Phi=\int_r^{\infty}\boldsymbol{E}\cdot\mathrm{d}\boldsymbol{l}=\frac{q_1+q_2}{4\pi\varepsilon_0}\int_r^{\infty}\frac{1}{r^2}\boldsymbol{a}_{\mathrm{r}}\cdot\boldsymbol{a}_{\mathrm{r}}\mathrm{d}r$$
$$=\frac{q_1+q_2}{4\pi\varepsilon_0}\int_r^{\infty}\frac{\mathrm{d}r}{r^2}=\frac{q_1+q_2}{4\pi\varepsilon_0 r}$$

【例 3.12】 自由空间中有一半径为 a 的孤立导体带电球，所带电量为 Q，如图 3.19 所示。试求球内、外的电场强度(见例 2.1)。

解:

解法一：利用静电场量公式

导体电荷只能均匀分布于导体表面，其面电荷密度为 $\rho_S=\dfrac{Q}{4\pi a^2}$。

采用球坐标系，令极轴通过场点 P，如图 3.19 所示。利用式(2.22)，点 P 处的电场强度为

$$\boldsymbol{E}(\boldsymbol{r})=\frac{1}{4\pi\varepsilon_0}\int_S\rho_S\left(\frac{\boldsymbol{R}}{R^3}\right)\mathrm{d}S'$$
$$=\frac{1}{4\pi\varepsilon_0}\int_0^{2\pi}\mathrm{d}\varphi'\int_0^{\pi}\rho_S\left(\frac{\boldsymbol{R}}{R^3}\right)a^2\sin\theta'\mathrm{d}\theta' \tag{3.72}$$

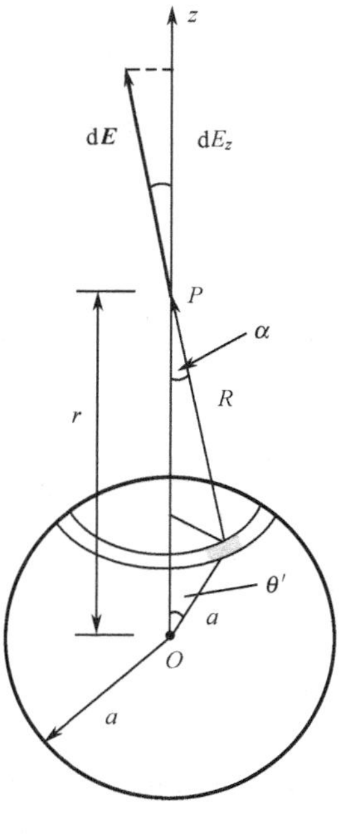

图 3.19　孤立带电导体球

式中，球面积元为 $\mathrm{d}S'=a^2\sin\theta'\mathrm{d}\theta'\mathrm{d}\varphi'$。不同 φ' 角的面元点电荷在场点P 产生的场总可以分解为沿轴向的分量和与轴垂直的径向分量。由于旋转对称性，在 φ' 角从 0 至 2π 的变化范围内，所有与轴相对称的面元点电荷在场点 P 产生的合成场，其径向分量均等值反向而抵消，只剩下相叠加的轴向分量。由于合成场只沿极轴 $\boldsymbol{a}_z$ 的方向，所以矢量求积分时仅取 d$\boldsymbol{E}$的 z 分量积分，即对 $\mathrm{d}E_z=\mathrm{d}E\cos\alpha'$ 积分。显然，在点 P 处 $\mathrm{d}E_z=\mathrm{d}E_r$，有

$$E_r(\boldsymbol{r}) = \frac{a^2\rho_S}{2\varepsilon_0}\int_0^{\pi}\frac{\cos\alpha'\sin\theta'}{R^2}d\theta'$$
$$= \frac{a^2\rho_S}{2\varepsilon_0}\int_0^{\pi}\frac{\cos\alpha'}{R^2}d(-\cos\theta') \tag{3.73}$$

式(3.73)是图3.19中球面上法线方向与极轴夹角θ'处，沿方位角φ'旋转一周所形成的带状面元在场点产生的电场的积分。根据斜三角形的余弦定理，在由α临边R、r及对边a构成的三角形和由θ'临边a、r及对边R构成的三角形中，可以分别得到

$$\cos\alpha' = \frac{R^2+r^2-a^2}{2rR},\quad \cos\theta' = \frac{a^2+r^2-R^2}{2ar}$$

$$d(-\cos\theta') = \frac{R}{ar}dR$$

对于$r>a$的球外区域，$0\leqslant\theta'\leqslant\pi$的积分区域对应于$r-a\leqslant R\leqslant r+a$的积分区域，所以

$$E_r(\boldsymbol{r}) = \frac{a\rho_S}{4\varepsilon_0 r^2}\int_{r-a}^{r+a}\left(1+\frac{r^2-a^2}{R^2}\right)dR$$
$$= \frac{a\rho_S}{4\varepsilon_0 r^2}\left(R-\frac{r^2-a^2}{R}\right)\Bigg|_{r-a}^{r+a}$$
$$= \frac{a^2\rho_S}{\varepsilon_0 r^2} = \frac{Q}{4\pi\varepsilon_0 r^2}$$

对于$r<a$的球内区域，a和r应交换位置，即

$$E_r(\boldsymbol{r}) = \frac{a\rho_S}{4\varepsilon_0 r^2}\left(R-\frac{r^2-a^2}{R}\right)\Bigg|_{a-r}^{a+r} = 0$$

将球内、外的电场强度写成如下矢量形式

$$\boldsymbol{E}(\boldsymbol{r}) = \boldsymbol{a}_r E_r(\boldsymbol{r}) = \begin{cases}\boldsymbol{a}_r\dfrac{Q}{4\pi\varepsilon_0 r^2}, & r>a\\ 0, & r<a\end{cases}$$

解法二：利用静电位标量公式

仿解法一，将式(3.2c)对球坐标系进行积分，得

$$\Phi(\boldsymbol{r}) = \frac{1}{4\pi\varepsilon_0}\int_S\frac{\rho_S}{R}dS'$$
$$= \frac{1}{4\pi\varepsilon_0}\int_0^{2\pi}d\varphi'\int_0^{\pi}\frac{\rho_S}{R}a^2\sin\theta' d\theta'$$
$$= \frac{a^2\rho_S}{2\varepsilon_0}\int_0^{\pi}\frac{1}{R}d(-\cos\theta') \tag{3.74}$$

代入$d(-\cos\theta') = \dfrac{R}{ar}dR$，对于$r>a$的球外区域，式(3.74)变为

$$\Phi(\boldsymbol{r}) = \frac{a\rho_S}{2\varepsilon_0 r}\int_{r-a}^{r+a}dR = \frac{a\rho_S}{2\varepsilon_0 r}[R]\Bigg|_{r-a}^{r+a}$$
$$= \frac{a^2\rho_S}{\varepsilon_0 r}$$

对于$r<a$的球内区域，a和r应交换位置，得$\Phi(\boldsymbol{r}) = \dfrac{a\rho_S}{\varepsilon_0}$，可知

$$\Phi(\boldsymbol{r})=\begin{cases}\dfrac{a^2\rho_S}{\varepsilon_0 r}, & r>a\\ \dfrac{a\rho_S}{\varepsilon_0}, & r<a\end{cases}$$

电场强度的矢量形式为

$$\boldsymbol{E}(\boldsymbol{r})=-\nabla\Phi(\boldsymbol{r})=-\boldsymbol{a}_r\frac{\partial\Phi(\boldsymbol{r})}{\partial r}$$

$$=\begin{cases}\boldsymbol{a}_r\dfrac{Q}{4\pi\varepsilon_0 r^2}, & r>a\\ 0, & r<a\end{cases}$$

解法三:利用高斯定理公式

利用球对称性,高斯定理公式(2.25)可变为如下代数形式

$$\boldsymbol{E}(\boldsymbol{r})\cdot 4\pi r^2=\begin{cases}\boldsymbol{a}_r\dfrac{Q}{\varepsilon_0}, & r>a\\ 0, & r<a\end{cases}$$

即得

$$\boldsymbol{E}(\boldsymbol{r})=\begin{cases}\boldsymbol{a}_r\dfrac{Q}{4\pi\varepsilon_0 r^2}, & r>a\\ 0, & r<a\end{cases}$$

可以看出，即便是在球对称条件下,解法一都比其他两个方法复杂,在非对称条件下,一般很难得出解析结果,应尽量应用解法三进行对称性问题的求解。

【例 3.13】 半径为 a 和 $b(b>a)$ 的两个球面的球心相距为 d,且 $d+a<b$。两球面间的体电荷密度为 ρ,如图 3.20 所示。求半径为 a 的偏心球形空腔内的电场强度。

解:

偏心球形状的不对称性导致其所带电荷产生的电场分布也不对称，似乎不满足应用高斯定理的条件。但我们可以应用叠加原理和补偿法将其转化为对称问题来求解。方法是将它们变为两个半径分别为 b 和 a，且带电量分别为 $+\rho$ 和 $-\rho$ 对称性带电球，分别应用高斯定理求出它们的电场强度，然后应用叠加原理求其合成场。

将高斯定理积分形式分别应用于带体电荷密度为 $\pm\rho$，且半径为 b 和 a 的两个对称性球体，容易求出它们在偏心带电球形腔内点 P 处的电场强度分别为

$$\boldsymbol{E}_1(\boldsymbol{r})=\boldsymbol{a}_{r_1}\frac{\rho r_1}{3\varepsilon_0}$$

$$\boldsymbol{E}_2(\boldsymbol{r})=-\boldsymbol{a}_{r_2}\frac{\rho r_2}{3\varepsilon_0}$$

点 P 的合成场为

$$\boldsymbol{E}(\boldsymbol{r})=\boldsymbol{E}_1(\boldsymbol{r})+\boldsymbol{E}_2(\boldsymbol{r})=\frac{\rho}{3\varepsilon_0}(\boldsymbol{r}_1-\boldsymbol{r}_2)$$

由图 3.20 可知,$\boldsymbol{r}_1=\boldsymbol{d}+\boldsymbol{r}_2$。$\boldsymbol{d}=\boldsymbol{a}_d d$ 为指向 OO' 的矢径,则上式变为

$$\boldsymbol{E}(\boldsymbol{r})=\boldsymbol{a}_d\frac{\rho d}{3\varepsilon_0}$$

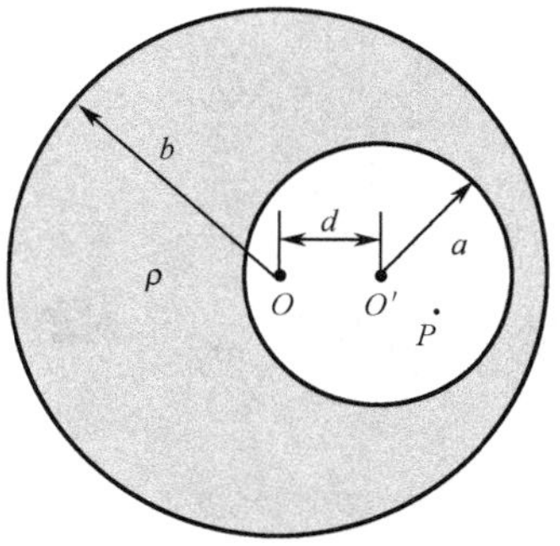

图 3.20　偏心带电球形空腔

可见空腔内的 $\boldsymbol{E}(\boldsymbol{r})$ 为一指向 $\boldsymbol{a}_d$ 方向的均匀电场强度。

将高斯定理和叠加原理相结合,可以扩大应用高斯定理的解题范围。例如,对于带电偏心圆柱内,外电场的求解问题,也可采用这种思路求解。

3. 静磁场的解及应用

【例 3.14】 求无限长直载流导线的直流电流 I 产生的磁感应强度(见例 2.2)。

解:

解法一:利用静磁场量公式

例 2.2 已用式(2.35)求得 $\boldsymbol{B}$ 的结果。

解法二:利用静磁位矢量公式

在圆柱坐标系中,$\boldsymbol{A}$ 与 φ 无关,由式(3.9a)可得

$$\begin{aligned}\boldsymbol{A} &= \frac{\mu_0 I}{4\pi}\int_{-L}^{L}\frac{\boldsymbol{a}_z \mathrm{d}z'}{(\rho^2+z'^2)^{\frac{1}{2}}} \\ &= \boldsymbol{a}_z\frac{\mu_0 I}{4\pi}\left[\ln(z'+\sqrt{\rho^2+z'^2})\right]\Bigg|_{-L}^{L} \\ &= \boldsymbol{a}_z\frac{\mu_0 I}{4\pi}\ln\frac{\sqrt{\rho^2+L^2}+L}{\sqrt{\rho^2+L^2}-L}\end{aligned}$$

利用 $\boldsymbol{B}=\nabla\times\boldsymbol{A}=\nabla\times(\boldsymbol{a}_z A_z)=\boldsymbol{a}_\rho\frac{1}{\rho}\frac{\partial A_z}{\partial\varphi}-\boldsymbol{a}_\varphi\frac{\partial A_z}{\partial\rho}$,考虑到 $\partial A_z/\partial\varphi=0$,可得

$$\begin{aligned}\boldsymbol{B} &= -\boldsymbol{a}_\varphi\frac{\partial}{\partial\rho}\left[\frac{\mu_0 I}{4\pi}\ln\frac{\sqrt{\rho^2+L^2}+L}{\sqrt{\rho^2+L^2}-L}\right] \\ &= \boldsymbol{a}_\varphi\frac{\mu_0 IL}{2\pi\rho\sqrt{\rho^2+L^2}}\end{aligned}$$

对于无限长直载流导线,$L\to\infty$,当 $L\gg\rho$ 时,上式退化为

$$\boldsymbol{B}=\boldsymbol{a}_\varphi\frac{\mu_0 I}{2\pi\rho}$$

解法三:利用安培环路定理公式

由于圆柱对称性,可由式(2.42)直接得到

$$\boldsymbol{B}=\boldsymbol{a}_\varphi\frac{\mu_0 I}{2\pi\rho}$$

【例 3.15】 已知双线传输线半径均为 a,轴心距为 $d>a$,两导线形成的回路中通过电流为 I,导线周围媒质的磁导率为 μ_0,如图 3.21 所示。求双线传输线电流产生的磁感应强度和单位长度自感。

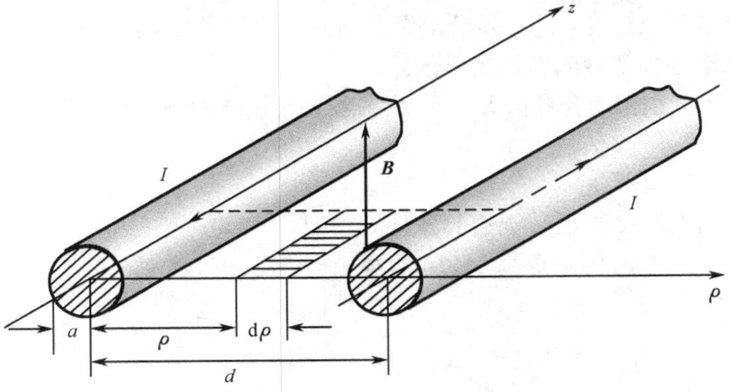

图 3.21 平行双线传输线

解:

双线传输线及其磁场分布均不具有柱对称性,但每个单独的传输线则具有柱对称性。因此,可分别应用安培环路定理于每个传输线,再结合叠加原理求其合成磁场,进而求出自感。

选用圆柱坐标系,由安培环路定理和叠加原理可得

$$\boldsymbol{B}=\boldsymbol{a}_{\varphi}\frac{\mu_0 I}{2\pi\rho}+\boldsymbol{a}_{\varphi}\frac{\mu_0 I}{2\pi(d-\rho)}$$

穿过两导线间宽为 $\mathrm{d}\rho$,轴向长度为单位长度 $l=1$ 的面积元的磁通为 $\mathrm{d}\psi=\boldsymbol{B}\cdot\mathrm{d}\boldsymbol{S}=B_{\varphi}\boldsymbol{a}_{\varphi}\cdot\boldsymbol{a}_{\varphi}\mathrm{d}S=B_{\varphi}\mathrm{d}\rho$,因此

$$\begin{aligned}\psi&=\int\mathrm{d}\psi=\int_a^{d-a}\frac{\mu_0 I}{2\pi}\left(\frac{1}{\rho}+\frac{1}{d-\rho}\right)\mathrm{d}\rho\\&=\frac{\mu_0 I}{\pi}\ln\frac{d-a}{a}\end{aligned}$$

利用 $d\gg a$,可知双线传输线的单位长度外自感为

$$L_0=\frac{\psi_0}{I}=\frac{\mu_0}{\pi}\ln\frac{d-a}{a}\approx\frac{\mu_0}{\pi}\ln\frac{d}{a}\quad(\mathrm{H/m})$$

而两根导线单位长度内自感为每根导线的两倍。对于细导线而言,可以忽略不计,所以传输线单位长度的自感近似写为外自感之值。

3.7.2 静态场的边值型问题

1. 边值问题的类型和唯一性定理

静态场的场量基本方程如果引入辅助位来表示,就可建立适用于均匀媒质区域的标量电位的标量泊松方程和拉普拉斯方程,以及矢量磁位的矢量泊松方程和拉普拉斯方程。一般情况下,这是三维的二阶偏微分方程,其通解为含待定常数的不确定性解,只有根据边界面上的边界条件来确定待定常数之值,才能得到唯一确定的解。所以,位函数的边值问题就是偏微分方程的定解问题。

在场域 V 的边界面 S 上给定的边界条件有三种形式,因而边值问题也相应分为三类:

(1)第一类边值问题:给定边界上每一点的位函数值;

(2)第二类边值问题:给定边界上每一点的位函数法向导数值;

(3)第三类边值问题:给定部分边界上各点的位函数值,同时也给定其余边界上各点的位函数法向导数值,又称为混合边界值问题。

如果场域扩展到无限远处,还必须给出无限远处的边界条件,此边值称为**自然边值**,相应的边界条件称为**无限远边界条件**或**自然边界条件**。

以标量电位为例,在由闭合界面 S_1,S_2 及无限大假想球面 S_∞ 所界定的体积 V 内,Φ 满足拉普拉斯方程

$$\nabla^2\Phi=0$$

在界面 S_1,S_2 上给定第一、二及三类边界条件分别为

$$\Phi\big|_{S_1}=\Phi_1,\quad \Phi\big|_{S_2}=\Phi_2$$

$$\left.\frac{\partial\Phi}{\partial n_1}\right|_{S_1}=\frac{-\rho_{S_1}}{\varepsilon_0},\quad \left.\frac{\partial\Phi}{\partial n_2}\right|_{S_2}=\frac{-\rho_{S_2}}{\varepsilon_0}$$

$$\Phi\Big|_{S_1}=\Phi_1,\quad \left.\frac{\partial\Phi}{\partial n_2}\right|_{S_2}=\frac{-\rho_{S_2}}{\varepsilon_0}$$

在假想无限大球面 S_∞ 上满足自然边界条件

$$\Phi|_{S_\infty}=\lim_{r\to\infty} r\Phi=0\text{(参考点选在无限远处)}$$

唯一性定理是求解边值问题的一个重要定理。其内容表述为：**场域中的位函数只要同时满足场域中的泊松方程或拉普拉斯方程及边界面上任一类边界条件，该位函数必定是方程唯一正确的解。** 唯一性定理是与亥姆霍兹定理密切相关的定理。应用反证法，可以证明唯一性定理，见附录 D.4 和参考文献[4]，[5]。

唯一性定理具有十分重要的意义：

(1)提供求解边值问题正确性的衡量标准。位函数在场域中满足方程的条件下，在边界面上任一点必须且只能给定三类边界值中的任一种，而不能同时给定两类边值。究竟该给定哪一类边值，必须根据边界面上给定的物理实际值做出正确选择；

(2)提供求解边值问题唯一性的理论依据。该定理对解的来源没有任何要求，只对解的唯一性做出判断依据，即同时满足方程和边界条件。因此，不论采用任何方法求解，包括直接的、间接的，哪怕是假想的，都可以采用，扩大了求解方法的应用范围；

(3)提供建立其他原理的理论基础。该定理是派生等效原理和镜像原理等的母定理。

2. 静态场的直接解法、间接解法和特殊解法

静态场的解法可分为严格解析法、近似解析法和近似数值法三类，在实际应用中往往形成一种混合解法。随着近代高速度、大容量电子计算机的广泛应用，近似数值法获得了长足的进展，用它可以求解一些很复杂的边值问题。严格解析法是建立、发展和检验近似数值法的理论基础，而且涉及许多理论和方法问题。本教材只介绍最基本、最常用的三种严格解析方法：直接积分法、分离变量法和镜像法。

(1)直接积分法(直接解法和特殊解法)

对于三维偏微分方程的定解问题，在特殊对称条件下，可以转化为一维常微分方程的定解问题。这既是一种最简单的直接解法，又是一种在对称条件下的特殊解法。对于一维的二阶常微分方程，可以采用直接积分法求解。对于位函数的二阶微分方程的逆运算，是直接进行两次积分，以还原出所求的位函数。积分两次出现的待定系数形成两项叠加解，分别是由两个边界条件定解，这就是**直接积分法**。

(2)分离变量法(直接解法)

分离变量法是直接求解边值问题的经典解法，属于三维偏微分方程的定解问题，求解比较复杂。人们从最简单的直接积分法得到启发：能不能够将三维偏微分方程的定解问题转化为三个一维常微分方程的定解问题，以简化求解方法？由此可知，分离变量法的基本思路是：将待求三维位函数的通解表示为三个一维未知函数的乘积，在直角坐标系中通常表示为 $\Phi(x, y, z)=X(x)Y(y)Z(z)$，将它代入偏微分方程进行变量分离，使原偏微分方程分离为三个分别含自变量 x、y 和 z 的常微分方程，再由直接积分法分别求出三个常微分方程的通解，即可得到原偏微分方程的通解，并利用边界条件确定其待定常数，进而得到电位函数的确定解。显然，唯一性定理保证了解的唯一正确性，而叠加原理则使解为一线性叠加的级数形式。应用分离变量法应当选择适当的坐标系，使坐标面与场域的边界面重合，这样可以退化为更低维次的解。

(3)镜像法(间接解法)

镜像法是间接求解边值问题的等值代替解法。它适合于具有源量分布空间中平面、圆柱面和球面等简单几何形状的导体或介质边值问题的求解。在场域空间中源量分布产生的场值往往会在导体界面上产生感应面源分布，或在介质面上产生束缚面源分布。这些面源分布产生的场反过来又影响场域空间中源量分布所产生的场，所以合成场是这两部分场的叠加。然而，面源分布是一个复杂的未知量，根据唯一性定理，我们可以在均匀媒质空间假定若干简单的点源或线源，以等值代替存在界面边界上的复杂未知面源分布，只要它们各自产生的场在所考虑的区域满足相同的位函数的方程和边界条件，就必定是唯一正确的解。于是，有界空间中源量分布和复杂未知面源分布产生的合成场求解问题转化为与之等效的无界空间中源量分布和简单虚设镜像源分布产生的合成场求解问题。所以，问题的关键是要依据方程和边界条件的要求设法找出这些虚设镜像源分布的个数、位置和大小，而这些都是相对比较简单的问题。

需要指出，对求场量而言，边值问题的各种解法均属于辅助位的二阶偏微分方程的定解问题，实质上都是一种间接解法。我们这里所指直接、间接和特殊的解法，是对辅助位而言的。

3.7.3 直接积分法

【例 3.16】 利用直接积分法重解例 3.12。

解：

孤立导体球具有球对称性，选择球坐标系，则电位函数的拉普拉斯方程由三维形式退化为一维形式

$$\frac{\mathrm{d}}{\mathrm{d}r}\left(r^2\frac{\mathrm{d}\Phi}{\mathrm{d}r}\right)=0$$

积分两次得

$$r^2\frac{\mathrm{d}\Phi}{\mathrm{d}r}=A \quad 或 \quad \frac{\mathrm{d}\Phi}{\mathrm{d}r}=\frac{A}{r^2}$$

$$\Phi=-\frac{A}{r}+B$$

已知边界条件为

$r=a$ 处：$\dfrac{\mathrm{d}\Phi}{\mathrm{d}n}=-\dfrac{\rho_S}{\varepsilon_0}$ 或 $\dfrac{\mathrm{d}\Phi}{\mathrm{d}r}=-\dfrac{\rho_S}{\varepsilon_0}$

$r=\infty$处：$\Phi=0$

由边界条件确定 A 和 B，有

$$\left.\frac{\mathrm{d}\Phi}{\mathrm{d}r}\right|_{r=a}=\frac{A}{a^2}=-\frac{\rho_S}{\varepsilon_0} \quad 或 \quad A=-\frac{a^2\rho_S}{\varepsilon_0}$$

$$\Phi\big|_{r=\infty}=-\frac{A}{\infty}+B=0 \quad 或 \quad B=0$$

故得

$$\Phi=\frac{a^2\rho_S}{\varepsilon_0 r}=\frac{Q}{4\pi\varepsilon_0 r}$$

$$\boldsymbol{E}=-\boldsymbol{a}_r\frac{\mathrm{d}\Phi}{\mathrm{d}r}=\boldsymbol{a}_r\frac{Q}{4\pi\varepsilon_0 r^2}$$

与例 3.12 的结果一致。

【例 3.17】 半径为 a 的无限长圆柱导体内，沿轴向的电流为 I。求导体内、外的矢量磁位。

解：

由题设条件可知穿过横截面的电流体密度为 $\boldsymbol{J}=\boldsymbol{a}_z J=\boldsymbol{a}_z I/\pi a^2$。选择圆柱坐标系，则磁矢位 $\boldsymbol{A}=\boldsymbol{a}_z A_z$ 的 z 分量在柱内有源区的泊松方程和柱外无源区的拉普拉斯方程都退化为一维常微分方程，可用直接积分法求解。

在导体内部($\rho\leqslant a$)，A_z 的泊松方程为

$$\frac{1}{\rho}\frac{\mathrm{d}}{\mathrm{d}\rho}\left(\rho\frac{\mathrm{d}A_{1z}}{\mathrm{d}\rho}\right)=-\mu_0 J$$

积分两次，得通解

$$A_{1z}=-\frac{\mu_0 J}{4}\rho^2+A_1\ln\rho+B_1$$

$\rho=0$ 时 $\ln\rho\to-\infty$，A_{1z}无意义，为确保 A_{1z}为有限值，应令 $A_1=0$；对于无限长电流源，A_{1z}的参考点不能取在无限远处，若选取 $\rho=0$ 处为 A_{1z}的参考点时，$A_{1z}=0$ 要求 $B_1=0$，得

$$A_{1z}=-\frac{\mu_0 J}{4}\rho^2=-\frac{\mu_0 I}{4\pi a^2}\rho^2$$

在导体外部($\rho>a$)，A_z 的拉普拉斯方程为

$$\frac{1}{\rho}\frac{\mathrm{d}}{\mathrm{d}\rho}\left(\rho\frac{\mathrm{d}A_{2z}}{\mathrm{d}\rho}\right)=0$$

积分两次，得通解

$$A_{2z}=A_2\ln\rho+B_2$$

在边界面 $\rho=a$ 处，将式(3.58)转化为如下标量形式的边界条件

$$A_{1z}=A_{2z},\quad \frac{\partial A_{1z}}{\partial\rho}=\frac{\partial A_{2z}}{\partial\rho}$$

将 A_{1z}和 A_{2z}之值代入上式，可得

$$-\frac{\mu_0 I}{4\pi a^2}a^2=A_2\ln a+B_2$$

$$-\frac{\mu_0 I}{2\pi a}=\frac{A_2}{a}$$

联立求解得

$$A_2=-\frac{\mu_0 I}{2\pi},\quad B_2=\frac{\mu_0 I}{2\pi}\left(\ln a-\frac{1}{2}\right)$$

故得

$$A_{2z}=-\frac{\mu_0 I}{2\pi}\left[\ln\left(\frac{\rho}{a}\right)+\frac{1}{2}\right]$$

*3.7.4　分离变量法

1. 拉普拉斯方程的分离变量通解

在直角坐标系中，拉普拉斯方程为

$$\frac{\partial^2\Phi}{\partial x^2}+\frac{\partial^2\Phi}{\partial y^2}+\frac{\partial^2\Phi}{\partial z^2}=0 \tag{3.75}$$

令方程的通解为

$$\Phi(x,y,z)=X(x)Y(y)Z(z) \tag{3.76}$$

将式(3.76)代入式(3.75)，并除以 $X(x)Y(y)Z(z)$，得

$$\frac{1}{X(x)}\frac{\mathrm{d}^2X(x)}{\mathrm{d}x^2}+\frac{1}{Y(y)}\frac{\mathrm{d}^2Y(y)}{\mathrm{d}y^2}+\frac{1}{Z(z)}\frac{\mathrm{d}^2Z(z)}{\mathrm{d}z^2}=0$$

上式中每一项都是一个不同坐标变量的函数，若不加以约束，则可导致每项任意变化，其和不满足

齐次方程。唯有令每项等于常数，且常数之和等于零，才能满足方程。设每项分别等于常数$-k_x^2$，$-k_y^2$和$-k_z^2$，则偏微分方程(3.75)分解为如下三个常微方程

$$\frac{\mathrm{d}^2X(x)}{\mathrm{d}x^2}+k_x^2X(x)=0 \tag{3.77a}$$

$$\frac{\mathrm{d}^2Y(y)}{\mathrm{d}y^2}+k_y^2Y(y)=0 \tag{3.77b}$$

$$\frac{\mathrm{d}^2Z(z)}{\mathrm{d}Z^2}+k_z^2Z(z)=0 \tag{3.77c}$$

式中，k_x，k_y和k_z都是待定常数，称为分离常数。三个分离常数满足如下分离常数方程

$$k_x^2+k_y^2+k_z^2=0 \tag{3.78}$$

于是，问题归结为用直接积分法求解每个常微分方程的解，再将各个解联乘，即得所求偏微分方程的通解。以方程(3.77a)为例，k_x取值不同，便得到不同形式的解：

(a)$k_x^2=0$或$k_x=0$，则得

$$X(x)=A_0x+B_0$$

(b)$k_x^2>0$或k_x为实数，则得

$$\begin{aligned}X(x)&=A_1\sin k_xx+B_1\cos k_xx\\&=A_1'\mathrm{e}^{\mathrm{j}k_xx}+B_1'\mathrm{e}^{-\mathrm{j}k_xx}\end{aligned}$$

(c)$k_x^2<0$或k_x为虚数，则得

$$\begin{aligned}X(x)&=A_2\sinh|k_x|x+B_2\cosh|k_x|x\\&=A_2'\mathrm{e}^{|k_x|x}+B_2'\mathrm{e}^{-|k_x|x}\end{aligned}$$

$Y(y)$和$Z(z)$与$X(x)$具有相似的形式。一般由边界条件和函数性质来确定解的形式。为了匹配边界上复杂位函数及其导数的给定值，往往将通解形式写为线性叠加的级数形式，以便选取不同的待定常数，使级数解逼近真实边界值。

2. 正交归一性条件

通常，某些边界条件能够用具有周期性的三角函数表示，用三角函数构成的展开式是一种实数形式的傅里叶级数，其系数可以用正交归一性条件来确定。此时，可以利用边界值的傅里叶级数展式与通解级数展式比较系数的方法来求待定常数，以确定解答的类型。

考虑在区间(a,b)内有变量为η的函数系$\Phi_n(\eta)(n=1,2,\cdots)$构成傅里叶级数，它与另一函数系$\psi_m(\eta)$的正交性条件为

$$\int_a^b\psi_m(\eta)\Phi_n(\eta)\mathrm{d}\eta=0,\ m\neq n \tag{3.79a}$$

如果$m=n$，这个积分不为零，且这些函数是归一性的，则积分为1。于是，正交归一性函数满足如下正交归一性条件

$$\int_a^b\psi_m(\eta)\Phi_n(\eta)\mathrm{d}\eta=\begin{cases}0,\ m\neq n\\1,\ m=n\end{cases} \tag{3.79b}$$

函数的正交性用于淘汰掉级数中不需要的系数，函数的归一性用于挑选出级数中所考虑的系数。

3. 分离变量法求解步骤

(1)列出适当坐标系中的方程求通解。

坐标系的选择应适合边界的几何形状。

(2)列出齐次和非齐次边界条件。

通解有多少个待定常数，就需列出同样多个边界条件。

(3)按齐次边界条件和函数性质求待定常数和分离常数。

(4)按非齐次边界条件和正交归一性条件完全定解。

这里所谓完全定解，是指确定最后一个待定常数或余下的所有待定常数。若只有一个非零边值，则由正交归一性条件确定最后一个待定常数；若有多个非零边值，则分别确定各非零边值的解后，再按叠加原理线性叠加。

【例 3.18】 横截面为长 a、宽 b 的无限长矩形导体槽，除一侧边界的面电位为 U_0 外，其余三个边界的面电位均为零，如图 3.22 所示。试求此导体槽内的电位分布。

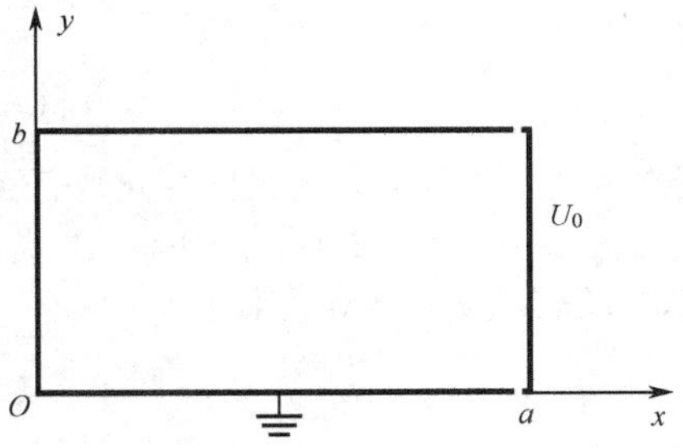

图 3.22 矩形长槽

解：

(1)列方程求通解

为适合场的边界条件，选择直角坐标系。电位沿 z 方向无变化，即$\partial/\partial z=0$，故拉普拉斯方程为二维形式

$$\frac{\partial^2 \Phi}{\partial x^2}+\frac{\partial^2 \Phi}{\partial y^2}=0 \tag{3.80}$$

令通解 $\Phi(x,y)=X(x)Y(y)$，代入式(3.80)，并除以 XY，得

$$\frac{1}{X}\frac{\mathrm{d}^2 X}{\mathrm{d}x^2}=-\frac{1}{Y}\frac{\mathrm{d}^2 Y}{\mathrm{d}y^2} \tag{3.81}$$

式(3.81)中，右边是 y 的函数，左边是 x 的函数，二者要相等，只有都等于一个常数才可能。令分离常数为 k^2,则将上面二维偏微分方程分离为两个常微分方程

$$\frac{\mathrm{d}^2 X}{\mathrm{d}x^2}-k^2 X=0$$

$$\frac{\mathrm{d}^2 Y}{\mathrm{d}y^2}+k^2 Y=0$$

方程的解为

$$\begin{aligned} X(x)=&\ (A_0 x+B_0),\ k=0 \\ &+(A\cosh kx+B\sinh kx),\ k\neq 0 \\ Y(y)=&\ (C_0 y+D_0),\ k=0 \\ &+(C\cos ky+D\sin ky),\ k\neq 0 \end{aligned}$$

$\Phi(x,y)$的通解可写成线性叠加形式，此时分离常数 k 可取一系列特定之值 k_n(n=1,2, …),故得

$$\Phi(x,y)=(A_0 x+B_0)(C_0 y+D_0)+\sum_{n=1}^{\infty}(A_n\cosh k_n x+B_n\sin hk_n x)(C_n\cos k_n y+D_n\sin k_n y) \tag{3.82}$$

(2)列边界条件

$$\Phi(x,0)=0,\ 0\leqslant x<a \tag{3.83a}$$

$$\Phi(x,b)=0,\ 0\leqslant x<a \tag{3.83b}$$

$$\Phi(0,y)=0,\ 0\leqslant y\leqslant b \tag{3.83c}$$

$$\Phi(a,y)=U_0,\ 0\leqslant y\leqslant b \tag{3.83d}$$

(3)由齐次边界条件定解

将式(3.83a)代入式(3.82)知

$$0=(A_0 x+B_0)D_0+\sum_{n=0}^{\infty}(A_n\cosh k_n x+B_n\sinh k_n x)C_n$$

要使 x 在$(0,a)$范围内变化取任何值上式都成立，由于 x 的函数项不为零，只能取 $D_0=0$ 和$C_n=0$ $(n=1,2,\cdots)$，于是，有

$$\Phi(x,y)=(A_0x+B_0)C_0y+\sum_{n=1}^{\infty}(A_n\cosh k_nx+B_n\sinh k_nx)D_n\sin k_ny \tag{3.84a}$$

再将式(3.83b)代入式(3.84a)，有

$$0=(A_0x+B_0)C_0b+\sum_{n=1}^{\infty}(A_n\cosh k_nx+B_n\sinh k_nx)D_n\sin k_nb$$

同样，要使 x 在$(0,a)$范围内变化取任何值上式都成立，由于 x 的函数项不为零，只能取 $C_0=0$ 和 $D_n\sin k_nb=0(n=1,2,\cdots)$。但是，由式(3.84a)知，若 $D_n=0$，则得零解 $\Phi(x,y)=0$，故 D_n 不能取零值，只能令 $\sin k_nb=0$，由此得

$$k_n=\frac{n\pi}{b},\quad n=1,2,\cdots$$

代入式(3.84a)，有

$$\Phi(x,y)=\sum_{n=1}^{\infty}(A_n\cosh\frac{n\pi}{b}x+B_n\sinh\frac{n\pi}{b}x)D_n\sin\frac{n\pi}{b}y \tag{3.84b}$$

又将式(3.83c)代入式(3.84b)，由于 $\cosh 0=1$ 和 $\sinh 0=0$，可得

$$0=\sum_{n=1}^{\infty}A_nD_n\sin\frac{n\pi}{b}y$$

要使 y 在$(0,b)$范围内变化上式取任何值都成立，且 $D_n\neq 0$，则应令 $A_n=0(n=1,2,\cdots)$，于是式(3.84b)变为

$$\Phi(x,y)=\sum_{n=1}^{\infty}\Phi_n\sinh\frac{n\pi}{b}x\sin\frac{n\pi}{b}y \tag{3.84c}$$

式中，$\Phi_n=B_nD_n$ 为待定常数。

将式(3.84c)与通解式(3.82)比较看出，为了满足齐次边界条件，所有 A_0，B_0，C_0 和 D_0 均等于零。这一事实告诉我们，在求解具体边值问题时，如果给定齐次边界条件，在写通解时，就没有必要考虑 $k=0$ 的解项，这可大大简化定解过程。

(4)由非齐次边界条件定解

最后将式(3.83d)代入式(3.84c)，有

$$U_0=\sum_{n=0}^{\infty}\Phi_n\sinh\frac{n\pi}{b}a\sin\frac{n\pi}{b}y \tag{3.85a}$$

可以看出，式(3.85a)即为 y 在$(0,b)$区间将非零边值 U_0 展开为正弦函数的傅里叶级数，可写为

$$f(y)=\sum_{n=0}^{\infty}a_n\sin\frac{n\pi}{b}y \tag{3.85b}$$

比较式(3.85a)和式(3.85b)知 $a_n=\Phi_n\sinh\frac{n\pi}{b}a$。式(3.85b)中的系数 a_n 由正交归一性条件确定，为此以 $\sin\frac{m\pi}{b}y$ 乘 $f(y)=U_0$，并在$(0,b)$范围内对 y 取积分，以构造如下正交归一性条件

$$\frac{2}{b}\int_0^b\sin\frac{m\pi}{b}y\sin\frac{n\pi}{b}y\mathrm{d}y=\begin{cases}0, & m\neq n\\1, & m=n\end{cases} \tag{3.85c}$$

显然，式(3.85b)中 $m\neq n$ 的系数 a_m 均被淘汰，仅留下 $m=n$ 的系数 a_n。

下面对 a_n 进行具体计算。对 $\sin\frac{m\pi}{b}yf(y)$取积分后，得

$$\sum_{n=1}^{\infty}\int_0^b a_n \sin\frac{m\pi}{b}y\ \sin\frac{n\pi}{b}y\mathrm{d}y = \int_0^b U_0 \sin\frac{m\pi}{b}y\mathrm{d}y \tag{3.85d}$$

式(3.85d) 右边的积分为

$$\int_0^b U_0\ \sin\frac{m\pi}{b}y\mathrm{d}y = \begin{cases} \dfrac{2bU_0}{m\pi}, & m = 1,3,5,\cdots \\ 0, & m = 2,4,6,\cdots \end{cases}$$

这是由于 $\sin\frac{m\pi}{b}y$ 是奇函数之故。式(3.85d)左边每个积分为

$$\begin{aligned} &\int_0^b a_n \sin\frac{m\pi}{b}y\sin\frac{n\pi}{b}y\mathrm{d}y \\ &= \frac{a_n}{2}\int_0^b\left[\cos\frac{(m-n)\pi}{b}y - \cos\frac{(m+n)\pi}{b}y\right]\mathrm{d}y \\ &= \begin{cases} 0, & m \neq n \\ \dfrac{a_n}{2}b, & m = n \end{cases} \end{aligned}$$

式中已利用了正交归一性条件式(3.85c)。将以上两式代入式(3.85d)，得

$$a_n = \begin{cases} \dfrac{4U_0}{n\pi}, & n = 1,3,5,\cdots \\ 0, & n = 2,4,6,\cdots \end{cases}$$

或

$$\Phi_n = \frac{a_n}{\sinh\frac{n\pi}{b}a} = \frac{4U_0}{n\pi}\frac{1}{\sinh\frac{n\pi}{b}a},\ n = 1,3,5,\cdots$$

故式(3.84c)变为

$$\Phi(x,y) = \sum_{n=1}^{\infty}\frac{4U_0}{n\pi}\frac{\sinh\frac{n\pi}{b}x}{\sinh\frac{n\pi}{b}a}\sin\frac{n\pi}{b}y,\ n = 1,3,5,\cdots \tag{3.86a}$$

这个级数除了 x 接近 a 的数字的点外，收敛得较快，故对于计算内域任一点的电位是方便的。

若将非零边值 U_0 由侧面边界移至顶面边界，可做类似计算，或交换 a 和 b 之值，同时交换函数，即可得

$$\Phi(x,\ y) = \sum_{n=1}^{\infty}\frac{4U_0}{n\pi}\frac{\sin\frac{n\pi}{a}x}{\sinh\frac{n\pi}{a}b}\sinh\frac{n\pi}{a}y,\ n = 1,\ 3,\ 5,\ \cdots \tag{3.86b}$$

若右侧面和顶面同时分别具有非零边值 U_1 和 U_2，则应用叠加原理可将上两式叠加，同时将式(3.86a)和式(3.86b)中的 U_0 分别用 U_1 和 U_2 来代替，即得矩形长槽的合成位。

3.7.5 镜像法

【例 3.19】 点电荷对无限大接地导体平面的镜像。点电荷 q 距下方无限大接地导体平面的距离为 h，如图 3.23 所示。求上半平面静电场的电位。

解：

上半空间($z>0$)总电场的位是由原有点电荷 q 和导体平面上的未知感应面电荷 ρ_S 共同产生的。基于唯一性定理，只要我们能找出一个假想虚设点电荷 q'，使 q 和 q' 所产生场的位满足相同的方程和边界条件，则 q' 所产生场的位可以等值代替 ρ_S 所产生场的位。如何找出虚设点电荷 q'

的大小和位置呢？显然，必须要求点电荷 q 和 q' 所产生总场的位满足相同的齐次方程 $\nabla^2\Phi=0$ 和接地齐次边界条件 $\Phi|_{z=0}=0$。如果将虚设点电荷 q' 设置在上半平面内，则与非含源方程不相容，为了满足齐次方程，虚设点电荷必须设置在下半平面内。我们猜想，如果该虚设点电荷 q' 和原点电荷 q 处于相对地平面对称的位置，且虚设点电荷 q' 与地面距离 $h'=h$，$q'=-q$，形成镜像关系，故 q' 称为 q 的镜像电荷。于是，点电荷 q 和 q' 在上半空间的合成电位为

$$\Phi(x,y,z)=\frac{q}{4\pi\varepsilon}\left(\frac{1}{\sqrt{x^2+y^2+(z-h)^2}}-\frac{1}{\sqrt{x^2+y^2+(z+h)^2}}\right)$$

显然，除点电荷 q 所在处外，电位 $\Phi(x,y,z)$ 在上半空间($z>0$)满足齐次方程 $\nabla^2\Phi=0$，在地平面($z=0$)处满足齐次边界条件 $\Phi|_{z=0}=0$。这就证实了我们的猜想是正确的，是满足唯一性定理要求的。

如何进行上述等值替代呢？具体作法是将图3.23中有界空间的导体平面移去，代之以具有与上半空间相同的媒质区域，形成具有媒质特性参量为 ε 的无界均匀空间，再按图3.24中所示设置镜像点电荷 q'。

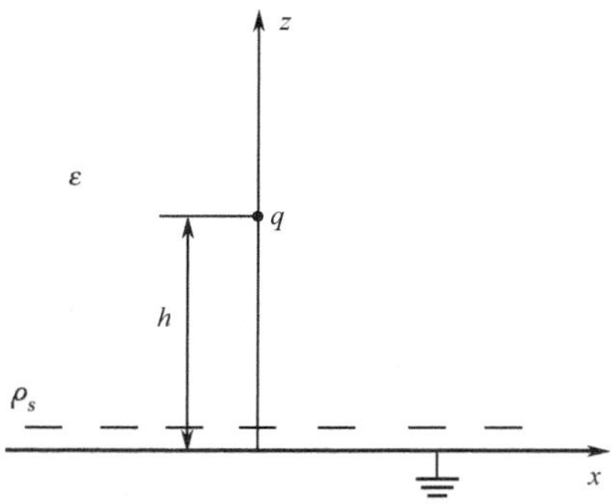

图3.23　点电荷与无限大接地导体平面

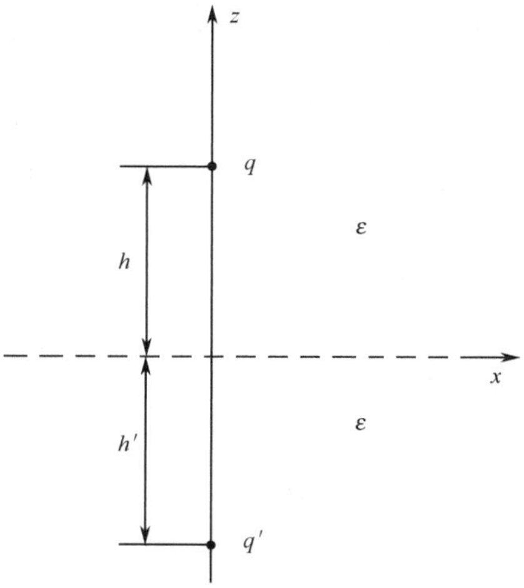

图3.24　点电荷与无限大接地导体平面的镜像

不论原有电荷附近存在什么形状的导体，也不论存在的是导体还是介质，镜像电荷的确定都必须遵循如下原则：

(1)镜像电荷必须位于原电荷所在求解区域之外的空间中，因此镜像等效性只适合于求解区域，这样的区域称为**等效区域**或**有效区域**；

(2)在非等效区域的等值代替是指以媒质空间代替导体区域，以镜像电荷代替导体界面上的未知面电荷分布，以满足等效区域的等效性要求；

(3)镜像电荷的个数、大小和位置由原边值问题来确定，即必须同时满足相同的方程和边界条件。

3.7.6　无源区问题的类比解法

1. 稳恒电场与静电场的比拟关系

比较无外源区($\boldsymbol{E}'=0$)的稳恒电流场 $\boldsymbol{J}$ 与无源区($\rho=0$)的静电场 $\boldsymbol{D}$，发现它们间存在相同的数学形式，表3.4中列出了两种电场强度 $\boldsymbol{E}$ 的类比。

表 3.4 稳恒电场与静电场的比拟关系

稳恒电场($E'=0$)	静电场($\rho=0$)
$\nabla\times E=0(E=-\nabla\Phi)$ $\nabla\cdot J=0$ $J=\sigma E$ $\nabla^2\Phi=0$	$\nabla\times E=0(E=-\nabla\Phi)$ $\nabla\cdot D=0$ $D=\varepsilon E$ $\nabla^2\Phi=0$
$J_{1n}=J_{2n}$ $E_{1t}=E_{2t}$ $\Phi_1=\Phi_2$ $\sigma_1\frac{\partial\Phi_1}{\partial n}=\sigma_2\frac{\partial\Phi_2}{\partial n}$	$D_{1n}=D_{2n}$ $E_{1t}=E_{2t}$ $\Phi_1=\Phi_2$ $\varepsilon_1\frac{\partial\Phi_1}{\partial n}=\varepsilon_2\frac{\partial\Phi_2}{\partial n}$
$I=\int_s J\cdot ds$	$q=\int_s D\cdot ds$
E, J, Φ, σ, I	$E, D, \Phi, \varepsilon, q$

两种场在无源均匀媒质区都是无旋场(即保守场),位满足相同的拉普拉斯方程,在边界面上满足相似的边界条件。若两种场的边界形状相同,且不同媒质界面处的媒质特性参量满足$\sigma_1/\sigma_2=\varepsilon_1/\varepsilon_2$,则两种场的边界条件完全等效。只要求出它们中任一种场的解,便可按上表中的类比量进行代换,从而得到另一种场的解,这种类比解法称为**静电比拟**。

以导电媒质的电阻计算为例,可以说明如何利用已经获得的静电场结果求稳恒电流场的对应结果。静电场中双导体间的电容为

$$C=\frac{Q}{U}=\frac{\varepsilon\oint_S \boldsymbol{E}\cdot d\boldsymbol{S}}{\int_l \boldsymbol{E}\cdot d\boldsymbol{l}}$$

根据欧姆定律,电容器两电极间的电阻为

$$R=\frac{U}{I}=\frac{\int_l \boldsymbol{E}\cdot d\boldsymbol{l}}{\sigma\oint_S \boldsymbol{E}\cdot d\boldsymbol{S}}$$

以上两式相乘得如下关系式

$$R=\frac{\varepsilon}{\sigma}\frac{1}{C} \tag{3.87a}$$

已知电容器两电极间的电导为$G=1/R$,则电导与电容间的关系为

$$G=\frac{\sigma}{\varepsilon}C \tag{3.87b}$$

由此可知,若已求得两电极间的电容,则可按式(3.87)用σ取代ε,即可得到两电极的电阻和电导,十分简便。

【例 3.20】 深埋接地器采用球形接地器,浅埋接地器采用半球接地球,如图 3.25 所示。试求半径为a的半球接地器的接地电阻。

解:

接地电阻主要指大地土壤中的电阻,称为大地电阻。由于接地时电流主要集中在接地器周围,所以接地器电阻也主要在接地球附近。首先求面积为$2\pi a^2$的半球接地器的电容为

$$C=\frac{\varepsilon\oint_S \boldsymbol{E}\cdot d\boldsymbol{S}}{\int_a^\infty \boldsymbol{E}\cdot d\boldsymbol{l}}=\frac{\varepsilon\left(\frac{q}{4\pi\varepsilon_0 a^2}\right)(2\pi a^2)}{\frac{q}{4\pi\varepsilon_0}\left(-\frac{1}{r}\right)\Big|_a^\infty}=2\pi\varepsilon a$$

采用静电比拟法求电阻时，利用式(3.87a)可得

$$R = \frac{\varepsilon}{\sigma}\frac{1}{C} = \frac{1}{2\pi\sigma a} \quad (\Omega)$$

显然，对于深埋球形接地器，其接地电阻是上述半球接地器的一半。

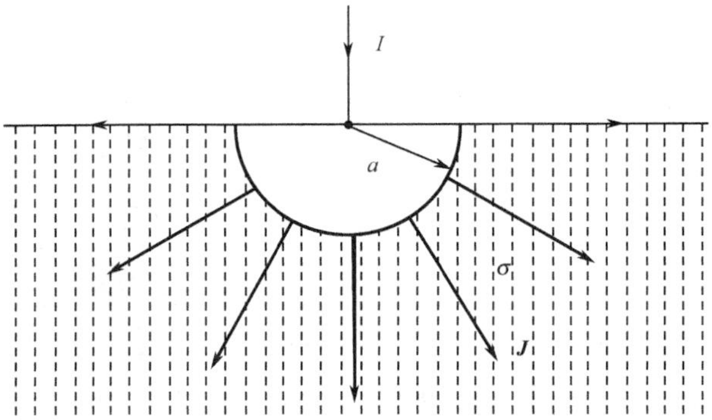

图 3.25 半球接地器

2. 静磁场与静电场的对偶关系

在静磁场中引入矢量磁位 $\boldsymbol{A}$ 来求磁感应强度 $\boldsymbol{B}$，已经简化了对静磁场的分析和计算。但毕竟 $\boldsymbol{A}$ 是一个矢量，能否像静电场那样，利用电场强度 $\boldsymbol{E}$ 的无旋性引入标量电位 Φ，且 Φ 满足 $\boldsymbol{E}=-\nabla\Phi$ 呢？为了进一步简化对静磁场的分析和计算，我们可以在 $\nabla\times\boldsymbol{B}=\boldsymbol{J}$ 中令 $\boldsymbol{J}=0$，得到 $\boldsymbol{B}$ 的无旋性，即在无自由电流分布的无源区有条件地引入标量磁位(或磁标位)Φ_m，且 Φ_m 满足 $\boldsymbol{B}=-\mu\nabla\Phi_m$。因为 $\boldsymbol{B}$ 与 $\boldsymbol{E}$ 一样是无旋场，可以有条件地引入位函数来表示。若用 Φ_m 表示 $\boldsymbol{H}$，则有

$$\boldsymbol{H} = -\nabla\Phi_m \tag{3.88}$$

在均匀、线性、各向同性媒质中，将 $\boldsymbol{B}=\mu\boldsymbol{H}$ 和 $\boldsymbol{H}=-\nabla\Phi_m$ 代入 $\nabla\cdot\boldsymbol{B}=0$ 中，有

$$\nabla^2\Phi_m = 0 \tag{3.89}$$

在无自由电流分布的两种不同磁介质分界面上，由磁场的边界条件 $\boldsymbol{a}_n\times(\boldsymbol{H}_1-\boldsymbol{H}_2)=0$ 和 $\boldsymbol{a}_n\cdot(\boldsymbol{B}_1-\boldsymbol{B}_2)=0$ 可导出标量磁位的边界条件为

$$\Phi_{m1} = \Phi_{m2} \tag{3.90a}$$

$$\mu_1\frac{\partial\Phi_{m1}}{\partial n} = \mu_2\frac{\partial\Phi_{m2}}{\partial n} \tag{3.90b}$$

Φ_m 的单位为A(安培)。由于标量磁位只能应用于无自由电流($\boldsymbol{J}=0$)的空间区域，故它的应用范围受到较大的限制。只有在解决有铁磁材料作边界的一类问题，即磁场的边值问题中会遇到(如在电机磁场的计算中)。

无源区($\boldsymbol{J}=0$)的静磁场与无源区($\rho=0$)的静电场间存在对偶关系，见表3.5。

两种无旋场的位满足相同的拉普拉斯方程和相似的边界条件。若两种场的边界形状相同，且不同媒质界面处的媒质特性参量满足 $\mu_1/\mu_2=\varepsilon_1/\varepsilon_2$，则两种场的边界条件完全等效。只要求出它们中任一种场的解，便可按上表中的对偶量进行代换，从而得到另一种场的解，这种类比解法称为**对偶变换**。

【例3.21】 仿静电场，与圆电流回路等效的磁偶极矩也可定义为 $\boldsymbol{m}=q_m\boldsymbol{l}$，$q_m$ 为产生标量磁位 Φ_m 的磁荷，$\boldsymbol{l}$ 的方向由 $-q_m$ 指向 $+q_m$。试仿照例3.1求电偶极子的电位和电场的方法，重新求例3.2中圆电流回路的磁场。

表 3.5 静磁场与静电场的对偶关系

静磁场($J=0$)	静电场($\rho=0$)
$\nabla\times\boldsymbol{H}=0(\boldsymbol{H}=-\nabla\Phi_{\mathrm{m}})$ $\nabla\cdot\boldsymbol{B}=0$ $\boldsymbol{B}=\mu_0(\boldsymbol{H}+\boldsymbol{M})=\mu\boldsymbol{H}$ $\nabla^2\Phi_{\mathrm{m}}=0$	$\nabla\times\boldsymbol{E}=0(\boldsymbol{E}=-\nabla\Phi)$ $\nabla\cdot\boldsymbol{D}=0$ $\boldsymbol{D}=\varepsilon_0\boldsymbol{E}+\boldsymbol{P}=\varepsilon\boldsymbol{E}$ $\nabla^2\Phi=0$
$B_{1\mathrm{n}}=B_{2\mathrm{n}}$ $H_{1\mathrm{t}}=H_{2\mathrm{t}}$ $\Phi_{1\mathrm{m}}=\Phi_{2\mathrm{m}}$ $\mu_1\dfrac{\partial\Phi_{1\mathrm{m}}}{\partial n}=\mu_2\dfrac{\partial\Phi_{2\mathrm{m}}}{\partial n}$	$D_{1\mathrm{n}}=D_{2\mathrm{n}}$ $E_{1\mathrm{t}}=E_{2\mathrm{t}}$ $\Phi_1=\Phi_2$ $\varepsilon_1\dfrac{\partial\Phi_1}{\partial n}=\varepsilon_2\dfrac{\partial\Phi_2}{\partial n}$
$\boldsymbol{H},\boldsymbol{B},\boldsymbol{M},\Phi_{\mathrm{m}},\mu$	$\boldsymbol{E},\boldsymbol{D},\boldsymbol{P},\Phi,\varepsilon$

解:

由于正、负磁荷与正、负电荷所产生的位具有相同的数学形式,不必重新求解,只需对例 3.1 的结果进行对偶变换,即可得

$$\Phi_{\mathrm{m}}=\frac{\boldsymbol{m}\cdot\boldsymbol{r}}{4\pi r^3}$$

$$\boldsymbol{B}=-\mu_0\nabla\Phi_{\mathrm{m}}=\frac{\mu_0 m}{4\pi r^3}(\boldsymbol{a}_r 2\cos\theta+\boldsymbol{a}_\theta\sin\theta)$$

结果与例 3.2 的一致,但比应用 **A** 求 **B** 更简单。

3.8 静态场的应用

静态场的内容主要是研究静态场中场源、场量和媒质的相互作用规律,因此静态场的应用是与其场源、场量和媒质及其相互作用联系在一起的。一般来说,静态场的应用主要指如下三方面:

(1)带电粒子在静止状态和匀速运动状态下的应用。例如,静电放电现象可用于高电压测量、稳恒电流可用于电镀工艺、电力工程、地质勘探、油井测量及位场模拟。

(2)静电场、静磁场和稳恒电场的场能和场力应用。如静电发电机、直流电动机、电气仪表、阴极射线示波器、显像管、磁控管、回旋加速器、质谱仪、电子计算机、电子显微镜,以及磁悬浮技术。

(3)静态场中导体、电介质和磁介质的特性应用。例如,导体的霍尔效应电压用于磁流体发电机、超导现象在磁悬浮技术中的应用、永磁体在发电机、电动机、电气仪表和电声器件中的应用,铁氧体制成的磁带和磁存储器在录音、录像、电子计算机和微波器件中的应用。

总之,静态场的应用十分广泛,无处不及,下面只列举若干基础性应用和现代工程应用实例。

3.8.1 静电比拟在电解槽中的应用

稳恒电流场与静电场在无源区均为无旋性保守场,其电位分布满足拉普拉斯方程。因此,对于任意不规则的电位问题,当难于用解析方法求解时,常常采用静电比拟的实验方法来解决。

电解槽是利用浸在导电溶液中的电极实验地标绘出等位线的装置,用它可以求解二维位问题。如图 3.26 所示,电解槽设置有水龙头,槽内盛有自来水或其他弱电解液(如硫酸铜),其中置有待测的所需形状的电极,且电极形状沿液面垂直方向不改变,以使电位不随槽的深度而改变。

电极的电导率比电解液的电导率高得多。电极与外部电源和电解槽连在一起，电极间任意点的电位是利用接于测量电路的活动探针来测绘的。为了避免直流的极化效应，常采用频率介于500 Hz和1000 Hz之间的交流电源。最简单的测量电路形式是其中探针经过检流器(如电流计)连接到校准电阻的分压器上，它们和两电极间的液体构成惠斯登平衡电桥。其中可调电容用于补偿在两电极处的任意极化电容。利用探针移动来探测两电极间的电位值时，只要与探针相连的检流器指针不再偏转，就表示电桥达到平衡状态而无电流通过，这时电位器指示的电位即为探针所指点的电位。按一定规律调节电位器逐点试探，即可描绘出两电极间由等位线构成的电位分布，再利用电力线与等位线正交的特性，便可描绘出两电极的电场分布。近年来，复杂的电桥和检流器及自动标绘系统已迅速发展起来，大大增加了电解槽模拟的精度。

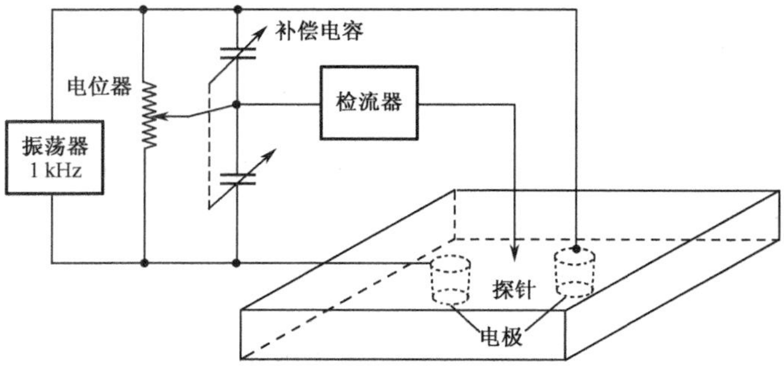

图 3.26　电解槽

类似于电解槽的更简易的是模拟绘迹器，它用导电纸代替电解液，电流通过银针构成的电极馈送入导电纸，并以电极尖端在纸上标绘。其他附加装置和测量程序类似于电解槽的情况，区别仅在于没有电解液和极化效应，因此用直流电流或交流电流均可进行模拟。

随着现代科学技术的发展，电子计算机的应用日益广泛，解析方法无法求解的问题，数值方法都可以求解。但在求解位场的复杂边值问题中，应用电解槽模拟场的分布仍然是一个经济实用的基本方法。例如，将高压套管、电缆头及绝缘子等电气设备置入电流场中，通过测量该电流场的分布，即可获知其周围电场的分布；同样的方法也可应用于示波器和显像管中复杂电极周围场分布的测量；还可应用于对波导中场分布及天线输入端近区场分布的模拟。

3.8.2　带电粒子流的电、磁偏转在喷墨打印机和回旋加速器中的应用

图 3.27 是喷墨打印机的示意图。在阴极射线示波器中，通过均匀改变控制水平运动的偏转板，可以使由储墨器经过喷嘴喷射的墨滴，形成以一定速度沿水平方向运动的带电粒子流，其电荷是在墨滴穿过具有一定电位差的控制垂直运动的平行极板间时获得的。在平行极板间建立起垂直于墨滴的静电场，在静电场的作用下墨滴获得一个垂直方向的加速度而偏转。这样，墨滴在沿水平方向位移的同时，也沿垂直方向位移，其位移大小与所带电量成正比。在喷墨打印机中，打印头以每秒形成 100 个字符的恒定速率水平移动，而墨滴在穿过带电平板间时，按照与要打印的字符成正比的关系获得电荷，因而在打印纸上产生与字符信息相应大小的位移符号。一旦墨滴不带电荷，则在字符间形成空白，而此时的墨滴由储墨盒收回复用。

喷墨打印机是基于静电场偏转原理而开发出来的新型打印技术，它可以提高打印速度，改善打印质量。而回旋加速器则是同时基于静电场和静磁场偏转原理，使带电粒子在回旋过程中不断加速，获得高能量的装置。高能带电粒子流常用于原子碰撞实验，以研究原子的内部结构。

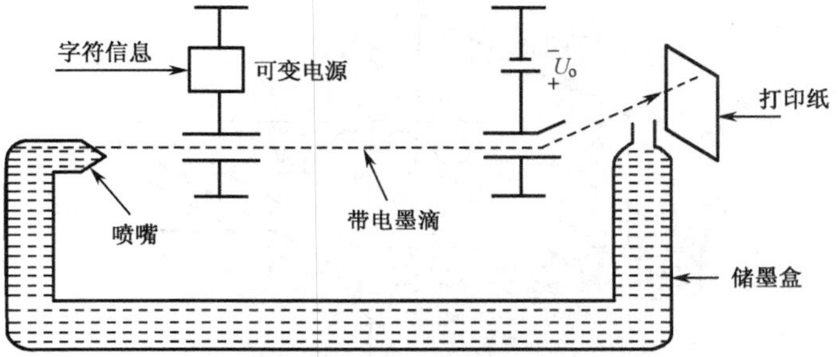

图 3.27　喷墨打印机示意图

在回旋加速器中，通过电场，可以实现带电粒子流的加速，而通过磁场则可实现带电粒子流的回旋。如图 3.28 所示，两个 D 形铜质腔构成接于高频交变电源的一对电极，高频交变电源在 D 形腔间的空隙区域产生交变电场。与此同时，将 D 形腔置于一对大型电磁铁的磁极之间，使磁铁产生垂直于 D 形腔的强磁场。

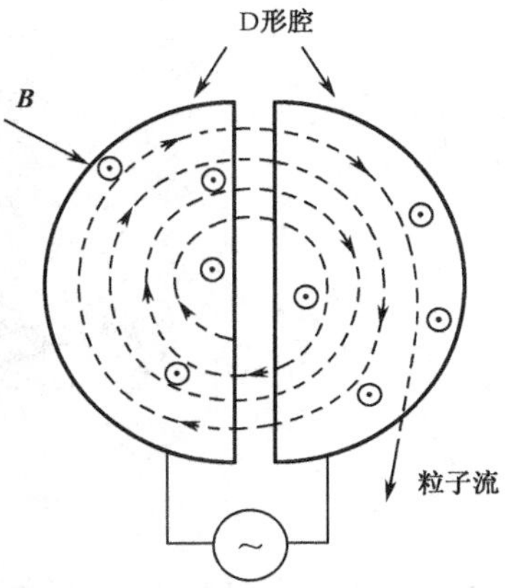

图 3.28　*D* 形回旋加速器

当带电粒子流进入 D 形腔间隙时，将受到间隙间高频电场作用而加速，并进入某一 D 形腔。由于腔中无电场存在，进入的带电粒子流速度保持不变。与此同时，进入腔内的带电粒子流在磁场的作用下作匀速回旋运动。如果交变电压的周期与带电粒子在磁场中的回旋周期一致，那么，带电粒子流到达间隙区间时外加电压极性正好改变，相应的电场方向也随之改变，使带电粒子流得到加速而进入另一 D 形腔，带电粒子流也随着动能的增加而增大了回旋半径。在周期性高频电场和恒定强磁场的共同作用下，带电粒子流也周而复始地重复着类似的回旋运动，而回旋半径也逐步增大，直至达到 D 形腔边缘，才通过一定的装置使高能粒子流射出来。

3.8.3　霍尔效应在磁流体发电机中的应用

如图 3.29(a)所示，在矩形金属导体中通以稳恒电流 I，如果在矩形导体截面宽边沿垂直向上方向施加一个外磁场 $\boldsymbol{B}$，做匀速运动的电子在磁场力的作用下将向导体窄边一侧偏转，并在该窄边表面上聚集起来，而等值异性的多余正电荷则在窄边另一侧表面上聚集起来。这样，在矩形导体窄边两侧面之间便建立起一个静电场 $\boldsymbol{E}$。电子在该电场中受到一个反向作用力，直至达到稳定状态时，电子同时受到的磁场力和电场力处于平衡状态，此时稳恒电流由偏转状态重新转为沿矩形导体纵向方向流动。这一现象是 1879 年首先由霍尔发现的，故这个使载流导体在磁场中产生横向电压的效应称为霍尔效应，而该横向电压称为霍尔效应电压。

基于霍尔效应可以制成磁流体发电机。如果将图 3.29(a)所示实心矩形金属载流导体改为图 3.29(b)所示空心矩形管，让等离子体从空管中流过，以取代稳恒电流的作用，因此在空管窄边两面上也能形成正、负电荷的聚集，构成霍尔效应电压。为了保持良好的电接触，消除通道四周环流，除了空管宽边用绝缘体构成外，空管窄边则用良导体构成。显然，如果在空管窄边两侧跨接两根导线，并与外接负载相连形成一个电流回路，则在负载上可得到我们所需的直流电流。

在星际飞行和航空飞行中，飞行器上的太阳能电池或核发电机能产生高浓度的高速离子流，喷射这些离子流所产生的反作用力将推动飞行器前进。如果让排出的这些离子流通过磁流体发电机，将会获得所需的直流电流。

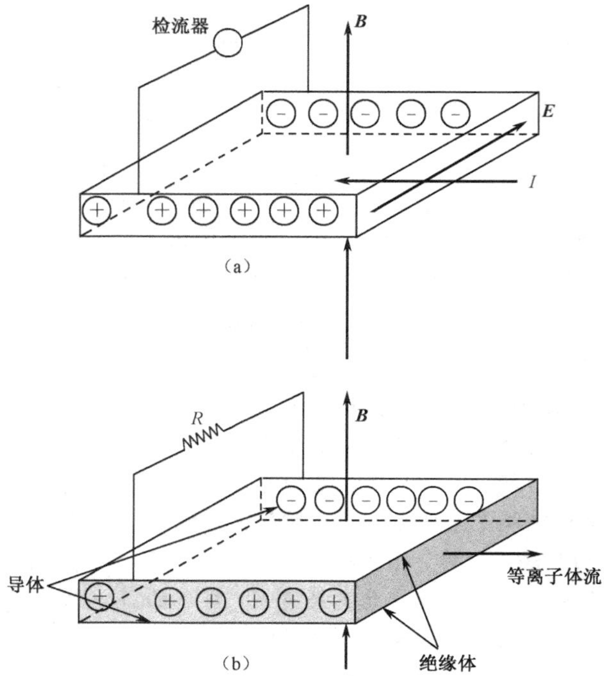

图 3.29　霍尔效应用于磁流体发电机

3.8.4　超导现象在磁悬浮技术中的应用

某些物质媒质的温度降到某一临界值时，其电阻突然变为零，因而变为理想导体的现象，称为超导现象。对于这样的理想导体或超导体，在外磁场作用下将在其表面感生面电流密度 $\boldsymbol{J}_S$。该电流在导体内所产生的磁场大小恰好与外磁场等值反向而抵消，因而理想导体内没有磁场，成为理想抗磁体。超导体的这种理想抗磁性称为迈斯纳现象。对于不同的超导体，使其电阻突变为零的临界温度是不相同的。首次发现汞的临界温度是热力学温度 4.22 K，其后相继发现某些金属或合金的临界温度也较低，因而限制了超导现象的实际应用。直至后来发现某些超导体的临界温度甚至达到热力学温度 150 K，这些新的高温超导体的发现进一步促进了超导技术的广泛应用。

利用电阻为零的超导体在临界温度之下具有理想抗磁性的独特性能，可以将这种超导体置于外磁场中。由于超导体内部不可能存在磁场，外磁场也无法穿过超导体内部，而对形成外磁场的磁铁产生排斥力。当超导体产生的向上的排斥力超过磁铁自身的重量时，就会使磁铁悬浮于空中。所以，利用磁场力来克服物体重力，使物体无接触地悬浮于空中的技术，称为磁悬浮技术。从工作原理上，可分为常导磁悬浮、超导磁悬浮和永磁体磁悬浮，其磁场分别由常导电流、超导电流和永磁体产生。超导磁悬浮又可分为低温和高温两类超导磁悬浮，而且超导还与常导或永磁相结合，派生出所谓混合磁悬浮。这里主要介绍超导磁悬浮技术的应用。

利用磁悬浮技术可以制造高速磁悬浮列车和无摩擦磁悬浮轴承，还可进行无摩擦磁悬浮搬运和无接触磁悬浮冶炼(避免接触容器混入杂质，冶炼出高纯度金属或合金)。在磁悬浮技术中，尤以磁悬浮列车的研制和商业化运作显示出它的高新技术特色。德国 EMS 常导磁悬浮列车和日本 EDS 超导磁悬浮列车已经开始进入商业运行。采用德国技术在我国上海浦东国际机场铺设长度为 33 km，时速达 430 km/h 的磁悬浮列车是世界上第一条高速交通运输线。西南交通大学研制了世界上第一辆载人高温超导磁悬浮列车模型。北京磁悬浮 SI 线已于 2011 年 2 月底开工。它源于国防科技大学自主研发的中低速磁悬浮技术。

超导磁悬浮列车依靠悬浮、导向系统维持列车在运行中处于无接触平稳状态，依靠推进系统支持列车处于运行状态。如图 3.30 所示，车体两侧的超导线圈中的超导电流和两侧墙的“8”字形悬浮、导向线圈的电流，彼此产生的强磁场相互作用，其合力的垂直向上分量大于车体重量，形成作用于车体向上的浮力；而其合力的水平分量，则形成使车体居中稳定位置、而左右两侧彼此平衡的导向力。因而，超导线圈和“8”字形线圈构成了整个悬浮、导向系统。采用同步直线电动机，一方面构成推进系统，推动列车前进，另一方面，其电动机转子则充当了上述悬浮、导向系统中的超导线圈。当前，日本的试验性超导磁悬浮列车已经创造了运行速度高达 550 km/h 的世界记录。

磁悬浮列车与普通列车相比，具有不可比拟的优越性。由于磁悬浮列车采用电力驱动，无摩擦运动，因此耗能低、污染小、易启动、速度快、噪声低、安全可靠、寿命长。

然而，国内对于发展磁悬浮列车技术仍存争议，人们担心电磁辐射对身体带来影响，不菲的造价，高耗电量的成本，也让人心存疑虑。

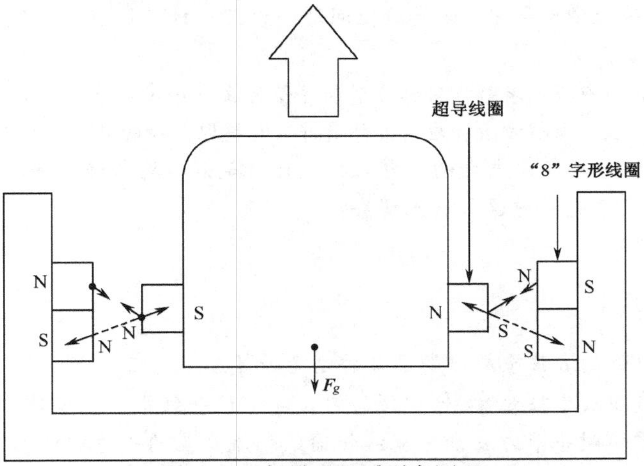

图 3.30　超导磁悬浮列车原理

思考题

3.1　静电场中某点的电位有什么物理意义？什么是电位参考点？为什么要选择电位参考点？选择电位参考点的具体原则是什么？

3.2　引入辅助位有什么意义？标量电位和矢量磁位分别是如何引入的？它们与电场强度和磁感应强度的微分关系式是什么？

3.3　什么是电介质的极化？电介质有哪些极化形式？它们包含什么意义？电介质中的静电场方程为什么要引入电位移矢量作为辅助物理量？

3.4　什么是磁介质的磁化？磁介质有哪些磁化形式？它们包含什么意义？磁介质中的静磁场方程为什么要引入磁场强度矢量作为辅助物理量？

3.5　什么是导体媒质的传导性？什么是传导电流的动态平衡？什么是导体表面的驻立电荷？为什么处于动态平衡的传导电流是稳恒电流、驻立电荷产生的场是稳恒电场？

3.6　比较静电场、静磁场、稳恒电流场和稳恒电场的基本方程，分别说明它们所反映的物理意义是什么？

3.7 静电场中的导体为什么会发生静电感应？为什么静电感应会导致导体处于静电平衡状态？处于静电平衡状态的导体有哪些特性？为什么利用静电平衡中导体的特性可以使闭合导体腔内产生静电屏蔽效应？

3.8 比较静态场中由导体构成的电容器，电感器、电阻器及电容，电感和电阻的定义与求解步骤，说明为什么电容、电感和电阻都是描述导体宏观属性的物理量？从能量观点说明电容器、电感器和电阻器分别是电路中什么性质的基本元件？

3.9 在什么情况下会出现对边界值的处理问题？什么是边界条件？为什么不能从静态场基本方程的微分形式，而必须从其积分形式导出边界条件？

3.10 为什么在理想导电体中不可能存在电场强度，而在理想导磁体中不可能存在磁场强度？

3.11 比较静电场和静磁场的能量推导过程，说明静电场和静磁场的能量从哪里来？能量分布在什么地方？电场能量和磁场能量各与哪些量有关？

3.12 什么是静态场的分布型问题和边值型问题？比较分布型问题中静电场和静磁场的直接解法、间接解法和特殊解法，说明它们各自应用的条件是什么？

3.13 静态场的边值型问题中，三类边值问题的含义是什么？唯一性定理的内容是什么？它有什么重要意义？

3.14 直接积分法的含义、求解方法和应用条件是什么？分离变量法的含义和求解步骤是什么？镜像法的含义、求解方法和应用条件是什么？镜像电荷的确定必须遵循哪些原则？

3.15 什么是稳恒电场与静电场的静电比拟？什么是静磁场与静电场的对偶变换？为什么必须在无源区才能采用这种类比解法？

习题

3.1 通过先求电位的方法重解习题 2.3 的电场强度。

3.2 已知双线传输线半径为 a，轴心距离为 $d>a$，两导线形成的回路中通过的电流为 I，导线周围媒质的磁导率为 μ_0。求双线传输线电流产生的矢量磁位。

提示：双线传输线电流的矢量磁位可看做两单根无限长线电流的矢量磁位相叠加；先求有限长度为 $2L$ 的直导线的矢量磁位，再令 $L\to\infty$ 即得无限长线电流的矢量磁位。

3.3 半径为 a 和 $b(a<b)$ 的电介质球形壳层的介电常数为 ε_r，在球心处置一点电荷 q，求沿径向 R 的各个区域的电场强度、电位、电位移和极化强度。

3.4 具有磁导率为 μ 的铁磁质无限长导磁圆柱通过稳恒电流 I，其半径为 b。求内、外区域的磁场强度和磁感应强度，并求圆柱内部的磁化强度和束缚体电流密度及圆柱表面的束缚面电流密度。其解是否与例 3.4 中令 $a\to 0$ 时的结果一致？当 $b\to\infty$ 时体电流密度、束缚体电流密度、磁场强度和磁感应强度有何变化？为什么有这种变化？

3.5 平行板电容器由相距为 d、面积为 S 的两平行导电板组成，两极板间充以介电常数为 ε 的电介质。若假设：(1)给定两极板电荷为 $+Q$ 和 $-Q$；(2)给定两极板间电压为 U，试按这两种假设条件分别求该平行板电容器的电容。

3.6 球形电容器由半径分别为 a 和 b 的同心导电球壳组成，其间充以介电常数为 ε 的电介质。假定内、外球分别带电荷为 $+Q$ 和 $-Q$，求该电容器的电容。在什么极限情况下可转化为孤立导体？其电容为多少？若将地球近似看成孤立导体球，令地球的 $\varepsilon=\varepsilon_0$，地球半径为 6.5×10^6 m，则地球的电容为多少？

3.7 无限长空气芯螺线管每单位长度密绕 n 匝线圈，并通过电流 I，则 $\sum I=nI$ 表示单位长度螺线管上的电流。所有电流产生的磁感应强度全部穿过螺线管内部，且为恒定值，其方向与电流旋向呈右旋关系。已知螺线管的截面积为 S，单根线电流产生的磁场穿过面积 S 的磁通为 ψ，n 根线电流的磁场穿过面积 S 的磁通 $\psi_n=n\psi$ 称为磁通链。求螺线管内的磁感应强度和单位长度的电感。

提示： 求磁感应强度时积分回路可假设为跨过螺线管一侧的矩形有向闭曲线 $\boldsymbol{l}$，与管长平行一边的长度为 L。

3.8 两个分别为 N_1 匝和 N_2 匝的线圈绕组长度分别为 l_1 和 l_2，同心地绕在半径为 a，非磁性的直圆柱形芯子上。求线圈之间的互感。

3.9 由介电常数分别为 ε_1 和 ε_2 的两种电介质构成的边界平面上无面电荷密度分布，如图 3.31所示。已知电介质 1 中在入射点的电场强度大小为 E_1，方向与法线成角度 θ_1，求电介质 2 中的折射点的电场强度$\boldsymbol{E}_2$ 的大小和方向。

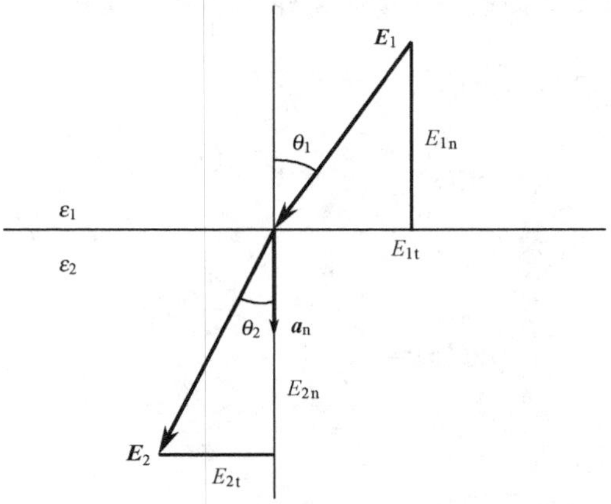

图 3.31 习题 3.9 用图

3.10 由磁导率分别为 μ_1 和 μ_2 的两种磁介质构成的边界平面上无面电流密度分布。已知磁介质 1 中在入射点的磁场强度大小为 H_1，方向与法线成角度 θ_1，求磁介质 2 中在折射点的磁场强度 $\boldsymbol{H}_2$ 的大小和方向。示意图与图题 3.31 类似。

3.11 由电导率分别为 σ_1 和 σ_2 的两种导电媒质构成的边界面上，已知导电媒质 1 中在入射点的稳恒电流密度大小为$\boldsymbol{J}_1$，方向与法线成角度 θ_1，求导电媒质 2 中在折射点的稳恒电流密度$\boldsymbol{J}_2$ 的大小和方向。示意图与图题 3.31 类似。

3.12 习题 3.5 所述平行板电容器充电至电压 U，试按式(3.63b)和式(3.65b)分别求电容器的静电能量。两种方法所求静电能量是否等效？

3.13 有一圆环内、外半径分别为 a 和 b，环高度为 h，圆环上密绕通以电流为 I 的 N 匝线圈。总电流$\sum I=NI$ 产生的磁场强度仅存在于圆环内部，其方向与电流环绕方向呈右旋关系。试求环形线圈内部的磁场强度、静磁能量密度和总静磁能量。

3.14 已知边长为 l 的金属立方体导体内，按图 3.32 所示位置挖出三个球形小腔。腔内分置点电荷 q_1，q_2 和 q_3，在距导体中心为 $r(r\gg l)$的点 P 处设置一试验点电荷 q_0。根据哪些物理概念可以求试验点电荷 q_0 所受的力？求出场点 P 处的电场强度和电位。

3.15 自由空间中有一半径为 a 的球，球内均匀充满体电荷密度为 ρ_0的电荷分布，如图 3.33所示。试分别利用静电场量公式、静电位标量公式和高斯定理求球内、外的电场强度。

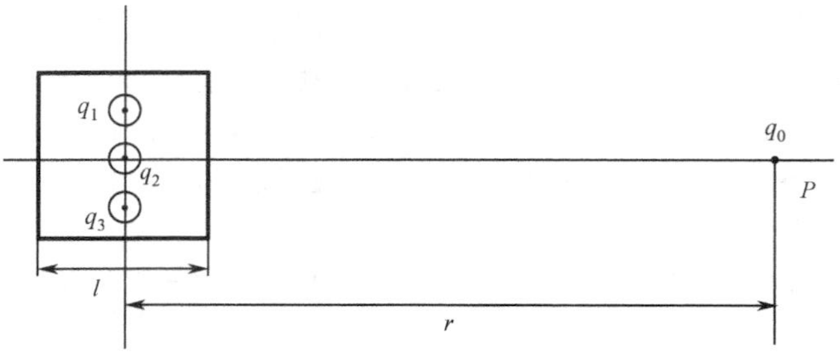

图 3.32　习题 3.14 用图

提示: 图 3.33(a)表示在球内任取一半径为 r'、厚度为 dr' 的微分球壳，其体积为 $dV'=4\pi r'^2 dr'$，dV' 内的电荷量为 $dq=\rho_0 4\pi r'^2 dr'$，问题归结为对 $d\boldsymbol{E}(\boldsymbol{r})$ 和 $d\Phi(\boldsymbol{r})$ 沿径向 r(球外 O 至 a，球内 O 至 $r'=r$)的积分。图 3.33(b)表示微分球壳可视为如同例 3.12 的薄层球面电荷分布，其等效面电荷密度为 $\rho_S(\boldsymbol{r})=\dfrac{dq}{4\pi r'^2}=\rho_0 dr'$，因此可以直接照搬例 3.12 的结果进行计算，并将结果改写为如下形式

$$d\boldsymbol{E}(\boldsymbol{r})=\begin{cases}\boldsymbol{a}_r\dfrac{r'^2\rho_S}{\varepsilon_0 r^2}=\boldsymbol{a}_r\dfrac{r'^2\rho_0}{\varepsilon_0 r^2}dr' & r>r'\\ 0 & r<r'\end{cases}$$

$$d\Phi(\boldsymbol{r})=\begin{cases}\dfrac{r'^2\rho_S}{\varepsilon_0 r}=\dfrac{r'^2\rho_0}{\varepsilon_0 r}dr' & r>r'\\ \dfrac{r'^2\rho_S}{\varepsilon_0 r}=\dfrac{r'^2\rho_0}{\varepsilon_0 r}dr' & r<r'\end{cases}$$

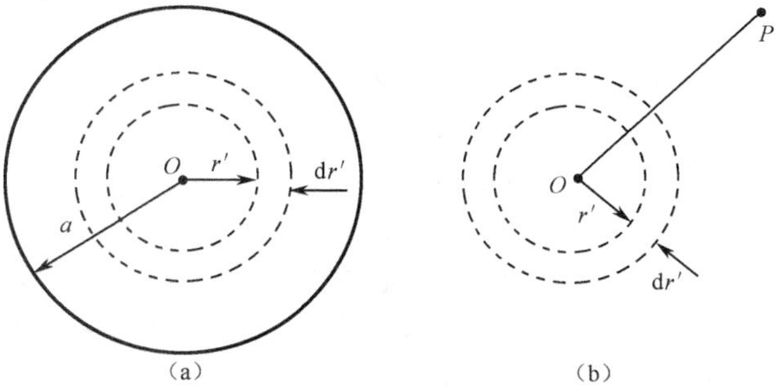

图 3.33　习题 3.15 用图

3.16　半径为 a，$b(b>a)$的两个无限长圆柱面的轴线相距为 d，且 $d+a<b$。两圆柱面间的体电流密度为 $\boldsymbol{J}=\boldsymbol{a}_z J$，如图 3.34 所示。求半径为 a 的偏心圆柱形空腔内的磁感应强度。

提示: 仿例 3.13，将安培环路定理与叠加原理相结合求解。

3.17　习题 3.5 所述平行板电容器充电至电压 U，试利用直接积分法求平行板电容器的电位分布、电场强度、平板上面电荷密度分布和平行板电容器的电容。

3.18　内、外半径分别为 a 和 b 的同轴电缆外加电压为 U_0，假定外导体接地。试利用直接积分法求同轴电缆间的电位分布、内导体表面电荷密度和单位长度电容。

3.19　如图 3.35 所示，两个相距为 b 的半无限接地水平金属导体平板沿 x 方向放置，在 $x=0$ 处有一垂直金属平板与两平板相绝缘地契合在一起，并保持电位为 U_0。求板间电位分布。

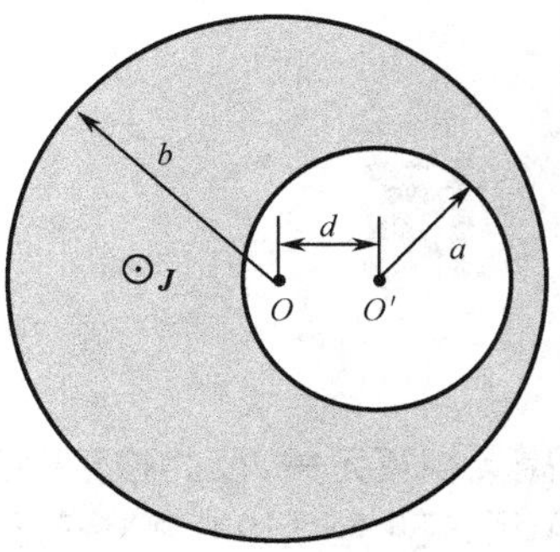

图3.34 习题3.16用图

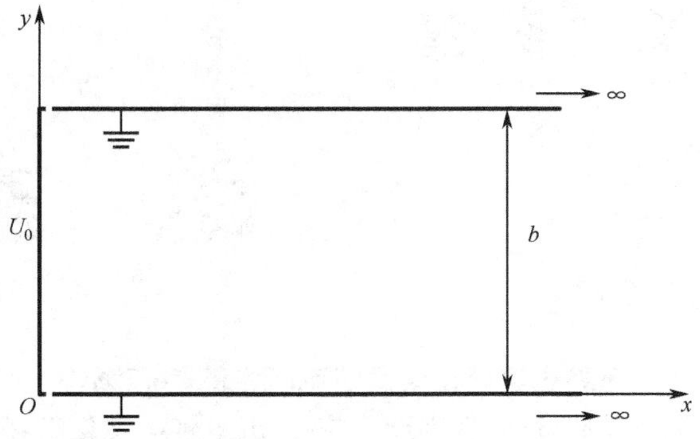

图3.35 习题3.19用图

提示：与例3.18主要区别是其中一个齐次边界条件为$\Phi(\infty,y)=0(0<y<b)$，要求通解式(3.82)中将双曲函数改为如下指数函数，并满足$x=\infty$处的齐次边界条件

$$X(\infty)=A'_n e^{-|k_n|\infty}+B'_n e^{|k_n|\infty}=0$$

除非取$B'_n=0$。于是，由所有三个齐次边界条件所确定的解不是含双曲正弦函数的式(3.84c)，而是上式中由负指数函数所确定的解

$$\Phi(x,y)=\sum_{n=1}^{\infty}\Phi_n e^{-n\pi x/b}\sin\frac{n\pi}{b}y$$

另一区别是非齐次边界条件变为$\Phi(0,y)=U_0(0\leqslant y\leqslant b)$。但将非零边值$U_0$展为傅里叶级数按正交归一性条件定解的过程与例3.18完全一致。

3.20 求如图3.36(a)所示点电荷q对正交半无限大接地导体的电位镜像解。

提示：对任意一个半平面导体上的未知感应面电荷设置等值虚像点，都会破坏接地的齐次边界条件，只有在如图3.36(b)所示的除第一象限有效区的其他三个象限同时设置虚像点，以保证其叠加解满足接地的齐次边界条件。

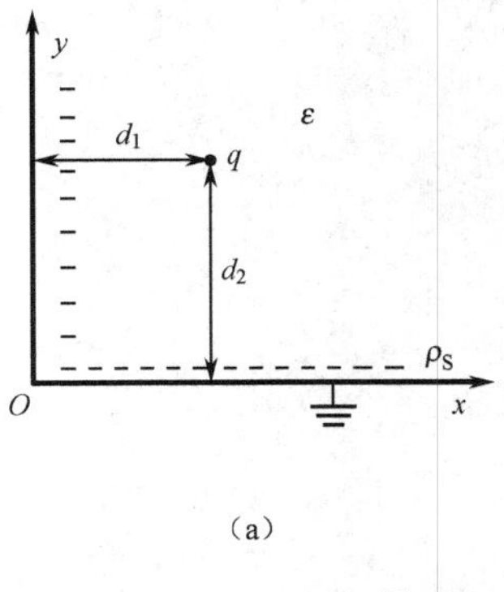

(a)

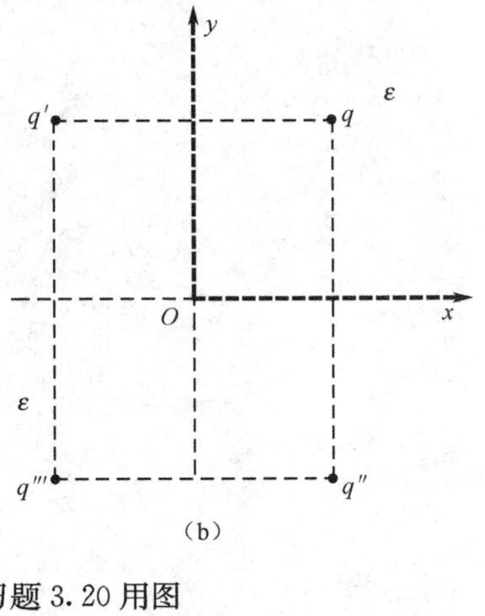

(b)

图3.36 习题3.20用图

3.21 平行平板电容器和同轴电缆的两导体间外施电压U，由于其间充以不完善性绝缘介质而引起其内部的泄漏电流密度和绝缘电阻。试对习题3.5和例3.5电容计算结果，再用静电比拟法求平行平板电容器和同轴电缆内的漏电导和绝缘电阻。

第 4 章

动 态 场

在静止电荷和稳恒电流产生的静态场中，其电场和磁场相互无关，彼此独立存在，称为静态电、磁场。在时变电流产生的动态场中，变化磁场能激发电场，变化电场也能激发磁场，电场和磁场构成了不可分割的统一整体，称为时变电磁场。一般时变电磁场可以随时间做任意变化，它能够分解为时谐电磁场的线性叠加。随时间做特殊的时谐(稳态正弦或余弦)变化的场称为时谐电磁场。本章在时变条件下将仅有空间变化的静态场方程进行修正，引出涡旋电场概念和位移电流假设，进而推广为具有时空变化的动态场方程——麦克斯韦方程。在此基础上讨论动态场应用中的重要问题：辅助动态位、时变电磁场的边界条件、时变电磁场的能量、能流和能量守恒定律、时谐电磁场、动态场的应用。最后介绍麦克斯韦和麦克斯韦理论建立的意义。

应用场的多媒体课件演示，可以将“无形”的动态场形象、直观地表示为“可视、可动”的电磁模型，给出动态场时空变化规律的动态物理图像。作为抽象思维的形象化比喻，雕塑和绘画是空间视觉艺术，它只给出空间变化的静态图像，音乐是时间听觉艺术，它只考虑了时间变化的时变关系，而舞蹈和影视则是时空视听艺术或综合艺术，它能同时给出时空变化的动态图像。这种不谋而合使“无形”显影成“可视、可动”，可见科学和艺术在时空变化关系上也有相通之处。

4.1 静态场方程在时变条件下的推广

这里重新将静态场中静电场和静磁场的场量方程归纳为

$$\oint_l \boldsymbol{E}(\boldsymbol{r}) \cdot \mathrm{d}\boldsymbol{l} = 0, \qquad \nabla \times \boldsymbol{E}(\boldsymbol{r}) = 0 \tag{4.1a}$$

$$\oint_l \boldsymbol{H}(\boldsymbol{r}) \cdot \mathrm{d}\boldsymbol{l} = \int_S \boldsymbol{J}(\boldsymbol{r}) \cdot \mathrm{d}\boldsymbol{S}, \qquad \nabla \times \boldsymbol{H}(\boldsymbol{r}) = \boldsymbol{J}(\boldsymbol{r}) \tag{4.1b}$$

$$\oint_S \boldsymbol{D}(\boldsymbol{r}) \cdot \mathrm{d}\boldsymbol{S} = \int_V \rho(\boldsymbol{r}) \mathrm{d}V, \qquad \nabla \cdot \boldsymbol{D}(\boldsymbol{r}) = \rho(\boldsymbol{r}) \tag{4.1c}$$

$$\oint_S \boldsymbol{B}(\boldsymbol{r}) \cdot \mathrm{d}\boldsymbol{S} = 0, \qquad \nabla \cdot \boldsymbol{B}(\boldsymbol{r}) = 0 \tag{4.1d}$$

方程组(4.1)只建立了场量和源量的空间变化关系，在时变条件下该如何修正呢？这正是本节要讨论的问题。

4.1.1 法拉第电磁感应定律的启示——涡旋电场

法拉第通过实验观察发现了电磁感应现象：穿过导体回路的磁通量随时间变化，会在导体回路中引起感应电动势和感应电流。因此，法拉第电磁感应定律揭示了电现象与磁现象间的联系。但是，法拉第并未指出为什么会出现感应电动势，也未指出当不存在导体回路时变化磁场的感应现象又如何体现出来。

麦克斯韦通过对电磁感应现象的深入研究，获得了新的启示，意识到唯有电场才能在导体回路上引起感应电流，而这个电场正是由变化磁场所激励起的感应电场。不论导体回路是否存在，变化磁场都要在周围空间激励起感应电场，一旦在场中出现导体回路，感应电场就会在导体上引起感应电流。若考虑静止导体回路，由式(2.45)可得

$$\oint_l \boldsymbol{E}_{\text{in}} \cdot \mathrm{d}\boldsymbol{l} = -\int_S \frac{\partial \boldsymbol{B}}{\partial t} \cdot \mathrm{d}\boldsymbol{S} \tag{4.2a}$$

根据以上的分析，式(4.2a)中的 l 可以理解为假想的任意闭合回路，不一定是导体回路，而 S 是 l 所界定的任意曲面。根据斯托克斯定理，有 $\oint_l \boldsymbol{E}_{\text{in}} \cdot \mathrm{d}\boldsymbol{l} = \oint_S (\nabla \times \boldsymbol{E}_{\text{in}}) \cdot \mathrm{d}\boldsymbol{S}$，代入式(4.2a)，得

$$\oint_S \left(\nabla \times \boldsymbol{E}_{\text{in}} + \frac{\partial \boldsymbol{B}}{\partial t}\right) \cdot \mathrm{d}\boldsymbol{S} = 0 \tag{4.2b}$$

对任意曲面 S，要使上式成立，除非被积函数等于零，故得

$$\nabla \times \boldsymbol{E}_{\text{in}} = -\frac{\partial \boldsymbol{B}}{\partial t} \tag{4.2c}$$

看出变化磁场是感应电场的旋涡源，感应电场是非保守的有旋场，又称为**涡旋电场**。涡旋电场是麦克斯韦从法拉第电磁感应定律中引伸出的重要概念。

若在感应电场中还同时存在保守的静电场 $\boldsymbol{E}_c$，则合成场 $\boldsymbol{E} = \boldsymbol{E}_c + \boldsymbol{E}_{\text{in}}$。考虑到静电场的回路线积分式和旋度式均为零，两类场叠加后，有

$$\oint_l \boldsymbol{E} \cdot \mathrm{d}\boldsymbol{l} = -\oint_S \frac{\partial \boldsymbol{B}}{\partial t} \cdot \mathrm{d}\boldsymbol{S}, \qquad \nabla \times \boldsymbol{E} = -\frac{\partial \boldsymbol{B}}{\partial t} \tag{4.3}$$

式(4.3)表明静态场方程(4.1a)在时变条件 $\left(\frac{\partial}{\partial t} \neq 0\right)$ 下，只需加上修正项 $\frac{\partial \boldsymbol{B}}{\partial t}$，即推广为动态场方程。而表示变化磁场的修正项 $\frac{\partial \boldsymbol{B}}{\partial t}$ 正是激励涡旋电场的旋涡源。

4.1.2　问题的提出——位移电流

法拉第电磁感应定律揭示出变化磁场会产生电场，依据对称性原理是自然界的普遍法则，人们不禁会从逆向思维考虑，变化电场是否也会产生磁场？麦克斯韦的创造性研究，圆满地回答了这个问题。

首先考查图 4.1 中的平板电容器。图 4.1(a) 表示接直流电源时只在电容器两个极板上分别聚集了正、负电荷 Q，形成电位差，并未构成回路，无稳恒电流 I 通过，除非在两电极间接上负载；图 4.1(b) 表示接交流电源时导线中有电流通过。电流是如何通过使回路断开的电容器的两个极板呢？

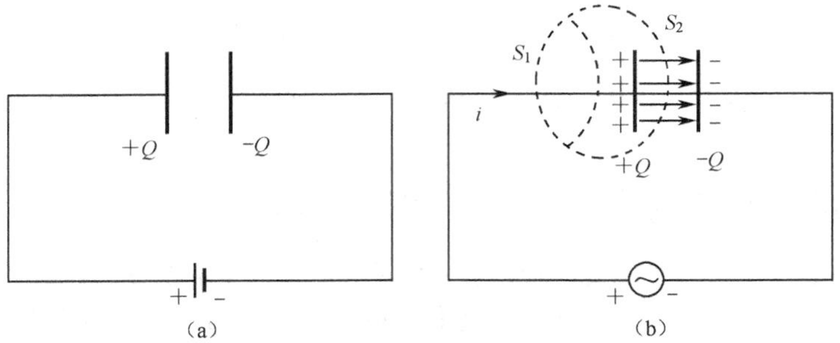

图 4.1　接交、直流电源的电容器

如果将静磁场的安培环路定理式 (4.1b) 应用于图 4.1(b) 中，接交流电源电容器的电路中的时变传导电流为 i。取闭合积分路径包围导线，若静磁场的安培环路定理仍然成立，则沿该回路磁场强度的线积分 $\oint_l \boldsymbol{H}\cdot d\boldsymbol{l}$ 应当等于穿过该回路所张任意一个面的时变电流 $\int_S \boldsymbol{J}\cdot d\boldsymbol{S}=i$。假如回路 l 所张两个曲面 S_1 和 S_2 分别穿过导线和电容器的两个极板间，结果发现穿过 S_1 的电流为 i，而穿过 S_2 的电流为零。沿同一闭合回路的线积分却导出了两种不同的结果，无法解释电流是如何通过使回路断开的电容器的两个极板的。这种矛盾的结果说明静磁场的安培环路定理应用到时变场时受到了限制，应当做必要的修正。

在时变条件 $\left(\dfrac{\partial\rho}{\partial t}\neq 0\right)$ 下，电流应当遵守普遍适用的电流连续性原理

$$\nabla\cdot\boldsymbol{J}=-\frac{\partial\rho}{\partial t}\tag{4.4a}$$

而静磁场的安培环路定理 $\nabla\times\boldsymbol{H}=\boldsymbol{J}$ 两边取散度，得

$$\nabla\cdot\boldsymbol{J}=\nabla\cdot(\nabla\times\boldsymbol{H})\equiv 0\tag{4.4b}$$

比较式 (4.4a) 和式(4.4b) 可知，静磁场的安培环路定理不满足电流连续性原理。如何解决这个矛盾？

麦克斯韦深入研究了这个矛盾，提出了位移电流的假说。麦克斯韦对静磁场的安培环路定理进行了修正，假定该方程右边还存在一附加项 $\dfrac{\partial\boldsymbol{D}}{\partial t}$，即得

$$\nabla\times\boldsymbol{H}=\boldsymbol{J}+\frac{\partial\boldsymbol{D}}{\partial t}$$

两边取散度，利用 $\nabla\cdot\nabla\times\boldsymbol{H}\equiv 0$ 和 $\nabla\cdot\boldsymbol{D}=\rho$，有

$$\nabla\cdot\boldsymbol{J}=-\frac{\partial}{\partial t}(\nabla\cdot\boldsymbol{D})=-\frac{\partial\rho}{\partial t}$$

于是，电流连续性原理得到满足。附加项对磁场旋度的作用，与真实传导电流对磁场旋度的作用一样，都能产生相同的磁效应。由于它是电位移矢量的变化产生的，故称为**位移电流**，记为i_{d}，相对应的电流密度称为位移电流密度，记为$\boldsymbol{J}_{\mathrm{d}}$。令

$$\boldsymbol{J}_{\mathrm{d}}=\frac{\partial \boldsymbol{D}}{\partial t} \tag{4.5}$$

将式(4.5)附加在方程 (4.1b) 右边后，得

$$\oint_{l}\boldsymbol{H}\cdot \mathrm{d}\boldsymbol{l}=\int_{S}(\boldsymbol{J}+\boldsymbol{J}_{\mathrm{d}})\cdot \mathrm{d}\boldsymbol{S}, \qquad \nabla\times\boldsymbol{H}=\boldsymbol{J}+\boldsymbol{J}_{\mathrm{d}} \tag{4.6a}$$

或写为

$$\oint_{l}\boldsymbol{H}\cdot \mathrm{d}\boldsymbol{l}=\int_{S}\left(\boldsymbol{J}+\frac{\partial \boldsymbol{D}}{\partial t}\right)\cdot \mathrm{d}\boldsymbol{S}, \qquad \nabla\times\boldsymbol{H}=\boldsymbol{J}+\frac{\partial \boldsymbol{D}}{\partial t} \tag{4.6b}$$

式(4.6)称为**动态场的全电流定律的积分形式和微分形式**。这表明图 4.1(b) 中导线存在时变传导电流，电容器两极板上聚集了时变的正、负电荷，在两极板间产生电场或电位移的变化，因而形成位移电流。依据电流连续性原理，导线上的时变传导电流应等于电容器两极板间的位移电流。位移电流假设是麦克斯韦引入的一个非常重要的概念，其正确性已为后来的许多实验所证实。利用这一假设，即可回答上面提出的所有问题。

式(4.6)表明静态场方程(4.1b)在时变条件$\left(\frac{\partial}{\partial t}\neq 0\right)$下，只需加上修正项$\frac{\partial \boldsymbol{D}}{\partial t}$，即推广为动态场方程. 而表示变化电场的修正项$\frac{\partial \boldsymbol{D}}{\partial t}$同$\boldsymbol{J}$一样，正是激励有旋磁场的旋涡源。

4.1.3 动态场方程——麦克斯韦方程

静态场方程 (4.1a) 和方程(4.1b) 在时变条件下已推广为方程(4.3)和方程(4.6)，而方程(4.1c) 和方程(4.1d) 在时变条件下，实践证明也适用于动态场。于是，可将上述分析结果概括为宏观电磁理论的场量方程

$$\oint_{l}\boldsymbol{E}(\boldsymbol{r},t)\cdot \mathrm{d}\boldsymbol{l}=-\int_{S}\frac{\partial \boldsymbol{B}(\boldsymbol{r},t)}{\partial t}\cdot \mathrm{d}\boldsymbol{S}, \qquad \nabla\times\boldsymbol{E}(\boldsymbol{r},t)=-\frac{\partial \boldsymbol{B}(\boldsymbol{r},t)}{\partial t} \tag{4.7a}$$

$$\oint_{l}\boldsymbol{H}(\boldsymbol{r},t)\cdot \mathrm{d}\boldsymbol{l}=\int_{S}\left(\boldsymbol{J}(\boldsymbol{r},t)+\frac{\partial \boldsymbol{D}(\boldsymbol{r},t)}{\partial t}\right)\cdot \mathrm{d}\boldsymbol{S}, \quad \nabla\times\boldsymbol{H}(\boldsymbol{r},t)=\boldsymbol{J}(\boldsymbol{r},t)+\frac{\partial \boldsymbol{D}(\boldsymbol{r},t)}{\partial t} \tag{4.7b}$$

$$\oint_{S}\boldsymbol{D}(\boldsymbol{r},t)\cdot \mathrm{d}\boldsymbol{S}=\int_{V}\rho(\boldsymbol{r},t)\mathrm{d}V, \qquad \nabla\cdot\boldsymbol{D}(\boldsymbol{r},t)=\rho(\boldsymbol{r},t) \tag{4.7c}$$

$$\oint_{S}\boldsymbol{B}(\boldsymbol{r},t)\cdot \mathrm{d}\boldsymbol{S}=0, \qquad \nabla\cdot\boldsymbol{B}(\boldsymbol{r},t)=0 \tag{4.7d}$$

这些动态场方程是由麦克斯韦在电磁实验定律和静态场方程基础上加以概括、完善和推广，最后总结而成的，又称为**麦克斯韦方程组**。这组方程构成了麦克斯韦理论的核心，是宏观电磁理论的普适性方程。

为了定量求解麦克斯韦方程组，还必须补充源量$\boldsymbol{J}(\boldsymbol{r},t)$和$\rho(\boldsymbol{r},t)$的关系式及场量$\boldsymbol{D}(\boldsymbol{r},t)$和$\boldsymbol{E}(\boldsymbol{r},t)$、$\boldsymbol{B}(\boldsymbol{r},t)$和$\boldsymbol{H}(\boldsymbol{r},t)$等的关系式。这些关系式在时变条件下同样适用。

电荷守恒定律(电流连续性原理)

$$\oint_{S}\boldsymbol{J}(\boldsymbol{r},t)\cdot \mathrm{d}\boldsymbol{S}=-\int_{V}\frac{\partial \rho(\boldsymbol{r},t)}{\partial t}\mathrm{d}V, \qquad \nabla\cdot\boldsymbol{J}(\boldsymbol{r},t)=-\frac{\partial \rho(\boldsymbol{r},t)}{\partial t} \tag{4.7e}$$

本构方程(媒质特性辅助方程)

$$\boldsymbol{D}(\boldsymbol{r},t)=\varepsilon\boldsymbol{E}(\boldsymbol{r},t),\ \boldsymbol{B}(\boldsymbol{r},t)=\mu\boldsymbol{H}(\boldsymbol{r},t),\ \boldsymbol{J}(\boldsymbol{r},t)=\sigma\boldsymbol{E}(\boldsymbol{r},t) \tag{4.7f}$$

式中，ε，μ 和 σ 为实常数，表示均匀、线性、各向同性媒质的特性参量。

式 (4.7a) ～ 式(4.7f) 构成了一个完备的方程组，具有明确的物理意义。该方程组表达了电磁场中的电场和磁场，源量中的电荷和电流及电磁场，电荷、电流和媒质间都有不可分割的联系，同时也揭示了电磁场自身的特性及其时空变化规律。概括而言，**该方程组定量地描述了场量、源量和媒质间的相互作用规律和转化关系，全面地反映了电磁场与波的基本性质和普遍的运动规律，是宏观电磁理论的基础，所有的电磁现象和电磁性质都可以由它得到说明。**

4.2 辅助动态位

4.2.1 时变电磁场的标量电位和矢量磁位

从麦克斯韦方程和本构方程，可以导出电荷和电流所产生场效应的全部情况。但如仿照静态场中引入辅助位的方法，建立起时变电磁场中辅助动态位与电磁场量的微分关系，则可以简化分析和计算。

已知时变电磁场的麦克斯韦方程和本构方程为

$$\nabla \times \boldsymbol{E} = -\frac{\partial \boldsymbol{B}}{\partial t} \tag{4.8a}$$

$$\nabla \times \boldsymbol{H} = \boldsymbol{J} + \frac{\partial \boldsymbol{D}}{\partial t} \tag{4.8b}$$

$$\nabla \cdot \boldsymbol{D} = \rho \tag{4.8c}$$

$$\nabla \cdot \boldsymbol{B} = 0 \tag{4.8d}$$

$$\boldsymbol{D} = \varepsilon \boldsymbol{E} \tag{4.8e}$$

$$\boldsymbol{B} = \mu \boldsymbol{H} \tag{4.8f}$$

按如下步骤引入和建立辅助动态位与电磁场量的微分关系：

(1)由磁场的无散性引入矢量磁位

将方程 (4.8d) 与矢量恒等式 $\nabla \cdot (\nabla \times \boldsymbol{F}) \equiv 0$ 对比，令 $\boldsymbol{F} = \boldsymbol{A}$，得

$$\boldsymbol{B} = \nabla \times \boldsymbol{A} \tag{4.9a}$$

式中 $\boldsymbol{A}$ 为时变电磁场的矢量磁位。

(2)将电场的旋度式变为无旋性方程

将式 (4.9a) 代入方程(4.8a)，得

$$\nabla \times \boldsymbol{E} = -\nabla \times \frac{\partial \boldsymbol{A}}{\partial t}$$

电场的旋度式变为无旋性方程

$$\nabla \times \left(\boldsymbol{E} + \frac{\partial \boldsymbol{A}}{\partial t}\right) = 0 \tag{4.9b}$$

(3)由电磁场的无旋性引入标量电位

将式(4.9b)与矢量恒等式 $\nabla \times (\nabla u) \equiv 0$ 对比，令 $u = \Phi$，得 $\boldsymbol{E} + \frac{\partial \boldsymbol{A}}{\partial t} = -\nabla \Phi$，写为

$$\boldsymbol{E} = -\nabla \Phi - \frac{\partial \boldsymbol{A}}{\partial t} \tag{4.9c}$$

式中，Φ 为时变电磁场的标量电位。

需要指出，式 (4.9c) 中第一项 $-\nabla \Phi$ 是由电荷分布 ρ 所产生的，而第二项 $-\frac{\partial \boldsymbol{A}}{\partial t}$ 是由时变电流 $\boldsymbol{J}$ 所产生的；在静态条件 $\frac{\partial}{\partial t} = 0$ 下，式(4.9)退化为静态场的标量电位和矢量磁位。

4.2.2 时变电磁场动态位的波动方程

通过辅助动态位间接求时变电磁场的场量，首先必须建立辅助动态位的方程，以求出辅助动态位。麦克斯韦方程是求解电磁场的场量方程，辅助动态位必定会受麦克斯韦方程的制约。于是，将式(4.9)代入方程(4.8)，以辅助动态位置换时变电磁场的场量，即可建立起求辅助动态位的方程。

将式 (4.9c) 代入方程(4.8c)，并交换 ∇ 和$\frac{\partial}{\partial t}()$ 的运算次序，得

$$\nabla^2\Phi+\frac{\partial}{\partial t}(\nabla\cdot\boldsymbol{A})=-\frac{\rho}{\varepsilon} \tag{4.10a}$$

再将式 (4.9a) 和式(4.9c) 代入方程(4.8b)，并利用式(4.8e) 和式(4.8f)，可得

$$\nabla\times\nabla\times\boldsymbol{A}=\mu\boldsymbol{J}-\mu\varepsilon\frac{\partial}{\partial t}\left(\nabla\Phi+\frac{\partial\boldsymbol{A}}{\partial t}\right)$$

应用矢量恒等式 $\nabla\times\nabla\times\boldsymbol{F}=\nabla(\nabla\cdot\boldsymbol{F})-\nabla^2\boldsymbol{F}$，令 $\boldsymbol{F}=\boldsymbol{A}$，移项整理后，得

$$\nabla^2\boldsymbol{A}-\mu\varepsilon\frac{\partial^2\boldsymbol{A}}{\partial t^2}=-\mu\boldsymbol{J}+\nabla\left(\nabla\cdot\boldsymbol{A}+\mu\varepsilon\frac{\partial\Phi}{\partial t}\right) \tag{4.10b}$$

按亥姆霍兹定理，空间某点的矢量场 $\boldsymbol{A}$ 由其散度和旋度唯一确定。尽管 $\boldsymbol{A}$ 的旋度已按式(4.9a) 确定，但 $\boldsymbol{A}$ 的散度并未确定。因此，方程(4.10) 的解具有多值性。为了得到单值解，必须再对 $\boldsymbol{A}$ 的散度选择任一特定值。按什么原则进行选择呢?首先，必须使 Φ 和 $\boldsymbol{A}$ 从同一个方程中分离开来，建立求 Φ 或 $\boldsymbol{A}$ 的单一方程，便于独立求 Φ 或 $\boldsymbol{A}$ 的解；其次，要使方程得到简化。经过对方程式(4.10) 的观察，显然，应当选择 $\nabla\cdot\boldsymbol{A}$ 等于 $-\mu\varepsilon\frac{\partial\Phi}{\partial t}$，即令

$$\nabla\cdot\boldsymbol{A}=-\mu\varepsilon\frac{\partial\Phi}{\partial t} \tag{4.11}$$

式(4.11)称为**洛伦兹条件(或洛伦兹规范)**。将式(4.11)代入方程 (4.10a) 和(4.10b)，可得动态位的非齐次波动方程

$$\nabla^2\Phi(\boldsymbol{r},t)-\mu\varepsilon\frac{\partial^2\Phi(\boldsymbol{r},t)}{\partial t^2}=-\frac{\rho(\boldsymbol{r},t)}{\varepsilon} \tag{4.12a}$$

$$\nabla^2\boldsymbol{A}(\boldsymbol{r},t)-\mu\varepsilon\frac{\partial^2\boldsymbol{A}(\boldsymbol{r},t)}{\partial t^2}=-\mu\boldsymbol{J}(\boldsymbol{r},t) \tag{4.12b}$$

分离和简化后的方程 (4.12a) 和方程(4.12b) 具有对偶形式，经过洛伦兹规范后的方程能够得到单值解。方程(4.12) 建立了位函数的时空变化关系，其解是以速度 $v=1/\sqrt{\mu\varepsilon}$ 行进的波，所以称为波动方程。对于波动方程的波动性和求解问题将在第 5 章中做进一步的分析。

在静态条件 $\left(\frac{\partial}{\partial t}=0\right)$下，洛伦兹规范退化为由式(3.10) 表示的库仑规范，动态位的非齐次波动方程($\rho\neq0$，$\boldsymbol{J}\neq0$) 退化为由式(3.6) 和式(3.11) 表示的静态位的泊松方程，动态位的齐次波动方程($\rho=0$，$\boldsymbol{J}=0$) 退化为由式(3.7)和式(3.12)表示的静态位的拉普拉斯方程。

4.3 时变电磁场的边界条件

4.3.1 边界条件的一般形式

前面已经讨论了均匀媒质中时变电磁场的场量方程——麦克斯韦方程。在实际问题中，常遇到两种不同媒质构成的边界面，在该边界面上麦克斯韦方程的微分形式失去意义，可以仿照静态

场同样的分析方法，从麦克斯韦方程的积分形式出发，导出时变电磁场的边界条件。边界条件是麦克斯韦方程的积分形式在边界面上某点处的特殊、极限形式。

我们不必重复整个类似的推导过程，只需注意动态场与静态场的区别：动态场方程是静态场方程的推广，场量在时间变化上有一突变量，方程的附加项 $\frac{\partial \boldsymbol{D}}{\partial t}$ 和 $\frac{\partial \boldsymbol{B}}{\partial t}$ 在边界面上为有限量。这表明跨边界面闭合回路所围面积 d$\boldsymbol{S}$ 趋于零时，附加项与无限小面积元点积的积分为零，所以方程(4.7a)和方程(4.7b)中的附加积分项为零。以附加项 $\frac{\partial \boldsymbol{D}}{\partial t}$ 的积分为例，有 $\lim\limits_{\Delta S\to 0}\int_S \frac{\partial \boldsymbol{D}}{\partial t}\cdot \mathrm{d}\boldsymbol{S} = \lim\limits_{\Delta S\to 0}\frac{\partial \boldsymbol{D}}{\partial t}\cdot \boldsymbol{a}_{\mathrm{n}}\Delta S = 0$，可见边界面上场量在时间变化上的突变性不会影响原来边界条件形式的改变。于是，时变电磁场的边界条件可以归纳为如下形式

$$\boldsymbol{a}_{\mathrm{n}}\times(\boldsymbol{E}_1-\boldsymbol{E}_2)=0,\quad E_{1\mathrm{t}}=E_{2\mathrm{t}} \tag{4.13a}$$

$$\boldsymbol{a}_{\mathrm{n}}\times(\boldsymbol{H}_1-\boldsymbol{H}_2)=\boldsymbol{J}_S,\quad H_{1\mathrm{t}}-H_{2\mathrm{t}}=J_S \tag{4.13b}$$

$$\boldsymbol{a}_{\mathrm{n}}\cdot(\boldsymbol{D}_1-\boldsymbol{D}_2)=\rho_S,\quad D_{1\mathrm{n}}-D_{2\mathrm{n}}=\rho_S \tag{4.13c}$$

$$\boldsymbol{a}_{\mathrm{n}}\cdot(\boldsymbol{B}_1-\boldsymbol{B}_2)=0,\quad B_{1\mathrm{n}}=B_{2\mathrm{n}} \tag{4.13d}$$

边界条件式(4.13a)～式(4.13d)分别由麦克斯韦方程(4.7a)～方程(4.7d)推导出来。

4.3.2 边界条件的特殊形式

在电磁工程问题中，为了简化分析，通常只考虑均匀、线性和各向同性媒质的边界问题。其中，将电导率极小的低损耗介质(ε, μ 均为实数，$\sigma=0$)近似称为理想介质，将电导率极大的良导体($\sigma=\infty$)近似称为理想导体。

对于两种不同理想介质的边界面，由于边界面上不可能存在自由面电荷和面电流($\rho_S=0$, $\boldsymbol{J}_S=0$)，边界条件式(4.13)简化为

$$\boldsymbol{a}_{\mathrm{n}}\times(\boldsymbol{E}_1-\boldsymbol{E}_2)=0,\quad E_{1\mathrm{t}}=E_{2\mathrm{t}} \tag{4.14a}$$

$$\boldsymbol{a}_{\mathrm{n}}\times(\boldsymbol{H}_1-\boldsymbol{H}_2)=0,\quad H_{1\mathrm{t}}=H_{2\mathrm{t}} \tag{4.14b}$$

$$\boldsymbol{a}_{\mathrm{n}}\cdot(\boldsymbol{D}_1-\boldsymbol{D}_2)=0,\quad D_{1\mathrm{n}}=D_{2\mathrm{n}} \tag{4.14c}$$

$$\boldsymbol{a}_{\mathrm{n}}\cdot(\boldsymbol{B}_1-\boldsymbol{B}_2)=0,\quad B_{1\mathrm{n}}=B_{2\mathrm{n}} \tag{4.14d}$$

对于理想介质和理想导体的边界面，由于理想导体内不存在电磁场，$\boldsymbol{E}_2$、$\boldsymbol{H}_2$、$\boldsymbol{D}_2$ 和 $\boldsymbol{B}_2$ 均等于零，且导体表面存在自由面电荷和面电流($\rho_S\neq 0$, $\boldsymbol{J}_S\neq 0$)，若不考虑场量的下标“1”，则边界条件式(4.13)简化为

$$\boldsymbol{a}_{\mathrm{n}}\times\boldsymbol{E}=0,\quad E_{\mathrm{t}}=0 \tag{4.15a}$$

$$\boldsymbol{a}_{\mathrm{n}}\times\boldsymbol{H}=\boldsymbol{J}_S,\quad H_t=J_S \tag{4.15b}$$

$$\boldsymbol{a}_{\mathrm{n}}\cdot\boldsymbol{D}=\rho_S,\quad D_{\mathrm{n}}=\rho_S \tag{4.15c}$$

$$\boldsymbol{a}_{\mathrm{n}}\cdot\boldsymbol{B}=0,\quad B_{\mathrm{n}}=0 \tag{4.15d}$$

4.4 时变电磁场的能量、能流和能量守恒定律

4.4.1 时变电磁场的能量

场的物质性除表现有力的作用外，还能够做功，因而具有能量。时变电磁场的能量和能量密度及功率和功率密度可以从静态场中的相应形式推广而来。

在均匀、线性和各向同性媒质中，已知静电场的能量密度(单位体积电场能量)、静磁场的能量密度(单位体积磁场能量)和稳恒电场损耗功率密度(单位体积损耗电能)为

$$w_e(\boldsymbol{r}) = \frac{1}{2}\varepsilon E^2(\boldsymbol{r}) \tag{4.16a}$$

$$w_m(\boldsymbol{r}) = \frac{1}{2}\mu H^2(\boldsymbol{r}) \tag{4.16b}$$

$$p(\boldsymbol{r}) = \sigma E^2(\boldsymbol{r}) \tag{4.16c}$$

将静态场公式(4.16)推广到时变电磁场中，有

$$\begin{aligned} w(\boldsymbol{r}, t) &= w_e(\boldsymbol{r}, t) + w_m(\boldsymbol{r}, t) \\ &= \frac{1}{2}[\varepsilon E^2(\boldsymbol{r}, t) + \mu H^2(\boldsymbol{r}, t)] \end{aligned} \tag{4.17a}$$

$$p(\boldsymbol{r}, t) = \sigma E^2(\boldsymbol{r}, t) \tag{4.17b}$$

式 (4.17a) 和式(4.17b) 表示时变场电磁能量密度和电磁损耗功率密度。

4.4.2 时变电磁场的能流——坡印亭矢量

在电工和无线电等应用电子技术中，日益广泛地应用电磁能传输能量。这是因为时变电磁场的能量密度是空间和时间的函数，变化的电磁场伴随着能量的流动。除静电场外，一般场中都有能量的流动。电磁能流(或功率流)是时变电磁场中存在的普遍现象。

为了描述时变电磁场能量流动的大小和方向，引入能量流动密度矢量，其大小为单位时间内垂直穿过单位面积的能量，或垂直穿过单位面积的功率，其方向为能量流动的方向，所以能量流动密度矢量(或能流密度矢量)又称为功率流密度矢量，通常称为**坡印亭** (poynting) **矢量**。记为 $\boldsymbol{S}(\boldsymbol{r}, t)$，其定义为

$$\boldsymbol{S}(\boldsymbol{r}, t) = \boldsymbol{E}(\boldsymbol{r}, t) \times \boldsymbol{H}(\boldsymbol{r}, t) \tag{4.18}$$

由式(4.18)可知，$\boldsymbol{S}$ 和 $\boldsymbol{E}$，$\boldsymbol{H}$ 相互正交，且成右旋关系，如图 4.2 所示。$\boldsymbol{S}$ 的单位为 W/m^2(瓦特 / 米^2)。

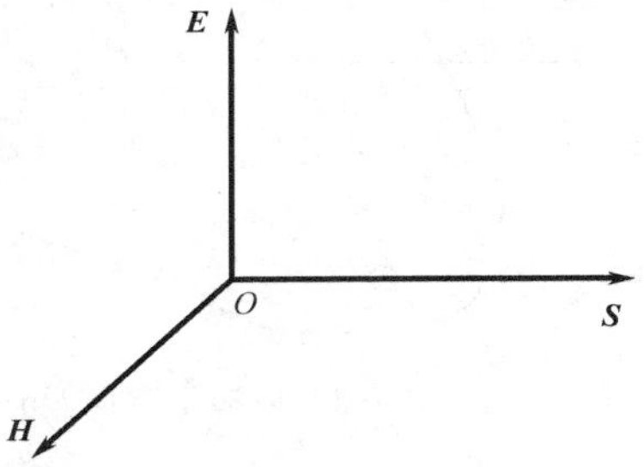

图 4.2 能流密度矢量

4.4.3 时变电磁场的能量守恒定律——坡印亭定理

电磁能量遵守自然界普遍适用的能量守恒定律。下面将从麦克斯韦方程出发推导时变电磁场中描述电磁能量守恒关系的坡印亭定理。已知麦克斯韦方程的旋度式为

$$\nabla \times \boldsymbol{E} = -\frac{\partial \boldsymbol{B}}{\partial t} \tag{4.19a}$$

$$\nabla \times \boldsymbol{H} = \boldsymbol{J} + \frac{\partial \boldsymbol{D}}{\partial t} \tag{4.19b}$$

将式 (4.19a) 和式(4.19b) 代入矢量恒等式 $\nabla \cdot (\boldsymbol{A} \times \boldsymbol{B}) = \boldsymbol{B} \cdot \nabla \times \boldsymbol{A} - \boldsymbol{A} \cdot \nabla \times \boldsymbol{B}$，令 $\boldsymbol{A} = \boldsymbol{E}$，$\boldsymbol{B} = \boldsymbol{H}$，有 $\nabla \cdot (\boldsymbol{E} \times \boldsymbol{H}) = \boldsymbol{H} \cdot (\nabla \times \boldsymbol{E}) - \boldsymbol{E} \cdot (\nabla \times \boldsymbol{H})$
得

$$\nabla \cdot (\boldsymbol{E} \times \boldsymbol{H}) = -\boldsymbol{H} \cdot \frac{\partial \boldsymbol{B}}{\partial t} - \boldsymbol{E} \cdot \boldsymbol{J} - \boldsymbol{E} \cdot \frac{\partial \boldsymbol{D}}{\partial t}$$

上式右边各项分别改写为

$$\boldsymbol{H} \cdot \frac{\partial \boldsymbol{B}}{\partial t} = \boldsymbol{H} \cdot \frac{\partial (\mu \boldsymbol{H})}{\partial t} = \frac{1}{2}\frac{\partial}{\partial t}(\mu \boldsymbol{H} \cdot \boldsymbol{H}) = \frac{\partial}{\partial t}\left(\frac{1}{2}\boldsymbol{H} \cdot \boldsymbol{B}\right) = \frac{\partial w_m}{\partial t}$$

$$\boldsymbol{E} \cdot \frac{\partial \boldsymbol{D}}{\partial t} = \boldsymbol{E} \cdot \frac{\partial (\varepsilon \boldsymbol{E})}{\partial t} = \frac{1}{2}\frac{\partial}{\partial t}(\varepsilon \boldsymbol{E} \cdot \boldsymbol{E}) = \frac{\partial}{\partial t}\left(\frac{1}{2}\boldsymbol{E} \cdot \boldsymbol{D}\right) = \frac{\partial w_e}{\partial t}$$

$$\boldsymbol{E}\cdot\boldsymbol{J}=\sigma E^2=p$$

有

$$-\nabla\cdot\boldsymbol{S}=\frac{\partial w}{\partial t}+p \tag{4.20}$$

式(4.20)称为**时变电磁场坡印亭定理的微分形式**。它表示媒质空间某点能流密度的空间减少率转化为该点电磁能量密度的时间增长率与电磁损耗功率密度之和。

图 4.3 表示由曲面 S 包围的有限媒质空间体积 V。将式(4.20)两边在体积 V 上进行积分，并利用散度定理 $\int_V\nabla\cdot\boldsymbol{F}\mathrm{d}V=\oint_S\boldsymbol{F}\cdot\mathrm{d}\boldsymbol{S}$，令 $\boldsymbol{F}=\boldsymbol{S}$，可得

$$-\oint_S\boldsymbol{S}(\boldsymbol{r},t)\cdot\mathrm{d}\boldsymbol{S}=\frac{\partial}{\partial t}\int_V w(\boldsymbol{r},t)\mathrm{d}V+\int_V p(\boldsymbol{r},t)\mathrm{d}V \tag{4.21a}$$

或

$$-\oint_S(\boldsymbol{E}\times\boldsymbol{H})\cdot\mathrm{d}\boldsymbol{S}=\frac{\partial}{\partial t}\int_V\left(\frac{1}{2}\boldsymbol{E}\cdot\boldsymbol{D}+\frac{1}{2}\boldsymbol{H}\cdot\boldsymbol{B}\right)\mathrm{d}V+\int_V\boldsymbol{E}\cdot\boldsymbol{J}\mathrm{d}V \tag{4.21b}$$

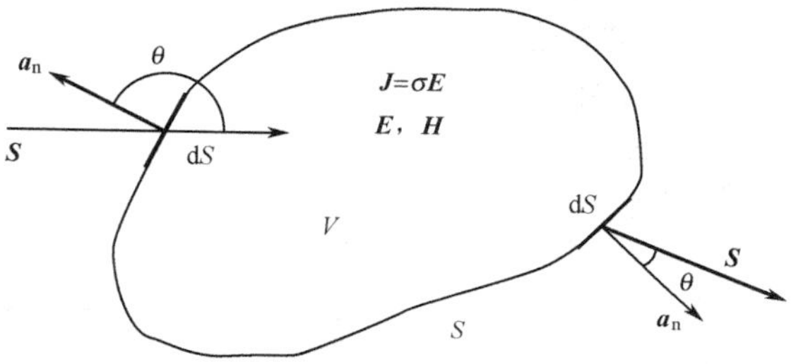

图 4.3 坡印亭定理能流示意图

式(4.21a)和式(4.21b)称为**时变电磁场坡印亭定理的积分形式**。它表示进入有限媒质空间体积的电磁能流转化为该体积内电磁能量随时间的增长率与电磁损耗功率之和。也可以说，它表示单位时间内流入有限媒质空间体积的电磁能量转化为该体积内电磁储能的增量与损耗的电磁能量。需要说明几点：图 4.3 中面积元 $\mathrm{d}\boldsymbol{S}$ 的法向矢量 $\boldsymbol{a}_n$ 与坡印亭矢量 $\boldsymbol{S}$ 的夹角为锐角或钝角时，其点积为正或负，表示能流密度穿出或穿入面积元，所示式(4.21)左边取负值表示能流进入有限体积内；随时间增加的电磁储能是以电能与磁能的相互转换形式而存在的，简称电磁能量交换；对于损耗媒质空间($\sigma\neq0$)，依据焦耳定律可知，电磁能量损耗是指电磁能量变为焦耳热损耗了；对于无损耗媒质($\sigma=0$)，式(4.21)右边第二项消失，表示流进有限体积电磁能量全部转化为该体积内电磁储能随时间的增量；对于静态场 $\left(\frac{\partial}{\partial t}=0\right)$，式(4.21)右边第一项消失，表示流进有限体积电磁能量全部转化为该体积内电磁能量的焦耳热损耗了。所以，时变电磁场的坡印亭定理是关于电磁能量转换过程中的能量守恒定律。

【例 4.1】 一段长直圆柱导体上通过稳恒电流 I。假设导体半径为 a，长度为 l，电导率为 σ，如图 4.4 所示。(1)求导体表面附近的坡印亭矢量；(2)求导体的损耗功率。

解：

(1)选择圆柱坐标系，令圆柱轴线为圆柱坐标系的 z 轴，则导体内的稳恒电流场和稳恒电场为

$$\boldsymbol{J}=\boldsymbol{a}_zJ_z=\boldsymbol{a}_z\frac{I}{\pi a^2}$$

$$\boldsymbol{E}_{内}=\frac{\boldsymbol{J}}{\sigma}=\boldsymbol{a}_z\frac{I}{\sigma\pi a^2}$$

利用电场切向分量的边界条件可知 $E_{内}=E_{外}$，即得

$$\boldsymbol{E}_{外}=\boldsymbol{a}_z\frac{I}{\sigma\pi a^2}$$

利用安培环路定理，可以求出导体内、外的磁场强度为

$$\boldsymbol{H}=\begin{cases}\boldsymbol{a}_{\varphi}\dfrac{I\rho}{2\pi a^{2}}, & \rho<a\\ \boldsymbol{a}_{\varphi}\dfrac{I}{2\pi\rho}, & \rho>a\end{cases}$$

因此，在圆柱导体表面附近内、外处的坡印亭矢量为

$$\boldsymbol{S}=\boldsymbol{E}\times\boldsymbol{H}=(\boldsymbol{a}_{z}\times\boldsymbol{a}_{\varphi})\frac{I}{\sigma\pi a^{2}}\begin{Bmatrix}\dfrac{I\rho}{2\pi a^{2}}\\ \dfrac{I}{2\pi\rho}\end{Bmatrix}$$

$$=\begin{cases}-\boldsymbol{a}_{\rho}\dfrac{I^{2}\rho}{2\pi^{2}a^{4}\sigma}, & \rho<a\\ -\boldsymbol{a}_{\rho}\dfrac{I^{2}}{2\pi^{2}a^{2}\rho\sigma}, & \rho>a\end{cases}$$

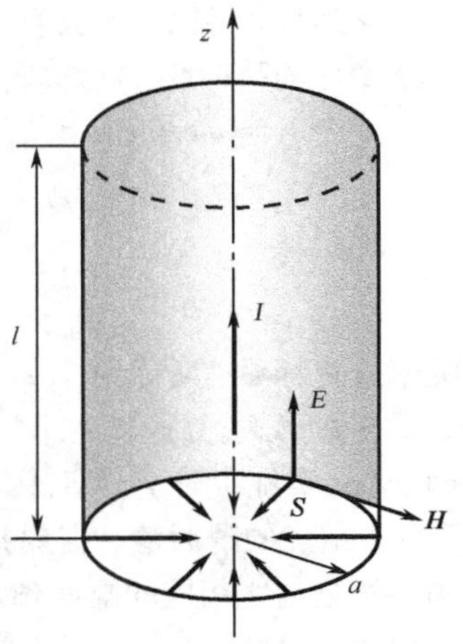

图 4.4 载流圆柱导体的 $\boldsymbol{E}$、$\boldsymbol{H}$ 和 $\boldsymbol{S}$ 分布

看出坡印亭矢量的方向处处沿径向指向导体轴线。

(2)在导线表面 $\rho=a$ 处，$\boldsymbol{S}=-\boldsymbol{a}_{\rho}\dfrac{I^{2}}{2\pi^{2}a^{3}\sigma}$，沿圆柱导体表面对 $\boldsymbol{S}$ 求面积分，利用 $R=\dfrac{l}{\sigma S}$，有

$$-\oint_{S}\boldsymbol{S}\cdot\mathrm{d}\boldsymbol{S}=-\oint_{S}\boldsymbol{S}\cdot\boldsymbol{a}_{\rho}\mathrm{d}S=\left(\frac{I^{2}}{2\pi^{2}a^{3}\sigma}\right)2\pi al$$

$$=I^{2}\left(\frac{l}{\sigma\pi a^{2}}\right)=I^{2}R$$

式中，$R=l/(\pi a^{2}\sigma)$ 表示半径为 a，长度为 l 的圆柱导体的电阻。进入导体的稳恒电场能流转化为导体的电能损耗功率，完全服从坡印亭定理。

4.5 时谐电磁场

4.5.1 时谐电磁场的复数表示法

时变电磁场是空间和时间的函数，其场强的大小和方向均可能随空间和时间而变化，这是一种瞬态场。一般时变电磁场可以随时间做任意变化，求解十分复杂。但有一种场的场强方向与时间无关，而场强大小仅按一定角频率随时间做正弦或余弦变化，这是一种稳态正弦或余弦电磁场，称为**时谐电磁场**。

在工程应用中常采用时谐电磁场求解电磁问题，主要是基于两个原因：(1)时谐电磁场是实际存在的最简单、应用广泛的场，且易于激励(如做正弦变化的市电，其激励源的频率 $f=50$ Hz)；(2)按傅里叶分析方法，在线性条件下，任意复杂的时变电磁场可以分解为许多项随时间做正弦和余弦变化的简单时谐场的线性叠加，只要掌握了简单时谐电磁场的变化规律和基本特性，就不难合成所需的任意时变电磁场。

在电路理论中，沿 z 向传输随时间 t 做正弦或余弦变化的电流和电压是一维标量瞬时值 $i(z,t)$ 和 $u(z,t)$。以做余弦变化的瞬时电压为例，可以写为

$$u(z,t)=U_{0}(z)\cos(\omega t+\varphi)$$

式中 $U_{0}(z)$ 为振幅，ω 为角频率($\omega=2\pi f$)，φ 为余弦的初相位。若将坐标原点沿 z 向平移 $\dfrac{\pi}{2}$，余弦函数也可转换为正弦函数 $\sin(\omega t+\varphi')\left(\varphi'=\varphi+\dfrac{\pi}{2}\right)$。

为了简化运算，可以引入具有实轴和虚轴的复平面，并以欧拉公式为基础，建立复数运算法，将具有时空变化的瞬时值的运算转化为仅具空间变化的复数值的运算。已知欧拉公式为 $e^{jx}=\cos x+j\sin x$，令 $x=\omega t+\varphi$，上式可改写为

$$u(z,\ t)=\mathrm{Re}\{[U_0(z)e^{j\varphi}]e^{j\omega t}\}=\mathrm{Re}[\dot{U}(z)e^{j\omega t}]$$

式中

$$\dot{U}(z)=U_0(z)e^{j\varphi}$$

称为**复振幅**或**复标量**，又称为 $u(z,\ t)$ 的**复数形式**。为了区别复数形式与实数形式，这里用加"•"的符号表示复数形式。复振幅表示物理量的振幅和初相位，只有空间变化关系，与具有时间变化的时谐因子 $j\omega t$ 实施了时空分离。因此，**只需对复振幅进行运算，再将结果乘以 $e^{j\omega t}$，并取实部或虚部，即可得到相应的瞬时值**。需要指出，物理量的复标量只是一种与空间有关的数学表示形式，真实的物理量是与之相应的瞬时值；原则上讲，取实部或虚部均可，但在整个问题中应当统一，本教材采用取实部的形式。

在一定条件下，电路理论中的复数表示法，可以推广到电磁理论中的时谐电磁场。这里所谓的推广，是指将一维标量推广为三维矢量。任何时谐矢量 $\boldsymbol{F}(\boldsymbol{r},\ t)$ 均可分解为三个时谐标量 $F_i(\boldsymbol{r},\ t)$。在直角坐标系中，取 $i=x,\ y$ 和 z。以电场 $\boldsymbol{E}$ 为例，可以写为如下分量形式

$$\boldsymbol{E}(x,\ y,\ z,\ t)=\boldsymbol{a}_xE_x(x,\ y,\ z,\ t)+\boldsymbol{a}_yE_y(x,\ y,\ z,\ t)+\boldsymbol{a}_zE_z(x,y,z,t) \tag{4.22}$$

式中沿 $\boldsymbol{a}_x$、$\boldsymbol{a}_y$ 和 $\boldsymbol{a}_z$ 方向的标量分量可以写成时谐场的瞬时形式

$$E_x(x,y,z,t)=E_{x0}(\boldsymbol{r})\cos[\omega t+\varphi_x(\boldsymbol{r})] \tag{4.23a}$$

$$E_y(x,y,z,t)=E_{y0}(\boldsymbol{r})\cos[\omega t+\varphi_y(\boldsymbol{r})] \tag{4.23b}$$

$$E_z(x,y,z,t)=E_{z0}(\boldsymbol{r})\cos[\omega t+\varphi_z(\boldsymbol{r})] \tag{4.23c}$$

按欧拉公式将式(4.23)写成如下指数形式

$$E_x(\boldsymbol{r},\ t)=\mathrm{Re}[E_{x0}(\boldsymbol{r})e^{j\varphi_x(\boldsymbol{r})}e^{j\omega t}] \tag{4.24a}$$

$$E_y(\boldsymbol{r},\ t)=\mathrm{Re}[E_{y0}(\boldsymbol{r})e^{j\varphi_y(\boldsymbol{r})}e^{j\omega t}] \tag{4.24b}$$

$$E_z(\boldsymbol{r},\ t)=\mathrm{Re}[E_{z0}(\boldsymbol{r})e^{j\varphi_z(\boldsymbol{r})}e^{j\omega t}] \tag{4.24c}$$

定义

$$\dot{E}_x(\boldsymbol{r})=E_{x0}(\boldsymbol{r})e^{j\varphi_x(\boldsymbol{r})} \tag{4.25a}$$

$$\dot{E}_y(\boldsymbol{r})=E_{y0}(\boldsymbol{r})e^{j\varphi_y(\boldsymbol{r})} \tag{4.25b}$$

$$\dot{E}_z(\boldsymbol{r})=E_{z0}(\boldsymbol{r})e^{j\varphi_z(\boldsymbol{r})} \tag{4.25c}$$

则式(4.24)可以写成

$$E_x(\boldsymbol{r},\ t)=\mathrm{Re}[\dot{E}_x(\boldsymbol{r})e^{j\omega t}] \tag{4.26a}$$

$$E_y(\boldsymbol{r},\ t)=\mathrm{Re}[\dot{E}_y(\boldsymbol{r})e^{j\omega t}] \tag{4.26b}$$

$$E_z(\boldsymbol{r},\ t)=\mathrm{Re}[\dot{E}_z(\boldsymbol{r})e^{j\omega t}] \tag{4.26c}$$

式中 $\dot{E}_x(\boldsymbol{r})$，$\dot{E}_y(\boldsymbol{r})$ 和 $\dot{E}_z(\boldsymbol{r})$ 称为 $E_x(\boldsymbol{r},\ t)$，$E_y(\boldsymbol{r},\ t)$ 和 $E_z(\boldsymbol{r},\ t)$ 的**复标量**。式(4.26a) ～式(4.26c) 分别乘 $\boldsymbol{a}_x$、$\boldsymbol{a}_y$ 和 $\boldsymbol{a}_z$ 相叠加，即可将式(4.22)按复数形式合成为如下瞬时形式

$$\begin{aligned}\boldsymbol{E}(\boldsymbol{r},\ t)&=\mathrm{Re}\{[\boldsymbol{a}_x\dot{E}_x(\boldsymbol{r})+\boldsymbol{a}_y\dot{E}_y(\boldsymbol{r})+\boldsymbol{a}_z\dot{E}_z(\boldsymbol{r})]e^{j\omega t}\}\\&=\mathrm{Re}[\dot{\boldsymbol{E}}(\boldsymbol{r})e^{j\omega t}]\end{aligned} \tag{4.27}$$

式中

$$\dot{\boldsymbol{E}}(\boldsymbol{r})=\boldsymbol{a}_x\dot{E}_x(\boldsymbol{r})+\boldsymbol{a}_y\dot{E}_y(\boldsymbol{r})+\boldsymbol{a}_z\dot{E}_z(\boldsymbol{r}) \tag{4.28}$$

称为时谐电场瞬时形式 $\boldsymbol{E}(\boldsymbol{r},t)$ 的**复矢量**。

必须指出，前面所说在一定条件下才能将电路理论的复数表示法推广到电磁理论中，是指首先必须是时谐场，而且各时谐场必须具有相同频率(单频场或单色波)，时谐场矢量沿各方向分量的初相位必须相等(稳态场)。因此，式(4.25)中要求 $\varphi_x(\boldsymbol{r})=\varphi_y(\boldsymbol{r})=\varphi_z(\boldsymbol{r})$，通常用 $\varphi(\boldsymbol{r})$ 来表示。这是因为在一般情况下，随时间任意变化的时变电场强度 $\boldsymbol{E}(x,y,z,t)$，它的每一坐标分量具有不同的振幅和初相位，因此在不同瞬间将它们合成矢量时，电场强度 $\boldsymbol{E}$ 在空间就有不同的**取向**。仅当各坐标分量的初相位相同时，电场强度 $\boldsymbol{E}(x,y,z,t)$ 的方向才不随时间改变，形成取向与时间无关的稳定状态，而其大小则按同一频率(单频)在固定振幅方向按正弦或余弦规律来回振荡。可见参考文献[4]。

对于任意时谐场矢量或位矢量，可以用 $\boldsymbol{F}$ 将式(4.27)和式(4.28)推广为如下一般形式

$$
\begin{aligned}
\boldsymbol{F}(\boldsymbol{r},t) &= \sum_{i=1}^{3}\boldsymbol{a}_i F_i(\boldsymbol{r},t)\\
&= \mathrm{Re}\left\{\sum_{i=1}^{3}[\boldsymbol{a}_i\dot{F}_i(\boldsymbol{r})]\mathrm{e}^{\mathrm{j}\omega t}\right\}\\
&= \mathrm{Re}[\dot{\boldsymbol{F}}(\boldsymbol{r})\mathrm{e}^{\mathrm{j}\omega t}]
\end{aligned}
\tag{4.29}
$$

式中

$$
\dot{\boldsymbol{F}}(\boldsymbol{r}) = \sum_{i=1}^{3}\boldsymbol{a}_i\dot{F}_i(\boldsymbol{r}) = \sum_{i=1}^{3}\boldsymbol{a}_i F_{ai}(\boldsymbol{r})\mathrm{e}^{\mathrm{j}\varphi(\boldsymbol{r})} \tag{4.30}
$$

式中，$\dot{F}_i(\boldsymbol{r})$ 是 $F_i(\boldsymbol{r},t)$ 的**复标量**，$\dot{\boldsymbol{F}}(\boldsymbol{r})$ 是 $\boldsymbol{F}(\boldsymbol{r},t)$ 的**复矢量**。其中 $\varphi(\boldsymbol{r})$ 不能写成 $\varphi_i(\boldsymbol{r})$，表示 $\dot{F}_i(\boldsymbol{r})$ 的各初相位相等。

在时谐电磁场中，对空间的导数可用复数形式表示，交换 ∇ 与 Re 的顺序后，得

$$
\nabla\times\boldsymbol{F}(\boldsymbol{r},t) = \mathrm{Re}[\nabla\times\dot{\boldsymbol{F}}(\boldsymbol{r})\mathrm{e}^{\mathrm{j}\omega t}] \tag{4.31a}
$$

对时间的导数则交换 $\dfrac{\partial}{\partial t}$ 与 Re 的顺序，得

$$
\begin{aligned}
\frac{\partial\boldsymbol{F}(\boldsymbol{r},t)}{\partial t} &= \frac{\partial}{\partial t}\mathrm{Re}[\dot{\boldsymbol{F}}(\boldsymbol{r})\mathrm{e}^{\mathrm{j}\omega t}]\\
&= \mathrm{Re}\left\{\frac{\partial}{\partial t}[\dot{\boldsymbol{F}}(\boldsymbol{r})\mathrm{e}^{\mathrm{j}\omega t}]\right\} = \mathrm{Re}[\mathrm{j}\omega\dot{\boldsymbol{F}}(\boldsymbol{r})\mathrm{e}^{\mathrm{j}\omega t}]
\end{aligned}
\tag{4.31b}
$$

式 (4.31b) 表明时谐场对时间的微分用复数形式来表示时，相当于将 $\dfrac{\partial}{\partial t}$ 代换为 $\mathrm{j}\omega$；同理可知，对于积分，则相当于将 $\int \mathrm{d}t$ 代换为 $1/\mathrm{j}\omega$。

4.5.2 时谐电磁场的麦克斯韦方程和本构方程

将式 (4.31a) 和式(4.31b) 应用于时变电磁场方程(4.8)，可以转化为时谐电磁场的复数形式。例如，对方程(4.8a)，可做如下运算

$$
\nabla\times\mathrm{Re}[\dot{\boldsymbol{E}}(\boldsymbol{r})\mathrm{e}^{\mathrm{j}\omega t}] = -\mathrm{Re}[\mathrm{j}\omega\dot{\boldsymbol{B}}(\boldsymbol{r})\mathrm{e}^{\mathrm{j}\omega t}]
$$

$$
\mathrm{Re}[\nabla\times\dot{\boldsymbol{E}}(\boldsymbol{r})\mathrm{e}^{\mathrm{j}\omega t}] = \mathrm{Re}[-\mathrm{j}\omega\dot{\boldsymbol{B}}(\boldsymbol{r})\mathrm{e}^{\mathrm{j}\omega t}]
$$

对于任意时刻 t，上式均成立，故可以消去方程两边相同的时谐因子。对方程(4.8)所有各式做同样运算，最后得时谐电磁场的复数形式为

$$
\nabla\times\boldsymbol{E} = -\mathrm{j}\omega\boldsymbol{B} \tag{4.32a}
$$

$$
\nabla\times\boldsymbol{H} = \boldsymbol{J}+\mathrm{j}\omega\boldsymbol{D} \tag{4.32b}
$$

$$\nabla \cdot \boldsymbol{D} = \rho \tag{4.32c}$$

$$\nabla \cdot \boldsymbol{B} = 0 \tag{4.32d}$$

$$\boldsymbol{D} = \varepsilon \boldsymbol{E} \tag{4.32e}$$

$$\boldsymbol{B} = \mu \boldsymbol{H} \tag{4.32f}$$

由于复数与实数两种形式的方程之间存在明显区别，方程(4.32)已略去所加“·”的符号，并不会引起混淆。

4.5.3 时谐电磁场的辅助动态位

仿照时变电磁场的分析方法，从麦克斯韦方程的复数形式也可引入时谐电磁场的辅助动态位，并建立求解辅助动态位的波动方程，或者直接从时变电磁场的各方程改写为时谐电磁场的复数形式。于是，由式(4.12a)、式(4.12b)和式(4.11)可得

$$\nabla^2 \Phi(\boldsymbol{r}) + \omega^2 \mu\varepsilon \Phi(\boldsymbol{r}) = -\frac{\rho(\boldsymbol{r})}{\varepsilon} \tag{4.33a}$$

$$\nabla^2 \boldsymbol{A}(\boldsymbol{r}) + \omega^2 \mu\varepsilon \boldsymbol{A}(\boldsymbol{r}) = -\mu \boldsymbol{J}(\boldsymbol{r}) \tag{4.33b}$$

$$\nabla \cdot \boldsymbol{A}(\boldsymbol{r}) = -\mathrm{j}\omega\mu\varepsilon\Phi(\boldsymbol{r}) \tag{4.34}$$

令 $k^2 = \omega^2\mu\varepsilon$，方程(4.33)变为

$$\nabla^2 \Phi(\boldsymbol{r}) + k^2 \Phi(\boldsymbol{r}) = -\frac{\rho(\boldsymbol{r})}{\varepsilon} \tag{4.35a}$$

$$\nabla^2 \boldsymbol{A}(\boldsymbol{r}) + k^2 \boldsymbol{A}(\boldsymbol{r}) = \mu \boldsymbol{J}(\boldsymbol{r}) \tag{4.35b}$$

式(4.35)即为时谐电磁场的复标量位 Φ 和复矢量位 $\boldsymbol{A}$ 在有源空间区域所满足的波动方程，通常称为**非齐次亥姆霍兹方程**。若在无源空间区域($\rho = 0$，$\boldsymbol{J} = 0$)，则得**齐次亥姆霍兹方程**为

$$\nabla^2 \Phi(\boldsymbol{r}) + k^2 \Phi(\boldsymbol{r}) = 0 \tag{4.36a}$$

$$\nabla^2 \boldsymbol{A}(\boldsymbol{r}) + k^2 \boldsymbol{A}(\boldsymbol{r}) = 0 \tag{4.36b}$$

由洛仑兹条件式(4.34)可知 $\Phi = \mathrm{j}\dfrac{\nabla \cdot \boldsymbol{A}}{\omega\mu\varepsilon}$，再由式(4.9a)和式(4.9c)便得时谐电磁场解的复数形式

$$\boldsymbol{B}(\boldsymbol{r}) = \nabla \times \boldsymbol{A}(\boldsymbol{r}) \tag{4.37a}$$

$$\boldsymbol{E}(\boldsymbol{r}) = -\mathrm{j}\omega\boldsymbol{A}(\boldsymbol{r}) - \mathrm{j}\frac{\nabla\nabla \cdot \boldsymbol{A}(\boldsymbol{r})}{\omega\mu\varepsilon} = -\mathrm{j}\omega\left[\boldsymbol{A}(\boldsymbol{r}) + \frac{\nabla\nabla \cdot \boldsymbol{A}(\boldsymbol{r})}{k^2}\right] \tag{4.37b}$$

【例 4.2】 假定自由空间中时谐电磁场的电场强度瞬时值为

$$\boldsymbol{E}(z, t) = \boldsymbol{a}_y E_{0y}\cos(\omega t - kz)$$

求：(1)电场强度的复数形式；(2)磁场强度的复数形式和瞬时形式；(3)当 $E_{0y} = 3$ V/m，$\omega = 2\pi \times 10^9$ Hz 和 $k = \dfrac{\pi}{3}$ 时，电场强度和磁场强度的复数值和瞬时值。

解：

(1)将 $\boldsymbol{E}(z,t)$ 的瞬时形式改写为

$$\boldsymbol{E}(z,t) = \mathrm{Re}[(\boldsymbol{a}_y E_{0y}\mathrm{e}^{-\mathrm{j}kz})\mathrm{e}^{\mathrm{j}\omega t}]$$

可知电场强度的复矢量为

$$\boldsymbol{E}(z) = \boldsymbol{a}_y E_{0y}\mathrm{e}^{-\mathrm{j}kz} \tag{4.38}$$

(2)将式(4.38)代入麦克斯韦方程的旋度式(4.32a)，得

$$\begin{vmatrix} \boldsymbol{a}_x & \boldsymbol{a}_y & \boldsymbol{a}_z \\ \dfrac{\partial}{\partial x} & \dfrac{\partial}{\partial y} & \dfrac{\partial}{\partial z} \\ 0 & E_{0y}\mathrm{e}^{-\mathrm{j}kz} & 0 \end{vmatrix} = -\mathrm{j}\omega\mu_0(\boldsymbol{a}_x H_x + \boldsymbol{a}_y H_y + \boldsymbol{a}_z H_z) \tag{4.39}$$

由式(4.39)得 $\boldsymbol{a}_y$ 和 $\boldsymbol{a}_z$ 的分量为零，而 $\boldsymbol{a}_x$ 的分量为

$$kE_{0y}\mathrm{e}^{-\mathrm{j}kz} = -\omega\mu_0 H_x$$

故得磁场强度的复数形式为

$$\boldsymbol{H}(z) = -\boldsymbol{a}_x \frac{k}{\omega\mu_0}E_{0y}\mathrm{e}^{-\mathrm{j}kz} = -\boldsymbol{a}_x\sqrt{\frac{\varepsilon_0}{\mu_0}}E_{0y}\mathrm{e}^{-\mathrm{j}kz} = -\boldsymbol{a}_x\frac{E_{0y}}{\eta_0}\mathrm{e}^{-\mathrm{j}kz}$$

将复数形式 $\boldsymbol{H}(z)$ 乘以 $\mathrm{e}^{\mathrm{j}\omega t}$，取实部，即得 $\boldsymbol{H}(z,t)$ 的瞬时形式为

$$\boldsymbol{H}(z,t) = \mathrm{Re}[\boldsymbol{H}(z)\mathrm{e}^{\mathrm{j}\omega t}] = -\boldsymbol{a}_x\frac{E_{0y}}{\eta_0}\cos(\omega t - kz)$$

(3)已知 μ_0 和 ε_0 的值为

$$\mu_0 = 4\pi\times10^{-7}\ \mathrm{H/m},\quad \varepsilon_0 = \frac{1}{36\pi}\times10^{-9}\ \mathrm{F/m}$$

求得波阻抗为

$$\eta_0 = \sqrt{\frac{\mu_0}{\varepsilon_0}} = \sqrt{\frac{4\pi\times10^{-7}}{(36\pi)^{-1}\times10^{-9}}} = 120\pi\ \Omega$$

代入数字计算，最后得

$$\boldsymbol{E}(z) = \boldsymbol{a}_y 3\mathrm{e}^{-\mathrm{j}\frac{\pi}{3}z}\ \ \mathrm{V/m}$$

$$\boldsymbol{H}(z) = -\boldsymbol{a}_x\frac{1}{40\pi}\mathrm{e}^{-\mathrm{j}\frac{\pi}{3}z}\ \ \mathrm{A/m}$$

$$\boldsymbol{E}(z,t) = \boldsymbol{a}_y 3\cos\left(2\pi\times10^9 t - \frac{\pi}{3}z\right)\ \ \mathrm{V/m}$$

$$\boldsymbol{H}(z,t) = -\boldsymbol{a}_x\frac{1}{40\pi}\cos\left(2\pi\times10^9 t - \frac{\pi}{3}z\right)\ \ \mathrm{A/m}$$

4.5.4　时谐电磁场的复坡印亭定理

1. 坡印亭矢量的三种表示形式

首先考查时谐电磁场 $\boldsymbol{E}(\boldsymbol{r},t)$ 和 $\boldsymbol{H}(\boldsymbol{r},t)$ 的坡印亭矢量 $\boldsymbol{S}(\boldsymbol{r},t)$ 的瞬时形式。已知

$$\boldsymbol{E}(\boldsymbol{r},t) = \boldsymbol{E}_0(\boldsymbol{r})\cos(\omega t - \varphi_{\mathrm{e}}) \tag{4.40a}$$

$$\boldsymbol{H}(\boldsymbol{r},t) = \boldsymbol{H}_0(\boldsymbol{r})\cos(\omega t - \varphi_{\mathrm{h}}) \tag{4.40b}$$

可得

$$\begin{aligned}\boldsymbol{S}(\boldsymbol{r},t) &= \boldsymbol{E}(\boldsymbol{r},t)\times\boldsymbol{H}(\boldsymbol{r},t)\\ &= [\boldsymbol{E}_0(\boldsymbol{r})\times\boldsymbol{H}_0(\boldsymbol{r})]\cos(\omega t-\varphi_{\mathrm{e}})\cos(\omega t-\varphi_{\mathrm{h}})\end{aligned} \tag{4.41}$$

利用三角函数公式 $\cos\alpha\cos\beta = \frac{1}{2}[\cos(\alpha+\beta)+\cos(\alpha-\beta)]$，并令 $\alpha = \omega t - \varphi_{\mathrm{e}}$ 和 $\beta = \omega t - \varphi_{\mathrm{h}}$，得 $\alpha + \beta = 2\omega t - (\varphi_{\mathrm{e}}+\varphi_{\mathrm{h}})$ 和 $\alpha - \beta = -(\varphi_{\mathrm{e}}-\varphi_{\mathrm{h}})$，式(4.41)变为

$$\boldsymbol{S}(\boldsymbol{r},t) = \frac{1}{2}[\boldsymbol{E}_0(\boldsymbol{r})\times\boldsymbol{H}_0(\boldsymbol{r})][\cos(\varphi_{\mathrm{e}}-\varphi_{\mathrm{h}})+\cos(2\omega t-\varphi_{\mathrm{e}}-\varphi_{\mathrm{h}})] \tag{4.42a}$$

时谐量应当满足线性叠加性，源于其麦克斯韦方程为线性方程。而式(4.42a) $\boldsymbol{E}\times\boldsymbol{H}$ 的运算结果中出现了由 $2\omega t$ 表示的二次谐波，这是非线性项，违背了时谐量运算的线性要求，必须寻求其他表示方法。

由于 $\boldsymbol{S}(\boldsymbol{r},t)$ 是周期性函数，在一个周期 $T=\dfrac{2\pi}{\omega}$ 内对时间 dt 进行积分，可得坡印亭矢量 $\boldsymbol{S}(\boldsymbol{r},t)$ 的**时间平均值**，简称**时均形式**，用下标"av" 表示。故式(4.42a) 的瞬时形式为时均形式

$$\boldsymbol{S}_{\mathrm{av}}(\boldsymbol{r}) = \frac{1}{T}\int_0^T \boldsymbol{S}(\boldsymbol{r},t)\mathrm{d}t = \frac{1}{2}[\boldsymbol{E}_0(\boldsymbol{r}) \times \boldsymbol{H}_0(\boldsymbol{r})]\cos(\varphi_{\mathrm{e}} - \varphi_{\mathrm{h}}) \tag{4.42b}$$

式 (4.42a) 右边倍频余弦项在一个周期内积分的时间平均值为零，不予考虑。所以式(4.42b) 是一个与时间无关的恒定量。显然，由于对式(4.42a) 取时间平均值，消除了二次谐波，满足了时谐场的线性叠加要求，可以用来表示时谐场的坡印亭矢量。但是，在式(4.42b) 中运用了较复杂的积分运算，有必要再寻求更简便的表示形式。

式 (4.42b) 是一个仅与空间变化有关的量，自然使我们联想到能否应用也仅与空间变化有关的复数来表示。但是，复矢量 $\boldsymbol{E}(\boldsymbol{r})$ 与 $\boldsymbol{H}(\boldsymbol{r})$ 相叉乘后，必须再乘 $\mathrm{e}^{\mathrm{j}\omega t}\times \mathrm{e}^{\mathrm{j}\omega t} = \mathrm{e}^{\mathrm{j}2\omega t}$ 后取实部才得到瞬时量。于是，$\boldsymbol{S}(\boldsymbol{r},t)$ 中仍然出现了 $2\omega t$ 的非线性项，除非使其中一个时谐因子反号，即 $\mathrm{e}^{\mathrm{j}\omega t}\times \mathrm{e}^{-\mathrm{j}\omega t} = 1$，才能消除非线性项。由此可知，在用复量表示 $\boldsymbol{S}(\boldsymbol{r},t)$ 时，其中 $\boldsymbol{H}(\boldsymbol{r},t)$ 的复量必须用共轭量 $\boldsymbol{H}^*(\boldsymbol{r})$ 来表示。所以，时谐电磁场坡印亭矢量的复数形式定义为

$$\boldsymbol{S}(\boldsymbol{r}) = \frac{1}{2}\boldsymbol{E}(\boldsymbol{r}) \times \boldsymbol{H}^*(\boldsymbol{r}) = \frac{1}{2}\boldsymbol{E}_0(\boldsymbol{r})\mathrm{e}^{\mathrm{j}\varphi_{\mathrm{e}}} \times \boldsymbol{H}_0(\boldsymbol{r})\mathrm{e}^{-\mathrm{j}\varphi_{\mathrm{h}}} = \frac{1}{2}[\boldsymbol{E}_0(\boldsymbol{r}) \times \boldsymbol{H}_0(\boldsymbol{r})]\mathrm{e}^{\mathrm{j}(\varphi_{\mathrm{e}}-\varphi_{\mathrm{h}})} \tag{4.42c}$$

2. 坡印亭矢量三种形式的关系

时谐电磁场坡印亭矢量的瞬时形式 $\boldsymbol{S}(\boldsymbol{r},t)$ 的表示式(4.42a) 可以分别用它的时均形式 $\boldsymbol{S}_{\mathrm{av}}(\boldsymbol{r})$ 的表示式(4.42b) 和复数形式 $\boldsymbol{S}(\boldsymbol{r})$ 的表示式(4.42c) 来表示，式(4.42a) ～ 式(4.42c) 建立了这三种表示形式的关系。观察式(4.42b) 和式(4.42c)，可以发现时均形式和复数形式的等效关系为

$$\mathrm{Re}\boldsymbol{S}(\boldsymbol{r}) = \frac{1}{2}[\boldsymbol{E}_0(\boldsymbol{r}) \times \boldsymbol{H}_0(\boldsymbol{r})]\cos(\varphi_{\mathrm{e}} - \varphi_{\mathrm{h}}) = \boldsymbol{S}_{\mathrm{av}}(\boldsymbol{r}) \tag{4.43}$$

式(4.43)表示**坡印亭矢量复数形式的实部等于其时均形式**。应用对坡印亭矢量瞬时值取时间平均值和复数共轭值的方法，均可消除瞬时值的非线性项，从而能用于正确有效地表示空间任意点的能流密度。所以，**能流密度矢量用复数值和时均值表示是等效的，但复数形式比时均形式更简单。**

3. 复坡印亭定理

应用对时变场坡印亭定理类似的推导方法，由 $\nabla\cdot(\boldsymbol{E}\times\boldsymbol{H}^*)$ 的展式可得到时谐场的复坡印亭定理。

应用取复数共轭的方法，式 (4.17a) 和式(4.17b) 写为

$$w_{\mathrm{av}}(\boldsymbol{r}) = \frac{1}{4}[\boldsymbol{E}(\boldsymbol{r})\cdot\boldsymbol{D}^*(\boldsymbol{r}) + \boldsymbol{B}(\boldsymbol{r})\cdot\boldsymbol{H}^*(\boldsymbol{r})]$$

$$= \frac{1}{4}[\varepsilon\,|\,\boldsymbol{E}(\boldsymbol{r})\,|^2 + \mu\,|\,\boldsymbol{H}(\boldsymbol{r})\,|^2] = \mathrm{Re}w(\boldsymbol{r}) \tag{4.44a}$$

$$p_{\mathrm{av}}(\boldsymbol{r}) = \frac{1}{2}\boldsymbol{E}(\boldsymbol{r})\cdot\boldsymbol{J}^*(\boldsymbol{r}) = \frac{1}{2}\sigma\,|\,\boldsymbol{E}(\boldsymbol{r})\,|^2 = \mathrm{Re}p(\boldsymbol{r}) \tag{4.44b}$$

在 $\nabla\cdot(\boldsymbol{E}\times\boldsymbol{H}^*) = \boldsymbol{H}^*\cdot\nabla\times\boldsymbol{E} - \boldsymbol{E}\cdot\nabla\times\boldsymbol{H}^*$ 中代入 $\nabla\times\boldsymbol{E} = -\mathrm{j}\omega\boldsymbol{B}$ 和 $\nabla\times\boldsymbol{H}^* = \boldsymbol{J}^* - \mathrm{j}\omega\boldsymbol{D}^*$，有

$$\nabla\cdot(\boldsymbol{E}\times\boldsymbol{H}^*) = -\mathrm{j}\omega\boldsymbol{B}\cdot\boldsymbol{H}^* + \mathrm{j}\omega\boldsymbol{E}\cdot\boldsymbol{D}^* - \boldsymbol{E}\cdot\boldsymbol{J}^*$$

由上式可将对应于式(4.21b)的形式变为

$$-\oint_S(\boldsymbol{E}\times\boldsymbol{H}^*)\cdot\mathrm{d}\boldsymbol{S} = \mathrm{j}\omega\int_V(\boldsymbol{B}\cdot\boldsymbol{H}^* - \boldsymbol{E}\cdot\boldsymbol{D}^*)\mathrm{d}V + \int_V\boldsymbol{E}\cdot\boldsymbol{J}^*\mathrm{d}V \tag{4.45a}$$

式(4.45a)两边遍乘$\frac{1}{2}$，代入式(4.42c)、式(4.44a)和式(4.44b)，得

$$-\oint_S \boldsymbol{S}(\boldsymbol{r})\cdot \mathrm{d}\boldsymbol{S} = \mathrm{j}2\omega\int_V [w_{\mathrm{m\cdot av}}(\boldsymbol{r}) - w_{\mathrm{e\cdot av}}(\boldsymbol{r})]\mathrm{d}V + \int_V p_{\mathrm{av}}(\boldsymbol{r})\mathrm{d}V \tag{4.45b}$$

复能流密度矢量类似于 RLC 正弦电路中的复功率

$$P = UI^* = P_{\mathrm{R}} + \mathrm{j}2\omega(W_{\mathrm{L}} - W_{\mathrm{C}})$$

式中，I^* 为电流 I 的共轭值；P_{R} 为电阻的功率损耗平均值；W_{L} 和 W_{C} 分别是电感器和电容器中的电、磁储能平均值。

【例 4.3】 已知无源空间区域电场强度的瞬时值为

$$\boldsymbol{E}(x,z,t) = \boldsymbol{a}_y E_0 \sin\alpha x \cos(\omega t - kz)$$

求：(1)复坡印亭矢量；(2)时均坡印亭矢量。

解：

将上式改写为复数形式

$$\boldsymbol{E}(x,z) = \boldsymbol{a}_y E_0 \sin\alpha x\, \mathrm{e}^{-\mathrm{j}kz}$$

由 $\nabla\times\boldsymbol{E}(\boldsymbol{r}) = -\mathrm{j}\omega\mu\boldsymbol{H}(\boldsymbol{r})$ 可得

$$\boldsymbol{H}(x,z) = -\boldsymbol{a}_x\frac{kE_0}{\omega\mu}\sin\alpha x\,\mathrm{e}^{-\mathrm{j}kz} + \mathrm{j}\boldsymbol{a}_z\frac{\alpha E_0}{\omega\mu}\cos\alpha x\,\mathrm{e}^{-\mathrm{j}kz}$$

(1)复坡印亭矢量为

$$\begin{aligned}\boldsymbol{S}(x) &= \frac{1}{2}[\boldsymbol{E}(x,z)\times\boldsymbol{H}^*(x,z)]\\ &= \frac{1}{2}\left[-\boldsymbol{a}_y\times\boldsymbol{a}_x\frac{kE_0^2}{\omega\mu}\sin^2\alpha x - \mathrm{j}\boldsymbol{a}_y\times\boldsymbol{a}_z\frac{\alpha E_0^2}{\omega\mu}\sin\alpha x\cos\alpha x\right]\\ &= \boldsymbol{a}_z\frac{kE_0^2}{2\omega\mu}\sin^2\alpha x - \mathrm{j}\boldsymbol{a}_x\frac{\alpha E_0^2}{2\omega\mu}\sin\alpha x\cos\alpha x\end{aligned}$$

(2)时均坡印亭矢量为

$$\boldsymbol{S}_{\mathrm{av}}(x) = \mathrm{Re}\boldsymbol{S}(x) = \boldsymbol{a}_z\frac{kE_0^2}{2\omega\mu}\sin^2\alpha x$$

4.6 动态场的应用

动态场与静态场的显著区别，表现在时变条件下，时变源产生的时变电磁场中，变化的电场和磁场间呈现电磁感应和电磁耦合现象，在电能和磁能的交换过程中伴随着能量的流动，这种运动的电磁场称为电磁波。电磁场的波动性体现在电磁波的传播、传输和辐射，其具体应用将分别在第 5 章、第 6 章和第 7 章中进行介绍。

动态场的应用是与其时变源、时变场与波和电磁媒质及其相互作用(特别是电磁感应和电磁耦合)联系在一起的。所以，动态场的应用是指在如下 4 个方面的应用：

(1)带电粒子在变速运动状态下的应用。例如，阴极射线示波器、电视机显像管和电脑显示器等，都是在阴、阳极间加电压使带电粒子或电子加速，轰击能发射可见光的荧光物质(磷)所覆盖的荧光屏内表面而显示图像的。

(2)时变电磁场与波的场能和场力应用。例如，瞬变场电磁导弹，电磁脉冲在雷达中的应用。

(3)时变场中电磁媒质的特性应用。例如，电磁屏蔽效应用于电磁干扰的抑制技术，核磁共振效应用于计算机断层成像(Computerized Tomograghy，CT)，是一种医学无损诊断技术。

(4)电磁感应和电磁耦合的应用。例如，自耦变压器和互耦变压器，电子感应加速器和电感式传感器，涡流现象用于高频感应电磁炉。

4.6.1 电磁感应在电子感应加速器中的应用

电子感应加速器又称为电子回旋加速器，它是利用在时变磁场作用下感应的涡旋电场，使带电粒子(电子)做回旋加速运动而获得很高动能的装置。这种设想是在 1928 年由威德罗(R. Wideroe)提出的，第一座电子感应加速器是在 1940 年由伊利诺伊大学的柯斯特(D. W. Kerst)建立而成，目前所建立的电子感应加速器可使加速电子达到 400 MeV 以上的能量。

如图 4.5(a) 所示，由通时变电流 $i(t)$ 的电磁铁产生时变磁场 $\boldsymbol{B}(\boldsymbol{r},t)$，电磁铁两极面呈锥形，以控制磁场的强度，建立一个沿径向渐减的磁场。置于两磁极间的真空玻璃室(称为轮杯)中的带电粒子，在磁场作用下按恒定半径做回旋运动。由法拉第电磁感应定律可知，当磁场沿垂直方向随时间而增加时，它将在轮杯内水平面上感应一个闭合回线的涡旋电场，如图 4.5(b) 所示。由于电磁铁的旋转对称性，确保在距中心为恒定半径 a 处的磁场 $\boldsymbol{B}$ 和涡旋电场 $\boldsymbol{E}$ 均为恒定值。电子在涡旋电场 $\boldsymbol{E}$ 的力作用下获得一个动量而加速。当电子在距中心半径为 a 的圆上开始旋转时，它将受到一个磁场力 $\boldsymbol{F}_{\mathrm{m}}$，这个力使电子向中心运动。与此同时，电子又受到一个背离中心的离心力 $\boldsymbol{F}$，如图 4.5(b) 所示。由于这两个力等值反向，因而维持了电子的回旋运动。

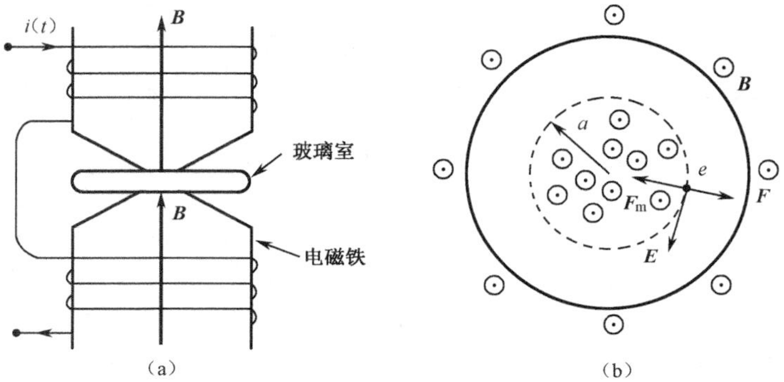

图 4.5 电子感应加速器

4.6.2 电磁屏蔽在电磁兼容技术中的应用

1. 电磁屏蔽

利用屏蔽体的阻隔作用，使两个区域的场变成独立无关的场，屏蔽体的界面就构成对场的屏蔽。一般屏蔽体是指由导电、导磁或介电的壳层构成的闭合腔体。屏蔽的作用，一是限制腔体内的场泄漏出腔体，二是防止腔体外场的干扰。

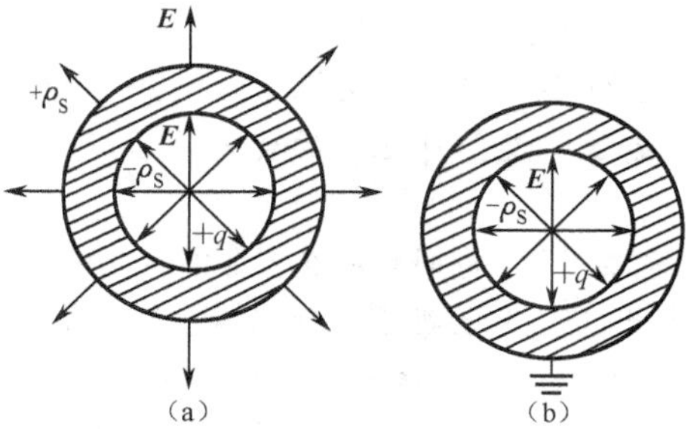

图 4.6 静电屏蔽

静止电荷产生的静电场，不会被包围电荷的理想导电体 ($\sigma=\infty$) 球形壳层所屏蔽。这是因为静电感应作用，使导体壳层内、外表面产生等值异性的面电荷，外表面的面电荷成为在外部区域产生场的源，如图 4.6(a) 所示。只有当外壳层接地时，由于外表面的正电荷相对于地面的零电位，使导体壳层处于高电位。于是外表面的正电荷全部流入地表，使外部区域不再存在静电场，这就是静电屏蔽，如图 4.6(b) 所示。

稳恒电流产生的静磁场穿过高导磁材料构成的近似理想导磁（$\mu \approx \infty$）球形壳层时，正如理想导电体对稳恒电流场形成电阻极小的通路一样，近似理想导磁体对静磁场也形成磁阻极小的通路，使得几乎大部分的磁场都集中在球形壳层内，该球形壳层对磁场的分路作用，大大减少了球腔内的磁场，因而对外磁场起到了屏蔽作用，如图4.7所示。高导磁闭合腔体对静磁场所起的屏蔽效应，称为静磁屏蔽。对于时谐场而言，静磁屏蔽适合于静磁场至低频磁场的范围。

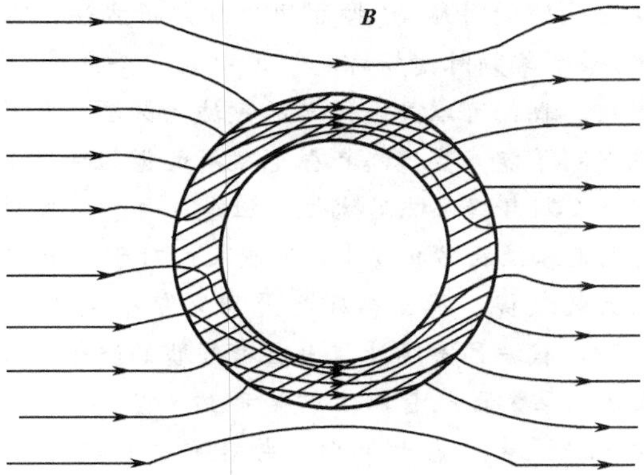

图4.7　静磁屏蔽

时变电流产生的时变电磁场，或其相应的高频时谐电磁场的频谱分量，由于高导磁材料（铁磁体）的磁滞损耗大，散热效应显著，常采用低导磁的金属材料。根据法拉第电磁感应定律，在时变或交变磁场中将产生与磁场交链的涡旋电场，良导体腔体表层的自由电子在涡旋电场场力作用下做回旋运动，形成闭合回路形式的感应电流，又称为涡流。良导体腔体在高频时谐电磁场作用下，由于涡流的热损耗和导体壳层界面的反射作用，因而对高频时谐场起到屏蔽作用。良导电闭合腔体对时变电磁场或高频时谐电磁场所起的屏蔽效应，称为电磁屏蔽。显然，静电屏蔽和静磁屏蔽是电磁屏蔽的特殊情况，这要由场的变化快慢或频率高低和屏蔽体的材料性质来确定。

2. 电磁兼容技术

国际电工委员会将电磁兼容（Electromagnetic Compatibility 或 EMC）定义为一个电气电子设备在电磁环境中能够正常工作，而又不对环境和其他设备造成不允许的干扰的能力。随着信息技术和微电子技术的发展，各类电子、电气设备或系统获得了广泛应用，并已经渗透到人类生活的各领域，使电磁兼容学科涉及众多科学领域和工程技术范畴，并形成一门理论体系独具特色的边缘学科和交叉学科，所以这门新兴的电磁兼容学科又称为环境电磁学。正如国与国之间要和平相处、人与人之间要和睦相处、人与自然之间要和谐相处一样，设备与环境也要协调相处。兼容的含义就在于此。实施电磁兼容，就是要在技术上解决系统的电磁干扰的预测、分析、设计和测量。

3. 电磁干扰抑制技术

任何电磁干扰都是由电磁干扰源、电磁干扰耦合途径和敏感设备（对电磁干扰产生响应）这三个要素构成的。因此，对电磁干扰的抑制也必须基于这三个要素提出相应的解决办法，这就是电磁干扰抑制技术。显然，解决电磁兼容问题，除限制电磁干扰源的电磁发射，提高敏感设备的抗干扰能力外，最有效的措施是阻断或回避电磁干扰的耦合途径。抑制电磁干扰的有效措施是接地、搭接、滤波和屏蔽等技术。所以电磁屏蔽在电磁兼容技术中，为抑制电磁干扰获得了重要的应用。

4.6.3 瞬变电磁场在雷达中的应用——冲激脉冲雷达

1. 瞬变电磁场

时变电磁场是泛指其强度的大小和方向均可能随空间和时间而任意变化的场，用 $\boldsymbol{F}(\boldsymbol{r},t)$ 表示，称为具有空间和时间变化区域的时域场。按照傅里叶分析方法，$\boldsymbol{F}(\boldsymbol{r},t)$ 可分解为有限个或无限个单频时谐场的线性叠加。每个单频时谐场都是频谱中的一个分量，用 $\boldsymbol{F}(\boldsymbol{r},\omega)$ 表示，称为具有空间和频率变化区域的频域场。我们可以先求简单的频域场的解，再通过傅里叶逆变换得到复杂的时域场的解。自从马可尼发明了能产生稳态正弦电磁场的谐振回路后，再利用有效的傅里叶分析方法，使时谐电磁场的应用长期占据了统治地位。但是，由于系统电磁脉冲、雷电脉冲和核电磁脉冲的辐射干扰，出于电磁兼容性的防护要求，迫使人们对于与电磁脉冲相关的脉冲电磁场或瞬变电磁场的研究给予了极大的重视。瞬变电磁场是研究单个无载波的窄脉冲信号作用于电磁系统所产生的瞬态特性。这种无载波的窄脉冲信号具有短暂的单个陡峭脉冲，可以分解为具有极宽频谱的频率分量，包含从直流至数百兆赫以上的全部频率分量。这使得在许多领域的应用中，瞬变脉冲信号比正弦信号的利用优越。与此同时，也给瞬变电磁场的分析和测量带来困难。例如，在时谐场经典理论中，按照单频场定义的许多物理量，在瞬变电磁场的分析中都失去意义，必须重新定义。

相对于单频时谐电磁场而言，瞬变电磁场由于其宽频带特性，不论对其信息还是能量的利用，都存在更大的优势。在雷达、通信、遥感、目标识别、测量和防护等诸领域，都存在广阔的开发价值。瞬变电磁场已发展成一门新兴的学科。特别值得提出的是对电磁导弹理论和实验的研究已取得一定成果。电磁导弹是源分布在瞬态激励下在某一方向上所辐射的一种强功率、宽频带和慢衰减的电磁波。由于瞬态电磁场将电磁能量聚集在极短时间内，爆发式地一次使用，因而可达极高功率。它随空间的衰减不是按平方反比律 R^{-2}，而是按衰减律 $R^{-2\delta}$ $(0<\delta<1)$ 变化时，δ 越小，其空间衰减速度越慢。

2. 冲激脉冲雷达

冲激脉冲雷达是一种电磁脉冲雷达。它可以发射无载波的窄脉冲信号，具有很宽的频谱和很高的分辨率。在短距离应用中，可做车辆防撞指示，机场地面交通管制，船舶入港和飞船对接等；在地层探测应用中，可做金属矿体、煤矿、地下水和地层分布等的探测。

在当今电子战中，为了使飞机和导弹等各类飞行体不被雷达发现，采用了各种隐身技术(或隐形技术)，主要是外形设计上的形状隐身和涂覆吸波材料。例如在海湾战争中，美国使用的F—117A隐身飞机，采用几何平面的外形设计，可以使雷达回波偏离敌方探测范围；同时，机头和机舱座椅等强散射部位，局部涂覆吸波材料，可使回波散射功率减小30 dB。但是，任何隐身飞行体涂覆的隐身吸波材料具有一定的频率特性，各种隐身措施都不可能在冲激脉冲雷达的宽频带范围内完全发挥作用。因此，应用冲激雷达的宽频带特性，是一条有效的反隐身技术途径。

电磁导弹的慢衰减、超宽带和超短持续期的特性，使其在电子学的诸多领域有广泛的应用前景。如果在理论和实验的研究上能取得突破性进展，就有可能研制出全新的超宽带雷达和超宽带通信。相对于常规窄带雷达，超宽带雷达具有高距离分辨率，能实现高分辨率雷达成像；穿透力强，很适合做成探地雷达；具有强抗电子干扰的能力和反隐身能力。

4.7 麦克斯韦和麦克斯韦理论建立的意义

4.7.1 麦克斯韦生平简介

麦克斯韦(J. C. Maxwell)是英国伟大的物理学家，生于1831年，卒于1879年，终年48岁。自幼聪明过人，记忆力惊人，8岁时就能熟记密尔顿的长诗中关于赞美诗的全部176行诗句。8岁丧母后，与其父相依为命。1841年，麦克斯韦入爱丁堡公学求学期间，逐渐显露才华，各项成绩突飞猛进。1847年进入爱丁堡大学，时年16岁，3年内完成4年课程。学习期间，深受两位不同特点的人的影响。一位是物理学家福布斯(J. D. Forbes)，另一位是哲学家哈密顿(W. Hamilton)，他们分别培养了麦克斯韦对实验技术的浓厚兴趣和研究科学史的爱好，以及用严谨科学态度研究基本问题的兴趣。1850年进入剑桥大学深造，他的哲学指导教师霍威尔(W. Whewell)以归纳法理论著作闻名，强调必须把科学进展看成是一个历史过程，注重归纳推理的作用。1854年在剑桥大学毕业，次年成为三一学院研究员，1856年任阿伯丁大学自然哲学教授，1860年受聘为伦敦国王学院教授。

1858年，麦克斯韦与比他大7岁的德娃(K. M. Dewar)结婚。妻子体弱多病，彼此感情深厚。妻子积极支持他的学术工作，而在妻子病重后，麦克斯韦又无微不至地照料，同时坚持研究工作。麦克斯韦的智慧、博学、勤奋、温和与无私深受人们的敬重。

麦克斯韦大学毕业后开始多方面的物理研究，著述丰硕，先后发表论文上百篇，著作4部。他不仅是一位天才的理论物理学家，也是一位杰出的实验物理学家。1871年被任命为剑桥大学第一位实验物理学教授，用大量时间和精力规划创建卡文迪什(H. Cavendish)实验室，整理卡文迪什遗稿。麦克斯韦的学术成就，使他在物理史上成为几乎与牛顿和爱因斯坦齐名的伟大物理学家。

4.7.2 麦克斯韦理论的建立过程

麦克斯韦理论的建立过程集中体现在他的重要代表作中，包括三篇重要论文和一部经典巨著，也体现在此后的实验验证中。

1. 麦克斯韦的论文《论法拉第力线》(1855—1856)

麦克斯韦从剑桥大学毕业后，就读到了法拉第的名著《电学实验研究》。法拉第在书中提出场的概念和力线的模型实验深深地吸引了麦克斯韦，把他带到一个令其无比神往的知识领域。但是，麦克斯韦发现法拉第著作中无任何数学公式，缺乏严密的理论形式，他在其老师汤姆逊(W. Thomson)的启发和帮助下，用他那高超的数学技巧完成了首篇论文《论法拉第力线》。在该文中，麦克斯韦从法拉第电磁感应定律中得到启示，创造性地引出涡旋电场的概念，揭示了变化磁场能产生电场。

2. 麦克斯韦的论文《论物理力线》(1861—1862)

论文《论物理力线》同麦克斯韦的首篇论文相比，不再是法拉第观点单纯的数学表述，而是有其独创造性的引伸和发展。在这篇论文中，从理论上引出位移电流假设这一重要概念，这是从法拉第电磁感应定律中引出涡旋电场之后又一重大突破。在连接交变电源的电容器中，导线部分的传导电流在电容器板间突然中断，不符合闭合回路电流连续的要求。麦克斯韦经过深思熟虑和深入分析，为了解决这一矛盾，提出了位移电流假设。位移电流是由变化电场定义的，电容器极板间存在的位移电流和导线中的传导电流构成了闭合电路中的连续性电流，它们共同激发磁效应。所以位移电流假设这一重要概念揭示了与涡旋电场的概念相反的逆效应：变化电场也能产生磁场。

变化磁场能产生电场，变化电场也能产生磁场，因而电磁场构成有内在联系、相互制约的统一体，这预示着电磁场的波动性和电磁波的存在。

3. 麦克斯韦的论文《电磁场的动力学理论》(1865)

麦克斯韦在前两篇论文中建立了涡旋电场、位移电流和电磁波的概念，使电磁理论取得了重大的突破和进展。所有理论都是建立在基于近距作用观点的电磁以太力学模型之上的，而场与力线的以太弹性媒质并未获得实验证实。

麦克斯韦并未就此停息，他在论文《电磁场的动力学理论》中，对整体的电磁学定律和定理进行对比、补充、修正和推广，终于概括和总结为反映电荷、电流和电场、磁场相依关系和运动变化规律的动态场基本方程组。该方程组后经赫兹(H. R. Hertz)、亥维赛德(O. Heaviside)和洛伦兹(H. A. Lorentz)等人整理和改写，终于建立了完备的麦克斯韦方程组。该方程组脱胎于假想的电磁以太力学模型，建立了完整的电磁理论体系，成为统一解释电磁现象(包括光现象)的理论基础，为此后的发展和应用开辟了广阔的道路。

4. 麦克斯韦的著作《电磁通论》(1873)

1865 年麦克斯韦开始专心致力于他的著作《电磁通论》的撰写，1873 年该书一问世，人们争先恐后地购买，第一版几天就卖完了。这是一部涉及电磁学各研究领域、内容广泛的巨著。该书使麦克斯韦电磁理论更加完善，再次阐明电磁场的波动性，证明电磁波的传播速度等于光速，光波具有光压，揭示了光的电磁本质，将光学和电磁学统一起来。此外，对于相关的数学分析、电磁学单位制、参考系和实验技术等，都做出了丰富的贡献。该书中译本的译者曾评论道："本书是整个科学史中的一部超级名著，是可以和欧几里德《几何学原本》或牛顿的《自然哲学之数学原理》相提并论的。"

5. 赫兹测光速实验验证了麦克斯韦对光的本质的预言

麦克斯韦的新理论一经问世，就经受了严峻的考验。有人批评它深奥难懂，又是建立在位移电流假设及未经证实的电磁以太力学模型基础之上，相当长时间内未得到学者们的认同。加上晚年生活的不幸，既要悉心照料久病卧床的妻子，又要坚持不懈地工作。在事业和家庭的双重打击下，压得他精疲力竭，心力交瘁。尽管如此，他从未终断过自己的工作。为了解释自己的理论，他不懈地进行宣传，甚至在他生命的最后一年，他的讲座仅有两名听众坐在空旷的阶梯教室里，他仍然夹着讲义步履坚定地走上讲台，消瘦的面孔上目光却炯炯有神，这是一幕多么令人感叹的情景啊！过分的焦虑和劳累最终夺走了他的健康和生命。1879 年 11 月 5 日，这个不幸的日子，积劳成疾的麦克斯韦因癌症不治，心脏停止了跳动，悬挂在电磁学顶峰的一颗耀眼的科学巨星坠落了。

年仅 48 岁的麦克斯韦以短暂的闪光生命为电磁学书写了不可磨灭的历史篇章，然而，他的功绩生前却未受到人们重视，直至死后德国物理学家赫兹(H. R. Hertz)于 1888 年进行了测定光速的实验，得到光的传播速度正好是麦克斯韦理论计算所得到的电磁波的传播速度，进而验证了麦克斯韦对光的本质的预言。不但如此，从麦克斯韦理论建立一百多年以来的科技实践，特别是电磁波在传播、传输和辐射领域的应用实践，充分证明了麦克斯韦理论的正确性，从此逐渐为大众所接受，麦克斯韦理论终于为近代科学技术开辟了一条广阔的发展之路。然而，赫兹实验距麦克斯韦的早逝已近乎跨越10个年头之久。

4.7.3 麦克斯韦理论的意义

麦克斯韦理论的历史和现实意义可概括为如下几点：

(1)麦克斯韦理论赋予电磁学以最严格、最完整的科学体系，对已有的研究成果做了极好的总结，为进一步的研究和应用提供了理论基础，开辟了电磁场与电磁波发展和应用的崭新的道路。

(2)扩展了带电粒子、电磁场与电磁波、物质电磁媒质及其相互作用崭新的研究和应用领域，促进了科学技术的发展和物质文化生活的繁荣。

对带电粒子与电磁场的相互作用的研究和应用，推动了等离子体物理和磁流体力学等交叉学科的形成；对电磁波信息和能量的研究和应用促进了广播、电视、通信和雷达等信息科学和电子技术的发展；对电磁媒质特性的研究和应用，推进了隐身吸波材料等材料科学的发展。

(3)麦克斯韦理论预示了光波的电磁本质，实现了光学与电磁学的统一，建立了光的电磁理论，使传统的波动光学产生质的飞跃，使现代的光学分支蓬勃发展。

(4)法拉第和麦克斯韦关于场和力线的概念，引发了人们对物质观念的深刻变革，打破了超距作用观点一统天下的局面，使近距作用观点占据了统治地位。

(5)法拉第和麦克斯韦关于场和力线的概念的局限性，为狭义相对论的诞生创造了条件，麦克斯韦引导我们进入现代物理的新时代。

他们关于场和力线的概念是建立在未经证实的以太弹性媒质基础上的，以绝对时空观的机械论来解释物质世界，在高速条件下难以自圆其说。爱因斯坦(A. Einstein 1879—1955)建立的狭义相对论彻底否定了绝对时空观，确立了相对论时空观，从此翻开了近代物理的新篇章。

相对论的奠基者爱因斯坦对麦克斯韦理论曾这样评论道："这个方程的提出是牛顿时代以来物理学上的一个重要事件，它是关于场的定量数学描述，方程所包含的意义比我们指出的要丰富得多。在简单的形式下隐藏着深奥的内容，这些内容只有仔细的研究才能显示出来，方程是表示场的结构的定律。它不像牛顿定律那样，把此处发生的事件与彼处的条件联系起来，而是把此处的现在的场只与最邻近的刚过去的场发生联系。假使我们已知此处的现在所发生的事件，借助这些方程便可预测在空间稍为远一些，在时间上稍为迟一些所发生的事件。"美国著名物理学家弗曼对麦克斯韦理论也评论道："从人类历史的漫长远景来看——即使过一万年之后回头来看——毫无疑问，在19世纪中发生的最有意义的事件将判定是麦克斯韦对于电磁定律的发现，与这一重大科学事件相比之下，同一个10年中发生的美国内战(1861—1865)将会降低为一个地区性琐事而黯然失色。"

思考题

4.1 麦克斯韦如何从法拉第电磁感应定律得到启示，引入涡旋电场？如何理解涡旋电场的概念？它与静电场有何区别？

4.2 麦克斯韦如何解决静磁场的安培环路定理在时变条件下不满足电流连续性原理和接交变电源平板电容器极板间电流不终断的矛盾？如何理解麦克斯韦巧妙引入的位移电流假设？它与传导电流有何区别？

4.3 麦克斯韦在时变条件下将静态场基本方程推广为动态场基本方程——麦克斯韦方程，这组方程包含了什么物理意义？

4.4 为简化分析和计算可仿照静态场引入辅助动态位间接描述动态场，按什么步骤引入和建立辅助动态位与电磁场量的关系？

4.5 在建立求辅助动态位的方程中，为什么要对同一方程中的标量动态位和矢量动态位进行分离和简化？什么是洛伦兹规范？如何依据亥姆霍兹定理对辅助动态位方程进行洛仑兹规范以达到分离和简化的目的？

4.6 仿照静态场的边界条件，在时变条件下推广为时变电磁场的边界条件时，静态场与动态场的主要区别是什么？为什么边界上场量在时间变化上的突变性(附加项 $\partial \boldsymbol{D}/\partial t$ 和 $\partial \boldsymbol{B}/\partial t$ 在边界上为有限量)不会影响原来边界条件形式的改变？

4.7 比较静态场和动态场中电磁能量密度和功率密度的表达式，分别说明它们的物理意义。如何定义时变电磁场的电磁能流密度矢量(坡印亭矢量)？它具有什么物理意义？时变电磁场的能量守恒定律(坡印亭定理)的表达式是什么？它具有什么物理意义？

4.8 什么是时谐电磁场？为什么在工程上常采用时谐电磁场求解电磁问题？为什么时谐电磁场要采用复数法表示？在什么条件下电路理论中的复数表示法可以推广到电磁理论中表示时谐电磁场？什么是复标量和复矢量？如何由时谐电磁场的复标量和复矢量的振幅运算求其瞬时值？

4.9 坡印亭矢量的三种表示形式及其相互关系是什么？为什么要基于时间平均功率的概念来建立坡印亭定理？为什么对坡印亭矢量的瞬时值取时间平均值或取复数共轭值具有等效性？

4.10 麦克斯韦理论的建立过程是什么？麦克斯韦理论的历史和现实意义表现在哪些方面？

习题

4.1 在平面 xy 上有一半径为 a 的单导线圆环，环心与磁场 $\boldsymbol{B}=\boldsymbol{a}_z B_0\cos(\pi r/2a)\sin\omega t$ 的原点重合，ω 为角频率。(1) 求环中的感应电动势；(2) 当单导线圆环变为 N 匝导线圆环时，再求环中的感应电动势；(3)在时间相位上感应电动势与磁通的相差是多少？

4.2 真空中有一平板电容器，其极板面积为 S，间距为 d，外加电压为 $U=U_0\sin\omega t$。(1)求平板电容器的电容和带电量及回路导线中的传导电流；(2)求电容器中的位移电流；(3)位移电流与传导电流是否相等？

4.3 麦克斯韦方程 (4.8b) 中的传导电流密度和位移电流密度都能产生磁场。(1) 设电场为 $\boldsymbol{E}=\boldsymbol{a}_x E_0\sin\omega t$，求位移电流密度和传导电流密度之比；(2) 设海水的 $\varepsilon_r=81$，$\sigma=4$ s/m，铜的 $\varepsilon_r=1$，$\sigma=5.80\times10^7$ s/m，$\omega=100$ GHz，计算海水和铜的相应电流密度比值；(3)由海水和铜的相应电流密度比值大小说明这两种物质的导电性和介电性强弱。

4.4 已知无源媒质区域中矢量动态位的齐次方程为

$$\nabla^2 A(\boldsymbol{r},t)-\varepsilon\mu\frac{\partial^2\boldsymbol{A}(\boldsymbol{r},t)}{\partial t^2}=0$$

(1)设矢量动态位为 $\boldsymbol{A}=\boldsymbol{a}_x\sin\beta y\cos\omega t$，且 $\beta=\omega\sqrt{\varepsilon\mu}$，验证 $\boldsymbol{A}$ 是齐次方程的解；(2) 由 $\boldsymbol{A}$ 求电场强度和磁场强度。

4.5 设两种磁介质的分界面位于平面 $z=0$ 上，分界面处的面电流密度为 $\boldsymbol{J}_S=\boldsymbol{a}_y\sin(2\pi\times10^5 t)$(A/m)。上半空间($z>0$) 的 $\mu_{r1}=5$，下半空间($z<0$) 的 $\mu_{r2}=2$。已知上半空间界面处入射的磁场强度为 $\boldsymbol{H}_1=(\boldsymbol{a}_x+\boldsymbol{a}_z 2)\sin(2\pi\times10^5 t)$ A/m，求下半空间界面处的磁场强度 $\boldsymbol{H}_2$。

4.6 一平行平板电容器的极板为半径 a 的理想导体圆盘，间距为 $d(a>d)$。
(1)设电容器置于无耗的空气介质中，外加低频电压 $u=U_0\sin\omega t$。求电容器中的电磁能量密度和能流密度矢量，并验证 $-\oint_S \boldsymbol{S}\cdot \mathrm{d}\boldsymbol{S}=\frac{\mathrm{d}W}{\mathrm{d}t}$，说明等式的物理意义；(2)设电容器置于有耗介质中，介质参量为 μ_0、ε 和 σ，外加直流电压 u_0。求流入介质的坡印亭矢量和损耗功率密度，并验证 $-\oint_S \boldsymbol{S}\cdot \mathrm{d}\boldsymbol{S}=\int_V \boldsymbol{J}\cdot \boldsymbol{E}\mathrm{d}V$，说明等式的物理意义。

4.7 已知电场强度复矢量 $\boldsymbol{E}(z)=\boldsymbol{a}_x \mathrm{j}E_0\cos k_z z$，写出电场强度瞬时矢量。

4.8 已知磁场强度瞬时矢量 $\boldsymbol{H}(x,z,t)=\boldsymbol{a}_y H_0 k\left(\frac{a}{\pi}\right)\cos\frac{\pi x}{a}\sin(kz-\omega t)$，写出磁场强度复矢量。

4.9 自由空间中的电磁场为

$$\boldsymbol{E}(z,t)=\boldsymbol{a}_x 100\cos(\omega t-kz)\quad \mathrm{V/m}$$
$$\boldsymbol{H}(z,t)=\boldsymbol{a}_y 2.65\cos(\omega t-kz)\quad \mathrm{A/m}$$

试分别求坡印亭矢量的瞬时形式、时均形式和复数形式。

第 5 章

电磁波的传播

动态场是时变电磁场，运动的电磁场形成电磁波。由麦克斯韦方程导出的波动方程的解可以表示电磁波，电磁波的物理参量可以描述电磁波的传播规律与特性。做时谐变化的平面波是最简单的平面波，任意复杂的电磁波可以采用平面波叠加法合成。电磁波的传播、传输和辐射既构成了电磁场与电磁波的有机组成部分，又是电磁场与电磁波的重要应用。本章首先介绍无源区域空间中平面电磁波的传播规律与特性，包括平面电磁波的极化特性、反射特性和折射特性。在此基础上讨论一般电磁波应用中的重要问题：无线电波的传播和电磁波传播的应用。

早在100多年前，就有学者指出电磁场与电磁波和声场与声波的相似性，理论探讨和实验证实表明，在一定条件下可以采用统一的分析与计算方法来研究这两类波。这就启示人们可以利用声学中已有的结论来丰富和发展电磁学的理论。但是，必须指出，在无源空间中，电磁波场量振幅的振动方向与波的传播方向是垂直的，电磁波是一种横波；而空气中的声波与液体和固体中形成的波一样，都是一种弹性波或机械波。声波在外力作用下空气质点的振动方向与波的传播方向是一致的，所以作为声波的弹性波是一种纵波。电磁波与声波是两种物理本质不相同的波。如果仿照弹性波的弹性媒质引入未经证实的以太弹性媒质来建立电磁波的传播理论，在高速条件下，将导致经典电磁理论的困惑。

5.1　一般波动方程

由变化电场和变化磁场相互激励而形成的电磁波能够脱离电荷和电流而独立存在，并以一定速度在无源区空间传播，传播电磁波的无源区充满空气媒质的空间称为**自由空间**。麦克斯韦方程组包含了描述媒质中任意点电磁场特性的全部信息。从理论上讲，由麦克斯韦方程出发，结合场的本构方程、电流连续性方程和场的边界条件，可以确定空间任意点的电磁场。但是，麦克斯韦方程组中的电场和磁场是相互联系的耦合场，必须同时联立求解 4 个方程，才能得到单一的电场或磁场，十分麻烦。如果能够消去方程中的电场(或磁场)，从而得到求单一磁场(或电场)的方程，将会大大简化方程的数量。下面将从麦克斯韦方程组出发导出这样的方程。

在线性、均匀和各向同性媒质(ε、μ 和 σ 为实常数)的无源($\rho=0$，$\boldsymbol{J}=0$)空间中，如果考虑到导电媒质($\sigma\neq0$)中的传导电流($\boldsymbol{J}_C=\sigma\boldsymbol{E}$)，麦克斯韦方程组(4.7)变为

$$\nabla\times\boldsymbol{E}(\boldsymbol{r},t)=-\mu\frac{\partial\boldsymbol{H}(\boldsymbol{r},t)}{\partial t} \tag{5.1a}$$

$$\nabla\times\boldsymbol{H}(\boldsymbol{r},t)=\sigma\boldsymbol{E}(\boldsymbol{r},t)+\varepsilon\frac{\partial\boldsymbol{E}(\boldsymbol{r},t)}{\partial t} \tag{5.1b}$$

$$\nabla\cdot\boldsymbol{E}(\boldsymbol{r},t)=0 \tag{5.1c}$$

$$\nabla\cdot\boldsymbol{H}(\boldsymbol{r},t)=0 \tag{5.1d}$$

为了得到单一 $\boldsymbol{E}$ 的方程，可设法消去式(5.1a)中的 $\boldsymbol{H}$。为此，对式(5.1a)取旋度，得

$$\nabla\times\nabla\times\boldsymbol{E}=-\mu\nabla\times\left(\frac{\partial\boldsymbol{H}}{\partial t}\right) \tag{5.2}$$

利用矢量的双旋度恒等式 $\nabla\times\nabla\times\boldsymbol{F}=\nabla(\nabla\cdot\boldsymbol{F})-\nabla^2\boldsymbol{F}$，令 $\boldsymbol{F}=\boldsymbol{E}$，考虑到式(5.1c)，得

$$\nabla^2\boldsymbol{E}=\mu\frac{\partial}{\partial t}(\nabla\times\boldsymbol{H}) \tag{5.3}$$

利用式(5.1b)中的 $\boldsymbol{E}$ 取代式(5.3)中的 $\boldsymbol{H}$，得电场的方程

$$\nabla^2\boldsymbol{E}=\mu\sigma\frac{\partial\boldsymbol{E}}{\partial t}+\mu\varepsilon\frac{\partial^2\boldsymbol{E}}{\partial t^2} \tag{5.4}$$

同理，对式(5.1b)取旋度，利用式(5.1a)和式(5.1d)，可得磁场的方程。经整理后，可以统一写成如下形式

$$\nabla^2\boldsymbol{E}(\boldsymbol{r},t)-\mu\varepsilon\frac{\partial^2\boldsymbol{E}(\boldsymbol{r},t)}{\partial t^2}=\mu\sigma\frac{\partial\boldsymbol{E}(\boldsymbol{r},t)}{\partial t} \tag{5.5a}$$

$$\nabla^2\boldsymbol{H}(\boldsymbol{r},t)-\mu\varepsilon\frac{\partial^2\boldsymbol{H}(\boldsymbol{r},t)}{\partial t^2}=\mu\sigma\frac{\partial\boldsymbol{H}(\boldsymbol{r},t)}{\partial t} \tag{5.5b}$$

方程(5.5)称为电磁波的**一般波动方程**。方程右边的非齐次含源项并非产生电磁波的原始激励源，而是导电媒质中由 $\sigma\neq0$ 所引起的附加项，它表示电磁波通过导电媒质传播时因能量损耗而衰减，所以导电媒质又称为有耗媒质。方程左边表示场源激励的电磁场是具有时空变化(同时含 ∇，$\frac{\partial}{\partial t}$)的电磁波，所以称为波动方程。

在理想介质中 ($\sigma=0$)，方程(5.5)退化为如下齐次非含源项波动方程

$$\nabla^2\boldsymbol{E}(\boldsymbol{r},t)-\mu\varepsilon\frac{\partial^2\boldsymbol{E}(\boldsymbol{r},t)}{\partial t^2}=0 \tag{5.6a}$$

$$\nabla^2\boldsymbol{H}(\boldsymbol{r},t)-\mu\varepsilon\frac{\partial^2\boldsymbol{H}(\boldsymbol{r},t)}{\partial t^2}=0 \tag{5.6b}$$

在自由空间或真空中 ($\varepsilon=\varepsilon_0, \mu=\mu_0, \sigma=0$)，无源波动方程(5.6) 可以表示为

$$\nabla^2 \boldsymbol{E}(\boldsymbol{r},t)-\frac{1}{c^2}\frac{\partial^2 \boldsymbol{E}(\boldsymbol{r},t)}{\partial t^2}=0 \tag{5.7a}$$

$$\nabla^2 \boldsymbol{H}(\boldsymbol{r},t)-\frac{1}{c^2}\frac{\partial^2 \boldsymbol{H}(\boldsymbol{r},t)}{\partial t^2}=0 \tag{5.7b}$$

式中

$$c=\frac{1}{\sqrt{\mu_0\varepsilon_0}}\approx 3\times 10^8(\mathrm{m/s})$$

是电磁波在自由空间中的传播速度。后来，经赫兹测光速的实验证明 c 恰好是光的传播速度，揭示了光的电磁本质。

5.2 无界均匀媒质中平面电磁波的传播

5.2.1 理想介质中的平面电磁波

1. 平面电磁波的波动方程

在无源空间中，对于时谐电磁波，考虑到$\frac{\partial^2}{\partial t^2}$已用$(\mathrm{j}\omega)^2=-\omega$来取代，方程(5.6) 可用如下复数形式表示为

$$\nabla^2 \boldsymbol{E}(\boldsymbol{r})+k^2\boldsymbol{E}(\boldsymbol{r})=0 \tag{5.8a}$$

$$\nabla^2 \boldsymbol{H}(\boldsymbol{r})+k^2\boldsymbol{H}(\boldsymbol{r})=0 \tag{5.8b}$$

式(5.8)称为时谐电磁波的**齐次亥姆霍兹方程**。式中 $k=\omega\sqrt{\mu\varepsilon}=\frac{\omega}{v}$ 称为自由空间的波数。单位为 rad/m (弧度/米)。

为了简化分析与计算，我们希望能将矢量波动方程(5.8)转化为标量波动方程来求解。采用的方式是在直角坐标系中，利用关系式

$$\nabla^2=\frac{\partial^2}{\partial x^2}+\frac{\partial^2}{\partial y^2}+\frac{\partial^2}{\partial z^2} \tag{5.9a}$$

$$\boldsymbol{E}=\boldsymbol{a}_xE_x+\boldsymbol{a}_yE_y+\boldsymbol{a}_zE_z \tag{5.9b}$$

$$\boldsymbol{H}=\boldsymbol{a}_xH_x+\boldsymbol{a}_yH_y+\boldsymbol{a}_zH_z \tag{5.9c}$$

将方程(5.8)分解为 6 个标量波动方程的组合形式。然而，尽管方程标量化了，却增加了方程的数量。为了减少方程数量，可以假定时谐电磁波仅沿 z 方向传播，其场量在垂直于传播方向的横平面($z=c$)上，故无纵向场量($E_z=0, H_z=0$)。无纵向场量的波称为**横电磁波**(TEM波)。正交于传播方向、横电磁波场量所在的面称为**等相面**或**波阵面**，等相面为平面的横电磁波称为**平面电磁波**。假定在平面电磁波的等相面上场量恒定不变，即平面电磁波的场矢量仅沿传播方向变化，在其等相面上场矢量的振幅、相位和方向都保持不变，这样的平面电磁波称为**均匀平面电磁波**$\left(\frac{\partial}{\partial x}=0, \frac{\partial}{\partial y}=0\right)$。例如，沿 z 向传播的均匀平面波，在 x 和 y 所构成的等相面上无变化，如果取 $\boldsymbol{E}$ 沿 x 方向，由麦克斯韦方程的旋度式可以确定 $\boldsymbol{H}$ 必定沿 y 方向，如图 5.1所示。所以，在直角坐标系中，均匀平面电磁波应满足如下条件

$$\begin{cases} E_z=0, H_z=0 \\ \dfrac{\partial}{\partial x}=0, \dfrac{\partial}{\partial y}=0 \end{cases} \quad 在\ z=c\ 处 \tag{5.10}$$

将式(5.9)和式(5.10)代入方程(5.8)，可以得到做时谐变化的均匀平面电磁波所满足的波动方程为

$$\frac{d^2 E_x}{dz^2} + k^2 E_x = 0 \tag{5.11a}$$

$$\frac{d^2 H_y}{dz^2} + k^2 H_y = 0 \tag{5.11b}$$

均匀平面波方程是一维标量方程，比一般三维矢量方程更为简单。平面电磁波是实际上并不存在的理想化情况，但它能表征电磁波的重要特性，分析方法简便，一般电磁波可以采用平面波叠加法合成。如果波源离场点足够远，过场点的球面等相面上的小面积元可以近视看做一个均匀平面电磁波。

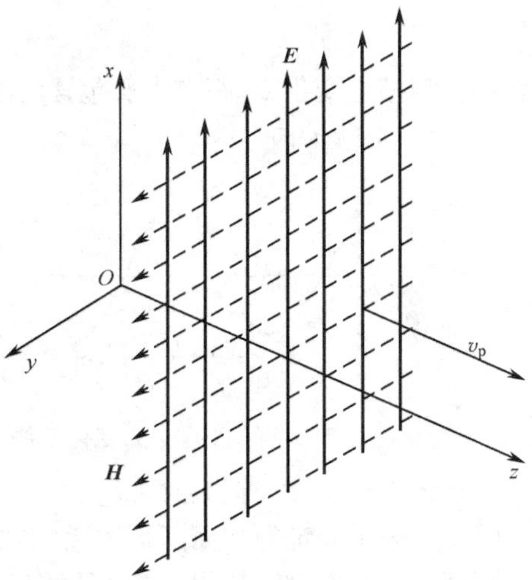

图 5.1　均匀平面电磁波

2. 平面电磁波的波动性

式(5.11)是二阶常微分方程，其解可由微分逆运算积分两次，得到包含两个积分常数的解。容易验证，方程(5.11a)的通解为

$$E_x(z) = A\mathrm{e}^{-jkz} + B\mathrm{e}^{+jkz} \tag{5.12}$$

式中，$A = E_{x0}^{+}$ 和 $B = E_{x0}^{-}$ 是可由边界条件确定的任意常数。首先考虑式(5.12)中的第一项，并将复数形式写为如下瞬时形式

$$\begin{aligned} E_x(z,t) &= \mathrm{Re}[E_x(z)\mathrm{e}^{j\omega t}] \\ &= E_{x0}^{+}\cos(\omega t - kz) \end{aligned} \tag{5.13}$$

式(5.13)是均匀平面电磁波波动方程(5.11a)的解，它表示满足该方程的均匀平面电磁波，它是位置和时间的周期函数，这表明均匀平面电磁波的波动性。现在来分析均匀平面电磁波的时空变化规律。

(1) $z = 0$：$E_x(0,t) \sim \cos\omega t$

图 5.2 表示位置 z 固定，时间相位 ωt 变化的曲线图，看出电场是时间的周期函数。

已知 ω 表示单位时间内的时间相位变化，称为**角频率**，单位为 rad/s(弧度/秒)。由 $\omega T = 2\pi$ 可得相位随时间变化的周期为

$$T = \frac{2\pi}{\omega} \tag{5.14}$$

它表示在给定位置上，时间相位变化 2π 所需时间。电磁波的频率为

$$f = \frac{1}{T} = \frac{\omega}{2\pi} \tag{5.15}$$

它表示单位时间相位变化 2π 的次数。由式(5.15)可知 $\omega = 2\pi f$。

(2) $\omega t = 0$：$E_x(z,0) \sim \cos(-kz)$

图 5.3 表示时间 t 固定，空间相位 kz 的变化曲线图，看出电场是空间坐标位置的周期函数。

已知 k 表示波传播单位距离的空间相位变化，称为**相位常数**，单位为 rad/m(弧度/米)。由 $k\lambda = 2\pi$ 可得相位随空间变化的波长为

$$\lambda = \frac{2\pi}{k} \tag{5.16}$$

它表示在给定时刻空间相位变化 2π 所经过的距离，单位为 m(米)。由式(5.16)得

$$k=\frac{2\pi}{\lambda} \tag{5.17}$$

它表示空间相位变化 2π 距离内所包含的波长数，所以 k 又称为**波数**。

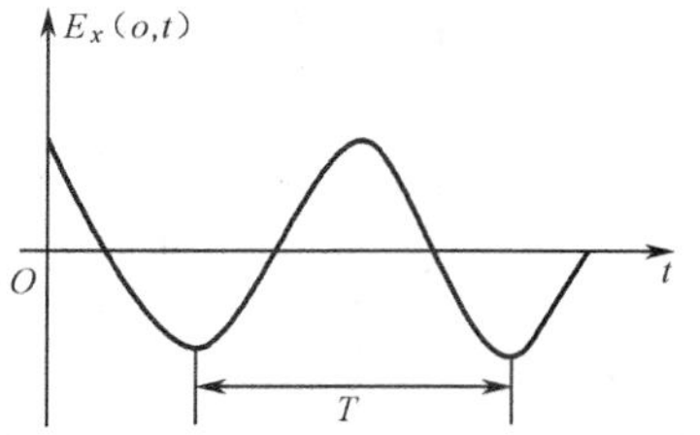

图 5.2　$E_x(0,t)$ 的变化曲线

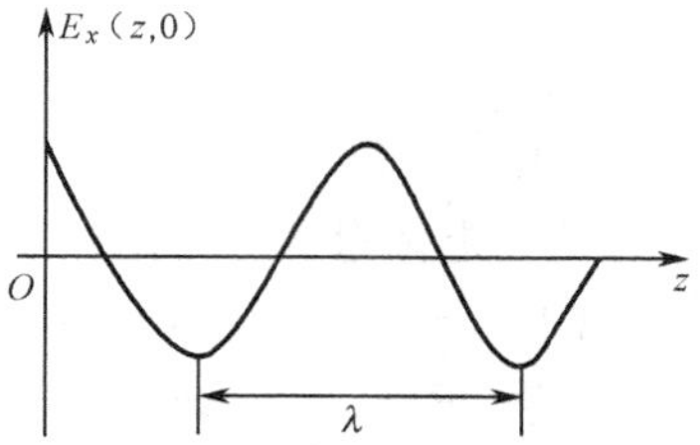

图 5.3　$E_x(z,0)$ 的变化曲线

(3) $\omega t-kz=C$(等相面)：$E_x(z,t)\sim\cos C$

图 5.4 表示固定等相面 C 同时随空间位置 z 和时间 t 变化而沿 z 方向以速度 v_P 传播的正向行波。随着时间 t 的增加，位置 z 也必须相应增加，以满足等相面的要求。图 5.4 中给出了几个不同时刻电磁波的位置变化状态。等相面方程对时间 t 求导，可得均匀平面电磁波的相速为

$$v_P=\frac{dz}{dt}=\frac{\omega}{k} \tag{5.18a}$$

代入 $k=\omega\sqrt{\mu\varepsilon}$ 可得

$$v_P=\frac{1}{\sqrt{\mu\varepsilon}} \tag{5.18b}$$

相速 v_P 表示等相面移动的速度。

由上面的分析可知，均匀平面电磁波方程的通解 $E_x(z,t)$ 既是时间的周期函数，又是空间坐标位置的周期函数，而且等相面随时空变化以相速 v_P 沿传播方向运动，显示了均匀平面波的波动性。

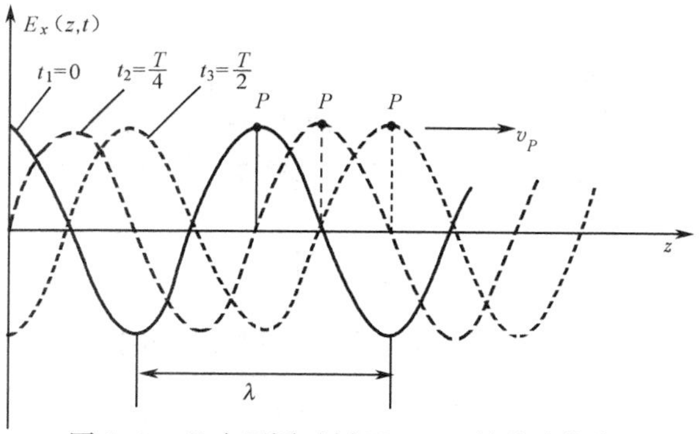

图 5.4　几个不同时刻 $E_x(z,t)$ 的移动曲线

3. 平面电磁波的传播特性

均匀平面电磁波必定受麦克斯韦方程的制约，因此，将 $\boldsymbol{E}$ 代入麦克斯韦方程的旋度式(4.32a)，即可求出 $\boldsymbol{H}$。已知式(5.13)可以改写成复矢量形式

$$\boldsymbol{E}(z)=\boldsymbol{a}_xE_{x0}^{+}e^{-jkz} \tag{5.19a}$$

由式 (4.32a) 可知

$$\boldsymbol{H}(z) = -\frac{1}{\mathrm{j}\omega\mu}\nabla\times\boldsymbol{E}(z) = -\boldsymbol{a}_y\frac{1}{\mathrm{j}\omega\mu}\frac{\partial E_x}{\partial z}$$
$$= \boldsymbol{a}_y\frac{k}{\omega\mu}E_{x0}^{+}\mathrm{e}^{-\mathrm{j}kz} = \boldsymbol{a}_y\sqrt{\frac{\varepsilon}{\mu}}E_{x0}^{+}\mathrm{e}^{-\mathrm{j}kz}$$
$$= \boldsymbol{a}_y\frac{1}{\eta}E_{x0}^{+}\mathrm{e}^{-\mathrm{j}kz} \tag{5.19b}$$

其瞬时形式为

$$H_y(z,t) = \frac{1}{\eta}E_{x0}^{+}\cos(\omega t - kz) \tag{5.20}$$

式中

$$\eta = \sqrt{\frac{\mu}{\varepsilon}} \tag{5.21}$$

是由电场与磁场的振幅之比来确定的具有阻抗量纲的物理量，称为**波阻抗**，单位为 Ω(欧姆)。由于 η 的值与媒质参量有关，因此也可以称为媒质的**本征阻抗**或**特性阻抗**。

由式(5.19)可知，电场 $\boldsymbol{E}$、磁场 $\boldsymbol{H}$ 与传播方向 $\boldsymbol{a}_z$ 之间相互垂直，且满足右旋关系，称为**横电磁波**(TEM 波)，如图 5.5 所示。由式(5.13)和式(5.20)可知，理想介质中的均匀平面波按余弦规律做周期性无衰减的等幅振荡，其电场与磁场的比值 η 为实数，电场与磁场无相差，是同相振荡。

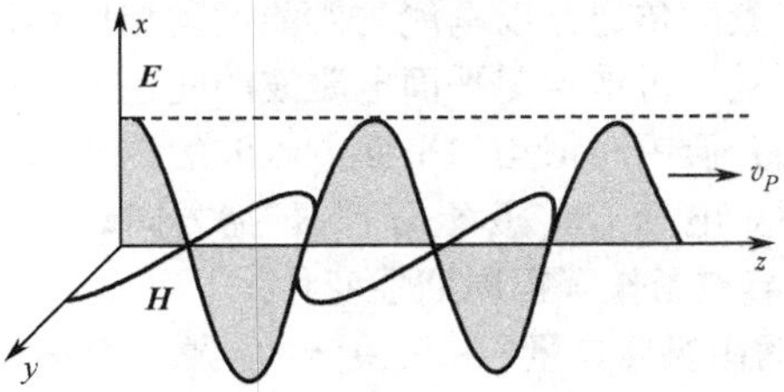

图 5.5　理想介质中同相等幅振荡均匀平面正向波

由式(5.19)还可知道，$H_y = \frac{1}{\eta}E_x$ 或 $\frac{1}{2}\varepsilon E_x^2 = \frac{1}{2}\mu H_y^2$。这表示理想介质中，均匀平面电磁波的电场能量密度等于磁场能量密度，电磁能量密度可表示为

$$w = w_\mathrm{e} + w_\mathrm{m} = \frac{1}{2}\varepsilon E_x^2 + \frac{1}{2}\mu H_y^2 = \varepsilon E_x^2 = \mu H_y^2 \tag{5.22}$$

在理想介质中，电磁能流密度可以用坡印亭矢量的瞬时形式表示为

$$\boldsymbol{S} = \boldsymbol{E}\times\boldsymbol{H} = \boldsymbol{a}_x E_x \times \boldsymbol{a}_y\frac{E_x}{\eta} = \boldsymbol{a}_z\frac{1}{\eta}E_x^2 \tag{5.23}$$

坡印亭矢量的时均形式可通过等效的复数形式表示为

$$\boldsymbol{S}_\mathrm{av} = \frac{1}{2}\mathrm{Re}(\boldsymbol{E}\times\boldsymbol{H}^*) = \boldsymbol{a}_z\frac{1}{2\eta}(E_{x0}^{+})^2 \tag{5.24}$$

式(5.24)中应用了 $E_x = E_{x0}^{+}\mathrm{e}^{-\mathrm{j}kz}$ 与 H_y 的复数共轭值相乘。由此可见，均匀平面电磁波的电磁能量沿波的传播方向流动。

同理，式(5.22)所表示的电磁能流密度也可写成相应的形式为

$$w_\mathrm{av} = \frac{1}{2}\varepsilon(E_{x0}^{+})^2 = w_{\mathrm{e}\cdot\mathrm{av}} \tag{5.25}$$

式(5.24)与式(5.25)相比，易得

$$\frac{\boldsymbol{S}_\mathrm{av}}{w_\mathrm{av}} = \boldsymbol{a}_z\frac{1}{\sqrt{\varepsilon\mu}} = v_\mathrm{e} \tag{5.26}$$

显然，$S_{av}=v_e w_{av}$ 表示空间某点的时均能流密度是以速度 v_e 运动的时均能量密度 w_{av}。因此 v_e 称为**能速**，它表示均匀平面电磁波的能量流动速度。在理想介质中，$v_e=v_P$，表示电磁波能量是以相速传播的。

通过以上的讨论可知，由波动方程解表示的均匀平面电磁波包含了描述媒质中任意点电磁场特性的全部信息。电磁波的表达式是由表示波强度的**振幅**因子和表示波变化快慢的**相位**因子组成的，而相位因子是指复数形式的指数因子或瞬时形式的三角函数因子。均匀平面电磁波的传播特性可以由波动方程解的表达式中的物理参量来描述。首先，就相位关系而言，三角函数的相位包括空间相位 kz 和时间相位 ωt，由于它们都是三角函数的自变量，具有角度的量纲，所以相位又称为**相角**。如果令 $\varphi_\lambda=k\lambda$ 表示在一个波长 λ 范围内的空间相角变化量，$\varphi_T=\omega T$ 表示在一个周期 T 范围内的时间相角变化量，那么，$k=\varphi_\lambda/\lambda=2\pi/\lambda$ 就表示单位长度的空间相角变化，$\omega=\varphi_T/T=2\pi f=2\pi/T$ 就表示单位时间的时间相角变化。由时空变化关系确定的等相面移动速度 $v_P=\omega/k$ 就表示波传播的相速。显然，周期 T 和波长 λ 表示这个波是一个做周期性变化的时谐平面电磁波。所以物理参量 λ、T、k、ω 和 v_P 反映了时空相位的变化关系；其次，就振幅关系而言，电场 E_x 与磁场 H_y 的比值用波阻抗 η 来表示，在理想介质中 $\eta=\sqrt{\mu/\varepsilon}$ 为实数表示电场与磁场间无相位差，波的传播特性仅由媒质参量来确定。所以物理参量 η 反映了电、磁振幅的相对强度关系。

均匀平面电磁波除作为信息的载体外，同时也是能量的载体。$w_{e\cdot av}=w_{m\cdot av}$ 表示时均电、磁场能量密度是相等的，电磁波能量的传递是以电能与磁能做同相周期性变化的形式进行的，v_e 表示能量流动的速度。在理想介质中，时谐均匀平面电磁波的能速等于相速。

综合以上分析，可将理想介质中时谐均匀平面电磁波的传播基本特性归纳为：

(1)**横电磁波(TEM 波)性。**电场 E_x、磁场 H_y 与传播方向 z 相互正交，且呈右旋关系；

(2)**等振幅振荡性。**电场与磁场作等幅周期性变化；

(3)**同相位性。**波阻抗仅为由媒质参量 ε 和 μ 决定的实数，电场与磁场做同相周期性变化；

(4)**电、磁能量密度相等性。**电场能量密度与磁场能量密度以相同值做同相周期性变化，电磁波的能流密度按相速传播，是相速与频率无关的单色波。

【例 5.1】 已知自由空间中均匀平面电磁波的电场强度为 $\boldsymbol{E}=\boldsymbol{a}_x 100\cos(3\times10^8 t-z)$(V/m)。求：(1)波长、周期和频率；(2)相速；(3)波阻抗；(4)磁场强度；(5)时均能流密度。

解：

自由空间的 $\varepsilon=\varepsilon_0$，$\mu=\mu_0$ 和 $\sigma=0$。

(1)$k=\dfrac{2\pi}{\lambda}=1$，　$\lambda=2\pi\approx6.28\text{m}$

$$T=\frac{2\pi}{\omega}=\frac{2\pi}{3\times10^8}\approx2.09\times10^{-8}\text{s}$$

$$f=\frac{1}{T}=\frac{1}{2.09\times10^{-8}}\approx0.48\times10^8\text{Hz}$$

(2)$\boldsymbol{E}$ 的相角为 $\varphi(z,t)=3\times10^8 t-z$，当 t 增大时，为了保持等相面不变，由时空变化的相依关系可知，z 必定也随 t 的增大而增大。因此等相面 $\varphi(z,t)=C$(常数)随 t 的增大而沿 z 增大的方向位移，电磁波的相速方向为 $\boldsymbol{a}_z$。相速的大小可对 $\omega t-kz=C$ 求时间 t 的微分得到

$$v_P=\frac{\mathrm{d}z}{\mathrm{d}t}=\frac{\omega}{k}=\frac{1}{\sqrt{\varepsilon_0\mu_0}}=2.998\times10^8\approx3\times10^8\ \text{(m/s)}$$

(3)$\eta=\eta_0=\sqrt{\dfrac{\mu_0}{\varepsilon_0}}=120\ \pi\approx377\Omega$

(4)由 $\nabla\times\boldsymbol{E}=-\mathrm{j}\omega\mu_0\boldsymbol{H}$ 和式(5.19b)知

$$\boldsymbol{H}=-\frac{1}{\mathrm{j}\omega\mu_0}\nabla\times\boldsymbol{E}=\boldsymbol{a}_y\frac{1}{\eta_0}E_{x0}^{+}\mathrm{e}^{-\mathrm{j}kz}$$
$$=\boldsymbol{a}_y\frac{100}{377}\mathrm{e}^{-\mathrm{j}z}\approx\boldsymbol{a}_y 0.265\mathrm{e}^{-\mathrm{j}z}\ \ \mathrm{A/m}$$

瞬时值为

$$\boldsymbol{H}=\boldsymbol{a}_y 0.265\cos(3\times10^8 t-z)\ \ \mathrm{A/m}$$

(5)
$$\boldsymbol{S}_{\mathrm{av}}=\frac{1}{2}\mathrm{Re}[\boldsymbol{E}\times\boldsymbol{H}^*]=\boldsymbol{a}_z\frac{1}{2\eta_0}|\boldsymbol{E}|^2$$
$$=\boldsymbol{a}_z\frac{1}{2\eta_0}(E_{x0}^{+})^2=\boldsymbol{a}_z\frac{100^2}{2\times377}\approx\boldsymbol{a}_z 13.26\mathrm{W/m^2}$$

5.2.2　导电媒质中的平面电磁波

导电媒质与理想介质的区别，仅在于导电媒质中 $\sigma\neq0$，因而在描述导电媒质的方程中出现传导电流 $\boldsymbol{J}=\sigma\boldsymbol{E}$ 的阻尼(衰减)项，这将导致电磁能量的损耗。由此可知，对于导电媒质中平面电磁波的分析方法同理想介质相仿，只需在描述理想介质平面电磁波的方程中加上由 $\sigma\neq0$ 所引起的修正项。

将方程(5.5)右边的修正项移至方程左边，与方程左边的第二项进行合并。对于时谐电磁波，可将方程(5.5)写成复数形式

$$\nabla^2\boldsymbol{E}(\boldsymbol{r})+k_c^2\boldsymbol{E}(\boldsymbol{r})=0 \tag{5.27a}$$
$$\nabla^2\boldsymbol{H}(\boldsymbol{r})+k_c^2\boldsymbol{H}(\boldsymbol{r})=0 \tag{5.27b}$$

式中

$$k_c=\omega\sqrt{\mu\varepsilon_c},\ \varepsilon_c=(\varepsilon-\mathrm{j}\frac{\sigma}{\omega})=\varepsilon'-\mathrm{j}\varepsilon'' \tag{5.28}$$

分别称为导电媒质的**复波数**和**复电容率**。通常又将方程(5.27)写成如下形式

$$\nabla^2\boldsymbol{E}(\boldsymbol{r})-\gamma^2\boldsymbol{E}(\boldsymbol{r})=0 \tag{5.29a}$$
$$\nabla^2\boldsymbol{H}(\boldsymbol{r})-\gamma^2\boldsymbol{H}(\boldsymbol{r})=0 \tag{5.29b}$$

式中

$$\gamma=\mathrm{j}k_c=\mathrm{j}\omega\sqrt{\mu\varepsilon_c}=\alpha+\mathrm{j}\beta \tag{5.30}$$

称为导电媒质的**复传播常数**。其中实部 α 称为**衰减常数**，单位为 NP/m(奈贝/米)，虚部 β 称为**相位常数**，单位为 rad/m(弧度/米)。由此可知，只需将描述理想介质的波动方程中的 k 和 ε 等分别用 k_{C}(或 γ)和 ε_{C} 等来取代，即得描述导电媒质的波动方程。

对于时谐均匀平面电磁波，三维矢量方程(5.29)退化为一维标量方程

$$\frac{\mathrm{d}^2E_x}{\mathrm{d}z^2}-\gamma^2E_x=0 \tag{5.31a}$$
$$\frac{\mathrm{d}^2H_y}{\mathrm{d}z^2}-\gamma^2H_y=0 \tag{5.31b}$$

显然，方程(5.31)的解为

$$E_x(z)=E_{x0}^{+}\mathrm{e}^{-\gamma z}=E_{x0}^{+}\mathrm{e}^{-\alpha z}\mathrm{e}^{-\mathrm{j}\beta z} \tag{5.32a}$$
$$H_y(z)=\frac{1}{\eta_c}E_{x0}^{+}\mathrm{e}^{-\gamma z}=\frac{1}{\eta_c}E_{x0}^{+}\mathrm{e}^{-\alpha z}\mathrm{e}^{-\mathrm{j}\beta z}$$
$$=\frac{1}{|\eta_c|}E_{x0}^{+}\mathrm{e}^{-\alpha z}\mathrm{e}^{-\mathrm{j}(\beta z+\varphi)} \tag{5.32b}$$

式中

$$\eta_c = \sqrt{\frac{\mu}{\varepsilon_c}} = |\eta_c|\ e^{j\varphi} \tag{5.33}$$

称为导电媒质的**复波阻抗**。式(5.32)也可写成瞬时形式

$$E_x(z,t) = \mathrm{Re}[(E_{x0}^{+}e^{-\alpha z})e^{-j\beta z}e^{j\omega t}] = E_{x0}^{+}e^{-\alpha z}\cos(\omega t-\beta z) \tag{5.34a}$$

$$H_y(z,t) = \frac{E_{x0}^{+}}{|\eta_c|}e^{-\alpha z}\cos(\omega t-\beta z-\varphi) \tag{5.34b}$$

式(5.32)～式(5.34)表明，电场与磁场分别沿 x，y 方向取向，且沿 z 方向传播，导电媒质中的波仍然是横电磁波；衰减因子 $e^{-\alpha z}$ 表示电场振幅沿 z 传播方向呈实指数衰减，**衰减常数 α 表示电磁波传播单位距离振幅的衰减量**；相位因子 $e^{-j\beta z}$ 表示电场空间相位沿 z 传播方向呈虚指数变化，**相位常数 β 表示电磁波传播单位距离空间相位的变化量；复本征阻抗 η_c 表示电场与磁场的相对振幅和相位关系，其空间相差 φ 说明电场领先于磁场传播。复本征阻抗 η_c 不仅取决于导电媒质参量 ε，μ 和 σ，而且也取决于波的工作频率 $\omega=2\pi f$**。式(5.34)表示的时谐均匀平面正向波可用图 5.6 表示出来。

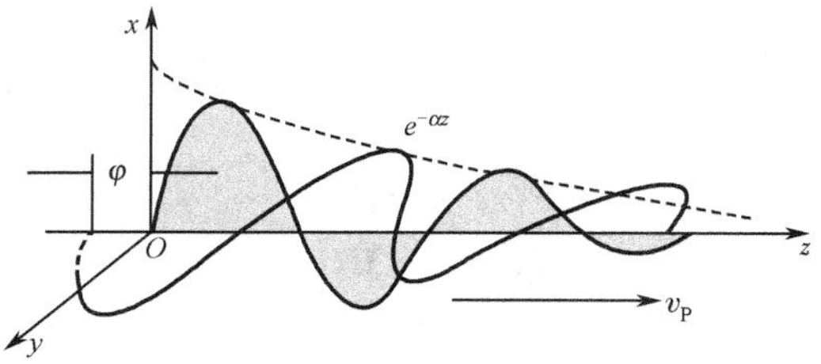

图 5.6　导电媒质中异相衰减振荡均匀平面正向波

对式(5.34)中的等相面 $\omega t-\beta z=c$ 求时间 t 的导数，可以得到导电媒质中均匀平面电磁波的相速为

$$v_P = \frac{\omega}{\beta} = \frac{1}{\sqrt{\varepsilon_c\mu}} = \frac{1}{\sqrt{\varepsilon\mu\left(1-j\dfrac{\sigma}{\omega\varepsilon}\right)}} \tag{5.35}$$

由于 β 与电磁波的频率不是线性关系，因此在导电媒质中，电磁波的相速是频率的函数。在同一种导电媒质中，不同频率的电磁波具有不同的相速，这种相速与频率有关的波称为**色散波**，相应的导电媒质称为**色散媒质**。

在导电媒质中，式(5.24)～式(5.26)变为

$$\boldsymbol{S}_{av} = \boldsymbol{a}_z\frac{1}{2\eta_c}(E_{x0}^{+})^2 \tag{5.36a}$$

$$w_{av} = \frac{1}{2}\varepsilon_c(E_{x0}^{+})^2 = w_{e\cdot av} < w_{m\cdot av} \tag{5.36b}$$

$$\frac{\boldsymbol{S}_{av}}{w_{av}} = \boldsymbol{a}_z\frac{1}{\sqrt{\varepsilon_c\mu}} = v_e = v_P \tag{5.36c}$$

在式(5.36)中，由于 ε_c 和 η_c 为复数，其虚部包含 σ，这表示存在焦耳热损耗，因而导致时均电场能量密度和能流密度的降低。

综合以上分析，可将导电媒质中时谐均匀平面电磁波的传播基本特性归纳为：

(1)**横电磁波(TEM 波)性**。电场、磁场与传播方向相互正交，且呈右旋关系；

(2)**振幅衰减振荡性**。电场与磁场做周期性衰减变化；

(3)**异相位性。**波阻抗为由媒质参量 ε、μ、σ 和 ω 决定的复数，电场领先于磁场一个空间相位差 φ 做异相周期性变化；

(4)**电、磁能量密度不等性。**电场能量密度小于磁场能量密度，电磁波的能流密度做周期性衰减变化，并按相速传播，是相速与频率相关的色散波。

【例 5.2】 导电媒质中的 α、β 和 η_c 是 ε、μ、σ 和 ω 的函数，它们是描述导电媒质中时谐均匀平面电磁波传播特性的基本物理参量。求：(1)衰减常数和相位常数；(2)复波阻抗。

解：

(1)由式(5.30)知

$$\gamma^2=(\alpha+j\beta)^2=(\alpha^2-\beta^2)+j2\alpha\beta$$

$$\gamma^2=-\omega^2\mu\varepsilon_C=-\omega^2\mu\left[\varepsilon-j\frac{\sigma}{\omega}\right]=-\omega^2\mu\varepsilon+j\omega\mu\sigma$$

上面两式要相等，只须令其实部和虚部分别相等，于是得

$$\alpha^2-\beta^2=-\omega^2\mu\varepsilon$$

$$2\alpha\beta=\omega\mu\sigma$$

联立求解上面两个方程，得

$$\alpha=\omega\sqrt{\frac{\mu\varepsilon}{2}\left[\sqrt{1+\left(\frac{\sigma}{\omega\varepsilon}\right)^2}-1\right]} \tag{5.37a}$$

$$\beta=\omega\sqrt{\frac{\mu\varepsilon}{2}\left[\sqrt{1+\left(\frac{\sigma}{\omega\varepsilon}\right)^2}+1\right]} \tag{5.37b}$$

(2)

$$\eta_c=\sqrt{\frac{\mu}{\varepsilon_c}}=\sqrt{\frac{\mu}{\varepsilon-j\dfrac{\sigma}{\omega}}}=\left(\frac{\mu}{\varepsilon}\right)^{\frac{1}{2}}\left[1+\left(\frac{\sigma}{\omega\varepsilon}\right)^2\right]^{-\frac{1}{4}}e^{j\frac{1}{2}\arctan\left(\frac{\sigma}{\omega\varepsilon}\right)}$$

或写为

$$|\eta_c|=\left(\frac{\mu}{\varepsilon}\right)^{\frac{1}{2}}\left[1+\left(\frac{\sigma}{\omega\varepsilon}\right)^2\right]^{-\frac{1}{4}} \tag{5.38a}$$

$$\varphi=\frac{1}{2}\arctan\left(\frac{\sigma}{\omega\varepsilon}\right) \tag{5.38b}$$

式(5.38)中，$|\eta_c|$ 和 φ 分别表示导电媒质复波阻抗的大小和相角。

通常，利用包含 ε，μ，σ 和 ω 的 α，β 和 η_c 来描述一般导电媒质中均匀平面波的传播特性十分复杂，有必要做一定的近似处理。考查麦克斯韦方程(5.1b)的复数形式

$$\nabla\times\boldsymbol{H}=\sigma\boldsymbol{E}+j\omega\varepsilon\boldsymbol{E}=\boldsymbol{J}+\boldsymbol{J}_d$$

其中传导电流项表示导电性，位移电流项表示介电性，媒质的导电性和介电性可用其比值来衡量。由此可知，良导体和良介质的判据为

$$\frac{\boldsymbol{J}}{\boldsymbol{J}_d}\sim\frac{\sigma}{\omega\varepsilon}\begin{cases}\gg 1，良导体\\ \ll 1，良介质\end{cases}$$

下面将研究良导体和良介质中 α，β 和 η_c 等参量的近似表示式。

1. 良导体中的平面电磁波

在良导体 $\left(\frac{\sigma}{\omega\varepsilon}\gg 1\right)$ 中，传播常数近似表示为

$$\gamma=j\omega\sqrt{\mu\varepsilon\left(1-j\frac{\sigma}{\omega\varepsilon}\right)}\approx j\omega\sqrt{\frac{\mu\sigma}{j\omega}}=\frac{1+j}{\sqrt{2}}\sqrt{\omega\mu\sigma}$$

式中应用了$\sqrt{\mathrm{j}}=(\mathrm{e}^{\mathrm{j}\frac{\pi}{2}})^{\frac{1}{2}}=\cos\frac{\pi}{4}+\mathrm{j}\sin\frac{\pi}{4}=\frac{1}{\sqrt{2}}(1+\mathrm{j})$。由$\gamma=\alpha+\mathrm{j}\beta$得良导体中波的衰减常数和相位常数为

$$\alpha\approx\beta\approx\sqrt{\pi f\mu\sigma} \tag{5.39}$$

良导体的复波阻抗为

$$\eta_{\mathrm{c}}=\sqrt{\frac{\mu}{\varepsilon_{\mathrm{c}}}}=\sqrt{\frac{\mu}{\varepsilon}\left(\frac{1}{1-\mathrm{j}\frac{\sigma}{\omega\varepsilon}}\right)}\approx\sqrt{\frac{\mathrm{j}\omega\mu}{\sigma}}=(1+\mathrm{j})\sqrt{\frac{\pi f\mu}{\sigma}}$$
$$=\sqrt{\frac{2\pi f\mu}{\sigma}}\mathrm{e}^{\mathrm{j}\frac{\pi}{4}} \tag{5.40}$$

这表明良导体中的电场空间相位领先于磁场$\frac{\pi}{4}$。

良导体中波的相速为

$$v_p=\frac{\omega}{\beta}=\frac{1}{\sqrt{\mu\varepsilon_{\mathrm{c}}}}=\frac{1}{\sqrt{\mu\varepsilon\left(1-\mathrm{j}\frac{\sigma}{\omega\varepsilon}\right)}}\approx\sqrt{\frac{2\omega}{\mu\sigma}} \tag{5.41}$$

式(5.39)表明，良导体中电磁波的衰减常数α随良导体的电磁参量μ，σ和波的频率f的增大而增大。因此，高频电磁波在良导体中的衰减很快，透入良导体中的波经过很短距离后就几乎衰减完了，电磁波仅局限于导体表面附近区域，这种现象称为**趋肤效应**。为了定量描述电磁波对良导体的穿透深度，可以引入趋肤深度δ来表征电磁波的趋肤程度，**电磁波的幅值衰减为表面值的1/e(或 0.368)时所传播的距离δ定义为趋肤深度**，如图 5.7 所示。由此可知$\mathrm{e}^{-\alpha\delta}=1/\mathrm{e}$，故得

$$\delta=\frac{1}{\alpha}=\sqrt{\frac{2}{\omega\mu\sigma}}=\frac{1}{\sqrt{\pi f\mu\sigma}} \tag{5.42a}$$

对于良导体，$\alpha\approx\beta$，δ也可表示为

$$\delta=\frac{1}{\beta}=\frac{\lambda}{2\pi} \tag{5.42b}$$

在理想导体($\sigma\to\infty$)中，$\delta\to 0$，导体内电场$\boldsymbol{E}$等于零，可用于屏蔽高频电磁场。

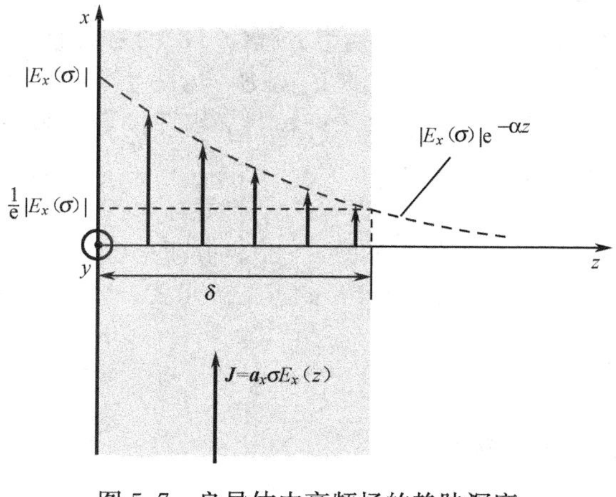

图 5.7 良导体中高频场的趋肤深度

式(5.40)表明，复波阻抗具有电阻和电抗分量为

$$\eta_C = R_S + jX_S \approx (1+j)\sqrt{\frac{\pi f\mu}{\sigma}} \tag{5.43a}$$

且有

$$R_S = X_S = \sqrt{\frac{\pi f\mu}{\sigma}} = \frac{1}{\sigma\delta} \tag{5.43b}$$

R_S 和 X_S 表示厚度为 δ 的导体单位面积的电阻和电抗，分别称为**表面电阻**和**表面电抗**，相应的 Z_S 称为**表面阻抗**。

2. 良介质中的平面电磁波

在良介质$\left(\frac{\sigma}{\omega\varepsilon}\ll 1\right)$中，传播常数近似表示为

$$\gamma = j\omega\sqrt{\mu\varepsilon\left(1-j\frac{\sigma}{\omega\varepsilon}\right)} \approx j\omega\sqrt{\mu\varepsilon}\left(1-j\frac{\sigma}{2\omega\varepsilon}\right)$$

式中应用了二项式公式$(1+\alpha)^n\approx 1+n\alpha(\alpha\ll 1)$。由 $\gamma=\alpha+j\beta$ 得良介质中波的衰减常数和相位常数为

$$\alpha \approx \frac{\sigma}{2}\sqrt{\frac{\mu}{\varepsilon}} \tag{5.44a}$$

$$\beta \approx \omega\sqrt{\mu\varepsilon} \tag{5.44b}$$

良介质的复波阻抗为

$$\eta_c = \sqrt{\frac{\mu}{\varepsilon}\left[\frac{1}{1-j\frac{\sigma}{\omega\varepsilon}}\right]} \approx \sqrt{\frac{\mu}{\varepsilon}}\left(1+j\frac{\sigma}{2\omega\varepsilon}\right) \tag{5.45}$$

由于 σ 很小，α 近似为零，η_c 近似于 η，因此良介质中平面电磁波近似于理想介质中的传播特性，只是略有衰减和损耗。

【例 5.3】 导电媒质的电磁媒质参量为 $\mu_r=1.6$，$\varepsilon_r=25$ 和 $\sigma=2.5$ S/m(西门子/米)，有一时谐均匀平面电磁波在该导电媒质中传播。假定该波分别以工作频率 $f_1=0.9$ GHz 和 $f_2=1.8$ kHz 做时谐运动，已知电场强度的瞬时值为 $E_x(z,t)=0.2e^{-\alpha z}\cos(2\pi f_i t-\beta z)(i=1,2)$。(1)判断工作于哪种频率的波的导电媒质可以看做良导体；(2)求良导体中波的传播常数、衰减常数、相位常数、相速、波阻抗和趋肤深度；(3)求良导体中波的电场强度和磁场强度的复数形式；(4)求良导体中波的时均能流密度。

解：

(1) $\omega_1=2\pi\times 0.9\times 10^9=5.66\times 10^9$ rad/s

$$\omega_1\varepsilon=5.66\times 10^9\times\frac{25\times 10^{-9}}{36\pi}=1.25$$

$$\frac{\sigma}{\omega_1\varepsilon}=\frac{2.5}{1.25}=2>1$$

$$\omega_2=2\pi\times 1.8\times 10^3=11.3\times 10^3 \text{ rad/s}$$

$$\omega_2\varepsilon=11.3\times 10^3\times\frac{25\times 10^{-9}}{36\pi}=2.5\times 10^{-6}$$

$$\frac{\sigma}{\omega_2\varepsilon}=\frac{2.5}{2.5\times 10^{-6}}=10^6\gg 1$$

工作于频率 f_2 的波的导体媒质可以看做良导体。这表明导体的导电性和介电性是相对的，它不仅取决于电磁媒质参量的比值 σ/ε，还取决于波的工作频率 f。所以在对这类问题做近似处理时，首先必须对导电媒质的性质做出判断，才能确定所使用的近似公式。

(2)

$$\gamma=\frac{1+\mathrm{j}}{\sqrt{2}}\sqrt{\omega_2\mu\sigma}=\sqrt{\omega_2\mu\sigma}\ \mathrm{e}^{\mathrm{j}\frac{\pi}{4}}$$

$$=\sqrt{11.3\times10^3\times1.6\times4\pi\times10^{-7}\times2.5}\ \mathrm{e}^{\mathrm{j}\frac{\pi}{4}}\ \mathrm{m}^{-1}$$

因此

$$\alpha=0.1685\ \mathrm{NP/m}$$

$$\beta=0.1685\ \mathrm{rad/m}$$

$$v_P=\frac{\omega_2}{\beta}=\frac{2\pi\times1.8\times10^3}{0.1685}=67.09\times10^3\ \mathrm{m/s}$$

$$\eta_c=(1+\mathrm{j})\sqrt{\frac{\pi f_2\mu}{\sigma}}=\sqrt{\frac{\omega_2\mu}{\sigma}}\ \mathrm{e}^{\mathrm{j}\frac{\pi}{4}}$$

$$=\sqrt{\frac{11.3\times10^3\times1.6\times4\pi\times10^{-7}}{2.5}}\mathrm{e}^{\mathrm{j}\frac{\pi}{4}}$$

$$=0.0953\mathrm{e}^{\mathrm{j}\frac{\pi}{4}}\ \Omega$$

$$\delta=\frac{1}{\alpha}=\frac{1}{0.1685}=5.93\ \mathrm{m}$$

(3)电磁场强度的复数形式为

$$E_x(z)=0.2\mathrm{e}^{-0.1685z}\mathrm{e}^{-\mathrm{j}0.1685z}\ \mathrm{V/m}$$

$$H_y(z)=\frac{1}{\eta_c}E_x(z)=\frac{0.2}{0.0953}\mathrm{e}^{-0.1685z}\mathrm{e}^{-\mathrm{j}0.1685z}\mathrm{e}^{-\mathrm{j}\frac{\pi}{4}}$$

$$=2.1\mathrm{e}^{-0.1685z}\mathrm{e}^{-\mathrm{j}(0.1685z+\frac{\pi}{4})}\ \mathrm{A/m}$$

(4)时均能流密度为

$$\boldsymbol{S}_{\mathrm{av}}=\frac{1}{2}\mathrm{Re}[\boldsymbol{E}\times\boldsymbol{H}^*]$$

$$=\frac{1}{2}\mathrm{Re}[\boldsymbol{a}_zE_x(z)H_y^*(z)]$$

式中

$$H_y^*(z)=2.1\mathrm{e}^{-0.1685z}\mathrm{e}^{+\mathrm{j}(0.1685z+\frac{\pi}{4})}$$

$$=2.1\mathrm{e}^{-0.1685z}\mathrm{e}^{+\mathrm{j}\frac{\pi}{4}}\mathrm{e}^{+\mathrm{j}0.1685z}\ \mathrm{A/m}$$

最后得

$$\boldsymbol{S}_{\mathrm{av}}=\boldsymbol{a}_z\frac{1}{2}\times(0.2\times2.1)\cos\frac{\pi}{4}[\mathrm{e}^{-0.1685z}]^2$$

$$=\boldsymbol{a}_z0.149\mathrm{e}^{-0.337z}\ \mathrm{W/m^2}$$

5.2.3　任意方向传播的均匀平面电磁波

前面只考虑了作为横电磁波的均匀平面波沿方向 z 传播的特殊情况，从而使场矢量及其物理参量的表示标量化，简化了场的表示形式。在实际应用中，均匀平面波可以沿任意方向传播，在直角坐标系中分解为 x，y 和 z 三个分量。为便于分析，只考虑沿 x 和 z 变化的二维情况。于是，电场 $\boldsymbol{E}(z)=\boldsymbol{E}_0^+\mathrm{e}^{-\mathrm{j}kz}$ 推广为

$$\boldsymbol{E}(x,z)=\boldsymbol{E}_0^+\mathrm{e}^{-\mathrm{j}k_xx-\mathrm{j}k_zz}\tag{5.46}$$

式(5.46)中的相位因子改写为

$$k_x x + k_z z = \boldsymbol{a}_x k_x \cdot \boldsymbol{a}_x x + \boldsymbol{a}_z k_z \cdot \boldsymbol{a}_z z = \boldsymbol{k} \cdot \boldsymbol{r} \tag{5.47}$$

式中

$$\boldsymbol{k} = \boldsymbol{a}_x k_x + \boldsymbol{a}_z k_z \tag{5.48a}$$

$$\boldsymbol{r} = \boldsymbol{a}_x x + \boldsymbol{a}_z z \tag{5.48b}$$

且有

$$k_x = \boldsymbol{k} \cdot \boldsymbol{a}_x = k\boldsymbol{a}_{\mathrm{n}} \cdot \boldsymbol{a}_x \tag{5.49a}$$

$$k_z = \boldsymbol{k} \cdot \boldsymbol{a}_z = k\boldsymbol{a}_{\mathrm{n}} \cdot \boldsymbol{a}_z \tag{5.49b}$$

其中 $\boldsymbol{a}_{\mathrm{n}} \cdot \boldsymbol{a}_x = \cos\theta_x$ 和 $\boldsymbol{a}_{\mathrm{n}} \cdot \boldsymbol{a}_z = \cos\theta_z$. 于是式(5.46)可写为矢量形式

$$\boldsymbol{E}(\boldsymbol{r}) = \boldsymbol{E}_0^+ \mathrm{e}^{-\mathrm{j}\boldsymbol{k}\cdot\boldsymbol{r}} = \boldsymbol{E}_0^+ \mathrm{e}^{-\mathrm{j}k\boldsymbol{a}_{\mathrm{n}}\cdot\boldsymbol{r}} \tag{5.50a}$$

式(5.50a)中的 $\boldsymbol{k}$ 称为**波数矢量**(简称**波矢量**)，其大小等于传播常数 k，其方向沿 $\boldsymbol{a}_{\mathrm{n}}$ 的传播方向，所以 $\boldsymbol{k}$ 又称为**传播矢量**；$\boldsymbol{r}$ 为二维空间的位置矢量。$\boldsymbol{k} = k\boldsymbol{a}_{\mathrm{n}}$ 与 $\boldsymbol{r}$ 的几何关系如图 5.8 所示。从图中可以看出 $\boldsymbol{k} \cdot \boldsymbol{r} = C$(常数)表示垂直于传播方向 $\boldsymbol{k} = k\boldsymbol{a}_{\mathrm{n}}$ 的等相面。由于该等相面为平面，且其上的场量振幅为恒定值，所以可判定它表示沿 $\boldsymbol{r}$ 方向传播的均匀平面电磁波。波的磁场可以由麦克斯韦方程的旋度式(4.32a)得

$$\boldsymbol{H}(\boldsymbol{r}) = \frac{1}{\eta}\boldsymbol{a}_{\mathrm{n}} \times \boldsymbol{E}(\boldsymbol{r}) = \frac{1}{\eta}(\boldsymbol{a}_{\mathrm{n}} \times \boldsymbol{E}_0^+)\mathrm{e}^{-\mathrm{j}\boldsymbol{k}_{\mathrm{n}}\cdot\boldsymbol{r}} \tag{5.50b}$$

显然，沿任意方向 $\boldsymbol{a}_{\mathrm{n}}$ 传播的均匀平面电磁波是横电磁波。

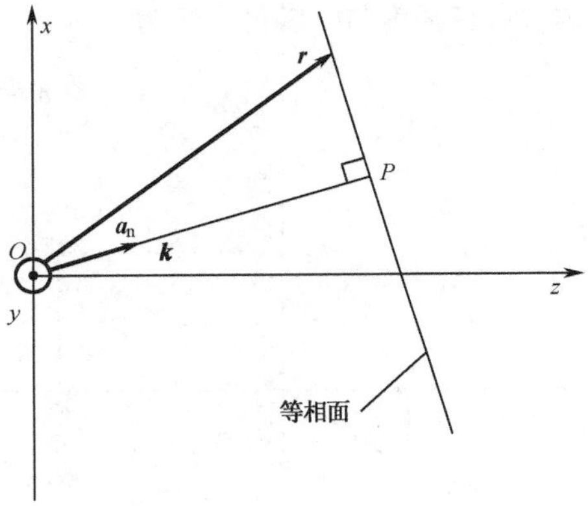

图 5.8　$\boldsymbol{k}$ 与 $\boldsymbol{r}$ 的几何关系

5.2.4　平面电磁波的极化

沿某一方向传播的时谐平面电磁波是横电磁波，在传播方向上任意一点的电场强度矢量和磁场强度矢量都在过该点的等相面上按同一频率随时间做时谐变化，因此只需考虑电场强度矢量随时间变化的特性。如果将电场强度矢量看做分解为相互正交的电场分量的合成值，那么，按照 4.5.1 节中的介绍，仅当两电场分量的初相位相同时，电场强度矢量的方向才不随时间改变，形成取向与时间无关的稳态时谐变化。显然，只要控制两电场分量振幅的大小和方向，并调节两电场分量间的电位差，就有可能使合成电场强度矢量的取向随时间而变化。平面电磁波的极化是表征空间某点电场强度矢量的取向随时间变化的规律和特性，并用电场强度矢量端点随时间变化的轨迹来描述。若电场强度矢量端点描绘的轨迹是直线、圆或椭圆，则称为线极化、圆极化或椭圆极化。决定某点电场强度矢量极化形式的三个要素是：两电场分量间的振幅取向关系、振幅幅度关系和初相位关系。

考虑沿 z 方向传播的均匀平面波的电场强度瞬时值

$$\boldsymbol{E}(z,t) = \boldsymbol{a}_x E_{x0}\cos(\omega t - kz + \varphi_x) + \boldsymbol{a}_y E_{y0}\cos(\omega t - kz + \varphi_y) \tag{5.51}$$

为简化分析，下面只分析在点 $z=0$ 处合成波的极化形式。于是，可将式(5.51)写为如下分量形式

$$E_x(0,t) = E_{x0}\cos(\omega t + \varphi_x) = E_{x0}\cos\omega t \tag{5.52a}$$

$$E_y(0,t)=E_{y0}\cos(\omega t+\varphi_y)=E_{y0}\cos(\omega t+\varphi) \tag{5.52b}$$

式中已令 $\varphi_x=0$ 和 $\varphi_y-\varphi_x=\varphi$。

1. 线极化波

假定均匀平面电磁波电场分量的振幅和相位满足如下关系：

取向 $\boldsymbol{a}_x\perp\boldsymbol{a}_y$，幅度 $E_{x0}=E_{y0}$ 或 $E_{x0}\neq E_{y0}$，相位 $\varphi=0$ 或 $\pm\pi$，则式(5.52)变为

$$E_x(0,t)=E_{x0}\cos\omega t \tag{5.53a}$$

$$E_y(0,t)=E_{y0}\cos\omega t \tag{5.53b}$$

在等相面 $z=0$ 处的合成波电场强度大小可用一直线方程表示为

$$E=\sqrt{E_{x0}^2+E_{y0}^2}\cos\omega t \tag{5.54a}$$

合成波电场强度与 x 轴的夹角为

$$\alpha=\arctan\left(\frac{E_{y0}}{E_{x0}}\right)=C \tag{5.54b}$$

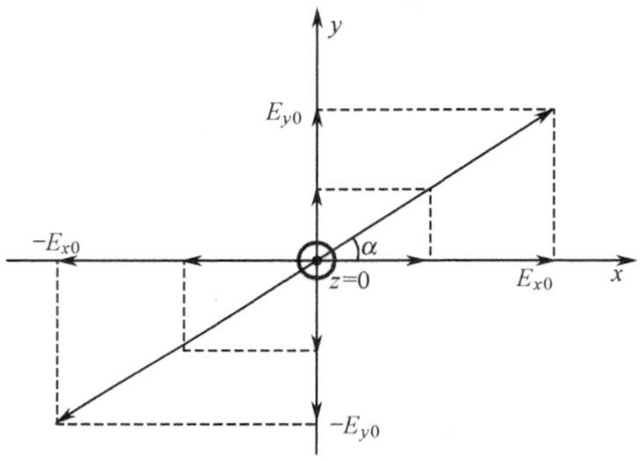

图 5.9　线极化波

看出合成波电场强度的大小随时间 t 做时谐变化，但其矢端轨迹与 x 轴始终成 α 角的直线，称为线极化波，如图 5.9 所示。由此可知，**两个相位相同或相反、振幅不一定相等的空间相互正交的线极化平面波，其合成波仍然形成一个线极化平面波；合成平面波的电场强度大小始终在某一特定方向直线上随时间 t 做时谐变化。**

2. 圆极化波

假定均匀平面电磁波电场分量的振幅和相位满足如下关系：

取向 $\boldsymbol{a}_x\perp\boldsymbol{a}_y$，幅度 $E_{x0}=E_{y0}=E_0$，相位 $\varphi=\pm\frac{\pi}{2}$，则式(5.52)变为

$$E_x(0,\ t)=E_0\cos\omega t \tag{5.55a}$$

$$E_y(0,\ t)=E_0\cos\left(\omega t\pm\frac{\pi}{2}\right)=\mp E_0\sin\omega t \tag{5.55b}$$

在等相面 $z=0$ 处的合成波电场强度大小可用一圆方程表示为

$$E=\sqrt{E_x^2+E_y^2}=E_0 \text{ 或 } E_x^2+E_y^2=E_0^2 \tag{5.56a}$$

合成波电场强度与 x 轴的夹角为

$$\alpha=\arctan\left(\frac{E_y}{E_x}\right)=\arctan\left(\frac{\mp E_0\sin\omega t}{E_0\cos\omega t}\right)$$
$$=\arctan(\mp\tan\omega t)=\mp\omega t \tag{5.56b}$$

看出合成波电场强度的大小不随时间 t 做时谐变化，但方向却随时间 t 变化。电场强度矢量端点以 α 角按均匀角频率 ω 随时间 t 绕原点 O 做圆周运动，其矢端轨迹为一个圆，称为圆极化波，如图 5.10 所示。由此可知，**两个相位相差 $\pm\frac{\pi}{2}$、振幅相等的空间相互正交的线极化平面波，其合成波形成一个圆极化平面波；合成平面波的电场强度方向始终以振幅为半径按均匀角速度 ω(ω 不随时间 t 变化)在圆周上随时间 t 做时谐变化。**因此，合成波电场强度矢量端点在传播方向上描绘出一个圆形螺旋线轨迹，如图 5.11 所示。

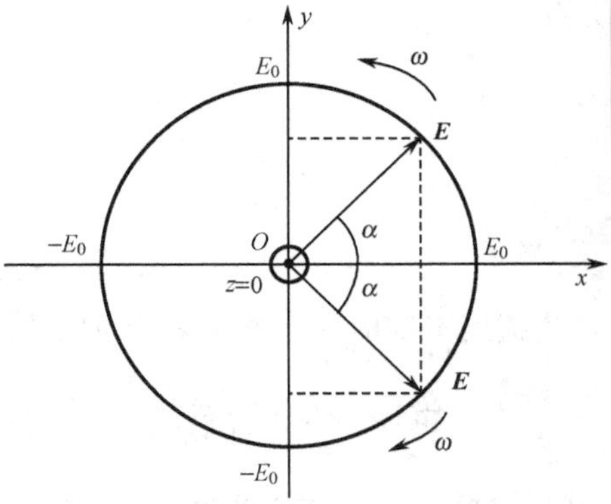

图 5.10　圆极化波

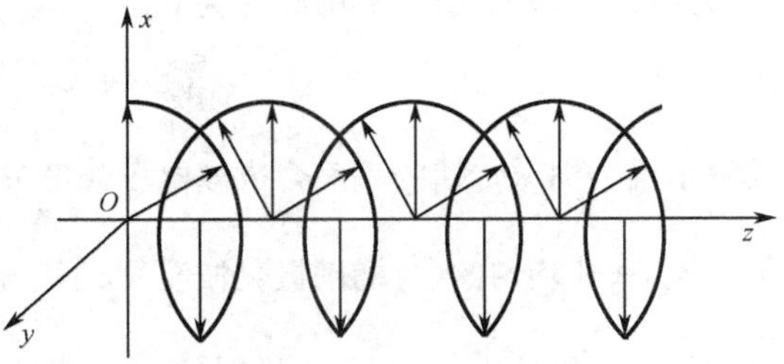

图 5.11　圆极化波的传播

3. 椭圆极化波

假定均匀平面电磁波电场分量的振幅和相位满足如下关系：

取向 $\boldsymbol{a}_x \perp \boldsymbol{a}_y$，幅度 $E_{x0} \neq E_{y0}$，相位 $\varphi = \pm\frac{\pi}{2}$，则式(5.52)变为

$$E_x(0,\ t) = E_{x0}\cos\omega t \tag{5.57a}$$

$$E_y(0,\ t) = E_{y0}\cos\left(\omega t \pm \frac{\pi}{2}\right) = \mp E_{y0}\sin\omega t \tag{5.57b}$$

将式(5.57)变为

$$\frac{E_x}{E_{x0}} = \cos\omega t, \qquad \frac{E_y}{E_{y0}} = \mp\sin\omega t$$

上面两式平方相加，得

$$\frac{E_x^2}{E_{x0}^2} + \frac{E_y^2}{E_{y0}^2} = 1 \tag{5.58a}$$

看出在等相面 $z=0$ 处的合成波电场强度大小可用一椭圆方程来描述。合成波电场强度与 x 轴的夹角为

$$\alpha = \arctan\left(\mp\frac{E_{y0}}{E_{x0}}\tan\omega t\right) \neq \mp\omega t \tag{5.58b}$$

看出合成波电场强度矢量端点以 α 角按非均匀角频率 ω 随时间 t 绕原点 O 做椭圆周运动，其矢端轨迹为一个椭圆，称为椭圆极化波，如图 5.12 所示。由此可知，**两个相位相差 $\pm\frac{\pi}{2}$、振幅不相等的空间相互正交的线极化平面波，其合成波形成一个椭圆极化平面波；合成平面波的电场强度方向始终按非均匀角速度 ω(ω 随时间 t 变化)在椭圆周上随时间 t 做时谐变化。**因此，合成波电场强度矢量端点在传播方向上描绘出一个椭圆形螺旋轨迹。顺便指出，在一般情况下，$\varphi \neq \pm\frac{\pi}{2}$，此处取 $\varphi = \pm\frac{\pi}{2}$ 是特殊情况。

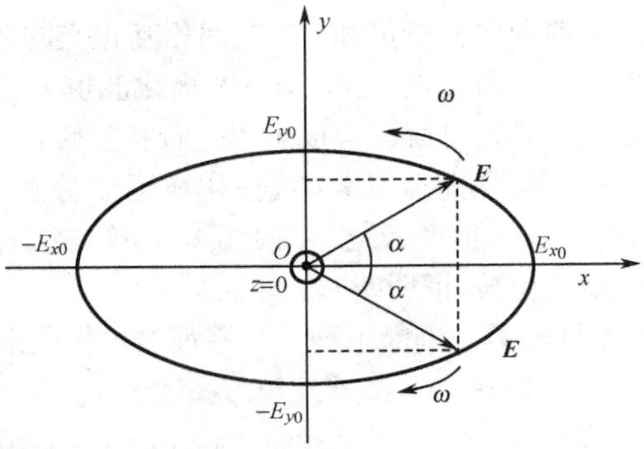

图 5.12　椭圆极化波

关于均匀平面电磁波的极化问题，需要做如下几点说明：

1. 圆极化波和椭圆极化波的旋向判别法

将式(5.56b)和式(5.58b)改写为

$$\frac{\mathrm{d}\alpha}{\mathrm{d}t}=\mp\omega \qquad \frac{\mathrm{d}\alpha}{\mathrm{d}t}\neq\mp\omega$$

上式表示沿方向 z 传播的平面合成波电场强度矢量的旋转角速度$\frac{\mathrm{d}\alpha}{\mathrm{d}t}$随时间 t 的变化是均匀的(对圆极化波)和非均匀的(对椭圆极化波)。取正号表示 $\varphi=-\frac{\pi}{2}<0$，电场强度 x 分量超前于 y 分量一个相位$\frac{\pi}{2}$，此时$\frac{\mathrm{d}\alpha}{\mathrm{d}t}>0$ 表示 α 随时间 t 的增大而增大，场矢量端点在圆或椭圆轨道上反时针旋转，其旋向与波的传播方向呈右旋关系，称为**右旋极化波**；反之，取负号则表示对应的关系为 $\varphi=\frac{\pi}{2}>0$ 系滞后相位，$\frac{\mathrm{d}\alpha}{\mathrm{d}t}<0$ 表示 α 随时间 t 的增大而减小，是顺时针旋转的**左旋极化波**。为便于记忆，对于圆极化波和椭圆极化波，提出如下**旋向判别法**：

(1)电场强度矢量的旋向与波的传播方向呈右旋关系；

(2)电场强度矢量总是从超前相位旋向滞后相位；

(3)若按(1)和(2)所确定的旋向相同，则称为右旋圆极化波或右旋椭圆极化波；若按(1)和(2)所确定的旋向相反，则称为左旋圆极化波或左旋椭圆极化波。

2. 三类极化波的相互关系

三类极化波都可以看成两个在空间相互正交($\boldsymbol{a}_x\perp\boldsymbol{a}_y$)的线极化波的合成。其中椭圆极化波的场分量振幅和相位关系都不相等($E_{x0}\neq E_{y0}$，$\varphi_x\neq\varphi_y$)；若振幅关系相等($E_{x0}=E_{y0}$)，相位关系不相等($\varphi_y-\varphi_x=\pm\frac{\pi}{2}$)，则椭圆极化波退化为圆极化波；若相位关系相等或相反($\varphi_y-\varphi_x=0$，$\pm\pi$)，振幅关系一般不相等($E_{x0}\neq E_{y0}$)，则椭圆极化波退化为合成线极化波。因此，圆极化波和线极化波均是椭圆极化波的特例。

3. 极化波的分解与合成

从前面的分析可知，在空间相互正交的两个线极化波，当其振幅和相位满足一定关系时，可以合成三类极化波；反之，三类极化波也可分解为在空间相互正交的两个线极化波。这表明，三类极化波通过分解与合成可以进行相互转化。

特别值得提出的是：线极化波可以分解为两个振幅相等(或不相等)、旋向相反的圆极化波(或椭圆极化波)；反之，两个振幅相等(或不相等)、旋向相反的圆极化波(或椭圆极化波)也可以合成线极化波(证明略)。

【例 5.4】 判断下列均匀平面波的极化形式：

(1)$\boldsymbol{E}(z)=\boldsymbol{a}_x E_0\mathrm{e}^{-\mathrm{j}kz}+\mathrm{j}\boldsymbol{a}_y E_0\mathrm{e}^{-\mathrm{j}kz}$；

(2)$\boldsymbol{E}(z,t)=\boldsymbol{a}_x E_{x0}\sin(\omega t+kz)+\boldsymbol{a}_y E_{y0}\cos(\omega t+kz)$。

解：

(1) 两个分量振幅相等($E_{x0}=E_{y0}$)；将 $\mathrm{j}=\mathrm{e}^{\mathrm{j}\frac{\pi}{2}}$ 代入原式得$(\boldsymbol{a}_x+\boldsymbol{a}_y\mathrm{e}^{\mathrm{j}\frac{\pi}{2}})\mathrm{e}^{-\mathrm{j}kz}\mathrm{e}^{\mathrm{j}\omega t}$，看出电场强度矢量的 y 分量超前 x 分量$\frac{\pi}{2}$，场矢量端点由 y 方向旋至 x 方向；由相位因子 $\mathrm{e}^{-\mathrm{j}(kz-\omega t)}$ 可求出等相面移

动的相速沿 $+z$ 方向。因此，波传播方向与波场矢量旋向呈左旋关系，此波为左旋圆极化波。

(2)将原式改写为 $\boldsymbol{E}(z,t)=\boldsymbol{a}_xE_{x0}\cos\left(\omega t+kz-\frac{\pi}{2}\right)+\boldsymbol{a}_yE_{y0}\cos(\omega t+kz)$，看出两个分量振幅不相等($E_{x0}\neq E_{y0}$)；$y$ 分量比 x 分量超前 $\frac{\pi}{2}$，场矢量端点由 y 方向旋至 x 方向；由相位因子 $\cos(\omega t+kz)$ 可求出等相面移动的相速沿 $-z$ 方向。因此，波传播方向与波场矢量旋向呈右旋关系，此波为右旋椭圆极化波。

5.3　有界均匀媒质中平面电磁波的传播

前面介绍的无界均匀媒质中的平面电磁波只是一种实际并不存在的理想情况，在工程应用中往往需要考虑由两不同均匀媒质区界定的边界面。为简化分析，我们只介绍平面电磁波在平面边界构成的有界均匀媒质中的传播规律和特性。当做时谐变化的**入射波**投射在平面边界面上时，必然在边界面上感应出做相应时谐变化的面电荷，该面源分别在边界面两侧产生**反射波**和**折射波**(或**透射波**)。我们将分析入射波与媒质边界相互作用所产生的响应，也就是根据已知的入射波和边界条件求未知的反射波和折射波，或者分析其逆效应。

5.3.1　不同理想介质平面边界上入射的均匀平面电磁波

1. 垂直入射时的反射和折射

如图 5.13 所示，在 $z=0$ 的分界面两侧，分别为由媒质参量 ε_1，μ_1，$\sigma_1=0$ 和 ε_2，μ_2，$\sigma_2=0$ 构成的两不同介质区域。假定入射波从介质①的区域($z<0$)沿 $+z$ 方向垂直入射到平面边界面上，则反射波沿 $-z$ 方向传播，应取式(5.12)中的第二项来表示，式中 $B=E_{x0}^{-}$ 是由边界条件确定的任意常数；而介质②的区域($z>0$)中的折射波与入射波具有同样的传播方向。因此，入射波、反射波和折射波分别表示为

$$E_x^i(z)=E_{x0}^{+i}\mathrm{e}^{-\mathrm{j}k_1z},\ H_y^i(z)=\frac{E_{x0}^{+i}}{\eta_1}\mathrm{e}^{-\mathrm{j}k_1z},\ z<0 \tag{5.59a}$$

$$E_x^r(z)=E_{x0}^{-r}\mathrm{e}^{\mathrm{j}k_1z},\ H_y^r(z)=\frac{-E_{x0}^{-r}}{\eta_1}\mathrm{e}^{\mathrm{j}k_1z},\ z<0 \tag{5.59b}$$

$$E_x^t(z)=E_{x0}^{+t}\mathrm{e}^{-\mathrm{j}k_2z},\ H_y^t(z)=\frac{E_{x0}^{+t}}{\eta_2}\mathrm{e}^{-\mathrm{j}k_2z},\ z>0 \tag{5.59c}$$

式中，$\eta_1=\sqrt{\frac{\mu_1}{\varepsilon_1}}$ 和 $\eta_2=\sqrt{\frac{\mu_2}{\varepsilon_2}}$ 分别为介质①和介质②中的波阻抗，$k_1=\omega\sqrt{\varepsilon_1\mu_1}$ 和 $k_2=\omega\sqrt{\varepsilon_2\mu_2}$ 分别为介质①和介质②中的波数，上标 i，r 和 t 分别表示入射、反射和折射。

利用 $z=0$ 处边界面上的边界条件可以确定反射波和折射波的未知振幅常数。已知边界条件为 $E_{1t}=E_{2t}$ 和 $H_{1t}=H_{2t}(z=0)$，将式(5.59)代入边界条件进行匹配，得

$$E_{x0}^{+i}+E_{x0}^{-r}=E_{x0}^{+t} \tag{5.60a}$$

$$\frac{E_{x0}^{+i}}{\eta_1}-\frac{E_{x0}^{-r}}{\eta_1}=\frac{E_{x0}^{+t}}{\eta_2} \tag{5.60b}$$

式中，有两个未知常数 E_{x0}^{-r} 和 E_{x0}^{+t}，两个方程联立求解，完全可以定解得

$$E_{x0}^{-r}=E_{x0}^{+i}\frac{\eta_2-\eta_1}{\eta_2+\eta_1} \tag{5.61a}$$

$$E_{x0}^{+t} = E_{x0}^{+i}\frac{2\eta_2}{\eta_2+\eta_1} \tag{5.61b}$$

式(5.61)可以表示为以已知入射波振幅 E_{x0}^{+i} 做分母的相对值，并引入反射系数 R 和折射系数 T 表示为

$$R = \frac{E_{x0}^{-r}}{E_{x0}^{+i}} = \frac{\eta_2-\eta_1}{\eta_2+\eta_1} \tag{5.62a}$$

$$T = \frac{E_{x0}^{+t}}{E_{x0}^{+i}} = \frac{2\eta_2}{\eta_2+\eta_1} \tag{5.62b}$$

由式(5.62)可知，反射系数 R 定义为边界上反射波电场分量与入射波电场分量之比，它描述已知入射波被反射的程度；折射系数 T 定义为边界上折射波电场分量与入射波电场分量之比，它描述已知入射波被折射的程度。

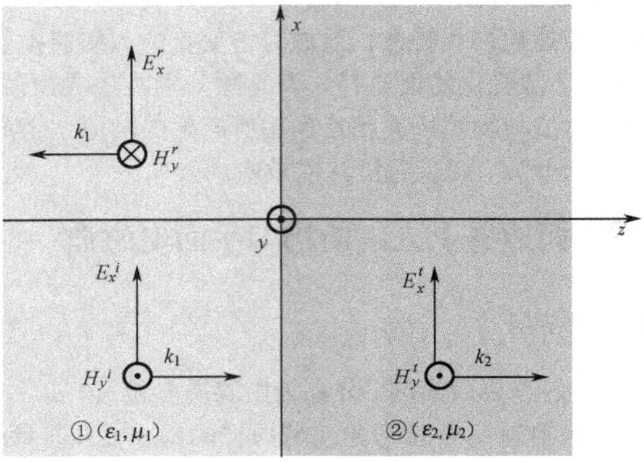

图 5.13　垂直入射到不同理想介质边界的波

由于介质①中存在向 $+z$ 方向传播的入射波和向 $-z$ 方向传播的反射波，因此介质①中的合成波场量为

$$E_{1x}(z) = E_{x0}^{+i}(e^{-jk_1z} + Re^{jk_1z}) \tag{5.63a}$$

$$H_{1y}(z) = \frac{E_{x0}^{+i}}{\eta_1}(e^{-jk_1z} - Re^{jk_1z}) \tag{5.63b}$$

在式(5.63)的等式右边，同时加、减一个 Re^{-jk_1z}，利用欧拉公式，可改变为如下形式

$$E_{1x}(z) = E_{x0}^{+i}(1-R)e^{-jk_1z} + 2RE_{x0}^{+i}\cos k_1z \tag{5.64a}$$

$$H_{1y}(z) = \frac{E_{x0}^{+i}}{\eta_1}(1-R)e^{-jk_1z} + 2R\frac{E_{x0}^{+i}}{\eta_1}e^{-j\frac{\pi}{2}}\sin k_1z \tag{5.64b}$$

式(5.64b)中已将 j 改为 $e^{-j\frac{\pi}{2}}$。由式(5.64)看出，介质①中由反射波与入射波叠加而成的合成场分为两部分：一部分为未被反射波叠加的沿 z 方向传播的行波，其振幅减弱为原值的$(1-R)$倍，其空间相位变化用正向行波因子 e^{-jk_1z}表示；另一部分为被反射波叠加的 z 方向上的驻波，其振幅最大值(当 $R=1$ 时)增长为原值的 2 倍，且振幅随 z 做周期性变化，但无空间相位变化，可用驻波因子 $\cos k_1z$ 或 $\sin k_1z$ 表示。因此，介质①中的合成波是一个沿 z 方向传播的行波与一个 z 方向上的驻波叠加而成的混合波，称为**行驻波**。行驻波在 z 方向上呈现周期性分布状态，波腹用 $E_{1x}(z)_{max}$和 $H_{1y}(z)_{max}$表示，波节用 $E_{1x}(z)_{min}$和 $H_{1y}(z)_{min}$表示。由式(5.64)看出，$E_{1x}(z)$与 $H_{1y}(z)$的驻波，其时间初相位差为$\frac{\pi}{2}$，余弦和正弦表示电场波腹(或波节)处是磁场波节(或波腹)处。由于入射行波

未被完全抵消，因此驻波的波腹不可能超过入射波振幅的 2 倍，波节也不可能比零小。行驻波分布如图 5.14 所示。在第 6 章中将对行驻波问题进行具体分析。

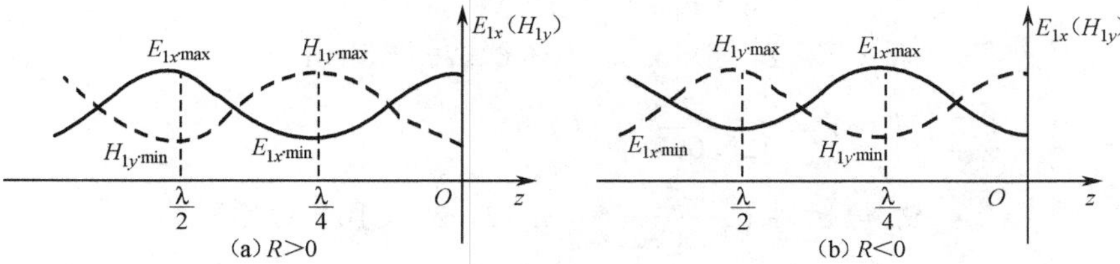

图 5.14　合成波的行驻波分布

介质②中未被边界面反射的入射波部分就形成介质②中的折射波，同无界理想介质中一样，折射波可用行波因子表示为如下行波

$$E_{2x}(z)=TE_{x0}^{+i}\mathrm{e}^{-\mathrm{j}k_2 z} \tag{5.65a}$$

$$H_{2y}(z)=T\frac{E_{x0}^{+i}}{\eta_2}\mathrm{e}^{-\mathrm{j}k_2 z} \tag{5.65b}$$

【例 5.5】 理想介质①和介质②的边界面在 $z=0$ 处，其媒质参量为 $\varepsilon_1=16\varepsilon_0$，$\varepsilon_2=9\varepsilon_0$ 和 $\mu_1=\mu_2\approx\mu_0$。有一时谐均匀平面电磁波在介质①中向边界面垂直入射，在分界面处其电场最大值为 0.5 V/m，角频率为 300 Mrad/s。求：(1)反射系数和折射系数；(2)入射波、反射波和折射波的能流密度。

解：

(1)介质①和②中的波数和折射指数分别为

$$k_1=\omega\sqrt{\varepsilon_1\mu_0}=\frac{300\times10^6}{3\times10^8}\sqrt{16}=4\ \mathrm{rad/m}$$

$$\eta_1=\sqrt{\frac{\mu_0}{\varepsilon_1}}=\frac{120\pi}{\sqrt{16}}=94.248\ \Omega$$

$$k_2=\omega\sqrt{\varepsilon_2\mu_0}=\frac{300\times10^6}{3\times10^8}\sqrt{9}=3\ \mathrm{rad/m}$$

$$\eta_2=\sqrt{\frac{\mu_0}{\varepsilon_2}}=\frac{120\pi}{\sqrt{9}}=125.664\ \Omega$$

因此，反射系数和折射系数分别为

$$R=\frac{\eta_2-\eta_1}{\eta_2+\eta_1}=\frac{125.664-94.248}{125.664+94.248}=0.14$$

$$T=\frac{2\eta_2}{\eta_2+\eta_1}=\frac{2\times125.664}{125.664+94.248}=1.14$$

(2)入射波、反射波和折射波的场量和能流密度分别为

$$E_x^i(z)=0.5\mathrm{e}^{-\mathrm{j}4z}\ \mathrm{V/m}$$

$$H_y^i(z)=\frac{0.5}{94.248}\mathrm{e}^{-\mathrm{j}4z}\ \mathrm{A/m}$$

$$\boldsymbol{S}_{\mathrm{av}}^i=\boldsymbol{a}_z\frac{1}{2}\left(\frac{0.5^2}{94.248}\right)=\boldsymbol{a}_z 132.62\times10^{-5}\ \mathrm{W/m^2}$$

$$E_x^r(z)=0.14\times0.5\mathrm{e}^{\mathrm{j}4z}=0.07\mathrm{e}^{\mathrm{j}4z}\ \mathrm{V/m}$$

$$H_y^r(z) = -\frac{0.07}{94.248}e^{j4z} \text{ A/m}$$

$$\boldsymbol{S}_{av}^r = -\boldsymbol{a}_z \frac{1}{2}\left(\frac{0.07^2}{94.248}\right) = -\boldsymbol{a}_z 2.59 \times 10^{-5} \text{ W/m}^2$$

$$E_x^t(z) = 1.14 \times 0.5e^{-j3z} = 0.57e^{-j3z} \text{ V/m}$$

$$H_y^t(z) = \frac{0.57}{125.664}e^{-j3z} \text{ A/m}$$

$$\boldsymbol{S}_{av}^t = \boldsymbol{a}_z \frac{1}{2}\left(\frac{0.57^2}{125.664}\right) = \boldsymbol{a}_z 129.27 \times 10^{-5} \text{ W/m}^2$$

*2. 斜入射时的反射和折射

当平面波斜入射到两种理想介质界定的边界面 $z=0$ 时，同样会产生反射和折射的现象。入射线、反射线和折射线与边界面法线之间的夹角分别称为**入射角** θ_i、**反射角** θ_r 和**折射角** θ_t；入射线、反射线和折射线与边界面法线间构成的平面分别称为**入射面**、**反射面**和**折射面**。一般而言，入射波在传播方向的等相面上可能存在任意类型的极化波，假定该极化波为由图 5.9 所示的较简单的线极化波，其电场强度与入射面成 α 角。这样的波经边界面的作用后，其反射波和折射波的极化状态会变得十分复杂。为了简化分析，我们可以将在等相面上任意取向电场强度分解为两个线极化波分量的叠加，然后分别求其反射波和折射波的分量，最后叠加得到所需要的合成值。电场强度分量与入射面垂直的波称为**垂直极化波**，与入射面平行的波称为**平行极化波**。下面分别对这两种极化波进行分析。

(1)垂直极化入射情况

如图 5.15 所示，在边界面 $z=0$ 界定的两个理想介质区域中，入射波电场强度 $\boldsymbol{E}^i$ 垂直于入射面，并以入射角 θ_i 投射到边界面上，则可将由式(5.59)表示的入射波、反射波和折射波一维形式按式(5.50)推广为如下二维形式

$$\boldsymbol{E}^i(\boldsymbol{r}) = \boldsymbol{a}_y E_0^{+i} e^{-j\boldsymbol{k}_1 \cdot \boldsymbol{r}} = \boldsymbol{a}_y E_0^{+i} e^{-j(k_1 x\sin\theta_i + k_1 z\cos\theta_i)}$$

$$\boldsymbol{H}^i(\boldsymbol{r}) = \frac{E_0^{+i}}{\eta_1}(-\boldsymbol{a}_x\cos\theta_i + \boldsymbol{a}_z\sin\theta_i)e^{-j(k_1 x\sin\theta_i + k_1 z\cos\theta_i)}, \quad z<0 \tag{5.66a}$$

$$\boldsymbol{E}^r(\boldsymbol{r}) = \boldsymbol{a}_y R_\perp E_0^{+i} e^{-j(k_1 x\sin\theta_r - k_1 z\cos\theta_r)}$$

$$\boldsymbol{H}^r(\boldsymbol{r}) = \frac{R_\perp E_0^{+i}}{\eta_1}(\boldsymbol{a}_x\cos\theta_r + \boldsymbol{a}_z\sin\theta_r)e^{-j(k_1 x\sin\theta_r - k_1 z\cos\theta_r)}, \quad z<0 \tag{5.66b}$$

$$\boldsymbol{E}^t(\boldsymbol{r}) = \boldsymbol{a}_y T_\perp E_0^{+i} e^{-j(k_2 x\sin\theta_t + k_2 z\cos\theta_t)}$$

$$\boldsymbol{H}^t(\boldsymbol{r}) = \frac{T_\perp E_0^{+i}}{\eta_2}(-\boldsymbol{a}_x\cos\theta_t + \boldsymbol{a}_z\sin\theta_t)e^{-j(k_2 x\sin\theta_t + k_2 z\cos\theta_t)}, \quad z>0 \tag{5.66c}$$

将入射波、反射波和折射波按边界条件进行匹配，可由已知入射波和边界条件求出反射波和折射波。由于平面波包含幅度因子和相角因子，所以在进行边界条件的匹配时，必须同时对幅度因子和相角因子进行匹配，这样的匹配称为**完全匹配或幅相匹配**。由相角匹配可以建立入射波、反射波和折射波的角度关系，得到光学中的反射定律和折射定律；由幅度匹配可以建立入射波、反射波和折射波的振幅关系，得到反射系数和折射系数。

在边界面 $z=0$ 处，由边界条件可知电场和磁场的切向分量具有连续性，入射波、反射波和折射波的相角因子应当相等。因此，对于 x(在 $z=0$ 处)，θ_i、θ_r 和 θ_t 满足如下关系

$$k_1\sin\theta_i = k_1\sin\theta_r = k_2\sin\theta_t \tag{5.67}$$

式(5.67)称为相角匹配条件，由 $k_1\sin\theta_i = k_1\sin\theta_r$ 得

$$\theta_i = \theta_r \tag{5.68a}$$

式(5.68a)称为平面电磁波的**反射定律或斯涅尔反射定律**，它表示入射角与反射角相等。同样，由 $k_1 \sin\theta_i = k_2 \sin\theta_t$ 得

$$\frac{\sin\theta_i}{\sin\theta_t} = \frac{k_2}{k_1} = \frac{n_2}{n_1} \tag{5.68b}$$

式(5.68b)称为平面电磁波的**折射定律或斯涅尔折射定律**。式中，$n=c\sqrt{\mu\varepsilon}=\frac{c}{\omega}k$ 称为介质的**折射指数**或**折射率**。

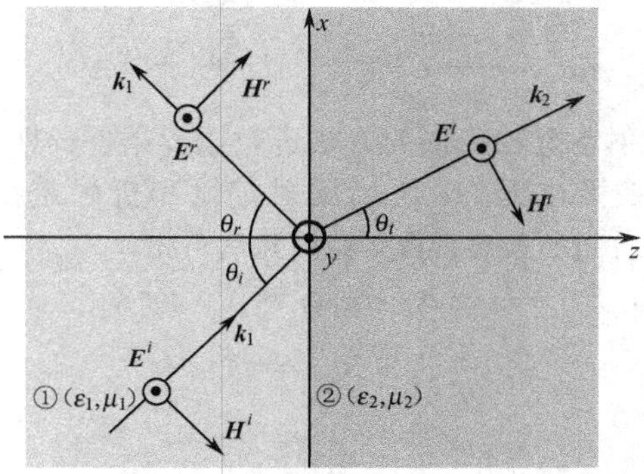

图 5.15　斜入射到不同理想介质边界面的垂直极化波

经过相角匹配后，将式(5.66)和式(5.67)或式(5.68)代入边界条件，等式两边的相角因子可以相消，只留下幅度的匹配关系，得

$$(E_0^{+i} + R_\perp E_0^{+i})_{t=y} = (T_\perp E_0^{+i})_{t=y} \tag{5.69a}$$

$$\left(-\frac{E_0^{+i}}{\eta_1}\cos\theta_i + \frac{R_\perp E_0^{+i}}{\eta_1}\cos\theta_i\right)_{t=x} = \left(-\frac{T_\perp E_0^{+i}}{\eta_2}\cos\theta_t\right)_{t=x},\quad z=0 \tag{5.69b}$$

或

$$1 + R_\perp = T_\perp \tag{5.70a}$$

$$\frac{1}{\eta_1}(1-R_\perp)\cos\theta_i = \frac{1}{\eta_2}T_\perp \cos\theta_t,\qquad z=0 \tag{5.70b}$$

联立求解式(5.70)，得垂直极化波的反射系数和折射系数为

$$R_\perp = \frac{\eta_2\cos\theta_i - \eta_1\cos\theta_t}{\eta_2\cos\theta_i + \eta_1\cos\theta_t} \tag{5.71a}$$

$$T_\perp = \frac{2\eta_2\cos\theta_i}{\eta_2\cos\theta_i + \eta_1\cos\theta_t} \tag{5.71b}$$

当 $\theta_i=0$ 时，$\theta_t=0$，式(5.71)退化为式(5.62)，看出垂直入射波是斜入射垂直极化波的特殊情况。

对于非铁磁性媒质，$\mu_1\approx\mu_2\approx\mu_0$，则有 $\frac{\eta_1}{\eta_2}=\sqrt{\frac{\varepsilon_2}{\varepsilon_1}}$ 和 $\sin\theta_t=\sqrt{\frac{\varepsilon_1}{\varepsilon_2}}\sin\theta_i$，式(5.71)可改写为

$$R_\perp = \frac{\cos\theta_i - \sqrt{\varepsilon_2/\varepsilon_1 - \sin^2\theta_i}}{\cos\theta_i + \sqrt{\varepsilon_2/\varepsilon_1 - \sin^2\theta_i}} \tag{5.72a}$$

$$T_\perp = \frac{2\cos\theta_i}{\cos\theta_i + \sqrt{\varepsilon_2/\varepsilon_1 - \sin^2\theta_i}} \tag{5.72b}$$

(2)平行极化入射情况

如图 5.16 所示，在边界面 $z=0$ 界定的两个理想介质区域中，入射波电场强度 $\boldsymbol{E}^i$ 平行于入射

面，并以入射角 θ_i 投射到边界面上时，则入射波、反射波和折射波可写为如下形式

$$\boldsymbol{E}^i(\boldsymbol{r})=E_0^{+i}(\boldsymbol{a}_x\cos\theta_i-\boldsymbol{a}_z\sin\theta_i)\mathrm{e}^{-\mathrm{j}(k_1x\sin\theta_i+k_1z\cos\theta_i)}$$

$$\boldsymbol{H}^i(\boldsymbol{r})=\boldsymbol{a}_y\frac{E_0^{+i}}{\eta_1}\mathrm{e}^{-\mathrm{j}(k_1x\sin\theta_i+k_1z\cos\theta_i)},\ z<0 \tag{5.73a}$$

$$\boldsymbol{E}^r(\boldsymbol{r})=R_{/\!/}E_0^{+i}(-\boldsymbol{a}_x\cos\theta_i-\boldsymbol{a}_z\sin\theta_i)\mathrm{e}^{-\mathrm{j}(k_1x\sin\theta_i-k_1z\cos\theta_i)}$$

$$\boldsymbol{H}^r(\boldsymbol{r})=\boldsymbol{a}_y\frac{R_{/\!/}E_0^{+i}}{\eta_1}\mathrm{e}^{-\mathrm{j}(k_1x\sin\theta_i-k_1z\cos\theta_i)},\ z<0 \tag{5.73b}$$

$$\boldsymbol{E}^t(\boldsymbol{r})=T_{/\!/}E_0^{+i}(\boldsymbol{a}_x\cos\theta_t-\boldsymbol{a}_z\sin\theta_t)\mathrm{e}^{-\mathrm{j}(k_2x\sin\theta_t+k_2z\cos\theta_t)}$$

$$\boldsymbol{H}^t(\boldsymbol{r})=\boldsymbol{a}_y\frac{T_{/\!/}E_0^{+i}}{\eta_2}\mathrm{e}^{-\mathrm{j}(k_2x\sin\theta_t+k_2z\cos\theta_t)},\ z>0 \tag{5.73c}$$

按照与垂直极化波斜入射情况相类似的方法进行边界条件的匹配。由于相角匹配与极化波幅度分解为垂直极化和水平极化无关，所以反射定律和折射定律的公式仍然适用，只需将式(5.73)的幅度代入边界条件进行幅度匹配，经简化后可得

$$(1-R_{/\!/})\cos\theta_i=T_{/\!/}\cos\theta_t \tag{5.74a}$$

$$\frac{1}{\eta_1}(1+R_{/\!/})=T_{/\!/}\frac{1}{\eta_2} \tag{5.74b}$$

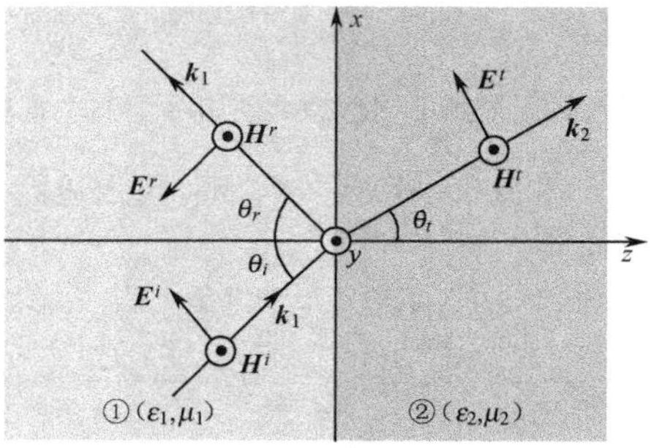

图 5.16 斜入射到不同理想介质边界面的平行极化波

联立求解式(5.74)，得平行极化波的反射系数和折射系数为

$$R_{/\!/}=\frac{\eta_1\cos\theta_i-\eta_2\cos\theta_t}{\eta_1\cos\theta_i+\eta_2\cos\theta_t} \tag{5.75a}$$

$$T_{/\!/}=\frac{2\eta_2\cos\theta_i}{\eta_1\cos\theta_i+\eta_2\cos\theta_t} \tag{5.75b}$$

对于非铁磁性媒质，式(5.75)可改写为

$$R_{/\!/}=\frac{(\varepsilon_2/\varepsilon_1)\cos\theta_i-\sqrt{\varepsilon_2/\varepsilon_1-\sin^2\theta_i}}{(\varepsilon_2/\varepsilon_1)\cos\theta_i+\sqrt{\varepsilon_2/\varepsilon_1-\sin^2\theta_i}} \tag{5.76a}$$

$$T_{/\!/}=\frac{2\sqrt{\varepsilon_2/\varepsilon_1}\cos\theta_i}{(\varepsilon_2/\varepsilon_1)\cos\theta_i+\sqrt{\varepsilon_2/\varepsilon_1-\sin^2\theta_i}} \tag{5.76b}$$

*3. 全反射和全折射

上面讨论了平面电磁波斜入射到不同理想介质边界面上时，一部分反射形成反射波，另一部分折射形成折射波。对这种一般情况的波的传播特性分析十分复杂，下面讨论两种特殊情况：(1)反射系数 $|R|=1$，表示入射波全部被反射回原理想介质中，称为**全反射**；(2)反射系数 $R=0$，表示入射波全部进入另一理想介质中，称为**全折射**。

(1)全反射

令式(5.72a)和式(5.76a)的 $R_{\perp}=1$ 和 $R_{/\!/}=1$，则可使斜入射平面波产生全反射，此时必有

$$\sin\theta_i=\sqrt{\frac{\varepsilon_2}{\varepsilon_1}} \tag{5.77a}$$

对于非铁磁媒质，取 $\mu_1\approx\mu_2\approx\mu_0$，由式(5.68b)得

$$\sin\theta_i=\sqrt{\frac{\varepsilon_2}{\varepsilon_1}}\sin\theta_t \tag{5.77b}$$

比较式(5.77a)和式(5.77b)可知，仅当 $\theta_t=\frac{\pi}{2}$ 时，式(5.77b)才与式(5.77a)一致，而式(5.77a)恰好是发生全反射时入射角 θ_i 必须满足的条件。因此，满足式(5.77a)的入射角 θ_i 称为**临界角**，记为 θ_c，得

$$\theta_c=\arcsin\sqrt{\frac{\varepsilon_2}{\varepsilon_1}} \tag{5.78}$$

由于 $\sin\theta\leqslant1$，要求 $\varepsilon_2<\varepsilon_1$。因此，只有当平面电磁波从介电常数较大的光密媒质以入射角 $\theta_i=\theta_c$ 斜入射到介电常数较小的光疏媒质表面时，才会发生全反射。**临界角是使波刚开始发生全反射时的入射角，此时折射角 $\theta_t=\frac{\pi}{2}$，折射线沿边界面方向传播。**在图 5.17 中，表示电磁波从光密媒质入射到光疏媒质时，随着入射角 θ_i 的增大波的折射和反射变化情况：

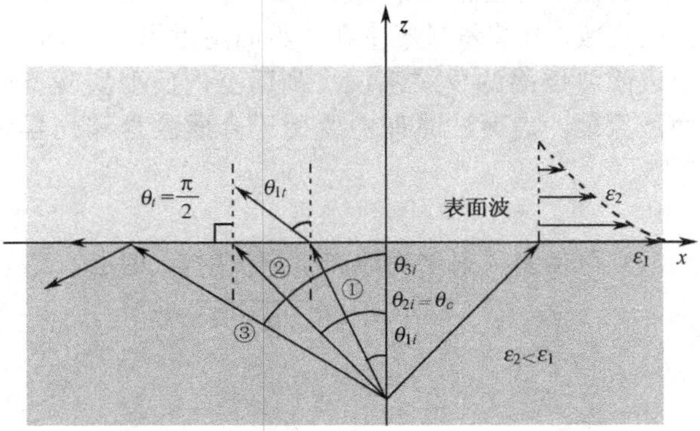

图 5.17　平面波的全反射

(1) $\theta_{1i}<\theta_c$

$\sin\theta_{1t}=\sqrt{\frac{\varepsilon_1}{\varepsilon_2}}\sin\theta_{1i}<\sin\theta_t=\sqrt{\frac{\varepsilon_1}{\varepsilon_2}}\sin\theta_c=\sqrt{\frac{\varepsilon_1}{\varepsilon_2}}\sqrt{\frac{\varepsilon_2}{\varepsilon_1}}=1$

$\theta_{1t}<\theta_t=\frac{\pi}{2}$，入射线①以锐角 θ_{1t} 折射；

(2) $\theta_{2i}=\theta_c$

$\sin\theta_{2t}=\sqrt{\frac{\varepsilon_1}{\varepsilon_2}}\sin\theta_{2i}=\sin\theta_t=1$

$\theta_{2t}=\theta_t=\frac{\pi}{2}$，入射线②以直角 θ_{2t} 开始全反射；

(3) $\theta_{3i}>\theta_c$

$\sin\theta_{3t}=\sqrt{\frac{\varepsilon_1}{\varepsilon_2}}\sin\theta_{3i}>\sin\theta_t=1$

显然，由于正弦值最大不能超过1，$\sin\theta_{3t}>1$ 表明 θ_{3t} 不是一个真实的角，此时求得

$$\cos\theta_{3t}=\sqrt{1-\sin^2\theta_{3t}}=\pm \mathrm{j}\sqrt{\frac{\varepsilon_1}{\varepsilon_2}\sin^2\theta_{3i}-1}$$

$$=\pm \mathrm{j}\left(\frac{\varepsilon_1}{\varepsilon_2}\right)^{\frac{1}{2}}\sqrt{\sin^2\theta_{3i}-\varepsilon_2/\varepsilon_1}=\pm \mathrm{j}\alpha \tag{5.79}$$

为纯虚数。将式(5.79)代入式(5.71a)和式(5.75a)，仍然能使 $|R_\perp|=|R_{/\!/}|=1$，说明入射线③被边界面全部反射回原来的介质中，这种全反射称为**全内反射**。

将式(5.79)代入式(5.71b)和式(5.75b)可知 $T_\perp\neq0$ 和 $T_{/\!/}\neq0$，这表明在介质②中存在折射场。将 $\cos\theta_{3t}$ 代入式(5.66c)，得垂直极化平面波入射时折射电场强度的表示式

$$\boldsymbol{E}^t(\boldsymbol{r})=\boldsymbol{a}_yT_\perp E_0^{+i}\mathrm{e}^{-\mathrm{j}k_2x\sin\theta_{3t}}\mathrm{e}^{-\mathrm{j}k_2z\cos\theta_{3t}}$$

$$=\boldsymbol{a}_yT_\perp E_0^{+i}\mathrm{e}^{-\alpha z}\mathrm{e}^{-\mathrm{j}k_2x\sin\theta_{3t}} \tag{5.80}$$

为了确保 $\boldsymbol{E}^t(\boldsymbol{r})$ 的振幅沿 $+z$ 方向呈指数衰减，式中已取 $k_2\cos\theta_{3t}=-\mathrm{j}\alpha$。显然，式(5.80)表示**发生全内反射时，介质②中的折射波是振幅沿 $+z$ 方向衰减、沿 $+x$ 方向传播的非均匀平面波。**非均匀性表现在沿 $+x$ 的传播方向上，任意点等相面上振幅是 z 的衰减函数，用衰减因子($\mathrm{e}^{-\alpha z}$)表示。等相面沿 $+x$ 方向移动的相速可对 $k_2x\sin\theta_{3t}-\omega t=C$ 中的时间 t 求导，得

$$v_{Px}=\frac{\omega}{k_2\sin\theta_{3t}}=\frac{v_P}{\sin\theta_{3t}}<v_P \tag{5.81}$$

式中，v_P 是介质②中均匀平面波的相速。由于 $\boldsymbol{E}_t(\boldsymbol{r})$ 在 $+x$ 方向上的相速 v_{Px} 小于相速 v_P，故称为**慢波**。慢波的振幅沿 z 方向衰减，其能量只集中在边界面附近沿 x 方向传播，这样的慢波又称为**表面波**。边界面成为引导表面波传播的导波系统。利用全内反射实现不同理想介质边界面上表面波传输的原理称为**表面波原理**。表面波原理主要用于**介质波导**和**光导纤维**或**光纤**的传输系统中，在第6章将做具体介绍。

(2)全折射

令式(5.76a)的 $R_{/\!/}=0$，则可使斜入射平面波产生全折射，此时必有

$$(\varepsilon_2/\varepsilon_1)\cos\theta_i=\sqrt{\varepsilon_2/\varepsilon_1-\sin^2\theta_i}$$

平方后，整理得

$$(\varepsilon_2/\varepsilon_1)^2(1-\sin^2\theta_i)=\varepsilon_2/\varepsilon_1-\sin^2\theta_i$$

由此得

$$\sin\theta_i=\frac{\varepsilon_2}{\varepsilon_1+\varepsilon_2} \tag{5.82}$$

显然，满足式(5.82)的入射角 θ_i 称为**布儒斯特**(Brewster)**角**，记为 θ_{b} 得

$$\theta_{\mathrm{b}}=\arcsin\sqrt{\frac{\varepsilon_2}{\varepsilon_1+\varepsilon_2}} \tag{5.83}$$

布儒斯特角是使波刚开始发生全折射时的入射角。

令式(5.72a)的 $R_\perp=0$，可得

$$\cos\theta_i=\sqrt{\varepsilon_2/\varepsilon_1-\sin^2\theta_i}$$

与公式 $\cos\theta=\sqrt{1-\sin^2\theta}$ 比较，除非 $\varepsilon_2=\varepsilon_1$(无边界)才能满足 $R_\perp=0$。事实上，对于不同介质的边界面，$\varepsilon_1\neq\varepsilon_2$，所以垂直极化波斜入射到不同介质边界面上时，不会产生全折射。由此可知，当任意极化的平面电磁波以入射角 $\theta_i=\theta_{\mathrm{b}}$ 投射到不同介质边界面时，只有平行极化分量被边界面全折射到另一介质中，在原介质中的反射波仅留下垂直极化分量。利用这个原理可提取任意极化入射波中的垂直极化分量，称为**极化滤波**。因此，布儒斯特角也称为**极化角**。

5.3.2　理想介质和理想导体平面边界上入射的均匀平面电磁波

1. 垂直入射时的全反射

如图 5.18 所示，在 $z=0$ 的分界面两侧，分别为由媒质参量 ε_1，μ_1，$\sigma_1=0$ 和 ε_2，μ_2，$\sigma_2\approx\infty$ 构成的理想介质和理想导体区域。由于理想导体中不可能存在电磁场，从 $z<0$ 的介质①垂直入射到边界面的入射平面波，全部反射回原介质区域。采用对不同理想介质中电磁波垂直入射时类似的方法来进行分析，其区别在于介质②中应以导体代替介质。在式(5.62)中的 η_2 应代之以良导体的 $\eta_{2c}\approx\sqrt{\dfrac{\mathrm{j}\omega\mu_2}{\sigma}}$，在 $\sigma\approx\infty$ 的极限情况下，$\eta_{2c}\approx0$。于是，对于理想导体的垂直入射情况，式(5.62)变为

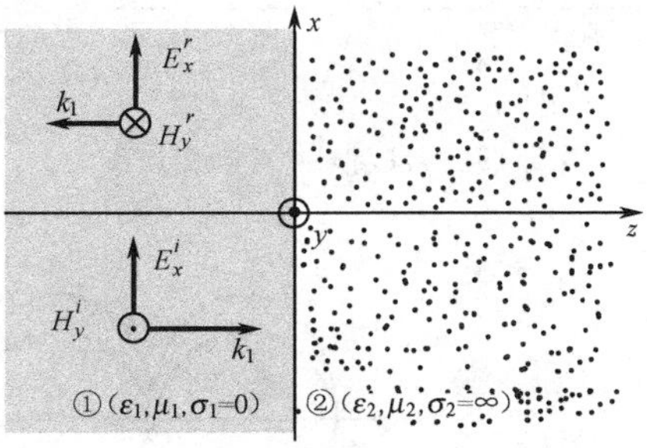

图 5.18　垂直入射到理想导体边界面的波

$$R=-1, T=0 \tag{5.84}$$

由边界条件可知，理想导体表面上电场强度的切向分量应等于零，也可由式(5.60)和式(5.61)得 $E_{x0}^{+i}=-E_{x0}^{-r}$。此处负号与 R 的负号一样，表示入射波与反射波的相位差为 π，因为 $-1=\mathrm{e}^{-\mathrm{j}\pi}$。显然，介质①中的入射波和反射波仍然由式(5.59)表示，但折射波变为零。介质①中的合成波场量，只需将 $R=-1$ 代入式(5.63)和式(5.64)，即得

$$E_{1x}(z)=E_{x0}^{+i}(\mathrm{e}^{-\mathrm{j}k_1z}-\mathrm{e}^{\mathrm{j}k_1z})=-\mathrm{j}2E_{x0}^{+i}\sin k_1z \tag{5.85a}$$

$$H_{1y}(z)=\frac{E_{x0}^{+i}}{\eta_1}(\mathrm{e}^{-\mathrm{j}k_1z}+\mathrm{e}^{\mathrm{j}k_1z})=\frac{2}{\eta_1}E_{x0}^{+i}\cos k_1z \tag{5.85b}$$

将式(5.85)改写成如下瞬时形式

$$E_{1x}(z,t)=\mathrm{Re}[E_{1x}(z)\mathrm{e}^{\mathrm{j}\omega t}]=2E_{x0}^{+i}\sin k_1z\sin\omega t \tag{5.86a}$$

$$H_{1y}(z,t)=\mathrm{Re}[H_{1y}(z)\mathrm{e}^{\mathrm{j}\omega t}]=\frac{2}{\eta_1}E_{x0}^{+i}\cos k_1z\cos\omega t \tag{5.86b}$$

由式(5.86)看出，在全反射条件下，介质①中的合成波，由行波因子($\mathrm{e}^{\pm\mathrm{j}k_1z}$)表示的入射波与反射波等值反向叠加，形成由驻波因子$\left(\begin{matrix}\sin\\\cos\end{matrix}k_1z\right)$表示的驻波，其振幅随位置 z 做周期性分布，最大幅值为原值的 2 倍，最小幅值为零；合成波无空间相位变化($\mathrm{e}^{\pm\mathrm{j}k_1z}$)，其时间相位仅由与时间 t 相关的时谐因子$\left(\mathrm{e}^{\mathrm{j}\omega t}\text{或}\begin{matrix}\sin\\\cos\end{matrix}\omega t\right)$来确定。因此，介质①中的合成波是一个由等值反向入射、反射行波叠加而成的**纯驻波**。

由式(5.86)看出，若位置 z 满足如下条件

$$k_1z=\begin{cases}-n\pi\\-(2n+1)\dfrac{\pi}{2}\end{cases}\quad\text{或}\quad z=\begin{cases}-\dfrac{n\lambda_1}{2}\\-(2n+1)\dfrac{\lambda_1}{4}\end{cases}$$

$$(n=0,1,2,\cdots)$$

则有

$$\begin{cases}\sin k_1z=0 & E_{1x}(z)_{\min}=0\\\cos k_1z=1 & H_{1y}(z)_{\max}=2E_{x0}^{+i}\end{cases}$$

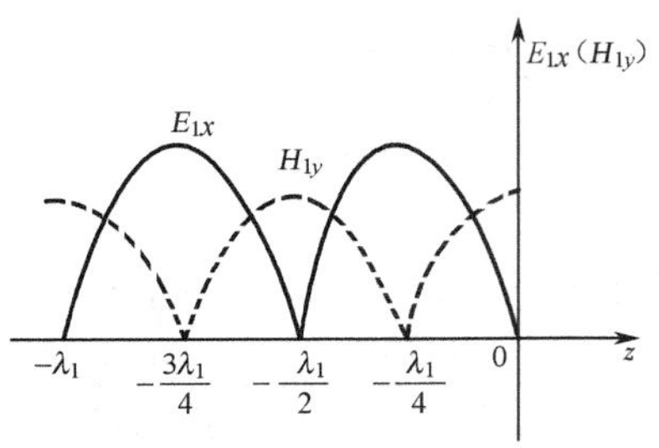

图 5.19　合成波的纯驻波分布

由于电场和磁场的空间分布分别按正弦和余弦做周期性变化，电场的波节点恰好是磁场的波腹点；反之亦然。电场与磁场在空间上位移$\frac{\lambda_1}{4}$，如图 5.19 所示。

由式(5.85)和式(5.86)还可看出，电场和磁场的时间相位分别按正弦和余弦做时谐变化，不仅空间上位移$\frac{\lambda_1}{4}$，而且时间上相移$\frac{\pi}{2}$(式中 $\mathrm{j}=\mathrm{e}^{\mathrm{j}\frac{\pi}{2}}$)，如图 5.20 所示。

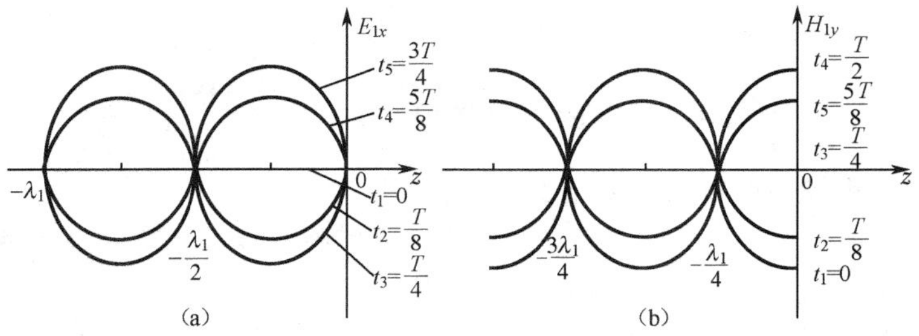

图 5.20　合成波时空变化关系

介质①中合成波的时均能流密度为

$$\boldsymbol{S}_{1\mathrm{av}}(z)=\frac{1}{2}\mathrm{Re}[\boldsymbol{a}_z E_{1x}(z)H_{1y}^*(z)]$$

$$=\frac{1}{2}\mathrm{Re}\left[-\boldsymbol{a}_z\mathrm{j}\frac{4\,|E_{x_0}^{+i}|^2}{\eta_1}\sin k_1 z\cos k_1 z\right]=0$$

看出驻波不会形成电磁能量的传输，电场能量与磁场能量仅在驻波分布各波节区间所在原有位置上，以周期性能量交换的形式储存起来。所以时均能流密度为虚数时，表示电场与磁场时间上相移$\frac{\pi}{2}$，存在能量交换和能量储存；反之，为实数则表示其在时间上同相，存在能量传输和能量损耗。

【例 5.6】　理想介质①和理想导体②的边界面在 $z=0$ 处，其媒质参量为 $\varepsilon_1\approx\varepsilon_2\approx\varepsilon_0$，$\mu_1\approx\mu_2\approx\mu_0$，$\sigma_1=0$ 和 $\sigma_2\approx\infty$。有一时谐均匀平面电磁波在介质①中向边界面垂直入射。入射波电场振幅为 $E_{x0}^{+i}=6\ \mathrm{mV/m}$，频率为 $f=100\ \mathrm{MHz}$。求：(1)入射波的复数形式和瞬时形式；(2)反射波的复数形式和瞬时形式；(3)在介质①中合成波的复数形式和瞬时形式。

解：

(1)已知入射波为

$$E_x^i(z)=E_{x0}^{+i}\mathrm{e}^{-\mathrm{j}k_1 z}$$

$$H_y^i(z)=\frac{E_{x0}^{+i}}{\eta_1}\mathrm{e}^{-\mathrm{j}k_1 z}$$

其中物理参量为 $\omega=2\pi f=2\pi\times10^8\ \mathrm{rad/s}$，$k_1=\frac{\omega}{c}=\frac{2}{3}\pi\ \mathrm{rad/m}$ 和 $\eta_1=\eta_0=120\pi\ \Omega$，代入上式得

$$E_x^i(z)=6\times10^{-3}\mathrm{e}^{-\mathrm{j}\frac{2}{3}\pi z}\ \mathrm{V/m}$$

$$H_y^i(z)=\frac{10^{-4}}{2\pi}\mathrm{e}^{-\mathrm{j}\frac{2}{3}\pi z}\ \mathrm{A/m}$$

$$E_x^i(z,t)=\mathrm{Re}[E_{1x}^i(z)\mathrm{e}^{\mathrm{j}\omega t}]$$

$$= 6\times 10^{-3}\cos\left(2\pi\times 10^8 t - \frac{2}{3}\pi z\right)\ \mathrm{V/m}$$

$$H_y^i(z,t) = \mathrm{Re}[H_{1y}^i(z)\mathrm{e}^{\mathrm{j}\omega t}]$$

$$= \frac{10^{-4}}{2\pi}\cos\left(2\pi\times 10^8 t - \frac{2}{3}\pi z\right)\ \mathrm{A/m}$$

(2)利用 $z=0$ 处边界条件

$$E_x^i(0) + E_x^r(0) = 0$$

$$H_y^i(0) - H_y^r(0) = 0$$

得 $E_{x0}^{+i} = -E_{x0}^{-r}$ 和 $H_{y0}^{+i} = H_{y0}^{-r}$，且有 $H_{y0}^{+i} = \dfrac{E_{x0}^{+i}}{\eta_1}$，反射波为

$$E_x^r(z) = -E_x^i(z) = -6\times 10^{-3}\mathrm{e}^{\mathrm{j}\frac{2}{3}\pi z}\ \mathrm{V/m}$$

$$H_y^r(z) = H_y^i(z) = \frac{10^{-4}}{2\pi}\mathrm{e}^{\mathrm{j}\frac{2}{3}\pi z}\ \mathrm{A/m}$$

$$E_x^r(z,t) = -6\times 10^{-3}\cos\left(2\pi\times 10^8 t + \frac{2}{3}\pi z\right)\ \mathrm{V/m}$$

$$H_y^r(z,t) = \frac{10^{-4}}{2\pi}\cos\left(2\pi\times 10^8 t + \frac{2}{3}\pi z\right)\ \mathrm{A/m}$$

(3)合成波为

$$E_{1x}(z) = E_x^i(z) + E_x^r(z) = -\mathrm{j}12\times 10^{-3}\sin\left(\frac{2}{3}\pi z\right)\ \mathrm{V/m}$$

$$H_{1y}(z) = H_y^i(z) + H_y^r(z) = \frac{10^{-4}}{\pi}\cos\left(\frac{2}{3}\pi z\right)\ \mathrm{A/m}$$

$$E_{1x}(z,t) = \mathrm{Re}\left[-\mathrm{j}12\times 10^{-3}\sin\left(\frac{2}{3}\pi z\right)(\cos\omega t + \mathrm{j}\sin\omega t)\right]$$

$$= 12\times 10^{-3}\sin\left(\frac{2}{3}\pi z\right)\sin(2\pi\times 10^8 t)\ \mathrm{V/m}$$

$$H_{1y}(z,t) = \mathrm{Re}\left[\frac{10^{-4}}{\pi}\cos\left(\frac{2}{3}\pi z\right)(\cos\omega t + \mathrm{j}\sin\omega t)\right]$$

$$= \frac{10^{-4}}{\pi}\cos\left(\frac{2}{3}\pi z\right)\cos(2\pi\times 10^8 t)\ \mathrm{A/m}$$

*2. 斜入射时的全反射

仿照前面的分析方法，入射平面电磁波仍然分解为垂直极化波和平行极化波的叠加。对于理想导体，式(5.71)和式(5.75)中的 η_2 用 $\eta_{2c}=0$ 来代替，可得

$$R_\perp = -1, T_\perp = 0 \tag{5.87a}$$

$$R_{/\!/} = 1, T_{/\!/} = 0 \tag{5.87b}$$

看出导体中没有折射波，入射波全部反射回介质中。下面按垂直极化和平行极化两种情况分析介质中合成波的形式及其传播特性。

(1)垂直极化入射情况

如图 5.21 所示，将式(5.87a)代入式(5.66b)可得理想介质中反射波的表示式，入射波的表示式形式不变，相叠加后得到理想介质中的合成波的电场和磁场为

$$\boldsymbol{E}_1(\boldsymbol{r}) = \boldsymbol{E}^i(\boldsymbol{r}) + \boldsymbol{E}^r(\boldsymbol{r})$$

$$= -\boldsymbol{a}_y\mathrm{j}2E_0^{+i}\sin(k_1 z\cos\theta_i)\mathrm{e}^{-\mathrm{j}k_1 x\sin\theta_i}$$

$$\boldsymbol{H}_1(\boldsymbol{r}) = \boldsymbol{H}^i(\boldsymbol{r}) + \boldsymbol{H}^r(\boldsymbol{r}) \tag{5.88a}$$

$$= [-\boldsymbol{a}_x\cos\theta_i\cos(k_1 z\cos\theta_i) - \boldsymbol{a}_z\mathrm{j}\sin\theta_i\sin(k_1 z\cos\theta_i)]\frac{2E_0^{+i}}{\eta_1}\mathrm{e}^{-\mathrm{j}k_1 x\sin\theta_i} \tag{5.88b}$$

由此可知，垂直极化波斜入射到理想导体表面时，理想介质中的合成波具有如下特性：

①**x 向的行波性。**用行波因子 $\mathrm{e}^{-\mathrm{j}(k_1 x\sin\theta_i - \omega t)}$ 表示沿 x 方向波的时空相位变化关系，其传播相速为慢波，表示为

$$v_{px} = \frac{\omega}{k_1\sin\theta_i} = \frac{v_p}{\sin\theta_i} < v_p$$

②**z 向的驻波性。**用驻波因子 $\frac{\sin}{\cos}(k_1 z\cos\theta_i)$ 表示随 z 做周期性变化的分布状态，驻波的电场波节点或磁场波腹点满足条件

$$z = -\frac{n\pi}{k_1\cos\theta_i},\quad n = 0,1,2,\cdots$$

③**振幅非均匀性。**平面波在 x 传播方向的等相面上，其振幅随 z 做周期性变化，是非均匀平面波；

④**横电波(TE 波)性。**在 x 的传播方向上电场分量为零，磁场分量不为零。

(2)平行极化入射情况

如图 5.22 所示，将式(5.87b)代入式(5.73b)可得理想介质中反射波的表示式，将之与入射波的表示式相叠加，可得理想介质中合成波的电场和磁场为

$$\boldsymbol{E}_1(\boldsymbol{r}) = -[\boldsymbol{a}_x\mathrm{j}\cos\theta_i\sin(k_1 z\cos\theta_i) + \boldsymbol{a}_z\sin\theta_i\cos(k_1 z\cos\theta_i)]2E_0^{+i}\mathrm{e}^{-\mathrm{j}k_1 x\sin\theta_i} \tag{5.89a}$$

$$\boldsymbol{H}_1(\boldsymbol{r}) = \boldsymbol{a}_y 2\frac{E_0^{+i}}{\eta_1}\cos(k_1 z\cos\theta_i)\mathrm{e}^{-\mathrm{j}k_1 x\cos\theta_i} \tag{5.89b}$$

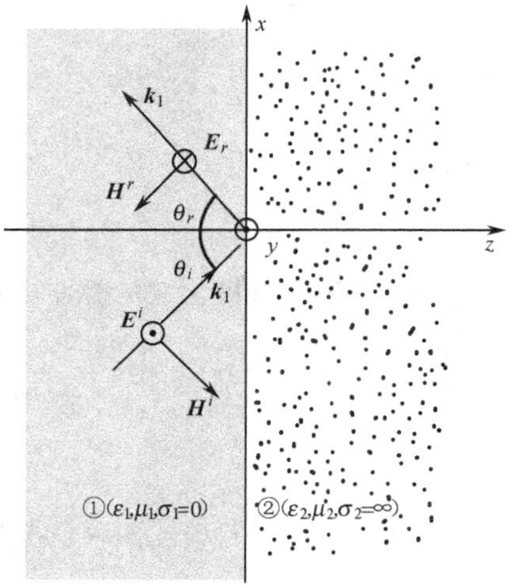

图 5.21　斜入射到理想导体边界面的垂直极化波

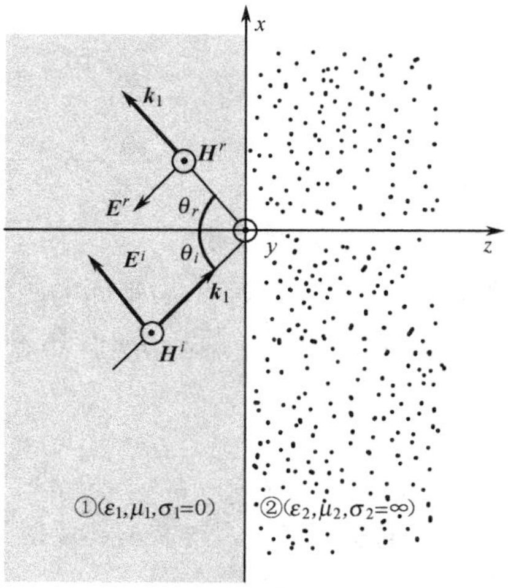

图 5.22　斜入射到理想导体边界面的平行极化波

由此可见，平行极化波斜入射到理想导体表面时，理想介质中的合成波具有如下特性：

①**x 向的行波性。**用行波因子 $\mathrm{e}^{-\mathrm{j}(k_1 x\sin\theta_i - \omega t)}$ 表示；

②**z 向的驻波性。**用驻波因子 $\frac{\sin}{\cos}(k_1 z\cos\theta_i)$ 表示；

③**振幅非均匀性。**振幅随 z 变化的非均匀平面波；

④**横磁波(TM 波)性。**在 x 的传播方向上电场分量不为零，磁场分量为零。

5.4　无线电波的传播

5.4.1　无线电波传播概论

1. 无线电波的电磁波谱

无线电波的传播特性与波的波长 λ 或频率 f 密切相关。图 5.23 列出了无线电波在电磁波谱中的位置。由公式 $c=\lambda f$ 可知，图 5.23 中波长 λ 增加的方向与频率 f 增加的方向恰好相反。表 5.1 列出了无线电波的波段划分。从表中可以看出，无线电波的波长(或频率)大约从数千千米(几十赫兹)到一毫米(几百吉咖赫兹)左右(G 是 Giga 的缩写，吉咖是 G 的译音，$1G=10^9$)。无线电波使用的频率称为**无线电频率**(Radio Frequency)，简称**射频**(R. F)。在射频的低端，通常采用电路理论进行分析，在射频的高端，往往用电路理论无法进行分析，而必须采用电磁场理论进行分析。因此，相应于射频高端的微波波段有必要做更细致的划分，以适应频率提高对微波电路的更高要求。通常将微波波段按波长大小分为分米波、厘米波、毫米波和亚毫米波四个分波段，在通信和雷达等工程应用中，还常采用拉丁字母来表示微波分波段更细致的划分，见表 5.2。表中新、旧字母的名称不完全相同。旧名称是 20 世纪 40 年代中期确定的，现在仍然通用。

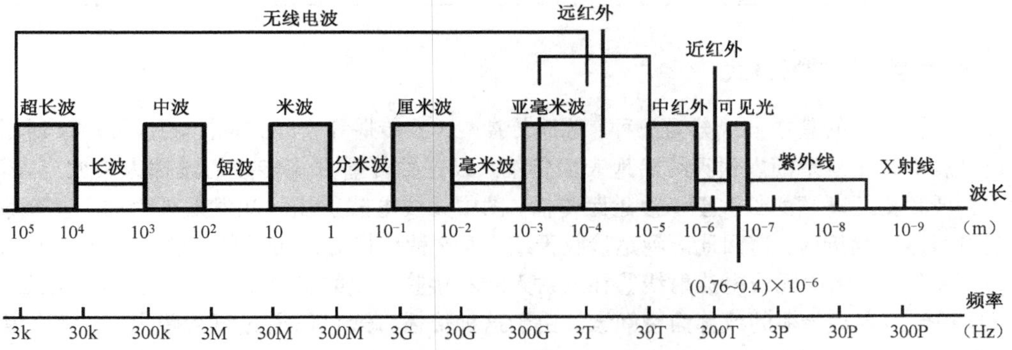

图 5.23　无线电波在电磁波谱中的位置

表 5.1　无线电波的波段划分

波段、频段名称	波长、频率范围	典型应用
极长波 极低频(ELF)	1 Mm～100 km 30～300 Hz	电力
超长波 甚低频(VLF)	100～10 km 3～30 kHz	导航、声纳
长波 低频(LF)	10～1 km 30～300 kHz	导航、无线电信标
中波 中频(MF)	1 km～100 m 300～3000 kHz	调幅广播、海上无线电、海岸警戒通信、测向
短波 高频(HF)	100～10 m 3～30 MHz	调幅广播、通信、业余无线电

续表

波段、频段名称		波长、频率范围	典型应用
超短波 甚高频(VHF)		10～1 m 30～300 MHz	调频广播、电视、 移动通信、导航
微波	分米波 特高频(UHF)	100～10 cm 300～3000 MHz	广播电视、移动通信、 卫星定位导航、无线局域网
	厘米波 超高频(SHF)	10～1 cm 3～30 GHz	卫星广播、卫星电视、 卫星通信、机载雷达、无线局域网
	毫米波 极高频(EHF)	10～1 mm 30～300 GHz	通信、雷达、射电天文、 实验研究
	亚毫米波 超极高频(SEHF)	1～0.75 mm 300～400 GHz	

表 5.2　常用微波波段的划分

频段名称		频率范围	频段名称		频率范围
旧	新		旧	新	
UHF	C	500 MHz～1 GHz	X	I	8～10 GHz
L	D	1～2 GHz	X	J	10～12.4 GHz
S	E	2～3 GHz	Ku	J	12.4～18 GHz
S	F	3～4 GHz	K	J	18～20 GHz
C	G	4～6 GHz	K	K	20～26.5 GHz
C	H	6～8 GHz	Ka	K	26.5～40 GHz

2. 无线电波的传播方式

无线电波传播的基本方式分为三种：地波传播、天波传播和空间波传播，如图 5.24 所示。图中无线电波射线①从地面发射天线沿地表面传播，以这种传播方式传播的波称为**地波**或**表面波**。它适用于低频至超高频的长波至米波近距传播；图中无线电波射线②从发射天线向天空辐射，在电离层内经过连续折射，返回地面到达接收天线，以这种传播方式传播的波称为**天波**。它适用于高频的短波传播；图中无线电波射线③在发射天线和接收天线的直视距离(指无障碍物阻挡)内传播，以这种传播方式传播的波称为**空间波**。由于这种传播方式可以通过直视距离来实现，常称为**视距传播**。它适用于甚高频至超高频的米波至微波传播。

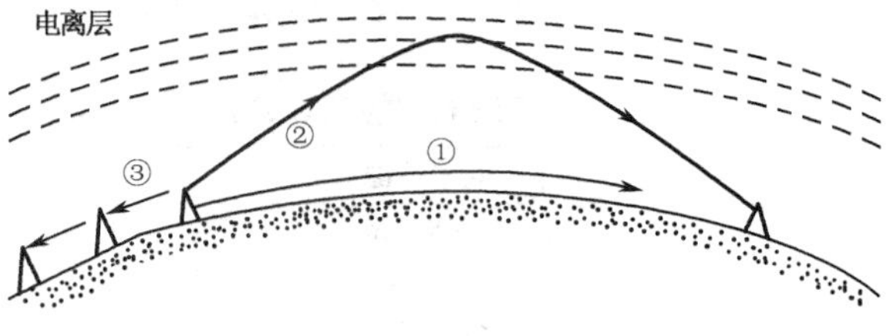

图 5.24　无线电波传播的基本方式

3. 无线电波的传播特性

电磁波的波长越长(或频率越低)，其绕射性越强，穿透性越弱；反之，则直射性或似光性越强，穿透性也越强。所以无线电波的传播特性与其波长(或频率)密切相关。

(1)长波传播特性

长波的绕射性适宜于绕地表传播，长波作为地波的近距传播，可以忽略地形凹凸与地质电磁参量的变化的影响；长波作为天波传播，穿入电离层深度很浅，受电离层变化的影响很小，不易受昼夜和季节变化、太阳活动性及电离层骚扰的影响。因此，长波传播最大的特点和优点是场强相当稳定。

地面电台间采用长波进行地波通信，将同时受到电台间的相互干扰及天电干扰，这是长波通信的重要缺点。

(2)中波传播特性

中波同长波一样均能以地波和天波的方式传播，尽管中波穿入电离层比长波的深度更深，但在小于 2～3 km 的中长波段，夜间天波也能从电离层反射回地面，电离层对其影响较小；加之地波也能获得稳定的场强。所以上述波段的天波或地波传播，均能实现可靠的通信，可用于船舶和导航等通信任务。

当波长缩短至小于 200 m～2 km 的中短波段时，除不影响地波的存在外，天波在白天被底层电离层强烈吸收，只有晚上底层电离层消失后，在 150～200 km 以外的通信距离才能收到反射回地面的天波。这个中短波段主要用于广播，称为广播波段。这说明收音机为什么只有到夜晚才能收到更多的国外短波电台。

(3)短波传播特性

短波也像长、中波一样靠地波和天波传播，但由于随着频率的增高，地面吸收强烈，地波衰减很快，只能传播几十公里，不适合远距离通信和广播；而天波在电离层中的损耗却减小，可以通过电离层对天波的一次或多次反射进行远距离通信和广播。加之频带宽，传送信息的容量大，使短波通信，特别是移动通信得到广泛的应用。

短波主要依靠天波传播，由于电离层的不稳定性，导致接收点出现信号衰落和多次反射的信号回波失真。此外，地波衰减快，天波传得远，必然造成短波不能覆盖的所谓**寂静区**。这些就是短波传播所存在的缺点。

(4)超短波、微波传播特性

超短波、微波的频率很高，作为地波传播衰减很大，作为天波传播对电离层穿透深度更深，甚至不再返回地面。所以一般超短波、微波不用做地波和天波传播，而只能用做空间波传播。在现代通信中，利用其对对流层的散射作用和对电离层的穿透作用，可以用于散射通信和卫星通信等业务。加之频带很宽，传送信息容量更大，因此应用更加广泛。其中，超短波广泛用于调频广播、电视、通信、雷达、导航及遥控、遥测等业务；微波除兼容超短波业务，并提高质量和增加兼容数量外，还广泛用于卫星和飞船等飞行体及地球与其他星球间的通信、遥感、遥控、遥测及射电天文等空间科学中。

由于大气层对信号的折射随季节和日期而变化，因而影响多次折射的天波与地波的合成场强，使通信质量下降。大气氧分子和水汽(如雨、云、雾等)对电波能量的吸收和散射，会给电波的远距离传播造成严重的损耗，这种损耗随着频率的增大更加显著。这些是超短波、微波传播中存在的突出问题。

5.4.2　地波传播

低架于地面的天线，其最大辐射方向沿地面传播，并绕地表而行，形成地波传播。地波传播是长、中波及低频段(1 kHz～1 MHz)短波的主要传播途径。地面的性质、地形、地貌及地物等都会影响地波传播。

若将地波分解为与地面垂直的垂直极化波和与地面平行的平行极化波或水平极化波，则平行极化波将在地面引起较大的传导电流，从而产生欧姆损耗，造成地面对平行极化波的吸收。为了提高地波的传播效率，地波多采用垂直极化波。架设于地面的直立天线就是激发和接收垂直极化波的垂直极化天线。

若地面为理想导体($\sigma\approx\infty$)，则沿 x 方向的垂直极化天线激发的垂直极化波场分量 E_{1x} 和 H_{1y} 形成的电磁能流密度 S_{1z} 沿 z 方向传播，如图 5.25 所示。实际上，地面是非理想导电媒质($\sigma\neq 0$)，垂直极化波的电场分量将在地面感应时变电荷，这些电荷随着地波前进方向向前运动形成地面电流。由于地面的导电率不为零，电流沿地表流过，必然要产生水平方向的电压降，并引起相应的电场分量 E_{1z}，E_{1z} 与 E_{1x} 的合成场 E_1 与磁场 H_{1y} 形成的电磁能流密度 S_1 与地面成某一倾角 θ 向前流动，如图 5.26 所示。由图中可知，在电磁能流密度 S_1 流动方向上任意一点等相面内的场分量 E_{1x} 和 E_{1z} 振幅不相等($E_{1x}\geqslant E_{1z}$)，而且相位 φ 也不相同($\varphi\neq 0$)。因此，合成电场 E_1 为椭圆极化波。能流密度 S_1 传播方向上等相面内合成电场与地面的倾角 θ 决定于下式(计算略)。

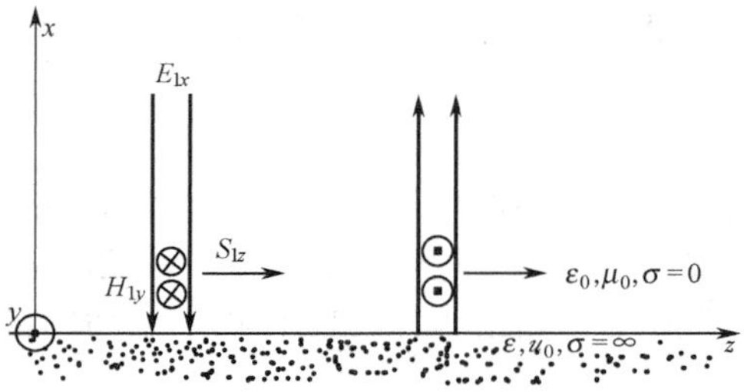

图 5.25　理想导电地面的地波

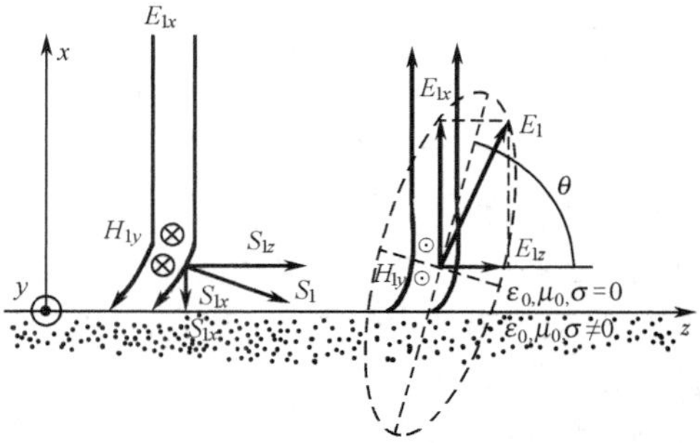

图 5.26　非理想导电地面的地波

$$\tan\theta=\frac{E_{1x}}{E_{1z}}=\sqrt[4]{\varepsilon_r^2+(60\lambda\sigma)^2} \tag{5.90}$$

显然，椭圆极化波的能流密度 S_1 可分解为沿地面传播的分量 S_{1z}(由 E_{1x} 和 H_{1y} 确定)和垂直于地面向下传播的分量 S_{1x}(由 E_{1z} 和 H_{1y} 确定)。

从式(5.90)可以得到地波传播的重要结论：

(1)地波传播沿地面的衰减来自于扩散引起的自然衰减和地面的吸收衰减。其中吸收衰减是用地面对电磁波能量的吸收作用，产生了沿传播方向的电场纵向分量(E_{1z})来衡量的。而该分量取决于地面的电参量(ε_r，σ)和电磁波的波长(λ)。因此，为了减少导致衰减的电场纵向分量(E_{1z})，应当增加电磁波的波长(λ)，地波传播主要用于长、中波，而短波、超短波小型电台采用地波传播只适宜于几千米或几十千米的近距通信。

(2)地波传播中的等相面倾斜现象使垂直天线除产生垂直极化波场分量(E_{1x})外，还产生很小的水平极化波场分量($E_{1z}<E_{1x}$)。因此，可以采用相应型式的天线有效接收各场分量。一般采用地面直立天线接收较为适宜，若受条件限制，也可采用低架水平天线接收。

5.4.3　天波传播

1. 电离层概况

天波是通过离地面上高空(60～350 km)大气电离层的反射而传播的一种传播方式。它主要用于短波传播，如广播和通信。地球大气成分被外部空间的辐射所照射，使部分中性气体分子或原子电离成为电子、正离子和负离子的离子区域，这个区域就称为**电离层**。高度不同，大气成分不同，电离层分成包含不同大气成分(氮和氧等)的 D，E 和 F 三层：最低为 D 层，仅白天才存在；较高为 E 层；最高为 F 层，夏季白天又分为 F_1 和 F_2 两层，晚上只存在 F_2 层。外部空间辐射源主要来自于太阳辐射的紫外线和 X 射线，也来自于宇宙中其他星球辐射的宇宙射线，它们是夜间气体电离的主要原因。

电离层介质是由电子、正离子和中性粒子所组成的气体混合物。**空间某处的电离程度常用电子密度 N 来表示，N 表示单位体积内所含电子的数目**。电子密度随高度的变化是电离层的重要特性。

2. 无线电波在电离层中的传播

实际上电离层沿高度的变化是不均匀的。在分析无线电波在电离层中的传播规律的特性时，可以将不均匀电离层近似看成许多具有不同恒定电磁参量表示的薄层均匀电离层按高度变化排列而成的多层介质层，再分析无线电波的连续折射规律。

在均匀电离层中，由理论推导可得

$$\varepsilon_{er} = 1 - 80.8\frac{N}{f^2} \tag{5.91a}$$

$$n = \sqrt{\varepsilon_{er}} = \sqrt{1 - \frac{80.8N}{f^2}} \tag{5.91b}$$

式中，ε_{er}表示与均匀电离层等效的线性、均匀和各向同性介质的相对介电常数，n 为均匀电离气体的折射指数。在实际应用中，N 常用 e/cm^3(电子/厘米^3)表示；f 用 kHz 表示。

在非均匀电离层中，其等效的多层介质中无线电波的连续折射轨迹如图 5.27 所示。图中各层恒定折射指数满足 $n_0 > n_1 > n_2 > \cdots > n_i$。设向电离层折射的无线电波频率为 f，入射角为 θ_0，则由折射定律可知

$$n_0 \sin\theta_0 = n_1 \sin\theta_1 = \cdots = n_i \sin\theta_i \tag{5.92}$$

式中 $n_0 = 1$ 为空气的折射指数。设无线电波在第 i 层处到达最高点，成为折射回地面的拐点，这相当于开始全反射，则应将 $\theta_i = \frac{\pi}{2}$ 代入式(5.92)，得

$$\sin\theta_0 = n_i = \sqrt{1 - \frac{80.8N_i}{f^2}} \tag{5.93}$$

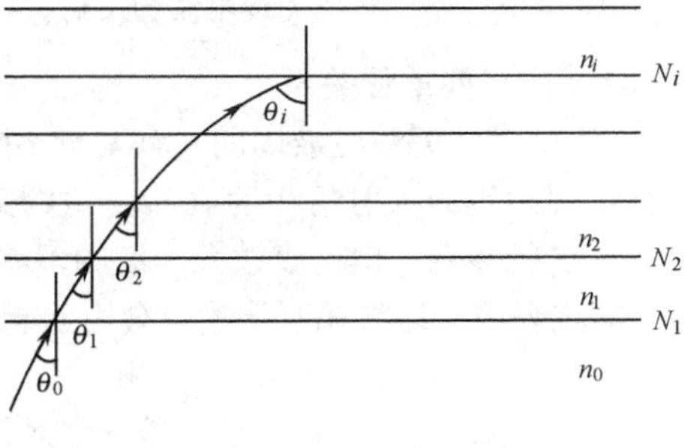

图 5.27　无线电波在非均匀电离层中的连续折射传播

式(5.93)即为频率为 f、入射角为 θ_0 的无线电波从电离层反射回地面的条件。可见，电离层对无线电波的反射实质上是无线电波在电离层中连续折射的结果。下面对式(5.93)做一些讨论。

(1)反射与频率的关系

对于垂直向上发射的无线电波($\theta_0 = 0$)，在电波产生反射的高度上的折射指数 n_i 也等于零，所以式(5.93)退化为

$$f = \sqrt{80.8N_i} \tag{5.94a}$$

若知道无线电波的频率，也就知道了反射点处的电子密度。当第 i 层的最大电子密度 $N_i = N_{max}$ 时，其所对应的频率 $f = f_c$ 称为该层的临界频率。显然，式(5.94a)变为

$$f_c = \sqrt{80.8N_{max}} \tag{5.94b}$$

临界频率为无线电波垂直向上发射时能被反射回地面的最高频率。超过这个频率，无线电波将穿透电离层。斜向比垂直向上发射的最高频率更大。电离层所能反射的最高频率称为**最高可用频率**(MUF)。图 5.28 表示无线电波以同一仰角 Δ 按不同频率发射时的反射情况。

(2)反射与入射角的关系

图 5.29 表示无线电波以同一频率按不同入射角发射时的反射情况。图中反映出无线电波的射线随着入射角 θ_0 的减小而向电离层外层空间方向倾斜的变化趋势，当入射角 θ_0 小到即使在电离层电子密度极大处，也不能满足反射条件时，无线电波将穿透电离层。设与式(5.93)中 $N_i = N_{max}$ 对应的 $\theta_0 = \theta_{0min}$ 为天波反射回地面的最小入射角，则在 $\theta_0 < \theta_{0min}$ 范围内入射的天波均未反射回地面，加之地波也因路径长衰减大而到达不了这个区域，因而形成天波和地波均接收不到的**寂静区**。

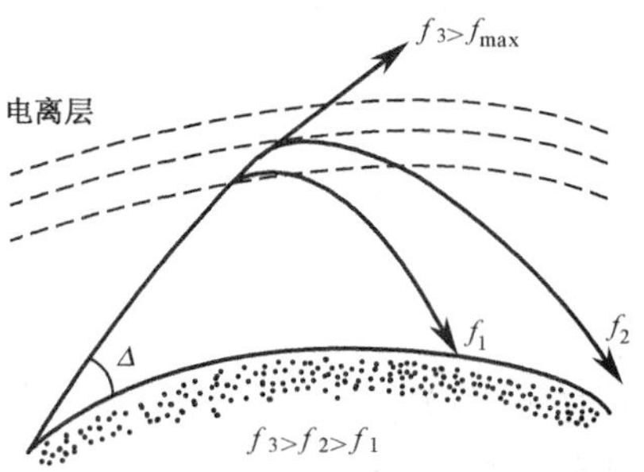

图 5.28 不同频率无线电波的反射

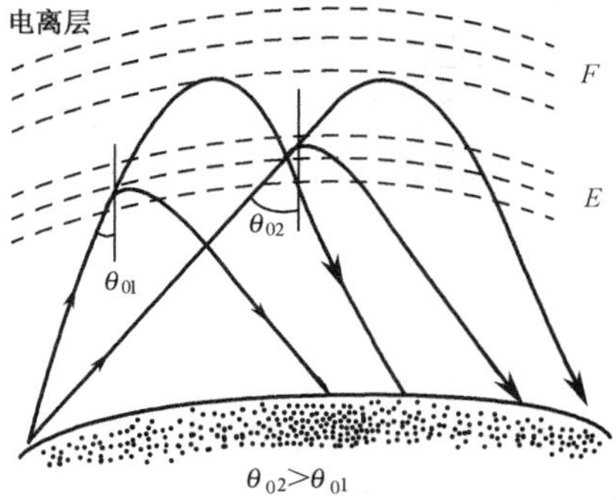

图 5.29 不同入射角无线电波的反射

(3)反射与仰角的关系

图 5.30 表示无线电波以同一频率按不同仰角发射时的反射情况。显然，从地面看的仰角 Δ 与从电离层界面看的入射角 θ_0 存在着一定的关系。从图中可以看出，不同仰角发射的波可以得到**多跳传播**或**多径传播**。由于多波束天波的多跳传播，在电离层和地面的多次反射中被吸收能量而引起衰落，加之天波与地波相互干扰也会引起衰落，从而引起接收信号场强的起伏变化。

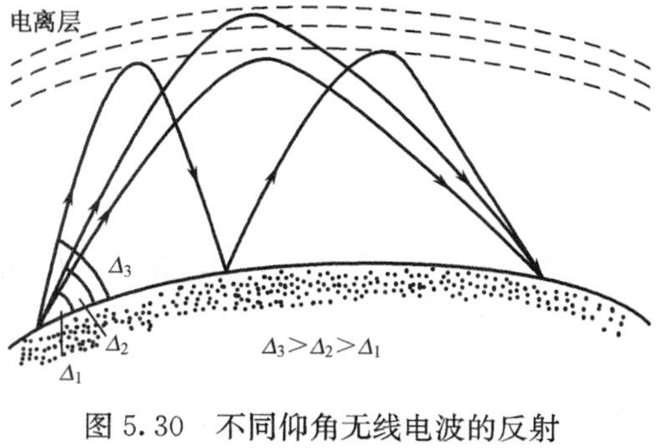

图 5.30 不同仰角无线电波的反射

5.4.4 空间波传播

发射天线和接收天线处于相互可视距离内的空间波传播方式主要用于超短波和微波传播，如雷达、地面通信和卫星通信。

1. 视线距离

如图 5.31 所示，设发射天线和接收天线的高度分别为 h_1 和 h_2，当两天线 A 和 B 的间距 d 与半径为 a 的地球曲面相切于切点 C 时，地球球心 O 至 A，C 和 B 距离间的夹角分别为 α_1 和 α_2，α_1 和 α_2 分别对应的地球曲面弧长为 l_1 和 l_2，则根据简单的几何关系可得

$$\cos\alpha_1=\frac{a}{a+h_1},\qquad \sin\alpha_1=\sqrt{1-\left(\frac{a}{a+h_1}\right)^2}=\sqrt{\frac{2ah_1+h_1^2}{(a+h_1)^2}}$$

由于 α_1 很小，且 $h_1\ll a$，故上式可近似写为

$$\sin\alpha_1\approx\alpha_1=\sqrt{\frac{2ah_1}{a^2}}$$

由此得

$$l_1=a\alpha_1=\sqrt{2ah_1}\qquad l_2=a\alpha_2=\sqrt{2ah_2}$$

于是求得**视线距离**为

$$l=l_1+l_2=\sqrt{2a}\left(\sqrt{h_1}+\sqrt{h_2}\right)\tag{5.95a}$$

当 $d<l$ 时，两天线互相处于可视距离；当 $d>l$ 时，两天线互相处于不可视距离。因此，视线距离 l 为发射天线和接收天线的高度分别为 h_1 和 h_2 时的视线极限距离，简称**视距**。将地球半径 $a=6.370\times10^6$ m 代入上式，得到地面上视线距离的计算公式

$$l=3.57\left(\sqrt{h_1}+\sqrt{h_2}\right)\times10^3\,(\text{m})\tag{5.95b}$$

由大气不均匀性引起的折射，使电波射线弯曲，实际的视线距离 $L=1.15l$。

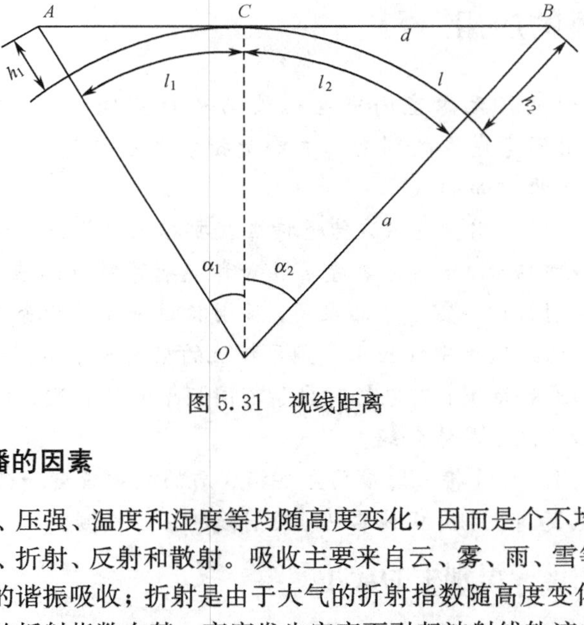

图 5.31　视线距离

2. 影响空间波传播的因素

对流层的大气成分、压强、温度和湿度等均随高度变化，因而是个不均匀媒质。它对空间波传播的影响主要是吸收、折射、反射和散射。吸收主要来自云、雾、雨、雪等小水滴对波的热吸收和水分子、氧分子对波的谐振吸收；折射是由于大气的折射指数随高度变化而引起波射线轨迹的弯曲；反射是由于大气的折射指数在某一高度发生突变而引起波射线轨迹的反转；散射是由于大气湍流运动中的不均匀体而引起波的再辐射现象。

地面对低空大气层中空间波传播的影响主要是反射、散射和绕射。地面结构几何尺寸与波长的比值不同，将对波的传播产生不同的影响。反射主要发生在平滑地面范围内；散射主要发生在

起伏较大的粗糙地面范围内；绕射主要发生在小障碍物体上。

由于大气和地面的吸收、折射、反射、散射和绕射对空间波传播的影响，导致波的衰落和接收点场强的不稳定性，在雷达和通信中进行空间波传播设计时，应当设法减少、避免甚至消除导致场强不稳定性的各种因素。

3. 空间波传播类型

空间波传播可分为三种类型，如图 5.32 所示。第一类是地面上的空间波传播，包括地面无线电中继通信、电视广播、调频广播及地面移动通信，如图中射线①所示；第二类是地面与空中间的空间传播，包括飞机、通信卫星和雷达探测，如图中射线②所示；第三类是空间通信系统之间的空间传播，包括飞机和宇宙飞行器之间的通信联系，如图中射线③所示。

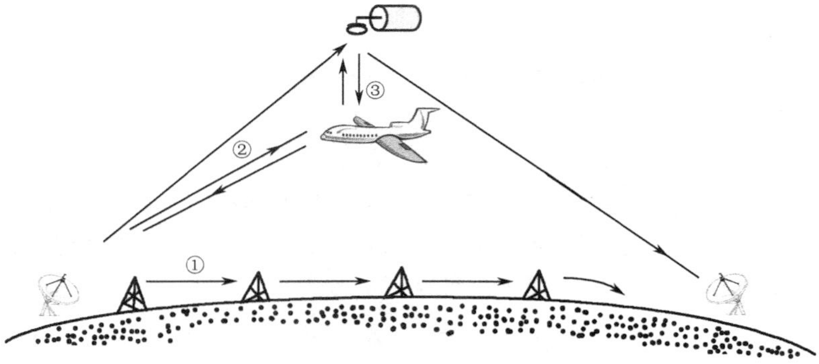

图 5.32　空间波传播类型

5.5　电磁波传播的应用

电磁波传播主要研究在无源空间中电磁波与所在空间媒质间的相互作用规律。因此，电磁波传播的应用不考虑源的问题，主要是指电磁波传播特性和媒质特性及其相互作用的应用，包括如下两方面的应用：

(1)电磁波传播特性的应用。电磁波传播特性主要指由传播方式和频率变化所引起的特性。传播方式的应用包括极化、反射、折射、散射和绕射等特性的应用。例如，极化技术在目标识别中的应用，反射特性在雷达中的应用，反射特性和干涉现象在微波全息照像中的应用，散射特性在对流层散射通信中的应用。频率特性的应用源于不同频率的波具有不同的性质，因而适合于不同的业务范围，它包括对应于不同频率的超长波、长波、中波、短波、超短波和微波的应用，前面已做了具体介绍。

(2)媒质特性的应用。媒质特性的应用主要指媒质的吸收效应和透波效应的应用。例如，涂褒宽频带吸波材料的隐身飞机，探地雷达，X 射线的医疗检测。

5.5.1　极化技术在目标识别中的应用

1. 隐身与反隐身技术

雷达回波信号中的无线电信息应包括幅度、相位、频率和极化四个特征量。人们已经利用前三个特征量对目标的散射特性进行了成功的研究。近年来，人们对极化特征量的研究给予了很大的关注，已发展成一门新兴的跨行业学科——雷达极化测量学。雷达极化同解决雷达当前面临的四大威胁(即隐身、电子干扰、低空突防和反辐射导弹)有着重要的联系，如何应用极化技术对目标进行识别，已成为当前重要的研究课题。目标的各种特征，以多种信息量形式调制在雷达回波上，充分利用目标的极化特征来提高雷达的识别能力，是战胜四大威胁的重要途径。

为了定量描述目标对雷达照射波的散射特性，可以引入散射体的散射波功率与照射波功率密度之比定义为雷达散射截面(RCS)，即

$$\mathrm{RCS}=\frac{W^{\mathrm{s}}}{w^{\mathrm{i}}}$$

雷达散射截面并非散射体的真实面积，而是产生散射波的有效截面。它反映了目标对波的散射能力，包含了目标的各种特征信息，如目标的形状、尺寸、结构和取向等。隐身技术就是要尽量减缩飞行器目标的雷达散射截面和增大雷达跟踪误差，以降低雷达对隐身飞行器的发现和跟踪能力。采取的措施主要有整形设计、吸波材料涂覆、吸波结构和阻抗加载等。反隐身技术就是要增大雷达散射截面和提高雷达灵敏度。针对隐身技术中抑制雷达散射截面下降的反隐身途径可分为频域反隐身、空域反隐身和极化域反隐身等技术。

2. 目标识别技术

目标散射回波包含着丰富的信息，引入雷达目标散射截面描述目标的散射特性，就可以通过对目标信息的提取对目标进行识别。但其标量表示法(RCS)，妨碍了对雷达目标极化信息的提取，应用矢量表示法，引入极化散射矩阵就可以描述目标散射的极化特性。目标的散射是一个线性过程，入射波与散射波的转换信道可用线性网络来表示。散射场极化矢量 $\boldsymbol{h}^{\mathrm{s}}$ 与入射场极化矢量 $\boldsymbol{h}^{\mathrm{i}}$ 之间的线性比例关系，可引入极化散射矩阵$[s]$来表示，其对应关系为

$$\boldsymbol{h}^{\mathrm{s}}=[s]\boldsymbol{h}^{\mathrm{i}}$$

例如，对于任意取向的线极化入射波的电场矢量 $\boldsymbol{E}^{\mathrm{i}}$，可以分解为相互正交的平行极化分量 $E_{\mathrm{V}}^{\mathrm{i}}$ 和垂直极化分量 $E_{\mathrm{H}}^{\mathrm{i}}$，其散射波的电场矢量 $\boldsymbol{E}^{\mathrm{S}}$ 也可做同样的分解，因而上式可表示为

$$\begin{bmatrix}E_{\mathrm{V}}^{\mathrm{S}}\\E_{\mathrm{H}}^{\mathrm{S}}\end{bmatrix}=\begin{bmatrix}S_{\mathrm{HH}} & S_{\mathrm{HV}}\\S_{\mathrm{VH}} & S_{\mathrm{VV}}\end{bmatrix}\begin{bmatrix}E_{\mathrm{V}}^{\mathrm{i}}\\E_{\mathrm{H}}^{\mathrm{i}}\end{bmatrix}$$

经过线性变换后的散射波，其场量的幅度、相位和极化状态不同于入射波。因此，散射目标是一个变极化器，描述散射目标的极化散射矩阵的各元素包含了极化在内的目标的全部信息，其相关信息是用不同的特征参量来表示的。

对目标进行极化识别有两种方法：(1)对比识别。测出目标的散射矩阵，与数据库进行对照，运用模式识别算法，识别目标类型，将目标回波与环境杂波的信息区别开来；(2)特征识别。在目标的四个最佳极化中，测算出几个来，只要能获得五个以上独立特征参量，即可作为目标的极化特征进行识别。

3. 运用极化雷达进行目标识别

目前已在服役或将要服役的隐身飞行器有战斗机(F-16S，F-117A，ATF)、远程轰炸机(B-1B，B-2)和先进巡航导弹(ACM)，其对单基地雷达的隐身性能可使雷达散射截面减缩 20～30dB。特别是成为四大金刚的第四代(俄又称为第五代)隐身战斗机 F-22、F-35(美)、T-50(俄)和 J-20(中)的研制成功，再加上 J-31(中)的出现，更加改进了隐身性能。采用从频域、空域和极化域等综合反隐身技术途径，可以有效增大雷达散射截面面积，提高极化散射矩阵的检测效能，提供更多目标识别的信息。

假设雷达发射一束垂直取向的线极化波，由于目标的变极化作用，使雷达回波中的极化波取向发生了变化，若将其分解为垂直极化分量和水平极化分量，则常规雷达的垂直极化天线只能截获其垂直极化波的信息，而水平极化波的信息便白白地丧失了。为了有效地收、发这两种极化分量，可以建立具有双天线双通道的收、发系统，分别截获信息的垂直极化分量和水平极化分量，并实时地对两种正交极化分量进行随机合成，使水平极化分量不会被丢失。然而，通过天馈线变更极化的传统方法，其实时性和灵活性太小，根据两个正交极化矢量以不同幅度比和相位差加以合成，可以获得任意的极化状态的原理，提出了一种改变极化的现代方法，就是将极化正交的双天线双通道接收信号，按不同的复数权值加以组合，即可等效于不同极化状态的接收波。这种靠信号处理技术获得的各种等效接收极化的方法，称为虚拟极化，它运用数字信号处理的方法，更能实时、灵活和随机地截获所有信息。在发射时，基于同样原理，对相干的两路信号分别加权后馈送给极化正交的两个天线，在空间合成任意极化波。这样的雷达称为极化雷达(或极化测量雷达、极化捷变雷达、双通道雷达)。

有学者提出，极化散射矩阵的某些参量同目标的形状和构造有关系，由此可按一定规则来重构目标的图像而得到识别。目前将极化信息与合成孔径雷达(SAR)成像技术结合起来，已经能够提高成像质量。极化雷达的应用有着光辉的前景。

5.5.2　反射特性在对流层散射通信中的应用

散射传播是指无线电波投射到对流层和电离层中的不均匀介质体所产生的漫反射传播。漫反射是由于介质体边界面的不规则性和随机性分布状态导致的不规律性多向反射，它只服从统计规律。

对流层是大气的最低层，通常是指从地面以上直至 10～16 km 高度的低空大气层区域。对流层的温度、压强和湿度不断变化，使该区域产生气流和风的上、下对流，一旦气体粒子的运动失去其稳定性，便形成具有旋涡性的湍流运动。对流层中的此起彼伏的湍流多为 60 m 以下的不均匀体，在无线电波的作用下产生感应电流，成为二次辐射源，将入射的波向四面八方再辐射。无线电波在散射体上产生的无规则、无方向的再辐射现象，称为散射。当无线电波的波长远小于湍流尺度时，其散射效应增强。所以对流层散射主要用于分米波和厘米波波段(大于 100 MHz 频段)。对流层散射通信原理如图 5.33 所示。收、发天线无线电波射线共同界定的区域定义为散射体积。发射天线向对流层的该体积区域辐射，而接收天线则收集该体积区域的再辐射。由上述分析可以看出对流层散射传播有如下特性：

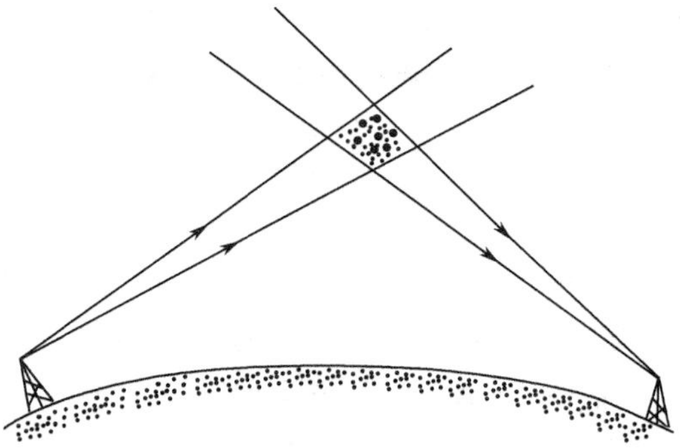

图 5.33　对流层散射通信

(1)超视距传播。收、发天线间的散射传播信道是间接通过散射体来实现的，收、发天线之间处于不可视的超视距传播状态。这种传播方式不受地形、地貌和地物影响，单跳跨距达 300～800 km，常用于无法建立微波中继站的地区，如用于雪山，沙漠和湖泊等跨越地区。

(2)随机多径传播。接收点的场强是散射体积内各点散射的多波束无线电波到达该点的矢量和，彼此间有多径时延，加之湍流运动的随机变化特性，导致随机多径传播。这种传播方式使多径传播的射线间产生严重的快衰落。利用空间分集和频率分集接收技术，可以有效地克服衰落现象。

(3)高损耗性传播。由入射波的一次辐射到散射波的二次辐射的全过程中，经历了自由空间传播损耗、大气吸收损耗、湍流散射损耗和收、发天线损耗，一般超过 180 dB。为了有效地进行散射通信，应当采用大功率发射机、高灵敏度接收机和强方向性高增益天线。

思考题

5.1　如何由麦克斯韦方程组导出波动方程？为什么要导出波动方程？如何由波动方程计算出电磁波的传播速度？

5.2　什么是平面波和均匀平面波？为什么描述均匀平面波时，一般三维矢量波动方程可以退化为简单的一维标量波动方程？

5.3　在分析均匀平面波的波动性时，为什么引入 k，ω 和 v_p 可以分别描述波的空间相位变化关系、时间相位变化关系和等相面的时、空相位变化关系？

5.4　理想介质中时谐均匀平面电磁波传播的基本特性是什么？

5.5　如何借助于分析理想介质中时谐均匀平面波的方法来分析导电媒质中的波？两种情况的主要区别是什么？比较两种情况中的衰减常数、相位常数、相速和波阻抗等物理量的物理含义有何区别？

5.6　导电媒质中时谐均匀平面电磁波传播的基本特性是什么？

5.7　什么是平面电磁波的极化？决定某点电场强度矢量极化形式的要素是什么？线极化波、圆极化波和椭圆极化波应分别满足什么条件？圆极化波和椭圆极化波的旋向判别法是什么？

5.8　对于不同理想介质平面边界上垂直入射时的反射波和折射波，如何导出反射系数 R 和折射系数 T？它们的物理含义是什么？如何理解理想介质区域①中合成波场量的物理意义？

5.9　对于不同理想介质平面边界上斜入射时的反射波和折射波，为什么要将入射波分解为垂直极化和平行极化分量的叠加？什么是垂直极化和平行极化？

5.10　什么是完全匹配或幅相匹配？如何由相角匹配导出反射定律和折射定律？如何由幅度匹配导出垂直极化和平行极化两种斜入射情况的反射系数和折射系数？

5.11　对于不同理想介质平面边界上斜入射的情况，在什么条件下能产生全反射和全折射？如何由全反射条件导出临界角？临界角的含义是什么？什么是表面波原理？如何由全折射条件导出极化角？极化角的含义是什么？什么是极化滤波？

5.12　对于理想介质和理想导体平面边界上垂直入射和斜入射两种情况，如何借助于不同理想介质平面边界两种情况的类似分析方法导出相应的关系式？为什么对于存在理想导体边界的情况只存在全反射？它与导出表面波原理应用的全反射有何不同？

5.13　对于理想介质和理想导体平面边界上垂直极化和平行极化两种斜入射情况，如何理解在理想介质区中合成波的电场和磁场表示式的物理意义？它们分别具有什么特性？

5.14　在无线电波的电磁波谱中，如何理解波长(或频率)与波的传播特性的关系？如何理解波长(或频率)与波的应用范围的关系？

5.15　无线电波有哪几种基本的传播方式？各波段无线电波的传播特性是什么？传播方式与无线电波的波长有什么关系？

5.16　地波传播、天波传播和空间波传播的物理机制、传播特性和应用范围是什么？

习题

5.1　已知均匀平面波在自由空间中向 $+z$ 方向传播，其电场强度的瞬时值为

$$\boldsymbol{E}(z,t)=\boldsymbol{a}_x 20\cos(6\pi\times10^8 t-2\pi z)\ \text{V/m}$$

试求：(1)频率和波长；(2)电场强度的复数形式；(3)磁场强度的复数形式；(4)能流密度的复数形式；(5)相速和能速。

5.2　已知均匀平面波在自由空间中传播，其磁场强度的瞬时值为

$$\boldsymbol{H}(y,t)=\boldsymbol{a}_z 2.4\pi\cos(6\pi\times10^8 t+2\pi y)\ \text{A/m}$$

试求：(1)频率和波长；(2)相速；(3)电场强度和磁场强度的复数形式；(4)电场强度的瞬时形式；(5)能流密度的复数形式。

5.3　试由导电媒质中平面电磁波的 α 和 β 的表示式(5.37)求出良导体 $\left(\dfrac{\sigma}{\omega\varepsilon}\gg1\right)$ 中平面电磁波的衰减常数和相位常数，并与式(5.39)做比较。

5.4　导电媒质的电磁媒质参量为 $\mu_r=1$，$\varepsilon_r=25$ 和 $\sigma=2.5$ ms/m(西门子/米)，有一时谐均匀平面电磁波在该导电媒质中传播。假定该波以工作频率 $f=180$ MHz 做时谐运动，已知电场强度的复数值为 $E_x(z)=37.7e^{-\gamma z}$。(1)判断该导电媒质为良导体还是良介质；(2)求波阻抗、衰减常数、相位常数、传播常数、相速和趋肤深度；(3)求电场强度和磁场强度的复数形式；(4)求波的时均能流密度。

5.5　当工作频率分别为 $f_1=10$ kHz 和 $f_2=10$ GHz 的均匀平面电磁波在海水中传播时，可取 $+z$ 方向为传播方向。已知海水的电磁媒质参量为 $\varepsilon_r=81$、$\mu_r=1$ 和 $\sigma=4$ s/m(西门子/米)。(1)判断在哪种工作频率下可将海水视为良导体或良介质；(2)分别求在两种工作频率下海水的衰减常数、相位常数、波阻抗、波长和相速。

5.6　判断下列均匀平面波的极化形式：

(1) $\boldsymbol{E}(z)=(\boldsymbol{a}_x E_0+\boldsymbol{a}_y E_0 e^{-j\frac{\pi}{2}})e^{+jkz}$

(2) $\boldsymbol{E}(z)=(\boldsymbol{a}_x E_0+\boldsymbol{a}_y E_0 e^{-j\frac{\pi}{2}})e^{-jkz}$

(3) $\boldsymbol{E}(z)=(\boldsymbol{a}_x E_1+\boldsymbol{a}_y E_2 e^{j\frac{\pi}{2}})e^{-jkz}$

(4) $\boldsymbol{E}(z)=(\boldsymbol{a}_x E_1+\boldsymbol{a}_y E_2 e^{-j\frac{\pi}{2}})e^{-jkz}$

(5) $\boldsymbol{E}(z)=(\boldsymbol{a}_x E_1+\boldsymbol{a}_y E_2)e^{-jkz}$

5.7　已知自由空间中圆极化平面电磁波的电场强度为

$$\boldsymbol{E}(z)=10(\boldsymbol{a}_x+j\boldsymbol{a}_y)e^{-j2\pi z}\ \text{V/m}$$

试求：(1)平面电磁波的波长、频率和极化旋转方向；(2)磁场强度；(3)能流密度。

5.8　已知电磁参量分别为 $\varepsilon_1=4\varepsilon_0$、$\mu_1=\mu_0$ 和 $\varepsilon_2=9\varepsilon_0$、$\mu_2=\mu_0$ 的两个理想介质区域的边界面在 $z=0$ 处，有一左旋圆极化波由介质 ① 向介质 ② 垂直入射，其电场强度为

$$\boldsymbol{E}^i(z,t)=(\boldsymbol{a}_x+j\boldsymbol{a}_y)E_0 e^{j(\omega t-k_1 z)}$$

试求：(1)反射系数和折射系数；(2)反射波和折射波的电场强度；(3)反射波和折射波的极化形式。

5.9　已知电磁参量分别为 $\varepsilon_1 = 4\varepsilon_0$、$\mu_1 = \mu_0$ 和 $\varepsilon_2 = \varepsilon_0$、$\mu_2 = \mu_0$ 的两个理想介质区域的边界面在 $z = 0$ 处，有一平面电磁波由介质①向介质②斜入射，其工作频为 $f = 0.3$ GHz。试求：(1)入射波的临界角；(2)垂直极化波以 $60°$ 入射时折射波沿边界面传播的相速度及其方向。

5.10　当平面电磁波从空气向水面斜入射时，其平行极化波以极化角入射。已知纯水的相对介电常数为 80。试求：(1)平行极化波的极化角及相应的折射角；(2)垂直极化波以极化角入射时的反射系数和折射系数。

5.11　有一平面电磁波从自由空间沿 $+z$ 方向垂直入射于 $z = 0$ 处的理想导体边界平面上，其电场强度为

$$\boldsymbol{E}^i(z) = (\boldsymbol{a}_x - \mathrm{j}\boldsymbol{a}_y)E_0\mathrm{e}^{-\mathrm{j}kz}$$

试求：(1)入射波电场强度的瞬时形式；(2)反射波电场强度的复数形式和瞬时形式；(3)自由空间中合成波电场强度的复数形式和瞬时形式；(4)自由空间中合成波磁场强度的复数形式和瞬时形式。

5.12　有一垂直极化的时谐均匀平面电磁波，由空气中以入射角 θ_i 投射到 $z = 0$ 处的理想导体平面边界上，已知空气中波的合成场由式(5.88)表示。试求：(1)理想导体表面上的感应面电流密度分布；(2)空气中合成场的时均能流密度。

第 6 章

电磁波的传输

无线传播和有线传输是传递电磁波信息的两种基本形式。前面介绍了电磁波在无界空间的传播和不同平面媒质边界面的反射和折射;下面将介绍电磁波在导波系统的有界空间中的传输。导波系统是引导电磁波传输的传输线或波导,被引导的电磁波称为导行电磁波或导波。波沿导波系统的传播称为传输。导波系统大体分为传输横电波(TE 波)和横磁波(TM 波)的空管波导和传输横电磁波(TEM 波)的实心传输线(双导体或多导体传输线),以及由它们派生或演化而成的传输准横电磁波(准 TEM 波)的集成电路传输线等。空管波导采用电磁场的方法进行分析,实心传输线采用等效电路的方法进行分析。本章采用场、路对比和场、路结合的方法,首先介绍场的分析方法,运用纵向场量法将一般矢量波动方程简化为便于分析的纵向标量波动方程,以矩形波导为典型实例论述了矩形波导中导行波的传输特性;其次介绍路的分析方法,基于基尔霍夫定律,以双导体传输线为典型实例论述了传输波的传输特性。对其他导波系统也做了简要介绍。在此基础上讨论一般电磁波传输的应用。

通过传输系统传输电磁波可以有效地实现远距离通话,然而通过空管直接传输声波则无法实现这一愿望。原因在于可闻声波的频率低,频谱范围狭窄,传播速度极慢;空管中的声波在空气和管壁的阻尼作用下能量会发生严重损耗而衰减下去。无线电波的频率大大高于声频,频谱范围广阔,传播速度极快,传播信息极丰富;由于对传输信息进行了调制、变频、放大和解调等技术处理,同时进行声能和电磁能等不同形式的能量转换,能够有效地克服传递过程中的能量损耗。为了扩展频带宽度,提高传输功率,增加传输效率,实现高质量的传输,必须针对传输信息的频率和场结构的变化特点,采用不同传输结构和传输方式的传输系统。

6.1　传输线概述

在无界空间传播的电磁波一般是以激励源为中心形成的球面波，其能量将随电磁波的扩散效应而随距离逐渐衰减，采用传输线就可以实现电磁波的信息和能量的远距离传输。需要指出，能量不是直接通过传输线中自由电子的时变运动形成的电荷、电流分布来进行传输的，而是通过传输线周围电磁场变化形成的电磁波来传输的。(如电流密度为 1 A/m^2 的铜中自由电子平均迁移速度不过 10^{-4} m/s，而自由电子由电源到达负载的时间要比这个时间大亿万倍。) 因此，传输线的作用除了使电源中有较大的电流通过，以提供较多能量外，还能引导电磁场和电磁波沿传输线传输。这是因为在变化电磁场的作用下，传输线导体中感生出变化的电荷、电流分布，而变化的电荷、电流分布又产生变化的电磁场，从而在传输线附近形成一层依附着导线的表面电磁波。由此可知，电磁能量的释放和引导都是同传输线中电子形成的电流的存在分不开的，但又不是由传输线中的电流来传输的。

传输线大体分为如下三大类型：

(1)空管传输线(规则金属波导)

常见的有矩形波导和圆形波导，此外还包括椭圆形波导和脊形波导等，如图 6.1(a) 所示。在空管波导中只能传输横磁波(TM 波或 E 波，沿纵向 $E_z \neq 0$，$H_z = 0$) 或横电波(TE 波或 H 波，沿纵向 $E_z = 0$，$H_z \neq 0$)。封闭式金属波导适用于传输厘米波和毫米波。

(2)实心传输线(双导体或多导体传输线)

常见的有双导线、同轴线、带状线和微带线，此外还包括共面线等，如图 6.1(b) 所示。在实心传输线中主要传输横电磁波(TEM波，沿纵向$E_z = 0$，$H_z = 0$) 和准横电磁波(准 TEM波，主波为 TEM 波，由填充介质使 $E_z \neq 0$ 和$H_z \neq 0$，引起附加的 TM 波和 TE 波)。其中同轴线内、外导体构成空管传输线，存在主波 TM 波和 TE 波，内导体为实心传输线，还同时存在附加的 TEM 波。实心传输线又称为 TEM 波传输线。双导线适用于传输 100 MHz 以下米波及大于米波所有波长的电磁波，同轴线适用于传输 3 GHz 以下分米波，带状线和微带线主要适用于传输分米波和厘米波。

(3)介质传输线(表面波波导)

常见的有介质波导、介质镜像波导和介质光波导，如图 6.1(c) 所示。介质传输线是利用全内反射基于表面波原理制成的能传输表面波的传输线。介质波导和介质镜像波导适用于传输包括毫米波和亚毫米波在内的微波，介质光波导是介质波导的特殊形式，适用于传输光波。

从上面的介绍可以初步判断出传输线的类型是与所传输电磁波的波长或频率密切相关的。不同的电磁波工作频率，要求采用不同结构形式的传输线，而这些传输线的不同边界确定了所传输电磁波的场结构分布形态和传播模式。

传输横电磁波的双导体传输线是一种基本的电磁波传输线，只有其长度与无线电波的工作波长能够相比拟或超过工作波长时，才能沿线形成电磁场的波动现象，表现为电流和电压以波动形式沿线传输。然而，当工作频率提高到使双导体传输线的间距可以与工作波长相比拟，甚至超过工作波长时，传输线两导线上的电荷、电流分布所产生的场在远处将不能完全抵消，这将导致辐射损耗。为了避免在高频情况下因电磁场波动性显著而出现的辐射损耗，必须保持双导体传输线的间距远小于工作波长。

当频率更高时，如达到米波范围，由于波长很短，双导体传输线间距又受到击穿强度的限制而不能过小，辐射损耗十分严重。同时，传输线易受周围环境的影响和干扰，绝缘比较困难。如果将传输线的一根单线延展为闭合空心导体管，将另一根单线包围在内，并在内、外导体间填充绝缘介质，便形成同轴导线。显然，外导体的屏蔽作用避免了辐射损耗和外界干扰，填充介质起到了绝缘作用。

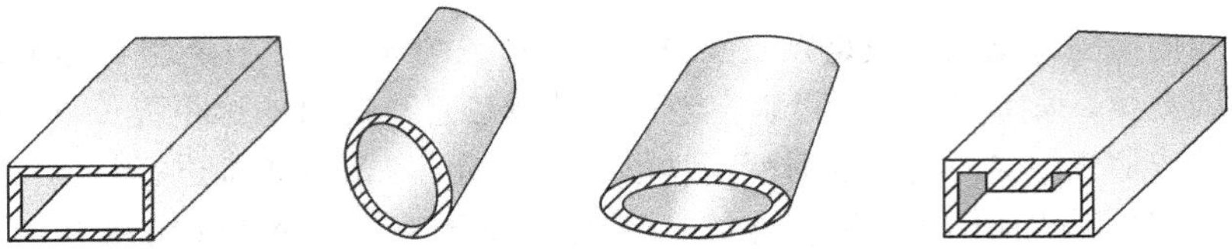

(a)

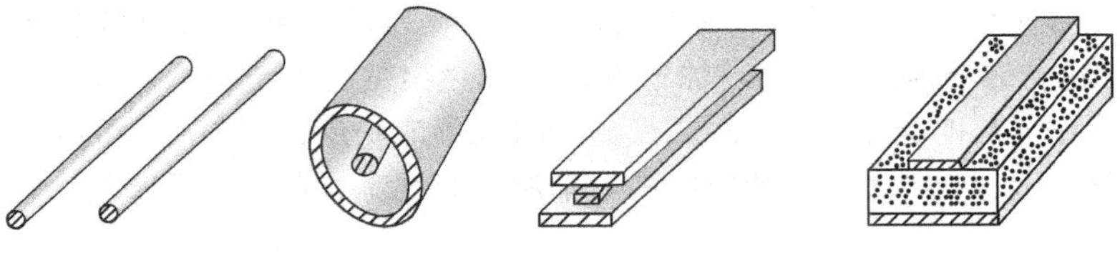

(b)

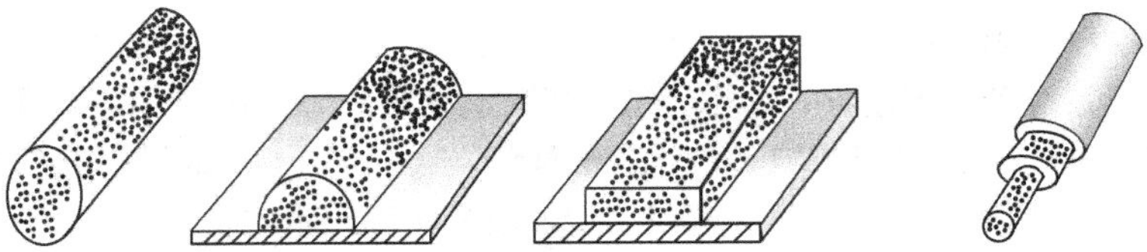

(c)

图 6.1　各类传输线

当频率继续升高时，如达到厘米波，由于同轴线内导体的高频集肤效应(因表面积和集肤深度变小所致)产生的焦耳热导体损耗，支撑介质产生的介质损耗，使传输的电磁波能量发生极大衰减。加之同轴线内、外导体间距继续缩小，使同轴线所能承受的电压受到限制，同轴线传输电磁波的功率容量也受到限制。如果将同轴线的内导体从外导体管中抽出来，便形成规则金属空管波导。显然，空管波导不但避免了内导体的导体损耗和填充介质的介质损耗，而且也增加了传输电磁波的功率容量。需要指出，由于在空管波导中，传输电磁波受到边界面的制约，在管壁间来回反射，形成沿纵向传输的横磁波或横电波，因此在空管波导中不再存在横电磁波。

规则金属波导具有损耗小、功率容量高、电磁波屏蔽效应好和结构牢固等优点，但也具有频带较窄、比较笨重和批量成本高等缺点。当频率再升高时，如达到毫米波和亚毫米波，规则金属波导的优点将会随着尺寸的缩小而丧失，功率容量下降，而缺点则随着尺寸的缩小而更加突出，金属波导内壁光洁度要求更高，工艺加工更加困难。人们自然会想到利用介质传输线来传输微波频率高端的电磁波，使各种形式的介质传输线在毫米波波段得到了广泛应用。由于介质传输线采用比周围媒质的介电常数更高的介质材料制成介质棒，因此可以利用全内反射效应来产生表面波。介质传输线具有损耗小、加工方便、重量轻和成本低等优点，而且便于与微波元器件和半导体器件等连成一体，以构成毫米波和亚毫米波的混合集成电路。

上面已概述了各类传输线的形成是如何随着频率的升高而逐渐演化的过程，下面将概述传输线的形式是如何随着集成化的需要而逐渐演化的过程。随着航空、航天等空间科学和技术的发展，对微波系统提出了体积小、重量轻、可靠性高、性能优良、一致性好和成本低等要求，进而促进了微波技术与半导体器件及集成电路的结合，产生了微波集成电路。对微波集成传输元件的一个基本要求是它必须具有平面型结构，以便通过调整单一平面尺寸来控制其传输特性，实现微波电路的集成化。由于集成基片采用了高介电常数的介质构成，使电磁场和电磁波的能量主要集中在集成基片内，能量的辐射损耗很小。

图 6.2 表示同轴导线演化成带状线的过程。将同轴导线外导体断开成对称性的两部分，再延展成两平行接地平板，同时也将内导体延展成宽度较窄的中心导带平板置于两接地板间对称平行位置；若同轴线无填充介质，则在导体带之间加入高介电常数的介质作为介质基片，从而构成带状线。显然，带状线仍可理解为与同轴线一样的对称双导体传输线，传输的主波为横电磁波。

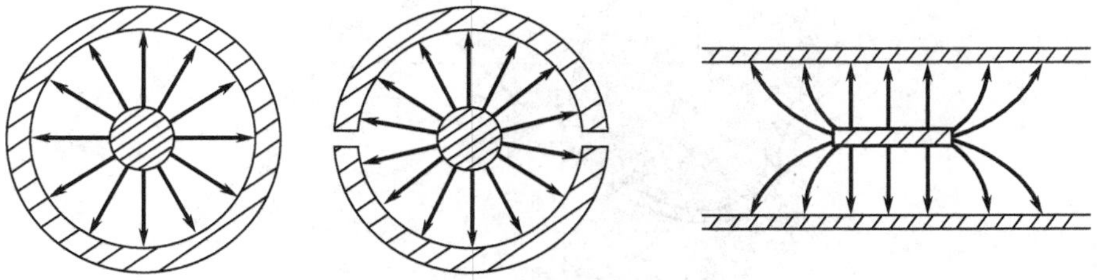

图 6.2　同轴导线演化为带状线

图 6.3 表示双导体线演化成微带线的过程。将双导体线的两根圆柱导线分别延展成宽窄不同的相互平行的扁平板作为导体带，再在其间加入高介电常数的介质作为介质基片，从而构成微带线。显然，微带线仍可理解为与双导体线一样的双导体传输线，由于介质基片的加入，出现了附加的横磁波和横电波，传输的主波仍为横电磁波。

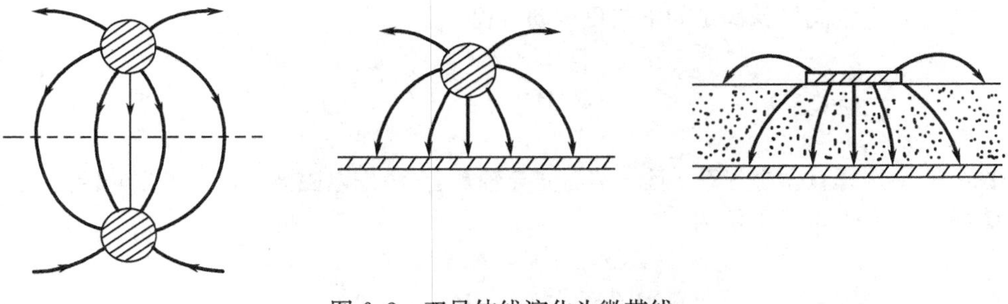

图 6.3　双导体线演化为微带线

6.2　导行电磁波的一般传输特性分析

对于规则金属波导内的导行电磁波必须应用导波理论进行严格分析，这是一种场的分析方法。电磁导波沿波导的传输问题属于电磁场边值问题，即在给定边界条件下解电磁场的波动方程，再由方程解中的物理参量解释导行电磁波的传输特性。根据边界条件的特性，可以将波导的边界分为沿轴向的纵向边界和沿横截面的横向边界。由此可知，电磁导波的特性包含两个内容：一个是电磁波沿传输线的**纵向传输特性**；另一个是电磁场在横截面内的**横向分布特性**。我们将首先讨论任意截面规则波导内电磁波纵向传输的一般特性，然后以矩形波导为典型实例，讨论电磁导波在该波导内具体的纵向传输特性和横向分布特性。

6.2.1　纵向场量法

为了简化分析，只考虑任意截面无限长均匀规则金属波导，如图 6.4 所示，并做如下假设：

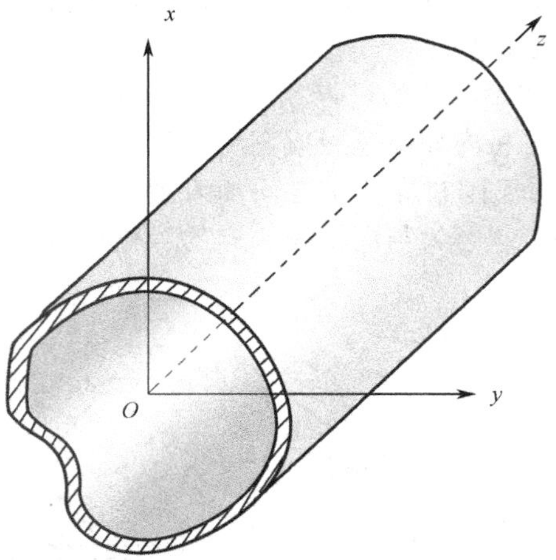

图 6.4　任意截面均匀波导

(1)波导横截面沿轴向是均匀的，场分布与轴向坐标无关；

(2)波导壁为理想导体，电场强度垂直于导体，磁场强度平行于导体；

(3)波导内填充均匀、线性和各向同性介质；

(4)波导内无自由电荷和传导电流的分布；

(5)波导内只存在时谐场。

已知无源自由空间场量满足如下矢量波动方程

$$\nabla^2\boldsymbol{E}+k^2\boldsymbol{E}=0 \tag{6.1a}$$

$$\nabla^2\boldsymbol{H}+k^2\boldsymbol{H}=0 \tag{6.1b}$$

式中 $k^2=\omega^2\varepsilon\mu$。

设图 6.4 中选择直角坐标系，且 z 轴与波导轴重合。考虑电磁波为沿 $+z$ 方向传播、角频率为 ω 的时谐场，则方程(6.1)的解为

$$\boldsymbol{E}(x,y,z)=\boldsymbol{E}(x,y)\mathrm{e}^{-\gamma z} \tag{6.2a}$$

$$\boldsymbol{H}(x,y,z)=\boldsymbol{H}(x,y)\mathrm{e}^{-\gamma z} \tag{6.2b}$$

式(6.2)中指数为表示沿 $+z$ 方向传播的行波因子。

方程(6.1)及其解式(6.2)均为三维矢量的复杂形式，有必要转化为一维标量的简单形式。通常的方法是将其在直角坐标系中分解为六个场分量的标量形式，然而直接求这六个场分量仍然显得复杂。一个比较巧妙的方法是先将矢量波动方程分解为标量波动方程，再按边界面的匹配特点将场量划分为纵向分量和横向分量；不必求所有分量，只要先建立能够与纵向边界条件相匹配的纵向场标量方程，求出一维的纵向场标量后，再设法建立纵向场分量与横向场分量的关系式，并由已求出的纵向场分量求出横向场分量。这种求解方法称为**纵向场量法**。

按照纵向场量法将方程(6.1)中的场矢量和三维拉普拉斯算符 ∇^2 分解为横向与纵向两部分，得

$$\boldsymbol{E}=(\boldsymbol{a}_xE_x+\boldsymbol{a}_yE_y)+\boldsymbol{a}_zE_z \tag{6.3a}$$

$$\boldsymbol{H}=(\boldsymbol{a}_xH_x+\boldsymbol{a}_yH_y)+\boldsymbol{a}_zH_z \tag{6.3b}$$

$$\nabla^2=\left(\frac{\partial^2}{\partial x^2}+\frac{\partial^2}{\partial y^2}\right)+\frac{\partial^2}{\partial z^2}=\nabla_{xy}^2+\frac{\partial^2}{\partial z^2} \tag{6.3c}$$

将分解式代入方程(6.1)中，得

$$\left.\begin{aligned}\nabla_t^2 E_i + (k^2 + \gamma^2) E_i = 0 \\ \nabla_t^2 H_i + (k^2 + \gamma^2) H_i = 0\end{aligned}\right\}, \quad i = x, y, z \tag{6.4a, 6.4b}$$

式中，$\nabla_t^2 = \nabla_{xy}^2 = \dfrac{\partial^2}{\partial x^2} + \dfrac{\partial^2}{\partial y^2}$，$\gamma^2$ 的出现是将$\dfrac{\partial^2}{\partial z^2}$作用于解式(6.2)的结果。显然，式(6.4)给出了六个标量方程，我们只需考虑 $i = z$ 的纵向场标量方程

$$\nabla_{xy}^2 E_z + (k^2 + \gamma^2) E_z = 0 \tag{6.5a}$$

$$\nabla_{xy}^2 H_z + (k^2 + \gamma^2) H_z = 0 \tag{6.5b}$$

按式(6.2)可将方程(6.5)的解写为

$$E_z(x,y,z) = E_z\,(x,y) E^{-\gamma z} \tag{6.6a}$$

$$H_z(x,y,z) = H_z\,(x,y) E^{-\gamma z} \tag{6.6b}$$

场矢量 $\boldsymbol{E}$ 和 $\boldsymbol{H}$ 的六个分量可以利用麦克斯韦方程的两个旋度式联系起。已知麦克斯韦方程的旋度式为

$$\nabla \times \boldsymbol{E} = -\mathrm{j}\omega\mu \boldsymbol{H} \tag{6.7a}$$

$$\nabla \times \boldsymbol{H} = \mathrm{j}\omega\varepsilon \boldsymbol{E} \tag{6.7b}$$

将式(6.7)在直角坐标系中展开，并考虑到解式(6.6)，可得场矢量直角分量的六个标量方程为

$$\frac{\partial E_z}{\partial y} + \gamma E_y = -\mathrm{j}\omega\mu H_x \tag{6.8a}$$

$$-\gamma E_x - \frac{\partial E_z}{\partial x} = -\mathrm{j}\omega\mu H_y \tag{6.8b}$$

$$\frac{\partial E_y}{\partial x} - \frac{\partial E_x}{\partial y} = -\mathrm{j}\omega\mu H_z \tag{6.8c}$$

$$\frac{\partial H_z}{\partial y} + \gamma H_y = \mathrm{j}\omega\varepsilon E_x \tag{6.8d}$$

$$-\gamma H_x - \frac{\partial H_z}{\partial x} = \mathrm{j}\omega\varepsilon E_y \tag{6.8e}$$

$$\frac{\partial H_y}{\partial x} - \frac{\partial H_x}{\partial y} = \mathrm{j}\omega\varepsilon E_z \tag{6.8f}$$

联立求解方程(6.8)，经运算整理后，将横向场分量用纵向场分量表示为

$$E_x = -\frac{1}{k_c^2}\left(\gamma \frac{\partial E_z}{\partial x} + \mathrm{j}\omega\mu \frac{\partial H_z}{\partial y}\right) \tag{6.9a}$$

$$E_y = -\frac{1}{k_c^2}\left(\gamma \frac{\partial E_z}{\partial y} - \mathrm{j}\omega\mu \frac{\partial H_z}{\partial x}\right) \tag{6.9b}$$

$$H_x = -\frac{1}{k_c^2}\left(-\mathrm{j}\omega\varepsilon \frac{\partial E_z}{\partial y} + \gamma \frac{\partial H_z}{\partial x}\right) \tag{6.9c}$$

$$H_y = -\frac{1}{k_c^2}\left(\mathrm{j}\omega\varepsilon \frac{\partial E_z}{\partial x} + \gamma \frac{\partial H_z}{\partial y}\right) \tag{6.9d}$$

式中

$$k_c^2 = k^2 + \gamma^2 \tag{6.9e}$$

按照纵向场量法的分析思路，首先按纵向边界条件求纵向场方程(6.5)的场分量 E_z 和 H_z，再将 E_z 和 H_z 代入纵向场和横向场的分量关系式(6.9)求出场分量 E_x、E_y、H_x 和 H_y。显然，它比直接求六个场分量方程的解更简单。

我们已经按照是否存在纵向场分量将导波分为三种类型，各种类型的传输特性是不同的，下面将根据上述关系式分别对三种导波模式或波型给予讨论。

6.2.2 各类导波模式的一般传输特性

1. 横电磁波的一般传输特性

将方程(6.5)改写为如下形式

$$\nabla_{xy}^2 E_z + k_c^2 E_z = 0 \tag{6.10a}$$

$$\nabla_{xy}^2 H_z + k_c^2 H_z = 0 \tag{6.10b}$$

对于 TEM 波，有 $E_z=0$ 和 $H_z=0$，式(6.9)变为

$$E_x, E_y, H_x, H_y \sim \frac{1}{k_c^2} \times 0$$

看出式(6.9)构成一组无意义的零解。换句话说，获得非零解的条件只能取

$$k_c^2 = 0 \text{ 或 } \gamma^2 + k^2 = 0 \tag{6.11}$$

式(6.11)称为波导中 TEM 波的存在条件。(此时解为由无限大与零的乘积确定的有限值)。将式(6.11)代入方程(6.10)，并将横向分量考虑进去，可合成如下矢量方程

$$\nabla_{xy}^2 \boldsymbol{E}(x,y) = 0,\ \nabla_{xy}^2 \boldsymbol{H}(x,y) = 0 \tag{6.12}$$

已知无源区中二维静态场 $\boldsymbol{E}_s(x,y)$ 和 $\boldsymbol{H}_s(x,y)$ 也满足相同的拉普拉斯方程。若导波场与静态场具有相同的理想导体边界形状，则在横截面内它们具有相同的场结构分布。由此可知，凡是存在二维静态场的系统中必定存在 TEM 模，这样的系统也可以用做传输 TEM 波的导波系统，且其横向分布模式与二维静态场具有相同形式。因此，在求导波的 TEM 模式时，只需按求静态场的方法先求出导波的横向分布函数，再乘以纵向传播因子 $e^{-\gamma z}$。只有实心传输线(如双导体线、同轴线和带状线等)能传输 TEM 波。

横电磁波的传输特性可由波解中的物理参量来加以说明。

(1)传播常数和相速

由式(6.11)知 $\gamma=\alpha+j\beta=jk=j\omega\sqrt{\varepsilon\mu}$，即

$$\alpha = 0,\ \beta = \omega\sqrt{\varepsilon\mu} \tag{6.13}$$

由此得 TEM 模导行波的相速为

$$v_P = \frac{\omega}{\beta} = \frac{1}{\sqrt{\varepsilon\mu}} \tag{6.14}$$

看出 TEM 模导行波是与频率无关的非色散波。

(2)波阻抗

将 $E_z=0$ 和 $H_z=0$ 代入式(6.8b)和式(6.8d)，得

$$\gamma E_x = j\omega\mu H_y$$

$$\gamma H_y = j\omega\varepsilon E_x$$

上式中 E_x 与 H_y 的比值定义为 TEM 模导行波的波阻抗，可利用 $\gamma=j\omega\sqrt{\varepsilon\mu}$ 得

$$Z^{TEM} = \frac{E_x}{H_y} = \sqrt{\frac{\mu}{\varepsilon}} = \eta \tag{6.15}$$

看出 Z^{TEM} 与频率无关。

由以上分析可知，导波系统中的 TEM 波与无界空间中的均匀平面波具有相同的传播特性：**在任何频率下都能传播非色散横电磁波**。

2. 横磁波和横电波的一般传输特性

对于 TM 波，$E_z\neq0$ 和 $H_z=0$，只考虑方程(6.10a)；对于 TE 波，$E_z=0$ 和 $H_z\neq0$，只考虑方

程(6.10b)。不论哪一种波，由于式(6.9)中的纵向场分量 E_z 或 H_z 不等于零，有

$$E_x,\ E_y, H_x, H_y \sim \frac{1}{k_c^2} \times 非零值$$

因此，横向场分量获得非零解的条件只能取

$$k_c^2 \neq 0 \ 或\ \gamma^2 + k^2 \neq 0 \tag{6.16}$$

式(6.16)称为波导中 TM 波和 TE 波的存在条件。这两类波型的传输特性也可由波解的物理参量来加以说明。

(1)传播常数和相速

观察式(6.6)的传播因子 $e^{-\gamma z}$，由式(6.9e)知其中

$$\gamma = \sqrt{k_c^2 - k^2} = \sqrt{k_c^2 - \omega^2 \varepsilon\mu} \tag{6.17}$$

令 $\gamma=0$，则有 $e^{-\gamma z}\to 1$，表示传播截止，由式(6.17)可知此时 $\gamma=\sqrt{k_c^2-\omega_c^2\varepsilon\mu}=0$，由此得

$$f_c = \frac{k_c}{2\pi\sqrt{\varepsilon\mu}} \tag{6.18}$$

式中，f_c 称为**截止频率**或**临界频率**(下标“c”表示截止)。

当 $\gamma\neq 0$ 时，由式(6.17)和式(6.18)可得传播常数为

$$\gamma = \begin{cases} jk\sqrt{1-\left(\dfrac{f_c}{f}\right)^2} = j\beta & f > f_c \\ k_c\sqrt{1-\left(\dfrac{f}{f_c}\right)^2} = \alpha & f < f_c \end{cases} \tag{6.19}$$

式(6.19)表示导波在波导中的传播常数 γ 以截止频率 f_c 为分界点，当 $f>f_c$ 时呈现虚数 $j\beta$，表示传播型**色散行波** $e^{-j\beta z}$；当 $f<f_c$ 时呈现实数 α，表示衰减型**凋落场** $e^{-\alpha z}$。此处考虑的是无耗传输线($\sigma=0$)，因此凋落场的衰减并非由传输线自身的焦耳热损耗所引起的电磁场能量减少，而是电磁波不满足传播条件所引起的电抗性衰减，这种衰减表示能量被边界面约束在一定位置而存储起来。

对于 $f>f_c$ 的传播型波，有

$$\beta = k\sqrt{1-\left(\frac{f_c}{f}\right)^2} \tag{6.20}$$

可得波导内导行波的相速为

$$v_P = \frac{\omega}{\beta} = \frac{v}{\sqrt{1-\left(\dfrac{f_c}{f}\right)^2}} > v \tag{6.21}$$

式中应用了 $k=\omega\sqrt{\varepsilon\mu}=\dfrac{\omega}{v}$，此处 v 为自由空间的相速。波导内导行波的波长称为**波导波长**，表示为

$$\lambda_g = \frac{2\pi}{\beta} = \frac{2\pi}{k}\frac{1}{\sqrt{1-\left(\dfrac{f_c}{f}\right)^2}} = \frac{\lambda}{\sqrt{1-\left(\dfrac{f_c}{f}\right)^2}} > \lambda \tag{6.22}$$

看出 v_P 和 λ_g 是 f 的函数，表明导行波是与频率有关的色散行波。

对于 $f<f_c$ 的凋落场，波迅速衰减，波导呈现出高通滤波器的特性。

(2)波阻抗

对于 TM 波，将 $H_z=0$ 代入式(6.9)，得

$$E_x=-\frac{\gamma}{k_c^2}\cdot\frac{\partial E_z}{\partial x} \tag{6.23a}$$

$$E_y=-\frac{\gamma}{k_c^2}\cdot\frac{\partial E_z}{\partial y} \tag{6.23b}$$

$$H_x=\frac{\mathrm{j}\omega\varepsilon}{k_c^2}\cdot\frac{\partial E_z}{\partial y} \tag{6.23c}$$

$$H_y=-\frac{\mathrm{j}\omega\varepsilon}{k_c^2}\cdot\frac{\partial E_z}{\partial x} \tag{6.23d}$$

由式(6.23)可以定义 TM 波的波阻抗为

$$Z^{\mathrm{TM}}=\frac{E_x}{H_y}=\frac{-E_y}{H_x}=\frac{\gamma}{\mathrm{j}\omega\varepsilon} \tag{6.24a}$$

将式(6.19)代入式(6.24a)，得

$$Z^{\mathrm{TM}}=\begin{cases}\eta\sqrt{1-\left(\dfrac{f_c}{f}\right)^2}=R^{\mathrm{TM}}, & f>f_c\\ -\mathrm{j}\,\dfrac{k_c}{\omega\varepsilon}\sqrt{1-\left(\dfrac{f}{f_c}\right)^2}=-\mathrm{j}X_c^{\mathrm{TM}}, & f<f_c\end{cases} \tag{6.24b}$$

对于 TE 波，将 $E_z=0$ 代入式(6.9)，得

$$E_x=-\frac{\mathrm{j}\omega\mu}{k_c^2}\cdot\frac{\partial H_z}{\partial y} \tag{6.25a}$$

$$E_y=\frac{\mathrm{j}\omega\mu}{k_c^2}\cdot\frac{\partial H_z}{\partial x} \tag{6.25b}$$

$$H_x=-\frac{\gamma}{k_c^2}\cdot\frac{\partial H_z}{\partial x} \tag{6.25c}$$

$$H_y=-\frac{\gamma}{k_c^2}\cdot\frac{\partial H_z}{\partial y} \tag{6.25d}$$

由式(6.25)可以定义 TE 波的波阻抗为

$$Z^{\mathrm{TE}}=\frac{E_x}{H_y}=\frac{E_y}{-H_x}=\frac{\mathrm{j}\omega\mu}{\gamma} \tag{6.26a}$$

将式(6.19)代入式(6.26a)，得

$$Z^{\mathrm{TE}}=\begin{cases}\eta\dfrac{1}{\sqrt{1-\left(\dfrac{f_c}{f}\right)^2}}=R^{\mathrm{TE}}, & f>f_c\\ \mathrm{j}\,\dfrac{\omega\mu}{k_c}\dfrac{1}{\sqrt{1-\left(\dfrac{f}{f_c}\right)^2}}=\mathrm{j}X_L^{\mathrm{TE}}, & f<f_c\end{cases} \tag{6.26b}$$

由式(6.15)、式(6.24)和式(6.26)可知

$$Z^{\mathrm{TM}}\cdot Z^{\mathrm{TE}}=\eta^2=(Z^{\mathrm{TEM}})^2 \tag{6.27}$$

看出波导中的 TM 波和 TE 波的波阻抗具有互易性。

式(6.24)和式(6.26)表示导波中的波阻抗 Z^{TM}和 Z^{TE}以截止频率 f_c 为分界点，当 $f>f_c$ 时为实数 R^{TM}和 R^{TE}，呈现电阻性，表示电场和磁场间无相位差，形成电磁能量单向流动的传输型色散行波；当 $f<f_c$ 时为虚数 $-\mathrm{j}X_C^{\mathrm{TM}}$ 和 $\mathrm{j}X_L^{\mathrm{TE}}$，呈现电抗性，表示电场和磁场间有$\mp\frac{\pi}{2}$的相位差($\pm\mathrm{j}=\mathrm{e}^{\pm\mathrm{j}\frac{\pi}{2}}$)，在原处进行能量交换，形成由容抗或感抗表示的电抗性衰减凋落场。

综合上述分析，可以将空管波导中 TM 波和 TE 波的导波模式一般传输特性概括为：

(1)**截止性。**空管波导中的 TM 波和 TE 波不是在任何频率都存在，当 $f=f_c$ 时导波迅速衰减。

(2)**色散性。**当 $f>f_c$ 时 v_P，λ_g 和 $Z^{TM,TE}$等为 f 的函数，空管波导中传输色散行波。

(3)**滤波性。**当 $f<f_c$ 时，空管波导中存在凋落场，呈现高通滤波性。

(4)**阻抗双重性。**当 $f>f_c$时阻抗呈现纯电阻性，表示电磁能量传输和消耗；当 $f<f_c$时阻抗呈现容抗性或感抗性，表示电磁能量交换和储存。

最后需要指出，只有空心波导(如矩形波导和圆柱波导等)能传输 TM 波或 TE 波而不能传输 TEM 波。这是由于无外源的无限长导体空管中不可能存在静电场，因此它不可能传输 TEM 波。假如存在 TEM 波，根据边界条件和麦克斯韦方程可知，在横截面内必定存在与理想管壁平行的闭合磁力线，而这些磁力线是由穿过它们并与之正交的纵向传导电流或位移电流所产生的，而波导中无提供传导电流的内导体，只能由变化的纵向电场来提供位移电流，这意味着存在 TM 波。同样，在横截面内与理想管壁垂直的闭合的电力线是由与之相交链的变化的纵向磁场来产生的，这意味着存在 TE 波。

6.3　矩形波导中导行电磁波的传输特性

如果直接求解导波场矢量方程的矢量场解会十分复杂，纵向场量法在理论上提供了由已求出的纵向场和横向场的分量间接合成矢量场解的途径。然而，实际上没有必要进行矢量合成。恰好相反，我们正好需要利用纵向场量和横向场量来解释导行电磁波的纵场传输特性和横场分布特性。

6.3.1　导波模式的横场分布特性

矩形波导是最常用的空管导波系统，其波解能用初等函数表示，对它的分析具有典型意义。考虑图 6.5 所示矩形波导，其内壁宽边和窄边的尺寸分别为 a 和 b，波导壁为理想导体。按横截面边界条件求解导波方程的问题属于边值型问题，可以用分离变量法求解 TM 波和 TE 波的横向波解。

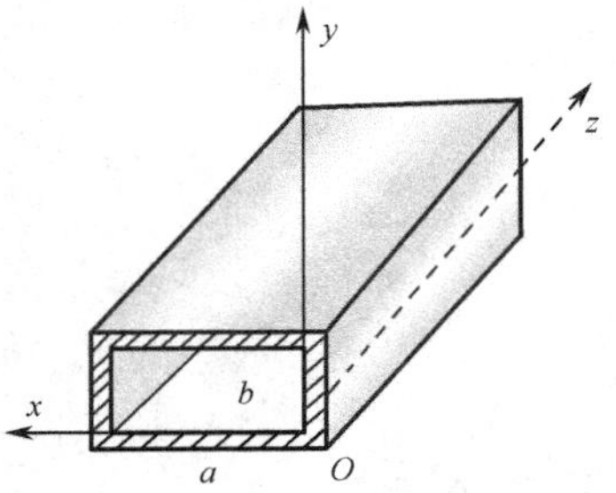

图 6.5　矩形波导

1. TM 波的横场分布

TM 波中 $H_z=0$，由式(6.23)知波导内的横场分量仅由 E_z 确定。矩形波导中 E_z 满足的波动方程(6.10a)可表示为直角坐标形式，所以满足齐次边界条件的波动方程的解归结为如下边值问题

$$\left(\frac{\partial^2}{\partial x^2}+\frac{\partial^2}{\partial y^2}+k_c^2\right)E_z(x,y)=0 \tag{6.28a}$$

$$\begin{cases} E_z\big|_{x=0}=0, & E_z\big|_{x=a}=0 \\ E_z\big|_{y=0}=0, & E_z\big|_{y=b}=0 \end{cases} \tag{6.28b}$$

式中，$k_c^2=\gamma^2+k^2$ 称为截止波数。

按如下步骤求边值问题的解：

(1)求分离变量通解

设方程的通解为

$$E_z(x,y)=X(x)Y(y) \tag{6.29}$$

将之代入方程(6.28a)，得

$$Y\frac{\partial^2 X}{\partial x^2}+X\frac{\partial^2 Y}{\partial y^2}+k_c^2XY=0$$

等式两边同除以 XY，得

$$-\frac{1}{X}\frac{\partial^2 X}{\partial x^2}=\frac{1}{Y}\frac{\partial^2 Y}{\partial y^2}+k_c^2 \tag{6.30}$$

式(6.30)左边仅为 x 的函数，右边仅为 y 的函数，要使之相等，除非两边的函数分别等于常数 k_x^2 和 $-k_y^2$。于是，方程(6.30)分离为两个常微分方程

$$\frac{d^2X}{dx^2}+k_x^2X=0 \tag{6.31a}$$

$$\frac{d^2Y}{dy^2}+k_y^2Y=0 \tag{6.31b}$$

式中

$$k_c^2=k_x^2+k_y^2 \tag{6.31c}$$

利用直接积分法分别求得方程(6.31a)和方程(6.31b)的通解为

$$X(x)=A\sin k_xx+B\cos k_xx \tag{6.32a}$$

$$Y(y)=C\sin k_yy+D\cos k_yy \tag{6.32b}$$

(2)由边界条件定解

将通解式(6.32)分别代入边界条件式(6.28b)，可知

$$E_z\big|_{x=0}=0:X(0)=A\sin k_x\cdot 0+B\cos k_x\cdot 0=0$$

由此定出 $B=0$，得

$$X(x)=A\sin k_xx \tag{6.33a}$$

$$E_z\big|_{x=a}=0:X(a)=A\sin k_xa=0$$

由此定出

$$k_x=\frac{m\pi}{a},\ m=1,2,3,\cdots \tag{6.33b}$$

得

$$X(x)=A\sin\frac{m\pi}{a}x \tag{6.33c}$$

$$E_z\big|_{y=0}=0:Y(0)=C\sin k_y\cdot 0+D\cos k_y\cdot 0=0$$

定出 $D=0$ 后得

$$Y(y)=C\sin k_yy \tag{6.33d}$$

$$E_z\big|_{y=b}=0:Y(b)=C\sin k_yb=0$$

得

$$k_y=\frac{n\pi}{b},\ n=1,2,3,\cdots \tag{6.33e}$$

$$Y(y)=C\sin\frac{n\pi}{b}y \tag{6.33f}$$

所以，矩形波导中TM波的纵向场分量的横向分布函数为

$$E_z(x,\ y)=E_0\sin\frac{m\pi}{a}x\sin\frac{n\pi}{b}y,\ m,n=1,2,3,\cdots \tag{6.34}$$

式中，$E_0=AC$ 由激励源的强度确定。

(3)按纵向场表示横向场

将式(6.34)代入式(6.23)，得横向场分量

$$E_x(x,\ y)=-\frac{\gamma}{k_c^2}\left(\frac{m\pi}{a}\right)E_0\cos\frac{m\pi}{a}x\sin\frac{n\pi}{b}y \tag{6.35a}$$

$$E_y(x,y)=-\frac{\gamma}{k_c^2}\left(\frac{n\pi}{b}\right)E_0\sin\frac{m\pi}{a}x\cos\frac{n\pi}{b}y \tag{6.35b}$$

$$H_x(x,y)=\frac{\mathrm{j}\omega\varepsilon}{k_c^2}\left(\frac{n\pi}{b}\right)E_0\sin\frac{m\pi}{a}x\cos\frac{n\pi}{b}y \tag{6.35c}$$

$$H_y(x,y)=-\frac{\mathrm{j}\omega\varepsilon}{k_c^2}\left(\frac{m\pi}{a}\right)E_0\cos\frac{m\pi}{a}x\sin\frac{n\pi}{b}y \tag{6.35d}$$

式中

$$k_c=\sqrt{\gamma^2+k^2}=\sqrt{k_x^2+k_y^2}=\sqrt{\left(\frac{m\pi}{a}\right)^2+\left(\frac{n\pi}{b}\right)^2} \tag{6.36}$$

显然，若取 m，$n=0$，则纵、横场均得无意义的零解。

2. TE 波的横场分布

TE 波中 $E_z=0$，由式(6.25)知波导内的横场分量仅由 H_z 确定。H_z 满足的波动方程(6.10b)可表示为直角坐标形式

$$\left(\frac{\partial^2}{\partial x^2}+\frac{\partial^2}{\partial y^2}+k_c^2\right)H_z(x,y)=0 \tag{6.37a}$$

由电场分量表示的边界条件式应当转化为用磁场分量表示，以便于磁场分量的波动方程与边界条件的磁场分量相匹配。利用式(6.25a)和式(6.25b)可将电场横向分量 E_y 和 E_x 表示为磁场纵向分量 H_z 对 x 和 y 的导数，得磁场的边界条件为

$$\begin{cases}\left.\dfrac{\partial H_z}{\partial x}\right|_{x=0}=0, & \left.\dfrac{\partial H_z}{\partial x}\right|_{x=a}=0\\[2ex] \left.\dfrac{\partial H_z}{\partial y}\right|_{y=0}=0, & \left.\dfrac{\partial H_z}{\partial y}\right|_{y=b}=0\end{cases} \tag{6.37b}$$

按照与前面类似的思路求式(6.37a)和式(6.37b)的边值问题，并考虑到磁场分量的求导关系，式(6.34)中的正弦函数应取为余弦函数，最后得矩形波导中 TE 波的纵向场分量的横向分布函数为

$$H_z(x,y)=H_0\cos\frac{m\pi}{a}x\cos\frac{n\pi}{b}y,\ m,n=0,1,2,\cdots \tag{6.38}$$

将式(6.38)代入式(6.25)，得横向场分量

$$E_x(x,y)=\frac{\mathrm{j}\omega\mu}{k_c^2}\left(\frac{n\pi}{b}\right)H_0\cos\frac{m\pi}{a}x\sin\frac{n\pi}{b}y \tag{6.39a}$$

$$E_y(x,y)=-\frac{\mathrm{j}\omega\mu}{k_c^2}\left(\frac{m\pi}{a}\right)H_0\sin\frac{m\pi}{a}x\cos\frac{n\pi}{b}y \tag{6.39b}$$

$$H_x(x,y)=\frac{\gamma}{k_c^2}\left(\frac{m\pi}{a}\right)H_0\sin\frac{m\pi}{a}x\cos\frac{n\pi}{b}y \tag{6.39c}$$

$$H_y(x,y)=\frac{\gamma}{k_c^2}\left(\frac{n\pi}{b}\right)H_0\cos\frac{m\pi}{a}x\sin\frac{n\pi}{b}y \tag{6.39d}$$

显然，可取 m 或 $n=0$，但若同时取 $m,n=0$，则横场得无意义的零解。

3. TM 波和 TE 波横场分布的物理特性

由式(6.6)可知，式(6.34)、式(6.35)、式(6.38)和式(6.39)的纵场和横场分量均应乘以传播因子，若表示为瞬时形式，则可一般写为如下函数变化形式

$$\begin{matrix}\sin\\ \cos\end{matrix}\left(\frac{m\pi}{a}x\right)\begin{matrix}\sin\\ \cos\end{matrix}\left(\frac{n\pi}{b}y\right)\mathrm{e}^{-(\gamma z-\mathrm{j}\omega t)}$$

式(6.35)和式(6.39)中的 k_c 由式(6.36)表示，由 k_c 可以得到 TM 波和 TE 波的截止波数 $\lambda_{c\cdot mn}$ 和截止频率 $f_{c\cdot mn}$，并由矩形波导的横截面尺寸 a,b，模的阶数 m,n 和介质的电磁参量 ε,μ 确定。

观察式(6.35)、式(6.39)和式(6.6)，可以将矩形波导中 TM 波和 TE 波横场分布的物理特性概括为如下几点：

(1)**沿 x、y 向的驻波性和沿 z 向的行波性。**三角函数表示驻波变化，虚指数(取 $\gamma=\mathrm{j}\beta$)表示行波变化。当 TEM 波以任意角度在矩形波导管壁内呈对称性来回反射前进时，其横向分量的反向行波叠加构成驻波分布，其纵向分量则形成行波。所以两对称斜向传输的 TEM 波叠加能形成矩形波导中的 TM 波和 TE 波；

(2)**平面波的非均匀性。**$z=C$ 描述了等相面为平面，振幅为 x 和 y 的函数表示沿 $+z$ 方向传播的非均匀平面波；

(3)**场的多模性。**m 和 n 分别表示矩形波导沿宽边和窄边方向分布的驻波半波数，满足矩形波导波动方程和边界条件的解有无限多个，每一对 m 和 n 的可能取值都对应着波导中的一个独立的模，因而波导中的场分布形成无限多个 TM_{mn} 模和 TE_{mn} 模的叠加；

(4)**模式的简并性。**不同的模式具有不同的截止波长或截止频率，具有相同截止波长或截止频率的不同模式称为**简并**。矩形波导中的 TM_{mn} 模和 TE_{mn} 模一般为二重简并。由于不存在 TM_{mo} 模和 TM_{on} 模(读者自行分析原因)，所以 TE_{m0} 模和 TE_{om} 模没有简并；

(5)**模式的阶次性。**具有最长截止波长或最低截止频率的模式称为**最低次模**，其他的模式称为**高次模**。由 $\lambda_{c\cdot mn}$ 或 $f_{c\cdot mn}$ 的公式可以计算出 TM 波的最低次模为 TM_{11} 模，TE 波的最低次模为 TE_{10} 模。TE_{10} 模是矩形波导中所有模式的最低次模，称为矩形波导的**主模**。

6.3.2　导波模式的纵场传输特性

矩形波导中的 TM 波和 TE 波的纵向传输特性由导波方程解式(6.2)中电场和磁场的相角关系和幅度关系来确定，相应的物理参量为传播常数和波阻抗。其中

$$\gamma=\sqrt{k_c^2-k^2}=\sqrt{k_c^2-\omega^2\varepsilon\mu} \tag{6.40}$$

1. 截止性

当 $\mathrm{e}^{-\gamma z}$ 中 $\gamma=0$ 时传输波截止，式(6.40)中 $k_c=k=\omega_c\sqrt{\varepsilon\mu}$，得到截止频率和截止波长为

$$f_c=\frac{k_c}{2\pi\sqrt{\varepsilon\mu}}=\frac{1}{2\sqrt{\varepsilon\mu}}\sqrt{\left(\frac{m}{a}\right)^2+\left(\frac{n}{b}\right)^2} \tag{6.41a}$$

$$\lambda_c=\frac{2\pi}{k_c}=\frac{2}{\sqrt{\left(\frac{m}{a}\right)^2+\left(\frac{n}{b}\right)^2}} \tag{6.41b}$$

2. 色散性和滤波性

当 $\mathrm{e}^{-\gamma z}$ 中 $\gamma\neq0$ 时，传播常数呈现双重特性，将式(6.41a)代入式(6.19)或由式(6.36)，有

$$\gamma=\begin{cases}\mathrm{j}\sqrt{\omega^2\varepsilon\mu-\left(\dfrac{m\pi}{a}\right)^2-\left(\dfrac{n\pi}{b}\right)^2}=\mathrm{j}\beta,\ f>f_c\\ \sqrt{\left(\dfrac{m\pi}{a}\right)^2+\left(\dfrac{n\pi}{b}\right)^2-\omega^2\varepsilon\mu}=\alpha,\ f<f_c\end{cases}\tag{6.42a}$$

其中，当 $f>f_c$ 时，分别得到相位常数、波导波长和相速为

$$\beta=\sqrt{\omega^2\varepsilon\mu-\left(\frac{m\pi}{a}\right)^2-\left(\frac{n\pi}{b}\right)^2}\tag{6.42b}$$

$$\lambda_g=\frac{2\pi}{\beta}=\frac{2\pi}{\sqrt{\omega^2\varepsilon\mu-\left(\dfrac{m\pi}{a}\right)^2-\left(\dfrac{n\pi}{b}\right)^2}}\tag{6.42c}$$

$$v_p=\frac{\omega}{\beta}=\frac{\omega}{\sqrt{\omega^2\varepsilon\mu-\left(\dfrac{m\pi}{a}\right)^2-\left(\dfrac{n\pi}{b}\right)^2}}\tag{6.42d}$$

3. 阻抗双重性

当 $e^{-\gamma z}$ 中 $\gamma\neq0$ 时，将式(6.42a)代入式(6.24)和式(6.26)，得波导中 TM 波和 TE 波的波阻抗为

$$Z^{\mathrm{TM}}=\frac{\gamma}{\mathrm{j}\omega\varepsilon}=\begin{cases}\dfrac{1}{\omega\varepsilon}\sqrt{\omega^2\varepsilon\mu-\left(\dfrac{m\pi}{a}\right)^2-\left(\dfrac{n\pi}{b}\right)^2}=R^{\mathrm{TM}}, & f>f_c\\ -\mathrm{j}\dfrac{1}{\omega\varepsilon}\sqrt{\left(\dfrac{m\pi}{a}\right)^2+\left(\dfrac{n\pi}{b}\right)^2-\omega^2\varepsilon\mu}=-\mathrm{j}X_c^{\mathrm{TM}}, & f<f_c\end{cases}\tag{6.43a}$$

$$Z^{\mathrm{TE}}=\frac{\mathrm{j}\omega\mu}{\gamma}=\begin{cases}\omega\mu\dfrac{1}{\sqrt{\omega^2\varepsilon\mu-\left(\dfrac{m\pi}{a}\right)^2-\left(\dfrac{n\pi}{b}\right)^2}}=R^{\mathrm{TE}}, & f>f_c\\ \mathrm{j}\omega\mu\dfrac{1}{\sqrt{\left(\dfrac{m\pi}{a}\right)^2+\left(\dfrac{n\pi}{b}\right)^2-\omega^2\varepsilon\mu}}=\mathrm{j}X_L^{\mathrm{TE}}, & f<f_c\end{cases}\tag{6.43b}$$

6.3.3　导波主模式的传输特性

对应于 $m=1$ 和 $n=0$ 的 TE_{10} 模是矩形波导中的主模，它具有最宽的单频工作频带，是矩形波导中常用的工作模式。

1. TE_{10} 模的场分布

将 $m=1$ 和 $n=0$，$k_c=\dfrac{\pi}{a}$ 和 $\gamma=\mathrm{j}\beta$ 代入式(6.38)和式(6.39)，并考虑传播因子 $e^{\mathrm{j}(\omega t-\beta z)}$ 和 $\pm\mathrm{j}=e^{\pm\mathrm{j}\frac{\pi}{2}}$，可以写出 TE_{10} 模各场分量的瞬时形式为

$$E_y=\frac{\omega\mu a}{\pi}H_0\sin\frac{\pi}{a}x\cos\left(\omega t-\beta z-\frac{\pi}{2}\right)\tag{6.44a}$$

$$H_x=\frac{\beta a}{\pi}H_0\sin\frac{\pi}{a}x\cos\left(\omega t-\beta z+\frac{\pi}{2}\right)\tag{6.44b}$$

$$H_z=H_0\cos\frac{\pi}{a}x\cos(\omega t-\beta z)\tag{6.44c}$$

$$E_x = E_z = H_y = 0 \tag{6.44d}$$

看出场强与 y 无关，各分量沿 y 方向均匀分布，而沿 x 方向呈驻波分布，其横向场分布函数的空间变化关系为

$$E_y \sim \sin\frac{\pi}{a}x \tag{6.45a}$$

$$H_x \sim \sin\frac{\pi}{a}x \tag{6.45b}$$

$$H_z \sim \cos\frac{\pi}{a}x \tag{6.45c}$$

其分布曲线如图 6.6(a)所示。而沿 z 方向的时空变化关系为

$$E_y \sim \cos\left(\omega t - \beta z - \frac{\pi}{2}\right) \tag{6.46a}$$

$$H_x \sim \cos\left(\omega t - \beta z + \frac{\pi}{2}\right) \tag{6.46b}$$

$$H_z \sim \cos(\omega t - \beta z) \tag{6.46c}$$

其分布曲线如图 6.6(b)所示。根据图 6.6(a)和图 6.6(b)可以画出电磁场结构图。若以实线表示电力线，虚线表示磁力线，则可画出电磁场分布的剖面图。图 6.6(c)表示沿宽边和窄边电磁场分布的剖面图，它们是对应于图 6.6(b)的函数分布沿 z 方向传输的行波定格在某一瞬时值的空间分布关系；图 6.6(d)表示沿两个相距$\frac{\lambda_g}{4}$不同横截面电磁场分布的剖面图，它们是对应于图 6.6(a)的函数分布在 x 方向电磁场的驻波空间分布关系，而在 y 方向上电磁场分布为一恒定值。从图 6.6 可以看出，在横截面上，E_y，H_x 与 H_z 在空间分布上相位相差为$\frac{\pi}{2}$；在纵剖面方向 E_y，H_x 与 H_z 在时间变化上分别滞后和超前$\frac{\pi}{2}$。

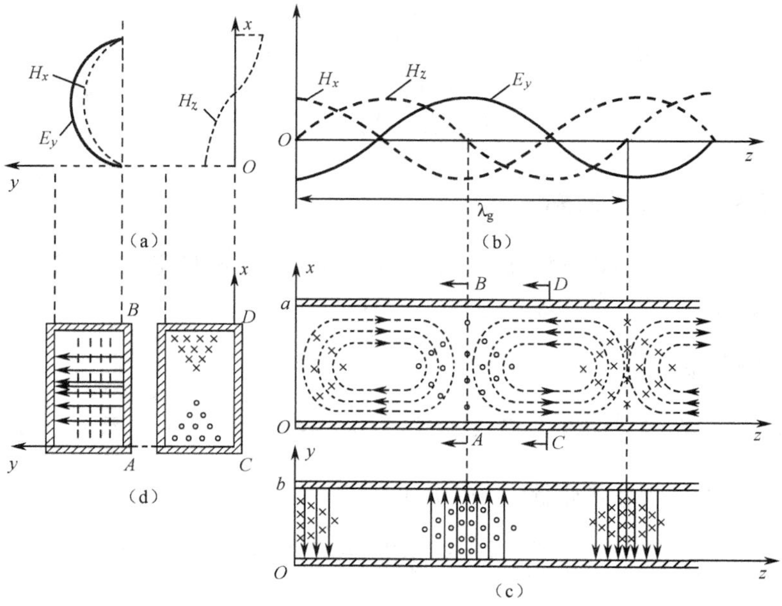

图 6.6　矩形波导中的 TE_{10} 波

2. TE_{10}模的传输特性

将 $m=1$ 和 $n=0$，$k_c=\frac{\pi}{a}$ 和 $\gamma=j\beta$ 代入式(6.18)～式(6.22)和式(6.26)或式(6.41)～式(6.43)，可以得到描述 TE_{10}模传输特性的物理参量。对矩形波导，参量式可加下标 mn，省略下标得

$$f_c=\frac{1}{2a\sqrt{\varepsilon\mu}} \tag{6.47a}$$

$$\lambda_c=2a \tag{6.47b}$$

$$\beta=k\sqrt{1-\left(\frac{f_c}{f}\right)^2}=\sqrt{\omega^2\varepsilon\mu-\left(\frac{\pi}{a}\right)^2} \tag{6.47c}$$

$$\lambda_g=\frac{2\pi}{\beta}=\frac{2\pi}{k}\frac{1}{\sqrt{1-\left(\frac{f_c}{f}\right)^2}}=\frac{2\pi}{\sqrt{\omega^2\varepsilon\mu-\left(\frac{\pi}{a}\right)^2}} \tag{6.47d}$$

$$v_P=\frac{\omega}{\beta}=\frac{v}{\sqrt{1-\left(\frac{f_c}{f}\right)^2}}=\frac{\omega}{\sqrt{\omega^2\varepsilon\mu-\left(\frac{\pi}{a}\right)^2}} \tag{6.47e}$$

$$Z^{TE}=\eta\frac{1}{\sqrt{1-\left(\frac{f_c}{f}\right)^2}}=\omega\mu\frac{1}{\sqrt{\omega^2\varepsilon\mu-\left(\frac{\pi}{a}\right)^2}} \tag{6.47f}$$

3. 多模传输和单模传输

矩形波导中的导波一般存在着 TM_{mn}模和 TE_{mn}模的多模传输，其截止波长与 a，b 和 m，n 有关。因此，不同模式的波，其相应的截止波长也不同。为了便于观察，对给定尺寸 a 和 $b(a>2b)$ 的矩形波导，取不同的 m 和 n，由式(6.41b)可以计算出各模式的截止波长之值，并按截止波长的长短顺序绘出其分布图，如图 6.7 所示。作为主模式的 TE_{10}模具有最长的截止波长 $2a$，其余高次模中 TE_{20}模具有较长的截止波长 a。这表明在 $0\sim a$ 的长度区间存在着包括 TE_{20}模在内的多模传输，称为**多模区**；在 $a\sim 2a$ 长度区间只存在着作为主模 TE_{10}模的单模传输，称为**单模区**；在 $2a\sim\infty$ 的长度区间，由于波的工作波长 λ 大于 TE_{10}模的截止波长 $\lambda_{c\cdot 10}^{TE}$，所有导波模式均被截止，称为**截止区**。

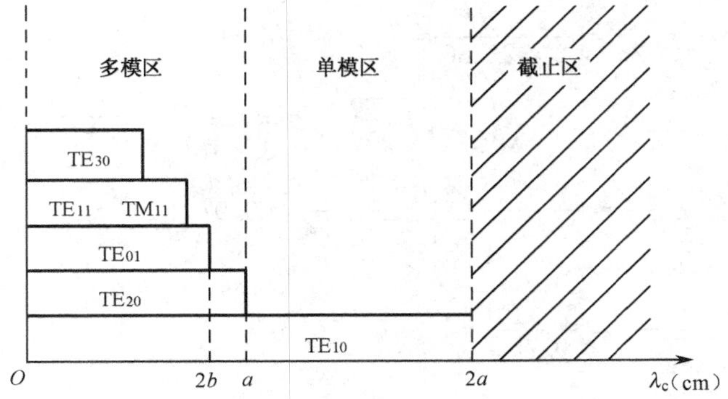

图 6.7　矩形波导中的模式分布

多模传输中每一个模式的波在传输过程中均会消耗能量，所以在实际应用中希望单模传输。

为了使导波主模的工作波长 λ 落在单模区，λ 应满足如下单模传输条件

$$\lambda_{c\cdot10}^{TE} > \lambda > \lambda_{c\cdot20}^{TE} \tag{6.48a}$$

已知 $\lambda_{c\cdot10}^{TE}=2a$ 和 $\lambda_{c\cdot20}^{TE}=a>b$，式(6.48a)又可表示为

$$2a > \lambda > \begin{cases} a \\ 2b \end{cases} \tag{6.48b}$$

一般取 $a=0.7\lambda$ 和 $b=(0.4\sim0.5)a$。

【例 6.1】 矩形波导的横截面尺寸为 $a=22.86$ mm 和 $b=10.16$ mm，接入波导的信源的工作波长 $\lambda=2$ cm，3 cm和 5 cm。(1)在每种工作波长条件下可能传输哪些 TE_{mn} 模式的波？(2)$\lambda=2$ cm 时的单模工作条件是什么？(3)$\lambda=3$ cm 时的截止频率、相位常数、波导波长、相速和波阻抗等于多少？

解：

(1)多模传输条件为

$$\lambda < \lambda_c$$

利用式(6.41b)计算出几个较低模式的截止波长为

$$\lambda_{c\cdot10}^{TE} = 2a = 45.72\ \text{mm}$$

$$\lambda_{c\cdot20}^{TE} = a = 22.86\ \text{mm}$$

$$\lambda_{c\cdot01}^{TE} = 2b = 20.32\ \text{mm}$$

看出信源工作波长

$\lambda=5$ cm 时不能传输任何 TE_{mn} 模式的波；

$\lambda=3$ cm 时只能传输 TE_{10} 模式的波；

$\lambda=2$ cm 时能传输 TE_{10}，TE_{20} 和 TE_{01} 三种模式的波。

(2)$\lambda=2$ cm 时的单模工作条件为

$$\lambda_{c\cdot10}^{TE} > \lambda > \lambda_{c\cdot20}^{TE}$$

即知

$$45.72\ \text{mm} > \lambda > 22.86\ \text{mm}$$

(3)$\lambda=3$ cm 时，只能传输 TE_{10} 主模式的波，利用式(6.47)直接求解，并将波长换写为频率 $f=\dfrac{c}{\lambda}=\dfrac{3\times10^8}{3\times10^{-2}}=10$ GHz，可得

$$f_{c\cdot10}^{TE} = \frac{1}{2a\sqrt{\varepsilon_0\mu_0}} = \frac{c}{2a} = \frac{3\times10^8}{2\times22.86} = 6.56\times10^9\ \text{Hz}$$

$$\beta_{10}^{TE} = k\sqrt{1-\left(\frac{f_{c\cdot10}}{f}\right)^2} = \frac{\omega}{c}\sqrt{1-\left(\frac{f_{c\cdot10}}{f}\right)^2} = \frac{2\pi\times10^{10}}{3\times10^8}\sqrt{1-0.656^2} = 158\ \text{rad/m}$$

$$\lambda_{g\cdot10}^{TE} = \frac{\lambda}{\sqrt{1-\left(\frac{f_{c\cdot10}}{f}\right)^2}} = \frac{3\times10^{-2}}{\sqrt{1-\left(\frac{6.56\times10^9}{10\times10^9}\right)^2}} = 3.97\times10^{-2}\ \text{m}$$

$$v_{P\cdot10}^{TE} = \frac{c}{\sqrt{1-\left(\frac{f_{c\cdot10}}{f}\right)^2}} = \frac{3\times10^8}{0.755} = 3.97\times10^8\ \text{m/s}$$

$$Z_{10}^{TE} = \frac{\eta_0}{\sqrt{1-\left(\frac{f_{c\cdot10}}{f}\right)^2}} = \frac{337}{0.755} = 499.4\ \Omega$$

【例 6.2】 矩形波导中的电场幅值达到击穿值 E_{br} 时所能承受的最大功率称为功率容量 P_{br}。已知矩形波导中传输的电磁波为 TE_{10} 模。(1)写出相应的传输功率和功率容量的表示式；(2)取波导宽边和窄边的尺寸分别为 $a=6$ cm 和 $b=3$ cm，信源工作频率为 $f=3$ GHz，求空气填充矩形波导的功率容量。

解：

(1)波导中的传输功率一般形式为

$$P=\frac{1}{2}\mathrm{Re}\int_S(\boldsymbol{E}\times\boldsymbol{H}^*)\cdot\mathrm{d}\boldsymbol{S}=\frac{1}{2}\mathrm{Re}\int_0^a\int_0^b(\boldsymbol{E}_t\times\boldsymbol{H}_t^*)\cdot\boldsymbol{a}_z\mathrm{d}x\mathrm{d}y$$

$$=\frac{1}{2Z}\int_0^a\int_0^b|E_t|^2\mathrm{d}x\mathrm{d}y$$

对于 TE_{10} 模，代入式(6.44a)的值 $E_t=E_y$，得矩形波导 TE_{10} 模的传输功率为

$$P=\frac{1}{2Z_{10}^{TE}}\int_0^a\int_0^b\left(\frac{\omega\mu a}{\pi}H_0\sin\frac{\pi}{a}x\right)^2\mathrm{d}x\mathrm{d}y$$

$$=\frac{ab}{4Z_{10}^{TE}}\left(\frac{\omega\mu a}{\pi}H_0\right)^2=\frac{ab}{4Z_{10}^{TE}}E_0^2$$

看出 $E_0=\frac{\omega\mu a}{\pi}H_0$ 是 $E_y=E_0\sin\frac{\pi}{a}x$ 在矩形波导宽边中心 $x=\frac{a}{2}$ 处场强幅度的峰值。在正常条件下 $E_0<E_{br}$，矩形波导宽边一旦被击穿，必有 $E_0=E_{br}$。考虑到 $Z_{10}^{TE}=\eta_0\left(\sqrt{1-\left(\frac{f_c}{f}\right)^2}\right)^{-1}=\eta_0\left(\sqrt{1-\left(\frac{\lambda}{2a}\right)^2}\right)^{-1}$ 和 $\eta_0=120\pi$，可得到矩形波导传输 TE_{10} 模时的功率容量为

$$P_{br}=\frac{abE_0^2}{4Z_{10}^{TE}}=\frac{abE_{br}^2}{480\pi}\sqrt{1-\left(\frac{\lambda}{2a}\right)^2}$$

在空气中 $E_{br}=30$ kV/cm，由此得空气填充矩形波导的功率容量为

$$P_{br}=0.6ab\sqrt{1-\left(\frac{\lambda}{2a}\right)^2}\ \mathrm{MW}$$

(2)上式中 $\lambda=\frac{c}{f}=10$ cm，代入 a 和 b 的数值，可得

$$P_{br}=5.97\ \mathrm{MW}$$

6.4 其他导波系统简介

6.4.1 圆形波导

圆形波导是仅次于矩形波导的常用空管导波系统。圆形波导与矩形波导中导行波具有相似的分析方法。两者的区别在于采用了不同的坐标系，为适应半径 a 的圆形波导的几何形状，圆形波导中采用了圆柱坐标系，如图 6.8 所示。在求解满足圆柱坐标系中齐次边界条件的纵向场波动方程的边值问题时，利用分离变量法可以求出 TM 波和 TE 波中纵向场 $E_z(\rho,\varphi)$ 和 $H_z(\rho,\varphi)$ 的形式，再用纵向场量法求出横向场 $E_\rho(\rho,\varphi)$，$E_\varphi(\rho,\varphi)$，$H_\rho(\rho,\varphi)$ 和 $H_\varphi(\rho,\varphi)$ 的形式。由于沿纵轴 z 方向具有与矩形波导完全相同的传播形式 $\mathrm{e}^{-\mathrm{j}\beta z}$，所以波解的三维变化形式表示为

$$B_m(k_c\rho)\begin{Bmatrix}\cos m\varphi\\ \sin m\varphi\end{Bmatrix}\mathrm{e}^{-\mathrm{j}(\beta z-\omega t)}$$

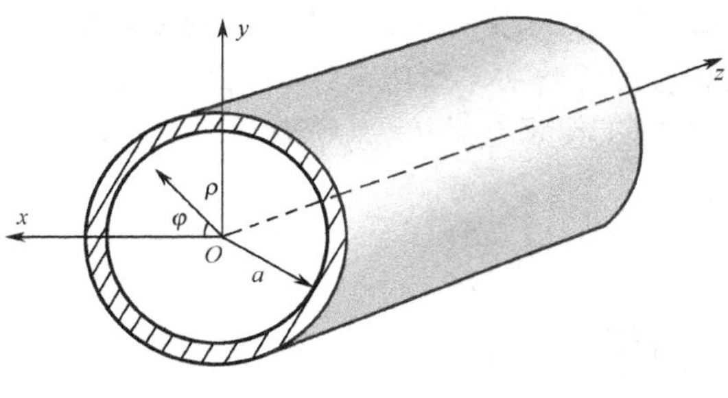

图 6.8　圆形波导

其中 $B_m(k_c\rho)$是一种有别于初等函数的特殊函数，称为**贝塞尔函数**。$k_c=\frac{\mu_{mn}}{a}$是由$\rho=a$处函数的齐次边界条件确定的截止波数，μ_{mn}为m阶贝塞尔函数的第n个根之值。其中某些横向场为ρ的导数形式，需要用贝塞尔函数的导数$B'_m(k_c\rho)$来表示，且$k_c=\frac{\nu_{mn}}{a}$是由$\rho=a$处函数导数的齐次边界条件确定的截止波数，ν_{mn}为m阶贝塞尔函数导数的第n个根之值。

在上述讨论中涉及读者可能未曾学过的特殊函数，这里只能对分离变量过程及其波解中的贝塞尔函数做定性说明。由于圆形波导与矩形波导的分析思路是类似的，今后一旦具备了特殊函数的相关知识，就不难得到圆形波导中导波解的具体形式。由上述波解的三维形式可以知道，在波的横向驻波分布中，径向函数按复杂的贝塞尔函数沿ρ做径向变化，n表示沿径向ρ为零的次数，即变化的半驻波数，方位函数按三角函数沿φ做周期性变化，m表示沿方位角φ变化的周期数，即分布的全驻波数；而波的纵向变化中，纵向函数则按指数函数以行波形式沿$+z$方向传播。该行波的等相面$z=c$、振幅为ρ和φ的函数，因而是非均匀平面波。对应于m和n的不同取值，圆形波导中存在着无限个可能的TM_{mn}模和TE_{mn}模的叠加形式。除不存在的TM_{m0}模和TE_{m0}模外，TE_{0n}模和TM_{11}模存在 ***E*-*H* 简并**(截止波长相同)，TM_{mn}模和TE_{mn}模存在**极化简并**(方位角相同)。圆形波导中存在着常用的三种模式为最低次的主模TE_{11}模、首个高次圆对称TM_{01}模和高次低耗TE_{01}模。它们的场分布如图 6.9(a)～图 6.9(c)所示。

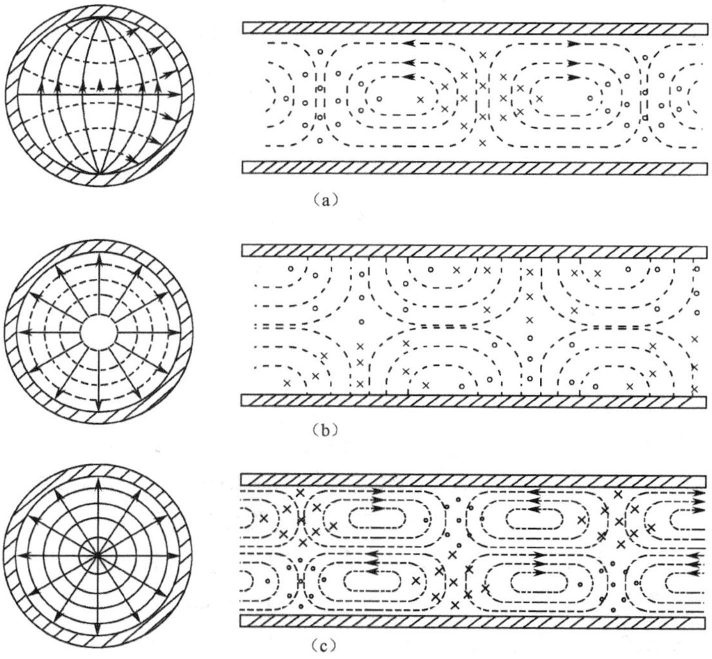

图 6.9　圆波导的三种常用模式的场分布

6.4.2 同轴波导

同轴波导由内、外半径分别为 a 和 b 的同轴心的圆柱导体构成，如图 6.10 所示。同轴波导可分为硬同轴波导和软同轴波导(同轴电缆)，后者内、外导体间可填充聚苯乙烯一类的介质。同轴波导可以视为有内导体的圆波导，内、外导体构成了实心双导体传输线，因此传输的基本波型是主波 TEM 模；同时，内、外导体又构成了空管圆波导，它同时还能传输 TM 模或 TE 模的波。在同轴波导中传输 TEM 波时，其工作频率不受边界条件的限制，亦即无截止波长($\lambda_c=\infty$)，所以实际使用的同轴波导都工作于 TEM 波。随着频率的增高，还会存在 TM 波或 TE 波的高次波型，必须根据工作频率适当地设计同轴波导的尺寸，使非 TEM 波落在截止区域，以抑制非 TEM 波的传输。

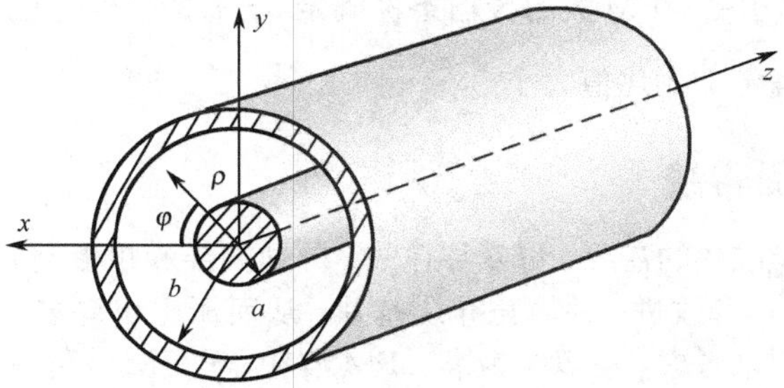

图 6.10　同轴波导

1. 同轴波导中的主模(TEM 波)

在 6.2.2 节中已经指出，导波系统中的 TEM 波无纵向分量，不能用纵向场量法求解。但能传输 TEM 波的导波系统，其横向分布模式与二维静态场具有相同形式。所以，在求同轴波导的 TEM 模式时，可以先求静态场$\boldsymbol{E}_s(\rho,\varphi)$和$\boldsymbol{H}_s(\rho,\varphi)$，再乘以纵向传播因子 $\mathrm{e}^{-\gamma z}$ 即可。设图 6.10所示柱对称同轴导体的单位内导体长度带电量为 Q，则由高斯定理可以求出同轴内、外导体间的静电场为

$$E_S(\rho)=E_\rho(\rho)=\frac{Q}{2\pi\rho}$$

令 $E_0=\dfrac{Q}{2\pi}$，由圆柱坐标系中麦克斯韦方程的旋度式$\nabla\times\boldsymbol{E}=-\mathrm{j}\omega\mu\boldsymbol{H}$的分量形式，最后得

$$E_\rho(\rho,z)=\frac{E_0}{\rho}\mathrm{e}^{-\gamma z} \tag{6.49a}$$

$$H_\varphi(\rho,z)=\frac{E_\rho(\rho,z)}{Z^{\mathrm{TEM}}}=\sqrt{\frac{\varepsilon}{\mu}}\frac{E_0}{\rho}\mathrm{e}^{-\gamma z} \tag{6.49b}$$

式(6.49)中 $\gamma=\mathrm{j}\beta=\mathrm{j}\omega\sqrt{\varepsilon\mu}$，$Z^{\mathrm{TEM}}=\sqrt{\dfrac{\mu}{\varepsilon}}$，且易导出 $v_P=\dfrac{\omega}{\beta}=\dfrac{1}{\sqrt{\varepsilon\mu}}$。这与式(6.13)～式(6.15)是完全一致的，表明同轴波导中在任何频率下都能传播非色散横电磁波。

2. 同轴波导中的高次模(TM 波和 TE 波)

同轴波导中的高次模与圆形波导中的高次模具有类似的分析方法，即在给定边界条件下求解纵向场量的波动方程，由此求得纵向场及相应的横向场分布，并用 TM_{mn}模和 TE_{mn}模来表示场的

分布。计算表明，同轴波导中 TM_{01} 模和 TE_{11} 模的截止波长分别为

$$\lambda_{c\cdot 01}^{TM} \approx 2(b-a) \tag{6.50a}$$

$$\lambda_{c\cdot 11}^{TE} \approx \pi(b+a) \tag{6.50b}$$

其中 TE_{11} 模具有最长的截止波长，它是同轴波导高次模中的最低次模，其场分布类似于圆形波导中 TE_{11} 模的场分布，如图 6.9(a)所示。显然，当同轴波导内导体半径 $a\to 0$ 时，这两个模式的场分布完全相同。

为了保证同轴波导中只传输 TEM 模，就必须使工作波长大于 TE_{11} 模的截止波长，由此知同轴波导中 TEM 模的传输条件为

$$\lambda_{min} \geqslant \lambda_{c\cdot 11}^{TE} = \pi(b+a) \text{ 或 } b+a \leqslant \frac{\lambda_{min}}{\pi} \tag{6.51}$$

同轴波导尺寸的选择，除了由 TEM 波的传输条件确定 $a+b$ 的取值范围外，还需由高功率容量、高耐压和低损耗的要求确定 $\frac{a}{b}$ 的比值大小。

6.4.3　微带线和类微带线

随着频率的提高和集成化的需要，以双导体线、同轴波导和矩形空管波导等常规导波系统为基础，经过不断演化、变形和改进，并填充介质基片，从而派生出许多不同形式的微波与毫半波集成传输线。从传输波型来考虑，可以分为准 TEM 波和非 TEM 波传输线；从结构形式来考虑，可以分为导带结构和槽结构传输线。微带线就是一种标准形式的导带结构传输线，而槽线、共面线和鳍线等**类微带线**则是一种非标准形式的变形槽结构传输线。其中微带线是在介质基片底部沉积金属接地片、顶部同时也沉积金属导体片作为导带；槽线是在介质基片顶部沉积的金属导体片上刻槽而成，从结构上看，槽线与微带线是互补线；共面线实际上就是相互耦合的双槽线；鳍线是用矩形波导屏蔽的槽线。

1. 带状线和微带线

(1)带状线

带状线是由两个相距为 d 的接地板与其间宽度为 W、厚度为 t 的矩形载面导体构成，接地板之间可以为空气或填充均匀介质，如图 6.11 所示。

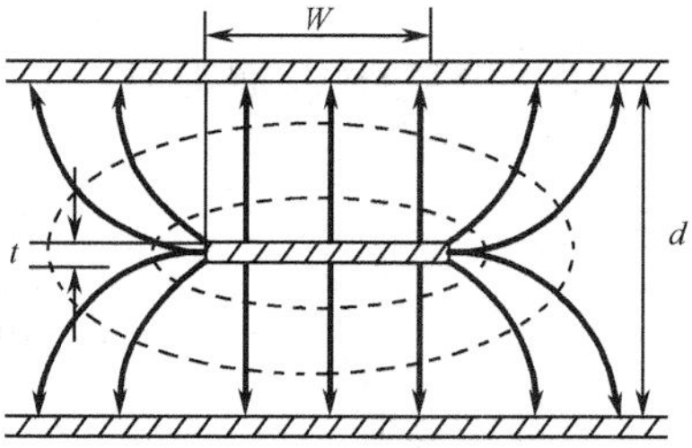

图 6.11　带状线

由于带状线由同轴波导演化而来，因此与同轴波导具有相似的特性，其传输波型为准 TEM 波，即主模为 TEM 波，高次模为 TM 波和 TE 波，其场分布如图 6.11 所示。

对于传输主模为 TEM 波的带状线，与二维静态场具有相同的场分布，因此可以采用如下准静态场的近似分析法来研究带状线的传输特性。利用描述静态场中传输线导体宏观属性的物理量 C 和 L 可以导出带状线的传输特性参量。由例 3.5 和例 3.6 可知，同轴波导的单位长度的电容和电感之值为 $C_0=\frac{2\pi\varepsilon}{\ln(b/a)}$ 和 $L_0=\frac{\mu}{2\pi}\ln\left(\frac{b}{a}\right)$，由此可知 $\frac{L_0}{C_0}=\frac{\mu}{\varepsilon}$ 和 $L_0C_0=\varepsilon\mu$，将此结果推广到带状线中，并利用式(3.45a)和式(3.47a)可知 $U=\frac{Q}{C_0}$ 和 $I=\frac{\psi}{L_0}$，考虑到 $Qv_P=I$，即得带状线单位长度的阻抗为 $Z_c=\frac{U}{I}=\frac{1}{C_0v_P}$。而带状线单位长度的阻抗即为带状线的特性阻抗，即 $Z_c=\eta=\sqrt{\frac{\mu}{\varepsilon}}$。综合

上述结果，最后可导出描述带状线传输特性的物理参量为

$$Z_c = \sqrt{\frac{L_0}{C_0}} = \frac{1}{C_0}\sqrt{C_0 L_0} = \frac{1}{C_0 v_P} \tag{6.52}$$

式中

$$v_P = \frac{1}{\sqrt{C_0 L_0}} = \frac{1}{\sqrt{\varepsilon\mu}} \tag{6.53}$$

由式(6.52)可知，只要求出带状线单位长度的电容 C_0，就可以求出其特性阻抗。

严格按照带状线的边界条件求场的边值问题的方法推导带状线传输特性的基本公式十分困难，为了便于工程应用，通常根据 TEM 波假设，并适当加上一些合理的修正，以使所计算出的关于带状线传输特性的结论与实验结果基本相符合，由此所得到的经验公式可近似满足工程应用的需要。

(2)微带线

微带线是由宽度不一的两平行金属导体板构成的，其间填充介质。导带的截面宽度为 W，厚度为 t，两板间距为 h，如图 6.12 所示。

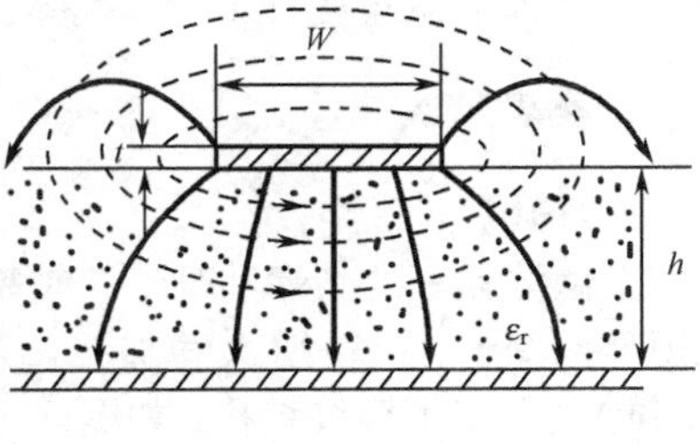

图 6.12　微带线

由于微带线可由双导体线演化而来，这种导波系统可以支持二维静态场，因此如同带状线一样，存在着无色散的最低主模 TEM 模。但由于中心导带和接地板间填充了介质，形成导体与空气和介质与空气间的两种边界面，所以介质基片的存在($\varepsilon_r \neq 1$)导致微带线中传输的导行波必然受边界条件的约束，使纵向场分量不为零，形成 $H_z \neq 0$ 和 $E_z \neq 0$ 的混合模式，以满足两种边界条件的要求。这表明微带线中已不存在单纯的 TEM 模。其场分布如图 6.12 所示。

当工作频率较低时，有 $h \ll \lambda$，此时纵向场分量很小(证明略)。微带线中的场分布与 TEM 模近似，称为**准 TEM 模**。因此，微带线中的导行波可以近似按 TEM 模处理。如带状线一样，可以应用式(6.52)和式(6.53)来描述微带线中导行波的传输特性。在工程上常应用各种近似的经验公式来进行计算。

当工作频率较高时，微带线中除出现主模 TEM 模外，还可以出现各种高次模，包括波导模式和表面波模式。这些高次模式的存在将增加微带线的辐射损耗，引起微带线间的相互耦合或产生寄生谐振，使传输特性恶化。为此，有必要通过微带线尺寸选择满足截止条件，以抑制高次模式。

波导模式存在于导带与接地板的介质基片中。由于电磁能量密度与介质参量 ε_r 有关，在介质层($\varepsilon > \varepsilon_0$)中集中了导行波的大部分能量。波导模式为 TM 模和 TE 模的混合模式，最易产生最低次 TE_{10}模和 TM_{01}模，由计算可得这两种模式的传输条件为

$$\lambda < \lambda_{c\cdot 10}^{TE} = 2W\sqrt{\varepsilon_r} \tag{6.54a}$$

$$\lambda < \lambda_{c\cdot 01}^{TM} = 2h\sqrt{\varepsilon_r} \tag{6.54b}$$

表面波模式存在于接地板上介质基片附近薄层中。基于表面波原理中的全内反射效应，在介质基片中形成来回反射的驻波，而在介质基片附近则形成沿截面方向迅速衰减，沿传输方向传播的慢波，称为**表面波**。表面波也存在着各种 TM 模和 TE 模，由计算可知最低次的 TM 模和 TE 模的传输条件为

$$\lambda < \lambda_c^{TM} = \infty \tag{6.55a}$$

$$\lambda < \lambda_c^{TE} = 2h\sqrt{\varepsilon_r - 1} \tag{6.55b}$$

为了抑制导波模式中的高次模 TE 模和 TM 模，由式(6.54)可知，应选择基片宽度 W 和厚度 h 满足如下条件

$$W < \frac{\lambda_{min}}{2\sqrt{\varepsilon_r}} \tag{6.56a}$$

$$h < \frac{\lambda_{min}}{2\sqrt{\varepsilon_r}} \tag{6.56b}$$

为了抑制表面波模式中的 TE 模，由式(6.55b)可知，应选择基片厚度 h 满足如下条件

$$h < \frac{\lambda_{min}}{2\sqrt{\varepsilon_r - 1}} \tag{6.57}$$

由于 TM 模的截止波长 $\lambda_c^{TM}=\infty$，因此在任何频率下都可以在微带中传播，自然无法进行抑制。

2. 类微带线

(1)槽线

在微波频率的高端和毫米波频率的低端上(30～100 GHz)，微带线仍然可以用做集成传输线，但因尺寸变小、损耗增大和加工困难，故需寻求更便于集成的新型传输线。早在 1968 年科恩(Cohn)就提出了槽线结构，如图 6.13 所示。它是在介质基片的一面金属化层上刻一窄槽构成的，而介质基片的另一面没有金属化层，与微带线在结构上成对偶关系。槽线是一种宽频带传输线，目前广泛使用的微带线并不具有这种特性。加之槽两端存在电位差，有源、无源固体器件可直接跨接在槽口上，因而便于混合集成；由于采用了高介电常数的介质基片，电磁场集中在槽口附近，该处没有像微带线那样的金属导带，因而辐射损耗很小；槽中的波存在椭圆极化，可用来制造铁氧体非互易元件。

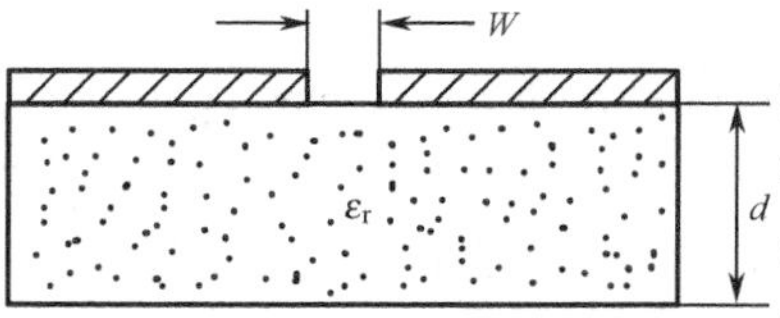

图 6.13　槽线

类微带线的严格分析方法是**全波分析法**，即从麦克斯韦方程出发，求解满足具体边界条件下的波动方程以得到其传输特性。它能得到类微带线的高次模的色散特性，但该法对具有复杂边界条件的类微带线而言，推导和计算都十分繁冗和困难，此处不予考虑。也可采用近似分析微带线的**准静态场分析法**，即假设类微带中的传播模式是纯 TEM 模，其传播特性可以通过求解其静态电容来得到。这种方法无法得到类微带线的高次模的色散特性，而且只适用于分析较低频率的情况。在工程应用上，常以准静态场分析法所得结果为基础，结合实验数据来提供随频率变化的修正公式。对于槽线而言，当频率较高时，可以采用横向谐振分析法，这是一种比准静态场分析法更严格的近似分析法。**横向谐振分析法**是将槽线简化为矩形波导问题，即引入适当的边界壁把槽线结构等效为矩形波导问题，用矩形波导的波导模式 TM 模和 TE 模的线性组合混合模来表示其场分量。对于沿槽线传输的波导模式进行分析即可得到槽线的传输特性。

由分析结果可以知道，槽线中传输的不是准 TEM 波，而是**非 TEM 波**的波导模式。但与波导不同之处是它没有截止频率，可以传输所有频率的色散波，其特性阻抗和相速均随频率而变化。所以槽线中的波导模式既不同于微带线，也不同于波导中的波：与微带线相比，微带线的准 TEM 模的特性阻抗和相速近似与频率无关；与波导相比，槽线中的波导模式无截止频率。槽线中的主模式类似于波导中的 TE_{10} 模，如图 6.14 所示，其中图 6.14(a)和图 6.14(b)分别表示横截面和纵剖面上的场分布。

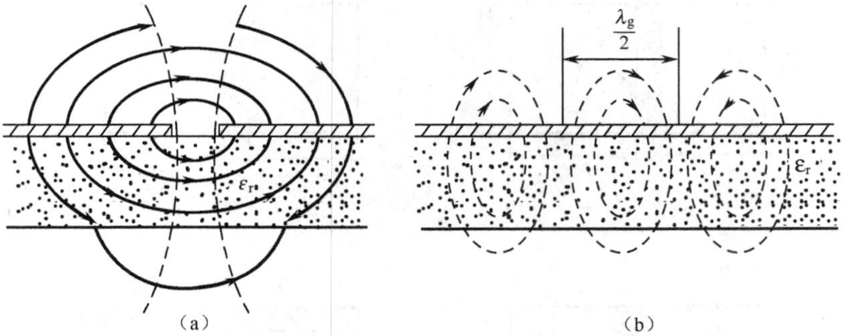

图 6.14　槽线的场分布

(2)共面线

共面线是以槽线为基础发展而成的、槽和导带与介质基片在一个平面的集成传输线。共面线分为共面波导和共面条带等，如图 6.15(a)和图 6.15(b)所示。共面波导于 1969 年首先由温(Wen)提出，它是在介质基片一个面上的中心导带两侧覆盖接地导板构成，并采用高介电常数的电介质作为介质基片。同槽线一样，共面波导也具有跨接固体器件十分方便的优点；共面波导也具有椭圆极化磁场，可以制成铁氧体非互易元件。

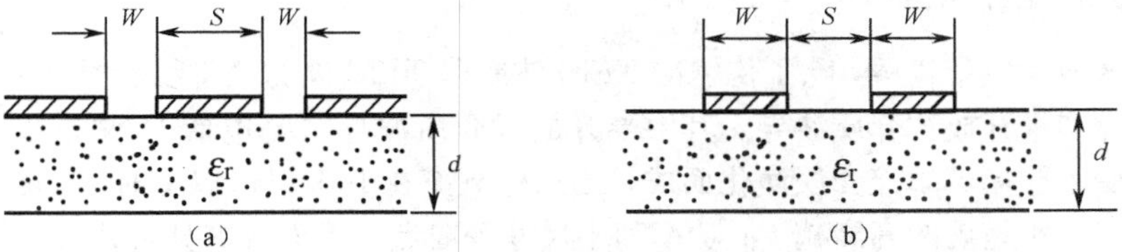

图 6.15　共面线

共面线可以传输准 TEM 波。因此，在低频时用准静态场分析法。在高频时出现 TM 模和 TE 模的混合模式。对于具有混合模的共面线可采用全波分析法。对于共面波导而言，按准 TEM 波的静态场分析结果，可以得到无截止频率的场分布结构，如图 6.16 所示。

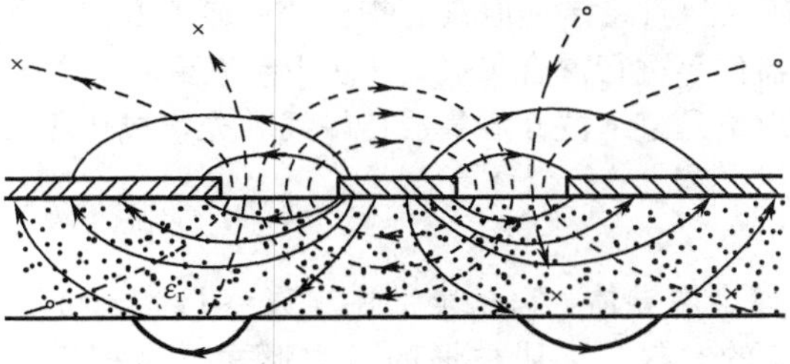

图 6.16　共面波导的场分布

(3)鳍线

鳍线是 20 世纪 70 年代由麦尔(Meier)首先提出来的毫米波传输线，它是平面集成电路和立体电路的巧妙结合。平面集成电路置于矩形金属波导的 E 平面，因而鳍线也可看成场分布在屏蔽壳内的屏蔽槽线。最近几年来，随着鳍线技术的迅速发展，由其制成的有源和无源固体器件已成功地应用于高达 140 GHz 的频率上。鳍线具有频带宽、功耗小、重量轻、可靠性高和成本低等优点。图 6.17 表示四种主要类型的鳍线，其中图 6.17(a)表示单侧鳍线，图 6.17(b)表示双侧鳍线，图 6.17(c)表示反对称鳍线，图 6.17(d)表示绝缘鳍线。

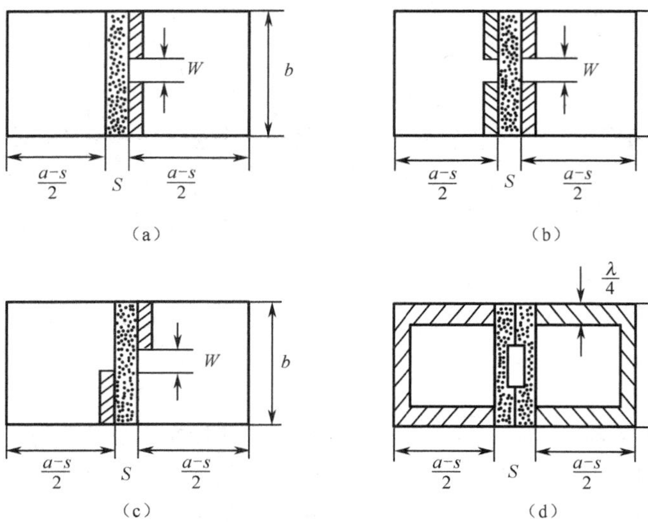

图 6.17　鳍线的类型

6.4.4　介质波导和光波导

微波与毫米波集成传输线，除了传输准 TEM 波或非 TEM 波的微带线和类微带线外，还包括开放式介质波导和半开放式介质波导。其中半开放式介质波导主要包括 H 波导和 G 波导，它们是由金属波导变形或局部填充介质演化而成。当工作频率在 100 GHz 以上时，它能够消除或改善微带线和类微带线所呈现的高衰减、低功率和小尺寸等弱点。下面着重分析开放式介质波导。

微带线和类微带线等平面集成传输线广泛应用于毫米波频率的低端，然而在毫米波频率的高端，其尺寸随频率的提高而变小，制造困难，而且使金属导体电阻增加，导电性能降低，光洁度变坏，能量损耗增加；其色散性和多模性也随频率的提高而变得十分显著。利用开放式介质波导的毫米波介质集成传输线就可以克服微带和类微带集成传输线的这些缺点。而且，与金属波导、微带线和类微带线相比，开放式介质波导不但具有损耗小、加工方便、重量轻和成本低等优点，且便于微波元器件和半导体器件等进行混合集成，其使用频率更能从毫米波和亚毫米波一直拓展至光波范围。所以介质波导理论是毫米波介质集成传输线和光集成传输线的基础。

1. 介质波导

介质波导中不存在任何金属导体，它是全部用电磁参量为 ε 和 μ 的介质做成的柱形体，其周围是电磁参量为 ε_0 和 μ_0 的空气。介质柱形的基本形式分为矩形介质波导和圆形介质波导，如图 6.18(a)和图 6.18(b)所示。介质波导基本形式的变形是镜像波导，图 6.18(c)和图 6.18(d)表示在矩形介质波导和圆形介质波导的对称剖面上用接地金属平板来取代另一半介质波导，即构成介质镜像波导。根据镜像原理，接地金属平板的镜像源产生的场分布与被取代的另一半介质波导产生的场分布是完全等效的，因而并未破坏上半空间的场分布。而且，接地金属板还解决了散热、屏蔽和支撑等问题。

根据表面波原理，由于具有高介电常数的介质波导被具有低介电常数的介质所包围，进入介质波导中的电磁波，会在两种介质分界面处产生全内反射。对圆形介质波导而言，一方面在圆柱截面内产生来回反射的行波分量，在径向方向形成叠加的驻波，另一方面，在传播方向则形成沿介质波导表面附近传播的表面波。

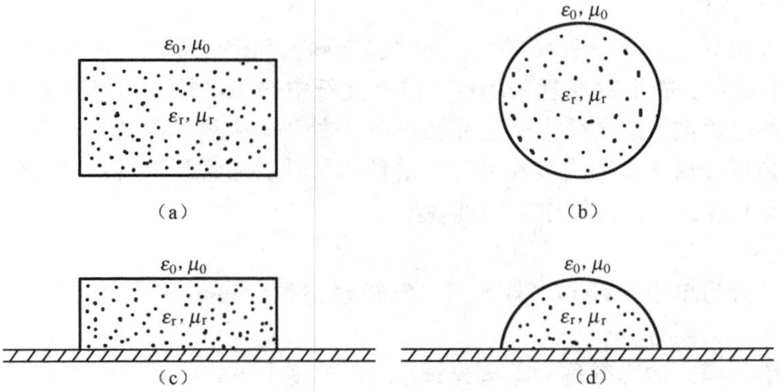

图 6.18　常用介质波导

圆形介质波导有严格的解析解，但矩形介质波导却没有严格的解析解，大都采用各种近似解，其中较简单而又具有一定精度的近似分析法是等效介电常数法。介质镜像波导应用等效介电常数法已能够达到足够的精确度。

对于如图 6.18(b)所示圆形介质波导，采用求电磁场边值问题的方法就可对其进行严格的模式分析。概括地说，利用纵向场量法和分量变量法写出圆柱坐标系中满足边界条件的波动方程纵向场分量 E_z 和 H_z 的具体形式，再利用纵向场分量与横向场分量的关系式导出横向场分量 E_φ，E_ρ，H_φ 和 H_ρ；然后根据圆形介质分界面上切向场分量 E_φ 和 H_φ 的连续性条件求得模式特征方程，并由此分析各模式的传输特性。分析结果表明，圆形介质波导不存在纯 TM_{mn} 模和 TE_{mn} 模，但存在 TM_{0n} 模和 TE_{0n} 模，一般为混合 HE_{mn} 模和 EH_{mn} 模。其中圆形介质波导的主模为 HE_{11} 模，且无截止频率；而第一个高次模为 TM_{01} 模或 TE_{01} 模。因此，实现单模传输的条件要求工作频率 f 应在两个截止频率 $f_{c\cdot 11}^{HE}=0$ 和 $f_{c\cdot 01}$ 之间，即

$$0 < f < f_{c\cdot 01} \text{ 或 } \infty > \lambda > \lambda_{c\cdot 01} \tag{6.58}$$

2. 光波导

光波导是介质波导中的一种特殊形式，可用于引导光波(频率落在光波频率范围的电磁波)沿其轴线传输。光波导主要包括介质薄膜光波导、介质带状光波导和圆形介质波导等多种形式，其中圆形介质波导可用做传输单一模式的**光导纤维**，简称**光纤**。光波导区别于介质波导的特殊性表现在所用的介质材料要求具有良好的光学性能，同时取消了金属接地板。通常光波导是用石英玻璃、塑料或晶体等材料制成。下面仅对应用广泛的光导纤维做简要介绍。

(1)光纤的结构

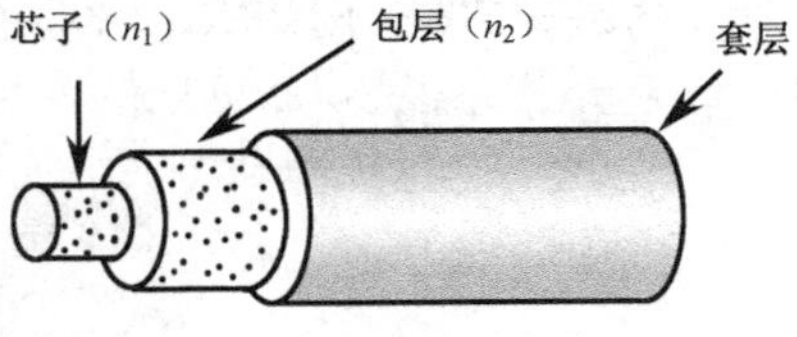

图 6.19　光纤

通常采用强度高、损耗小和性能稳定的石英玻璃制成直径约为数微米至数十微米的光纤。如图 6.19 所示，光纤结构包括芯子、包层和套层三层。通常采用高纯度的石英作为芯子和包层的基础材料，再在其中分别掺入少量不同的杂质，以控制或改变其折射指数 n，使芯子的 $n_1=\sqrt{\varepsilon_{r1}}$ 大于包层的 $n_2=\sqrt{\varepsilon_{r2}}$。包层外的套层能起到增强其机械强度和防止环境因素干扰的作用，是光纤的保护层。

(2)光纤的分析方法

分析光纤的方法分为射线法和场解法。射线法又称为几何光学法，它基于射线理论把光视为射线，利用光学中反射和折射的原理来解释光波在光纤中的传输特性。场解法基于波动理论把光理解为光波频段的电磁波，把光纤当做电介质波导来处理，求解满足光纤边界条件的波动方程，并由方程波解的物理参量来解释光波在光纤中的传输特性。通常将这两种方法结合起来，取长补短，才能比较圆满地解释光纤传输中的物理现象。

(3)光纤的类型

按传输模式可分为单模光纤和多模光纤，按折射指数分布形状可分为阶跃型光纤和渐变型光纤。

只传输一种单一模式的光纤称为**单模光纤**，而传输多个模式的光纤称为**多模光纤**。单模光纤所传输的模式实际上就是圆形介质波导内的主模 HE_{11}，它没有截止频率；而圆形介质波导中的第一个高次模是 TM_{01} 模或 TE_{01} 模。因此，单模光纤中的光波工作波长必需满足单模传输条件式(6.58)。其中 TM_{01} 模或 TE_{01} 模的截止波长，其计算结果为

$$\lambda_{c\cdot 01}=\frac{1}{\mu_{01}}\pi D\sqrt{n_1^2-n_2^2} \tag{6.59}$$

式中 $\mu_{01}=2.405$ 是零阶贝塞尔函数 $B_0\left(\frac{\mu_{01}}{a}\rho\right)$ 的第一个根(暂且不必了解贝塞尔函数的知识)；n_1 和 n_2 分别为光纤芯子和包层的折射指数；D 为光纤的直径。按式(6.58)可知，为了避免高次模的出现，工作波长 λ 必须使单模光纤的直径 D 满足如下条件

$$D<\frac{2.405\lambda}{\pi\sqrt{n_1^2-n_2^2}} \tag{6.60}$$

光纤包层的折射指数 n_2 是均匀分布的,只有芯子的折射指数 n_1 有两种分布情况:一种是均匀分布,仅在芯子与包层交界面处折射指数发生突变($n_1>n_2$),这种光纤称为**阶跃型光纤**;另一种是芯子从其轴心开始,n_1 随 ρ 的增大而逐渐变小,这种光纤称为**渐变型光纤**。光纤折射指数沿径向变化的规律，一般可用下面的近似式表示为

$$n(\rho)=\begin{cases} n_1(0)\left[1-2\Delta\left(\dfrac{\rho}{a}\right)^{\alpha}\right], & \rho\leqslant a \\ n_2, & \rho>a \end{cases} \tag{6.61a}$$

式(6.61a)中的 a 为光纤芯子半径；α 为**折射指数分布因子**，对阶跃型光纤，取 $\alpha\to\infty$，对渐变型光纤，取 α 为某一常数，例如取 $\alpha=2$ 时得到抛物型光纤；Δ 为**相对折射指数差**。在光通信使用的光纤中,n_2 与 n_1 相差很小，Δ 可近似表示为

$$\Delta=\frac{n_1(0)^2-n_2^2}{2n_1(0)^2}\approx\frac{n_1(0)-n_2}{n_1(0)} \tag{6.61b}$$

Δ 反映了光纤包层与芯子的折射指数的接近程度，Δ 的值一般约为1%～3%。图6.20表示按折射指数分布形状表示的几种光纤的结构形式。图6.20(a)～图6.20(c)分别表示单模阶跃型、多模阶跃型和多模渐变型光纤的结构形式。

(4)光纤的数值孔径

光纤的数值孔径是描述光纤收集光的能力或聚光能力的物理参量。对于阶跃型光纤，根据斯涅尔折射定律和全内反射的关系式可以得到光纤数值孔径的表示式。

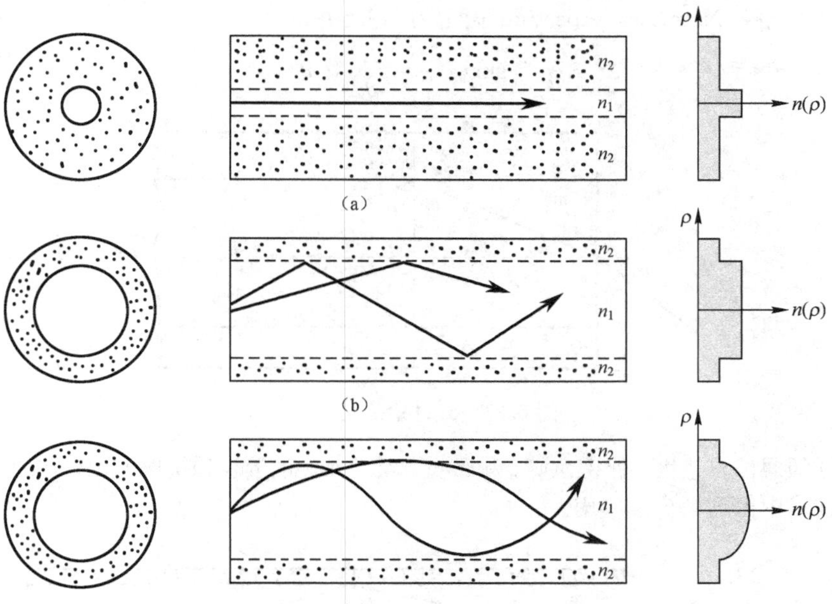

图 6.20 几种光纤的类型

如图 6.21 所示，设光线从与 z 轴成 θ_{0i} 的夹角方向投射到光纤端面轴心处，并沿 θ_t 的折射角方向进入光纤芯子内，然后以 θ_i 的入射角投射到芯子与包层边界面处产生全内反射。由斯涅尔折射定律的表示式(5.68b)可知

$$\frac{\sin\theta_{0i}}{\sin\theta_t}=\frac{\sin\theta_{0i}}{\sin\left(\dfrac{\pi}{2}-\theta_i\right)}=\frac{n_1}{n_0}$$

即得

$$\sin\theta_{0i}=\frac{n_1}{n_0}\cos\theta_i \tag{6.62a}$$

芯子与包层边界面处产生全内反射的条件为 $\theta_i>\theta_c$，θ_c 是在该边界面处产生全内反射的临界角。由 $\theta_i>\theta_c$ 可知 $\sin\theta_i\geqslant\sin\theta_c=\dfrac{n_2}{n_1}$，由此可得

$$\cos^2\theta_i=1-\sin^2\theta_i\leqslant 1-\left(\frac{n_2}{n_1}\right)^2$$

代入式(6.62a)可知

$$\sin\theta_{0i}\leqslant\frac{n_1}{n_0}\sqrt{1-\left(\frac{n_2}{n_1}\right)^2}$$

即得

$$\sin\theta_{0i}\leqslant\frac{1}{n_0}\sqrt{n_1^2-n_2^2} \tag{6.62b}$$

当 θ_{0i} 满足上述条件时，光纤中的光波即产生全内反射。显然，θ_{0i} 不能超过的最大值为

$$\theta_{0i\cdot\max}=\arcsin\left(\frac{1}{n_0}\sqrt{n_1^2-n_2^2}\right) \tag{6.63a}$$

式(6.63a)表明，在以 $\theta_{0i\cdot\max}$ 为顶角构成的圆锥体内，所有投射到光纤芯子端面进入光纤的光波，均可在芯子与包层边界面处产生全内反射，形成沿光纤轴线方向传输的波，如图 6.22 所示。因

此，光纤的**数值孔径**(Numerical Aperture)简记为 NA，并定义为

$$NA = \sin\theta_{0i\cdot\max} = \frac{1}{n_0}\sqrt{n_1^2 - n_2^2} \tag{6.63b}$$

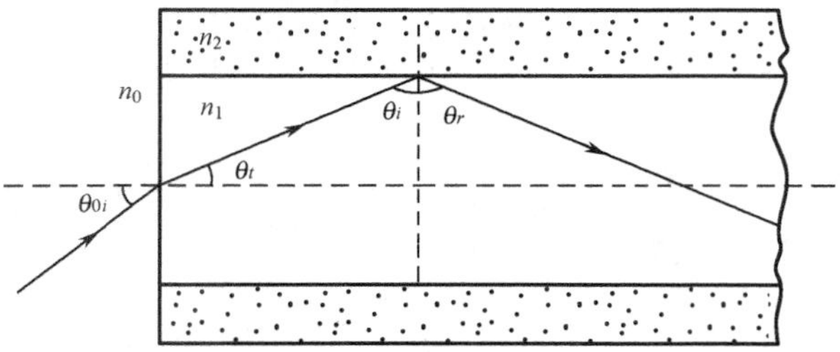

图 6.21　光纤中的全内反射

由于光纤的通信容量大、保密性好，频带宽、尺寸小、重量轻和抗腐耐温，在通信、计算机和光电设备与技术中得到了广泛应用。

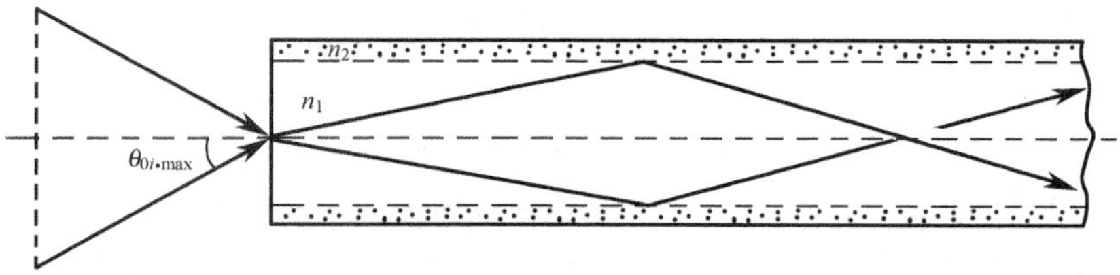

图 6.22　光纤的数值孔径

6.5　微波传输线

前面应用场的分析方法对无限长均匀规则导波系统中的导行电磁波的传输特性进行了讨论。然而在实际的微波传输系统中，传输线并非无限长均匀规则的，终端负载会使正向行波产生反射，形成反向行波与正向行波的叠加，各种微波元件的接入更使传输系统变得十分复杂。对这样的微波传输系统要进行严格的场解分析十分困难，为了简化分析方法，工程上常采用路的分析方法，称为微波等效电路法。

前面所介绍的微波传输线大致可分为三种类型：第一类为实心传输线或 TEM 模传输线(如平行双导线、同轴波导、带状线和微带线等，主要传输 TEM 模或准 TEM 模)；第二类是空管波导或 TM 模和 TE 模传输线(如矩形波导和圆形波导，主要传输 TM 模或 TE 模)；第三类为表面波传输线或混合模传输线(如介质波导和介质镜像波导，主要传输表面波和 E_z、H_z 均不等于零的混合波导模 HE 模和 EH 模)。其中传输 TEM 模的双导线的场结构最简单，下面将以双导线为典型实例，分析如何将场的问题转化为路的等效问题。

平行双导线的场分布如图 6.23 所示。对于传输 TEM 模的平行双导线，其横截面上的二维场分布与静态场的分布完全相同，因此可以像静态场一样定义传输线上的电压和电流。

传输 TEM 模的双导线在 $z=C$(常数)的任意横截面上的横向场分布 $\boldsymbol{E}_t$ 和 $\boldsymbol{H}_t$，分别取线间积分和任一线的回路积分，就可得到电压和电流为 $U(z)=\int_a^b \boldsymbol{E}_t \cdot \mathrm{d}\boldsymbol{l}$ 和 $I(z)=\oint_l \boldsymbol{H}_t \cdot \mathrm{d}\boldsymbol{l}$。如果推广为时空变化关系，就可用电压和电流的波函数 $u(z,t)$ 和 $i(z,t)$ 来表示双导线上的波动状态。由此可见，双导线周围的 TEM 波的场分布可以由其宏观积分值的电压波和电流波来表示，也就是说，传

输线周围的导波场分布显现为传输线上的宏观电压波和电流波。因此，双导线周围的场矢量分布 $\boldsymbol{E}(\boldsymbol{x},\boldsymbol{y},\boldsymbol{z},\boldsymbol{t})$ 和 $\boldsymbol{H}(x,y,z,t)$ 转化和等效为双导线上标量电压和标量电流 $u(z,t)$ 和 $i(z,t)$。于是，研究传输线周围三维电场、磁场矢量沿轴线的传输规律，可以转化为研究传输线上一维标量电压、电流的传输规律，从而使问题得到简化。

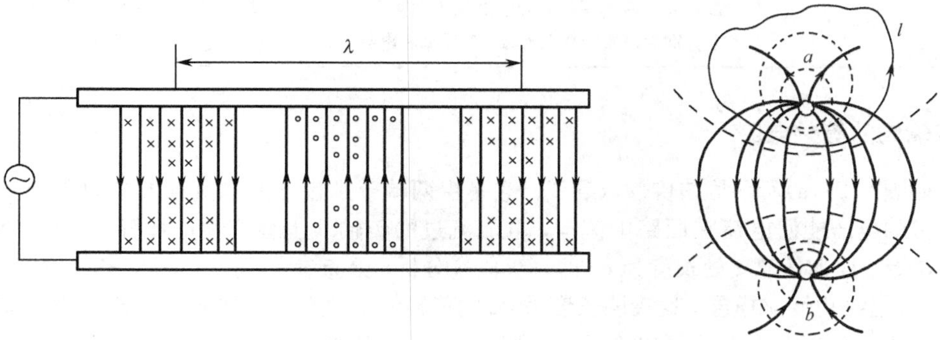

图 6.23　双导线的场分布

6.5.1　一般传输线方程

1. 分布参量的概念

分布参量电路是相对于集中参量电路而言的。为便于分析，将传输线的几何长度与其上传输的信号波长之比 l/λ 称为传输线的**电长度**。在低频电路中，$l/\lambda<1$，传输线称为**短线**，有限长的传输线各点分布的电压和电流的大小和相位几乎没有变化，可近似认为相同，这表明传输线的特性参量与线上各点的位置无关，通常采用集中参量的电容 C(F)，电感 L(H)、电阻 R(Ω) 和电导 G(S) 来描述传输线的传输特性。在高频电路（特别在微波电路）中，$l/\lambda>1$，传输线称为**长线**，很长的传输线上可能分布了许多电压和电流的周期变化值，传输线上各点分布的电压和电流的大小和相位都不相同，这表明分布在传输线上各点的特性参量都不相同，必须采用单位长度上分布参量的电容 C_0(F/m)、电感 L_0(H/m)、电阻 R_0(Ω/m) 和电导 G_0(S/m) 来描述传输线上各点的传输特性。从物理概念上来讲，当传输线传输高频信号时会出现如下分布参量效应：双导线上的反向电荷分布产生电场，形成导线间的电压，电荷分布与电压比值确定了导线间的分布电容；双导线上通过的电流分布在周围产生磁场，形成穿过导线周围面积的磁通，磁通与电流分布的比值确定了导线上的分布电感；电流通过导线使导线处处发热，表明导线本身有分布电阻；双导线之间绝缘不完善，处处出现漏电流而引起发热，表明双导线间有分布漏电导。

表 6.1 给出了平行双导线和同轴导线的分布参量。

表 6.1　平行双导线和同轴导线的分布参量

	平行双导线	同 轴 导 线
分布电容 C_0(F/m)	$\dfrac{\pi\varepsilon}{\ln\dfrac{2D}{d}}$	$\dfrac{2\pi\varepsilon}{\ln\dfrac{b}{a}}$
分布电感 L_0(H/m)	$\dfrac{\mu}{\pi}\ln\dfrac{2D}{d}$	$\dfrac{\mu}{2\pi}\ln\dfrac{b}{a}$
分布电阻 R_0(Ω/m)	$\dfrac{2}{\pi d}\sqrt{\dfrac{\omega\mu_c}{2\sigma_c}}$	$\dfrac{1}{\pi}\sqrt{\dfrac{\omega\mu_c}{2\sigma_c}}\left(\dfrac{1}{b}+\dfrac{1}{a}\right)$

续表

	平行双导线	同轴导线
分布电导 G_0(S/m)	$\dfrac{\pi\sigma}{\ln\dfrac{2D}{d}}$	$\dfrac{2\pi\sigma}{\ln\dfrac{b}{a}}$
备注	D 和 d 分别为平行双导线的间距和直径；a 和 b 分别为同轴导线的内、外半径；ε，μ 和 σ 分别为媒质的介电常数、磁导率和电导率；μ_c 和 σ_c 分别为导体的磁导率和电导率。	

2. 传输线的等效电路

考查如图 6.24(a)所示均匀传输双导线。它是由两端分别接电源和负载形成的闭合回路，因此电源提供的电压能使电流在回路中流动，电流流过的传输线上会产生电压降。对于均匀传输线，只需取传输线上任意 z 处长度为 dz 的一小段来分析，分布参量 C_0，L_0，R_0 和 G_0 表示单位长度的电容、电感、电阻和电导，这表明长度为 dz 的传输线上存在着并联分布电容 C_0dz、串联分布电感 L_0dz、串联分布电阻 R_0dz 和并联分布漏电导 G_0dz，其等效电路如图 6.24(b)所示。为便于分析，将坐标原点取在负载端，z 从负载端向电源端的方向增加。

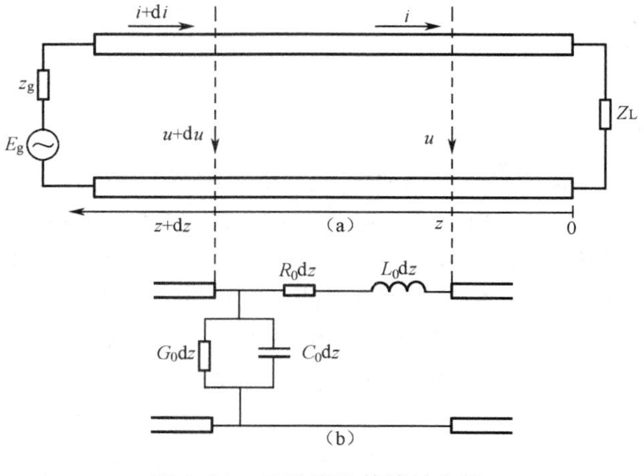

图 6.24　双导线及其等效电路

3. 传输线方程的稳态解

基于由式(3.40b)和式(3.44)表示的基尔霍夫电压、电流定律，可以建立如图 6.24(b)所示双导线等效电路的电压和电流的传输线方程。设传输线上对应于 z 和 $z+\mathrm{d}z$ 处的电压和电流分别为 $u(z,t)$，$i(z,t)$ 和 $u(z+\mathrm{d}z,t)\approx u(z,t)+\mathrm{d}u(z,t)$，$i(z+\mathrm{d}z,t)\approx i(z,t)+\mathrm{d}i(z,t)$(此处已忽略了高阶无限小量)，且传输线上的电压和电流随时间做时谐变化，则电压和电流可用复数表示为瞬时形式

$$u(z,t)=\mathrm{Re}[U(z)\mathrm{e}^{\mathrm{j}\omega t}] \tag{6.64a}$$

$$i(z,t)=\mathrm{Re}[I(z)\mathrm{e}^{\mathrm{j}\omega t}] \tag{6.64b}$$

将基尔霍夫定律应用于传输线上 dz 段的等效电路，并利用 $u=-\varepsilon=\dfrac{\partial\psi}{\partial t}=\dfrac{\partial}{\partial t}(Li)=L\dfrac{\partial i}{\partial t}$ 和 $i=\dfrac{\partial q}{\partial t}=\dfrac{\partial}{\partial t}(cu)=c\dfrac{\partial u}{\partial t}$，可得

$$R_0\mathrm{d}z\cdot i(z,t)+L_0\mathrm{d}z\cdot\frac{\partial i(z,t)}{\partial t}+u(z,t)-u(z+\mathrm{d}z,t)=0$$

$$G_0\mathrm{d}z\cdot u(z,t)+C_0\mathrm{d}z\cdot\frac{\partial u(z,t)}{\partial t}+i(z,t)-i(z+\mathrm{d}z,t)=0$$

方程简化为

$$\mathrm{d}u(z,t)=R_0\mathrm{d}z\cdot i(z,t)+L_0\mathrm{d}z\cdot\frac{\partial i(z,t)}{\partial t}$$

$$\mathrm{d}i(z,t)=G_0\cdot\mathrm{d}z\cdot u(z,t)+C_0\mathrm{d}z\cdot\frac{\partial u(z,t)}{\partial t}$$

方程两边除以 $\mathrm{d}z$，得

$$\frac{\partial u(z,t)}{\partial z}=R_0 i(z,t)+L_0\frac{\partial i(z,t)}{\partial t} \tag{6.65a}$$

$$\frac{\partial i(z,t)}{\partial z}=G_0 u(z,t)+C_0\frac{\partial u(z,t)}{\partial t} \tag{6.65b}$$

式(6.65)称为**传输线方程**，又称为**电报方程**。应用式(6.64)将方程(6.65)表示为复数形式

$$\frac{\mathrm{d}U(z)}{\mathrm{d}z}=Z_0 I(z) \tag{6.66a}$$

$$\frac{\mathrm{d}I(z)}{\mathrm{d}z}=Y_0 U(z) \tag{6.66b}$$

式中 $Z_0=R_0+\mathrm{j}\omega L_0$ 和 $Y_0=G_0+\mathrm{j}\omega C_0$ 分别表示传输线单位长度的串联阻抗和并联导纳。因此，方程(6.66a)表示**传输线上单位长度电压变化等于传输线串联阻抗上的电压降**，方程(6.66b)表示**传输线上单位长度电流变化等于传输线并联导纳上的分流值**。方程(6.66)对 z 求导，并利用方程(6.66)消去其中的一阶导数，整理后得

$$\frac{\mathrm{d}^2U(z)}{\mathrm{d}z^2}-Z_0Y_0U(z)=0 \tag{6.67a}$$

$$\frac{\mathrm{d}^2I(z)}{\mathrm{d}z^2}-Z_0Y_0I(z)=0 \tag{6.67b}$$

令 $\gamma^2=Z_0Y_0=(R_0+\mathrm{j}\omega L_0)(G_0+\mathrm{j}\omega C_0)$，方程(6.67)变为

$$\frac{\mathrm{d}^2U(z)}{\mathrm{d}z^2}-\gamma^2U(z)=0 \tag{6.68a}$$

$$\frac{\mathrm{d}^2I(z)}{\mathrm{d}z^2}-\gamma^2I(z)=0 \tag{6.68b}$$

式(6.68)就是均匀传输线上电压和电流满足的波动方程。其中第一个方程与均匀平面波的波动方程具有相同形式，通解为

$$U(z)=A\mathrm{e}^{\gamma z}+B\mathrm{e}^{-\gamma z} \tag{6.69a}$$

将式(6.69a)代入式(6.66a)，得

$$I(z)=\frac{1}{Z_0}\frac{\mathrm{d}U(z)}{\mathrm{d}z}=\frac{1}{Z_c}(A\mathrm{e}^{\gamma z}-B\mathrm{e}^{-\gamma z}) \tag{6.69b}$$

式(6.69)中的 A 和 B 为由边界条件确定的待定常数，且有

$$Z_c=\sqrt{\frac{Z_0}{Y_0}}=\sqrt{\frac{R_0+\mathrm{j}\omega L_0}{G_0+\mathrm{j}\omega C_0}} \tag{6.70a}$$

$$\gamma=\sqrt{Z_0Y_0}=\sqrt{(R_0+\mathrm{j}\omega L_0)(G_0+\mathrm{j}\omega C_0)}=\alpha+\mathrm{j}\beta \tag{6.70b}$$

式(6.70)中的 Z_c 称为传输线的**特性阻抗**，γ 称为传输线上电压波和电流波的传播常数，其中 α 为衰减常数，β 为相位常数。

由式(6.69)和式(6.70)可得传输线上电压和电流的瞬时表达式为

$$u(z,t)=u^{+}(z,t)+u^{-}(z,t)$$
$$=Ae^{\alpha z}\cos(\omega t+\beta z)+Be^{-\alpha z}\cos(\omega t-\beta z) \tag{6.71a}$$
$$i(z,t)=i^{+}(z,t)+i^{-}(z,t)$$
$$=\frac{1}{Z_c}[Ae^{\alpha z}\cos(\omega t+\beta z)-Be^{-\alpha z}\cos(\omega t-\beta z)] \tag{6.71b}$$

由式(6.71)可知，传输线上电压和电流以波的形式传输，在任一点的电压或电流均由沿$-z$方向的入射行波和沿$+z$方向的反射行波叠加而成。

【例 6.3】 已知传输线的终端电压U_0和终端电流I_0，如图 6.25 所示。假定传输线的传输特性参量为γ和Z_c，求该传输线上任意点的电压和电流。

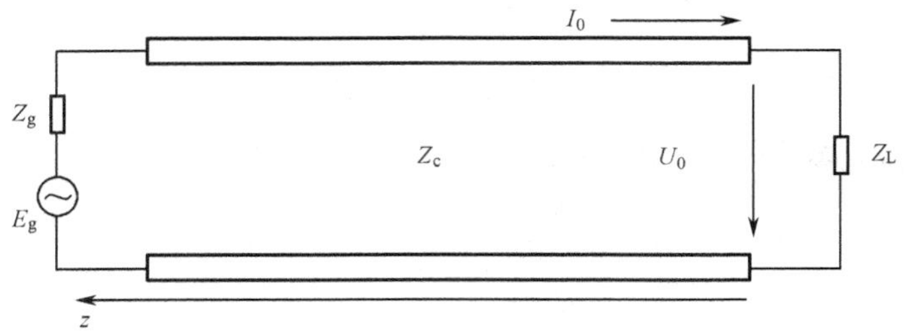

图 6.25　传输线的边界条件

解：

将$z=0$处的$U(0)=U_0$和$I(0)=I_0$代入式(6.69)，得

$$U_0=A+B$$
$$I_0=\frac{1}{Z_c}(A-B)$$

由此解得

$$A=\frac{1}{2}(U_0+I_0Z_c)$$
$$B=\frac{1}{2}(U_0-I_0Z_c)$$

将A和B代入式(6.69)，得

$$U(z)=U^{+}(z)+U^{-}(z)$$
$$=\frac{U_0+I_0Z_c}{2}e^{\gamma z}+\frac{U_0-I_0Z_c}{2}e^{-\gamma z}$$
$$=U_0^{+}e^{\gamma z}+U_0^{-}e^{-\gamma z} \tag{6.72a}$$
$$I(z)=I^{+}(z)+I^{-}(z)$$
$$=\frac{1}{Z_c}\left(\frac{U_0+I_0Z_c}{2}e^{\gamma z}-\frac{U_0-I_0Z_c}{2}e^{-\gamma z}\right)$$
$$=I_0^{+}e^{\gamma z}+I_o^{-}e^{-\gamma z} \tag{6.72b}$$

对于无损耗传输线，取$\gamma=j\beta$,代入式(6.72)可得

$$U(z)=U_0\cos\beta z+jI_0Z_c\sin\beta z \tag{6.73a}$$
$$I(z)=I_0\cos\beta z+j\frac{U_0}{Z_c}\sin\beta z \tag{6.73b}$$

6.5.2 传输波的传输特性

传输波的传输特性是由传输线的传输特性参量来表示的，它是由传输线的尺寸、填充的媒质及工作频率所确定的量，主要指传输线的特性阻抗、传播常数、相速和波长。

1. 特性阻抗

传输线的特性阻抗定义为传输线上任意一点处入射波或反射波的电压与电流之比，即

$$Z_c=\frac{U^+(z)}{I^+(z)}=-\frac{U^-(z)}{I^-(z)}=\sqrt{\frac{R_0+\mathrm{j}\omega L_0}{G_0+\mathrm{j}\omega C_0}} \tag{6.74}$$

对于无损耗传输线，有 $R_0=0$ 和 $G_0=0$，得

$$Z_c=\sqrt{\frac{L_0}{C_0}} \tag{6.75a}$$

例如，平行双导线单位长度的电容为 $C_0=\frac{\pi\varepsilon}{\ln(2D/d)}$，单位长度的电感为 $L_0=\frac{\mu}{\pi}\ln\frac{2D}{d}$，代入式(6.75a)可得平行双导线的特性阻抗为

$$Z_c=\frac{120}{\sqrt{\varepsilon_r}}\ln\frac{2D}{d} \tag{6.75b}$$

式中，d 为导线的直径；D 为两导线中心的距离。

2. 传播常数

由式(6.70b)的两边平方后，可得一复数等式，令其实部和虚部分别相等，再联立求解含未知量 α 和 β 的两个方程，可求得

$$\alpha=\left\{\frac{1}{2}\left[\sqrt{(R_0^2+\omega^2L_0^2)(G_0^2+\omega^2C_0^2)}-(\omega^2L_0C_0-R_0G_0)\right]\right\}^{\frac{1}{2}} \tag{6.76a}$$

$$\beta=\left\{\frac{1}{2}\left[\sqrt{(R_0^2+\omega^2L_0^2)(G_0^2+\omega^2C_0^2)}+(\omega^2L_0C_0-R_0G_0)\right]\right\}^{\frac{1}{2}} \tag{6.76b}$$

式(6.76)中的衰减常数 α 和相位常数 β 分别表示传输线单位长度上电压或电流行波的振幅变化和相位变化。

对于无损耗传输线，有 $R_0=0$ 和 $G_0=0$，得

$$\alpha=0,\beta=\omega\sqrt{L_0C_0} \tag{6.77}$$

3. 相速和波长

由式(6.71)和式(6.77)可定义传输波的相速为

$$v_p=\frac{\omega}{\beta}=\frac{1}{\sqrt{L_0C_0}}$$

波长定义为波在一周期内沿线所传播的距离为

$$\lambda=\frac{2\pi}{\beta} \tag{6.78}$$

6.5.3 传输线的工作状态

传输线的工作状态是由传输线的工作状态参量来描述的，传输线上存在三种不同的工作状

态，即行波状态、驻波状态和混合波状态。传输线的工作状态参量及其描述的工作状态均随传输线终端所接负载的不同而变化。

1. 传输线的工作状态参量

传输线的工作状态参量主要指传输线的输入阻抗、反射系数和驻波系数。

(1)输入阻抗

对于如图 6.26 所示的无损耗传输线，传输线上任意点的电压和电流之比定义为由该点向负载方向看去的**输入阻抗**，由式(6.73)得

$$Z_{in}(z)=\frac{U(z)}{I(z)}=Z_c\frac{Z_L+jZ_c\tan\beta z}{Z_c+jZ_L\tan\beta z} \tag{6.79}$$

式中，$Z_L=\frac{U_0}{I_0}$为传输线终端负载阻抗。由式(6.79)可以看出，传输线的输入阻抗与负载阻抗 Z_L，传输线的特性阻抗 Z_c 以及距终端的位置 z 有关，也与传输波的工作频率 f(由 $\beta=2\pi f\sqrt{L_0C_0}$确定)有关。所以传输线的输入阻抗是一种工作状态参量。一般为复数，不宜直接测量。为了寻求能够直接测量的工作状态参量，下面将引出由便于直接测量的电压和电流定义的反射系数和驻波系数作为工作状态参量。

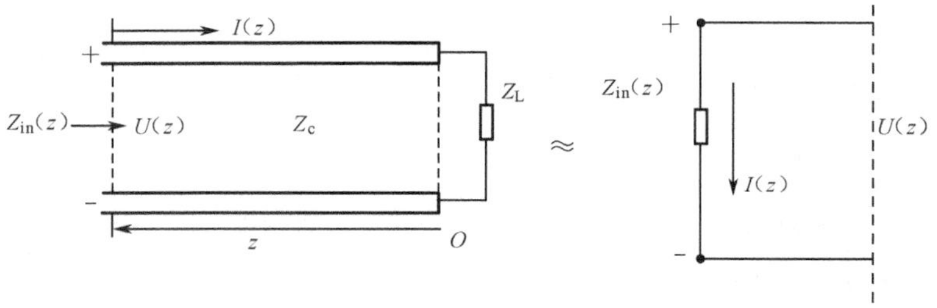

图 6.26　无耗传输线的输入阻抗

(2)反射系数

由传输线终端不匹配负载等非均匀性元件所引起的反射现象，是传输线上最基本的物理现象。为了定量描述传输波的反射现象和反射程度，常将传输线上任意点处的反射波电压与入射波电压之比定义为该处的**电压反射系数**，即得

$$\Gamma(z)=\frac{U^-(z)}{U^+(z)} \tag{6.80}$$

对于无损耗传输线，取 $\gamma=j\beta$，将式(6.72)中的 $U^+(z)=\frac{1}{2}(U_0+I_0Z_c)e^{j\beta z}$ 和 $U^-(z)=\frac{1}{2}(U_0-I_0Z_c)e^{-j\beta z}$代入式(6.80)，可得

$$\Gamma(z)=\frac{U_0-I_0Z_c}{U_0+I_0Z_c}e^{-j2\beta z}=\Gamma_0e^{-j2\beta z}=|\Gamma_0|e^{-j(2\beta z-\varphi_0)} \tag{6.81a}$$

式中

$$\begin{aligned}\Gamma_0&=\frac{U_0^-}{U_0^+}=\frac{U_0-I_0Z_c}{U_0+I_0Z_c}=\frac{Z_L-Z_c}{Z_L+Z_c}=\left|\frac{Z_L-Z_c}{Z_L+Z_c}\right|e^{j\varphi_0}\\&=|\Gamma_0|e^{j\varphi_0}\end{aligned} \tag{6.81b}$$

Γ_0 称为传输线的**终端电压反射系数**，而 φ_0 是其辐角。显然，对于无耗线，有$|\Gamma(z)|=|\Gamma_0|$。

按照同样方式也可定义电流反射系数，它与电压反射系数仅相差一个负号。

(3)驻波系数

传输线终端不匹配负载引起的反射波与入射波叠加，结果在传输线上形成驻波。为了定量描述传输线上驻波化的程度，常将传输线上波腹点电压与波节点电压之比定义为**电压驻波比或电压驻波系数**，简记为 VSWR，即得

$$\rho=\frac{|U(z)|_{\max}}{|U(z)|_{\min}} \tag{6.82}$$

为了定量描述传输线上行波化的程度，还可引入与驻波比成倒数关系的**行波系数**

$$K=\frac{|U(z)|_{\min}}{|U(z)|_{\max}}=\frac{1}{\rho} \tag{6.83}$$

(4) 工作状态参量间的关系

各个工作状态参量是从不同角度描述传输线上电压波或电流波的同一工作状态的物理量，它们之间必定存在一一对应关系，它们之间的变化范围同样也存在一一对应关系。

由式(6.72)和式(6.80)可知

$$U(z)=U^{+}(z)+U^{-}(z)=U^{+}(z)[1+\Gamma(z)] \tag{6.84a}$$

$$I(z)=I^{+}(z)+I^{-}(z)=I^{+}(z)[1-\Gamma(z)] \tag{6.84b}$$

有

$$Z_{\text{in}}(z)=\frac{U(z)}{I(z)}=Z_{\text{c}}\frac{1+\Gamma(z)}{1-\Gamma(z)} \tag{6.85a}$$

或

$$\Gamma(z)=\frac{Z_{\text{in}}(z)-Z_{\text{c}}}{Z_{\text{in}}(z)+Z_{\text{c}}} \tag{6.85b}$$

在 $z=0$ 的负载终端处，由式(6.79)和式(6.81a)知 $Z_{\text{in}}(0)=Z_{\text{L}}$ 和 $\Gamma(0)=\Gamma_0$，代入式(6.85)得

$$Z_{\text{L}}=Z_{\text{c}}\frac{1+\Gamma_0}{1-\Gamma_0},\quad \Gamma_0=\frac{Z_{\text{L}}-Z_{\text{c}}}{Z_{\text{L}}+Z_{\text{c}}} \tag{6.86}$$

由于传输线上的电压是由反射波和入射波的电压叠加而成的驻波，电压波腹和波节的位置恰好也是入射波和反射波的电压相位相同和相反的位置，即知

$$|U(z)|_{\max}=|U^{+}(z)|+|U^{-}(z)| \tag{6.87a}$$

$$|U(z)|_{\min}=|U^{+}(z)|-|U^{-}(z)| \tag{6.87b}$$

式(6.82)变为

$$\rho=\frac{1+|U^{-}(z)|/|U^{+}(z)|}{1-|U^{-}(z)|/|U^{+}(z)|}=\frac{1+|\Gamma(z)|}{1-|\Gamma(z)|}=\frac{1+|\Gamma_{\text{o}}|}{1-|\Gamma_{\text{o}}|} \tag{6.88a}$$

或

$$|\Gamma(z)|=|\Gamma_{\text{o}}|=\frac{\rho-1}{\rho+1} \tag{6.88b}$$

由式(6.83)可知

$$K=\frac{1}{\rho}=\frac{1-|\Gamma(z)|}{1+|\Gamma(z)|}=\frac{1-|\Gamma_{\text{o}}|}{1+|\Gamma_{\text{o}}|} \tag{6.89}$$

由传输线的工作状态参量的定义可以确定其变化范围分别为

$$0<|X_{\text{in}}(z)|<\infty$$

$$0\leqslant|\Gamma(z)|<1$$

$$1\leqslant\rho<\infty$$

$$1\geqslant K>0$$

2. 行波状态

行波状态就是无反射的工作状态，此时有 $\Gamma(z)=0$，由式(6.80)和式(6.81)知 $U^-(z)=0$，$\Gamma_0=0$和 $Z_L=Z_c$(阻抗匹配)，传输线上只有向负载传输的入射行波，式(6.72)变为

$$U(z)=U^+(z)=\frac{U_0+I_0Z_c}{2}e^{\gamma z}=U_0^+e^{\gamma z}$$

$$I(z)=I^+(z)=\frac{U_0+I_0Z_c}{2Z_c}e^{\gamma z}=\frac{U_0^+}{Z_c}e^{\gamma z}$$

式中取 $U_0^+=|U_0^+|e^{j\varphi_0}$ 和 $\gamma=j\beta$，考虑到时谐因子，则可写为电压和电流的瞬时形式

$$u(z,t)=|U_0^+|\cos(\omega t+\beta z+\varphi_0) \tag{6.90a}$$

$$i(z,t)=\frac{|U_0^+|}{Z_c}\cos(\omega t+\beta z+\varphi_0) \tag{6.90b}$$

此时由于式(6.79)中 $Z_L=Z_c$，传输线上任意点的输入阻抗均为

$$Z_{in}(z)=Z_c \tag{6.91}$$

传输线上的行波状态如图 6.27 所示。

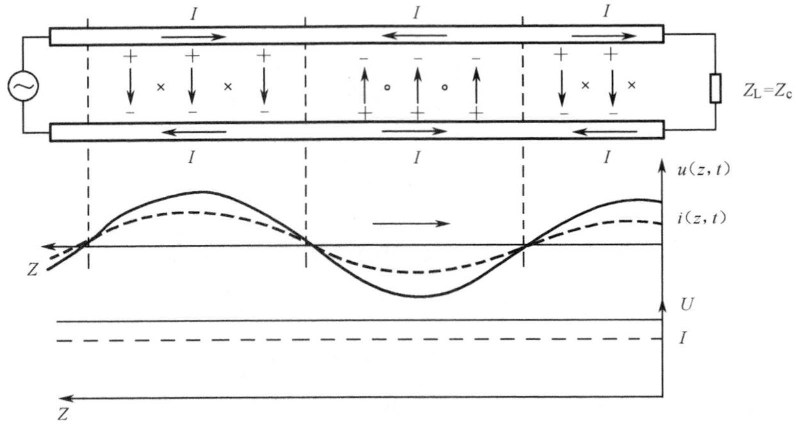

图 6.27　终端阻抗匹配线上的行波电压、电流分布状态图

综上所述，在行波状态下无耗传输线有如下特性：

(1)沿线电压和电流振幅不变；

(2)沿线电压和电流相位相同；

(3)沿线各点输入阻抗等于其特性阻抗。

3. 驻波状态

驻波状态就是全反射的工作状态，此时有 $|\Gamma(z)|=1$，终端负载不吸收传向负载入射波的能量，导致全反射的反射波与入射波相叠加而成纯驻波工作状态。由式(6.81)和式(6.86)可知，负载阻抗必须为短路($Z_L=0$)、开路($Z_L\to\infty$)或纯电抗($Z_L=\pm jX_L$)三种情况之一时，才能满足 $|\Gamma(z)|=1$的全反射工作状态。三种负载所形成的驻波分布，唯一的区别在于驻波的相位分布位置不同。

以负载短路($Z_L=0$)的传输线为例，分析纯驻波工作状态时的特性。此时由式(6.86)可知 $\Gamma_0=-1=e^{j\pi}$，式(6.81a)变为 $\Gamma(z)=-e^{-j2\beta z}$，考虑到式(6.72)中的 $U^+(z)=U_0^+e^{j\beta z}$ 和 $I^+(z)=I_0^+e^{j\beta z}$，利用欧拉公式将式(6.84)展开，则得传输线上电压和电流为

$$U(z)=\mathrm{j}2U_0^+\sin\beta z \tag{6.92a}$$

$$I(z)=2I_0^+\cos\beta z \tag{6.92b}$$

利用 $U_0^+=|U_0^+|\mathrm{e}^{\mathrm{j}\varphi_0}, I_0^+=|I_0^+|\mathrm{e}^{\mathrm{j}\varphi_0}$ 和 $\mathrm{j}=\mathrm{e}^{\mathrm{j}\frac{\pi}{2}}$，可将式(6.92)写成瞬时形式

$$u(z,t)=\mathrm{Re}[U(z)\mathrm{e}^{\mathrm{j}\omega t}]$$

$$=2\sin\beta z\,|U_0^+|\cos\left(\omega t+\varphi_0+\frac{\pi}{2}\right) \tag{6.93a}$$

$$i(z,t)=\mathrm{Re}[I(z)\mathrm{e}^{\mathrm{j}\omega t}]$$

$$=2\cos\beta z\,|I_0^+|\cos(\omega t+\varphi_0) \tag{6.93b}$$

由于式(6.79)中 $Z_L=0$，或由式(6.92)知，此时传输线上任意点的输入阻抗为

$$Z_{\mathrm{in}}(z)=\mathrm{j}Z_c\tan\beta z \tag{6.94}$$

传输线上的驻波状态如图 6.28 所示。其中图 6.28(a)表示短路线沿线驻波电压和电流的瞬时分布。式(6.93)中的电压和电流的振幅随位置 z 呈如下驻波分布形式

$$|U(z)|=|2U_0^+||\sin\beta z| \tag{6.95a}$$

$$|I(z)|=|2I_0^+||\cos\beta z| \tag{6.95b}$$

其中正弦和余弦表示传输线上各点的电压和电流在空间位置上有 $\frac{\lambda}{4}$ 的相移。由式(6.93)可知，在相同位置 z 上的电压和电流在原位置随时间 t 做周期性时谐振荡，余弦中的 $\frac{\pi}{2}$ 表示电压和电流在时间上有 $\frac{\pi}{2}$ 的相位差。

图 6.28(b)表示短路线沿线驻波电压和电流的振幅随位置的驻波分布形式遵循式(6.95)的变化规律：

当 $\beta z_n=\begin{cases} n\pi \\ (2n+1)\frac{\pi}{2}\end{cases}$ 时，在 $z_n=\begin{cases} n\frac{\lambda}{2} \\ (2n+1)\frac{\lambda}{4}\end{cases}$ 处，$n=0,1,2,\cdots$

有

$$\begin{cases}|U(z)|_{\min}=0, & |I(z)|_{\max}=2|I_0^+| \\ |U(z)|_{\max}=2|U_0^+|, & |I(z)|_{\min}=0\end{cases}$$

表示电压波节(或波腹)点处就是电流波腹(或波节)点。

图 6.28(c)表示短路线沿线的输入阻抗分布。由式(6.94)可知，$Z_{\mathrm{in}}(z)$是纯电抗$\pm\mathrm{j}X_{\mathrm{in}}(z)$，且其变化范围为 $0<|X_{\mathrm{in}}(z)|<\infty$。在电压波节点处 $Z_{\mathrm{in}}(z)=0$，相当于低频电路中的串联谐振；在电压波腹点处$|Z_{\mathrm{in}}(z)|\to\infty$，相当于低频电路中的并联谐振；在$\left(0<z<\frac{\lambda}{4}\right)$内 $Z_{\mathrm{in}}(z)=\mathrm{j}X_{\mathrm{in}}(z)$，相当于低频电路中的纯电感；在$\frac{\lambda}{4}<z<\frac{\lambda}{2}$内 $Z_{\mathrm{in}}(z)=-\mathrm{j}X_{\mathrm{in}}(z)$，相当于低频电路中的纯电容。离终端每隔$\frac{\lambda}{4}$处，阻抗性质就变换一次，这种特性称为$\frac{\lambda}{4}$阻抗变换性。根据上述特性，可以用短路线做成各种电抗元件。

综上所述，驻波状态下无耗传输线有如下特性：

(1)沿线电压和电流的振幅随位置呈驻波分布，空间相差为$\frac{\lambda}{4}$，无能量传输；

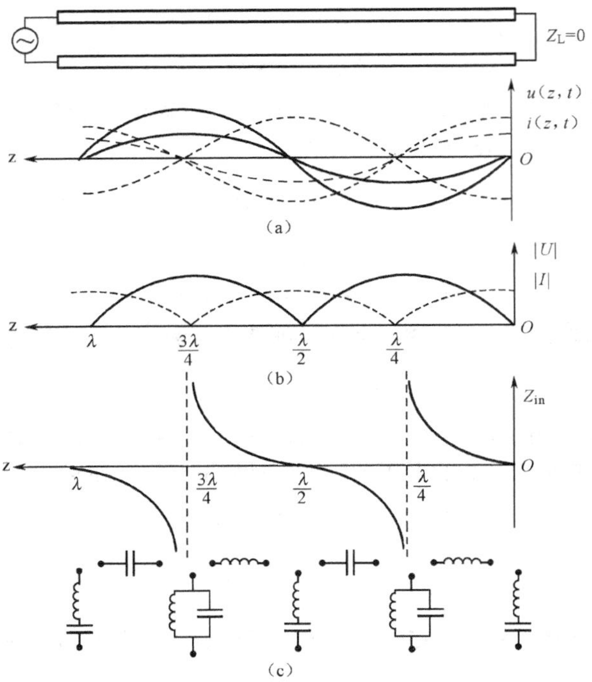

图 6.28　终端短路线上的驻波电压、电流和阻抗分布

(2)沿线任意位置的电压和电流在原处随时间做周期性时谐振荡，时间相位差为$\frac{\pi}{2}$；

(3)沿线输入阻抗具有纯电抗性和$\frac{\lambda}{4}$阻抗变换性，利用短路线这一周期性变换特性可制成电抗元件。

4. 混合波状态

混合波状态就是部分反射工作状态，此时有 $0<\Gamma(z)<1$。这是由于传输线终端负载为任意复阻抗 $Z_L=R_L\pm jX_L$，与传输线特性阻抗 Z_c 不相匹配，只能吸收入射波一部分能量，未被吸收能量的波则以反射波形成反向传输，与入射波的一部分叠加成部分驻波，未被叠加的入射波则形成部分行波，所以混合波状态又称为**行驻波状态**。

将 $U^+(z)=U_0^+e^{j\beta z}$，$I^+(z)=I_0^+e^{j\beta z}$ 和 $\Gamma(z)=\Gamma_0e^{-j2\beta z}$ 代入式(6.84)，可得

$$\begin{aligned}U(z)&=U_0^+e^{j\beta z}+\Gamma_0U_0^+e^{-j\beta z}\\&=U_0^+e^{j\beta z}+2\Gamma_0U_0^+\frac{e^{j\beta z}+e^{-j\beta z}}{2}-\Gamma_0U_0^+e^{j\beta z}\\&=U_0^+e^{j\beta z}(1-\Gamma_0)+2\Gamma_0U_0^+\cos\beta z\end{aligned}\tag{6.96a}$$

$$\begin{aligned}I(z)&=I_0^+e^{j\beta z}+I_0^-e^{-j\beta z}\\&=I_0^+e^{j\beta z}(1-\Gamma_0)+j2\Gamma_0I_0^+\sin\beta z\end{aligned}\tag{6.96b}$$

式(6.96)表示传输线上的电压和电流中，含$(1-\Gamma_0)$的部分为单向入射行波，含 Γ_0 的部分为驻波，且电压和电流的驻波分布的空间相差为$\frac{\lambda}{4}$，如图 6.29 所示。

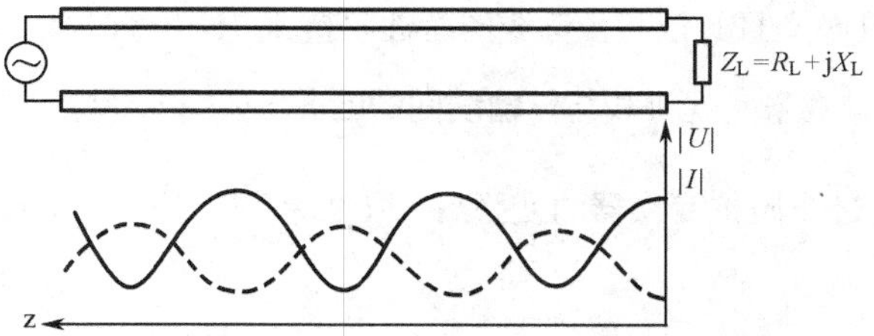

图 6.29　终端阻抗不匹配线上的混合波电压、电流分布

6.5.4　传输线的阻抗匹配

1. 传输线的阻抗匹配状态

在实际的微波传输系统中，总是存在各种不均匀而导致传输波的反射。为了消除反射波，确保单向行波的传输，改善和提高微波传输系统的传输效率、功率容量、工作稳定性和测量精度，有必要对微波传输系统进行**阻抗匹配**。传输线的阻抗匹配包含如下三种状态：

(1)共轭阻抗匹配

如图 6.24(a)所示，在传输线上任意点，若向负载方向看去的输入阻抗与向微波信源方向看去的输入阻抗的共轭值相等，即有

$$Z_{in}=Z_g^* \tag{6.97a}$$

则微波信源的匹配称为**共轭阻抗匹配**。容易证明，在共轭阻抗匹配状态下微波信源具有最大输出功率。

(2)源阻抗匹配

若微波信源的内阻抗等于传输线的特性阻抗，即有

$$Z_g=Z_c \tag{6.97b}$$

则这种微波信源称为**匹配源**。匹配源能够吸收来自负载的反射波，然而对于不匹配源，除了可以采用阻抗变换器将不匹配源变为匹配源之外，常用的方法是微波信源与传输线之间串接一个去耦衰减器或单向隔离器，它们的作用是吸收反射波。

(3)负载阻抗匹配

若负载阻抗等于传输线的特性阻抗，即有

$$Z_L=Z_c \tag{6.97c}$$

则这种负载称为**匹配负载**。匹配负载能够吸收来自微波信源的入射波，使传输线处于无反射的行波工作状态。然而实际的微波传输系统的负载常常不能满足式(6.97c)的要求，这就需要在传输线与负载之间加接**阻抗匹配器**以实现负载阻抗匹配，使传输线处于行波工作状态。

2. 传输线的阻抗匹配方法

对于一个由微波信源、传输线和负载阻抗构成的微波传输系统，人们总是期望微波信源在输出最大功率的同时，终端负载电阻能全部吸收这些能量，以实现高效稳定的传输。因此，可以分别应用阻抗匹配器实现对微波信源的共轭匹配和对终端负载的负载匹配。由于信源匹配通常采用衰减器或隔离器，这里重点讨论负载阻抗匹配的方法。

负载阻抗匹配方法从频率上划分为窄带匹配和宽带匹配，从实现方式上划分为串联$\frac{\lambda}{4}$**阻抗变换器法**和**支节调配器法**。这里主要讨论阻抗变换器法。

当负载阻抗为纯电阻 R_L，且其值与传输线的特性阻抗 Z_c 不相等时，可在其间加接一段长度为 $\frac{\lambda}{4}$，特性阻抗为 Z_{cL} 的传输线来实现负载与传输线间的匹配，如图 6.30(a)和图 6.30(b)所示。

由式(6.79)可知，经过 $\frac{\lambda}{4}$ 阻抗变换器的变换后，取 $\beta z=\frac{2\pi}{\lambda}\cdot\frac{\lambda}{4}=\frac{\pi}{2}$，传输线的输入阻抗变为

$$Z_{in}=Z_{cL}\frac{Z_L+jZ_{cL}\tan\frac{\pi}{2}}{Z_{cL}+jZ_L\tan\frac{\pi}{2}}=\frac{Z_{cL}^2}{R_L}$$

因此，当匹配传输线的特性阻抗 $Z_{cL}=\sqrt{Z_cR_L}$ 时，代入上式可得 $Z_{in}=Z_c$，由此实现了传输线上 $Z_{in}=Z_c$ 与负载阻抗 R_L 的匹配。$Z_{cL}=\sqrt{Z_cR_L}$ 表示当传输线的特性阻抗 Z_c 与负载纯电阻 R_L 不相等($Z_c\neq R_L$)时，在其间加接一段 $\frac{\lambda}{4}$ 阻抗变换器，使其特性阻抗 Z_{cL} 满足两端 $Z_{in}=Z_c$ 与 R_L 的乘积开方值时，即能实现传输线与负载的阻抗匹配。由于无损耗传输线的特性阻抗为实数，所以 $\frac{\lambda}{4}$ 阻抗变换器只适合于匹配电阻性负载；若负载是复阻抗 $Z_L=R_L\pm jX_L$，则应设法抵消 Z_L 的虚数部分，使 $Z_L=R_L$，再采用 $\frac{\lambda}{4}$ 阻抗变换器的串接来实现传输线的特性阻抗 Z_c 与负载纯电阻 R_L 的匹配。由图 6.30(c)中可以看出，$Z_{in}(z)$ 沿 z 呈现周期性电抗变化，在不同位置 z 处呈现不同值的 $\pm jX_L$，只有在电压波节(或波腹)点处 $Z_{in}(z)$ 为纯电阻。这是因为在电压波节(或波腹)点处出现串联(或并联)谐振，在谐振点电压与电流同相，所以传输线的输入阻抗为纯电阻。在混合波状态 $Z_{in}(z)$ 仍遵循这一变化规律，所以通常在距负载阻抗 Z_L 为 l 的电压波节点(此点处 $Z_L=R_L$)串接一个 $\frac{\lambda}{4}$ 阻抗变换器来实现传输线对复阻抗负载的匹配，如图 6.30(d)所示。

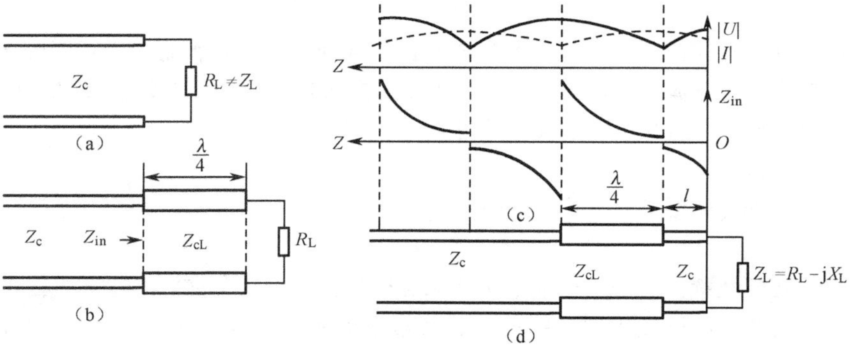

图 6.30　$\frac{\lambda}{4}$ 阻抗变换器

显然，串接于负载端的阻抗变换器，与负载一样都要产生反射波，但它们产生反射波的起始位置恰好相距 $\frac{\lambda}{4}$，致使两反射波可能达到等幅反相，相互抵消，传输线处于无反射的行波状态，从而实现了负载阻抗匹配。

【例 6.4】 当传输线终端接入复阻抗负载时，将会产生部分反射，形成混合波状态，如图 6.30(d)所示。(1)写出复阻抗 $Z_L=R_L\pm jX_L$ 引起的终端电压反射系数；(2)应用反射系数写出混合波电压和电流的表示式；(3)应用混合波电压和电流的表示式确定电压波腹(或电流波节)点和电压波节(或电流波腹)点的位置和输入阻抗。

解：

(1)$Z_L=R_L\pm jX_L$ 代入式(6.86)，求得终端电压反射系数为

$$\Gamma_0=\frac{Z_L-Z_c}{Z_L+Z_c}=\frac{(R_L-Z_c)\pm jX_L}{(R_L+Z_c)\pm jX_L}\cdot\frac{(R_L+Z_c)\mp jX_L}{(R_L+Z_c)\mp jX_L}$$
$$=\frac{R_L^2-Z_c^2+X_L^2}{(R_L+Z_c)^2+X_L^2}\pm j\frac{2X_LZ_c}{(R_L+Z_c)^2+X_L^2}$$
$$=|\Gamma_0|e^{\pm j\varphi_0}$$

式中

$$|\Gamma_0|=\sqrt{\frac{(R_L-Z_c)^2+X_L^2}{(R_L+Z_c)^2+X_L^2}}$$
$$\varphi_0=\arctan\frac{2X_LZ_c}{R_L^2+X_L^2-Z_c^2}$$

(2)将 $\Gamma_0=|\Gamma_0|e^{\pm j\varphi_0}$ 代入式(6.81a)和式(6.84)，得

$$U(z)=U^+(z)[1+|\Gamma_0|e^{-j(2\beta z-\varphi_0)}]$$
$$I(z)=\frac{U^+(z)}{Z_c}[1-|\Gamma_0|e^{-j(2\beta z-\varphi_0)}]$$

其幅值为(取指数实、虚部平方相加开方之模值)

$$|U(z)|=|U_0^+|\sqrt{1+|\Gamma_0|^2+2|\Gamma_0|\cos(2\beta z-\varphi_0)}$$
$$|I(z)|=\frac{|U_0^+|}{Z_c}\sqrt{1+|\Gamma_0|^2-2|\Gamma_0|\cos(2\beta z-\varphi_0)}$$

(3)在 $|U(z)|$ 和 $|I(z)|$ 的表示式中，$\cos(2\beta z-\varphi_0)=\pm1$ 对应于波腹、波节，要求令

$$2\beta z_n-\varphi_0=\begin{cases}2n\pi\\(2n+1)\pi,\end{cases}n=0,1,2,\cdots$$

在

$$z_n=\begin{cases}\dfrac{\lambda}{4\pi}\varphi_0+n\dfrac{\lambda}{2}\\[2mm]\dfrac{\lambda}{4\pi}\varphi_0+(2n+1)\dfrac{\lambda}{4}\end{cases}$$

有

$$\begin{cases}|U(z)|_{max}=|U_0^+|(1+|\Gamma_0|)\\|I(z)|_{min}=\dfrac{|U_0^+|}{Z_c}(1-|\Gamma_0|)\\Z_{in}=R_{max}=Z_c\rho\end{cases}$$

和

$$\begin{cases}|U(z)|_{min}=|U_0^+|(1-|\Gamma_0|)\\|I(z)|_{max}=\dfrac{|U_0^+|}{Z_c}(1+|\Gamma_0|)\\Z_{in}=R_{min}=Z_c/\rho\end{cases}$$

看出距终端复阻抗的传输线长度 l 满足 $l=z_n$ 的电压波腹(或电流波节)点和电压波节(或电流波腹)点处，输入阻抗为纯电阻 $R_{max}=Z_c\rho$ 和 $R_{min}=Z_c/\rho$。

【例 6.5】 特性阻抗为 $Z_c=150\ \Omega$ 的均匀无损耗传输线，终端接负载的复阻抗为 $Z_L=250+j100\Omega$，在传输线和终端负载间加接一 $\dfrac{\lambda}{4}$ 的阻抗变换器以实现阻抗匹配，如图 6.30(d)所示。试求 $\dfrac{\lambda}{4}$ 阻抗变换器的特性阻抗 Z_{cL} 及其距终端的距离 l。

解:

由于电压波节点比电压波腹点更便于测定其准确位置，通常采取在电压波节点处串接变换器的方式，如图 6.30(d)所示容性负载复阻抗。但为了实现对感性负载复阻抗的阻抗匹配，应当将 $\frac{\lambda}{4}$阻抗变换器串接在距终端第一个电压波腹点，此处的等效阻抗为纯电阻 $R_{max}=Z_c\rho$，由此知阻抗变换器的特性阻抗 Z_{cL} 及其距终端的距离 l 为

$$Z_{cL}=\sqrt{R_{max}Z_c}=\sqrt{Z_c^2\rho}$$

$$l=\frac{\lambda}{4\pi}\varphi_0, n=0$$

式中

$$\rho=\frac{1+|\Gamma_0|}{1-|\Gamma_0|} \text{ 和 } \Gamma_0=\frac{Z_L-Z_c}{Z_L+Z_c}$$

将已知值 $Z_L=250+j100\Omega$ 和 $Z_c=150\Omega$ 代入上列各式，最后得

$$\Gamma_0=\frac{(250-150)+j100}{(250+150)+j100}=0.343\angle 0.54$$

$$\rho=\frac{1+0.343}{1-0.343}=2.0441$$

$$Z_{cL}=\sqrt{150^2\times 2.0441}=214.46\ \Omega$$

$$l=\frac{\lambda}{4\pi}\times 0.54=0.043\lambda$$

6.6 电磁波传输的应用

电磁波传输主要研究在无源空间中电磁波与引导电磁波的导波系统间的相互作用规律。因此其应用也主要考虑电磁波传输特性和导波系统特性及其相互作用的关系。

实际的传输系统，除了固定电话双导线传输、闭路电视光纤传输和海底电缆或光缆传输等长距离有线传输系统外，更多的是短距离有线传输与长距离无线传播相结合所形成的传输系统。在这样的传输系统中，导波系统是作为发射设备和接收设备内天线-馈线系统(简称天馈系统)中的电磁波的传输馈线而使用的。当传输系统和计算机科学与技术、网络技术、空间科学与技术等相结合时，就形成不同的传输方式。以通信为例，数字微波中继通信、光纤通信和卫星通信已形成现代通信传输的三大主要支柱。因此可将电磁波的传输归纳为如下三方面的应用：

(1)电磁波传输特性的应用。电磁波的频率不同，导致电磁波不同的传输特性，形成不同的应用领域，如短波与超短波通信，微波通信、红外通信和光通信等。

(2)传输系统特性的应用。电磁波的频率不同，要求不同结构的传输系统，形成不同特性传输系统的应用，如矩形波导、圆形波导、同轴波导、介质波导和光波导等。

(3)传输方式的应用。有线传输与无线传播是以不同方式相结合的，因而形成不同的应用。例如，当传输系统与计算机科学与技术、网络技术相结合时，就可应用于数字微波通信，因特网；当传输系统与空间科学与技术、微波集成电路相结合时，就可应用于卫星通信、遥控、遥测、遥感和射电天文学。

6.6.1 数字微波通信在军事上的应用

微波为波长 0.1 mm～1 m 或频率为 300 MHz～3000 GHz 的电磁波。由于微波具有似光性、穿透性、高频性、热效应性、散射性和抗干扰性等特性，所以利用微波进行通信具有频带宽、信息容量大、抗自然和人为干扰强等优点，使微波通信技术获得广泛的应用。

微波通信分为模拟通信和数字通信。在通信系统中，传输的信号电流随时间做连续变化(如麦克风和摄像机)，这样的信号称为模拟信号；反之，传输的信号电流随时间做离散变化(如计算机和数码相机)，这样的信号称为数字信号。通常，在采用二进制时，在电流的开启或关闭下分别对应于两种状态，称为“1”码或“0”码。连续的模拟信号电流可以利用电流的开启或关闭，通过取样、量化和编码变换为离散的数字信号电流，如图 6.31 所示。取样一般由电子开关组成的取样器完成，开关每隔 T 秒闭合一次，闭合经过短暂时间 τ 秒($\tau \ll T$)，将连续信号接通，实现一次取样。于是取样器的输出将形成一串重复周期为 T、宽度为 τ 的窄脉冲，图 6.31(a)中的模拟信号变为图 6.31(b)中的矩形窄脉冲信号。取样后，需要对离散的取样值进行量化，即将取样最大值划分为若干离散值，使每个取样值被量化到介于幅度的零至最大值中的某一离散值。经量化后的脉冲的幅度完全对应于相同时间的连续信号的幅度，如图 6.31(c)所示。量化的取样值通过脉冲编码调制方法(PCM)变换为数字信号，即用一系列表示脉冲有无的“1”或“0”二进制码来表示离散的信息，如图 6.31(d)所示。概括地说，脉冲编码调制主要包括取样、量化和编码三个过程。取样是把连续时间模拟信号变换为离散时间连续幅度的取样信号；量化是把离散时间连续幅度的取样信号变换为离散时间离散幅度的数字信号；编码是将量化后的信号编码形成一个二进制码组输出。每一个码有一定的持续时间 T_B，它表示“1”或“0”的一个二进制位，称为比特(bit)，其倒数$B=1/T_B$ 表示每秒的比特数，称为比特率。比特和比特率是描述数字信号的两个基本物理量。

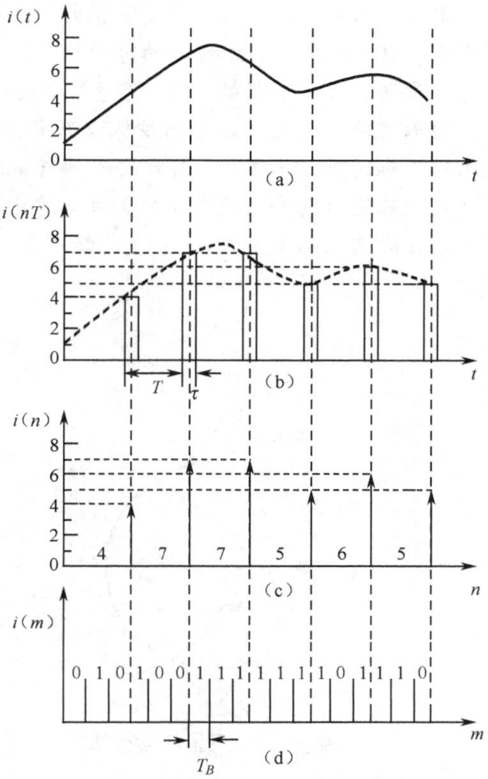

(a) 模拟信号；(b) 取样；(c) 量化；

(d) 编码(n 为脉冲数，m 为码元数)

图 6.31　模拟信号变换为数字信号

微波近距离通信可采用有线传输，如有线电视信号采用同轴电缆进行传输；微波远距离通信可采用无线传输，如微波视距通信、微波超视距中继通信、移动通信、卫星通信和散射通信。然而，在微波中继通信中，每一次中继转发都将导致失真和噪声，而模拟信号不具备消除失真和噪声的能力，只有数字信号具备复原原信号的能力。所以远距离常采用数字微波中继通信。

数字微波通信由于抗干扰能力强，可靠性高，频带宽，不易被窃听，保密性好，易于集成化，架设简便，所以军事应用价值很高。

6.6.2　卫星通信在全球卫星定位系统中的应用

1. 卫星通信传输系统概要

在卫星通信传输系统中，人造地球卫星作为空间的中继站，由地面发射站向卫星发射信号(称上行线路)，再由卫星将信号转发给其他地面接收站(称下行线路)。上行线路和下行线路可以交替使用的通信构成双向通信，由多个地面站与卫星的通信构成卫星通信网。

卫星通信具有距离远、覆盖面积大、频带宽、传输容量大、机动灵活、稳定可靠和经济效益好等优点，但也存在着电波传播的时延较大、回波干扰、通信中断和通信盲区等缺点。

卫星通信可按卫星的用途、质量、轨道高度和运行轨道分为不同的类型。按卫星的运行轨道可分为赤道轨道卫星或地球同步轨道卫星、倾斜轨道卫星和极轨道卫星，如图 6.32 所示。其中的地球同步轨道卫星呈圆形，其轨道平面与地球赤道平面重合，在地球赤道上空约36000 km外，卫星绕地球的运行周期与地球自转同步，对地球上的观察者处于相对静止状态，又称为静止轨道卫星。通常约需三颗静止轨道卫星，就可几乎覆盖全球，只在两极处存在通信盲区，如图 6.33 所示。

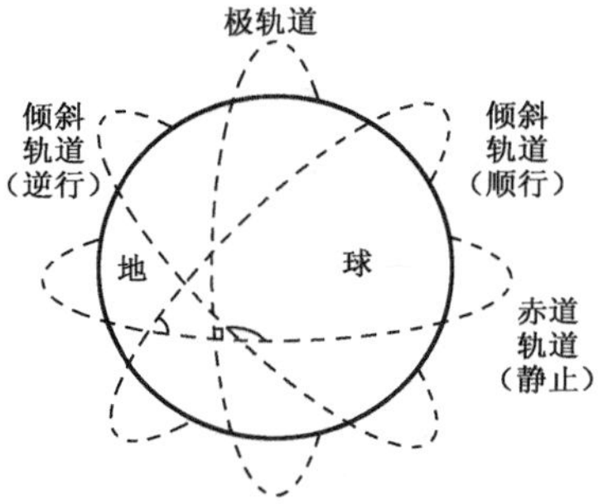

图 6.32　卫星的运行轨道

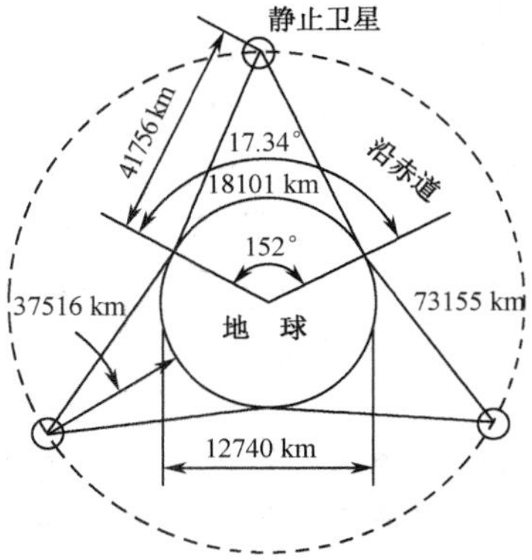

图 6.33　静止卫星轨道

卫星通信的发展经历了三个阶段：第一阶段为固定卫星通信系统，又称为第一代卫星通信；第二阶段为移动卫星通信系统，又称为第二代卫星通信；第三阶段为个人卫星通信系统，又称为第三代卫星通信。

2. 全球卫星定位系统

卫星通信的一个重要应用是用于建立全球卫星定位系统，又称为 GPS(Global Positioning System)。它包括在 6 个倾斜轨道上的 24 颗距地面约 19200 km 的移动卫星及其地面监视系统组成。通过接收来自至少 4 颗卫星的信号，即可获得用户所在的地理位置，从而实现对经度、纬度和高度的精确定位。所以 GPS 包括了卫星、地面监控和用户三个部分。

在 GPS 中使用了以地球为中心的地心赤道坐标系。只要知道坐标系中三个点的位置及观察者至该三个点的距离测量值，就可算出观察者在该坐标系中的位置，而三个点的位置分别由 3 颗卫星确定。为了精确跟踪不断移动的卫星位置，可通过主控站将不断更新的轨道参量发送至卫星上，以预测卫星的运行轨道。

为了提高卫星定位精度，可以采用差分技术。该技术要求在已知的参考站中放置 GPS 接收机，用于计算 GPS 卫星发射的位置数据中的误差，以获得一个校正信号，并通过参考站将此校正信号传播至所在区域的其他接收机，进而提高定位精度。

GPS 提供全球性的全天候实时的时间、位置、速度和方向等高精度信息。在军用上可用于精确制导，在民用上可用于定位和授时。在静态定位方面包括测绘、考古、工程勘测和油气开发等，在动态定位方面包括航空、航海、导航、车辆跟踪、监控和营救等，都得到广泛应用。

6.6.3　光纤通信传输系统在全光网络通信技术中的应用

1. 光纤通信传输系统概述

以光波来传递信息的光通信，最早始于古代的烽火台发出的火光及随后采用的信号灯、信号旗等，它们都能传递简短的信息。但其信息容量小、距离短、可靠性低，其根本原因在于它们所采用的是普通光源。1960 年第一台红宝石激光器问世，促使光通信进入一个全新的时代。激光的含义是受激辐射光放大(Light Amplifcation by Stimulated Emission Radiation，缩写为 Laser)。近年来大功率半导体激光器的研制成功，更使得大气激光通信迈向了实用化的道路。由于光通信均使用激光器做光源，又称为激光通信。伴随着光通信光源研制的日趋发展，作为光通信传输介质的重要技术也在不断发展。人们研制了各种不同种类的低损耗光纤，直至 20 世纪 80 年代后期，终于研制成功一种称为光导纤维的理想的光波传输介质，使损耗降低至0.16 dB/km。至此，光通信迈向实用化方向发展的两大技术关键问题均获得圆满解决，进而促进了各类光纤通信传输系统的建立。

图 6.34 给出了光纤通信传输系统的示意图。它由光发射机、光通信信道和光接收机三部分组成。利用光纤作为光通信信道的作用是将光信号从光发射机不失真地传递到光接收机。光纤的两个重要参量是损耗和色散，它们直接影响着光纤通信系统的传输距离和传输容量。其中光纤的损耗直接决定着长途光纤传输系统的中继距离，而光纤的色散使得光脉冲在光纤中传输时发生展宽。光发射机的作用是将电信号转变为光信号，并将光信号耦合进入传输光纤中。为了实现这一作用，光发射机包括模拟或数字电接口、电压-电流驱动和光源-光纤耦合接口等部分。电接口是电信号输入的输入电路接口，电压-电流驱动是输入电路与光源间的电接口，它通过作为光源的半导体激光器或发光二极管将输入信号的电压转换为电流；光源-光纤耦合器是将光源发出的光耦合到光纤或光缆中。光接收机的作用是将来自光纤的光信号还原成原来的电信号。为了实现这一作用，光接收机包括光纤-光检波耦合器、光检测器、电流-电压转换器、放大器和模拟或数字电接口等部分。光纤-光检波耦合器是将光纤或光缆中的光耦合到光检波器中；光检测器通过光电二极管将光能转化为电流；电压-电流转换器和放大器将电流转化为输出电压信号，并加以放大；电接口是电信号输出的输出电路接口。

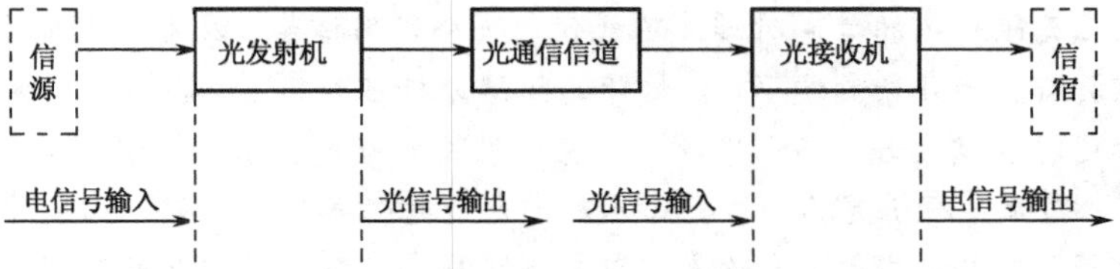

图 6.34　光纤通信传输系统

2. 数字光纤通信传输系统中的信道复用

由于数字通信比模拟通信具有灵敏度高和传输质量好等优点，因此大容量长距离的光纤通信传输系统大多采用数字传输形式。在数字光纤通信传输系统中，可采用复用的方法同时传输多路信号，以便充分利用光纤通信的容量。信道多路复用技术包括时分复用(TDM)、频分复用(FDM)、波分复用(WDM)、码分多址(CDMA)和空分多址(SDMA)。其中时分复用和频分复用是两种主要的复用方式。在时分复用中，信道在时域上分离为不同的时间区域，每一路信号只能在一定的时间区域内独占的信道上进行传输，同时传输的各路信号间互不干扰；在频分复用中，信道在频域上划分为不同的频率间隔，每一路信号只能在一定的频率间隔内独占的信道上进行传输，同时传输的各路信号间互不干扰。波分复用与频分复用在原理上并无本质区别，当频分复用应用于光纤信道时，如果信道间隔较大(>100 GH_2)，则称为波分复用。

采用时分复用概念，在北美、欧洲和日本形成了不同的数字系列，缺乏统一的国际标准，彼此互不兼容。随着光纤通信技术和大规模集成电路的高速发展，20世纪80年代出现一个普遍被各国接受的一种以光纤通信为基础的同步光网络(SONET)的国际标准，后经修订命名为同步数字系列(SDH)，由此将光纤通信的运用范围推广至微波和卫星的通信传输体制。

3. 全光网络通信技术

全光网络通信技术是正在研发的光纤通信的一个主要新技术和应用领域。

由于光纤巨大的带宽容量和光的复用技术的使用，大大促进了以光纤通信技术为基础的通信网络传输容量的增加。但在这样的电信通信网络中，网络的各节点要完成光-电-光的转换，要依靠其中的电子器件来实时完成这种高速、大容量的转换，显然是不相适应的。全光网络(AON)概念的引入为这一问题的解决提供了一种有效方法。所谓全光网络，是指网络中各节点间的信道保持一种完全的光路形式，其间没有任何电的转换过程。整个信号传输过程都是在光域内进行的，而在各节点的信号交换则利用光交叉连接器(OXC)来实现。由于没有光电转换的中间屏障，进而实现了信息传输的全光透明性和信息处理速率的快捷性。完整的全光网络能够实现各网络节点间的光传输，交换和处理等功能。

掺铒光纤放大器(EDFA)的使用能增加全光中继距离，提高光信号传输的透明性，波分复用技术的采用能实现超大容量、超高速的光信号传输，再加上光纤色散补偿技术的应用，使全光通信网络比现行的光通信系统具有更多的优点，包括：透明性、兼容性、可扩展性、可重组性和高可靠性。

6.6.4 宽带传输技术在多媒体通信中的应用

1. 窄带、宽带和超宽带的基本概念

一个在时间上无限延续的单色时谐波不能代表一个实用信号，因为它不能传递任何信息。任一实用信号必然具有更为复杂的波形，由信号的频谱分析可知，一个在有限时间内存在的由任意波形表示的信号可以看成是若干不同频率的单色时谐波的叠加。信号波形越尖锐，其所包含的频谱分量就越丰富，因而具有很宽的频带。由媒质的色散特性可知，这些不同频率的单色时谐波在媒质中的相速是不一样的。因此，有必要考虑由不同频率波群组成的波包在空间的传播速度。

已知单色波 $\cos(\beta z-\omega t)$的等相面移动的相速为

$$v_P=\frac{\mathrm{d}z}{\mathrm{d}t}=\frac{\omega}{\beta}$$

根据傅里叶的分析方法，任意复杂形状的波包所构成的信号，可以分解为许多频率相异的单色时谐波的叠加。设波包所含频谱分量的频带宽度为 $\Delta\omega$，则其对应的相位常数宽度为 $\Delta\beta$。所以波包 $\cos(\Delta\beta z-\Delta\omega t)$的相速为

$$v_g=\frac{\mathrm{d}z}{\mathrm{d}t}=\lim_{\Delta\beta\to 0}\frac{\Delta\omega}{\Delta\beta}=\frac{\mathrm{d}\omega}{\mathrm{d}\beta}$$

由波群组成的波包的相速称为波群的群速。

在色散媒质中，在 $\Delta\beta$ 很小的窄带条件下，群速的定义尚有明确的意义；但在 $\Delta\beta$ 增大的宽带条件下，诸谐波分量相速的不一致性加剧，导致波形在信号传播过程中产生畸变或展宽，因而也使群速失去意义。这正像一队士兵组成以整齐步伐前进的队伍有一个统一的前进速度(群速)一样，当每位士兵以极不相同的速度(或频度)前进时，经过一定时间后队伍便散开了(畸变或展宽)，这时也无法明确规定整个队伍的前进速度。

任何通信系统为了传递一定的信息必须占有一定的频带，为传输某信息所需的频带宽度称为带宽。显然，要传输的信息越多，所占用的频带就越宽。通常将频带宽度对中心频率之比定义为相对带宽。一般相对带宽不能超过百分之几，所以为了使多路电话和电视等能同时在一条线路上传输，就必须使信道中心频率比所要传输信息的总带宽高几十至几百倍。因此，现代多路无线通信几乎都工作在微波和光波波段。随着数字技术的发展，单位频带所能携带的信息更多。通信系统的通信容量与系统的带宽成正比，所以波的频率越高，频带就越宽，通信容量也越大。

宽带是一个相对概念，常指进行数字通信的宽带互联网。宽带互联网包括宽带骨干网和接入网。一般把用户接口上的最大接入速率等于 2 Mb/s 的信息通道作为划分窄带和宽带的临界值。例如，电话线的最大极限传输速率为 56 kb/s，其信息通道处于窄带范围。如果相对带宽大于 20%，具有这样信息通道的通信系统的带宽属于超宽带。其频谱宽度为 7.5 GHz(3.1～10.6GHz)，在 10 m 左右的距离上能够达到 100 Mb/s 的通信速率。瞬态电磁波就具有超宽带的频谱分量。瞬态电磁波的信号速度，与基于单频和多频的稳态电磁波的信号所定义的相速和群速是不一样的。因此瞬态电磁波的信号速度与稳态电磁波的相速和群速并无直接的联系。电磁导弹就是一种瞬态电磁波，由它作为信息载体构成的通信系统，在空间传播的是载有信息的慢衰减电磁脉冲，而不是经调制的时谐波，这样的通信系统是一种有待探索、具有良好应用前景的超宽带通信系统。

2. 宽带传输技术

宽带传输系统可分为有线宽带传输和无线宽带传输。其中有线宽带传输包括双绞线、光纤和混合光纤同轴电缆三类宽带传输，无线宽带传输包括固定和移动两类无线宽带传输。

宽带传输技术包括多方面的内容。其中，各种数字用户环路(XDSL)技术基于传统的普通电话线同时传送语音和数据的信息，能够充分有效地利用和开发其宽带业务资源。全球微波接入互操作性(WiMax)宽带无线接入技术是一种有效进行互操作的宽带无线接入方式，该项技术具有传输距离远、接入速度快和可提供广泛的多媒体通信服务等优点。光纤传输技术利用极高频率的光波及其在光纤传输中的复用技术，大大增加了光纤传输网络的带宽、传输速度、传输距离和抗干扰能力，是未来宽带网络的发展方向。

3. 多媒体通信技术

多媒体通信是基于宽带传输技术而发展起来的新兴通信应用领域。

多媒体(Multimedia)常指作为信息载体的声音、文字、文本、图形、图像、动画和视频影像等多种传播媒体的综合。对多种信息传媒的综合是通过计算机对其进行获取、编辑、存储、检索、展示和传输等各种交互式操作处理，以实现各种信息传媒的有机合成。多媒体通信是指利用多种信息传媒进行信息的传递和交换，借助于通信、电视和计算机的有机结合，以实现可视化、智能化和个人化的通信模式。多媒体通信技术是宽带传输通信技术与多媒体技术的有机结合。

作为高新技术的多媒体，具有图文并茂、声情并茂、信息量大、数据量大的特点，这就要求多媒体通信存储容量大、传输带宽或传输速度要高，所以有必要通过对音频、图像等信号的压缩编码方法对其信息进行有效的压缩。基于宽带技术的多媒体通信网络的上网速度可以是普通拨号上网的几十至几百倍。超大容量、宽带多媒体数据的存储、检索、传输与交换等将是今后多媒体通信技术的发展方向。

思考题

6.1 为什么说电磁能量不能通过传输线中的电流来传递，传输线只能引导电磁能量的传递？传输线是如何引导电磁能量传递的？

6.2 传输线大体分为几种类型？各种类型的传输线分别传输什么类型的波？分别应用于什么波段？

6.3 从双导体传输线、同轴导线到规则金属波导的演变过程说明传输线的结构类型与所传输电磁波的波长或频率有什么关系？

6.4 从同轴导线和双导线分别演化为带状线和微带线的过程说明集成化对传输线的形式有什么要求？

6.5 从纵向和横向两方面来描述电磁导波的特性的含义各是什么？什么是纵向场量法？为什么应用纵向场量法可以将矢量波动方程简化为纵向标量波动方程？

6.6 为什么存在二维静态场的系统可以用做传输 TEM 波的导波系统？如何用 TEM 波的波解中的物理参量来解释 TEM 波的传输特性？其传输特性是什么？

6.7 如何由 TM 波和 TE 波的波解中的物理参量来解释这两类波的传输特性？其传输特性是什么？为什么空心波导能传输 TM 波和 TE 波而不能传输 TEM 波？

6.8 如何应用分离变量法对矩形波导中满足纵向场分量方程和横截面边界条件的边值问题求解 TM 波和 TE 波的纵向场分量的横向分布函数？由它们各自的横向分布函数可以看出这两类波的场具有什么横向分布特性？

6.9 如何由矩形波导中 TM 波和 TE 波的波解中描述相角关系和幅度关系的物理参量来解释导波模式的纵向传输特性？

6.10 什么是矩形波导中导波的主模式？如何根据其波解的横向驻波分布函数和纵向行波函数画出主模式的场结构图？矩形波导中导波的单模传输条件是什么？

6.11 圆形波导与矩形波导中对导行波的分析方法有什么相似之处？有什么相异之处？同轴波导与圆形波导在结构上的区别是什么？为什么这种结构上的区别会导致同轴波导既能够存在 TEM 波的主模，又能够存在 TM 波和 TE 波的高次模？

6.12 微波与毫米波集成传输线包括那四大类型？哪两类适用于毫米波频率的低端？哪两类适用于毫米波频率的高端？

6.13 微带和共面波导等准 TEM 波传输线可以用准静态场分析法进行分析计算。什么是准 TEM 波？什么是准静态场分析法？

6.14 槽线和鳍线等非 TEM 波传输线在低频和高频时可分别用什么分析法进行分析计算？什么是非 TEM 波？

6.15 圆形介质波导是一种开放式介质波导传输线，其严格分析法与空管金属波导中的严格分析法有什么相似之处？

6.16 介质波导、光波导和光导纤维间有什么关系和区别？光导纤维有哪两种分析方法？光导纤维的数值孔径的定义和物理意义是什么？

6.17　什么是微波等效电路法？为什么对实际的微波传输系统常采用微波等效电路法进行分析计算？

6.18　什么是短线和长线？什么是集中参量和分布参量？分布参量具有什么物理意义？

6.19　如何利用基尔霍夫定律和双导线的等效电路导出电压和电流的传输线方程？如何由传输线方程导出电压和电流的波动方程，并求出其稳态解？与自由空间中均匀平面波的相应情况做比较，两者有什么相似之处？

6.20　传输波的传输特性是用传输波稳态解中的哪些传输特性参量来解释的？这些传输特性参量的定义及其物理意义是什么？与自由空间中均匀平面波的相应情况做比较，两者有什么相似之处？

6.21　为什么传输线终端所接负载会影响传输线的工作状态？描述传输线工作状态的各工作状态参量的定义及其物理意义是什么？各工作状态参量间有什么对应关系？在各工作状态下无耗传输线分别具有什么特性？

6.22　为什么要对实际微波传输系统进行阻抗匹配？传输线的阻抗匹配包含哪些类型？传输线的阻抗匹配包含哪些方法？

习题

6.1　已知矩形波导横截面的边长分别为 a 和 b，该波导中传输最低次的 TM_{11} 模。(1)写出纵、横场分量的瞬时形式；(2)求截止频率、相位常数、波导波长、相速度和波阻抗。

6.2　已知空气填充的矩形波导宽边和窄边的边长分别为 $a=5$ cm 和 $b=2$ cm，波导中传输的导波 TM_{21} 模的工作频率分别取 $f_1=1$ GHz 和 $f_2=20$ GHz。(1)判断在哪种工作频率下为衰减模式，在哪种工作频率下为传播模式；(2)求传播模式的相位常数、相速度、波导波长和波阻抗。

6.3　已知空气填充的矩形波导宽边和窄边的边长分别为 $a=7.2$ cm 和 $b=3.4$cm，波导中传输的导波为主模 TE_{10} 模，其工作频率为 $f=3$ GHz。试求截止频率、波导波长、相速度和波阻抗。

6.4　已知空气填充的矩形波导宽边和窄边的边长分别为 $a=2.29$ cm 和 $b=1.02$cm。(1)求导波模式的截止频率 $f_{c\cdot10}$，$f_{c\cdot20}$，$f_{c\cdot01}$，$f_{c\cdot11}$，和 $f_{c\cdot21}$；(2)求只传输主模 TE_{10} 模的工作频率的变化范围；(3)求工作频率为 10000 MHz 的主模的波长和相速度。

6.5　在设计矩形波导尺寸时，只知道其窄边尺寸为 $b=1$ cm。若要求所设计的波导只能传输相位常数为 102.65 rad/m 的主模 TE_{10} 模，且工作频率为 12 GHz，试计算矩形波导宽边尺寸 a。

6.6　已知光纤直径为 $D=50$ μm，折射指数为 $n_1=1.84$，相对折射指数差为 $\Delta=0.01$，试根据光纤中的光波工作波长所需满足的单模传输条件确定单模工作的频率范围。

6.7　有限长无耗传输线的长度为 100 m，其总电感和总电容分别为 27.72 μH 和 18 nF。若传输波的工作频率为 100 kHz，试求：(1)传输线的特性阻抗；(2)传输波的相位常数、相速度和波长。

6.8　已知均匀无耗传输线的特性阻抗为 $Z_c=100\Omega$，终端负载阻抗为 $Z_L=75+j100\Omega$，传输波信号的工作频率为 3 GHz。试求：(1)传输波信号的波长；(2)离终端 $\frac{\lambda}{4}$ 处的输入阻抗；(3)终端反射系数；(4)传输线上的驻波系数。

6.9　有一特性阻抗为 $Z_c=50\Omega$ 的均匀无耗传输线终端接负载为 $R_L=150\Omega$。(1)求负载反射系数 Γ_0；(2)求离负载距离 $z=\frac{\lambda}{4}$ 和 $z=\frac{\lambda}{2}$ 处的反射系数 $\Gamma(z)$ 和输入阻抗 $Z_{in}(z)$；(3)若将 R_L 改为未知负载阻抗 Z_L，此时测得电压波腹和电压波节之值分别为 $U_{max}=240$ mV 和 $U_{min}=40$ mV，第一个电压波节的位置离负载距离 $l=\frac{\lambda}{4}$。利用电压波节点分布位置 $z_n=\frac{\lambda}{4\pi}\varphi_0+(2n+1)\frac{\lambda}{4}$ 求负载阻抗 Z_L。

6.10　写出无耗传输线线段为 $z=\frac{\lambda}{4}$，$\frac{\lambda}{2}$ 长度的输入阻抗表示式。如何从两种输入阻抗表示式说明阻抗具有 $\frac{\lambda}{4}$ 的变换性和 $\frac{\lambda}{2}$ 的重复性(或还原性)？

6.11　(1)写出无耗传输线终端短路($Z_L=0$)和开路($Z_L=\infty$)的输入阻抗表示式，并由表示式求传输线的特性阻抗(Z_c)和相位常数(β)的表示式；(2)利用这些表示式可以通过测量一段传输线在终端短路和开路条件下的输入阻抗计算传输线的传输特性参量。设有一段线长为 $l=1.5$ m$\left(l<\frac{\lambda}{4}\right)$的无耗传输线，测得终端短路和开路时输入阻抗的值分别为 $Z_{ins}=\mathrm{j}103\ \Omega$ 和 $Z_{in0}=-\mathrm{j}54.6\ \Omega$，试求传输线的特性阻抗 Z_c 和传播常数 γ。

6.12　有一特性阻抗为 $Z_c=50\ \Omega$ 的电阻性主传输线通过与两个分别接有终端负载阻抗为 $Z_{L1}=64\ \Omega$ 和 $Z_{L2}=25\ \Omega$ 的分支传输线相并联，如图 6.35 所示。在并联分支电路上分别串接四分之一波长阻抗变换器 Z_{cL1} 和 Z_{cL2}，以实现主传输线特性阻抗与两并联负载阻抗的匹配。若主传输线在输出端对其并联负载等效电路进行等功率馈送，则在传输线输出端向每一负载看去的输入阻抗相等，这两个输入阻抗与主传输线在其端点的输入阻抗呈并联关系。试求：(1)四分之一波长线的特性阻抗；(2)并联分支匹配线上的反射系数和驻波系数。

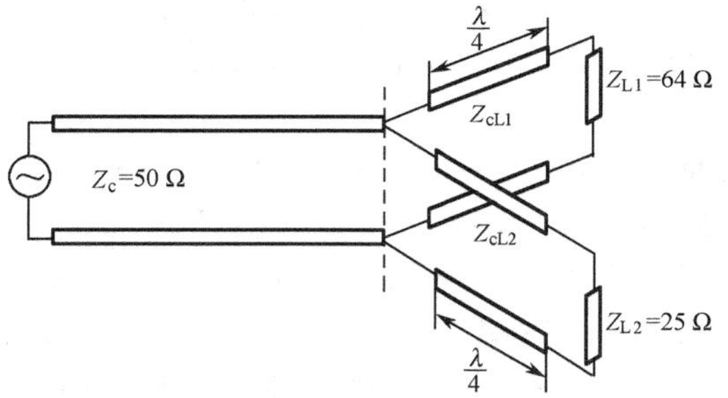

图 6.35　习题 6.12 用图

第 7 章

电磁波的辐射

前两章介绍电磁波的无线传播和有线传输均未涉及电磁波的产生问题。电磁波的辐射是指振荡波源产生的电磁波传播至远处而不再返回波源的现象。由于波源辐射体一般结构较复杂，研究电磁波的辐射，通常间接引入辅助的滞后位，按边界条件严格求解含源区域滞后位的非齐次波动方程解。困难在于要精确确定辐射体上的未知电荷和电流的分布，极其复杂。幸运的是，辐射场对其辐射体的源分布的微小偏差的反应很不灵敏，因而可以假定某种合理的近似源分布，仍然能得到满足工程需要的结果。能够辐射电磁波的辐射体称为发射天线，由互易原理可知，接收天线与发射天线具有相同的电参量。本章首先以振荡电、磁偶极子(或电、磁基本振子)作为辐射电磁波的基本单元，重点介绍了它的近区场分布特性和远区场辐射特性及描述天线特性的电参量；在此基础上应用叠加原理和对偶原理等进行推广，按不同频率特点和应用要求派生出各种类型的线形天线、面形天线和天线阵；最后介绍电磁波辐射的应用。

天线的作用在于对无线电设备的高频电流和空间电磁波的能量进行相互转换，同时控制电磁波在指定区域传播。这就要求发射天线将电磁波辐射到预定方向，接收天线能分辨预定方向的电磁波，以实现电磁波能量的有效发射和接收。随着雷达和移动通信等技术的发展，要求天线能根据所处的电磁环境智能地调节自身参量，以使系统保持最佳性能，这种天线称为智能天线。智能天线有着广阔的发展和应用前景。事实上，人脑通过神经系统对耳和嘴的控制和感知，对声波即构成了一种高度智能化的“天线”收、发系统。

7.1 赫兹和赫兹实验

赫兹(H. R. Hertz，1857—1894)是具有父系犹太血统的德国物理学家。1877 年他进入慕尼黑大学学习数学和力学，次年转入柏林大学，并在德国伟大物理学家亥姆霍兹(Helmhottz)指导下从事研究工作。1880 年以优异成绩获得博士学位后，留校任亥姆霍兹的助教。1884 年他开始对麦克斯韦理论进行理论研究，次年转入卡尔斯鲁(Karlsruhe)高等学校任教授，并从事电磁振荡的实验研究，终于在 1886 年—1888 年期间获得突破性进展。

1. 赫兹实验的内容

1886 年赫兹在做放电实验时观察到出现火花的电磁谐振现象，并设计出发射电磁波的赫兹振子和接收电磁波的谐振器，于次年实现了电磁波的发射和接收，首次通过实验证实电磁波的存在。

赫兹进一步通过驻波测量实验，由电磁波的已知频率和测量波长算出电磁波的传播速度与光速一致，揭示了光的电磁本质。

赫兹还通过一系列的实验研究，证实了电磁波传播的直线性、聚焦性和反射、折射、衍射等特性都与光波相似。

2. 赫兹的贡献

赫兹实验的成功是他毕生最大的贡献。1888 年 1 月 21 日，赫兹以实验成果为基础，发表了著名论文《论电动力学作用的传播作用》，这一天被人们定为实验证实电磁波存在的纪念日。

1888 年 12 月 13 日，亥姆霍兹在普鲁士科学院的例会上宣读了赫兹的论文《论电力辐射》，这标志着赫兹关于电磁波的实验研究已取得圆满成功。国际电工委员会(IEC)的电磁量单位命名委员会在 1933 年把 1 周/秒的频率命名为 1 赫兹(Hertz 或 Hz)，以兹纪念。

赫兹除实验研究外，还从事电磁学的理论研究。他引入了矢量磁位的辅助函数表示法，并将原始的麦克斯韦方程组(20 个标量方程)简化为对称形式的方程组(4 个矢量方程)。1887 年他在从事电磁波的实验研究时，首次发现光电效应。可惜的是赫兹英年早逝，只活到 37 岁。更令人遗憾的是，当赫兹用实验成功验证麦氏理论的时候，因积劳成疾，终年 48 岁的麦克斯韦已经去逝十年有余。

3. 赫兹实验的意义

在麦克斯韦理论建立初期，难于被人们理解和接受。许多著名物理学家还局限于机械论的框架内，企图按照力学的超距作用观点来理解电磁过程。亥姆霍兹在他所提出的一种理论中，试图保持瞬时作用的方程，而又仍然包含着麦克斯韦方程。这两种理论都需要验证电磁波是否存在，从而决定他在这两种不同看法之间做出选择。正当许多学者对麦克斯韦的超前于时代的理论持怀疑态度的时候，赫姆霍兹则呼吁为实验验证或推翻由法拉第提出经麦克斯韦用数学公式表述的电磁理论设立科学奖(柏林奖)。赫姆霍兹认为只有他的天才学生赫兹才能完成这项工作。庞加莱(Poincare)在关于“麦克斯韦理论和赫兹的动摇”的著作中，解释了赫兹实验如何在麦克斯韦理论与其对手之间提出了“实验难题”。这两种理论都确认电磁扰动沿导线传播的速度与光速相同等许多被证实的预言，但对这些作用在空间中传播的时间则产生了分歧。如果不存在麦克斯韦的“位移电流”，那么传播应当是瞬时的，这与麦克斯韦理论预言沿导线和在空间中电磁波都保持与光速相同速度的结论发生矛盾。所以庞加莱在他的著作中指出："这里是一个实验难题：我们必须测定，电磁干扰以什么速度依靠感应通过空气传播。如果这个速度是无穷大的，那么我们就必须遵循旧的理论；假如它与光速相等，那么我们就必须接受麦克斯韦的理论"。赫兹认识到，用实验来肯定或否定麦克斯韦理论对光波速度的预言，是关系到麦克斯韦理论是非存亡的重大课题。赫兹及其后继者的成功实验，无可辩驳地验证了麦克斯韦理论的正确性。电磁波以光速的有限速度传播被证实，标志着以远距离瞬时作用(超距作用)为基础的理论的终结，人们开始普遍接受麦克斯韦方程中基于近距作用观点的场的理论。经赫兹实验验证的麦克斯韦理论为电磁波频谱资源的开拓和应用开辟了广阔的前景，它的应用始于 1888 年的赫兹实验。7 年后英国剑桥的科学家在 1000m 的距离之外传输了无线电信号。同年俄国科学家波波夫发明了第一个采用莫尔斯码的无线电报应用系统。1901 年意大利的马可尼用无线电波进行了穿越大西洋的通信。1920 年开始了商业无线电广播。此后相继出现了雷达、通信、人造卫星、纤维光学和超导技术等新兴科学技术的发展。

7.2　振荡偶极子的辐射

7.2.1　滞后位

通常带时变电荷和电流的密度分布的天线系统十分复杂，直接按边界条件求非齐次矢量场波动方程的解十分困难。若引入辅助动态位，先求动态位波动方程的解，再间接求矢量场；同时只考虑做时谐变化的源分布在均匀、线性和各同性媒质中所产生的电磁波，则可大大简化其分析和计算。

对于时谐变化，可由式(4.11)和式(4.12)写出

$$\nabla^2\Phi(\boldsymbol{r})+k^2\Phi(\boldsymbol{r})=-\frac{\rho(\boldsymbol{r})}{\varepsilon} \tag{7.1a}$$

$$\nabla^2\boldsymbol{A}(\boldsymbol{r})+k^2\boldsymbol{A}(\boldsymbol{r})=-\mu\boldsymbol{J}(\boldsymbol{r}) \tag{7.1b}$$

和

$$\nabla\cdot\boldsymbol{A}(\boldsymbol{r})=-\mathrm{j}\omega\mu\varepsilon\Phi(\boldsymbol{r}) \tag{7.2}$$

式中，$k^2=\omega^2\mu\varepsilon$。方程(7.1)的解可由静态场的位解式(3.2d)和式(3.9c)推广为如下的时谐位形式

$$\Phi(\boldsymbol{r})=\frac{1}{4\pi\varepsilon}\int_V\frac{\rho(\boldsymbol{r}')\mathrm{e}^{-\mathrm{j}k|\boldsymbol{r}-\boldsymbol{r}'|}}{|\boldsymbol{r}-\boldsymbol{r}'|}\mathrm{d}V' \tag{7.3a}$$

$$\boldsymbol{A}(\boldsymbol{r})=\frac{\mu}{4\pi}\int_V\frac{\boldsymbol{J}(\boldsymbol{r}')\mathrm{e}^{-\mathrm{j}k|\boldsymbol{r}-\boldsymbol{r}'|}}{|\boldsymbol{r}-\boldsymbol{r}'|}\mathrm{d}V' \tag{7.3b}$$

利用式(4.9)可用式(7.3)的辅助动态位间接表示出时谐场的表达式为

$$\boldsymbol{H}(\boldsymbol{r})=\frac{1}{\mu}\nabla\times\boldsymbol{A}(\boldsymbol{r}) \tag{7.4a}$$

$$\boldsymbol{E}(\boldsymbol{r})=-\nabla\Phi(\boldsymbol{r})-\mathrm{j}\omega\boldsymbol{A}(\boldsymbol{r}) \tag{7.4b}$$

为了避免同时对源函数 ρ 和 $\boldsymbol{J}$ 积分求 Φ 和 $\boldsymbol{A}$，可利用式(7.2)中 $\boldsymbol{A}$ 和 Φ 的关系将式(7.4b)中的 $\nabla\Phi$ 取代为 $\frac{1}{\mathrm{j}\omega\mu\varepsilon}\nabla\nabla\cdot\boldsymbol{A}$。这样，只需求 $\boldsymbol{A}$ 的一个方程的积分解即可表示出场量之值。实际上，在求振荡偶极子的辐射场时，可利用无源区($\boldsymbol{J}=0$)中麦克斯韦方程的旋度式(4.8b)用磁场表示电场，有

$$\boldsymbol{E}(\boldsymbol{r})=\frac{1}{\mathrm{j}\omega\varepsilon}\nabla\times\boldsymbol{H}(\boldsymbol{r}) \tag{7.5}$$

因此，只需根据天线的电流分布求辐射场。可利用式(7.3b)，式(7.4a)和式(7.5)按 $\boldsymbol{J}\rightarrow\boldsymbol{A}\rightarrow\boldsymbol{H}\rightarrow\boldsymbol{E}$ 的顺序进行求解。

需要指出，对于时谐场的辐射问题，由于电磁波不会返回波源，只能仿照式(5.12)取其第一项，其传播因子 e^{-jkr} 可表示为如下瞬时值形式

$$\cos(\omega t - kr) = \cos\omega\left(t - \frac{r}{v}\right)$$

这表示在球坐标系原点处设置的时谐源在 $t = t_0$ 时刻所产生的扰动，将以有限速度 v 沿 r 方向传播，经过一个时延 $t' = \dfrac{r}{v}$ 之后才在场点 r 处 $t = t_0 + t'$ 时刻产生响应。也就是说，场点的响应滞后于源点的扰动，这样的位函数称为**滞后位**。取滞后位符合源和场间变化的因果关系。

7.2.2 振荡电偶极子(赫兹偶极子)的辐射

例 3.1 所定义的静电偶极子周围的场依附于构成电偶极子的电荷 $\pm q$，不会脱离电荷而在自由空间中运动。当静止电荷按正弦函数做交变的时谐振荡时，就会产生脱离波源的电磁波，此时有

$$\pm q(t) = Q\sin\omega t \tag{7.6}$$

图 7.1 表示由相距 l 的交变点电荷 $\pm q(t)$ 构成的**振荡电偶极子**，通常以赫兹的名字命名为**赫兹偶极子**。用细导线将两点电荷连通，细导线上将出现时谐电流

$$\begin{aligned} i(t) &= \pm\frac{\mathrm{d}q(t)}{\mathrm{d}t} = \pm \mathrm{j}\omega q(t) = \pm \mathrm{j}\omega Q\cos\omega t \\ &= I\cos\omega t = \mathrm{Re}(I\mathrm{e}^{\mathrm{j}\omega t}) \end{aligned} \tag{7.7a}$$

或

$$\pm Q = \frac{I}{\mathrm{j}\omega} \tag{7.7b}$$

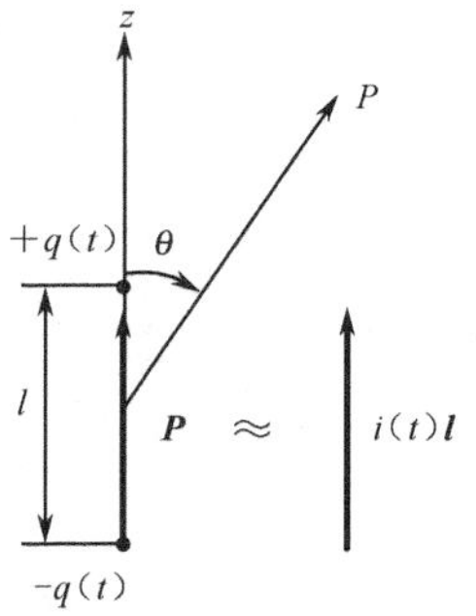

图 7.1 赫兹偶极子

显然，赫兹偶极矩 $\boldsymbol{P} = q(t)\boldsymbol{l} = q(t)l\boldsymbol{a}_z$ 与短导线电流元 $i(t)\boldsymbol{l} = i(t)l\boldsymbol{a}_z$ 可通过式(7.7)来等效。电流元是最简单的辐射系统，称为**电基本振子**。

将式(7.3b)中的电流分布改写成

$$\boldsymbol{J}(\boldsymbol{r})\mathrm{d}V' = \boldsymbol{a}_z\frac{I}{\Delta S'}(\Delta S'\mathrm{d}z') = \boldsymbol{a}_z I\mathrm{d}z'$$

可得电流元在场点 P 的矢量磁位为

$$\boldsymbol{A}(\boldsymbol{r}) = \frac{\mu_0}{4\pi}\int_l \frac{\boldsymbol{a}_z I\mathrm{e}^{-\mathrm{j}k|\boldsymbol{r}-\boldsymbol{r}'|}}{|\boldsymbol{r}-\boldsymbol{r}'|}\mathrm{d}z' \tag{7.8a}$$

考虑到电流元位于坐标原点处，应取 $\boldsymbol{r}' = 0$，且有 $l \ll r$，故式(7.8a)可近似写为

$$\boldsymbol{A}(\boldsymbol{r}) = \boldsymbol{a}_z\frac{\mu_0 Il}{4\pi r}\mathrm{e}^{-\mathrm{j}kr} \tag{7.8b}$$

为便于分析振荡偶极子场的物理特性，$\boldsymbol{A}$，$\boldsymbol{H}$ 和 $\boldsymbol{E}$ 可写为球坐标系中的分量形式。式(7.8b)分解为三个球坐标分量为

$$A_r = A_z\cos\theta = \frac{\mu_0 Il}{4\pi r}\cos\theta\mathrm{e}^{-\mathrm{j}kr} \tag{7.9a}$$

$$A_\theta = -A_z\sin\theta = -\frac{\mu_0 Il}{4\pi r}\sin\theta\mathrm{e}^{-\mathrm{j}kr} \tag{7.9b}$$

$$A_\varphi = 0 \tag{7.9c}$$

场点 P 的磁场强度为

$$\boldsymbol{H}=\frac{1}{\mu_0}\nabla\times\boldsymbol{A}=\frac{1}{\mu_0}\begin{vmatrix}\dfrac{\boldsymbol{a}_r}{r^2\sin\theta} & \dfrac{\boldsymbol{a}_\theta}{r\sin\theta} & \dfrac{\boldsymbol{a}_\varphi}{r}\\ \dfrac{\partial}{\partial r} & \dfrac{\partial}{\partial\theta} & \dfrac{\partial}{\partial\varphi}\\ A_r & rA_\theta & r\sin\theta A_\varphi\end{vmatrix}$$

将式(7.9)代入上式，得

$$H_r=0 \tag{7.10a}$$

$$H_\theta=0 \tag{7.10b}$$

$$H_\varphi=\frac{k^2 Il\sin\theta}{4\pi}\left[\frac{\mathrm{j}}{kr}+\frac{1}{(kr)^2}\right]\mathrm{e}^{-\mathrm{j}kr} \tag{7.10c}$$

场点 P 的电场强度为

$$\boldsymbol{E}=\frac{1}{\mathrm{j}\omega\varepsilon_0}\nabla\times\boldsymbol{H}=\frac{1}{\mathrm{j}\omega\varepsilon_0}\begin{vmatrix}\dfrac{\boldsymbol{a}_r}{r^2\sin\theta} & \dfrac{\boldsymbol{a}_\theta}{r\sin\theta} & \dfrac{\boldsymbol{a}_\varphi}{r}\\ \dfrac{\partial}{\partial r} & \dfrac{\partial}{\partial\theta} & \dfrac{\partial}{\partial\varphi}\\ H_r & rH_\theta & r\sin\theta H_\varphi\end{vmatrix}$$

将式(7.10)代入上式，得

$$E_r=-\mathrm{j}\frac{k^3 Il\cos\theta}{2\pi\omega\varepsilon_0}\left[\frac{\mathrm{j}}{(kr)^2}+\frac{1}{(kr)^3}\right]\mathrm{e}^{-\mathrm{j}kr} \tag{7.11a}$$

$$E_\theta=-\mathrm{j}\frac{k^3 Il\sin\theta}{4\pi\omega\varepsilon_0}\left[-\frac{1}{kr}+\frac{\mathrm{j}}{(kr)^2}+\frac{1}{(kr)^3}\right]\mathrm{e}^{-\mathrm{j}kr} \tag{7.11b}$$

$$E_\varphi=0 \tag{7.11c}$$

由式(7.10)和式(7.11)可知，电基本振子产生的电磁场只存在场分量 H_φ，E_θ 和 E_r，是沿 r 方向传播的横磁波($E_r\neq0$，$H_r=0$)，且与径向距离 r 有复杂的变化关系，有必要按近区场和远区场进行近似讨论。

1. 振荡电偶极子的近区场

$r\ll\lambda$ 或 $kr=2\pi r/\lambda\ll1$ 的区域称为**近区**，在近区中

$$\frac{1}{kr}\ll\frac{1}{(kr)^2}\ll\frac{1}{(kr)^3},\qquad \mathrm{e}^{-\mathrm{j}kr}\approx1$$

所以在式(7.10)和式(7.11)中起支配作用的是 $\dfrac{1}{kr}$ 的高次幂项，可以忽略其余各项，近区场的近似表示为

$$E_r\approx-\mathrm{j}\frac{Il\cos\theta}{2\pi\omega\varepsilon_0 r^3} \tag{7.12a}$$

$$E_\theta\approx-\mathrm{j}\frac{Il\sin\theta}{4\pi\omega\varepsilon_0 r^3} \tag{7.12b}$$

$$H_\varphi\approx\frac{Il\sin\theta}{4\pi r^2} \tag{7.12c}$$

利用 $I=\mathrm{j}\omega Q$ 和 $P=Ql$，可将式(7.12a)和式(7.12b)写为

$$E_r\approx\frac{P\cos\theta}{2\pi\varepsilon_0 r^3} \tag{7.13a}$$

$$E_\theta\approx\frac{P\sin\theta}{4\pi\varepsilon_0 r^3} \tag{7.13b}$$

可见振荡电偶极子的近区场有如下基本特性：

(1)**准静场特性**。电场类似于静电场中电偶极子($P = Ql$)的电场，磁场类似于静磁场中电流元(Il)的磁场，故称为**准静场**或**似稳场**。由于近区场是由源的变化引起，又称为**感应场**；

(2)**束缚场特性**。电场分量与磁场分量间的相差为 $\frac{\pi}{2}$($E_{r,\theta}/H_\varphi \sim -\mathrm{j} = \mathrm{e}^{-\mathrm{j}\frac{\pi}{2}}$)，电场和磁场进行周期性能量交换，平均能流密度为零，无电磁能流向外辐射，被振荡源束缚在其周围附近，称为**束缚场**。

2. 振荡电偶极子的远区场

$r \gg \lambda$ 或 $kr = 2\pi r/\lambda \gg 1$ 的区域称为**远区**，在远区中

$$\frac{1}{kr} \gg \frac{1}{(kr)^2} \gg \frac{1}{(kr)^3}$$

所以在式(7.10)和式(7.11)中起支配作用的是含 $\frac{1}{kr}$ 的项，可以忽略其余各项，远区场的近似表示式为(取 $k = 2\pi/\lambda = \omega\sqrt{\varepsilon_0\mu_0}$ 和 $\eta_0 = \sqrt{\frac{\mu_0}{\varepsilon_0}}$)

$$E_\theta \approx \mathrm{j}\,\frac{Il\eta_0}{2\lambda r}\sin\theta\mathrm{e}^{-\mathrm{j}kr} \tag{7.14a}$$

$$H_\varphi \approx \mathrm{j}\,\frac{Il}{2\lambda r}\sin\theta\mathrm{e}^{-\mathrm{j}kr} \tag{7.14b}$$

可见振荡电偶极子的远区场有如下基本特性：

(1)**横电磁波特性**。电场分量与磁场分量在空间上正交，且垂直于 r 的传播方向(E_θ，H_φ 与 $\boldsymbol{a}_r$ 相互正交，且呈右旋关系)，其场分量的比值取决于波阻抗($E_\theta/H_\varphi = \eta_0 = 120\pi\Omega$)；

(2)**辐射场特性**。电场分量与磁场分量在时间上同相($E_\theta/H_\varphi \sim \mathrm{e}^{\mathrm{j}0}$)，电磁波的能流密度沿径向辐射($E_\theta, H_\varphi \sim \mathrm{e}^{-\mathrm{j}kr}$)；

(3)**非均匀球面波特性**。沿径向 r 辐射的电磁波是按 $\frac{1}{r}$ 衰减的球面波($\frac{1}{r}\mathrm{e}^{-\mathrm{j}kr}$ 的等相面是$r =$ 常数的球面，等相面上的场量非恒定不变，且其振幅沿 r 方向减弱)。球面波的衰减不是由空间介质损耗所引起，而是球面波的固有扩散特性所致；

(4)**场分布的方向性**。电磁波是极角 θ 的正弦函数，其场分布具有方向性(E_θ 和 $H_\varphi \sim \sin\theta$，在极角 $\theta = 0$ 的轴线方向上辐射为零，在极角 $\theta = \frac{\pi}{2}$ 的正交于轴线方向上辐射最强，但辐射场强与方位角无关)。

需要指出，近区场与远区场的划分具有相对性，近区中的准静场已忽略了含 $\frac{1}{kr}$ 的项，这被忽略的部分就转为远区中的辐射场。因此，辐射场仅是振荡偶极场中的一小部分。

7.2.3 振荡磁偶极子的辐射

例 3.2 和例 3.21 所定义的静磁偶极子周围的场依附于构成磁偶极子的磁荷 $\pm q_{\mathrm{m}}$，不会脱离磁荷而在自由空间中运动。当静止磁荷按正弦场函数做交变的时谐振荡时，就会产生脱离波源的电磁波，此时有

$$\pm q_{\mathrm{m}}(t) = Q_{\mathrm{m}}\sin\omega t \tag{7.15}$$

图 7.2 表示由相距 l 的交变点磁荷 $\pm q_m(t)$ 构成的振荡磁偶极子。磁荷间的假想磁流为

$$i_m(t) = \pm \frac{dq_m(t)}{dt} = \pm j\omega Q_m \cos\omega t = I_m \cos\omega t \qquad (7.16a)$$

或

$$\pm Q_m = \frac{I_m}{j\omega} \qquad (7.16b)$$

显然，振荡磁偶极矩 $\boldsymbol{m} = q_m(t)\boldsymbol{l} = q_m(t)l\,\boldsymbol{a}_z = \frac{1}{j\omega}i_m(t)l\,\boldsymbol{a}_z$ 与导线圆电流环 $i(t)\boldsymbol{S} = i(t)S\,\boldsymbol{a}_z$ 可通过式(7.16)来等效。小圆电流环是最简单的辐射系统，称为**磁基本振子**。

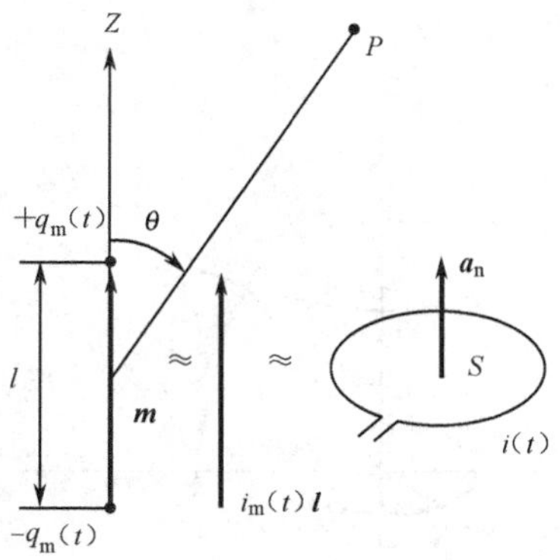

图 7.2　振荡磁偶极子

磁基本振子产生的电磁波可以仿照前面电基本振子的类似方程求解。但为了避免对圆电流环进行较复杂的线积分，下面将首先根据等效原理将圆电流环与振荡磁偶矩进行等效变换，然后根据对偶原理对电量和磁量进行对偶变换，最后将电基本振子的场表达式转换为磁基本振子的场表达式。这里所说的**等效原理**是指不同源在所考虑的同一区域内产生相同的场，这不同源在该区域内是彼此等效的**等效源**(证明略)。这里所说的**对偶原理**是指满足相同形式方程的电量和磁量具有相同数学形式的解，表明电量和磁量具有对偶性，彼此对偶的量称为**对偶量**(证明略)。为了符合国际单位制对物理量量纲的规范化要求，在对圆电流环与振荡磁偶矩进行等效变换时，可引入等效系数 μ_0，即得 $\mu_0[i(t)S] = q_m(t)l$ 或 $\mu_0 IS = Q_m l$，有

$$I_m = j\omega Q_m = j\frac{\omega\mu_0 S}{l}I \qquad (7.17)$$

在对电基本振子的场与磁基本振子的场进行对偶变换时，只需对它们的电量与磁量进行如下对偶变换

$$E_\theta \sim H_\theta,\ H_\varphi \sim -E_\varphi,\ I \sim I_m,\ \varepsilon_0 \sim \mu_0,\ \mu_0 \sim \varepsilon_0$$

由此即可将电基本振子的远区场表示式(7.14)变换为磁基本振子的远区场表示式为

$$H_\theta = j\frac{I_m l}{2\lambda\eta_0 r}\sin\theta e^{-jkr}$$

$$-E_\varphi = j\frac{I_m l}{2\lambda r}\sin\theta e^{-jkr}$$

考虑到式(7.17)，上式变为

$$E_\varphi = \frac{\omega\mu_0 SI}{2\lambda r}\sin\theta e^{-jkr} \qquad (7.18a)$$

$$H_\theta = -\frac{\omega\mu_0 SI}{2\lambda\eta_0 r}\sin\theta e^{-jkr} \qquad (7.18b)$$

比较式(7.14)和式(7.18)可以看出，振荡电、磁偶极子的远区场具有相似的基本特性。

【例 7.1】　有一复合基本振子辐射系统由电流元 $I_1 l$ 和圆电流环 $I_2 S$ 组成，且 $S = \pi a^2$。电流元的轴线垂直于电流环的平面，在直角坐标系中的位置如图 7.3 所示。试分析远区场的极化特性。

解：

已知电流元和圆电流环的远区场分别为

$$\boldsymbol{E}_1 = \boldsymbol{a}_\theta E_\theta = \boldsymbol{a}_\theta j\frac{I_1 l\eta_0}{2\lambda r}\sin\theta e^{-jkr}$$

$$\boldsymbol{E}_2 = \boldsymbol{a}_\varphi E_\varphi = \boldsymbol{a}_\varphi \frac{\omega\mu_0 S I_2}{2\lambda r}\sin\theta e^{-jkr}$$

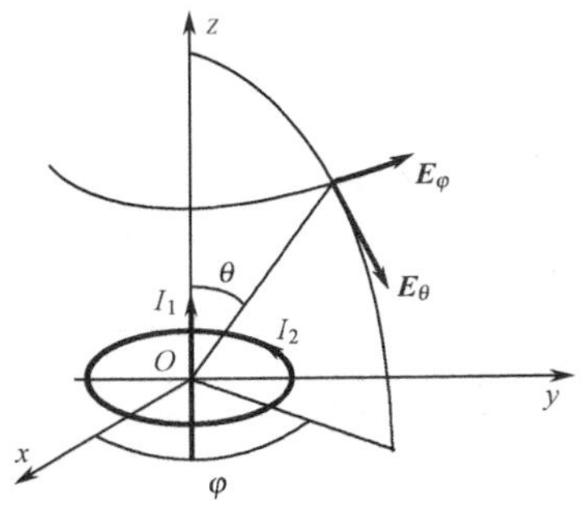

图 7.3　复合基本振子系统

由叠加原理可得复合基本振子系统的远区合成场为

$$\boldsymbol{E} = \boldsymbol{E}_1 + \boldsymbol{E}_2 = \left(\boldsymbol{a}_\theta \mathrm{j}\frac{I_1 l\eta_0}{2\lambda} + \boldsymbol{a}_\varphi \frac{\omega\mu_0 S I_2}{2\lambda}\right)\sin\theta \frac{e^{-jkr}}{r}$$

看出远区合成场在空间相互正交($\boldsymbol{a}_\theta \perp \boldsymbol{a}_\varphi$)，时间相位差为 $\frac{\pi}{2}$($E_\theta/E_\varphi \sim \mathrm{j} = e^{\mathrm{j}\frac{\pi}{2}}$)，正交方向的振幅不相等($E_\theta \neq E_\varphi$)，一般为椭圆极化波。

当 $E_\theta = E_\varphi$ 时退化为圆极化波，此时有 $\mathrm{j}I_1 l\eta_0 = \omega\mu_0 S I_2$，可将产生圆极化的条件表示为

$$\frac{P}{m} = \pm\frac{k_0}{\omega}$$

所以电矩与磁矩之比的绝对值等于 k_0 与 ω 之比时，远区任意点的合成场为圆极化电磁波。

需要指出，在上面的分析中已经默认 I_1 和 I_2 相位相同。若 I_1 和 I_2 的相位差为 $\pi/2$，则合成场不再是椭圆极化或圆极化，而是线极化。

7.3　天线的电参量

在天线问题中，人们感兴趣的主要是远区的辐射场。为了描述天线对于高频电流与电磁波间的能量转换能力和调控电磁波能量在预定方向上有效发射和接收的能力，有必要提出表征天线技术性能的电参量。根据**互易原理**，同一天线用做发射和接收时，表征其特性的电参量是相同的，通常是基于发射天线来定义天线的基本电参量的。

7.3.1　方向性图、主瓣宽度和副瓣电平

任何天线都具有方向性，向空间各个方向均匀辐射能量的无方向性天线实际上是不存在的。定量描述天线辐射的功率或电场强度在空间相对分布的解析式称为**方向性因子**或**方向性函数**。方向性因子是极角 θ 和方位角 φ 的函数 $f(\theta,\varphi)$，方向性因子 $f(\theta,\varphi)$ 的最大值表示为 f_m。实际应用中常使用归一化方向性因子 $F(\theta,\varphi)$ 较为方便，其定义为

$$F(\theta,\varphi) = \frac{f(\theta,\varphi)}{f_m} \tag{7.19}$$

显然，归一化方向性因子的最大值 f_m 为 1，所以天线辐射场的场强振幅可用归一化方向性因子表示为

$$E = E_m F(\theta,\varphi) \tag{7.20}$$

1. 方向性图

方向性因子 $F(\theta,\varphi)$ 的图解表示称为**方向性图**。使用计算机可以根据方向性因子绘制出天线辐射场的空间立体图来形象化地描述天线的方向性，但比较复杂。通常是按坐标系的坐标分量绘制不同平面内的方向性分解图。

以电基本振子为例，可以根据式(7.14)中的归一化方向性因子 $F(\theta) = \sin\theta$ 绘制出它的 E **面**(电场矢量所在平面)、H **面**(磁场矢量所在平面)和立体方向性图，如图 7.4(a)～图 7.4(c) 所示。显然，E 面和 H 面的方向性图就是立体方向性图分别沿 E 面和 H 面这两个主平面的剖面图。

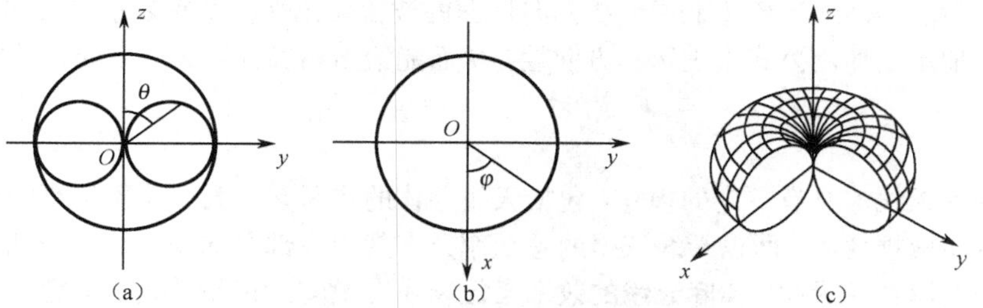

图 7.4　电基本振子方向性图

实际天线的方向性图要比图 7.4 复杂，它可以包含多个大小不同的波瓣，分别称为主瓣和副瓣，如图 7.5 所示。

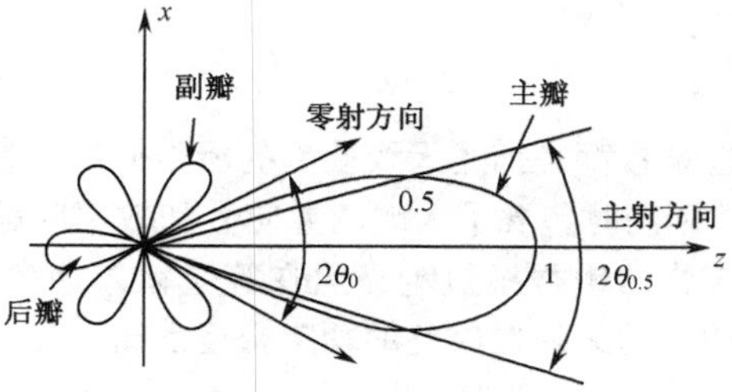

图 7.5　方向性图的波瓣

2. 主瓣宽度

主瓣宽度是描述主辐射区域主瓣方向性图尖锐性程度的物理量。它通常取功率方向性图中主瓣轴线两侧功率密度下降为最大值的一半(半功率点)(或电场强度方向性图中强场下降为最大值的$\frac{1}{\sqrt{2}}=0.707$)的矢径之间的夹角，称为**主瓣宽度**，以 $2\theta_{0.5}$ 表示，如图 7.5 所示。主瓣宽度的大小表征天线辐射的能量集中程度和定向性能。

3. 副瓣电平

副瓣电平是描述非主辐射区域副瓣方向性图尖锐性程度的物理量。它通常取功率方向图中最大副瓣方向上的功率密度 S 与主瓣最大辐射方向上的功率密度 S_0 之比的对数值，称为**副瓣电平**，表示为 $10\lg(S/S_0)$(dB)。通常要求副瓣电平尽可能低。

7.3.2　方向性系数、效率和增益系数

1. 方向性系数

某有向天线在其最大辐射方向上比具有等值辐射功率的无向天线辐射功率增加的倍数称为天线的方向性系数。**方向性系数定义为在等值辐射功率条件下有向天线在最大辐射方向某处的功率密度与理想的无向天线在该处的功率密度之比**，以 D 表示，即为

$$D=\left.\frac{S_m}{S_0}\right|_{P_r=P_{r0}}=\left.\frac{E_m^2}{E_0^2}\right|_{P_r=P_{r0}} \tag{7.21}$$

式中，P_r 和 P_{r0} 分别表示有向天线与无向天线的**辐射功率**。主瓣宽度和副瓣电平只是分别在主辐

射区和非主辐射区局部地形象化地用天线方向性图的波瓣尖锐性程度来表示其方向性，而方向性系数则全向性地定量地用公式来表示其方向性，从而能给出精确计算天线方向性系数的公式。

2. 效率

实际使用的天线均具有一定的损耗，包括天线导体的焦耳热损耗、介质材料的介质损耗及天线附属物体的感应损耗等，所以天线获得的总功率只有其中一部分向空间辐射出去，而另一部分则被天线自身所消耗。因此，**实际天线的效率表征天线有效转换能量的能力，定义为天线的辐射功率与其输入功率之比**，以 η 表示，即为

$$\eta = \frac{P_{\mathrm{r}}}{P_{\mathrm{in}}} = \frac{P_{\mathrm{r}}}{P_{\mathrm{r}} + P_{l}} \tag{7.22}$$

式中，P_l 表示天线的总损耗功率。

3. 增益系数

天线的增益系数与方向性系数都是描述天线性能的相类似的电参量，但方向性系数没有考虑天线的效率问题，而增益系数则同时包含了天线的方向性和效率问题，所以比方向性系数更全面地描述了天线的辐射性能。**天线的增益系数定义为在等值输入功率条件下有向天线在最大辐射方向某处的功率密度与理想的无向天线在该处的功率密度之比**，以 G 表示，即为

$$G = \left.\frac{S_{\mathrm{m}}}{S_0}\right|_{P_{\mathrm{in}} = P_{\mathrm{in0}}} = \left.\frac{E_{\mathrm{m}}^2}{E_0^2}\right|_{P_{\mathrm{in}} = P_{\mathrm{in0}}} \tag{7.23}$$

式中，P_{in} 和 P_{in0} 分别表示有向天线与无向天线的**输入功率**。

比较天线的方向性系数和增益系数的定义可知，其前提条件不同，两者分别针对等值辐射功率和等值输入功率而言，而输入功率只有一部分变为辐射功率，另一部分则变为损耗功率，所以天线的增益系数包含了效率问题。比较式(7.21)和式(7.23)，并将两式中的 S_0 分别表示为 $\frac{P_{\mathrm{r}}}{4\pi r^2}$ 和 $\frac{P_{\mathrm{in}}}{4\pi r^2}$，利用 $P_{\mathrm{r}} = P_{\mathrm{in}}\eta$，可知

$$G = \eta D \tag{7.24}$$

其中，D 表示天线辐射能量的集中程度；η 表示天线转换能量的效能；将两者结合起来，G 表示天线转换输入能量和集中辐射能量的综合能力。由此可见，只有当天线的效率高，且方向性系数大时，天线的增益系数才大。

7.3.3 输入阻抗和辐射电阻

对于相连接的天线和馈线，其良好的匹配是使天线从馈线中获得最大功率的条件，在此条件下无反射现象出现。天线有效辐射的关键问题是实现天线与馈线的阻抗匹配，也就是使天线的输入阻抗与馈线的特性阻抗相等。天线的**输入阻抗**定义为天线输入端的高频电压与高频电流之比，即为

$$Z_{\mathrm{in}} = \frac{U_{\mathrm{in}}}{I_{\mathrm{in}}} = R_{\mathrm{in}} + \mathrm{j}X_{\mathrm{in}} \tag{7.25}$$

式中的 R_{in} 和 X_{in} 分别表示输入电阻和输入电抗。天线的输入阻抗决定于多种复杂因素，很难在理论上进行严格计算，一般采用实验测定或近似计算来确定其取值。

天线向四周辐射的功率为一纯实数的复功率，可以想象为被某个等效电阻所吸收，这个假想的等效电阻称为**辐射电阻**。显然，辐射电阻是一种虚拟值，它并不表示辐射电阻会引起真实的能

量损耗，而是用于形象化描述天线辐射功率的能力。其定义为

$$R_r = \frac{2P_r}{I^2} \tag{7.26}$$

【例 7.2】 确定赫兹偶极子的辐射功率、辐射电阻和方向性系数。

解：

(1)赫兹电偶极子的辐射功率等于时均坡印亭矢量对包围该偶极子的某一假想球面取面积分，即

$$P_r = \oint_S \boldsymbol{S}_{av} \cdot d\boldsymbol{S} = \oint_S \boldsymbol{a}_r \frac{1}{2}\mathrm{Re}(E_\theta H_\varphi^*) \cdot \boldsymbol{a}_r dS$$
$$= \oint_S \frac{1}{2}\mathrm{Re}(E_\theta H_\varphi^*) dS$$

由式 (7.14) 和 $dS = r^2 \sin\theta d\theta d\varphi$，上式变为

$$P_r = \int_0^{2\pi}\int_0^{\pi} \frac{1}{2}\eta_0 \left(\frac{Il}{2\lambda r}\sin\theta\right)^2 \cdot r^2 \sin\theta d\theta d\varphi$$
$$= \int_0^{2\pi} d\varphi \int_0^{\pi} \frac{15\pi (Il)^2}{\lambda^2} \sin^3\theta d\theta$$
$$= 40\pi^2 I^2 \left(\frac{l}{\lambda}\right)^2$$

(2)馈源提供给赫兹偶极子的能量转化为它的辐射功率，该辐射功率假想为等效的辐射电阻所吸收，所以辐射电阻所吸收的功率为

$$P_r = \frac{1}{2} I^2 R_r$$

比较上面两个式子，即得赫兹偶极子的辐射电阻为

$$R_r = 80\pi^2 \left(\frac{l}{\lambda}\right)^2$$

(3)分别写出式(7.21)中的有向天线和无向天线的辐射功率 P_r 和 P_{r0} 为

$$P_r = \oint_S \boldsymbol{S}_{av} \cdot d\boldsymbol{S} = \frac{1}{2}\oint_S \frac{E^2(\theta,\varphi)}{\eta_0} dS$$
$$= \frac{1}{2}\int_0^{2\pi}\int_0^{\pi} \frac{[E_m F(\theta,\varphi)]^2}{\eta_0} r^2 \sin\theta d\theta d\varphi$$
$$= \frac{E_m^2 r^2}{2\eta_0}\int_0^{2\pi}\int_0^{\pi} F^2(\theta,\varphi)\sin\theta d\theta d\varphi$$

$$P_{r0} = 4\pi r^2 S_0 = 4\pi r^2 \frac{E_0^2}{2\eta_0}$$

在等值辐射功率条件下，$P_r = P_{r0}$，由方向性系数的定义式(7.21)可知

$$D = \frac{E_m^2}{E_0^2}\bigg|_{P_r = P_{r0}} = \frac{4\pi}{\int_0^{2\pi}\int_0^{\pi} F^2(\theta,\varphi)\sin\theta d\theta d\varphi}$$

将赫兹电偶极子的归一化方向性因子 $F(\theta) = \sin\theta$ 代入上式的分母中，有

$$\int_0^{2\pi}\int_0^{\pi} \sin^3\theta d\theta d\varphi = \frac{8}{3}\pi$$

故得

$$D = 1.5 \text{ 或 } D = 10\lg 1.5 = 1.76 \text{ dB}$$

7.4　线形天线

7.4.1　对称振子天线

横向尺寸远小于纵向尺寸和电磁波波长的细长结构天线称为**线形天线**。线形天线主要用于非微波波段。根据叠加原理，线形天线上的电流分布可以看做无数电基本振子上电流元的连续叠加。因此，线形天线所产生的电磁波可以对电基本振子所产生的电磁波进行积分得到。比较简单的线形天线是中心馈电的**对称振子天线**，它可以看做由一终端开路的平行双线传输线逐步演化而来，而平行双线传输线上的横电磁波在开路的终端出现全反射，使电流沿线呈驻波分布。中心馈电的对称振子天线上的电流分布可以假设为正弦分布，这种近似假设已被实验证实是正确的。图7.6(a)～图7.6(c)表示对称振子半波天线的演化过程，这是一种最简单的对称振子天线，它可以看做是开路平行双线传输线张开的结果。中心馈源使开路传输线上形成正弦驻波，终端是波节，电流为零值；传输线张开后仍然是波节，且中心馈源处幅度不变，但电流已从未张开前的反方向变为张开后的同方向，因而在远处所产生的电磁波不会处处相互抵消，形成一个辐射电磁波的天线。对于半波天线，导线总长度 $2l=\dfrac{\lambda}{2}$，设振子中点置于坐标系原点，振子沿 z 轴放置，则可设张开后振子上的驻波电流振幅分布形式为

$$I(z')=I_0\sin k(l-|z'|)=\begin{cases}I_0\sin k(l-z') & z>0\\ I_0\sin k(l+z') & z<0\end{cases}\tag{7.27}$$

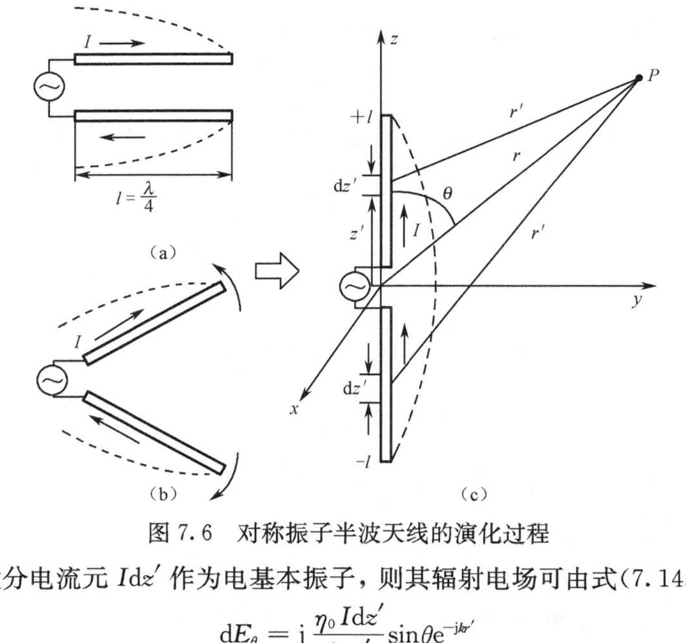

图7.6　对称振子半波天线的演化过程

在振子上取微分电流元 $I\mathrm{d}z'$ 作为电基本振子，则其辐射电场可由式(7.14a)表示为

$$\mathrm{d}E_\theta=\mathrm{j}\frac{\eta_0 I\mathrm{d}z'}{2\lambda r'}\sin\theta\mathrm{e}^{-\mathrm{j}kr'}\tag{7.28a}$$

由图7.6(c)可以看出，由于场点 P 很远，即知 $r\gg l$，r' 与 r 近似平行，在振幅因子中取 $r'\approx r$，在相位因子中取 $r'\approx r-z'\cos\theta$，式(7.28a)变为

$$dE_\theta \approx j\frac{\eta_0 I dz'}{2\lambda r}\sin\theta e^{-jk(r-z'\cos\theta)} \tag{7.28b}$$

将式(7.27)代入式(7.28b)，可得

$$dE_\theta \approx j\frac{\eta_0}{2\lambda r}\sin\theta e^{-jkr} I_0 \sin k(l-|z'|)e^{jkz'\cos\theta}dz' \tag{7.28c}$$

对称振子总辐射场等于无数电流元产生的辐射场相叠加，即对式(7.28c)进行积分（取$\lambda=\frac{2\pi}{k}$）

$$\begin{aligned}E_\theta &= \int_{-l}^{l} dE_\theta = j\frac{\eta_0}{2\lambda r}I_0\sin\theta e^{-jkr}\int_{-l}^{l}\sin k(l-|z'|)e^{jkz'\cos\theta}dz' \\ &= j\eta_0\frac{k}{2\pi r}I_0\sin\theta e^{-jkr}\int_0^l \sin k(l-z')e^{jkz'\cos\theta}dz'\end{aligned} \tag{7.29}$$

式(7.29)的被积函数 $\sin k(l-|z'|)$ 和指数式的实部 $\cos(kz'\cos\theta)$ 对于对称振子 $\pm l$ 的积分均为 z' 的偶函数，其乘积因子对积分的贡献不为零。故式(7.29)中的积分变为

$$k\sin\theta\int_0^l \sin k(l-z')\cos(kz'\cos\theta)dz' = F(\theta) \tag{7.30a}$$

由积分结果可知

$$F(\theta) = \frac{\cos(kl\cos\theta)-\cos kl}{\sin\theta} \tag{7.30b}$$

$|F(\theta)|$ 是对称振子的 E 面方向性因子。

【例 7.3】 求对称振子半波天线的方向性因子、辐射场分布、辐射功率和辐射电阻。

解：

(1)半波天线的单臂长度 $l=\frac{\lambda}{4}$，式(7.30b)变为

$$F(\theta) = \frac{\cos\left(\frac{\pi}{2}\cos\theta\right)}{\sin\theta}$$

由上式可画出半波天线的方向性图，如图 7.7 所示。

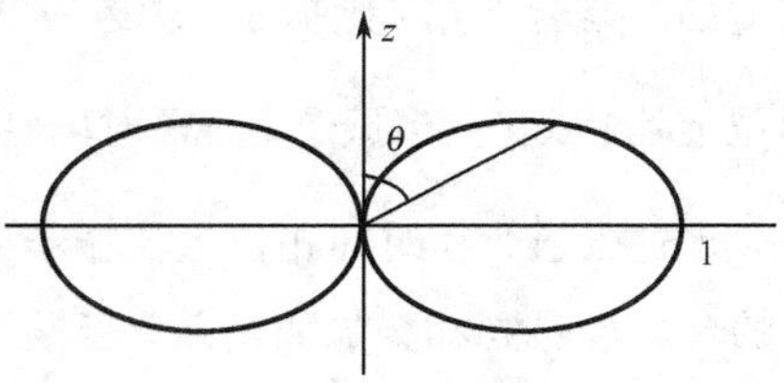

图 7.7 对称振子半波天线的方向性图

(2)由式(7.29)，并考虑到 $E_\theta/H_\varphi=\eta_0$ 和 $k=\frac{2\pi}{\lambda}$，可求出半波天线的辐射场分布为

$$E_\theta = j\eta_0\frac{e^{-jkr}}{2\pi r}I_0\frac{\cos\left(\frac{\pi}{2}\cos\theta\right)}{\sin\theta}$$

$$H_\varphi = j\frac{e^{-jkr}}{2\pi r}I_0\frac{\cos\left(\frac{\pi}{2}\cos\theta\right)}{\sin\theta}$$

(3)时均坡印亭矢量为

$$\begin{aligned}S_{av} &= \frac{1}{2}\mathrm{Re}(E_\theta H_\varphi^*) \\ &= \frac{\eta_0}{2(2\pi r)^2}I_0^2\left[\frac{\cos\left(\frac{\pi}{2}\cos\theta\right)}{\sin\theta}\right]^2 \\ &= \frac{15I_0^2}{\pi r^2}\left[\frac{\cos\left(\frac{\pi}{2}\cos\theta\right)}{\sin\theta}\right]^2\end{aligned}$$

半波天线的总辐射功率为

$$P_r=\int_0^{2\pi}\int_0^{\pi}S_{av}r^2\sin\theta\mathrm{d}\theta\mathrm{d}\varphi$$

$$=30I_0^2\int_0^{\pi}\frac{\cos^2\left(\frac{\pi}{2}\cos\theta\right)}{\sin\theta}\mathrm{d}\theta$$

上式的积分值由计算得1.218，即知

$$P_r=36.54I_0^2\quad(\mathrm{W})$$

(4)半波天线的辐射电阻为

$$R_r=\frac{2P_r}{I_0^2}=73.1\ \Omega$$

7.4.2　引向天线

引向天线又称**波道天线**或**八木天线**，它由一个有源振子和若干个无源振子组成，其结构如图7.8所示。有源振子一侧的若干短无源振子形成引向器，另一侧的一个长无源振子形成反射器。作为无源振子的引向器和反射器的中点是不接电源的短路寄生振子。所有振子在一个平面内相互平行，其中点固定于相垂直的金属杆上。它具有结构简单、馈电方便、增益高，易于制作等优点。常用于米波、分米波波段的雷达、通信及其他无线电系统中。它的主要缺点是频带较窄。

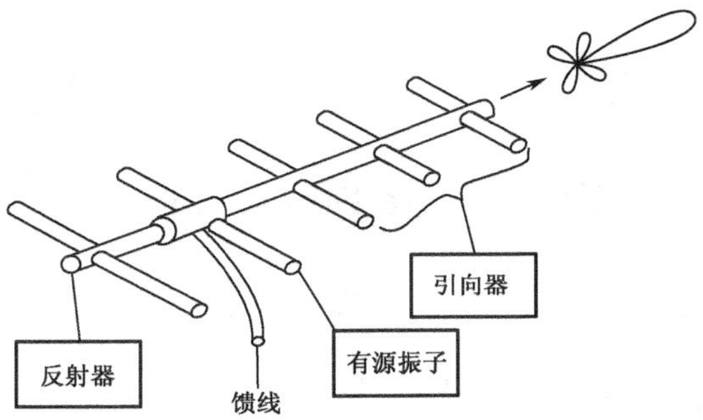

图7.8　引向天线

引向天线的定向工作原理可由图7.9所示二元振子引向天线来说明。假定振子1、2振幅相等，相距$\frac{\lambda}{4}$。若振子1为有源振子，由于辐射场的耦合作用，则振子2所感应的电流滞后于振子1一个$\frac{\pi}{2}$。即振子1、2间在空间相位和时间相位上均相差$\frac{\pi}{2}$。当振子1的辐射场经过$\frac{\lambda}{4}$的空间程差到达场点P时，空间相位恰好比振子1滞后$\frac{\pi}{2}$，此时振子2在时间相位上比振子1也滞后$\frac{\pi}{2}$，振子1、2同时在场点P产生辐射场，因此场点P的合成场是同相叠加而增强；当振子1的辐射场到达场点P'时，振子2的辐射场在空间上和时间上都要比振子1滞后$\frac{\pi}{2}$才能到达场点P'，总的滞后相位为π，因此场点P'的合成场是反相叠加而抵消。这样，引向天线辐射场的方向性图便指向场点P。所以若振子1为主振子，则振子2为引向器；反之，若振子2为主振子，则振子1为反射器。推而广之，对于多元振子引向天线，只要对其中一个振子馈电，其余振子则依靠与有源振子之间的近场耦合所感应的电流来激励，而感应电流的大小取决于各振子的长度及其间距。因此，通过改变无源振子的尺寸及与有源振子的间距来调整彼此间的电流分配比，即可达到控制引向天线方向性图的指向，以实现定向辐射的目的。

为了提高天线的输入阻抗和展宽频带，便于与同轴馈线进行匹配，引向天线中的有源振子常采用折合振子，如图7.10(b)所示。折合振子可看作馈电的$\frac{\lambda}{2}$短路双线传输线变形而成，如图7.10(a)所示。在图7.10(a)中的传输线上的电流为反向分布，而在图7.10(b)中的折合振子天线上的电流则为同向分布。这相当于电流为$2I_0$的单振子，在输入功率$P_{in}=\frac{1}{2}I_0^2R_{in}$与辐射功率

$P_r = \frac{1}{2}(2I_0)^2 R_r$ 等值的条件下，有 $R_{in} = 4R_r$。已知单振子的输入电阻为 73 Ω，所以折合振子的输入阻抗变为 300 Ω，这足够与具有特性阻抗为 50～100 Ω 的同轴馈线进行匹配。同时，折合振子相当于加粗的振子，所以工作带宽也比半波振子的宽。最后还要指出，折合振子的中心点为电压波节点，因而可以接地，便于固定和避雷。这是折合振子的三个主要优点。

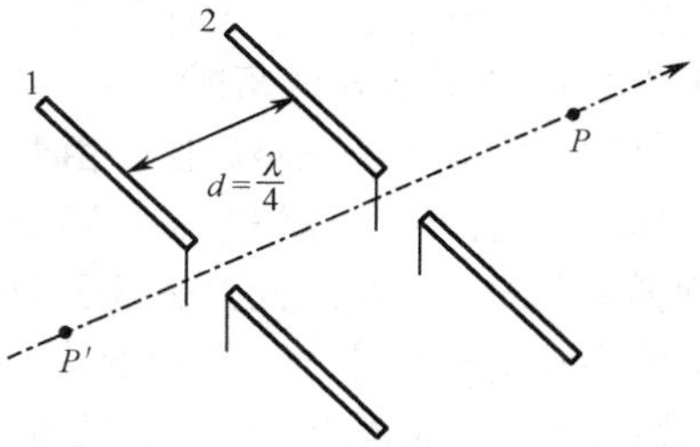

图 7.9　引向天线的定向工作原理

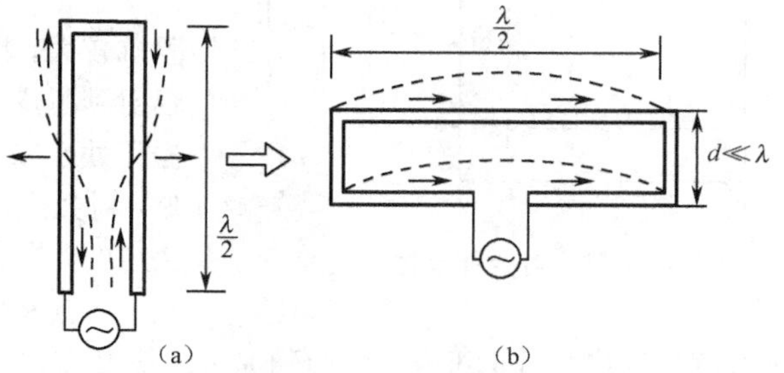

图 7.10　短路双线传输线与折合振子的比较

7.4.3　宽频带天线

对称振子天线的组合可以构成改善方向性图、控制定向辐射方向的引向天线。但引向天线的频带很窄，有必要设计出更宽频带的宽频带天线。若天线的电特性在大于一倍频程（$f_{max}/f_{min} > 2$）的范围内无明显变化，则称为**宽频带天线**。电特性是指由天线的电参量（如方向性图和阻抗等）所决定的辐射特性。驻波天线的电特性对天线的电尺寸的变化十分敏感。用天线的尺寸与电磁波的波长的比值 $\frac{l}{\lambda}$ 来表示的相对尺寸称为**电尺寸**。由此可知，当天线的工作频率或工作波长发生变化时，天线的尺寸要求与相应的频率或波长相比拟，此时天线的尺寸也随之变化。但是，只要所设计的天线在宽频带范围内变化时能确保天线的电尺寸不变化，即天线的电特性也不产生相应的变化，就有可能在超短波和短波波段的应用范围内实现全频道接收。例如，对于多套电视节目，通常具有窄带特性的引向天线只适用于一个频道，而全频道天线能实现多套电视节目的接收。

由于电磁波随频率 f 做周期性变化，若天线结构尺寸也按长度或角度做周期性变化，且相邻结构尺寸的比值 τ 为一特定值，则出现在频率范围（$f \sim \tau f$）间的天线性能，将在频率范围 $\tau \times (f \sim \tau f)$ 间重复出现。因而，天线的电特性也将在很宽的频率范围内做微小周期性变化。据此设计出按长度变化的对数周期振子天线和按角度变化的平面等角螺旋天线等多种形式的宽频带天线。下面以对数周期振子天线为实例，介绍其天线结构和工作原理。

对数周期振子天线是由 N 个平行振子天线按长度依次递减的顺序排列而成，并用双线传输线对各相邻振子进行交叉馈电，如图 7.11 所示。各相邻振子的尺寸满足如下关系式

$$\frac{l_{N+1}}{l_N} = \frac{r_{N+1}}{r_N} = \frac{d_{N+1}}{d_N} = \tau < 1 \tag{7.31}$$

式中，l 为振子长度；d 为相邻振子间距；r 为各振子末端连线交点至相应振子的垂直距离。天线整体结构参量主要取决于周期率 τ 和结构角 α。通常，对式(7.31) 取对数形式，表明天线结构尺寸按 $\ln\tau$ 做周期性变化，故称为**对数周期振子天线**。

当天线馈电给相邻几个短振子（$l < \frac{\lambda}{4}$）时，能量从馈电点传输至 $l \approx \frac{\lambda}{4}$ 的振子的区域，这个区域称为**传输区**。根据传输线理论，在传输区内，振子的输入阻抗很大，且主要呈电抗性，所以振子上的电流很小，产生的辐射也很小，大部分能量继续往前传输。当能量传输至 $l = \frac{\lambda}{4}$ 的振子附

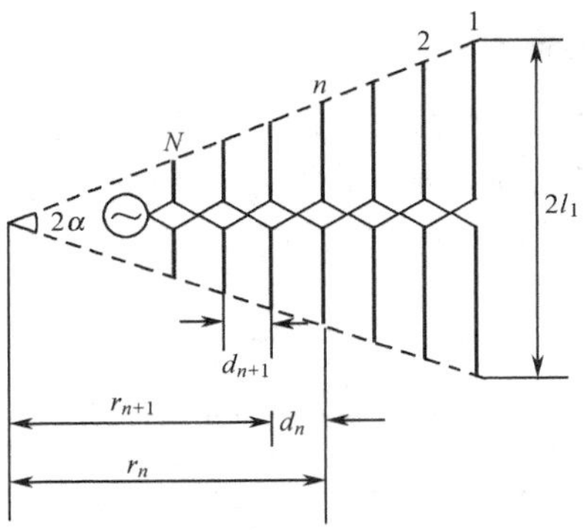

图 7.11　对数周期振子天线

近时，由于发生谐振，输入阻抗呈纯电阻性，振子上电流达到最大，形成较强的辐射，整个天线的辐射主要由接近 $l=\dfrac{\lambda}{4}$ 的几个振子产生，这个有效辐射区称为**工作区**。在所有长振子($l>\dfrac{\lambda}{4}$)的区域，由于离谐振长度较远，输入阻抗较大，振子上电流较小，电磁能量已在工作区基本上辐射到了周围空间，因而长振子对辐射的贡献可以忽略，振子处于未激励状态，这样的区域称为**未激励区**。由此可见，对数周期天线的工作区是由馈入传输波的工作频率来决定的，当频率由高到低变化时，工作区就由短振子向长振子方向移动。然而，频率和结构尺寸的周期性变化，并不影响天线电尺寸的变化，因而确保了天线电性能的稳定性。将对数周期天线与引向天线做比较，可知处于工作区的对数周期天线就相当于引向天线。它们的主要区别在于后者只在固定的窄带内辐射，而前者则在移动的宽带内辐射，其带宽可达 10～15 倍频程。

7.4.4　螺旋天线

对数周期天线的最大辐射方向沿各振子中心指向短振子方向，电场的极化方向平行于振子方向，是端射型的线极化天线。极化也是表征天线电特性的一个电参量。螺旋天线是常用的圆极化天线。圆极化天线在雷达、移动卫星通信和移动卫星导航中获得了应用。圆极化雷达号称全天候雷达，在雨雾冰雹天气中也能正常工作。在各种移动卫星系统中，采用圆极化天线可以适应卫星姿态的随机变化，实时、可靠地确保通信链路的畅通。它广泛地应用于米波和分米波波段。

螺旋天线是将导线绕成螺旋状而构成的天线。用同轴线馈电，同轴线的外导体与金属圆板相连接，而内导体则与螺旋的一端相连，另一端处于自由状态。螺旋天线一般分为圆柱式和圆锥式两种类型，常用的是圆柱式螺旋天线，如图 7.12(a)和图 7.12(b)所示。

螺旋天线的几何参量如图 7.13 所示。图中几何参量包括螺旋直径 d、螺距 h、圈数 N、圈长 C、螺距角 α 和轴向长度 L，各参量满足如下关系式

$$C^2=h^2+(\pi d)^2 \tag{7.32a}$$

$$\alpha=\arctan\frac{h}{\pi d} \tag{7.32b}$$

$$L=Nh \tag{7.32c}$$

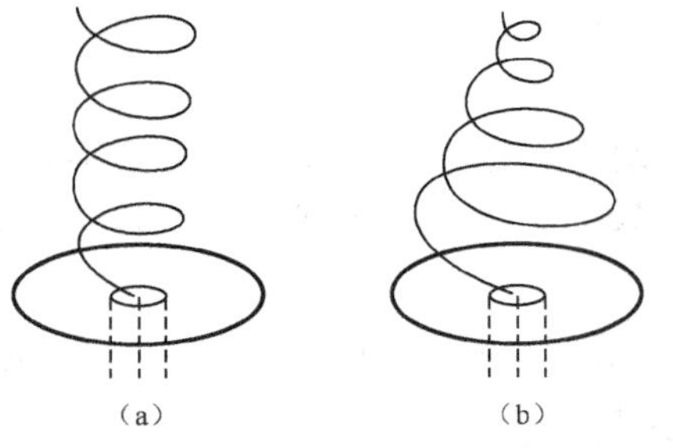

图 7.12　螺旋天线

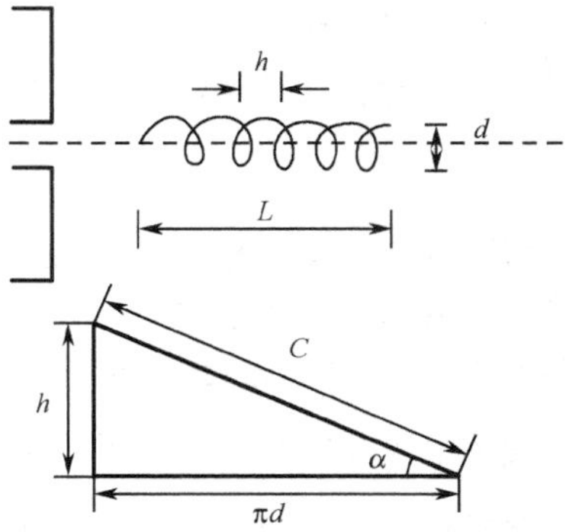

图 7.13　螺旋天线的几何参量

螺旋天线的方向性图与其电尺寸有密切关系。对于**法向模螺旋天线**（$\frac{d}{\lambda} < 0.18$），天线的方向性图的最大辐射方向在垂直于螺旋轴线的平面内，故此得名，如图 7.14(a) 所示。由于法向模螺旋天线的电尺寸较小，其辐射场可以等效为电基本振子与磁基本振子辐射场的叠加，且其电流的振幅相等，相位相同，如图 7.14(b) 所示。螺旋天线的辐射场是由电基本振子的辐射场 E_θ 和磁基本振子的辐射场 E_φ 合成，其空间相位和时间相位之差均为 $\frac{\pi}{2}$，当振幅 $E_\theta = E_\varphi$ 时，即形成圆极化波。

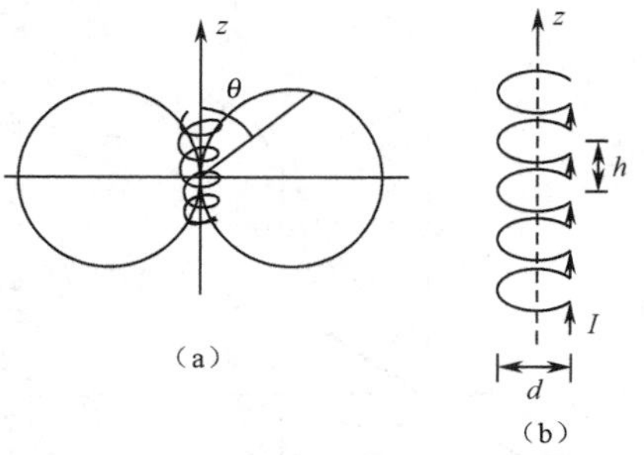

图 7.14　法向模螺旋天线的辐射特性

对于**轴向模螺旋天线**（$\frac{d}{\lambda} \approx 0.25 \sim 0.45$），天线的方向性图的最大辐射方向在螺旋轴线方向，故此得名。由于螺旋天线的螺距角较小，可将一圈螺旋线看做是平面圆环，一圈的周长近似等于一个波长，即 $C = \lambda$。若忽略螺旋线末端电流的微弱反射，则可将轴向螺旋天线上的电流分布近似看作纯行波分布。图 7.15(a) 表示此平面圆环中在时刻 t_1 的电流分布，1、2、3 和 4 是圆环上的四个对称点，存在沿切线方向的等幅电流。在此时刻，所有 x 方向电流分量的轴向辐射场相互抵消，而所有 y 方向电流分量的轴向辐射场同向叠加。图 7.15(b) 表示此平面圆环中在时刻 $t_2 = t_1 + \frac{T}{4}$ 的电流分布，经过 $\frac{T}{4}$ 后 1、2、3 和 4 四个点处的电流分布也发生了变化。在此时刻，所有 y 方向电流分量的轴向辐射场相互抵消，而所有 x 方向电流分量的轴向辐射场同相叠加。由此可知，经过四分之一周期后，轴向辐射场由 y 方向变为 x 方向，矢量场旋转了 $\frac{\pi}{2}$，形成圆极化波。随着螺旋线圈绕制旋向不同，就可形成相应旋向的圆极化波。

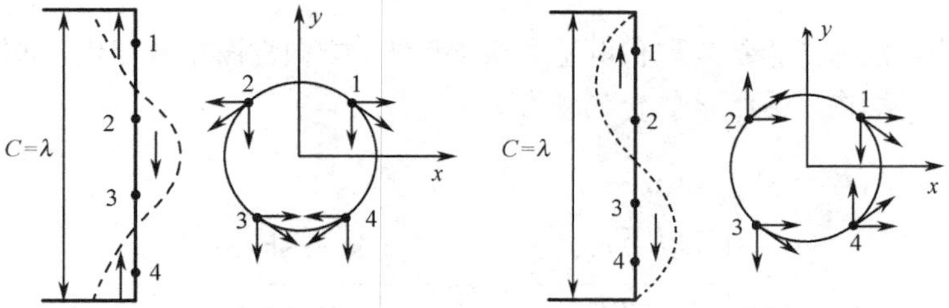

图 7.15　轴向模螺旋天线的辐射特性

7.4.5　旋转场天线

对于电视和调频广播发射天线，为了满足周围观众和听众都能机会均等地接收到电磁波的信号，要求发射天线在水平面的方向性图近似为一个圆，以确保各方向都接收良好。为得到近似于圆的水平方向性图，可以采用旋转场馈电法，使方向性图绕天线的垂直杆旋转，这样的天线称为**旋转场天线**。显然，前面介绍的具有尖锐形状方向性图定向辐射的各类天线均无法满足这种需求。用于电视发射天线的蝙蝠翼天线及寄生于蝙蝠翼天线塔上的框形天线和双环天线，用于调频广播和小型(100 W 以下)电视差转台的十字形天线，都是旋转场天线。

为了说明旋转场原理，设有两个置于水平面内的正交直线电流元，其电流大小相等（$I_1 = I_2$），相位差为 $\frac{\pi}{2}\left(\varphi = \frac{\pi}{2}\right)$，如图 7.16 所示。两电流元的电流可表示为

$$i_1(t)=I_1\cos\omega t \tag{7.33a}$$

$$i_2(t)=I_2\cos\left(\omega t-\frac{\pi}{2}\right)=I_2\sin\omega t \tag{7.33b}$$

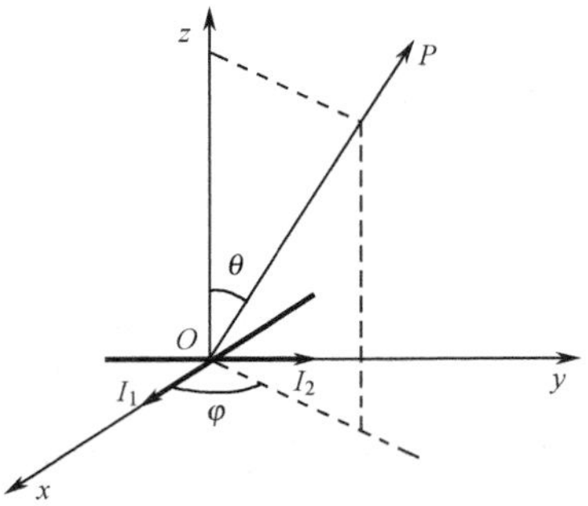

图 7.16　正交电基本振子

由于我国的电视发射信号采用水平极化，式(7.14a)中的θ应改为φ，电流元I_1产生的辐射电场分量的方向性因子$F_1(\varphi)=\sin\varphi$，与其正交的电流元I_2滞后了一个空间相位$\frac{\pi}{2}$，故其方向性因子$F_2(\varphi)=\cos\varphi$。若式(7.14a)中的振幅用E_0来表示，则由正交电基本振子$i_1(t)$和$i_2(t)$产生的辐射电场分量为

$$E_{1\varphi}=E_0\sin\varphi\cos\omega t \tag{7.34a}$$

$$E_{2\varphi}=E_0\cos\varphi\sin\omega t \tag{7.34b}$$

两正交电基本振子天线在场点P的合成场为

$$E_\varphi=E_{1\varphi}+E_{2\varphi}=E_0\sin(\varphi+\omega t) \tag{7.35}$$

为了考查式(7.35)所描述的方向性图的旋转特性，可以取两个特殊时刻的方向性图来进行观察，如图7.17(a)所示。当$t=0$时方向性因子$F(\varphi)=\sin\varphi$，这表示此时刻的方向性图是最大辐射方向对应于点A的“8”字形图像；当$t=t'$使$\omega t'=\frac{\pi}{2}$时方向性因子$F'(\varphi)=\cos\varphi$，这表示此时刻的方向性图已经旋转了$\frac{\pi}{2}$，其最大辐射方向对应于点A'。因此，式(7.35)表示在某一瞬间电基本振子所在水平面内场强分布的方向性图，是以变化周期为ω的角速度在空间旋转的“8”字形图像；而在整个旋转时间内，这种旋转着的方向性图在水平面内形成一个无向性、稳态的圆极化的圆形图像。

实际上常采用半波振子天线来取代电基本振子天线，方向性图略有变化，如图7.17(b)所示。在半波振子所在水平面内，场点P的合成场为

$$\begin{aligned}E_\varphi&=E_{1\varphi}+E_{2\varphi}\\&=E_0\left[\frac{\cos\left(\frac{\pi}{2}\cos\varphi\right)}{\sin\varphi}\cos\omega t+\frac{\cos\left(\frac{\pi}{2}\sin\varphi\right)}{\cos\varphi}\sin\omega t\right]\end{aligned} \tag{7.36}$$

其方向性因子为

$$F(\varphi)=\sqrt{\left[\frac{\cos\left(\frac{\pi}{2}\cos\varphi\right)}{\sin\varphi}\right]^2+\left[\frac{\cos\left(\frac{\pi}{2}\sin\varphi\right)}{\cos\varphi}\right]^2} \tag{7.37}$$

电视台广泛采用蝙蝠翼天线，如图7.18所示。这种天线是由半波对称振子逐步演化而来，形成两对相互正交的形如蝙蝠翼状的十字交叉结构。这两对天线采用$\frac{\pi}{2}$的移相器来实现相位差为$\frac{\pi}{2}$的电流馈电，使在水平面内形成旋转场。为了提高天线增益系数，增强垂直面内的方向性辐射，通常采用多层蝙蝠翼天线，一般取为四、六、八层，每层中心距接近一个波长。

为了满足宽频带的要求，减轻天线重量，减小电阻，防止雷击，相应地加粗了振子天线以降低输入阻抗，用平板取代圆柱导体，用钢管做成的栅板取代金属导体板，并加入了接地钢管。因此，蝙蝠翼天线具有频带宽(相对带宽$\Delta f/f_0\sim20\sim25\ \%$)、牢固和功率容量大等优点。

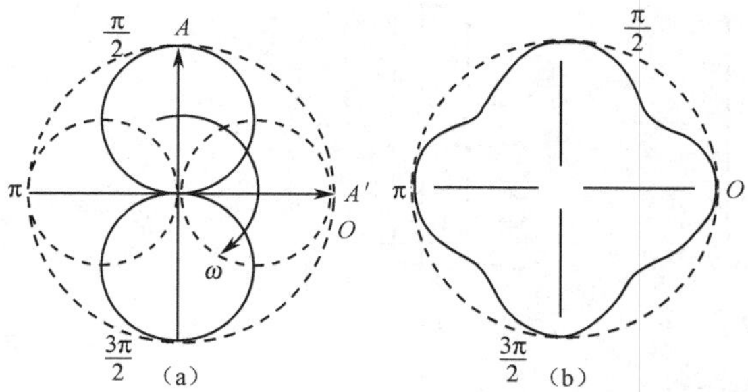

图 7.17　旋转场方向性图

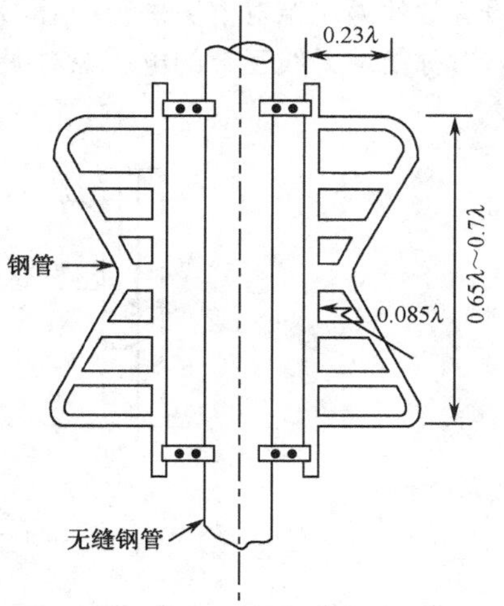

图 7.18　蝙蝠翼天线

7.4.6　槽隙天线

前面介绍的各类线型天线都是以电基本振子为辐射单元按叠加原理组合派生而成的具有金属细导体线形结构的电型天线。利用对偶原理，也可以磁基本振子为辐射单元，在薄金属导体板上开槽，形成与其等效的若干细缝构成的**槽隙天线**，这是另一类型的线形结构磁型天线。在实用上，常在同轴线、波导管或空腔谐振器的导体壁上开一条或数条细缝，形成使电磁波通过细缝向外空间辐射的槽隙天线。

为了说明槽隙天线的工作原理，考查如图 7.19(a)所示磁基本振子的辐射场。假定该磁基本振子的厚度很薄，宽度为 W，长度为 $2l$，在垂直于磁基本振子轴线的平面上电场线分布为一系列闭合回线。在假想 $m-m'$ 面上电场线处处与它垂直，所以在该假想面上放置薄金属导体板不会破坏电场线的分布状况。假设将磁基本振子取出，代之以位置与其互补的开槽无限大薄金属板，如图 7.19(b)所示。为了维持原有电场分布不变，可在槽口上用外加横向电场来取代与磁基本振子等效的振荡磁偶极子表面的纵向磁流，由此即构成了槽隙天线。

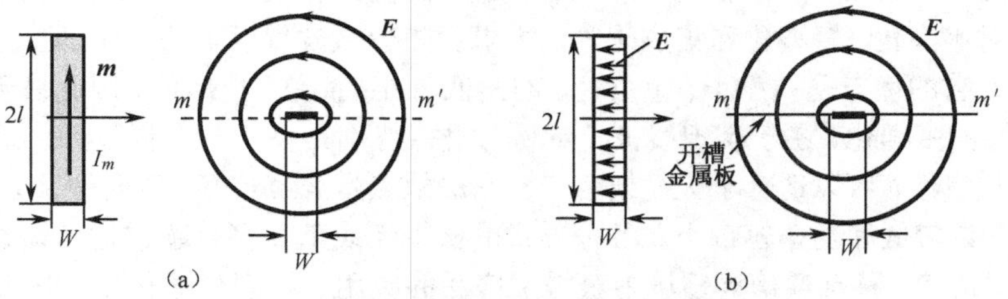

图 7.19　磁基本振子与槽隙天线的电场分布

根据对偶原理，磁基本振子的辐射场可以用电基本振子的辐射场通过对偶变换来得到。由此可知，在无限大理想金属板上的槽隙天线所产生辐射场的方向性图与其互补的同面积金属板天线在无限大空间的方向性图相同，其区别仅在于电场与磁场互换，且槽隙天线金属板两侧具有等值反向的不连续性场量。考查如图 7.20(a)所示理想金属导体板上的半波槽隙天线，其槽隙长 $2l$，宽 $W(W\leqslant\lambda)$，槽隙面上的电场垂直于其长边；如图 7.20(b)所示对称槽隙天线为与理想槽隙天线等效的磁流源对槽隙进行中心馈电所形成的天线；如图7.20(c)所示金属导体板振子天线为与对称槽隙天线互补的电压源对振子进行中心馈电所形成的天线。

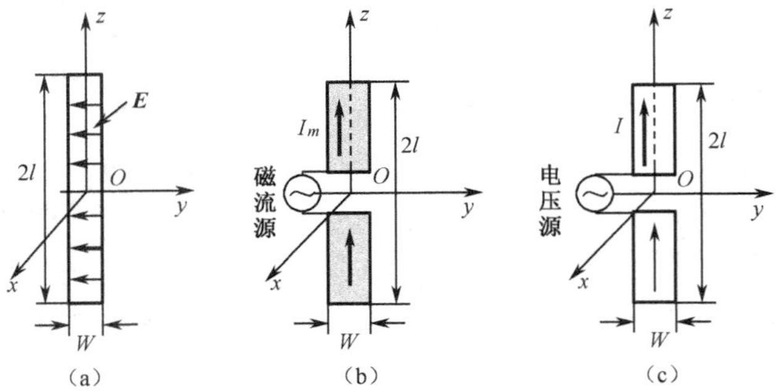

图7.20　半波槽隙天线及其互补天线

平板对称振子半波天线与细圆柱对称振子半波天线在辐射区具有相同的辐射场分布和方向性因子，如例7.3所得结果。根据对偶原理，理想槽隙半波天线与其互补的平板对称振子半波天线的激励方向相差 $\frac{\pi}{2}$，且方向性因子的 E 面和 H 面相互交换，如图7.21所示。

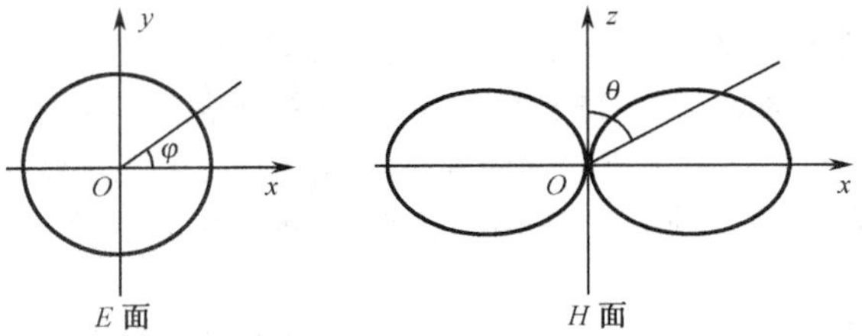

图7.21　理想槽隙半波天线的辐射方向性图

7.4.7　微带天线

前面介绍的各类天线，除槽隙天线外，多半是体积较大的非平面型天线，不适应于空间科学与技术等领域对小型化、轻型化和集成化等的需求。随着微波集成电路技术的快速发展，**微带天线**也应运而生。它的优点是体积小、重量轻、剖面低、制造简单、成体低，因此易于与高速飞行器共形；且电气性能多样化，易于实现线极化或圆极化；特别是易于与有源器件、微波电路集成为平面型的一体化组件，所以适合于大规模生产。它的缺点是波瓣较宽、方向性系数较低；频带窄、损耗大、增益系数较低和功率容量小。各种形式的微带天线已在多普勒雷达和雷达、导弹的遥控技术，以及卫星通信、移动通信等领域中获得了广泛的应用。在现代通信中，微带天线普遍应用于100 MHz～50 GHz的频段范围。

微带天线是由介质基片的两面分别覆盖金属片构成的，其中完全覆盖介质基片一面的金属片作为接地板，而尺寸可以和波长相比拟、具有特定形状的微带金属片则覆盖于介质基片的另一面作为辐射元，如图7.22所示。辐射元的形状可以是方形、矩形和圆形等各种形状。微带天线可以利用微带线或同轴线进行馈电，在接地板和辐射元导体片之间激励起射频电磁波，并通过两面的金属导体片之间的缝隙向外辐射。通常，介质基片的厚度远小于波长，易于实现低剖面型天线。

基于微带传输线理论，可以采用传输模分析法对微带天线的辐射特性进行分析。该方法将微带天线的辐射元、介质基片和接地板系统看做一段两端开路的微带传输线，并对两开路端的辐射场进行等效分析。图 7.22 表示长 l、宽 W、介质基片厚 h 的矩形辐射元，就可看做一段长 l 的两端开路的微带线。

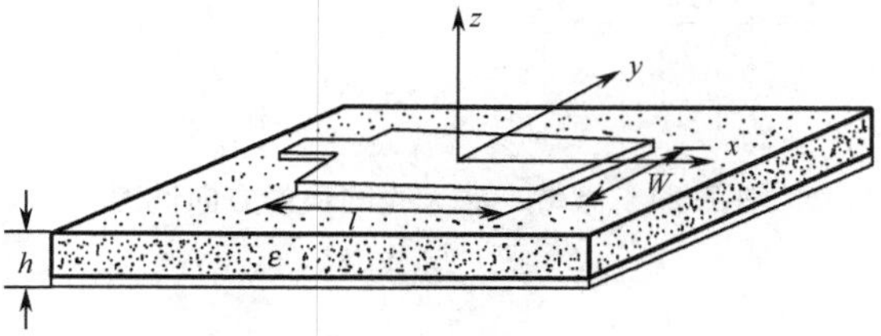

图 7.22　微带天线

图 7.23(a)为电场分布的侧视图。由于基片厚度 $h \ll \lambda$，电场沿 h 方向看做均匀分布，沿 W 方向变化也很小，主要沿 $l \approx \frac{\lambda}{2}$ 方向有变化。若将两开路端的电场分解为分别垂直和平行于接地板的分量，则两垂直分量方向相反，而两平行分量方向相同。由此可知，两垂直分量在远区形成的辐射场反相抵消而减弱，而两平行分量在远区形成的辐射场同相叠加而增强。这相当于两开路端的平行分量等效为无限大平面上相同激励的两个槽隙天线。图 7.23(b)为电场分布的顶视图，它相当于等效辐射的两槽隙天线组合。该两槽隙天线长度为 W，宽度为 $\Delta l \approx h$，相隔间距为 $l \approx \frac{\lambda}{2}$。

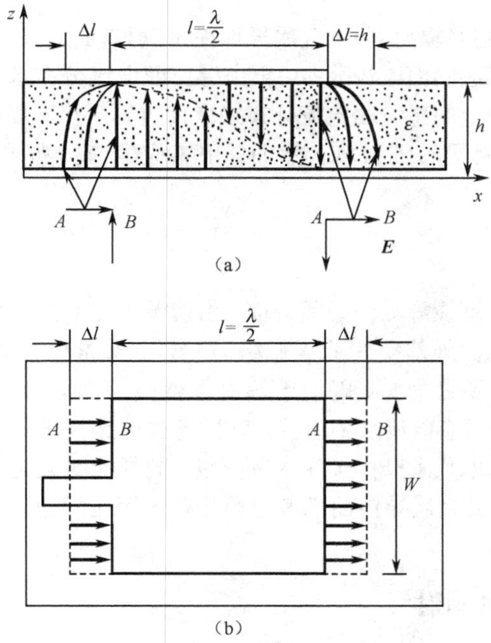

图 7.23　微带天线的场分布

矩形微带天线的辐射方向性图，如图 7.24 所示。

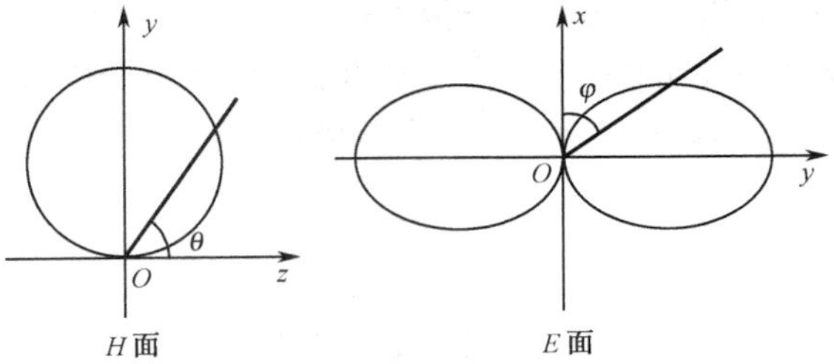

图 7.24　微带半波天线的辐射方向性图

7.5　面形天线

7.5.1　面形天线辐射场的分析方法

电流分布在天线体的金属表面，且口径尺寸远大于波长的天线称为**面形天线**，又称为**口径天线**。面形天线主要用于微波波段，常称为**微波天线**。面形天线广泛应用于雷达、导航、微波中继通信、卫星通信及卫星电视广播等无线电系统中。

不论分析面形天线还是线形天线，都必须首先求出其辐射场，然后分析其方向性和阻抗等电特性。其严格解法是根据天线的边界条件求解电磁场的波动方程，这是一个十分复杂的数学求解过程。在工程上常采用如下两种近似方法：

1. 感应电流法

面形天线通常由馈源(初级辐射器)和金属导体面(辐射口面)组成。这种方法是先求馈源的波束照射到金属导体面上所感应的面电流分布，再由感应面电流分布求辐射场。根据等效原理，用边界形状规则的金属导体面上的感应面电流分布来取代边界形状不规则的馈源，这两个不同的等效源在给定区域能够产生相同的辐射场。然而，用感应电流分布求辐射场却大大简化了计算过程。

2. 口径场法

这种方法是先做一个包围馈源的假想闭合面，由馈源求出此闭合面上的场分布(内场)，再由该闭合面上的场分布求闭合面外部空间的辐射场(外场)。通常闭合面由金属导体面及其假想口面合成，而金属外表面上的场量为零，因而求辐射场就归结为只由假想口面上的场量来进行计算，口径场法由此得名。与感应电流法相比较，口径场法也是基于等效原理，用简单的假想口面的场分布(假想等效面源)来取代复杂的馈源求辐射场，同样能够大大简化计算过程。它们间的区别在于，感应电流法从真实的金属导体面来考虑源分布的简化问题，而口径场法则从假想的口径面来考虑源分布的简化问题。

*7.5.2　惠更斯面元的辐射

分析口径场法的理论依据是惠更斯-菲涅耳原理。**惠更斯原理是指传播波波阵面(或等相面)上各点都可视为新的次级子波源，而此后任意时刻的波阵面就是所有这些次级子波的包络。菲涅耳原理是在惠更斯原理的基础上做了进一步补充，假定空间任意点的场是由这些次级子波相互干涉而形成。**图 7.25 表示惠更斯原理的示意图，图中 S 表示原波阵面，S' 是传播中的新波阵面，它

是 S 上各点子波的包络面或这些子波面的切面形成的曲面。因此，**惠更斯作图法加上干涉原理，通常称为惠更斯-菲涅耳原理。**

面天线的假想口径面可以分割成许多面元，这些面元称为**惠更斯面元**。为了简化分析，考查在辐射区传播的均匀平面波，这是一个横电磁波，假定在其波阵面上取一方形小面积元 $d\boldsymbol{S}=\boldsymbol{a}_n dxdy$，其上分布有均匀电场强度 $\boldsymbol{E}$ 和均匀磁场强度 $\boldsymbol{H}$，如图 7.26 所示。

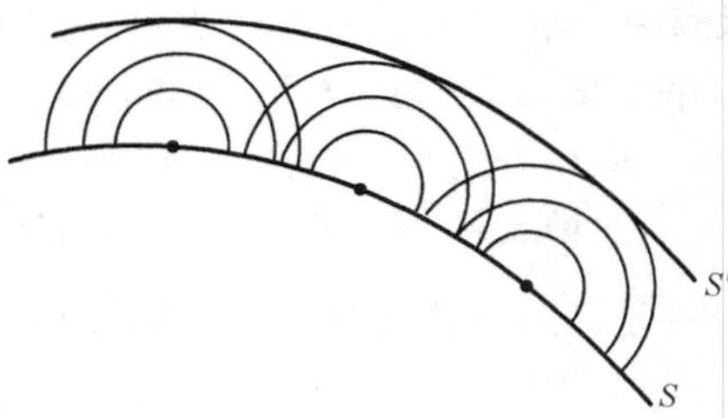

图 7.25　惠更斯原理

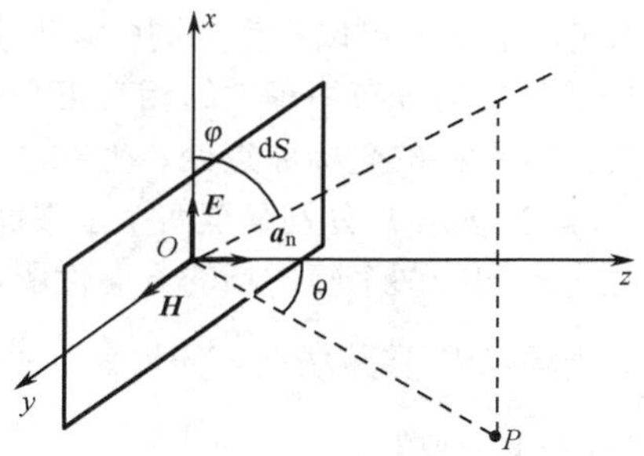

图 7.26　惠更斯面元

已知在线形天线中，由电流元构成的电基本振子是组成细金属导体天线的基本辐射单元，图 7.27(a)表示电流元 Idx 与振荡电偶极矩 $P=Qdx$ 是等效的；而由电流环构成的磁基本振子是组成槽隙天线的基本辐射单元，图 7.27(b) 表示磁流元 $I_m dy$ 与圆电流环 IdS 和振荡磁偶极矩 $m=Q_m dy$ 是等效的。电、磁基本振子之间是对偶关系。据此，我们可以这样设想：既然相互对偶的电、磁基本振子是线形天线的基本辐射单元，惠更斯面元又是面形天线的基本辐射单元，它们之间就可能存在一定的关系。那么，能否按照叠加原理和对偶原理用相互正交的电流元和磁流元来等效组成面形天线的基本辐射单元的惠更斯面元呢？图 7.27(c)表示相互正交的电流元 Idx 和磁流元 $I_m dy$ 与面元 dS 上的面电流密度 J_S 和面磁流密度 J_{Sm} 形成的均匀面源分布 $J_S dS$ 和 $J_{Sm} dS$ 是等效的，其等效关系可表示为

$$Idx=(J_S dy)dx=J_S dS \tag{7.38a}$$

$$I_m dy=(J_{Sm} dx)dy=J_{Sm} dS \tag{7.38b}$$

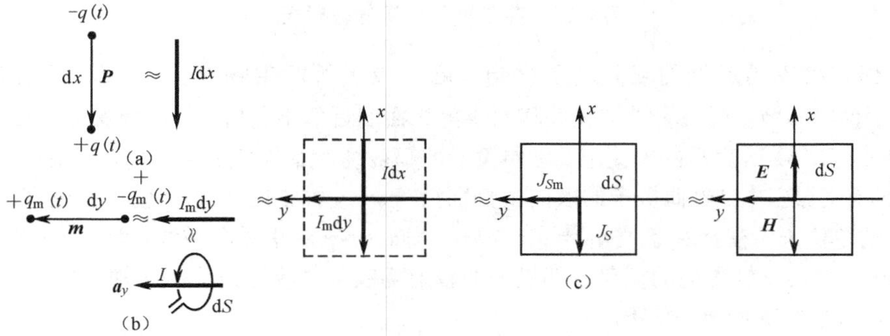

图 7.27　惠更斯面元的形成

根据等效原理，由式(4.13b)可知惠更斯面元上的切向磁场 H_y 可以等效为面电流密度 J_S，即 $J_S=H_y$；根据对偶原理，切向电场 E_x 可以等效为面磁流密度 J_{Sm}，即 $J_{Sm}=E_x$。于是，式(7.38) 中的面源分布可以表示为惠更斯面元 dS 上的电磁场分布

$$Idx=J_S dS=H_y dS \tag{7.39a}$$

$$I_m dy = J_{Sm} dS = E_x dS \tag{7.39b}$$

由此可以得出结论：**横电磁波波阵面上任一点的惠更斯面元等效为相互正交的振荡电偶极子和磁偶极子的组合。**

图 7.26 所示惠更斯面元是真实源所产生的电磁波在传播过程中，在某点波阵面上振动着的电磁波，在该点的电磁波将继续往前传播。因此，根据惠更斯原理可知，可以将惠更斯面元看做假想的由子波源构成的二次波源。由等效原理可知，利用假想的惠更斯面元来取代复杂的真实源，在指定的区域内可以产生相同的辐射场，以简化分析与计算。据此，可以将图 7.26 所示惠更斯面元中的均匀场分布用等效的相互正交的振荡电、磁偶极子作为新的辐射源，并移至如图 7.28 所示的球坐标系中的坐标原点处。坐标原点 O 至场点 P 的距离 r 与直角坐标 x，y 和 z 的夹角分别为 α，β 和 γ。当场点 P 分别移至两个主平面的 E 面(xz 面) 和 H 面(yz 面) 的场点 P' 和 P'' 时，可以求出主平面内的两个辐射场的方向性图。例如，在 E 面上的场点 P' 处，式(7.14a) 中的 θ 应用 α 来取代；当场点 P' 移至场点 P''' 时，$\alpha = \dfrac{\pi}{2}$，此处的场正好是如图 7.26 所示的惠更斯面元中的场。所以式(7.14a)应改写为

$$E_\theta = \mathrm{j}\,\frac{I dx \eta_0}{2\lambda r} e^{-\mathrm{j}kr} \tag{7.40}$$

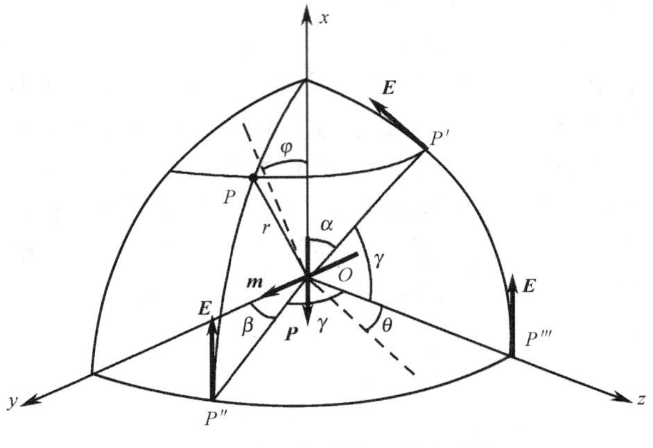

图 7.28　惠更斯等效源的辐射场

需要指出，在各场点处的场量是振荡电、磁偶极子所产生场量 E^e 和 E^m 的合成值 $E = E^e + E^m$。对于横电磁波，所有场量均在波阵面或等相面的近似平面内，所以场量可以写为标量和。式(7.14) 和式(7.18) 所表示的振荡电、磁偶极子的辐射场，都是将偶极子的取向沿 z 轴方向，而图 7.28 中的正交振荡电、磁偶极子的取向则分别沿 $-x$，y 轴方向。因此，应当通过直角坐标系与球坐标系间的单位矢量变换关系式 $\boldsymbol{a}_x = \boldsymbol{a}_\theta \cos\theta\cos\varphi - \boldsymbol{a}_\varphi \sin\varphi$(对于横电磁波，无沿 $\boldsymbol{a}_r$ 的纵向场量)，利用式(7.40)，将沿 z 轴方向的振荡电偶极子的辐射场表示式改写为沿 $-x$ 轴方向的振荡电偶极子的辐射场(在图 7.28 中点 P''' 处，$\boldsymbol{a}_\theta \,/\!/\, \boldsymbol{a}_x$)

$$\boldsymbol{E}^e = \mathrm{j}\,\frac{I dx \eta_0}{2\lambda r} e^{-\mathrm{j}kr}(-\boldsymbol{a}_\theta \cos\theta\cos\varphi + \boldsymbol{a}_\varphi \sin\varphi) \tag{7.41a}$$

利用对偶原理，也可以将沿 z 轴方向的振荡磁偶极子的辐射场表示式改写为沿 y 轴方向的振荡磁偶极子的辐射场

$$\boldsymbol{E}^m = \mathrm{j}\,\frac{I_m dy}{2\lambda r} e^{-\mathrm{j}kr}(-\boldsymbol{a}_\theta \cos\varphi + \boldsymbol{a}_\varphi \cos\theta\sin\varphi) \tag{7.41b}$$

容易看出，由于产生 $\boldsymbol{E}^{e}$ 和 $\boldsymbol{E}^{m}$ 的电、磁偶极子相互正交，x 和 y 进行了交换，只需将单位矢量变换关系式中的 $\boldsymbol{a}_\theta$ 和 $\boldsymbol{a}_\varphi$ 的两分量进行交换，并将 $\sin\varphi$ 和 $\cos\varphi$ 也进行交换，即得对偶式(7.41b)。将式(7.39)代入式(7.41a)和式(7.41b)后相叠加，并考虑到 $E_x/H_y=\eta_0$，可得惠更斯面元在远区的辐射场为

$$\mathrm{d}\boldsymbol{E}=\mathrm{j}\,\frac{E_x\mathrm{d}S}{2\lambda r}\mathrm{e}^{-\mathrm{j}kr}\left[-\boldsymbol{a}_\theta\cos\varphi(1+\cos\theta)+\boldsymbol{a}_\varphi\sin\varphi(1+\cos\theta)\right] \tag{7.42}$$

不论在 E 面($\varphi=\pi$)还是在 H 面$\left(\varphi=\dfrac{\pi}{2}\right)$，两者的合成场均为

$$\mathrm{d}E=\mathrm{d}E^{e}+\mathrm{d}E^{m}=\mathrm{j}\,\frac{E_x\mathrm{d}S}{2\lambda r}\mathrm{e}^{-\mathrm{j}kr}(1+\cos\theta) \tag{7.43}$$

因此，惠更斯面元的方向性因子为

$$F(\theta)=\frac{1}{2}(1+\cos\theta) \tag{7.44}$$

由式(7.44)可以画出 E 面 的方向性图，如图 7.29所示。

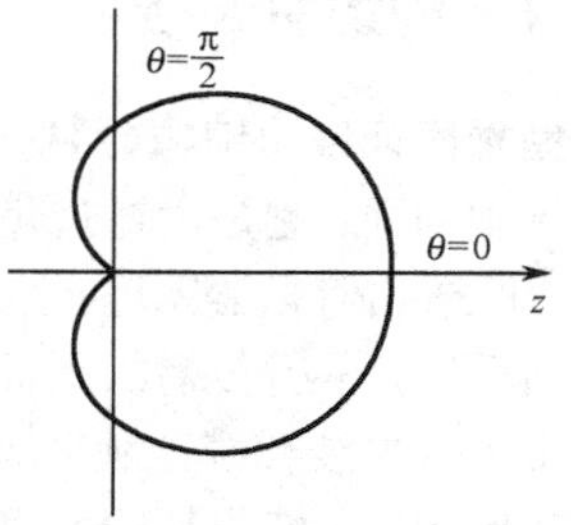

图 7.29　惠更斯面元的方向性图

由于面天线的假想口径面分割成无数惠更斯面元的连续叠加，所以由式(7.44)计算面天线整个口径面的辐射场时，应对式(7.44)取如下面积分，得

$$E=\mathrm{j}\,\frac{(1+\cos\theta)}{2\lambda}\int_S E_x\,\frac{\mathrm{e}^{-\mathrm{j}kr'}}{r'}\mathrm{d}S' \tag{7.45}$$

式中，r' 是口径面上面元所在源点与场点之间的距离。

7.5.3　喇叭天线

正如平行双导线张开之后形成基本的线形天线一样，波导开口处张开之后也形成基本的面形天线。终端开口的波导可以构成一个辐射器，其口径面的辐射场可以根据惠更斯原理来进行计算。但是，由于波导口径面的电尺寸很小，其辐射的方向性很差；加上波导开口处的阻抗发生突变，波导开口处与自由空间的匹配很差，反射很强。由此可知，不宜直接将终端开口波导用做面形天线。**喇叭天线**是将波导均匀地逐渐张开所形成的基本面形天线。在微波雷达的辐射系统中，常用小型喇叭天线作为反射面天线的馈源；而在微波通信的辐射系统中，常用大型喇叭天线直接作为独立工作的面形天线；在微波测量技术中，还可用做测量微波天线增益系数的标准喇叭。

图 7.30 绘出了几种喇叭天线的结构图。图 7.30(a)表示矩形波导 E 面逐渐张开形成的 E 面扇形喇叭天线；图 7.30(b)表示矩形波导 H 面逐渐张开形成的 H 面扇形喇叭天线；图 7.30(c)表示矩形波导 E 面和 H 面同时逐渐张开形成的角锥喇叭天线；图 7.30(d)表示圆形波导逐渐张开形成的圆锥喇叭天线。这些喇叭天线具有结构简单、调整和使用方便及波段特性好等优点。此外，为适应卫星通信和射电天文等技术领域的需求，还研制了一些新型的特殊喇叭天线(如多模喇叭和波纹喇叭等天线)。但应用最为广泛的还是角锥喇叭天线。

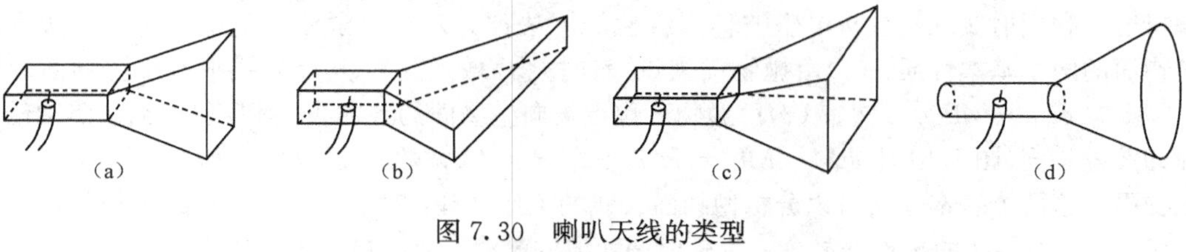

图 7.30　喇叭天线的类型

用口径场法近似分析喇叭天线的辐射特性时，需要了解电磁波在喇叭内的传播规律。可以认为喇叭天线中的场结构近似地与相应波导中的场结构相同。当矩形波导中传输主模 TE_{10} 波时，其等相面是平面；由它所张开而成的 H 面或 E 面扇形喇叭波导天线中，尽管其场结构与矩形波导中的相似，但其等相面则是圆柱面。在分析角锥喇叭天线时，应分别考虑其 H 面和 E 面中的场结构，其各面场结构与矩形波导中相应面的场结构也近似相同。

7.5.4　抛物面天线

抛物面天线由馈源(照射器)和反射面组成。反射面依其形式分为不同的种类，其中最常用的是旋转抛物面，它是由通过焦点轴线呈抛物线绕其焦轴旋转而成的抛物反射面。馈源置于轴线焦点处，根据几何光学原理，抛物反射面能将置于焦点处馈源投射而来的球面波转变为沿抛物面轴线逆向反射、平行传播的平面波。因此，抛物面天线具有很尖锐的方向性和很强的定向辐射功能。由于其主波瓣窄、副瓣低、增益系数大等优点，它在雷达、通信和射电天文等系统中得到了广泛的应用，其波段从短波直至拓展到光波，特别在分米波、厘米波及毫米波各波段的无线电设备中的应用尤为普遍。

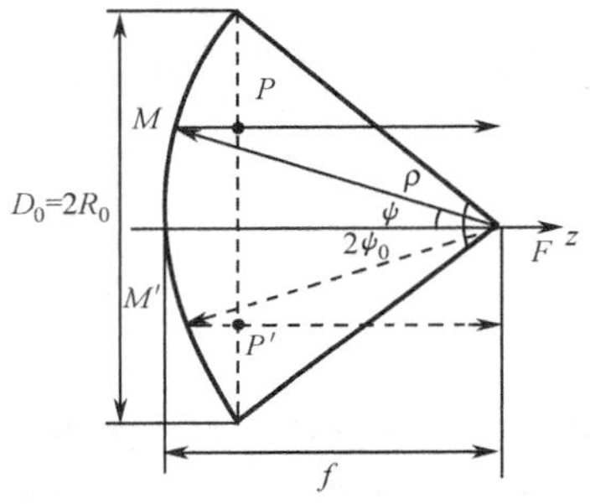

图 7.31　抛物面的几何关系

图 7.31 表示旋转抛物面天线结构的几何关系。以抛物反射面边缘为周界的平面是抛物面口径，其直径为 D_0，半径为 R_0，面积为 S。垂直于口径面，并通过其焦点的轴线是抛物面的焦轴。由抛物面的焦点至顶点的距离 f 是抛物面的焦距。由焦点至抛物面边缘相对两点连结的夹角 $2\psi_0$ 是抛物面口径张角。

抛物线方程常用原点与焦点重合的极坐标 (ρ,ψ) 表示为

$$\rho = \frac{2f}{1+\cos\psi} = f\sin^2\frac{\psi}{2} \tag{7.46a}$$

焦距与口径直径比或口径张角的大小可以表征抛物面的形状，表示为

$$\frac{f}{D_0} = \frac{1}{4}\cot\frac{\psi_0}{2} \tag{7.46b}$$

式(7.46)是抛物面天线的两个几何参量关系式(证明略)。

根据 $2\psi_0$ 的大小，可将抛物面天线分为三类：当 $2\psi_0$ 等于、小于或大于 π 时，可得到 $\frac{f}{D_0}$ 等于、大于或小于 0.25，它们分别对应于焦点在口径面上、口径面外侧或内侧，分别称为中等焦距、长焦距或短焦距抛物面天线。

利用几何光学法和能量守恒定律可以分析抛物面天线的工作原理。假定能量沿射线传播，波前处处垂直于射线，且无射线的区域亦无能量。因此，射线表示波传播的路径。平面波的射线彼此平行，球面波的射线聚焦于球心，均匀媒质中存在直射线，非均匀媒质中存在射线的弯曲、反射和折射。利用射线理论分析电磁波传播特性的方法称为**几何光学法**。基于几何光学法可以解释抛物面的两个基本性质：(1)由抛物面焦点投向抛物面的射线，其反射线平行于抛物面的焦轴(图 7.31 中 $FM \to MP \,/\!/\, z$ 轴)；(2)由抛物面焦点投向抛物面的各射线，其反射线到达焦轴任一垂直面的波程相同(图 7.31 中 $FM + MP = FM' + M'P = C$(常数)，过焦点的垂直面处取 $C = 2f$)。由抛物面的这两个基本性质可以分析抛物面天线的工作原理：对于远大于波长的抛物面口径尺寸的天线，若在抛物面的焦点处放置一个辐射球面波的波源，则由它投向抛物面的射线反射后将变

为一束互相平行的射线，从焦点出发到达口面上的这些射线经历的路程相等，所以口面上形成同相场。由此可见，抛物面已将照射器投射的球面波变为平面波，其反射的平面波能量沿焦轴正向传播，因而在该方向出现最大的定向辐射能量。

7.5.5　双反射面天线

双反射面天线有多种类型，**卡塞格伦天线**是其中最常用的一种双反射面天线。它是基于抛物面天线的几何光学反射原理，仿照卡塞格伦光学望远镜发展而成的一种微波天线。由于它比抛物面天线多了一个反射面，导致几何参量的增多，给电性能的设计带来灵活性；它用短焦距的抛物面实现了由双反射面组合所形成的等效长焦距抛物面的性能，减小了天线的纵向尺寸；馈源移装至抛物面顶点附近，使馈线和接收系统均处于抛物面背后紧靠馈源处，馈线的缩短减少了信号的损失。它比抛物面天线所显示的诸多优点，使它广泛应用于单脉冲雷达、微波中继通信、卫星通信和射电天文等领域。

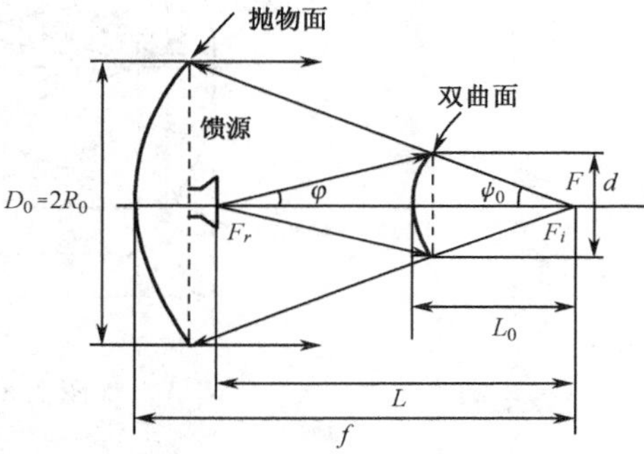

图 7.32　卡塞格伦天线结构的几何关系

图 7.32 所示为卡塞格伦天线结构的几何关系。它由主反射面、副反射面和馈源三部分组成。主反射面为旋转抛物面，副反射面为旋转双曲面，馈源通常为喇叭。双曲面有实焦点 F_r 和虚焦点 F_i，馈源位于双曲面的实焦点 F_r 处，而双曲面的虚焦 F_i 则与抛物面的焦点 F 重合。从双曲面实焦点的馈源发出的波，经过双曲面反射后变成以双曲面的虚焦点或抛物面的焦点为中心发出的波，再经抛物面反射。曲面数的增加也使几何参量增加至七个：抛物面的焦距 f，抛物面的口面直径 D_0，抛物面的半张角 ψ_0，双曲面两虚、实焦点的距离 L，双曲面半张角 φ，双曲面直径 d 和双曲面顶点至抛物面焦点之间的距离 L_0。

卡塞格伦天线的几何参量间有如下几何关系为

$$\frac{f}{D_0}=\frac{1}{4}\cot\frac{\psi_0}{2} \tag{7.47a}$$

$$\cot\psi_0+\cot\varphi=\frac{2L}{d} \tag{7.47b}$$

$$1-\frac{\sin\frac{1}{2}(\psi_0-\varphi)}{\sin\frac{1}{2}(\psi_0+\varphi)}=\frac{2L_0}{L} \tag{7.47c}$$

式(7.47)是卡塞格伦天线的三个独立的几何参量关系式(证明略)。通常由天线的结构和电指标要求选定四个参量为已知量，其余三个则由式(7.47)确定。

在由面天线的口面场分布确定其电参量时，首先必须通过馈源的方向性图来求出口面场分布。显然，双反射面天线比普通抛物面天线结构更加复杂，为口面场分布的求解带来困难。为了简化对卡塞格伦天线工作原理的分析，可以引入**等效抛物面法**。**等效抛物面法就是将抛物面和双曲面组成的复合系统用单一的等效抛物面来取代。**图 7.33 表示卡塞格伦天线等效为抛物面天线的工作原理：卡塞格伦天线中由馈源发出的射线经历的实际路线是先投向双曲面，再反射到抛物面，最后汇聚成平行于焦轴的射线束；而其等效抛物面天线则将由馈源投向双曲面的射线延伸至与平行于焦轴的射线束相交，这些交点绕轴旋转的轨迹即为假想的等效抛物面。由图 7.33 可知，馈源至等效抛物面上任意点的距离为 ρ_e，抛物面上任意点对馈源的半张角为 ψ_e，等效抛物面的等效焦距为 f_e。显然，等效抛物面的几何参量满足如下关系

$$\rho_e = \frac{2f_e}{1+\cos\psi_e} \tag{7.48a}$$

卡塞格伦天线中的抛物面焦距 f 与其等效抛物面的等效焦距 f_e 之间的关系如下:(证明略。)

$$\frac{f_e}{f} = \frac{\tan\left(\dfrac{\psi_0}{2}\right)}{\tan\left(\dfrac{\psi_e}{2}\right)} = K \tag{7.48b}$$

由 $\psi_0 > \psi_e$ 知 $K > 1$，故 K 称为卡塞格伦天线的**焦距放大率**。

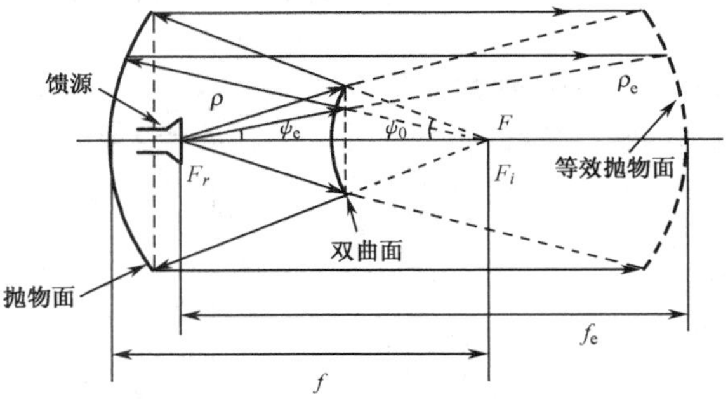

图 7.33　等效抛物面

由上述可知，卡塞格伦天线可以用一个与原抛物面同口径尺寸，但焦距放大了 K 倍的旋转抛物面天线来等效，它们具有相同的场分布。因此，可以依据普通旋转抛物面天线的理论来分析卡塞格伦天线的辐射特性和电参量。若用多模喇叭或波纹喇叭做馈源，或对主、副反射面进行修正，则可进一步改善卡塞格伦天线的性能。

7.6　天线阵

天线的方向性是描述天线辐射特性的一个最重要的形式，天线的某些电参量都与它有密切的关系。在工程应用中，对用于形象化描述天线方向性的方向性图的尖锐性程度的要求也是不同的。例如，电视发射采用蝙蝠翼天线能够在水平方向得到无向性的方向性图，雷达和卫星等采用抛物面天线能够在指定的方向得到尖锐性程度很高的方向性图。因此，如何改善和调控天线的方向性图，以适应各种天线的需求，就成为必须考虑的重要问题。事实上，前面介绍的各种线形天线和面形天线均具有不同的方向性图，其原因在于这些天线都是以电、磁基本振子按不同方式组合而成，而电、磁基本振子的方向性图则是一定的，这表明不同辐射单元的组合可以改善或增强某个方向的方向性。为了改善和调控天线的方向性，将若干辐射单元按某种方式排列所组成的系统称为**天线阵**。组成天线阵的辐射单元称为**阵元**或**天线元**。天线阵的辐射场是各天线元所产生场的矢量和。所以前面介绍的各种线形天线和面形天线就是一种天线阵。然而，组成天线的阵元形式可以是各不相同的，阵元之间的相对位置和电流关系也可以是任意的，分析这些无一定规律的天线阵是相当复杂的，甚至是不可能的。为了简化对天线阵方向性的分析，下面只考虑各阵元相对位置(形式、间隔和取向)一致和电流关系(振幅和相位)有规律变化的天线阵。

7.6.1　方向性相乘原理

线形天线是一种离散性天线阵，面形天线是一种连续性天线阵。我们以线形天线中最简单的二元阵为例来说明天线阵的方向性相乘原理或方向性图乘法规则。图 7.34 表示两个形式和取向一致、间距为 d 的天线组成的二元阵，它们至场点 P 的距离分别为 r_1 和 r_2。在远区有 $r_1, r_2 \gg d$，则 r_1 和 r_2 近似平行，元天线 1 和 2 的电流 I_1 和 I_2 产生的电场强度 E_1 和 E_2 近似平行，场点 P 的电场强度方向相同，二元天线阵的合成场可写为如下标量和

$$E = E_1 + E_2 \tag{7.49}$$

式中 E_1 和 E_2 随 r 的函数变化因子为 $\frac{1}{r}\mathrm{e}^{-\mathrm{j}kr_{1,2}}$。

现在分别考查元天线 1 和 2 的场在场点的空间相差和时间相差。

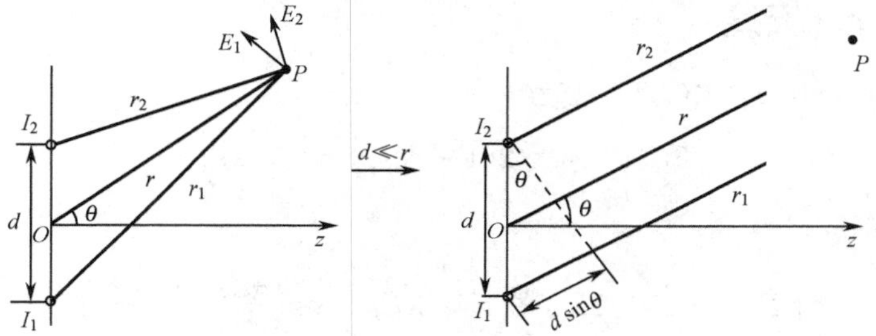

图 7.34　二元天线阵（E 面）

(1)空间相差

由于在远区 r_1 近似平行于 r_2，即知振幅因子中近似取 $r_1 \approx r_2$，相位因子中取较精确的 $r_2 = r_1 - d\sin\theta$，则由路程差引起的空间相差由如下指数因子决定，即

$$\mathrm{e}^{-\mathrm{j}k(r_2 - r_1)} = \mathrm{e}^{\mathrm{j}kd\sin\theta}$$

这表示 r_2 超前 r_1 的空间相差为 $kd\sin\theta$。

(2)时间相差

相同形式元天线的电流分布也相同，它们的绝对值之比为 $I_2/I_1 = m$，其时间相差可由如下指数因子决定，即

$$\frac{I_2}{I_1} = m\mathrm{e}^{-\mathrm{j}\alpha}$$

这表示 I_2 滞后 I_1 的时间相差为 α。

综合(1)和(2)的结果，可知在场点 P 处的电场强度 E_2 超前电场强度 E_1 的净相差为

$$\psi = kd\sin\theta - \alpha \tag{7.50}$$

式(7.50)中第一项是由元天线相对位置所引起的空间相差，第二项是由电流相对相位所引起的时间相差。

由式(7.14)可知 $E_{1,2} \propto I_{1,2}$，则有 $\frac{E_2}{E_1} = m\mathrm{e}^{\mathrm{j}\psi}$，将式(7.50)代入式(7.49)，得

$$E = E_1(1 + m\mathrm{e}^{\mathrm{j}\psi}) \tag{7.51}$$

式中 E_1 包含元天线 1 的方向性因子，由式(7.14)可知 $F_1(\psi) = F_1(\theta)(\alpha = 0)$；$(1 + m\mathrm{e}^{\mathrm{j}\psi})$ 是元天线 1 和 2 间的阵因子，可写为

$$F_{12}(\psi)=|1+m\cos\psi+\mathrm{j}m\sin\psi| = \sqrt{(1+m\cos\psi)^2+m^2\sin^2\psi} = \sqrt{1+m^2+2m\cos\psi} \tag{7.52}$$

由式(7.51)可写出二元天线的方向性相乘原理的表示式为

$$F(\psi)=F_1(\psi)F_{12}(\psi) \tag{7.53}$$

式中 $F(\psi)$ 表示二元天线阵的方向性因子。由此可知，**二元天线阵的方向性因子等于元天线的方向性因子与元天线间的阵因子的乘积，称为方向性相乘原理。**推而广之，还可得到多元天线阵的天线方向性相乘原理。显然，天线阵的方向性与元天线的类型、数目、间距及电流的相对振幅和相位有关，对于一定类型的元天线，适当变更元天线的数目、间距及电流的相对振幅和相位，即可按需求改变天线阵的方向性。

7.6.2 常见二元阵天线

为简化分析，取 $m=1$，式(7.52)变为

$$F_{12}(\psi)=\sqrt{2(1+\cos\psi)}=2\cos\frac{\psi}{2} \tag{7.54a}$$

将式(7.54a)代入式(7.51)，得

$$|E|=|E_1|2\cos\frac{\psi}{2}=2|E_1|\cos\left(\frac{\pi d\sin\theta}{\lambda}-\frac{\alpha}{2}\right) \tag{7.54b}$$

α 取值不同，可以得到不同的二元天线阵。

1. 等幅同相二元阵天线

当 $\alpha=0$ 时，由式(7.54)得

$$F_{12}(\psi)=F_{12}(\theta)=2\cos\left(\frac{\pi d}{\lambda}\sin\theta\right)$$

当 $\frac{d}{\lambda}$ 取不同值时，可得不同的阵因子方向性图。图 7.35(a) 表示 $\frac{d}{\lambda}=0.5$ 时的方向性图。

2. 等幅反相二元阵天线

当 $\alpha=\pi$ 时，由式(7.54)得

$$F_{12}(\psi)=2\sin\left(\frac{\pi d}{\lambda}\sin\theta\right)$$

图 7.35(b)表示 $\frac{d}{\lambda}=0.5$ 时的方向性图。

3. 等幅正交相二元阵天线

当 $\alpha=\frac{\pi}{2}$ 时，由式(7.54) 得

$$F_{12}(\psi)=2\cos\left(\frac{\pi d}{\lambda}\sin\theta-\frac{\pi}{4}\right)$$

图 7.35(c)表示 $\frac{d}{\lambda}=0.25$ 时的方向性图。

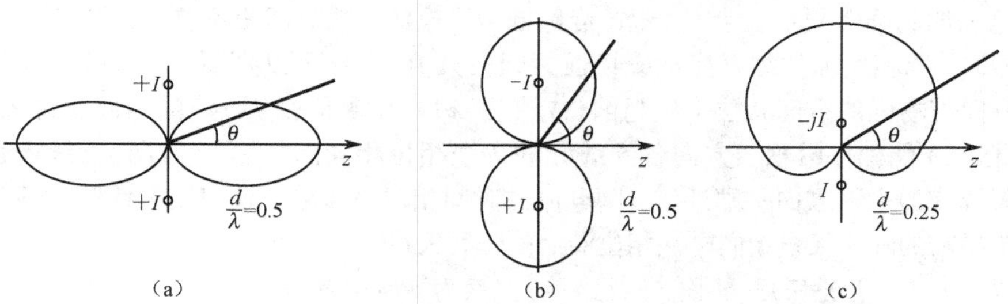

图 7.35　二元阵天线的阵因子（α，$\dfrac{d}{\lambda}$ 取不同值）

需要指出，图 7.34 中所示二元天线阵至辐射场场点射线与 z 轴的夹角为极角 θ，其阵因子 $F_{12}(\psi)=F_{12}(\theta)$ 可以描述 E 面上的方向性图。图 7.36 表示二元天线阵至辐射场场点射线与 x 轴的夹角为方位角 φ，其阵因子 $F_{12}(\psi)=F_{12}(\varphi)$ 可以描述 H 面上的方向性图。比较由路程差引起的空间相差可知，图 7.34 中的 $d\sin\theta$ 已转换为图 7.36 中的 $d\cos\varphi$。因此，只需将 F_{12} 中的 $\sin\theta$ 代换为 $\cos\varphi$，即可将 E 面方向性图代换为 H 面方向性图。

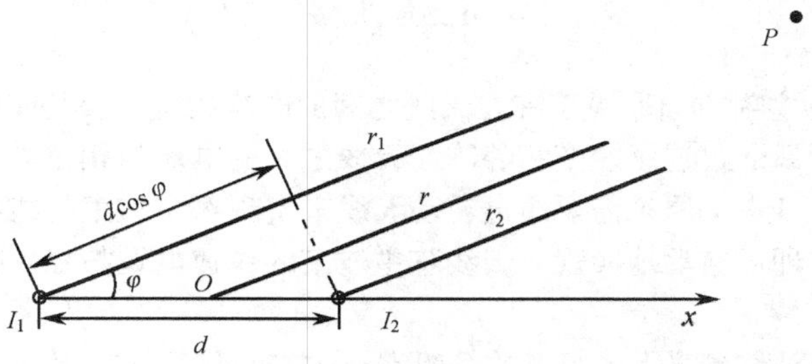

图 7.36　二元天线阵（H 面）

7.6.3　直线阵天线

二元阵天线可以推广为多元均匀直线阵天线，以获得更尖锐的辐射方向性图。**多元均匀直线阵天线是等间距、等幅度，且按等相位差递变的直线阵天线。**由于均匀直线阵天线的阵元天线及其排列方式相同，所以天线阵的方向性因子可由方向性图乘法规则来确定，即等于阵元天线的方向性因子与阵因子的乘积。直线阵天线有两种特殊情况非常重要。

1. 侧射式天线阵

天线阵具有最大辐射的方向称为**主射方向**。主射方向是辐射场方向图的主瓣方向。天线阵的主射方向垂直于天线阵轴线或指向其轴线两侧，这样的天线阵称为**侧射式天线阵**。

由式(7.54a)可知，在主射方向要求天线阵因子为最大值 $|F(o)|_{max}=2$，得知 $|E|=2|E_1|$，即获得最大辐射的条件为 $\psi=0$。此时要求式(7.50)满足 $\theta=0$(取 $\sin\theta$) 和 $\alpha=0$(在 E 面中) 或 $\varphi=\pm\dfrac{\pi}{2}$(取 $\cos\varphi$) 和 $\alpha=0$(在 H 面中)。这表明在垂直于阵轴的方向上，各阵元天线到场点没有波程差，所以各元天线电流不需要有时间相位差，即可满足最大辐射条件。

2. 端射式天线阵

天线阵的主射方向沿天线阵轴线，这样的天线阵称为**端射式天线阵**。为了满足最大辐射条件 $\psi=0$，要求式(7.50)满足 $\theta=\dfrac{\pi}{2}$(取 $\sin\theta$) 和 $\alpha=kd$(在 E 面中) 或 $\varphi=0$，π(取 $\cos\varphi$) 和 $\alpha=\pm kd$(在

H 面中)。这表明场强 E 的空间相位差 kd 恰好抵消了电流 I 的时间相位差。因此，各元天线产生的场强相位相同，同相叠加的结果使合成场强达到最大值。而且可以判断，若各阵元天线电流沿天线阵轴线方向使场强的空间相位依次超前(或滞后)kd，则要求相应电流的时间相位依次滞后(或超前)同样值，才能确保沿轴线方向各天线元的场强相位相同。显然，各阵元天线场强的空间相位总是沿天线阵的主射方向一端递增，则电流的时间相位必递减。这表明天线阵的主射方向总是从电流相位超前的阵元天线指向电流相位滞后的阵元天线。

在式(7.50)中，若只考虑 H 面，则将 $\sin\theta$ 代换为 $\cos\varphi$，得

$$\psi = kd\cos\varphi - \alpha$$

阵因子达到最大值的条件为 $\psi = 0$，由上式可知

$$\cos\varphi_{\mathrm{m}} = \frac{\alpha}{kd} \tag{7.55a}$$

可见阵因子达到最大值的角度 φ_{m} 为

$$\varphi_{\mathrm{m}} = \arccos\frac{\alpha}{kd}, \alpha \leqslant kd \tag{7.55b}$$

式(7.55)表明阵因子的主射方向取决于阵元天线之间的电流相位差及其间距。由于天线的方向性主要取决于阵因子，所以通过连续改变相邻阵元天线之间的电流的相位差，即可达到连续改变天线阵主射方向的目的。于是，原来需要通过转动天线来实现对主波束的机械扫描，现在只需对天线电流进行相位控制，即可自动地实现对天线阵主波束的快速电调扫描，这就是**相控阵天线**的工作原理。

【例 7.4】 求两个对称半波天线组成的等幅端射式二元阵天线在 E 面内的阵因子，并由阵因子绘出 E 面内的方向性图。

解：

由题设条件应取 $m=1$(等幅)，$\dfrac{d}{\lambda}=0.25$(对称半波)，$\alpha=kd=\dfrac{2\pi}{\lambda}d=\dfrac{\pi}{2}$(端射)和$\theta=\dfrac{\pi}{2}$($E$ 面或 xz 面)。由例 7.3 可知对称半波天线的方向性因子为

$$F_1(\psi) = \frac{\cos\left(\dfrac{\pi}{2}\cos\theta\right)}{\sin\theta}$$

由式(7.53)和式(7.54b)得阵因子为

$$F(\psi) = F_1(\psi)F_{12}(\psi) = \frac{\cos\left(\dfrac{\pi}{2}\cos\theta\right)}{\sin\theta} \cdot 2\cos\left(\frac{\pi}{4}\sin\theta - \frac{\pi}{4}\right)$$

由方向性图乘法规则 $F(\theta) = F_1(\theta)F_{12}(\theta)$ 即可绘出二元阵天线在 E 面内的方向性图，如图 7.37 所示。

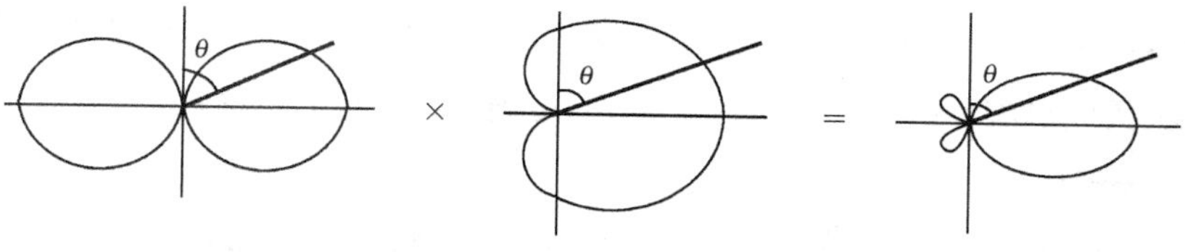

图 7.37 半波等幅端射式二元阵天线方向性图

由图 7.37 可知，此二元阵天线在 E 面内的方向性图由 $F_1(\psi)$ 和 $F_{12}(\psi)$ 共同来确定。对于 $F_{12}(\psi)$ 而言，在 $\theta=\dfrac{\pi}{2}$ 的方向上，$F_{12}(0)=2$，由电流的时间滞后引起的相位差$\dfrac{\pi}{2}$恰好为波程的空间超前引起的相位差$\dfrac{\pi}{2}$所补偿，两电场同相叠加，辐射最强；在 $\theta=\dfrac{3\pi}{2}$ 的方向上，$F_{12}\left(\dfrac{3\pi}{2}\right)=0$，由电流的时间滞后和波程的空间滞后所引起的相位差均为$\dfrac{\pi}{2}$，相位共滞后 π，两电场反向相消，无辐射。由此形成沿轴向$\left(\theta=\dfrac{\pi}{2}\right)$的单向辐射。对于 $F_1(\psi)$ 而言，具有方向性，且沿轴线方向性最强。所以相乘后沿轴线得到更尖锐的方向性图。

【例 7.5】 相距 $d=\dfrac{\lambda}{2}$ 的四元均匀侧射式直线天线阵按相位差 ψ 递增，求该天线阵在 H 面内的方向性图。

解：

应用方向性图的乘法可以求复杂天线阵的方向性图，它等于各组元方向性图与组元之间阵因子的乘积。这种方法的依据是：(1)方向性相乘原理；(2)阵因子的因式分解。

图 7.38 表示四元均匀侧射式直线天线阵的组元分组。按叠加原理，可将天线阵的方向性公式进行如下分解为

$$\begin{aligned}E&=E_0(1+e^{j\psi}+e^{j2\psi}+e^{j3\psi})\\&=E_0(1+e^{j\psi})(1+e^{j2\psi})\end{aligned}$$

式中 E_0 为阵元 1 的方向性因子，圆括号内的项为阵元 1～4 间的阵因子；分解后的 $E_0(1+e^{j\psi})$ 和 $(1+e^{j2\psi})$ 分别为Ⅰ，Ⅱ组元的方向性因子和Ⅰ，Ⅱ组元间的阵因子。

图 7.39 表示四元均匀侧射式直线天线阵的方向性图的乘法。

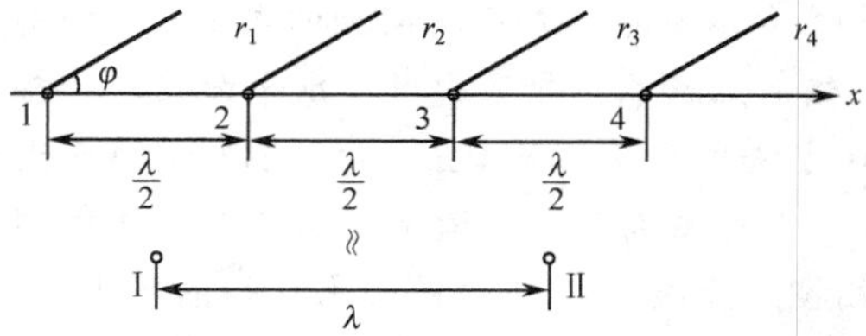

图 7.38 天线阵的组元分组

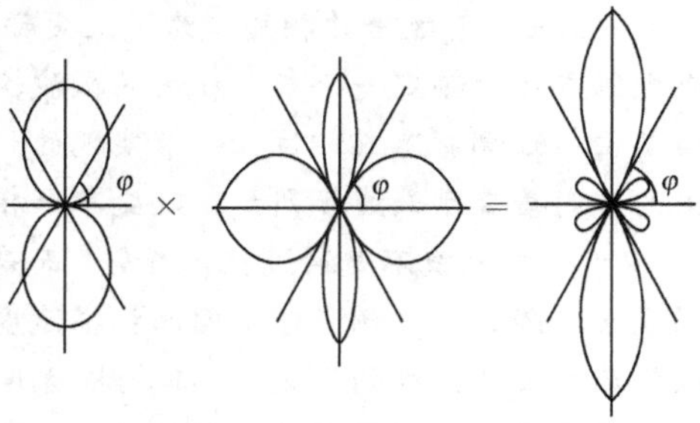

图 7.39 天线阵的方向性图乘法

7.7 电磁波辐射的应用

电磁波辐射主要研究在有源空间中电磁波与辐射电磁波的辐射系统间的相互作用规律。因此，其应用也主要考虑电磁波辐射特性和辐射系统特性及其相互作用的应用。由此可将电磁波的辐射归纳为如下两个方面的应用：

(1)电磁波辐射特性的应用。电磁波辐射特性主要指辐射电磁波的方向特性、频率特性、极化特性和旋转场特性等电特性。例如，无向特性和旋转场特性可应用于电视发射，有向特性可应用于雷达、卫星通信和射电天文学，宽频带特性可应用于脉冲雷达、毫米波雷达和微波通信，极化特性可应用于极化雷达和反隐身技术。

(2)辐射系统特性的应用。辐射场源的时空分布状态取决于辐射系统的结构特点。电磁波的不同辐射特性，要求不同结构的辐射系统，形成不同特性辐射系统的应用。例如，除前面已介绍的电流以驻波分布为特点的各类线形天线外，还有电流以行波分布为特点的各类线形天线，如广泛应用于短波和超短波波段、具有较好单向辐射特性、较高增益和较宽频带的行波单导线天线、V形天线和菱形天线；用于卫星通信的卫星天线，如星载天线、地球站天线和移动终端天线；用于无线通信的移动天线，如由馈源和角形反射器组成的移动通信基站天线、由鞭状天线配置的汽车无线通信移动天线、由弯曲单极天线或环形天线与印制电路板相接而成的手持式寻呼机天线、常由垂直偶极天线配置的便携机和机站用无线局域网(WLAN)天线；由移相器和天线阵连接而成的相控阵天线可以实现雷达天线的高速电扫描和自动跟踪；由天线阵和基于数字信号处理技术的智能算法相结合构成的智能天线，广泛应用于雷达、声呐和军事通信领域，近年来又在移动通信系统中得到了特别的应用。

7.7.1　方向性相乘原理在相控阵天线中的应用

相控阵天线是基于方向性相乘原理和相控阵天线的工作原理研制而成的。根据叠加原理，相控阵天线辐射场波束的方向性形态取决于按一定规律组合的各阵元天线辐射场的方向性，因而方向性相乘原理是辐射场叠加原理的必然结果。由此可知，为了改善和调控相控阵天线辐射场波束的方向性形态，要求有大量的阵元天线。但要相控阵天线辐射场的主波束随机变更主射方向，以实现自动快速电扫描跟踪目标的要求，还必须根据相控阵天线原理，按式(7.55b)确定的主波束的主射方向角 φ_m，在元天线数目和间距一定的条件下，对各阵元天线电流间的时间相位进行控制。

图7.40所示相控阵天线是由若干个对称电基本振子组成。每个电基本振子都串接一个相位调制器作为改变电流相位的移相器，根据所期待的辐射场主波束的扫描方向，相位调制器将产生大小为 $\Delta\alpha$ 任意整数倍的相移。为了改变辐射主波束的扫描方向，要求通过相应的程序编制，为每个电基本振子确定一个与之相关的微波输入信号的相移 $i\Delta\alpha(i=1,2,\cdots,n)$，而产生这种单个相位是由相位调制器或相位开关来实现的。若所有单个电基本振子都馈入同相的电压，则辐射主波束的方向垂直于天线阵列面。改变单个相位，能使辐射主波束在垂直面内和水平面内约扫描 $\pm\pi/2$。由于这种天线不是通过机械旋转，而是利用电调方法来完成辐射场主波束的偏转，进而大大提高了天线阵列面一侧半球空间的扫描速度。例如，远程警戒雷达天线通常是由多个依靠机械转动的抛物面天线组成的天线阵，其扫描速度无法与相控阵天线的电调扫描相比。如图7.40所示的相控阵天线仅用于说明其基本原理，由于实际使用的天线阵，其阵元天线可高达几千个，完全依靠机械转动来实现快速扫描是无法想象的。

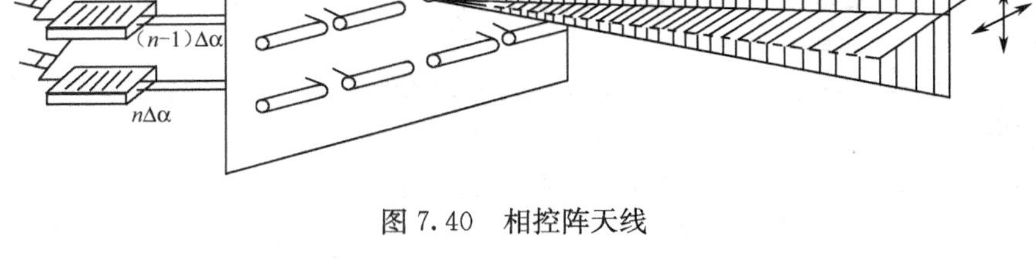

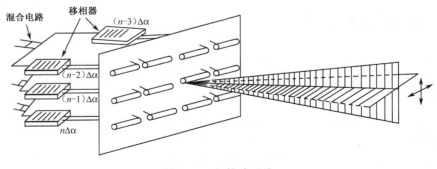

图7.40　相控阵天线

7.7.2　智能天线在移动通信系统中的应用

1. 智能天线概述

由于无线电频谱资源的日益紧张，使传输系统的信道容量受到限制，如何从空域角度来扩大无线容量就成为一个最后的解决途径。多路复用技术中的空分多址(SDMA)就是将空间分割成不同的信道，不同区域的多个地址在同一时间接收到相同频率的多个波束，它们之间也不会形成干扰。由于智能天线使空分多址系统成为可能，从而引起人们的重视，期望通过智能天线来扩大无线系统的容量。

由天线阵和智能算法组成的智能天线是天线与数字信号处理技术的一种综合系统，它主要包括天线阵、数字信号接收通道和信息处理三部分。这样的系统，能够依据所处的电磁环境的变化智能地随机调节自身参量，从而使系统保持最佳性能，智能天线由此得名。智能天线包括波束转换智能天线和自适应阵列智能天线。自适应阵列智能天线已成为智能天线的主体。自适应阵列智能天线的作用是：(1)监控(持续监控其覆盖范围的无线环境变化)；(2)跟踪(针对不同变化实时提供收、发信号跟踪无线环境中的移动用户和干扰信号)；(3)增强和抑制(增强移动用户所需信号的增益，抑制移动用户所不需要的干扰信号)。

假定天线阵的阵元天线数为 n，用户数为 m，则可建立起各阵元天线与各移动用户之间收、发信号的 $m\times n$ 路空分多址信道。由于天线阵辐射场主波束的方向取决于各阵元天线上的电流幅度和相位，只要改变电流的辐度和相位，就可以改变主波束的方向。所以只要引入一个表示各阵元天线间电流幅度和相位变化大小分布的比例系数 M_{ij}($i=1,2\cdots,n;j=1,2,\cdots,m$)，就可控制辐射场主波束的变化形态和定向辐射方向。比例系数 M_{ij} 称为加权系数。自适应阵列智能天线利用基带数字信号处理技术，将天线阵收、发的信号进行加权和合并，采用自适应算法，使阵元信号的加权幅度和相位经调控后合成的方向性图的主波束指向移动用户，副瓣或零辐射方向指向干扰信号，以增强所需信号的增益，抑制不需的干扰信号。具体作法是对每个阵元天线分别以 M_{ij} 加权，共得 $m\times n$ 路信道；再将相应的 m 路信道的信号在信号合成网络中合并成一路后进行智能处理。显然，在空分多址信道中，通过选择 M_{ij} 可以在空域的不同点接收到不同信号的信道方向性图，从而确保不同移动用户共用一个传输信道，实现空分复用。如果用户移动了，阵元天线只需自动改变加权系数，即可实现对目标的跟踪。

2. 移动通信概述

移动通信是指通信的一方或双方处于移动中的一种通信。它能实现任何时间、地点与任何人进行及时的信息交流。移动通信随着频率的提高和频带的扩展经历了不同的发展阶段：

(1)第一代(1G)移动通信系统

第一代移动通信系统是以模拟信号为特征的通信系统。模拟蜂窝网是在 20 世纪 80 年代末迅速发展并得到广泛应用的一种移动通信系统。我国早期使用的“大哥大”就属于这种模拟移动通信系统。模拟蜂窝网是指一个不留空隙地覆盖整个平面的服务区，可以划分为形同蜂窝的六边形小区平面服务网，就能在小区内设置最少的基站实现对全区辐射的有效覆盖。对于无线信道上按调频形式传输的模拟信号，应采用频分多址(FDMA)方式。它将给定频谱划分为若干等间隔频道(或信道)供不同用户使用。

模拟蜂窝系统工作频段分别为 450 MHz，800 MHz 和 900 MHz，传输速率为 10 KB/s、8 KB/s和 0.3 KB/s，发射功率为 100 W、50 W、25 W、15 W、7 W 和 1 W。由此可见，该系统差

异大，互不兼容，移动用户无法在各系统间实现漫游。

(2)第二代(2G)移动通信系统

第二代移动通信系统是以数字信号为特征的通信系统。数字蜂窝网是在 20 世纪 80 年代后，随着计算机和数字处理技术的迅速发展和应用，为克服模拟通信在性能上的不足，1997 年出现了多种数字移动通信系统。其中以全球移动通信系统(GSM)为代表的时分多址(TDMA)数字蜂窝网获得了广泛的应用。其次，码分多址(CDMA)数字蜂窝网也获得了较广泛的应用。这里所指时分多址是把时间分割成周期性的帧，每一帧再分割成若干个时隙供不同用户使用；而码分多址则是以扩频技术为基础，将不同码型供不同用户使用。所谓扩频就是把信息的频谱扩展到宽带中进行传输的技术。

数字蜂窝系统的传输速率为 9.6 KB/s。这种传输速率无法满足移动用户上因特网和多媒体通信等综合化信息业务的需要。

(3)第三代(3G)移动通信系统(含 2.5G)

第 2.5 代移动通信系统只是在原有基础上做了一定改进，旨在解决低传输速率、达到高速率上网的问题，最终使传输速率升到 150 KB/s。但还无法实现多媒体通信。

第三代移动通信系统是以多媒体为特征的通信系统，与第二代移动通信系统具有兼容性。目前已处于积极的建设实施中，并已进入市场应用。随着通信行业的蓬勃发展和电信业的重组，2009 年国内开始发放 3G 牌照，3G 网络全面铺开，我国已正式进入 3G 时代。第三代移动通信有 WCDMA，CD—MA2000 和 TD—SCDMA 三种主要标准，均采用码分多址技术。第三代移动通信网络称为国际移动通信—2000(IMT—2000)，主要提供多媒体和高传输速率分组数据等多种业务。

第三代移动通信系统工作频段为 2000 MHz，标称带宽为 5 MHz，传输速率为 2 MB/s(定点)、384 KB/s(步行)、144 KB/s(车行)和 9.6 KB/s(卫星)。该系统具有频谱利用率高、容量大、适应蜂窝、因特网等多种业务环境和通信实现全球无缝覆盖和全球漫游业务等优点。

(4)第四代(4G)或超(后)3G(B3G)移动通信系统

第四代移动通信系统目前难于确定其明确的特征。它是一种智能化的多媒体综合宽带全网络化的通信系统，包括 4G 蜂窝系统、无线局域网、蓝牙、广播电视网和卫星通信网等不同模式的无线通信网络。

第四代移动通信的传输速率范围为 2～100 MB/s，不论功率容量、传输质量、小区覆盖范围、自动切换和网络的比特成本等，都优于第三代移动通信系统。它可将上网速度提高到超过第三代移动通信系统 50 倍，实现三维图像高质量传输。

2013 年 12 月 4 日工信部向中国移动、中国电信和中国联通发放 LTE/第 4 代数字蜂窝移动通信业务(TD—LTE)4G 牌照，标志着我国继美、日、韩等国之后迈进 4G 时代。中国主导的 TD—LTE 和欧美主导的 LTE—FDD 这两种制式均是 4G 的两大标准。2015 年 2 月 27 日，工信部再次向中国电信和中国联通发放 FDD 制式 4G 牌照，更标志着三大运营商全面进入 4G 时代。由于涉及包括基站在内的网络建设，覆盖全国的 4G 网络至少要 2 年至 3 年。4G 将带来移动互联网的巨变，势必会拉动诸如高清电视、实时视频传输、云端游戏、多方视频通话、云应用、智能汽车和车联网、智能家居、芯片、浏览器等行业的再发展。

3. 智能天线在移动通信系统中的应用

智能天线在蜂窝系统中的应用研究始于 20 世纪 90 年代初，目的在于扩大无线信道容量。由于智能天线能增强信号增益、抑制干扰、自动跟踪信号、智能化时空处理算法形成综合的时空信号数字波束，因而能够通过动态地调整波束方向，使用户获得最大的主瓣，并减小副瓣干扰。这样，不仅减少了信号干扰比，还提高了系统的容量，增强了接收灵敏度，扩大了小区的最大覆盖范围，抑制了多径衰落效应，减小了移动台的发射功率，解决了远近效应和越区切换问题，因而降低了系统的成本。由此可见，智成天线已成为实现第三代移动通信的关键技术之一，是手机和寻呼机等小功率移动通信系统的重要设备。可以预料，智能天线技术将成为未来移动通信系统提高性能的重要手段。

7.7.3 电磁辐射在电子战中的应用

在军事上作战双方在电磁频谱领域中，利用电磁辐射作为非致命武器所展开的电子对抗称为电子战。电子对抗或电子战是现代战争中一种立体化的作战形式，不论空中、地面还是海洋，凡是电磁辐射能够到达的空间，它都无所不及。美国和伊拉克在海湾战争中所进行的较量，人们还记忆犹新，那就是一场主要以电子战为核心的对抗。

电子战包含电子攻击、电子侦察和电子防护三大部分。电子攻击是指采用非致命的电子武器对敌方人员进行软杀伤、摧毁敌方雷达和通信等对抗系统中的电子设备。这类非致命武器有低能激光枪，它可以使光传感器致盲，使操作员暂时晕眩；有可重复发射的激光“加农炮”；有利用高能微波制成的电子炸弹，它能对一定范围的所有计算机系统和通信设备造成破坏，而不会伤人；有通过反复向同一地址发送大量电子邮件，以耗尽接收者网络资源的电子邮件炸弹；还有以 33 MJ(兆焦)动能发射的电磁轨道炮，其炮弹速度可增至达 5 倍高速，射程达200 KM(公里)，它能对目标进行精确打击；特别是电磁导弹的应用成为电子战的重要手段。它实际上就是一束具有自聚焦特性的强大功率的非核电磁脉冲，它能在极短时间内麻痹或摧毁敌方电子设备。它的杀伤作用与器件的承受能力和电磁脉冲的功率有关，电磁脉冲在空间传播的效率越高、衰减越慢，照射在目标上的能量越大，杀伤力就越强。

电子攻击是以电子侦察为先导的主动进攻行为。电子侦察是利用电子侦察设备对敌方军事电子设备辐射的电磁信号进行测向和定位识别，查明军事设备配置情况，了解敌方作战意图和兵力部署，为己方的指挥决策提供情报依据。电子侦察设备是指各类地面电子侦察站、空中电子侦察飞机和侦察卫星。

电子防护是针对电子攻击的一种对立被动行为。作为电子防护的一种形式，可以用电子静默的方法来保护自己的电子系统，使起着电磁辐射源作用的雷达和通信等设施处于关机状态，免受敌方侦察和攻击。事实上，电子攻击和电子防护是攻、防双方在电子对抗中采用的一种双向行为。在这种双向对抗中，隐身与反隐身、干扰与反干扰等技术获得了广泛的应用。

7.7.4 电磁辐射在生物电磁学中的应用

对广阔而丰富的电磁频谱资源的充分利用，可以造福于人类；同时，充满宇宙空间的电磁频谱资源也会给电子设备和人体带来危害。如何趋利避害，就成为人们研究的重要课题。电磁环境学主要研究电子设备与电磁环境的兼容及对电子设备的防护问题，而生物电磁学则主要研究人体与电磁环境的兼容及对人体的医学保护问题。电磁辐射在生物电磁学的医学应用中，主要是考虑从短波至微波这一段电磁频谱的应用，特别是对人体影响较大的微波的应用。

1. 电磁辐射的生物学效应

电磁辐射与生物体之间的相互作用，导致生物体形态、结构和功能等诸方面变化的现象称为电磁辐射的生物学效应。大量实践表明，电磁辐射对生物体有明显的作用，一般来说，微波比高频对生物体有更强的作用。

研究电磁辐射与生物体的相互作用有两种方式：电磁辐射的热效应和非热效应。生物体的热效应是指生动体吸收电磁辐射的能量后，将会转化为热损耗而伴随生物体的温度升高，从而增加细胞的代谢水平，并由此引起生物体的各种生理和病理变化过程。导致热效应的微观机理主要源于两个方面，一是生物体在电磁辐射作用下形成大量极性分子的电偶极子来回振动而产生的热量，二是生物体内带电粒子在电磁辐射作用下运动导致碰撞和摩擦而引起的能量损耗。热效应的特点是生物体所吸收的电磁辐射对热的响应是呈线性化的。非热效应是指电磁辐射通过热效应以外的其他方式来改变生物体生理和生化过程的效应。至今尚不能给形成非热效应的微观机理给出明确解释。非热效应的特点是电磁辐射对热的响应是呈非线性化的，且对频率和功率的响应有特异性或选择性。

高频特别是微波电磁辐射对生物体的生理和病理变化过程表现在对晶体视网膜、心血管、血液、内分泌、性功能和中枢神经等的影响。特别是高强度、长时期的微波辐射对人体十分有害。其中大脑、眼球和睾丸等球状器官受损尤为严重。大脑的血脑屏障(机体器官防御机构)受损可能引起中枢神经机能障碍，出现头痛、头昏、全身无力、易疲劳、睡眠障碍和记忆力减退等现象，但手机的电磁辐射对人脑的影响至今尚存争议。眼球受损表现为白内障等眼疾。睾丸受损会引起性功能障碍。此外，微波辐射会引起染色体畸变等现象，这可能导致人体患白血病；微波辐射可抑制抗体的形成，影响机体的免疫能力；微波辐射也会使内分泌功能紊乱而引起甲状腺机能亢进和血糖降低等症状。

2. 电磁辐射的生物医学应用

研究人体为避免外界电磁辐射伤害而采取的屏蔽措施，形成人体与电磁环境间的电磁兼容技术。这就是电磁辐射的生物医学应用问题。为了减少各种应用之间的电磁干扰，国际相关组织规定了医用频率的标准为 13.56 MHz，27.12 MHz，40.68 MHz，915 MHz，2450 MHz，3300 MHz，5800 MHz 和 10525 MHz。

目前，电磁辐射在电磁波诊断、电磁波热疗、微波治癌和微波针灸等方面都得到了不同程度的应用。能屏蔽头部辐射的手机也正在研究之中。

电磁波诊断装置有微波辐射计热像仪、遥控聚焦法热像仪、核磁共振计算机断层成像(CT)、血管造影和 X 射线透视等装置。电磁波热疗装置有电磁高温治疗仪等，它不存在抗药性，可重复治疗，控制自如，副作用较小。微波治癌装置主要是各类线形和面形天线微波加热辐射器。对于深部肿瘤，可采用植入式辐射器或体外用辐射器阵进行深部加热。微波热疗法可使肿瘤温度上升至 43 ℃以上，而当瘤体温度超过 42 ℃时即可使之坏死。微波针灸仪由微波信号发生器和针状小天线组成。它能够将小剂量的微波能量辐射到人体穴位中而起治疗作用。它与微波辐射器治疗仪的主要区别是照射范围不同，使正对穴位的小剂量辐射能量起到大剂量的作用。

思考题

7.1 什么是滞后位？为什么对辐射体上振荡源分布产生的辐射场需要引入辅助滞后位来间接求解？与电磁波的传播和传输相比，电磁波的辐射在简化波动方程求解的方式上，它们彼此间有何区别？

7.2 什么是电基本振子？如何利用振荡电偶极矩求电基本振子的近区场和远区场？这两个区域的场各具有什么物理特性？

7.3　什么是磁基本振子？在求交变圆电流回路的场时，仿照求电基本振子场的方法利用振荡磁偶极矩求磁基本振子的场和应用对偶原理求相应的场，其结果是否一致？

7.4　什么是天线的电参量？为什么要引入天线的电参量？天线的电参量主要包括哪些内容？它们分别是如何定义的？其物理意义是什么？

7.5　什么是线形天线？线形天线应用于什么波段？各类线形天线是根据什么原理构成的？

7.6　什么是对称振子天线？它是如何演化而来的？为什么说它是一种驻波天线？

7.7　引向天线由哪几部分组成？为什么应用振子天线组合而成的引向天线能够改善辐射场的方向性图？如何说明引向天线的定向工作原理？

7.8　什么是宽频带天线？为什么利用天线的电特性对天线电尺寸变化的敏感度可以设计出宽频带天线？以对数周期振子天线为例说明，为什么频率和结构尺寸的周期性变化能确保在宽频带变化范围内天线电性能始终是稳定的？具有窄频带的引向天线与宽频带天线有何关系和区别？

7.9　螺旋天线与对数周期天线在极化特性上有什么不同？如何解释螺旋天线辐射的场为圆极化波？

7.10　为什么发射天线需要采用旋转场天线？什么是旋转场天线？如何解释旋转场天线所依据的旋转场原理？试由电、磁基本振子的叠加性来说明螺旋天线与旋转场天线有何区别？蝙蝠翼天线是如何利用移相器进行旋转场馈电以形成水平面旋转场的？

7.11　什么叫槽隙天线？试用等效原理和位置的互补关系说明槽隙天线是如何构成的？试用对偶原理比较理想槽隙半波天线与其互补的平板对称振子半波天线有何异同？

7.12　微带天线是在什么条件下发展起来的？它有何优缺点？其应用领域和使用频段如何？微带天线的结构及其分析方法如何？为什么微带天线的辐射场可以看做两槽隙天线组合的等效辐射场？

7.13　什么是面形天线？面形天线应用于什么波段？面形天线辐射场的两种近似分析法是如何简化计算过程的？其区别是什么？

7.14　什么是惠更斯原理和惠更斯面元？为什么惠更斯面元可以等效为相互正交的振荡电、磁偶极子的组合？基于惠更斯原理建立的口径场法，能否将各类面形天线的口径面理解为无数惠更斯面的叠加？

7.15　什么是喇叭天线？它是如何演化而来的？常用喇叭天线有哪几种类型？

7.16　如何建立抛物面天线的结构和几何关系？什么是几何光学法？如何利用几何光学法和能量守恒定律解释抛物面天线的基本性质，以说明其定向辐射原理？

7.17　卡塞格伦天线是在什么基础上发展而成的微波天线？它比普通抛物面天线具有哪些优点？其结构和几何关系有何较复杂的变化？什么是等效抛物面法？如何应用等效抛物面法来简化对卡塞格伦天线的分析？

7.18　什么是天线阵？为什么要分析天线阵的方向性？什么是方向性相乘原理？天线的方向性与哪些因素有关？

7.19　常见二元阵天线分为几种类型？如何由方向性相乘原理导出各类二元阵天线的阵因子？

7.20　什么是侧射式和端射式天线阵？什么是相控阵天线的工作原理？描述阵因子主波束扫描方向的主射方向角 φ_m，在可能的变化范围内取什么特殊值即可得到静态指向的侧射式和端射式主波束方向图？

习题

7.1　已知在坐标原点处的点电荷做时谐振荡的表示式为

$$q(t)=Q\cos\omega t$$

在距离原点为 r 的地方产生的滞后位为

$$\Phi(r,t)=\frac{C}{r}\cos(\omega t-kr)$$

试求在 $r>0$ 的区域内的 $\nabla^2[\Phi(r,t)]$ 等于多少？滞后位是否满足波动方程？

7.2　假定某一无线电发射台的天线辐射电磁波的性质与自由空间中振荡电偶极子的一样。在距离天线 100 km 处，沿 $\theta=\frac{\pi}{2}$ 的方向上用灵敏度不低于 100 μV/m 的接收机收听。试问发射台至少必须辐射多大的功率才能保证良好的收听？

7.3　地球从太阳接收到场强功率密度为 0.15 W/cm^2 的辐射，已知太阳和地球之间的距离为 149×10^6 km。假定太阳是一个各向均匀辐射的辐射源，试求：(1)太阳辐射的总功率；(2)地球接收的电场强度。

7.4　两个相互正交的电基本振子具有相同的电流 I 和长度 l，其交叉点位于直角坐标系中的原点，两电基本振子分别沿 xy 面上的 x，y 轴方向。试求在 z 轴上远区某场点 P 处的电场强度。若两个相互正交的电基本振子用两个相互正交的磁基本振子来取代，且两个磁基本振子等效于面积为 S、电流为 I 的圆电流环。试用对偶原理写出在同一场点 P 处的电场强度。

7.5　已知某天线的辐射功率为 10 W，方向性系数为 3，效率为 0.6。试求：(1)增益系数；(2)在 $r_1=10$ km 和 $r_2=20$ km 处电场强度的振幅；(3)假设在 r_1 和 r_2 两处的电场强度的振幅相等时天线的方向性系数。

7.6　若一无向天线的辐射功率为 100 W，改用方向性系数为 100 的强有向天线来取代。试求在两种情况下沿有向天线最大辐射方向 $r=10$ km 的场点 P 处场强各为多少？两天线在场点 P 处场强的比值是多少？

7.7　假定电流元的长度为 $l=50$ cm，电流为 $I=25$ A，振荡频率为 $f=10$ MHz。试求：(1)赤道面上离原点 $r=10$ km 处的电场强度和磁场强度；(2)离原点 $r=10$ km 处的平均功率密度；(3)辐射电阻。

7.8　写出相距 $d=\frac{\lambda}{2}$ 的半波等幅平行二元阵天线 H 面的方向性因子。欲求其辐射场主射方向在偏离轴线 $\pm\pi/3$ 的方向上，二元阵天线馈电电流的相位差应为多少？

7.9　写出相距 $d=\frac{\lambda}{2}$ 的等幅平行二元阵天线分别在同相激励($\alpha=0$)和反向激励($\alpha=\pi$)时 H 面内的方向性因子。按 $\varphi=n(\pi/6)(n=0,1,\cdots,11)$ 绘出 H 面内相应的方向性图。

7.10　求例 7.4 所给两个对称半波天线组成的等幅端射式二元阵天线在 H 面内的阵因子，并由阵因子绘出 H 面内的方向性图。解释 H 面内的方向性图不如 E 面内方向性图尖锐的原因。

第 8 章

综　　论

综观前面所学内容，有必要从综合分析的角度对电磁场与电磁波进行概括和总结，从多视角来思考其中的主要问题，以达到启迪思维、开拓思路和融会贯通的目的。本章包括：电磁理论的进展与科技发展的关系；对场本质的探索与认识进程；场源、场量和媒质的相互作用规律和转化关系；电磁定律、定理和方程的推演关系；理解、分析和计算场问题的重要方法。通过对电磁场与电磁波知识结构和体系的纵横对比和解剖分析，可以透过现象看到本质，了解电磁场与电磁波的变化规律和分析方法。

在对场本质的探索与认识进程中，在电磁理论的建立和发展过程中，不可避免地要涉及认识论和方法论等哲理性问题。麦克斯韦电磁理论的严格科学体系就是在两种不同哲学观的较量中逐渐完善起来，并在工程应用的实践中经受检验而不断丰富起来。毫无疑问，正确的哲学观是引导人们真正认识场的本质，揭示电磁场与电磁波变化规律和物理特性的指路明灯。

8.1 电磁理论的进展与科技发展的关系

电磁场与电磁波的宏观经典理论是建立在早期的牛顿力学基础上而发展起来的。牛顿力学是研究宏观物体的低速运动及其相互作用规律的科学，这就决定了电磁场与电磁波的宏观经典理论也是研究带电质点的低速运动及其宏观电磁现象的相互作用规律。这里所谓**宏观**是指忽略了媒质分子结构的离散性，而将整个媒质视为连续媒质；这里所谓**低速**是指带电质点及其所产生的场的运动速度远远低于光的传播速度（$v/c \ll 1$）。本教程着重分析了最简单的均匀平面波在最简单的均匀、线性和各向同性媒质中的传播、传输和辐射问题(实际上在传播、传输和辐射问题中也包括非均匀平面波、柱面波和球面波)，这是为了简化对问题的分析和计算。随着近代科学技术的发展和应用，要求拓宽电磁科学，并引入某些新概念、新理论和新方法来解释和处理复杂媒质(非均匀、各向异性、随机、非线性或旋波等媒质)中电磁波的传播和传输问题及复杂电磁波(瞬变电磁场)的激励问题，形成近代电磁理论的发展。例如，瞬变电磁场是研究电磁系统在单个载波的窄脉冲信号作用下的瞬态特性。这种信号是一个短暂的单个脉冲，且包含很宽的频谱，因而在许多应用领域中利用瞬变脉冲信号比利用作为均匀平面波的正弦信号优越。事实上，自从核爆炸产生的冲击电磁波对电子仪器设备形成严重的破坏作用，进而影响通信的安全性和可靠性之后，关于电磁脉冲波的传播、传输和辐射及其防护等问题开始引起了人们的深切关注。与此同时，随着高分辨率雷达的发展，以及在目标识别、遥感技术、地下资源勘探和电磁兼容等方面的应用开发，也促进了人们对瞬变电磁场的研究兴趣。因此，目前对瞬变电磁场的理论和实验研究，已使它迅速发展成为一门新兴的学科。

然而，电磁理论的这些新进展，仍然没有超脱宏观经典理论的范畴。真正使电磁理论发生革命性变革的动力和基础仍然是社会生产与科学技术的发展与需求。随着核工业技术和空间科学技术等新兴科学技术的发展，在回旋加速器中出现了高速微粒的运转，电子加速器甚至将电子加速到比回旋加速器更高的能量，使电子的速度已接近于光速 c；火箭和卫星等飞行器也是在高速状态下运行的。在**微观**和**高速**条件下应用麦克斯韦的宏观经典电磁理论来解释相关的电磁现象就遇到了难以克服的困难，有必要提出新的理论来进行修正。在微观情况下由普朗克(Planck)和波尔(Bohr)提出的量子论，以及在高速情况下由爱因斯坦(Einstein)提出的狭义相对论，在新兴科技发展的背景下便应运而生。它们分别将麦克斯韦的宏观经典电磁理论推向了新的高峰，建立了量子电动力学和相对论电动力学，使近代电磁理论的发展在观念上产生了新的飞跃。它所涉及的内容已经超出了本教程的范围。需要指出，以量子论和相对论为核心观念的近代电磁理论大大扩展了它的应用范围，但经典电磁理论是它的特殊情况，只需部分地变更即可经受起工程应用的考验，可以相当近似地解决相关问题，满足工程应用对精确度的要求；但与此同时，如果没有量子论和相对论，麦克斯韦的宏观经典电磁理论是不能圆满地解释或解决近代科技应用中的一切问题的。

综上所述，可以看出电磁理论源于实践、高于实践，又用于实践。电磁理论正是在不断的工程应用中得到发展和充实，进而丰富了自身的理论，反过来又指导和促进工程应用问题的圆满解决。这种循环往复，永无止境，电磁理论的生命力就在于它的工程应用。

8.2 对场本质的探索与认识进程

对场的物理本质的探索始于场源受力作用的电磁实验定律。场看不见、摸不着，但在静态条件下，可以用试验电荷和检验线圈的受力作用加以探测，据此展开了对场的物理本质的探索和认识过程及两种观点、两个学派旷日持久的充满哲理性的争论。

1. 源论派的观点

以韦伯(Weber)和柏松(Poisson)等法国和德国的欧洲大陆科学家，在19世纪前期，从超距作用观点出发研究电磁现象，形成了源论派或大陆派的学术观点。认为电荷和电流是客观存在的实体，它们所产生的电磁作用是不需要媒质传递的瞬时性超距作用，并提出了完美的数学分析与表述，大大推动了电磁理论的发展，但终因未形成统一的理论体系而未能取得全面成功。

2. 场论派的观点

以法拉第(Faraday)和麦克斯韦(Maxwell)为代表的英国科学家，几乎在同一时期，从近距作用观点出发研究电磁现象，形成了场论派的学术观点。认为电荷和电流的电磁作用是需要通过称为“以太”的弹性媒质传递的非瞬时性近距作用，而将电荷和电流视为以太弹性媒质的某种扰动状态而非客观实体，并建立了关于电磁运动的统一理论，预言了电磁波的存在。最终使长期雄居电磁理论研究领域地位的源论派退出了历史舞台。

3. 电子论的观点

罗仑兹(Lorntz)在亥姆霍兹(Helmholtz)和赫兹(Hertz)的工作基础上，终于在19世纪后期创立了电子论，将源论派和场论派的理论中各自正确的部分统一起来。两派理论各有长短，源论派忽视场的客观实在性，而场论派又忽视源的客观实在性，均导致它们在理论结构上的不完善性。罗仑兹的电子论在场论派的理论中吸取源论派的带电粒子概念，把场源和场都视为独立的客观实体而相互作用，把两种理论进行整合，使之得到了和谐的统一，把宏观经典电磁理论推上了最后的顶峰。

4. 狭义相对论的观点

爱因斯坦在20世纪初建立的狭义相对论，提出了物质与时空相关的相对论时空观，否定了经典电磁理论中所承袭的牛顿力学中物质与时空无关的绝对时空观，从根本观念上改变了对物质形态的认识。按照法拉第、麦克斯韦和罗仑兹等人的绝对时空观，宇宙空间必定存在绝对静止的“以太”媒质，则地球的运动就有可能带动或曳引电磁以太运动，为了探测地球相对于静止电磁以太的绝对运动，菲左(Fizeau)和迈克耳孙(Michelson)、莫雷(Morley)等人相继设计了不同的测量装置，但在是否曳引电磁以太的问题上，却得到了自相矛盾的结果。由此可见，在经典理论的框架内是无法理解出现这种矛盾性结果的原因的，因而彻底否定了以太弹性媒质的存在。按照相对论时空观，可以确认时空是运动着的物质存在的基本形式。换句话说，宇宙空间除了以运动形态存在的物质外，什么都没有。按照这种全新的观念，就不难理解，场也是一种以运动形式存在的物质形态，它是不以人们意识为转移的客观存在。

5. 结论

综合上述对场本质的探索与认识进程，目前可以得到这样的结论：**弥漫于宇宙空间的场，是一种以运动形态存在的特殊物质**。其物质性表现为它与微粒物质具有相同的共性，具有**能量、动量和质量**(电磁力作用在空间和时间上的变化引起能量和动量，质量小到可以忽略，且遵守能量和质量的守恒与转换定律)；其特殊性表现为它还具有微粒物质所不具有的特性，如**弥漫性、叠加性和波动性**。

8.3 场源、场量和媒质的相互作用规律和转化关系

电磁场与电磁波实质上是一门研究场源、场量和媒质相互作用规律和转化关系的学科，因而可以从揭示场源、场量和媒质间的内在矛盾性入手来建立其相互作用和转化关系的理论体系。

1. 源的状态决定了场的状态

若不考虑各种电荷和电流不同的物理形成机制，而只从一般电荷的运动状态来考查它所产生的场，则可发现：静止电荷 ($v=0$) 产生静电场；匀速运动电荷($v=c$) 产生稳恒电场和稳恒磁场，其中稳恒电场是在匀速运动电荷状态下形成的驻立电荷所产生，且稳恒电场与稳恒磁场无关；变速运动电荷($v\neq c$) 产生时变电磁场，且其电场与磁场有关。由于静电场、稳恒电场和稳恒磁场仅随空间变化而不随时间变化，所以统称为静态场；而时变电磁场同时随空间和时间变化，又可称为动态场。

源是产生场的原因，场是源形成的结果，这就是源和场变化的因果关系。因此，源对场的作用是主动行为，而场对源的反作用是被动行为。

2. 自由空间中的静态场

自由空间中的静态场主要分析电荷与电场、电流与磁场间的相互作用规律和转化关系。

图 8.1 (a) 表示静态场(仅有空间变化 ∇，无时间变化$\frac{\partial}{\partial t}=0$) 中 ρ 和 $\boldsymbol{J}$ 分别产生的 $\boldsymbol{E}$ 和 $\boldsymbol{B}$ 由 $\nabla\cdot\boldsymbol{E}=\frac{\rho}{\varepsilon_0}$ 和 $\nabla\times\boldsymbol{B}=\mu_0\boldsymbol{J}$ 来表示，而 $\boldsymbol{E}$ 和 $\boldsymbol{B}$ 分别反作用于 ρ 和 $\boldsymbol{J}$ 的 $\boldsymbol{F}$ 由 $\boldsymbol{F}=\rho\boldsymbol{E}$ 和 $\boldsymbol{F}=\boldsymbol{J}\times\boldsymbol{B}$ 来表示(由库仑定律和安培定律导出)。显然，在静电力和静磁力的作用下，必定会影响电荷和电流的重新分布。

3. 自由空间中的动态场

自由空间中的动态场主要分析电荷与电流、电场与磁场间的相互作用规律和转化关系。

图 8.1 (b) 表示动态场(同时有时空变化 ∇，$\frac{\partial}{\partial t}\neq 0$) 在只考虑时间变化$\frac{\partial}{\partial t}\neq 0$ 的条件下，ρ 与 $\boldsymbol{J}$ 的转化关系由 $\nabla\cdot\boldsymbol{J}=-\frac{\partial\rho}{\partial t}$ 来表示，$\boldsymbol{E}$ 与 $\boldsymbol{B}$ 的转化关系中，$\boldsymbol{E}$ 和 $\boldsymbol{B}$ 随时间的变化分别产生的 $\boldsymbol{B}$ 和 $\boldsymbol{E}$ 由 $\nabla\times\boldsymbol{B}=\frac{1}{c}\frac{\partial\boldsymbol{E}}{\partial t}$ 和 $\nabla\times\boldsymbol{E}=-\frac{\partial\boldsymbol{B}}{\partial t}$ 来表示。

4. 媒质中的动态场

媒质中的动态场主要分析场源、场量与媒质间的相互作用规律和转化关系。

在外场作用下媒质将出现极化、磁化和传导的效应，由此形成的束缚电荷、束缚(或磁化)电流和传导电流产生的二次场与外场叠加，必然会影响原来外场的分布。

图 8.1(c) 只表示媒质(ε，μ，σ) 在外场作用下的感应效应(极化 $\boldsymbol{P}$，磁化 $\boldsymbol{M}$ 和传导 $\boldsymbol{J}_c$)，其中 $\boldsymbol{D}$ 和 $\boldsymbol{H}$ 分别为媒质在 $\boldsymbol{E}$ 和 $\boldsymbol{B}$ 作用下出现 $\boldsymbol{P}$ 和 $\boldsymbol{M}$ 形成的合成值，且 $\boldsymbol{P}=\chi_e\boldsymbol{D}$ 和 $\boldsymbol{M}=\chi_m\boldsymbol{H}$；而媒质中出现的 $\boldsymbol{P}$ 和 $\boldsymbol{M}$ 分别形成 ρ' 和 $\boldsymbol{J}'$ 与原来的 ρ 和 $\boldsymbol{J}$ 分别组成新的合成值，且 $\rho'=-\nabla\cdot\boldsymbol{P}$ 和 $\boldsymbol{J}'=\nabla\times\boldsymbol{M}$ 以及 $\rho=\nabla\cdot\boldsymbol{D}$ 和 $\boldsymbol{J}=\boldsymbol{J}_c+\boldsymbol{J}_d=\sigma\boldsymbol{E}+\varepsilon\frac{\partial\boldsymbol{E}}{\partial t}=\nabla\times\boldsymbol{H}$。

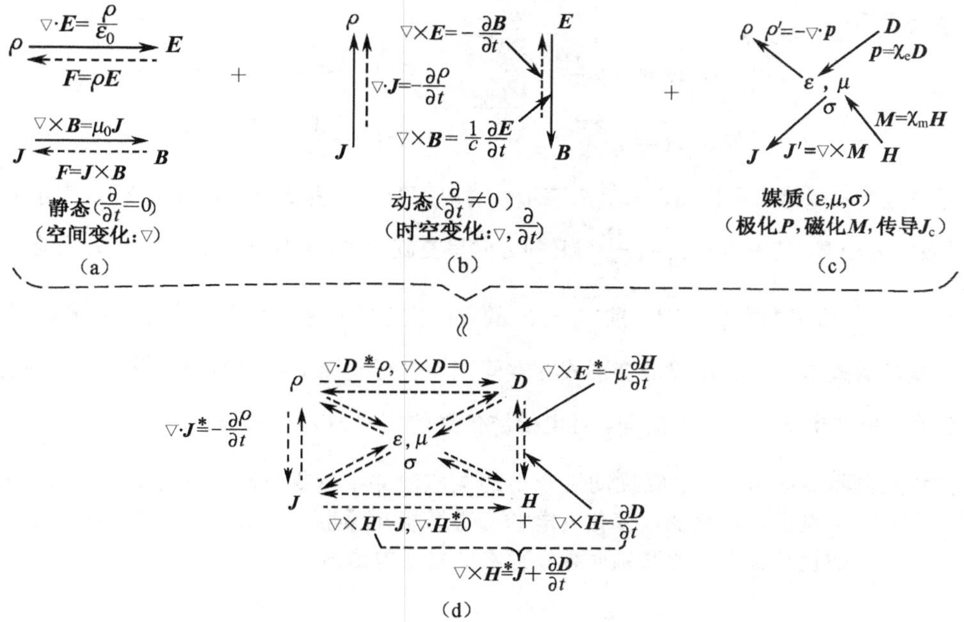

图 8.1 场源、场量和媒质相互作用示意图

图 8.1(a) ～ 图 8.1(c) 分别表示只有空间变化、只有时间变化和只有媒质感应效应的特殊情况下，场源、场量或媒质间的相互作用规律和转化关系，而图 8.1(d) 则是一般情况下综合上述特殊情况的叠加结果。图中的电荷守恒定律和麦克斯韦方程(用“ * ”表示)正好构成电磁场与电磁波完整的理论体系。

5. 转化条件

场源、场量和媒质间的相互作用是绝对的，而相互转化则是相对的，只有满足一定的转化条件才能打破平衡状态，产生量变到质变。

在动态场中，对于时变场，其转化条件主要取决于时间变化率；而对于时谐场，则其转化条件主要取决于频率。举例如下：

(1)电磁频谱各频段电磁波特性取决于 f；

(2)导体 $\left(\frac{\sigma}{\omega\varepsilon}>100\right)$、半导体$\left(\frac{1}{100}<\frac{\sigma}{\omega\varepsilon}<100\right)$和电介质$\left(\frac{\sigma}{\omega\varepsilon}<100\right)$的特性转化取决于 f；

(3)静态场 ($f=0$) 和动态场($f\neq 0$) 的特性变化取决于 f；

(4)波导中传播型波 ($f>f_c$) 和雕落场($f<f_c$) 的转化条件取决于 f；

(5)辐射问题中近区感应场 ($fr\ll 1$) 和远区辐射场($fr\gg 1$) 的特性变化取决于 fr，在 r 一定时，则取决于 f；

(6)路论(低频)和场论(超高频)的概念和方法的区分是由 f 的变化来决定的。

6. 变化的电场和磁场

只有变化电场和变化磁场才存在电场和磁场间的相互作用和转化，电磁场的变化形成电磁波能量的流动。

在无源区的均匀媒质空间中，由场量的麦克斯韦方程的旋度式可以导出场量的波动方程，其

推演关系表示为

$$\begin{cases}\nabla\times\boldsymbol{E}=-\mu\dfrac{\partial\boldsymbol{H}}{\partial t}\\ \nabla\times\boldsymbol{H}=\varepsilon\dfrac{\partial\boldsymbol{E}}{\partial t}\end{cases}\longrightarrow\begin{cases}\nabla^2\boldsymbol{E}-\dfrac{1}{v^2}\dfrac{\partial^2\boldsymbol{E}}{\partial t^2}=0\\ \nabla^2\boldsymbol{H}-\dfrac{1}{v^2}\dfrac{\partial^2\boldsymbol{H}}{\partial t^2}=0\end{cases}$$

上述方程的物量意义可以由图 8.2 来表示。对应于第一个麦氏方程的图 8.2(a) 表示变化磁场 $\dfrac{\partial\boldsymbol{H}}{\partial t}$ 可以激发电场 $\boldsymbol{E}$，其中负号表示 $\dfrac{\partial\boldsymbol{H}}{\partial t}$ 与 $\boldsymbol{E}$ 的方向呈左旋关系；对应于第二个麦氏方程的图 8.2(b) 表示变化电场 $\dfrac{\partial\boldsymbol{E}}{\partial t}$ 可以激发磁场 $\boldsymbol{H}$，且 $\dfrac{\partial\boldsymbol{E}}{\partial t}$ 与 $\boldsymbol{H}$ 的方向呈右旋关系；对应于波动方程的图 8.2(c) 表示相互激发的涡旋电场和磁场以交变形式在空间四周进行周而复始的时空变化，并伴随着电、磁能量的转换，形成电磁波能量的流动，且电磁波传播的相速为 $v=\dfrac{1}{\sqrt{\varepsilon\mu}}$。

由方程及其示意图可知，电磁扰动源产生的电磁波并不依靠“以太”弹生媒质，而是依靠电、磁场的内在变化关系进行传播的。变化的电场和磁场相互感生、相互依存，形成不可分割的统一体。它们是与电磁扰动源无直接联系而独立存在的自由电磁波。

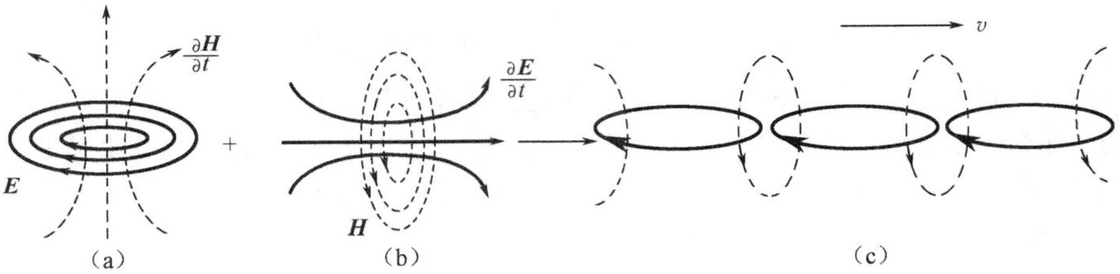

图 8.2　电磁场波动性示意图

8.4　电磁定律、定理和方程的推演关系

电磁场与电磁波的建立和发展进程符合人的认识规律，它是一门研究麦克斯韦方程的建立和应用的学科，因而可以从揭示场的物质性的电磁实验定律入手来建立其公式推导的理论体系。

1. 认识过程

基于场源间受力作用的电磁力实验定律建立静态场基本方程，再由电磁感应实验定律引出的涡旋电场和位移电流假设的重要概念，将静态场推广到动态场，建立动态场基本方程-麦克斯韦方程，这是由感性到理性、由特殊到一般的认识过程；再由麦克斯韦方程导出波动方程，将其应用于传播、传输和辐射的工程领域，并按相应波动方程解中的物理参量(主要是基本物理参量 α, β 和 η)来解释电磁波的传播、传输和辐射特性，这是由理性到感性、由一般到特殊的认识过程。

按照上述认识过程形成的电磁场与电磁波，其内容归结起来就是介绍麦克斯韦方程的建立过程和应用过程。因此，麦克斯韦方程是电磁场与电磁波的核心和基础。

2. 推演关系

电磁理论是一个完整的严格科学体系，应当强调将电磁学科的进展看成是一个历史过程，着重归纳推理作用。将电磁定律、定理和方程的推演关系列表，能够醒目地反映电磁理论体系的内在联系。

图 8.3 为电磁公式推演关系示意图。电磁场与电磁波的所有公式都可以按推演关系联系起来，通过对公式列表图的纵横对比分析，可以看出：

(1)基于场的物质性考虑，可以从场的受力作用及力做功的功能关系出发，引出两条相关的发展变化主线：一条主线是从电磁力作用定律导出静态场到动态场的基本方程，再导出传播、传输和辐射波动问题中波动方程的解及解释波动特性的解的物理参量；另一条主线是从功能关系导出静态场、动态场和波动问题的电磁能量、能流和能量定理。从这两条主线可以看出电磁波的两大特征，**电磁波既是信息的载体，又是能量的载体**。

(2)基于实际工程应用和简化分析计算考虑，可以从不同媒质的边界关系和位场关系出发，引出两条与主线相关的发展变化辅线：一条辅线是由静态场和动态场的基本方程(积分形式)导出的边界条件；另一条辅线是由静态场和动态场的基本方程引出的标量位和矢量位的方程及其位解。均匀媒质中场量基本方程只给出反映电磁场与电磁波变化规律的具有多值性的通解，实际存在的不均匀媒质边界上的边界条件用于方程的定解，以得到单值性解；通过位场关系式，可由所求位解间接得到场解，从而简化了分析与计算。

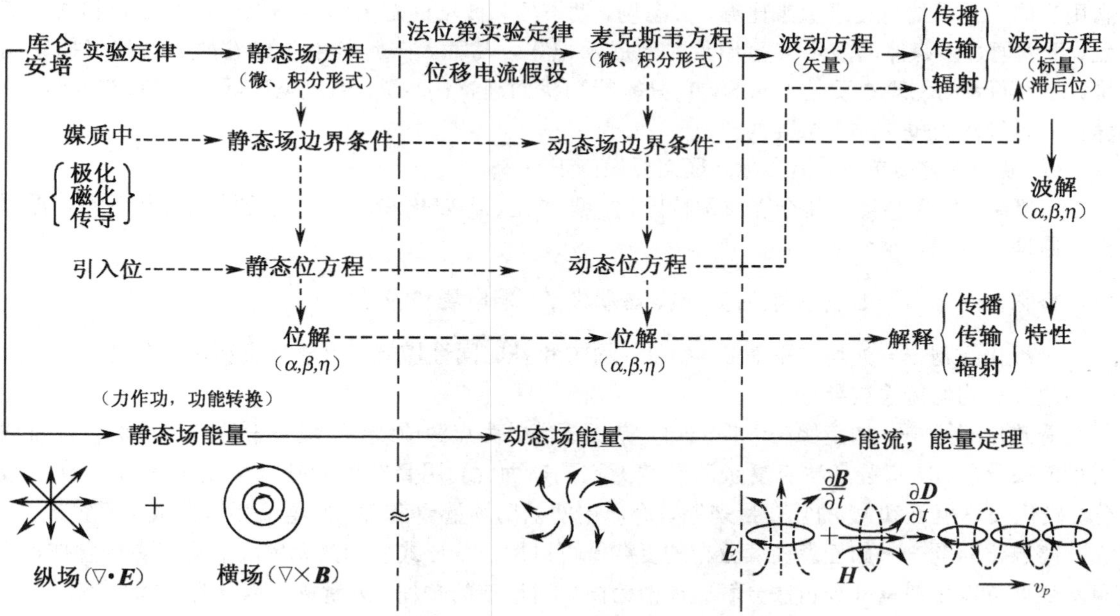

图 8.3　电磁公式推演关系示意图

3. 分析思路

场与波的概念如何基于实验定律和假设提升概括出来？场与波的理论如何按矢量分析推演建立起来？如何应用场与波的理论来解释和解决电磁工程应用问题？这是在场与波的学习中必须了解的根本问题。综合前面的分析，可以看出这些问题贯穿了一条主要的解决途径，概括为如下分析思路：

{三大实验定律，位移电流假设}→麦克斯韦方程→波动方程→波动方程解→波解的物理参量(α，β，η)→解释{传播，传输，辐射}特性

由此可见，如果没有应用矢量分析进行的理论推导，至今仍然停滞在三大实验定律基础上，根本无从谈及高于实验定律的麦克斯韦理论体系的建立和发展，所以电磁理论的魅力就在于严密的理论推导；反之，如果没有三大实验定律，一切理论推导均失去了赖以存在的基础。因此，只有这两者结合起来，才建立了如此完美的麦克斯韦电磁理论，并在工程应用中推动其不断发展。

8.5 理解、分析和计算场问题的重要方法

针对电磁场与电磁波抽象化和数学化的特点，导致概念难于理解，分析计算复杂的困难，这里提出一个理解、分析和计算场问题的重要方法。这个方法可以概括为：**抽象思维形象化，复杂问题简单化**。

(1)抽象思维形象化，但不能以形象化代替抽象思维。

标量场引入等位面来描述，矢量场引入力线来描述，电磁场中的梯度、散度和旋度的抽象概念用流体力学中的可视现象来比喻，静态场、动态场和波动问题的物理图像的静态分布和动态变化，可以通过多媒体的演示实验形象化地展示出来。然而，任何形象化比喻都不能代替抽象思维，因为两者的物理本质是不同的，它只能帮助我们理解；再者，通过电磁场与电磁波的学习培养抽象思维能力也是非常必要的。

(2)复杂问题简单化，但实际问题需要做修正。

①复杂源、复杂场和复杂媒质用特殊化、理想化、等效化和离散化等方法来分析计算，再用叠加原理来合成。举例如下：

特殊化问题——如点电荷概念，电、磁偶极子，静电场和静磁场 $\left(\frac{\partial}{\partial t}=0\right)$。

理想化问题——如均匀平面波，线性、均匀和各向同性媒质，理想介质和理想导体，无限大平面边界和均匀传输波导。

等效化问题——如镜像法中将未知复杂面源等效为点源或线源，场矢量等效为辅助位标量或矢量的微分形式，口径场法将复杂源等效为惠更斯面元，用真空中的基本场量 $\boldsymbol{E}$ 和 $\boldsymbol{B}$ 及介质极化、磁化矢量矩 $\boldsymbol{P}$ 和 $\boldsymbol{M}$ 的复合量来等效介质中的辅助场量 $\boldsymbol{D}$ 和 $\boldsymbol{H}$，圆电流用磁偶极子来等效。

离散化问题——如任意连续分布的复杂源可以用积分形式表示为无数离散化点源的叠加，任意复杂波可以用傅里叶分析法分解或离散为简单时谐波的叠加，矢量场可以分解为标量场。

②类似问题用比拟性、对偶性、对称性和互易性来简化求解。举例如下：

比拟性问题——如无源区稳恒电场比拟为无源区静电场。

对偶性问题——如无源区静磁场与静电场对偶，电荷与磁荷、电偶矩与磁偶矩对偶。

对称性问题——如利用点源的对称性求对称点源的场或位，在对称条件下由高斯定理和安培环路定理求静态场。

互易性问题——如利用互易性求收、发天线的场。

③在理论分析中学会如何推广(归纳法)或退化(演绎法)，在工程应用中学会如何简化。举例如下：

麦克斯韦方程的建立问题——由实验定律建立静态场方程，在时变条件下 $\left(\frac{\partial}{\partial t}\neq 0\right)$ 推广为

动态场方程(麦克斯韦方程)；在静态条件下 $\left(\frac{\partial}{\partial t}=0\right)$ 动态场方程又退化为静态场方程。

麦克斯韦方程的应用问题——在传播、传输和辐射的应用中，归结为如何将由麦克斯韦方程导出的矢量场波动方程的求解问题，按相应的边界条件要求简化为标量场或位场的求解问题。

在传播问题中，利用平面波叠加法，将复杂波的三维矢量场波动方程简化为均匀平面波的一维标量场波动方程。

在传输问题中，利用纵向场量法将复杂导波的三维矢量场波动方程简化为一维标量纵向场波动方程。

在辐射问题中，引入滞后位间接求解比较简单的滞后位方程，可取代对复杂波的三维矢量场波动方程的直接求解，或应用等效原理，转化为求具有最简单理想口径边界平面上惠更斯面元的假想面源的积分解。

需要指出，复杂问题简单化，就是把复杂的实际工程问题分解或理想化为最简单的假想问题来处理，使数学求解成为可能或得到简化。因此，需要采用叠加、拟合或修正等措施获得满足工程需求、具有足够精度的近似解，并采用包括理论分析、数字计算和实验测试等多种方法的综合比较进行验证，以获得正确可靠的解。

附录 A　重要矢量公式

$$\begin{cases}\nabla(\Phi\psi)=\Phi\nabla\psi+\psi\nabla\Phi\\ \nabla\times\nabla\Phi=0\\ \nabla\cdot\nabla\Phi=\nabla^2\Phi\end{cases}\tag{A.1}$$

$$\begin{cases}\boldsymbol{A}\cdot(\boldsymbol{B}\times\boldsymbol{C})=\boldsymbol{B}\cdot(\boldsymbol{C}\times\boldsymbol{A})=\boldsymbol{C}\cdot(\boldsymbol{A}\times\boldsymbol{B})\\ \boldsymbol{A}\times(\boldsymbol{B}\times\boldsymbol{C})=\boldsymbol{B}(\boldsymbol{A}\cdot\boldsymbol{C})-\boldsymbol{C}(\boldsymbol{A}\cdot\boldsymbol{B})\\ \nabla\cdot(\boldsymbol{A}\times\boldsymbol{B})=\boldsymbol{B}\cdot(\nabla\times\boldsymbol{A})-\boldsymbol{A}\cdot(\nabla\times\boldsymbol{B})\\ \nabla\times\nabla\times\boldsymbol{A}=\nabla(\nabla\cdot\boldsymbol{A})-\nabla^2\boldsymbol{A}\\ \nabla\cdot(\nabla\times\boldsymbol{A})=0\end{cases}\tag{A.2}$$

$$\begin{cases}\nabla\cdot(\Phi\boldsymbol{A})=\Phi\nabla\cdot\boldsymbol{A}+\boldsymbol{A}\cdot\nabla\Phi\\ \nabla\times(\Phi\boldsymbol{A})=\Phi\nabla\times\boldsymbol{A}+\nabla\Phi\times\boldsymbol{A}\end{cases}\tag{A.3}$$

$$\begin{cases}\int_V\nabla\cdot\boldsymbol{F}\mathrm{d}V=\oint_S\boldsymbol{F}\cdot\mathrm{d}\boldsymbol{S}\\ \int_S\nabla\times\boldsymbol{F}\cdot\mathrm{d}\boldsymbol{S}=\oint_l\boldsymbol{F}\cdot\mathrm{d}\boldsymbol{l}\\ \int_V\nabla\times\boldsymbol{F}\mathrm{d}V=\oint_S(\boldsymbol{a}_n\times\boldsymbol{F})\mathrm{d}S\end{cases}\tag{A.4}$$

附录 B　常用坐标系的变换关系

1. 常用坐标系的表示式

$$\boldsymbol{r}=\boldsymbol{a}_x x+\boldsymbol{a}_y y+\boldsymbol{a}_z z=\boldsymbol{a}_\rho\rho+\boldsymbol{a}_z=\boldsymbol{a}_r r\tag{B.1}$$

$$\begin{cases}\boldsymbol{a}_x\cdot\boldsymbol{a}_x=\boldsymbol{a}_y\cdot\boldsymbol{a}_y=\boldsymbol{a}_z\cdot\boldsymbol{a}_z=1\\ \boldsymbol{a}_x\cdot\boldsymbol{a}_y=\boldsymbol{a}_y\cdot\boldsymbol{a}_z=\boldsymbol{a}_z\cdot\boldsymbol{a}_x=0\\ \boldsymbol{a}_x\times\boldsymbol{a}_x=\boldsymbol{a}_y\times\boldsymbol{a}_y=\boldsymbol{a}_z\times\boldsymbol{a}_z=0\\ \boldsymbol{a}_x\times\boldsymbol{a}_y=\boldsymbol{a}_z,\boldsymbol{a}_y\times\boldsymbol{a}_z=\boldsymbol{a}_x,\boldsymbol{a}_z\times\boldsymbol{a}_x=\boldsymbol{a}_y\end{cases}\tag{B.2}$$

$$\begin{cases}\boldsymbol{a}_\rho\cdot\boldsymbol{a}_\rho=\boldsymbol{a}_\varphi\cdot\boldsymbol{a}_\varphi=\boldsymbol{a}_z\cdot\boldsymbol{a}_z=1\\ \boldsymbol{a}_\rho\cdot\boldsymbol{a}_\varphi=\boldsymbol{a}_\varphi\cdot\boldsymbol{a}_z=\boldsymbol{a}_z\cdot\boldsymbol{a}_\rho=0\\ \boldsymbol{a}_\rho\times\boldsymbol{a}_\rho=\boldsymbol{a}_\varphi\times\boldsymbol{a}_\varphi=\boldsymbol{a}_z\times\boldsymbol{a}_z=0\\ \boldsymbol{a}_\rho\times\boldsymbol{a}_\varphi=\boldsymbol{a}_z,\boldsymbol{a}_\varphi\times\boldsymbol{a}_z=\boldsymbol{a}_\rho,\boldsymbol{a}_z\times\boldsymbol{a}_\rho=\boldsymbol{a}_\varphi\end{cases}\tag{B.3}$$

$$\begin{cases}\boldsymbol{a}_r\cdot\boldsymbol{a}_r=\boldsymbol{a}_\theta\cdot\boldsymbol{a}_\theta=\boldsymbol{a}_\varphi\cdot\boldsymbol{a}_\varphi=1\\ \boldsymbol{a}_r\cdot\boldsymbol{a}_\theta=\boldsymbol{a}_\theta\cdot\boldsymbol{a}_\varphi=\boldsymbol{a}_\varphi\cdot\boldsymbol{a}_r=0\\ \boldsymbol{a}_r\times\boldsymbol{a}_r=\boldsymbol{a}_\theta\times\boldsymbol{a}_\theta=\boldsymbol{a}_\varphi\times\boldsymbol{a}_\varphi=0\\ \boldsymbol{a}_r\times\boldsymbol{a}_\theta=\boldsymbol{a}_\varphi,\boldsymbol{a}_\theta\times\boldsymbol{a}_\varphi=\boldsymbol{a}_r,\boldsymbol{a}_\varphi\times\boldsymbol{a}_r=\boldsymbol{a}_\theta\end{cases}\tag{B.4}$$

2. 常用坐标系的变换式

$$\begin{cases} x = \rho\cos\varphi \\ y = \rho\sin\varphi \\ z = z \end{cases} \qquad \begin{cases} \rho = \sqrt{x^2 + y^2} \\ \varphi = \arctan\dfrac{y}{x}\ (-\dfrac{\pi}{2} < \varphi < \dfrac{\pi}{2}) \\ z = z \end{cases} \tag{B.5}$$

$$\begin{cases} x = r\sin\theta\cos\varphi \\ y = r\sin\theta\sin\varphi \\ z = r\cos\theta \end{cases} \qquad \begin{cases} r = \sqrt{x^2 + y^2 + z^2} \\ \theta = \arccos\dfrac{z}{\sqrt{x^2 + y^2 + z^2}} \\ \varphi = \arctan\dfrac{y}{x}\left(-\dfrac{\pi}{2} < \varphi < \dfrac{\pi}{2}\right) \end{cases} \tag{B.6}$$

$$\begin{cases} \boldsymbol{a}_\rho = \boldsymbol{a}_x\cos\varphi + \boldsymbol{a}_y\sin\varphi \\ \boldsymbol{a}_\varphi = -\boldsymbol{a}_x\sin\varphi + \boldsymbol{a}_y\cos\varphi \end{cases} \tag{B.7a}$$

$$\begin{cases} \boldsymbol{a}_x = \boldsymbol{a}_\rho\cos\varphi - \boldsymbol{a}_\varphi\sin\varphi \\ \boldsymbol{a}_y = \boldsymbol{a}_\rho\sin\varphi + \boldsymbol{a}_\varphi\cos\varphi \end{cases} \tag{B.7b}$$

$$\begin{cases} \boldsymbol{a}_r = \boldsymbol{a}_x\sin\theta\cos\varphi + \boldsymbol{a}_y\sin\theta\sin\varphi + \boldsymbol{a}_z\cos\theta \\ \boldsymbol{a}_\theta = \boldsymbol{a}_x\cos\theta\cos\varphi + \boldsymbol{a}_y\cos\theta\sin\varphi - \boldsymbol{a}_z\sin\theta \\ \boldsymbol{a}_\varphi = -\boldsymbol{a}_x\sin\varphi + \boldsymbol{a}_y\cos\varphi \end{cases} \tag{B.8a}$$

$$\begin{cases} \boldsymbol{a}_x = \boldsymbol{a}_r\sin\theta\cos\varphi + \boldsymbol{a}_\theta\cos\theta\cos\varphi - \boldsymbol{a}_\varphi\sin\varphi \\ \boldsymbol{a}_y = \boldsymbol{a}_r\sin\theta\sin\varphi + \boldsymbol{a}_\theta\cos\theta\sin\varphi + \boldsymbol{a}_\varphi\cos\varphi \\ \boldsymbol{a}_z = \boldsymbol{a}_r\cos\theta - \boldsymbol{a}_\theta\sin\theta \end{cases} \tag{B.8b}$$

3. 矢量的常用坐标分量表示式及变换式

$$\begin{cases} \mathbf{A} = \boldsymbol{a}_x A_x + \boldsymbol{a}_y A_y + \boldsymbol{a}_z A_z \\ \mathbf{A} = \boldsymbol{a}_\rho A_\rho + \boldsymbol{a}_\varphi A_\varphi + \boldsymbol{a}_z A_z \\ \mathbf{A} = \boldsymbol{a}_r A_r + \boldsymbol{a}_\theta A_\theta + \boldsymbol{a}_\varphi A_\varphi \end{cases} \tag{B.9}$$

$$\begin{cases} A_\rho = A_x\cos\varphi + A_y\sin\varphi \\ A_\varphi = -A_x\sin\varphi + A_y\cos\varphi \end{cases} \tag{B.10a}$$

$$\begin{cases} A_x = A_\rho\cos\varphi - A_\varphi\sin\varphi \\ A_y = A_\rho\sin\varphi + A_\varphi\cos\varphi \end{cases} \tag{B.10b}$$

$$\begin{cases} A_r = A_x\sin\theta\cos\varphi + A_y\sin\theta\sin\varphi + A_z\cos\theta \\ A_\theta = A_x\cos\theta\cos\varphi + A_y\cos\theta\sin\varphi - A_z\sin\theta \\ A_\varphi = -A_x\sin\varphi + A_y\cos\varphi \end{cases} \tag{B.11a}$$

$$\begin{cases} A_x = A_r\sin\theta\cos\varphi + A_\theta\cos\theta\cos\varphi - A_\varphi\sin\varphi \\ A_y = A_r\sin\theta\sin\varphi + A_\theta\cos\theta\sin\varphi + A_\varphi\cos\varphi \\ A_z = A_r\cos\theta - A_\theta\sin\theta \end{cases} \tag{B.11b}$$

附录 C　梯度、散度、旋度和拉普拉斯的常用坐标表示式

1. 梯度

$$\nabla\Phi = \boldsymbol{a}_x\frac{\partial\Phi}{\partial x}+\boldsymbol{a}_y\frac{\partial\Phi}{\partial y}+\boldsymbol{a}_z\frac{\partial\Phi}{\partial z} \tag{C.1a}$$

$$\nabla\Phi = \boldsymbol{a}_\rho\frac{\partial\Phi}{\partial \rho}+\boldsymbol{a}_\varphi\frac{1}{\rho}\frac{\partial\Phi}{\partial \varphi}+\boldsymbol{a}_z\frac{\partial\Phi}{\partial z} \tag{C.1b}$$

$$\nabla\Phi = \boldsymbol{a}_r\frac{\partial\Phi}{\partial r}+\boldsymbol{a}_\theta\frac{1}{r}\frac{\partial\Phi}{\partial \theta}+\boldsymbol{a}_\varphi\frac{1}{r\sin\theta}\frac{\partial\Phi}{\partial \varphi} \tag{C.1c}$$

2. 散度

$$\nabla\cdot\boldsymbol{A} = \frac{\partial A_x}{\partial x}+\frac{\partial A_y}{\partial y}+\frac{\partial A_z}{\partial z} \tag{C.2a}$$

$$\nabla\cdot\boldsymbol{A} = \frac{1}{\rho}\frac{\partial}{\partial\rho}(\rho A_\rho)+\frac{1}{\rho}\frac{\partial A_\varphi}{\partial\varphi}+\frac{\partial A_z}{\partial z} \tag{C.2b}$$

$$\nabla\cdot\boldsymbol{A} = \frac{1}{r^2}\frac{\partial}{\partial r}(r^2A_r)+\frac{1}{r\sin\theta}\frac{\partial}{\partial\theta}(A_\theta\sin\theta)+\frac{1}{r\sin\theta}\frac{\partial A_\varphi}{\partial\varphi} \tag{C.2c}$$

3. 旋度

$$\nabla\times\boldsymbol{A}=\begin{vmatrix}\boldsymbol{a}_x & \boldsymbol{a}_y & \boldsymbol{a}_z\\ \dfrac{\partial}{\partial x} & \dfrac{\partial}{\partial y} & \dfrac{\partial}{\partial z}\\ A_x & A_y & A_z\end{vmatrix}$$

$$=\boldsymbol{a}_x\left(\frac{\partial A_z}{\partial y}-\frac{\partial A_y}{\partial z}\right)+\boldsymbol{a}_y\left(\frac{\partial A_x}{\partial z}-\frac{\partial A_z}{\partial x}\right)+\boldsymbol{a}_z\left(\frac{\partial A_y}{\partial x}-\frac{\partial A_x}{\partial y}\right) \tag{C.3a}$$

$$\nabla\times\boldsymbol{A}=\frac{1}{\rho}\begin{vmatrix}\boldsymbol{a}_\rho & \rho\boldsymbol{a}_\varphi & \boldsymbol{a}_z\\ \dfrac{\partial}{\partial \rho} & \dfrac{\partial}{\partial \varphi} & \dfrac{\partial}{\partial z}\\ A_\rho & \rho A_\varphi & A_z\end{vmatrix}$$

$$=\boldsymbol{a}_\rho\left(\frac{1}{\rho}\frac{\partial A_z}{\partial\varphi}-\frac{\partial A_\varphi}{\partial z}\right)+\boldsymbol{a}_\varphi\left(\frac{\partial A_\rho}{\partial z}-\frac{\partial A_z}{\partial\rho}\right)+\boldsymbol{a}_z\frac{1}{\rho}\left[\frac{\partial}{\partial\rho}(\rho A_\varphi)-\frac{\partial A_\rho}{\partial\varphi}\right] \tag{C.3b}$$

$$\nabla\times\boldsymbol{A}=\frac{1}{r^2\sin\theta}\begin{vmatrix}\boldsymbol{a}_r & r\boldsymbol{a}_\theta & r\sin\theta\boldsymbol{a}_\varphi\\ \dfrac{\partial}{\partial r} & \dfrac{\partial}{\partial \theta} & \dfrac{\partial}{\partial \varphi}\\ A_r & rA_\theta & r\sin\theta A_\varphi\end{vmatrix}$$

$$=\boldsymbol{a}_r\frac{1}{r\sin\theta}\left[\frac{\partial}{\partial\theta}(A_\varphi\sin\theta)-\frac{\partial A_\theta}{\partial\varphi}\right]+\boldsymbol{a}_\theta\frac{1}{r}\left[\frac{1}{\sin\theta}\frac{\partial A_r}{\partial\varphi}-\frac{\partial}{\partial r}(rA_\varphi)\right]$$

$$+\boldsymbol{a}_\varphi\frac{1}{r}\left[\frac{\partial}{\partial r}(rA_\theta)-\frac{\partial A_r}{\partial\theta}\right] \tag{C.3c}$$

4. 拉普拉斯方程

$$\nabla^2\Phi=\frac{\partial^2\Phi}{\partial x^2}+\frac{\partial^2\Phi}{\partial y^2}+\frac{\partial^2\Phi}{\partial z^2} \tag{C.4a}$$

$$\nabla^2\Phi=\frac{1}{\rho}\frac{\partial}{\partial\rho}\left(\rho\frac{\partial\Phi}{\partial\rho}\right)+\frac{1}{\rho^2}\frac{\partial^2\Phi}{\partial\varphi^2}+\frac{\partial^2\Phi}{\partial z^2} \tag{C.4b}$$

$$\nabla^2\Phi=\frac{1}{r^2}\frac{\partial}{\partial r}\left(r^2\frac{\partial\Phi}{\partial r}\right)+\frac{1}{r^2\sin\theta}\frac{\partial}{\partial\theta}\left(\sin\frac{\partial\Phi}{\partial\theta}\right)+\frac{1}{r^2\sin^2\theta}\frac{\partial^2\Phi}{\partial\varphi^2} \tag{C.4c}$$

附录 D 重要定理的推证

1. 静电场的通量——静电场高斯定理

严格推导由式(2.25)表达的高斯定理需要应用立体角概念。立体角的定义是由平面角的定义推广而来。

图 D.1(a)～(c)分别表示平面角与立体角的示意图。

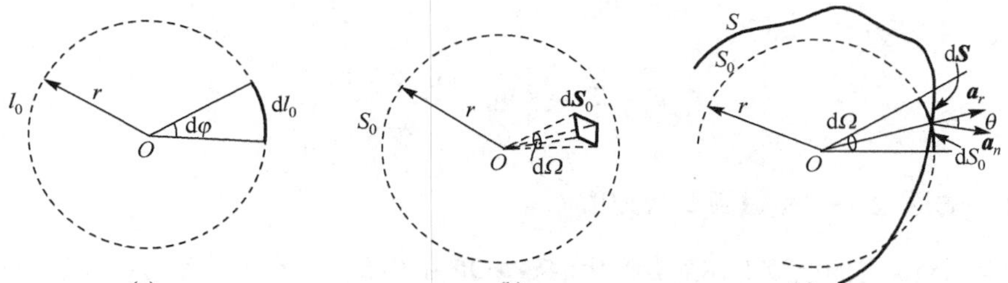

图 D.1 附录 D.1 用图

半径为 r 的圆周 l_0 上线元 $\mathrm{d}l_0$ 对圆心 O 所张扇面的平面角 $\mathrm{d}\varphi$ 定义为如下弧度

$$\mathrm{d}\varphi=\frac{\mathrm{d}l_0}{r} \tag{D.1}$$

圆周 $l_0=2\pi r$ 对圆心 O 所张圆面的平面角 φ，可对式(D.1)取线积分得 2π 弧度，见图 D.1(a)。半径为 r 的球面 S_0 上球面元 $\mathrm{d}S_0$ 对球心 O 所张锥体的立体角 $\mathrm{d}\Omega$ 定义为如下球面度

$$\mathrm{d}\Omega=\frac{\mathrm{d}S_0}{r^2} \tag{D.2}$$

球面 $S_0=4\pi r^2$ 对球心 O 所张球体的立体角 Ω，可对式(D.2)取面积分得 4π 球面度，见图 D.1(b)。

任意面 S 上面元 $\mathrm{d}\boldsymbol{S}=\boldsymbol{a}_n ds$ 和假想球面元 $\mathrm{d}\boldsymbol{S}_0=\boldsymbol{a}_r\mathrm{d}S_0$ 对 O 所张均为同一立体角 $\mathrm{d}\Omega$，$\mathrm{d}\boldsymbol{S}$ 在 $\mathrm{d}\boldsymbol{S}_0$ 上的投影值为 $\boldsymbol{a}_n\cdot\boldsymbol{a}_r$，见图 D.1(c)。由此得

$$\mathrm{d}\Omega=\frac{\mathrm{d}\boldsymbol{S}\cdot\boldsymbol{a}_r}{r^2}=\frac{\mathrm{d}S\cos\theta}{r^2} \tag{D.3}$$

式(D.3)中立体角的正、负值取决于交角 θ 是锐角还是钝角。

任意闭合面 S 对点 O 所张立体角为

$$\oint_S \boldsymbol{E} \cdot d\boldsymbol{S} = \oint_S \frac{q}{4\pi\varepsilon_0 r^2}\boldsymbol{a}_r \cdot d\boldsymbol{S} = \frac{q}{4\pi\varepsilon_0}\oint_S \frac{\boldsymbol{a}_r \cdot d\boldsymbol{S}}{r^2} \tag{D.4}$$

图 D.2 表示在推导高斯定理时点电荷在任意闭合面内、外的两种情况。

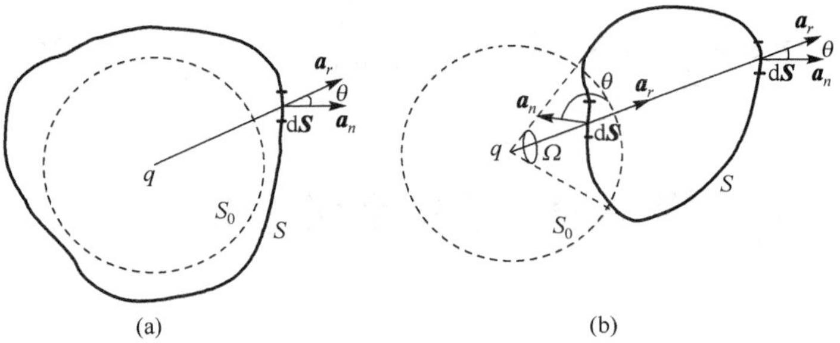

图 D.2　附录 D.1 用图

当点电荷 q 在闭合面内点 O 外时，任意闭合面与假想球面对球心所张立体角相同，将球面值 $S_0=4\pi r^2$ 代入式(D.4)得 4π，见图 D.2(a)；当点电荷 q 在闭合面外点 O 处时，任意闭合面两部分表面对应的立体角值异性(两部分的交角 θ 分别为锐角和钝角)，所张立体角为零。由此证得高斯定理为

$$\oint_S \boldsymbol{E} \cdot d\boldsymbol{S} = \begin{cases} \dfrac{q}{\varepsilon_0}, & q\text{ 在 } S \text{ 内} \\ 0, & q\text{ 在 } S \text{ 外} \end{cases} \tag{D.5}$$

2. 静磁场的通量——静磁场高斯定理

闭合电流回路 l 上的电流 I 在某点产生的磁场 $\boldsymbol{B}$ 由式(2.35)确定。磁力线穿过任意闭合面 S 的磁通，可对式(2.35)取面积分得

$$\begin{aligned}\oint_S \boldsymbol{B} \cdot d\boldsymbol{S} &= \oint_S \frac{\mu_0}{4\pi}\oint_l \frac{I d\boldsymbol{l} \times (\boldsymbol{r}-\boldsymbol{r}')}{|\boldsymbol{r}-\boldsymbol{r}'|^3} \cdot d\boldsymbol{S} \\ &= \oint_l \frac{\mu_0 I d\boldsymbol{l}}{4\pi} \cdot \oint_S \frac{\boldsymbol{R} \times d\boldsymbol{S}}{R^3} \\ &= \oint_l \frac{\mu_0 I d\boldsymbol{l}}{4\pi} \cdot \oint_S \left(-\nabla\frac{1}{R} \times d\boldsymbol{S}\right)\end{aligned} \tag{D.6}$$

上式中利用了恒等式(A.2)之第一式。再将上式代入恒等式(A.4)之第三式，令 $\boldsymbol{F}=\nabla\frac{1}{R}$，得

$$\oint_S \boldsymbol{B} \cdot d\boldsymbol{S} = \oint_l \left(\frac{\mu_0 \cdot I d\boldsymbol{l}}{4\pi}\right) \cdot \int_V \nabla \times \nabla\frac{1}{R} dV \tag{D.7}$$

利用恒等式(A.1)之第二式，令 $\Phi=\frac{1}{\mathrm{R}}$，可得 $\nabla\times\nabla\frac{1}{\mathrm{R}}=0$，代入式(D.7)，即证得静磁场高斯定理为

$$\oint_S \boldsymbol{B} \cdot d\boldsymbol{S} = 0 \tag{D.8}$$

3. 静磁场的环量——安培环路定理

严格推导由式(2.42)表达的安培环路定理也需要应用立体角概念。

将图 2.8 中的 $I\mathrm{d}\boldsymbol{l}$ 改为 $I\mathrm{d}\boldsymbol{l}'$，可由式(2.34)知

$$\boldsymbol{B}=\frac{\mu_0}{4\pi}\oint_{l'}\frac{I\mathrm{d}\boldsymbol{l}'\times\boldsymbol{a}_R}{R^2} \tag{D.9}$$

上式表示闭合回路 l' 上的电流 I 在场点 P 处产生的磁感应强度，如图 D.3(a)所示。

过点 P 沿 $\mathrm{d}\boldsymbol{l}$ 方向作任意闭合线积分回路 l，$\boldsymbol{B}$ 对闭合线 l 取积分得

$$\begin{aligned}\oint_l\boldsymbol{B}\cdot\mathrm{d}\boldsymbol{l}&=\frac{\mu_0 I}{4\pi}\oint_l\oint_{l'}\frac{\mathrm{d}\boldsymbol{l}'\times\boldsymbol{a}_R}{R^2}\cdot\mathrm{d}\boldsymbol{l}\\&=\frac{\mu_0 I}{4\pi}\oint_l\oint_{l'}\frac{(-\boldsymbol{a}_R)\cdot(-\mathrm{d}\boldsymbol{l}\times\mathrm{d}\boldsymbol{l}')}{R^2}\end{aligned} \tag{D.10}$$

上式利用了恒等式(A.2)之第一式。假设回路 l' 界定的闭合面对点 P 的立体角为 Ω，则点 P 位移 $\mathrm{d}\boldsymbol{l}$ 所引起立体角的增量与固定点 P 而回路位移 $-\mathrm{d}\boldsymbol{l}$ 所引起立体角的增量具有相同的值 $\mathrm{d}\Omega$，如图 D.3(b)、(c)所示。式(D.10)中的($-\mathrm{d}\boldsymbol{l}\times\mathrm{d}\boldsymbol{l}'$)表示回路 l' 上线元 $\mathrm{d}\boldsymbol{l}'$ 位移 $-\mathrm{d}\boldsymbol{l}'$ 所扫过的面积元 $\mathrm{d}\boldsymbol{S}$，所以式(D.10)可按式(D.3)写为

$$\begin{aligned}\oint_l\boldsymbol{B}\cdot\mathrm{d}\boldsymbol{l}&=\pm\frac{\mu_0 I}{4\pi}\oint_l\frac{\mathrm{d}\boldsymbol{S}\cdot(\mp\boldsymbol{a}_R)}{R^2}\\&=\frac{\mu_0 I}{4\pi}\oint_l\mathrm{d}\Omega\end{aligned} \tag{D.11}$$

上式($\mp\boldsymbol{a}_R$)表示 $\mathrm{d}\boldsymbol{S}$ 沿 $\boldsymbol{a}_R$ 的反、正方向投影。

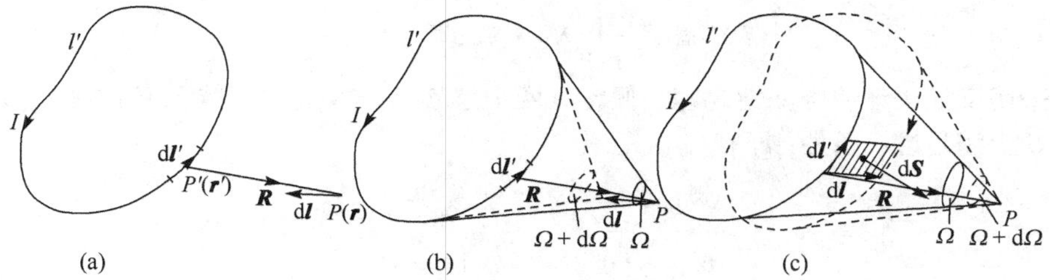

图 D.3　附录 D.3 用图

图 D.4 表示在推导安培环路定理时积分回路 l 与电流回路 l' 相交链和不相交链的两种情况。

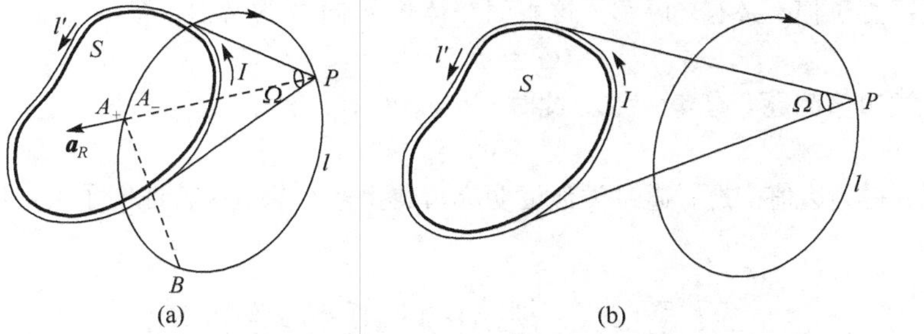

图 D.4　附录 D.3 用图

当回路 l、l' 相交链时，点 P 沿回路 l 先后穿过回路所在面的内、外交点 $A_\pm$ 和 B。此处 $A_\pm$ 表示内交点处的两侧，如图 D.4(a)所示。按式(D.11)可知，点 P 沿回路 l 位移一周回到原来位置时，回路 l' 界定的面对回路 l 上各点所张立体角的总增量为

$$\oint_l d\Omega = \int_{A_-}^{P} d\Omega + \int_{P}^{B} d\Omega + \int_{B}^{A_+} d\Omega$$
$$= [\Omega - (-2\pi)] + (0 - \Omega) + (2\pi - 0)$$
$$= 4\pi$$

当回路 l、l' 不相交链时，点 P 沿回路 l 绕行一周后又回到点 P，如图 D.4(B)所示。按式(D.11)得

$$\oint_l d\Omega = \int_P^P d\Omega = \Omega - \Omega = 0$$

所以式(D.11)变为

$$\oint_l \boldsymbol{B} \cdot d\boldsymbol{l} = \begin{cases} \mu_0 I, & l、l' \text{ 相交链} \\ 0, & l、l' \text{ 不相交链} \end{cases} \tag{D.12}$$

4. 唯一性定理

假设矢量场 $\boldsymbol{F}$ 在体积 V 内及其闭合面 S 上处处均为连续可导的单值函数，并取 $\boldsymbol{F}=\phi\,\nabla\psi$，则式(1.54)中的被积函数变为

$$\nabla \cdot \boldsymbol{F} = \nabla \cdot (\phi\,\nabla\psi) = \nabla\phi \cdot \nabla\psi + \phi\,\nabla^2\psi$$
$$\boldsymbol{F} \cdot \boldsymbol{a}_n = \phi\,\nabla\psi \cdot \boldsymbol{a}_n = \phi\,\frac{\partial\psi}{\partial n}$$

代入式(1.54)得

$$\int_V \phi\,\nabla^2\psi dV + \int_V \nabla\phi \cdot \nabla\psi dV = \oint_S \phi\,\frac{\partial\psi}{\partial n} dS \tag{D.13}$$

下面采用反证法证明唯一性定理。假定有两个解 Φ_1 和 Φ_2 同时在体积 V 内满足泊松方程及在边界面 S 上满足边界条件，即有

$$\nabla^2\Phi_1 = -\frac{1}{\varepsilon_0}\rho \qquad \nabla^2\Phi_2 = -\frac{1}{\varepsilon_0}\rho$$
$$\Phi_1|_S = \Phi_S \qquad \Phi_2|_S = \Phi_S$$

令差值 $\Phi=\Phi_1-\Phi_2$，则得 $\nabla^2\Phi=0$ 和 $\Phi|_S=0$，再令 $\phi=\psi=\Phi$，式(D.13)简化为

$$\int_V |\nabla\Phi|^2 dV = 0。 \tag{D.14}$$

上式被积函数恒为正值，必有 $\nabla\Phi=0$。这表明在体积 V 内 Φ 为常数，即

$$\Phi = \Phi_1 - \Phi_2 = C$$

对于第一类边值问题，有 $\Phi|_S=0$，此时 $C=0$，可知

$$\Phi_1 = \Phi_2$$

对于第二、三类边值问题，通过类似证明亦可得上述结果，这就证明了解的唯一性。

附录E 部分习题参考答案

第 1 章

1.1 (1)$\sqrt{14}$，$\sqrt{17}$，$\sqrt{29}$；(2)$\frac{1}{\sqrt{14}}(\boldsymbol{a}_x+\boldsymbol{a}_y2-\boldsymbol{a}_y3)$，$\frac{1}{\sqrt{17}}(-\boldsymbol{a}_x4+\boldsymbol{a}_z)$，$\frac{1}{\sqrt{29}}(\boldsymbol{a}_x5-\boldsymbol{a}_z2)$；(3)3；(4)$-11$；(5)$-\boldsymbol{a}_x10-\boldsymbol{a}_y-\boldsymbol{a}_z4$；(6)$-42$；(7)$\boldsymbol{a}_x2-\boldsymbol{a}_y40+\boldsymbol{a}_z5$

1.2　68.56°；$A_{B}=|\boldsymbol{A}|\cos\theta=1.37, B_{A}=|\boldsymbol{B}|\cos\theta=3.21$

1.3　$\boldsymbol{A}\cdot\boldsymbol{B}=0$

1.6　$\boldsymbol{a}_x-\boldsymbol{a}_y3-\boldsymbol{a}_z3$；$\nabla\Phi\cdot\boldsymbol{a}_l=-\dfrac{1}{3}$

1.7　$\boldsymbol{a}_x4+\boldsymbol{a}_y5+\boldsymbol{a}_z5$

1.8　3

1.10　0

1.11　0

1.12　0,3,2

1.13　$\nabla\cdot\boldsymbol{F}=0$，$\nabla\times\boldsymbol{F}=0$

1.14　$\nabla\cdot\boldsymbol{F}=0$，$\nabla\times\boldsymbol{F}=0$；$\nabla\cdot\boldsymbol{F}=\dfrac{C}{r^2}$，$\nabla\times\boldsymbol{F}=0$；$\nabla\cdot\boldsymbol{F}=0$，$\nabla\times\boldsymbol{F}=\boldsymbol{a}_r\dfrac{C}{r^2}\cot\theta$

第 2 章

2.1　$0.415x$

2.2　$\boldsymbol{a}_\rho\dfrac{\rho_l}{2\pi\varepsilon_0\rho}$

2.3　$\boldsymbol{a}_z\dfrac{qz}{4\pi\varepsilon_0(a^2+z^2)^{\frac{3}{2}}}$

2.4　$\boldsymbol{a}_z\dfrac{\rho_S}{2\varepsilon_0}\left[1-\dfrac{z}{(a^2+z^2)^{\frac{1}{2}}}\right]$；$a\to0$ 时 $E\to0$，$a\to\infty$时 $E\to\dfrac{\rho_S}{2\varepsilon_0}$

2.5　$0,\boldsymbol{a}_r\dfrac{a^2\rho_{S1}}{\varepsilon_0r^2},\boldsymbol{a}_r\dfrac{1}{\varepsilon_0r^2}(a^2\rho_{S1}+b^2\rho_{S2})$

2.6　$0,\boldsymbol{a}_\rho\dfrac{a\rho_{S1}}{\varepsilon_0\rho},\boldsymbol{a}_\rho\dfrac{1}{\varepsilon_0\rho}(a\rho_{S1}+b\rho_{S2})$

2.7　$z>0$ 处为 $\boldsymbol{a}_z\dfrac{\rho_S}{2\varepsilon_0}$，$z<0$ 处为 $-\boldsymbol{a}_z\dfrac{\rho_s}{2\varepsilon_0}$

2.8　$(\boldsymbol{a}_z+\boldsymbol{a}_x)\dfrac{\mu_0I}{2\pi a}$

2.9　$0,\boldsymbol{a}_\varphi\dfrac{\mu_0I(\rho^2-a^2)}{2\pi\rho(b^2-a^2)},\boldsymbol{a}_\varphi\dfrac{\mu_0I}{2\pi\rho}$

2.10　$-ab\omega B_m\cos2\omega t,-Nab\omega B_m\cos2\omega t$

第 3 章

3.2　$\boldsymbol{a}_z\dfrac{\mu_0}{2\pi}\ln\dfrac{\left(x+\dfrac{d}{2}\right)^2+y^2}{\left(x-\dfrac{d}{2}\right)^2+y^2}$

3.3　$r>b$ 处为 $\boldsymbol{a}_r\dfrac{q}{4\pi\varepsilon_0r^2},\dfrac{q}{4\pi\varepsilon_0r},\boldsymbol{a}_r\dfrac{q}{4\pi r^2},0$；

$a\leqslant r\leqslant b$ 处为 $\boldsymbol{a}_r\dfrac{q}{4\pi\varepsilon r^2},\dfrac{q}{4\pi\varepsilon_0}\left[\left(1-\dfrac{1}{\varepsilon_r}\right)\dfrac{1}{b}+\dfrac{1}{\varepsilon_rr}\right],\boldsymbol{a}_r\dfrac{q}{4\pi r^2},\boldsymbol{a}_r\left(1-\dfrac{1}{\varepsilon_r}\right)\dfrac{q}{4\pi r^2}$；

$r<a$ 处为 $\boldsymbol{a}_r\dfrac{q}{4\pi\varepsilon_0r^2},\dfrac{q}{4\pi\varepsilon_0}\left[\left(1-\dfrac{1}{\varepsilon_r}\right)\dfrac{1}{b}-\left(1-\dfrac{1}{\varepsilon_r}\right)\dfrac{1}{a}+\dfrac{1}{r}\right],\boldsymbol{a}_r\dfrac{q}{4\pi r^2},0$

3.5　$\dfrac{\varepsilon S}{d}$

3.6　$\frac{4\pi\varepsilon ab}{b-a}$；$b\to\infty$时变为 $4\pi\varepsilon a$；722 μF

3.7　$\mu_0 nI$，$\mu_0 n^2 S$

3.8　$\frac{\mu_0}{l_1}N_1N_2\pi a^2$

3.9　$E_1\left[\sin^2\theta_1+\left(\frac{\varepsilon_1}{\varepsilon_2}\cos\theta_1\right)^2\right]^{\frac{1}{2}}$，$\theta_2=\arctan\left(\frac{\varepsilon_2}{\varepsilon_1}\tan\theta_1\right)$

3.10　$H_1\left[\sin^2\theta_1+\left(\frac{\mu_1}{\mu_2}\cos\theta_1\right)^2\right]^{\frac{1}{2}}$，$\theta_2=\arctan\left(\frac{\mu_2}{\mu_1}\tan\theta_1\right)$

3.11　$J_1\left[\left(\frac{\sigma_2}{\sigma_1}\sin\theta_1\right)^2+\cos^2\theta_1\right]^{\frac{1}{2}}$，$\theta_2=\arctan\left(\frac{\sigma_2}{\sigma_1}\tan\theta_1\right)$

3.12　$\frac{1}{2}CU^2$，$\frac{1}{2}\left(\varepsilon\frac{S}{d}\right)U^2$，其中 $C=\varepsilon\frac{S}{d}$

3.13　$\boldsymbol{a}_\varphi\frac{NI}{2\pi\rho}(a\leqslant\rho\leqslant b)$，$\frac{1}{8}\mu_0\left(\frac{NI}{\pi\rho}\right)^2$，$\frac{\mu_0}{4\pi}N^2I^2h\ln(\frac{b}{a})$

3.14　$\boldsymbol{a}_r\frac{q_0(q_1+q_2+q_3)}{4\pi\varepsilon_0 r^2}$

3.15　$r\leqslant a$ 处为 $\boldsymbol{a}_r\frac{\rho_0}{3\varepsilon_0}r$，$r\geqslant a$ 处为 $\boldsymbol{a}_r\frac{Q}{4\pi\varepsilon_0}\cdot\frac{1}{r^2}$，其中 $Q=\frac{4}{3}\pi a^3\rho_0$

3.16　$\boldsymbol{a}_y\frac{\mu_0 J}{2}d$

3.17　$\frac{y}{d}U$，$-\boldsymbol{a}_z\frac{U}{d}$，$\pm\frac{\varepsilon U}{d}$，$\frac{\varepsilon S}{d}$

3.18　$U_0\frac{\ln(\rho/b)}{\ln(a/b)}$，$\frac{\varepsilon U_0}{a\ln(b/a)}$，$\frac{2\pi\varepsilon}{\ln(b/a)}$

3.19　在 $x>0$ 和 $0<y<b$ 处为$\frac{4U_0}{\pi}\sum_n^\infty\frac{1}{n}\mathrm{e}^{-n\pi x/b}\sin\frac{n\pi}{b}y$，$n=1,3,5,\cdots$

3.20　在有效区 $x>0$，$y>0$ 内为$\frac{q}{4\pi\varepsilon}\left(\frac{1}{r_1}-\frac{1}{r_2}-\frac{1}{r_3}+\frac{1}{r_4}\right)$

第 4 章

4.1　$-\frac{8}{\pi}a^2\left(\frac{\pi}{2}-1\right)B_0\omega\cos\omega t$，$-\frac{8N}{\pi}a^2\left(\frac{\pi}{2}-1\right)B_0\omega\cos\omega t$，$\frac{\pi}{2}$

4.2　(1)$\varepsilon_0\frac{S}{d}$，$\varepsilon\frac{S}{d}U_0\sin\omega t$，$\frac{\varepsilon_0\omega SU_0}{d}\cos\omega t$；(2)$\frac{\varepsilon_0\omega SU_0}{d}\cos\omega t$

4.3　(1)$\frac{\varepsilon_r\varepsilon_0\omega}{\sigma}$；(2)在海水中为 112.5，在铜中为 9.58×10^{-8}

4.4　(2)$\boldsymbol{a}_x\omega\sin\beta y\sin\omega t$，$-\boldsymbol{a}_z\frac{\beta}{\mu}\cos\beta y\cos\omega t$

4.5　$(\boldsymbol{a}_x-\boldsymbol{a}_y+\boldsymbol{a}_z5)\sin(2\pi\times10^5 t)$ A/m

4.6　(1)$\frac{\varepsilon_0}{2}\left(\frac{U_0\sin\omega t}{d}\right)^2$，$\frac{\mu_0}{8}\varepsilon_0^2\omega^2\rho^2\left(\frac{U_0\cos\omega t}{d}\right)^2$，$-\boldsymbol{a}_\rho\frac{U_0^2}{2d^2}\varepsilon_0\omega\rho\sin\omega t\cos\omega t$；(2)$-\boldsymbol{a}_\rho\frac{\sigma\rho}{2}\left(\frac{U_0}{d}\right)^2$，$\sigma\left(\frac{U_0}{d}\right)^2$

4.7　$\boldsymbol{a}_xE_0\cos k_zz\cos\left(\omega t+\frac{\pi}{2}\right)$

4.8 $\boldsymbol{a}_y H_0 k\left(\frac{a}{\pi}\right)\cos\frac{\pi x}{a}\mathrm{e}^{-\mathrm{j}(kz-\frac{\pi}{2})}$

4.9 $\boldsymbol{a}_z 265\cos^2(\omega t-kz)$ W/m²；$\boldsymbol{a}_z 132.5$ W/m²，$\boldsymbol{a}_z 132.5$ W/m²

第 5 章

5.1 (1)3×10^8 Hz，1 m；(2)$\boldsymbol{a}_x 20\mathrm{e}^{-\mathrm{j}2\pi z}$ V/m；(3)$\boldsymbol{a}_y \frac{1}{6\pi}\mathrm{e}^{-\mathrm{j}2\pi z}$ A/m；(4)$\boldsymbol{a}_z \frac{5}{3\pi}$ W/m²；

(5)3×10^8 m/s

5.2 (1)3×10^8 Hz，1 m；(2)3×10^8 m/s；(3)$\boldsymbol{a}_x 2.4\pi\eta_0\mathrm{e}^{\mathrm{j}2\pi y}$ V/m，$\boldsymbol{a}_z 2.4\pi\mathrm{e}^{\mathrm{j}2\pi y}$ A/m；(4)$\boldsymbol{a}_x 2.4\pi\eta_0\cos(6\pi\times10^8 t+2\pi y)$ V/m；(5)$-\boldsymbol{a}_y 345.6\pi^3$ W/m²

5.4 (1)$\frac{\sigma}{\omega\varepsilon}=0.01$，良介质；(2)75.398Ω，0.094 NP/m，18.85 rad/m，(0.094+j18.85)1/m，6×10^7 m/s，10.64 m；(3)$\boldsymbol{a}_x 37.7\mathrm{e}^{-0.094z}\mathrm{e}^{-\mathrm{j}18.85z}$ V/m，$\boldsymbol{a}_y 0.5\mathrm{e}^{-0.094z}\mathrm{e}^{-\mathrm{j}18.85z}$ A/m；(4)$\boldsymbol{a}_z 9.425\mathrm{e}^{-0.188z}$ W/m²

5.5 (1)当 $f_1=10$ kHz 时$\frac{\sigma}{\omega\varepsilon}=9\times10^4\gg1$，海水视为良导体，当 $f_2=10$ GHz 时$\frac{\sigma}{\omega\varepsilon}=0.09\ll1$，海水视为良介质；(2)当取 f_1 时有 0.40 NP/m，0.40 rad/m，$0.14\mathrm{e}^{\mathrm{j}\frac{\pi}{4}}$ Ω，5π m，3.14×10^5 m/s；当取 f_2 时有 84.3 NP/m，1873.28 rad/m，42.15 Ω，3.354 mm，3.354×10^7 m/s

5.7 (1)1 m，3×10^8 Hz，左旋；(2)$\frac{1}{12\pi}(\boldsymbol{a}_y-\mathrm{j}\boldsymbol{a}_x)\mathrm{e}^{-\mathrm{j}2\pi z}$ A/m；(3)$\boldsymbol{a}_z 265$m W/m²

5.8 (1)$-\frac{1}{5}$，$\frac{4}{5}$；(2)$-\frac{1}{5}(\boldsymbol{a}_x+\mathrm{j}\boldsymbol{a}_y)E_0\mathrm{e}^{\mathrm{j}(\omega t+k_1 z)}$，$\frac{4}{5}(\boldsymbol{a}_x+\mathrm{j}\boldsymbol{a}_y)E_0\mathrm{e}^{\mathrm{j}(\omega t-k_2 z)}$；(3)反射波为右旋圆极化波，折射波为左旋圆极化波

5.9 (1)30°；(2)1.732×10^8 m/s

5.10 (1)83.6°，6.38°；(2)−0.975，0.025

5.11 (1)$\boldsymbol{a}_x E_0\cos(\omega t-kz)+\boldsymbol{a}_y E_0\sin(\omega t-kz)$；

(2)$-(\boldsymbol{a}_x-\mathrm{j}\boldsymbol{a}_y)E_0\mathrm{e}^{\mathrm{j}kz}$，$-\boldsymbol{a}_x E_0\cos(\omega t+kz)-\boldsymbol{a}_y E_0\sin(\omega t+kz)$；

(3)$(\boldsymbol{a}_x-\mathrm{j}\boldsymbol{a}_y)2E_0\cos kz$，$\boldsymbol{a}_x 2E_0\cos kz\cos\omega t+\boldsymbol{a}_y 2E_0\cos kz\sin\omega t$；

(4)$(\boldsymbol{a}_y+\mathrm{j}\boldsymbol{a}_x)\frac{2E_0}{\eta_0}\cos kz$，$\boldsymbol{a}_y\frac{2E_0}{\eta_0}\cos kz\cos\omega t-\boldsymbol{a}_x\frac{2E_0}{\eta_0}\cos kz\sin\omega t$

5.12 (1)$\boldsymbol{a}_y\frac{2E_0^{+i}}{\eta_1}\cos\theta_i\cos\omega\left(t-\frac{x}{c}\sin\theta_i\right)$；(2)$\boldsymbol{a}_x 2\frac{|E_0^{+i}|^2}{\eta_1}\sin\theta_i\sin^2(k_1 z\cos\theta_i)$

第 6 章

6.1 (2)$\frac{1}{2\pi\sqrt{\varepsilon\mu}}\sqrt{\left(\frac{\pi}{a}\right)^2+\left(\frac{\pi}{b}\right)^2}$，$\sqrt{\omega^2\varepsilon\mu-\left(\frac{\pi}{a}\right)^2-\left(\frac{\pi}{b}\right)^2}$，

$\frac{2\pi}{\sqrt{\omega^2\mu\varepsilon-\left(\frac{\pi}{a}\right)^2-\left(\frac{\pi}{b}\right)^2}}$，$\frac{\omega}{\sqrt{\omega^2\varepsilon\mu-\left(\frac{\pi}{a}\right)^2-\left(\frac{\pi}{b}\right)^2}}$，$\eta\sqrt{1-\left(\frac{f_{c\cdot11}}{f}\right)^2}$

6.2 (1)$f_{c\cdot21}=9.6\times10^9$ Hz，$f_1<f_{c\cdot21}$ 为衰减模式，$f_2>f_{c\cdot21}$ 为传播模式；(2)367.47 rad/m，3.42×10^8 m/s，0.017 m(17 mm)，330.42 Ω

6.3 2.08 GHz，13.89 cm，4.167×10^8 m/s，522.8 Ω

6.4 (1)6550 MHz，13100 MHz，14700 MHz，16000 MHz，19700 MHz；(2)6550 MHz$<f<$13100 MHz；(3)4×10^8 m/s，4 cm

6.5 1.36 cm

6.6 $f<17.7\times10^{12}$ Hz

6.7 (1)39.243 Ω;(2)4.439×10^{-3} rad/m,1.416×10^{8} m/s, 1415.45 m

6.8 (1)10 cm;(2)48−j64 Ω;(3)$0.51e^{j74.3^\circ}$;(4)3.08

6.9 (1)$\frac{1}{2}$;(2)$-\frac{1}{2}$,$\frac{1}{2}$,16.67 Ω,150 Ω;(3)300 Ω

6.10 $Z_{in}=\frac{Z_c^2}{Z_L}$,$Z_{in}=Z_L$

6.11 (1)$Z_{ins}=jZ_c\tan\beta z$,$Z_{in0}=-jZ_c\cot\beta z$,$Z_c=\sqrt{Z_{ins}Z_{in0}}$,$\beta=\frac{1}{z}\arctan\left(\sqrt{\frac{Z_{ins}}{Z_{in0}}}\right)$;(2)75 Ω,j0.628 rad/m

6.12 (1)$Z_{cL1}=80$ Ω,$Z_{cL2}=50$ Ω;(2)$\Gamma_1=-0.11$,$\Gamma_2=-0.33$,$\rho_1=1.25$,$\rho_2=1.99$

第 7 章

7.1 $-k^2\left(\frac{C}{r}e^{-jkr}\right)$

7.2 ≥1.1 W

7.3 (1)4.1849×10^{26} W; (2)1063.47 V/m

7.4 $j\sqrt{2}\frac{Il}{2\lambda r}\eta_0 e^{-jkr}$,$\sqrt{2}\frac{\omega\mu_0 SI}{2\lambda r}e^{-jkr}$

7.5 (1)1.8;(2)$3\sqrt{2}\times10^{-3}$ V/m,$\frac{3}{\sqrt{2}}\times10^{-3}$ V/m;(3)3,12

7.6 $E_0=\sqrt{60}\times10^{-3}$ V/m,$E_m=\sqrt{60}\times10^{-2}$ V/m,$E_m/E_0=10$

7.7 (1)在 $\theta=\frac{\pi}{2}$ 处为 $7.854\times10^{-3}e^{-j(2.1\times10^3-\frac{\pi}{2})}$ V/m,$20.83\times10^{-6}e^{-j(2.1\times10^3-\frac{\pi}{2})}$ A/m;(2)$\boldsymbol{a}_r 81.8\times10^{-9}$ W/m^2;(3)0.22 Ω

7.8 $\frac{\pi}{2}$

7.9 $\alpha=0$ 时 $F_{12}(\varphi)=2\cos\left(\frac{\pi}{2}\cos\varphi\right)$,$\alpha=\pi$ 时 $F_{12}(\varphi)=2\sin\left(\frac{\pi}{2}\cos\varphi\right)$

7.10 $2\cos\left(\frac{\pi}{4}\cos\varphi-\frac{\pi}{4}\right)$

参考文献

[1] 陈秉乾，舒幼生，胡望雨. 电磁学专题研究. 北京：高等教育出版社，2001.

[2] [美]David K. Cheng. 电磁场与电磁波. 赵姚同，黎滨洪. 上海：上海交通大学出版社，1984.

[3] [美]Bhag Singh Guru，Hüseyin R. Hiziroglu. 电磁场与电磁波(第二版). 周克定等. 北京：机械工业出版社，2006.

[4] 卢荣章. 电磁场与电磁波基础. 北京：高等教育出版社，1985.

[5] 谢处方，饶克谨. 电磁场与电磁波(第三版). 赵家升，袁敬闳. 北京：高等教育出版社，1999.

[6] 谢处方，饶克谨. 电磁场与电磁波(第 4 版). 杨显清，王园，赵家升. 北京：高等教育出版社，2006.

[7] 杨儒贵，刘运林. 电磁场与波简明教程. 北京：科学出版社，2006.

[8] 王月清，吴桂生，王石. 工程电磁场导论. 北京：电子工业出版社，2005.

[9] 倪光正. 工程电磁场原理. 北京：高等教育出版社，2002.

[10] 雷威，张晓兵，王保平，朱卓娅. 电磁场理论及应用. 南京：东南大学出版社，2005.

[11] 毛钧杰，刘荧，朱建清. 电磁场与微波工程基础. 北京：电子工业出版社，2004.

[12] 刘学观，郭辉萍. 微波技术与天线(第二版). 西安：西安电子科技大学出版社，2006.

[13] 王一平，郭宏福. 电磁波—传输、辐射、传播. 西安：西安电子科技大学出版社，2006.

[14] 薛尚清，杨平先. 现代通信技术基础. 北京：国防工业出版社，2005.